Der

Natürlichen Schöpfungs-Geschichte

Zweiter Theil:

Allgemeine Stammes-Geschichte.

(Phylogenie und Anthropogenie).

XVI—XXX. Vortrag.

Sechzehnter Vortrag.

Schöpfungs-Perioden und Schöpfungs-Urkunden.

Reform der Systematik durch die Descendenz-Theorie. Das natürliche System als Stammbaum. Paläontologische Urkunden des Stammbaumes. Die Versteinerungen als Denkmünzen der Schöpfung. Ablagerung der neptunischen Schichten und Einschluss der organischen Reste. Eintheilung der organischen Erd-Geschichte in fünf Haupt-Perioden: Zeitalter der Tang-Wälder, Farn-Wälder, Nadel-Wälder, Laub-Wälder und Cultur-Wälder. System der neptunischen Schichten. Unermessliche Dauer der während ihrer Bildung verflossenen Zeiträume. Ablagerung der Schichten nur während der Senkung, nicht während der Hebung des Bodens. Andere Lücken der Schöpfungs-Urkunde. Metamorphischer Zustand der ältesten neptunischen Schichten. Geringe Ausdehnung der paläontologischen Erfahrungen. Geringer Bruchtheil der versteinerungsfähigen Organismen und organischen Körpertheile. Seltenheit vieler versteinerten Arten. Mangel fossiler Zwischen-Formen. Die Schöpfungs-Urkunden der Ontogenie und der vergleichenden Anatomie.

Meine Herren! Die geschichtliche Auffassung des organischen Lebens, welche die Abstammungs-Lehre in die biologischen Wissenschaften eingeführt hat, fördert nächst der Anthropologie keinen anderen Wissenschaftszweig so sehr, als den beschreibenden Theil der Naturgeschichte, die systematische Zoologie und Botanik. Die meisten Naturforscher, die sich bisher mit der Systematik der Thiere und Pflanzen beschäftigten, sammelten, benannten und ordneten die verschiedenen Arten dieser Naturkörper mit einem ähnlichen Interesse, wie die Alterthumsforscher und Ethnographen die Waffen und Geräthschaften der verschiedenen Völker sammeln. Viele erhoben sich selbst nicht über denjenigen Grad der Wissbegierde, mit dem man Wappen, Briefmarken und ähnliche Curiositäten zu sammeln, zu etikettiren und zu ordnen pflegt. In ähnlicher Weise wie diese Sammler an der Formen-Mannichfaltigkeit, Schönheit oder Seltsamkeit der Wappen, Briefmarken u. s. w. ihre Freude finden, und dabei die erfinderische Bildungskunst der Menschen bewundern, in ähnlicher Weise ergötzten sich die meisten Naturforscher an den mannichfaltigen Formen der Thiere und Pflanzen, und erstaunten über die reiche Phantasie des Schöpfers, über seine unermüdliche Schöpfungsthätigkeit und über die seltsame Laune, in welcher er neben so vielen schönen und nützlichen Organismen auch eine Anzahl hässlicher und unnützer Formen gebildet habe.

Diese kindliche Behandlung der systematischen Zoologie und Botanik wird durch die Abstammungs-Lehre gründlich vernichtet. An die Stelle des oberflächlichen und spielenden Interesses, mit welchem die Meisten bisher die organischen Gestalten betrachteten, tritt das weit höhere Interesse des erkennenden Verstandes, welcher in der Form-Verwandtschaft der Organismen ihre wahre Stamm-Verwandtschaft erblickt. Das natürliche System der Thiere und Pflanzen, welches man früher entweder nur als Namenregister zur übersichtlichen Ordnung der verschiedenen Formen oder als Sachregister zum kurzen Ausdruck ihres Aehnlichkeits-Grades schätzte, erhält durch die Abstammungs-Lehre den ungleich höheren Werth eines wahren Stammbaumes der Organismen. Diese Stammtafel soll uns den genealogischen Zusammenhang der kleineren und grösseren Gruppen enthüllen. Sie soll zu zeigen versuchen, in welcher Weise die verschiedenen Klassen, Ordnungen, Familien, Gattungen und Arten des Thier- und Pflanzenreichs den verschiedenen Zweigen, Aesten und Astgruppen ihres Stammbaums entsprechen. Jede weitere und höher stehende Kategorie oder Gruppenstufe des Systems (z. B. Klasse, Ordnung) umfasst eine Anzahl von grösseren und stärkeren Zweigen des Stammbaums, jede engere und tiefer stehende Kategorie (z. B. Gattung, Art) nur eine kleinere und schwächere Gruppe von Aestchen. Nur wenn wir in dieser Weise das natürliche System als Stammbaum betrachten, können wir den wahren Werth desselben erkennen.

Dieser genealogischen Auffassung des organischen Systems gehört ohne Zweifel allein die Zukunft. Auf sie gestützt, können wir uns jetzt zu einer der wesentlichsten, aber auch schwierigsten Aufgaben der „natürlichen Schöpfungsgeschichte“ wenden, nämlich zur wirklichen Construction der organischen Stammbäume. Lassen Sie uns sehen, wie weit wir vielleicht schon jetzt im Stande sind, alle verschiedenen organischen Formen als die divergenten Nachkommen einer einzigen oder einiger wenigen gemeinschaftlichen Stamm-Formen nachzuweisen. Wie können wir uns aber den wirklichen Stammbaum der thierischen und pflanzlichen Formen-Gruppen aus den dürftigen und fragmentarischen, bis jetzt darüber gewonnenen Erfahrungen construiren? Die Antwort hierauf liegt schon zum Theil in demjenigen, was wir früher über den Parallelismus der drei Entwickelungs-Reihen bemerkt haben, über den wichtigen ursächlichen Zusammenhang, welcher die paläontologische Entwickelung der ganzen organischen Stämme mit der embryologischen Entwickelung der Individuen und mit der systematischen Entwickelung der Gruppen-Stufen verbindet.

Zunächst werden wir uns zur Lösung dieser schwierigen Aufgabe an die Paläontologie oder Versteinerungskunde zu wenden haben. Denn wenn wirklich die Descendenz-Theorie wahr ist, wenn wirklich die versteinerten Reste der vormals lebenden Thiere und Pflanzen von den ausgestorbenen Urahnen und Vorfahren der jetzigen Organismen herrühren, so müsste uns eigentlich ohne Weiteres die Kenntniss und Vergleichung der Versteinerungen den Stammbaum der Organismen aufdecken. So einfach und einleuchtend dies nach dem theoretisch entwickelten Prinzip erscheint, so ausserordentlich schwierig und verwickelt gestaltet sich die Aufgabe, wenn man sie wirklich in Angriff nimmt. Ihre practische Lösung würde schon sehr schwierig sein, wenn die Versteinerungen einigermaassen vollständig erhalten wären. Das ist aber keineswegs der Fall. Vielmehr ist die handgreifliche Schöpfungs-Urkunde, welche in den Versteinerungen begraben liegt, über alle Maassen unvollständig. Daher erscheint es jetzt vor Allem nothwendig, diese Urkunde kritisch zu prüfen, und den Werth, welchen die Versteinerungen für die Entwickelungs-Geschichte der organischen Stämme besitzen, zu bestimmen. Da wir die allgemeine Bedeutung der Versteinerungen als „Denkmünzen der Schöpfung" bereits früher erörtert haben, als wir Cuvier's Verdienste um die Petrefacten-Kunde betrachteten (S. 49), so können wir jetzt sogleich zur Untersuchung der Bedingungen und Verhältnisse übergehen, unter denen die organischen Körperreste versteinert und in mehr oder weniger kenntlicher Form erhalten wurden.

In der Regel finden wir Versteinerungen oder Petrefacten nur in denjenigen Gesteinen eingeschlossen, welche schichtenweise als Schlamm im Wasser abgelagert wurden, und welche man deshalb neptunische, geschichtete oder sedimentäre Gesteine nennt. Die Ablagerung solcher Schichten konnte natürlich erst beginnen, nachdem im Verlaufe der Erdgeschichte die Verdichtung des Wasserdampfes zu tropfbar-flüssigem Wasser erfolgt war. Seit diesem Zeitpunkt, welchen wir im letzten Vortrage bereits betrachtet hatten, begann nicht allein das organische Leben auf der Erde, sondern auch eine ununterbrochene und höchst wichtige Umgestaltung der erstarrten anorgischen Erdrinde. Das Wasser begann seitdem jene ausserordentlich wichtige mechanische Wirksamkeit, durch welche die Erdoberfläche fortwährend, wenn auch langsam, umgestaltet wird. Ich darf wohl als bekannt voraussetzen, welchen ausserordentlich bedeutenden Einfluss in dieser Beziehung noch jetzt das Wasser in jedem Augenblick ausübt. Indem es als Regen niederfällt, die obersten Schichten der Erdrinde durchsickert und von den Erhöhungen in die Vertiefungen herabfliesst, löst es verschiedene mineralische Bestandtheile des Bodens chemisch auf und spült mechanisch die locker zusammenhängenden Theilchen ab. An den Bergen herabfliessend führt das Wasser den Schutt derselben in die Ebene und lagert ihn als Schlamm im stehenden Wasser ab. So arbeitet es beständig an einer Erniedrigung der Berge und Ausfüllung der Thäler. Ebenso arbeitet die Brandung des Meeres ununterbrochen an der Zerstörung der Küsten und an der Auffüllung des Meerbodens durch die herabgeschlämmten Trümmer. So würde schon die Thätigkeit des Wassers allein, wenn sie nicht durch andere Umstände wieder aufgewogen würde, mit der Zeit die ganze Erde nivelliren. Es kann keinem Zweifel unterliegen, dass die Gebirgsmassen, welche alljährlich als Schlamm dem Meere zugeführt werden und sich auf dessen Boden absetzen, so bedeutend sind, dass im Verlauf einer längeren oder kürzeren Periode, vielleicht von wenigen Millionen Jahren, die Erdoberfläche vollkommen geebnet und von einer zusammenhängenden Wasserschale umschlossen werden würde. Dass dies nicht geschieht, verdanken wir der fortdauernden vulkanischen Gegenwirkung des feurig-flüssigen Erdinneren. Diese Reaction des geschmolzenen Kerns gegen die feste Rinde bedingt ununterbrochen wechselnde Hebungen und Senkungen an den verschiedensten Stellen der Erdoberfläche. Meistens geschehen diese Hebungen und Senkungen sehr langsam; allein indem sie Jahrtausende hindurch fortdauern, bringen sie durch Summirung der kleinen Einzelwirkungen nicht minder grossartige Resultate hervor, wie die entgegenwirkende und nivellirende Thätigkeit des Wassers.

Indem die Hebungen und Senkungen der verschiedenen Erdtheile im Laufe von Jahrmillionen vielfach mit einander wechseln, kömmt bald dieser bald jener Theil der Erdoberfläche über oder unter den Spiegel des Meeres. Beispiele dafür habe ich schon früher angeführt (S. 327). Es giebt wahrscheinlich keinen Oberflächentheil der Erdrinde, der nicht in Folge dessen schon wiederholt über oder unter dem Meeresspiegel gewesen wäre. Durch diesen vielfachen Wechsel erklärt sich die Mannichfaltigkeit und die verschiedenartige Zusammensetzung der zahlreichen neptunischen Gesteinschichten, welche sich an den meisten Stellen in beträchtlicher Dicke über einander abgelagert haben. In den verschiedenen Geschichts-Perioden, während deren die Ablagerung statt fand, lebte eine mannichfach verschiedene Bevölkerung von Thieren und Pflanzen. Wenn die Leichen derselben auf den Boden der Gewässer herabsanken, drückten sie ihre Körperform in dem weichen Schlamme ab, und unverwesliche Theile, harte Knochen, Zähne, Schalen u. s. w. wurden unzerstört in demselben eingeschlossen. Sie blieben in dem Schlamm, der sich zu neptunischem Gestein verdichtete, erhalten, und dienen nun als Versteinerungen zur Charakterik der betreffenden Schichten. Durch sorgfältige Vergleichung der verschiedenen über einander gelagerten

Schichten und der in ihnen enthaltenen Versteinerungen ist es so möglich geworden, sowohl das relative Alter der Schichten und Schichten-Gruppen zu bestimmen, als auch die Haupt-Momente der Phylogenie oder der Entwickelungs-Geschichte der Thier- und Pflanzen-Stämme empirisch festzustellen.

Die verschiedenen über einander abgelagerten Schichten der neptunischen Gesteine, welche in sehr mannichfaltiger Weise aus Kalk, Thon und Sand zusammengesetzt sind, haben die Geologen gruppenweise in ein ideales System zusammengestellt, welches dem ganzen Zusammenhange der organischen Erdgeschichte entspricht, d. h. desjenigen Theiles der Erdgeschichte, während dessen organisches Leben existirte. Wie die sogenannte „Weltgeschichte“ in grössere oder kleinere Perioden zerfällt, welche durch den zeitweiligen Entwickelungs-Zustand der bedeutendsten Völker charakterisirt und durch hervorragende Ereignisse von einander abgegrenzt werden, so theilen wir auch die unendlich längere organische Erdgeschichte in eine Reihe von grösseren oder kleineren Perioden ein. Jede dieser Perioden ist durch eine charakteristische Flora und Fauna, durch die besonders starke Entwickelung einer bestimmten Pflanzen- oder Thier-Gruppe ausgezeichnet, und jede ist von der vorhergehenden und folgenden Periode durch einen auffallenden theilweisen Wechsel in der Zusammensetzung der Thier- und Pflanzen-Bevölkerung getrennt.

Für die nachfolgende Uebersicht des historischen Entwickelungsganges, den die grossen Thier- und Pflanzen-Stämme genommen haben, ist es nothwendig, zunächst hier die systematische Classification der neptunischen Schichten-Gruppen und der denselben entsprechenden grösseren und kleineren Geschichts-Perioden anzugeben. Wie Sie sogleich sehen werden, sind wir im Stande, die ganze Masse der übereinanderliegenden Sedimentgesteine in fünf oberste Haupt-Gruppen oder Terrains, jedes Terrain in mehrere untergeordnete Schichten-Gruppen oder Systeme, und jedes System von Schichten wiederum in noch kleinere Gruppen oder Formationen einzutheilen; endlich kann auch jede Formation wieder in Etagen oder Unter-Formationen, und jede von diesen wiederum in noch kleinere Lagen, Bänke u. s. w. geschieden werden. Jedes der fünf grossen Terrains wurde während eines grossen Hauptabschnittes der Erdgeschichte, während eines Zeitalters, abgelagert; jedes System während einer kürzeren Periode, jede Formation während einer noch kürzeren Epoche u. s. w. Indem wir so die Zeiträume der organischen Erdgeschichte und die während derselben abgelagerten neptunischen und versteinerungsführenden Erdschichten in ein gegliedertes System bringen, verfahren wir genau wie die Historiker, welche die Völkergeschichte in die drei Haupt-Abschnitte des Alterthums, des Mittelalters und der Neuzeit, und jeden dieser Abschnitte wieder in untergeordnete Perioden und Epochen eintheilen. Wie aber der Historiker durch diese scharfe systematische Eintheilung und durch die bestimmte Abgrenzung der Perioden durch einzelne Jahreszahlen nur die Uebersicht erleichtern und keineswegs den ununterbrochenen Zusammenhang der Ereignisse und der Völker-Entwickelung leugnen will, so gilt ganz dasselbe auch von unserer systematischen Eintheilung, Specification oder Classification der organischen Erdgeschichte. Auch hier geht der rothe Faden der zusammenhängenden Entwickelung überall ununterbrochen hindurch. Wir verwahren uns also ausdrücklich gegen die Anschauung, als wollten wir durch unsere scharfe Abgrenzung der grösseren und kleineren Schichten-Gruppen und der ihnen entsprechenden Zeiträume irgendwie an Cuvier's Lehre von den Erd-Revolutionen und von den wiederholten Neuschöpfungen der organischen Bevölkerung anknüpfen. Dass diese irrige Lehre durch Lyell längst gründlich widerlegt ist, habe ich Ihnen bereits früher gezeigt. (Vergl. S. 113.)

Die fünf grossen Haupt-Abschnitte der organischen Erdgeschichte oder der paläontologischen Entwickelungs-Geschichte bezeichnen wir als primordiales, primäres, secundäres, tertiäres und quartäres Zeitalter. Jedes ist durch die vorwiegende Entwickelung bestimmter Thier- und Pflanzen-Gruppen in demselben bestimmt charakterisirt, und wir könnten demnach auch die fünf Zeitalter einerseits durch die natürlichen Haupt-Gruppen des Pflanzenreichs, andererseits durch die verschiedenen Classen des Wirbelthier-Stammes anschaulich bezeichnen. Dann wäre das erste oder primordiale Zeitalter dasjenige der Tange und Schädellosen, das zweite oder primäre Zeitalter das der Farne und Fische, das dritte oder secundäre Zeitalter das der Nadel-Wälder und Schleicher, das vierte oder tertiäre Zeitalter das der Laub-Wälder und Säugethiere, endlich das fünfte oder quartäre Zeitalter dasjenige des Menschen und seiner Cultur. Die Abschnitte oder Perioden, welche wir in jedem der fünf Zeitalter unterscheiden (S. 282), werden durch die verschiedenen Systeme von Schichten bestimmt, in die jedes der fünf grossen Terrains zerfällt (S. 283). Lassen Sie uns jetzt noch einen flüchtigen Blick auf die Reihe dieser Systeme und zugleich auf die Bevölkerung der fünf grossen Zeitalter werfen.

Den ersten und längsten Haupt-Abschnitt der organischen Erdgeschichte bildet die Primordialzeit oder das Zeitalter der Tang-Wälder, das auch das archolithische oder archozoische Zeitalter genannt werden kann. Es umfasst den ungeheuren Zeitraum von der ersten Ur-Zeugung, von der Entstehung des ersten irdischen Organismus, bis zum Ende der silurischen Schichtenbildung. Während dieses unermesslichen Zeitraums, welcher wahrscheinlich viel länger war, als alle übrigen vier Zeiträume zusammengenommen, lagerten sich die drei mächtigsten von allen neptunischen Schichten-Systemen ab, nämlich zu unterst das laurentische, darüber das cambrische und darüber das silurische System. Die ungefähre Dicke oder Mächtigkeit dieser drei Systeme zusammengenommen beträgt siebzigtausend Fuss. Davon kommen ungefähr 30,000 auf das laurentische, 18,000 auf das cambrische und 22,000 auf das silurische System. Die durchschnittliche Mächtigkeit aller vier übrigen Terrains, des primären, secundären, tertiären und quartären zusammengenommen, mag dagegen etwa höchstens 60,000 Fuss betragen, und schon hieraus, abgesehen von vielen anderen Gründen, ergiebt sich, dass die Dauer der Primordialzeit wahrscheinlich viel länger war, als die Dauer der folgenden Zeitalter bis zur Gegenwart zusammengenommen. Viele Millionen von Jahrhunderten müssen zur Ablagerung solcher Schichtenmassen erforderlich gewesen sein. Leider befindet sich der bei weitem grösste Theil der primordialen Schichten-Gruppen in dem sogleich zu erörternden metamorphischen Zustande, und dadurch sind die in ihnen enthaltenden Versteinerungen, die ältesten und wichtigsten von allen, grösstentheils zerstört und unkenntlich geworden. Nur in einem Theile der cambrischen und silurischen Schichten sind Petrefacte in grösserer Menge und in kenntlichem Zustande erhalten worden. Als die älteste von allen deutlich erhaltenen Versteinerungen gilt das „kanadische Morgenwesen" (*Eozoon canadense*), dessen organische Natur (als Polythalamie) freilich noch zweifelhaft ist und vielfach bestritten wird. Dasselbe ist in den untersten laurentischen Schichten (in der Ottawa-Formation, am Lorenzo-Strome) gefunden worden.

Trotzdem die primordialen oder archolithischen Versteinerungen uns nur zum bei weitem kleinsten Theile in kenntlichem Zustande erhalten sind, besitzen dieselben dennoch den Werth unschätzbarer Documente für diese älteste und dunkelste Zeit der organischen Erdgeschichte. Zunächst scheint daraus hervorzugehen, dass während dieses ganzen ungeheuren Zeitraums fast nur Wasserbewohner existirten. Wenigstens sind bis jetzt unter allen archolithischen Petrefakten nur sehr wenige gefunden worden, welche man mit Sicherheit auf landbewohnende Organismen beziehen kann: die ältesten von diesen sind einige silurische Farne und Skorpione. Fast alle Pflanzenreste, die wir aus der Primordialzeit besitzen, gehören zu der niedrigsten von allen Pflanzen-Gruppen, zu der im Wasser lebenden Classe der Tange oder Algen. Diese bildeten in dem warmen Ur-Meere der Primordialzeit mächtige Wälder, von deren Formenreichthum und Dichtigkeit uns noch heutigen Tages ihre Epigonen, die Tang-Wälder des atlantischen Sargasso-Meeres, eine ungefähre Vorstellung geben mögen. Die colossalen Tang-Wälder der archolithischen Zeit ersetzten damals die noch gänzlich fehlende Wald-Vegetation des Festlandes. Gleich den Pflanzen lebten auch fast alle Thiere, von denen man Reste in den archolithischen Schichten gefunden hat, im Wasser. Von den Gliederfüssern finden sich nur Krebsthiere und einzelne Skorpione, noch keine Insecten. Von den Wirbelthieren sind nur sehr wenige Fischreste bekannt, welche sich in der jüngsten von allen primordialen Schichten, in der oberen Silurformation vorfinden. Dagegen müssen Würmer und kopflose Wirbelthiere (Schädellose oder Akranier), die Ahnen der Fische, massenhaft während der Primordialzeit gelebt haben. Daher können wir sie sowohl nach den Schädellosen als nach den Tangen benennen.

Die Primärzeit oder das Zeitalter der Farn-Wälder, der zweite Hauptabschnitt der organischen Erdgeschichte, welchen man auch das paläolithische oder paläozoische Zeitalter nennt, dauerte vom Ende der silurischen Schichtenbildung bis zum Ende der permischen Schichtenbildung. Auch dieser Zeitraum war von sehr langer Dauer und zerfällt wiederum in drei Perioden, während deren sich drei mächtige Schichtensysteme ablagerten, nämlich zu unterst das devonische System oder der alte rothe Sandstein, darüber das carbonische oder Steinkohlensystem, und darüber das permische System oder der neue rothe Sandstein und der Zechstein. Die durchschnittliche Dicke dieser drei Systeme zusammengenommen mag etwa 42,000 Fuss betragen, woraus sich schon die ungeheure Länge der für ihre Bildung erforderlichen Zeiträume ergiebt.

Die devonischen und permischen Formationen sind vorzüglich reich an Fischresten, sowohl an Urfischen, als an Schmelzfischen. Aber noch fehlen in der primären Zeit gänzlich die Knochenfische. In der Steinkohle finden sich schon verschiedene Reste von landbewohnenden Thieren, und zwar sowohl Gliederthieren (Spinnen und Insecten) als Wirbelthieren (Amphibien). Im permischen System kommen zu den Amphibien noch die höher entwickelten Schleicher oder Reptilien, und zwar unseren Eidechsen nahverwandte Formen (*Proterosaurus* etc.). Trotzdem können wir das primäre Zeitalter das der Fische nennen, weil diese wenigen Amphibien und Reptilien ganz gegen die ungeheure Menge der paläolithischen Fische zurücktreten. Ebenso wie die Fische unter den Wirbelthieren, so herrschten unter den Pflanzen während dieses Zeitraums die Farnpflanzen oder Filicinen vor, und zwar sowohl echte Farnkräuter und Farnbäume (Laubfarne oder Phyllopteriden) als Schaftfarne (Calamophyten) und Schuppenfarne (Lepidophyten). Diese landbewohnenden Farne oder Filicinen bildeten die Hauptmasse der dichten paläolithischen Insel-Wälder, deren fossile Reste uns in den ungeheuer mächtigen Steinkohlenlagern des carbonischen Systems und in den schwächeren Kohlenlagern des devonischen und permischen Systems erhalten sind. Sie berechtigen uns, die Primärzeit eben sowohl das Zeitalter der Farne, als das der Fische zu nennen.

Der dritte grosse Hauptabschnitt der paläontologischen Entwickelungs-Geschichte wird durch die Secundärzeit oder das Zeitalter der Nadel-Wälder gebildet, welches auch das mesolithische oder mesozoische Zeitalter genannt wird. Es reicht vom Ende der permischen Schichtenbildung bis zum Ende der Kreide-Schichtenbildung, und zerfällt abermals in drei grosse Perioden. Die während dessen abgelagerten Schichtensysteme sind zu unterst das Trias-System, in der Mitte das Jura-System, und zu oberst das Kreide-System. Die durchschnittliche Dicke dieser drei Systeme zusammengenommen bleibt schon weit hinter derjenigen der primären Systeme zurück und beträgt im Ganzen nur ungefähr 15,000 Fuss. Die Secundärzeit wird demnach wahrscheinlich nicht halb so lang als die Primärzeit gewesen sein.

Wie in der Primärzeit die Fische, so herrschen in der Secundärzeit die Schleicher oder Reptilien über alle übrigen Wirbelthiere vor. Zwar entstanden während dieses Zeitraums die ersten Vögel und Säugethiere; auch lebten damals die riesigen Labyrinthodonten; und zu den zahlreich vorhandenen Urfischen und Schmelzfischen der älteren Zeit gesellten sich die ersten echten Knochenfische. Aber die charakteristische und überwiegende Wirbelthier-Classe der Secundärzeit bildeten die höchst mannichfaltig entwickelten Reptilien. Neben solchen Schleichern, welche den heute noch lebenden Eidechsen, Krokodilen und Schildkröten nahe standen, wimmelte es in der mesolitischen Zeit überall von abenteuerlich gestalteten Drachen. Insbesondere sind die merkwürdigen fliegenden Eidechsen oder Pterosaurier, die schwimmenden Seedrachen oder Halisaurier, und die kolossalen Landdrachen oder Dinosaurier der Secundärzeit eigenthümlich, da sie weder vorher noch nachher lebten. Man kann demgemäss die Secundärzeit das Zeitalter der Schleicher oder Reptilien nennen.

Uebersicht

der paläontologischen Perioden oder der grösseren Zeitabschnitte der organischen Erd-Geschichte.

I. Erster Zeitraum: **Archolithisches Zeitalter.** Primordial-Zeit.

(Zeitalter der Schädellosen und der Tang-Wälder.)

1.	Aeltere Archolith-Zeit	oder	Laurentische Periode.
2.	Mittlere Archolith-Zeit	-	Cambrische Periode.
3.	Neuere Archolith-Zeit	-	Silurische Periode.

II. Zweiter Zeitraum: **Paläolithisches Zeitalter.** Primär-Zeit.

(Zeitalter der Fische und der Farn-Wälder.)

4.	Aeltere Paläolith-Zeit	oder	Devonische Periode.
5.	Mittlere Paläolith-Zeit	-	Steinkohlen-Periode.
6.	Neuere Paläolith-Zeit	-	Permische Periode.

III. Dritter Zeitraum: **Mesolithisches Zeitalter.** Secundär-Zeit.

(Zeitalter der Reptilien und der Nadel-Wälder.)

7.	Aeltere Mesolith-Zeit	oder	Trias-Periode.
8.	Mittlere Mesolith-Zeit	-	Jura-Periode.
9.	Neuere Mesolith-Zeit	-	Kreide-Periode.

IV. Vierter Zeitraum: **Caenolithisches Zeitalter.** Tertiär-Zeit.

(Zeitalter der Säugethiere und der Laub-Wälder.)

10.	Aeltere Caenolith-Zeit	oder	Eocaene Periode.
11.	Mittlere Caenolith-Zeit	-	Miocaene Periode.
12.	Neuere Caenolith-Zeit	-	Pliocaene Periode.

V. Fünfter Zeitraum: **Anthropolithisches Zeitalter.** Quartär-Zeit.

(Zeitalter der Menschen und der Cultur-Wälder.)

13.	Aeltere Anthropolith-Zeit	oder	Eiszeit. Glaciale Periode.
14.	Mittlere Anthropolith-Zeit	-	Postglaciale Periode.
15.	Neuere Anthropolith-Zeit	-	Cultur-Periode.

(Die Cultur-Periode ist die historische Zeit oder die Periode der Ueberlieferungen.)

Uebersicht

der paläontologischen Formationen oder der versteinerungsführenden Schichten der Erdrinde.

Terrains	Systeme	Formationen	Synonyme der Formationen
V. Anthropolithische Terrains oder anthropozoische (quartäre) Schichtengruppen	XIV. Recent (Alluvium)	36. **Praesent**	Oberalluviale
		35. **Recent**	Unteralluviale
	XIII. Pleistocaen (Diluvium)	34. **Postglacial**	Oberdiluviale
		33. **Glacial**	Unterdiluviale
IV. Caenolithische Terrains oder caenozoische (tertiäre) Schichtengruppen	XII. Pliocaen (Neutertiär)	32. **Arvern**	Oberpliocaene
		31. **Subapennin**	Unterpliocaene
	XI. Miocaen (Mitteltertiär)	30. **Falun**	Obermiocaene
		29. **Limburg**	Untermiocaene
	X. Eocaen (Alttertiär)	28. **Gyps**	Obereocaene
		27. **Grobkalk**	Mitteleocaene
		26. **Londonthon**	Untereocaene
III. Mesolithische Terrains oder mesozoische (secundäre) Schichtengruppen	IX. Kreide	25. **Weisskreide**	Oberkreide
		24. **Grünsand**	Mittelkreide
		23. **Neocom**	Unterkreide
		22. **Wealden**	Wälderformation
	VIII. Jura.	21. **Portland**	Oberoolith
		20. **Oxford**	Mitteloolith
		19. **Bath**	Unteroolith
		18. **Lias**	Liasformation
	VII. Trias.	17. **Keuper**	Obertrias
		16. **Muschelkalk**	Mitteltrias
		15. **Buntsand**	Untertrias
II. Paläolithische Terrains oder paläozoische (primäre) Schichtengruppen	VI. Permisches (Dyas)	14. **Zechstein**	Oberpermische
		13. **Neurothsand**	Unterpermische
	V. Carbonisches (Steinkohle)	12. **Kohlensand**	Obercarbonische
		11. **Kohlenkalk**	Untercarbonische
	IV. Devonisches (Altrothsand)	10. **Pilton**	Oberdevonische
		9. **Ilfracombe**	Mitteldevonische
		8. **Linton**	Unterdevonische
I. Archolithische Terrains oder archozoische (primordiale) Schichtengruppen	III. Silurisches	7. **Ludlow**	Obersilurische
		6. **Landovery**	Mittelsilurische
		5. **Landeilo**	Untersilurische
	II. Cambrisches	4. **Potsdam**	Obercambrische
		3. **Longmynd**	Untercambrische
	I. Laurentisches	2. **Labrador**	Oberlaurentische
		1. **Ottawa**	Unterlaurentische

Andere nennen sie das Zeitalter der Nadel-Wälder, genauer der Gymnospermen oder Nacktsamen-Pflanzen. Denn diese Pflanzen-Gruppe, vorzugsweise durch die beiden wichtigen Classen der Nadelhölzer oder Coniferen und der Farnpalmen oder Cycadeen vertreten, setzte während der Secundärzeit ganz überwiegend den Bestand der Wälder zusammen. Die farnartigen Pflanzen traten dagegen zurück und die Laubhölzer entwickelten sich erst gegen Ende des Zeitalters, in der Kreidezeit.

Viel kürzer und weniger eigenthümlich als diese drei ersten Zeitalter war der vierte Hauptabschnitt der organischen Erdgeschichte, die Tertiärzeit oder das Zeitalter der Laub-Wälder. Dieser Zeitraum, welcher auch caenolithisches oder caenozoisches Zeitalter heisst, erstreckte sich vom Ende der Kreideschichtenbildung bis zum Ende der pliocaenen Schichtenbildung. Die während dessen abgelagerten Schichten erreichen nur ungefähr eine mittlere Mächtigkeit von 3000 Fuss und bleiben demnach weit hinter den drei ersten Terrains zurück. Auch sind die drei Systeme, welche man in dem tertiären Terrain unterscheidet, nur schwer von einander zu trennen. Das älteste derselben heisst eocaenes oder alttertiäres, das mittlere miocaenes oder mitteltertiäres und das jüngste pliocaenes oder neutertiäres System.

Die gesammte Bevölkerung der Tertiärzeit nähert sich im Ganzen und im Einzelnen schon viel mehr derjenigen der Gegenwart, als es in den vorhergehenden Zeitaltern der Fall war. Unter den Wirbelthieren überwiegt von nun an die Classe der Säugethiere bei weitem alle übrigen. Ebenso herrscht in der Pflanzenwelt die formenreiche Gruppe der Decksamen-Pflanzen oder Angiospermen vor, deren Laubhölzer die charakteristischen Laub-Wälder der Tertiärzeit bildeten. Die Abtheilung der Angiospermen besteht aus den beiden Classen der Einkeimblättrigen oder Monocotyledonen und der Zweikeimblättrigen oder Dicotyledonen. Zwar hatten sich Angiospermen aus beiden Classen schon in der Kreidezeit gezeigt, und Säugethiere traten schon im letzten Abschnitt der Triaszeit auf. Allein beide Gruppen, Säugethiere und Decksamen-Pflanzen, erreichen ihre eigentliche Entwickelung und Oberherrschaft erst in der Tertiärzeit, so dass man diese mit vollem Rechte danach benennen kann.

Den fünften und letzten Hauptabschnitt der organischen Erdgeschichte bildet die Quartärzeit oder Culturzeit, derjenige, gegen die Länge der vier übrigen Zeitalter verschwindend kurze Zeitraum, den wir gewöhnlich in komischer Selbstüberhebung die „Weltgeschichte" zu nennen pflegen. Da die Ausbildung des Menschen und seiner Cultur, welche mächtiger als alle früheren Vorgänge auf die organische Welt umgestaltend einwirkte, dieses Zeitalter charakterisirt, so könnte man dasselbe auch die Menschenzeit, das anthropolithische oder anthropozoische Zeitalter nennen. Es könnte allenfalls auch das Zeitalter der Cultur-Wälder heissen, weil selbst auf den niederen Stufen der menschlichen Cultur ihr umgestaltender Einfluss sich bereits in der Benutzung der Wälder und ihrer Erzeugnisse, und somit auch in der Physiognomie der Landschaft bemerkbar macht. Geologisch wird der Beginn dieses Zeitalters, welches bis zur Gegenwart reicht, durch das Ende der pliocaenen Schichten-Ablagerung begrenzt.

Die neptunischen Schichten, welche während des verhältnissmässig kurzen quartären Zeitraums abgelagert wurden, sind an den verschiedenen Stellen der Erde von sehr verschiedener, meist aber von sehr geringer Dicke. Man bringt dieselben in zwei verschiedene Systeme, von denen man das ältere als diluvial oder pleistocaen, das neuere als alluvial oder recent bezeichnet. Das Diluvial-System zerfällt selbst wieder in zwei Formationen, in die älteren glacialen und die neueren postglacialen Bildungen. Während der älteren Diluvialzeit nämlich fand jene ausserordentlich merkwürdige Erniedrigung der Erd-Temperatur statt, welche zu einer ausgedehnten Vergletscherung der gemässigten Zonen führte. Die hohe Bedeutung, welche diese „Eiszeit" oder Glacial-Periode für die geographische und topographische Verbreitung der Organismen gewonnen hat, wurde bereits früher auseinandergesetzt (S. 330). Auch die auf die Eiszeit folgende „Nacheiszeit", die post-glaciale Periode oder die neuere Diluvialzeit, während welcher die Temperatur wiederum stieg und das Eis sich nach den Polen zurückzog, war für die gegenwärtige Gestaltung der chronologischen Verhältnisse höchst bedeutungsvoll.

Der biologische Charakter der Quartärzeit liegt wesentlich in der Entwickelung und Ausbreitung des menschlichen Organismus und seiner Cultur. Weit mehr als jeder andere Organismus hat der Mensch umgestaltend, zerstörend und neubildend auf die Thier- und Pflanzenbevölkerung der Erde eingewirkt. Aus diesem Grunde, — nicht weil wir dem Menschen im Uebrigen eine privilegirte Ausnahmestellung in der Natur einräumen, — können wir mit vollem Rechte die Ausbreitung des Menschen und seiner Cultur als Beginn eines besonderen letzten Hauptabschnitts der organischen Erdgeschichte bezeichnen. Wahrscheinlich fand allerdings die körperliche Entwickelung des Urmenschen aus menschenähnlichen Affen bereits in der jüngeren oder pliocaenen, vielleicht sogar schon in der mittleren oder miocaenen Tertiärzeit statt. Allein die eigentliche Entwickelung der menschlichen Sprache, welche wir als den wichtigsten Hebel für die Ausbildung der eigenthümlichen Vorzüge des Menschen und seiner Herrschaft über die übrigen Organismen betrachten, fällt wahrscheinlich erst in jenen Zeitraum, welchen man aus geologischen Gründen als pleistocaene oder diluviale Zeit von der vorhergehenden Pliocaenperiode trennt. Jedenfalls ist derjenige Zeitraum, welcher seit der Entwickelung der menschlichen Sprache bis zur Gegenwart verfloss, mag derselbe auch viele Jahrtausende und vielleicht Hunderttausende von Jahren in Anspruch genommen haben, verschwindend gering gegen die unermessliche Länge der Zeiträume, welche vom Beginn des organischen Lebens auf der Erde bis zur Entstehung des Menschengeschlechts verflossen.

Die vorstehende tabellarische Uebersicht zeigt Ihnen rechts (S. 383) die Reihenfolge der paläontologischen Terrains, Systeme und Formationen, d. h. der grösseren und kleineren neptunischen Schichtengruppen, welche Versteinerungen einschliessen, von den obersten oder alluvialen bis zu den untersten oder laurentischen Ablagerungen hinab. Die links gegenüberstehende Tabelle (S. 382) führt Ihnen die historische Eintheilung der entsprechenden Zeiträume vor, der grösseren und kleineren paläontologischen Perioden, und zwar in umgekehrter Reihenfolge, von der ältesten laurentischen bis auf die jüngste quartäre Zeit hinauf. (Vergl. auch S. 390.)

Man hat viele Versuche angestellt, die Zahl der Jahrtausende, welche diese Zeiträume zusammensetzen, annähernd zu berechnen. Man verglich die Dicke der Schlammschichten, welche erfahrungsgemäss während eines Jahrhunderts sich absetzen, und welche nur wenige Linien oder Zolle betragen, mit der gesammten Dicke der geschichteten Gesteinsmassen, deren ideales System wir soeben überblickt haben. Diese Dicke mag im Ganzen durchschnittlich ungefähr 130,000 Fuss betragen, und hiervon kommen 70,000 auf das primordiale oder archolithische, 42,000 auf das primäre oder paläolithische, 15,000 auf das secundäre oder mesolithische und endlich nur 3000 auf das tertiäre oder caenolithische Terrain. Die sehr geringe und nicht annähernd bestimmbare durchschnittliche Dicke des quartären oder anthropolitischen Terrains kommt dabei gar nicht in Betracht. Man kann sie höchstens durchschnittlich auf 500—700 Fuss anschlagen. Selbstverständlich haben aber alle diese Maassangaben nur einen ganz durchschnittlichen und annähernden Werth, und sollen nur dazu dienen, das relative Maassverhältniss der Schichten-Systeme und der ihnen entsprechenden Zeitabschnitte ganz ungefähr zu überblicken. Auch werden die Maasse sehr verschieden abgeschätzt.

Wenn man nun die gesammte Zeit der organischen Erdgeschichte, d. h. den ganzen Zeitraum seit Beginn des Lebens auf der Erde bis auf den heutigen Tag, in hundert gleiche Theile theilt, und wenn man dann, dem angegebenen durchschnittlichen Dickenverhältniss der Schichten-Systeme entsprechend, die relative Zeitdauer der fünf Haupt-Abschnitte oder Zeitalter nach Procenten berechnet, so ergiebt sich folgendes Resultat. (Vergl. S. 390.)

I.	Archolithische oder Primordialzeit	53,6
II.	Paläolithische oder Primärzeit	32,1
III.	Mesolithische oder Secundärzeit	11,5
IV.	Caenolithische oder Tertiärzeit	2,3
V.	Anthropolithische oder Quartärzeit	0,5
	Summa	100,0

Es beträgt demnach die Länge des archolithischen Zeitraums, während dessen fast noch keine landbewohnende Thiere und Pflanzen existirten, mehr als die Hälfte, mehr als 53 Procent, dagegen die Länge des anthropolithischen Zeitraums, während dessen der Mensch existirte, kaum ein halbes Procent von der ganzen Länge der organischen Erdgeschichte. Es ist aber ganz unmöglich, die Länge dieser Zeiträume auch nur annähernd nach Jahren zu berechnen.

Die Dicke der Schlammschichten, welche während eines Jahrhunderts sich in der Gegenwart ablagern, und welche man als Basis für diese Berechnung benutzen wollte, ist an den verschiedenen Stellen der Erde unter den ganz verschiedenen Bedingungen, unter denen überall die Ablagerung stattfindet, natürlich ganz verschieden. Sie ist sehr gering auf dem Boden des hohen Meeres, in den Betten breiter Flüsse mit kurzem Laufe, und in Landseen, welche sehr dürftige Zuflüsse erhalten. Sie ist verhältnissmässig bedeutend an Meeresküsten mit starker Brandung, am Ausfluss grosser Ströme mit langem Lauf und in Landseen mit starken Zuflüssen. An der Mündung des Missisippi, welcher sehr bedeutende Schlammmassen mit sich fortführt, würden in 100,000 Jahren wohl etwa 600 Fuss abgelagert werden. Auf dem Grunde des offenen Meeres, weit von den Küsten entfernt, werden sich während dieses langen Zeitraums nur wenige Fuss Schlamm absetzen. Selbst an den Küsten, wo verhältnissmässig viel Schlamm abgelagert wird, mag die Dicke der dadurch während eines Jahrhunderts gebildeten Schichten, wenn sie nachher sich zu festem Gesteine verdichtet haben, doch nur wenige Zolle oder Linien betragen. Jedenfalls aber bleiben alle auf diese Verhältnisse gegründeten Berechnungen ganz unsicher, und wir können uns auch nicht einmal annähernd die ungeheure Länge der Zeiträume vorstellen, welche zur Bildung jener neptunischen Schichten-Systeme erforderlich waren. Nur relative, nicht absolute Zeitmaasse sind hier anwendbar.

Man würde übrigens auch vollkommen fehl gehen, wenn man die Mächtigkeit jener Schichten-Systeme allein als Maassstab für die inzwischen wirklich verflossene Zeit der Erdgeschichte betrachten wollte. Denn Hebungen und Senkungen der Erdrinde haben beständig mit einander gewechselt, und aller Wahrscheinlichkeit nach entspricht der mineralogische und paläontologische Unterschied, den man zwischen je zwei auf einanderfolgenden Schichten-Systemen und zwischen je zwei Formationen derselben wahrnimmt, einem beträchtlichen Zwischenraum von vielen Jahrtausenden, während dessen die betreffende Stelle der Erdrinde über das Wasser gehoben war. Erst nach Ablauf dieser Zwischenzeit, als eine neue Senkung diese Stelle wieder unter Wasser brachte, fand die Ablagerung einer neuen Bodenschicht statt. Da aber inzwischen die anorgischen und organischen Verhältnisse an diesem Orte eine beträchtliche Umbildung erfahren hatten, musste die neugebildete Schlammschicht aus verschiedenen Bodenbestandtheilen zusammengesetzt sein und ganz verschiedene Versteinerungen einschliessen.

Die auffallenden Unterschiede, die zwischen den Versteinerungen zweier übereinander liegenden Schichten so häufig stattfinden, sind einfach und leicht nur durch die Annahme zu erklären, dass derselbe Punkt der Erdoberfläche wiederholten Senkungen und Hebungen ausgesetzt wurde. Noch gegenwärtig finden solche Hebungen und Senkungen, welche man der Reaction des feuer-flüssigen Erdkerns gegen die erstarrte Rinde zuschreibt, in weiter Ausdehnung statt.

So steigt z. B. die Küste von Schweden und ein Theil von der Westküste Süd-Amerikas beständig langsam empor, während die Küste von Holland und ein Theil von der Ostküste Süd-Amerikas allmählich untersinkt. Das Steigen wie das Sinken geschieht nur sehr langsam und beträgt im Jahrhundert bald nur einige Linien, bald einige Zoll oder höchsten einige Fuss. Wenn aber diese Bewegung Hunderte von Jahrtausenden hindurch ununterbrochen andauert, kann sie die höchsten Gebirge bilden.

Offenbar haben ähnliche Hebungen und Senkungen, wie sie an jenen Stellen noch heute zu messen sind, während des ganzen Verlaufes der organischen Erdgeschichte ununterbrochen an verschiedenen Stellen mit einander gewechselt. Das ergiebt sich mit Sicherheit aus der geographischen Verbreitung der Organismen.

IV. **Caenolithische Schichten-Systeme** 3000 Fuss.		Eocaen, Miocaen, Pliocaen.
III. **Mesolithische Schichten-Systeme.** Ablagerungen der Secundärzeit. Circa 15,000 Fuss.		IX. Kreide-System. VIII. Jura-System. VII. Trias-System.
II. **Paläolithische Schichten-Systeme** Ablagerungen der Primär-Zeit. Circa 42,000 Fuss.		VI. Permisches System. V. Steinkohlen-System. IV. Devonisches System.
Tabelle zur Uebersicht der neptunischen versteinerungsführenden Schichten-Systeme der Erdrinde mit Bezug auf ihre verhältnissmässige durchschnittliche Dicke. (130,000 Fuss circa.)	I. **Archolithische Schichten-Systeme.** Ablagerungen der Primordialzeit. Circa 70,000 Fuss.	III. Silurisches System. Circa 22,000 Fuss. II. Cambrisches System. Circa 18,000 Fuss. I. Laurentisches System. Circa 30,000 Fuss.

(Vergl. 326.) Nun ist es aber für die Beurtheilung unserer paläontologischen Schöpfungs-Urkunde ausserordentlich wichtig, sich klar zu machen, dass bleibende Schichten sich bloss während langsamer Senkung des Bodens unter Wasser ablagern können, nicht aber während andauernder Hebung. Wenn der Boden langsam mehr und mehr unter den Meeresspiegel versinkt, so gelangen die abgelagerten Schlammschichten in immer tieferes und ruhigeres Wasser, wo sie sich ungestört zu Gestein verdichten können. Wenn sich dagegen umgekehrt der Boden langsam hebt, so kommen die soeben abgelagerten Schlammschichten, welche Reste von Pflanzen und Thieren umschliessen, sogleich wieder in den Bereich des Wogenspiels, und werden durch die Kraft der Brandung alsbald nebst den eingeschlossenen organischen Resten zerstört. Aus diesem einfachen, aber sehr gewichtigen Grunde können also nur während einer andauernden Senkung des Bodens sich reichlichere Schichten ablagern, in denen die organischen Reste erhalten bleiben. Wenn je zwei verschiedene über einander liegende Formationen oder Schichten mithin zwei verschiedenen Senkungsperioden entsprechen, so müssen wir zwischen diesen letzteren einen langen Zeitraum der Hebung annehmen, von dem wir gar nichts wissen, weil uns keine fossilen Reste von den damals lebenden Thieren und Pflanzen aufbewahrt werden konnten. Offenbar verdienen aber diese spurlos dahingegangenen Hebungszeiträume nicht geringere Berücksichtigung als die damit abwechselnden Senkungszeiträume, von deren organischer Bevölkerung uns die versteinerungsführenden Schichten eine ungefähre Vorstellung geben. Wahrscheinlich waren die ersteren durchschnittlich von nicht geringerer Dauer als die letzteren; für diese Annahme sprechen viele gewichtige Gründe.

Schon hieraus ergiebt sich, wie unvollständig unsere Urkunde nothwendig sein muss, um so mehr, da sich theoretisch erweisen lässt, dass gerade während der Hebungszeiträume das Thier- und Pflanzenleben an Mannichfaltigkeit zunehmen musste. Denn indem neue Strecken Landes über das Wasser gehoben werden, bilden sich neue Inseln. Jede neue Insel ist aber ein neuer Schöpfungs-Mittelpunkt, weil die zufällig dorthin verschlagenen

Thiere und Pflanzen auf dem neuen Boden im Kampf um's Dasein reiche Gelegenheit finden, sich eigenthümlich zu entwickeln und neue Arten zu bilden. Die Bildung neuer Arten hat offenbar während dieser Zwischenzeiten, aus denen uns leider keine Versteinerungen erhalten bleiben konnten, vorzugsweise stattgefunden; umgekehrt gab die langsame Senkung des Bodens eher Gelegenheit zum Aussterben zahlreicher Arten und zu einem Rückschritt in der Artenbildung. Auch die Zwischenformen zwischen den alten und den neu sich bildenden Species werden vorzugsweise während jener Hebungszeiträume gelebt haben und konnten daher ebenfalls keine fossilen Reste hinterlassen.

Zu den sehr bedeutenden und empfindlichen Lücken der paläontologischen Schöpfungsurkunde, welche durch die Hebungszeiträume bedingt werden, kommen nun leider noch viele andere Umstände hinzu, welche den hohen Werth derselben ausserordentlich verringern. Dahin gehört vor Allen der metamorphische Zustand der ältesten Schichten-Gruppen, gerade derjenigen, welche die Reste der ältesten Flora und Fauna, der Stammformen aller folgenden Organismen enthalten, und dadurch von ganz besonderem Interesse sein würden. Gerade diese Gesteine, und zwar der grössere Theil der primordialen oder archolithischen Schichten, fast das ganze laurentische und ein grosser Theil des cambrischen Systems, enthalten gar keine kenntlichen Reste mehr, und zwar aus dem einfachen Grunde, weil diese Schichten durch den Einfluss des feuer-flüssigen Erdinnern nachträglich wieder verändert oder metamorphosirt wurden. Durch die Hitze des glühenden Erdkerns sind diese tiefsten neptunischen Rindenschichten in ihrer ursprünglichen Schichten-Structur gänzlich umgewandelt und in einen krystallinischen Zustand übergeführt worden. Dabei ging aber die Form der darin eingeschlossenen organischen Reste ganz verloren. Nur hie und da wurde sie durch einen glücklichen Zufall erhalten, wie es bei Manchen der ältesten bekannten Petrefacten, aus den untersten cambrischen und laurentischen Schichten, der Fall ist. Jedoch können wir aus den Lagern von krystallinischer Kohle (Graphit) und krystallinischem Kalk (Marmor), welche sich in den metamorphischen Gesteinen eingelagert finden, mit Sicherheit auf die frühere Anwesenheit von versteinerten Pflanzen- und Thierresten in denselben schliessen.

Ausserordentlich unvollständig wird unsere Schöpfungs-Urkunde durch den Umstand, dass erst ein sehr kleiner Theil der Erdoberfläche genauer geologisch untersucht ist, vorzugsweise Europa und Nord-Amerika; auch von Süd-Amerika und Ost-Indien sind einzelne Stellen der Erdrinde aufgeschlossen; der grösste Theil derselben ist uns aber unbekannt. Dasselbe gilt vom grössten Theil Asiens, des umfangreichsten aller Welttheile; auch von Afrika (ausgenommen das Kap der guten Hoffnung und die Mittelmeerküste) und von Australien wissen wir nur sehr Wenig. Im Ganzen ist wohl kaum der hundertste Theil der gesammten Erdoberfläche gründlich paläontologisch erforscht. Wir können daher wohl hoffen, bei weiterer Ausbreitung der geologischen Untersuchungen, denen namentlich die Anlage von Eisenbahnen und Bergwerken sehr zu Hilfe kommen wird, noch einen grossen Theil wichtiger Versteinerungen aufzufinden. Ein Fingerzeig dafür ist uns durch die merkwürdigen Versteinerungen gegeben, die man an den wenigen genauer untersuchten Punkten von Afrika und Asien, in den Kapgegenden und am Himalaya, aufgefunden hat. Eine Reihe von ganz neuen und sehr eigenthümlichen Thierformen ist uns dadurch bekannt geworden. Freilich müssen wir andrerseits erwägen, dass der ausgedehnte Boden der jetzigen Meere vorläufig für die paläontologischen Forschungen fast unzugänglich ist; den grössten Theil der hier seit uralten Zeiten begrabenen Versteinerungen werden wir entweder niemals oder erst nach Verlauf vieler Jahrtausende kennen lernen, wenn durch allmähliche Hebungen der gegenwärtige Meeresboden mehr zu Tage getreten sein wird. Wenn Sie bedenken, dass die ganze Erdoberfläche zu ungefähr drei Fünftheilen aus Wasser und nur zu zwei Fünftheilen aus Festland besteht, so können Sie ermessen, dass auch in dieser Beziehung die paläontologische Urkunde eine ungeheure Lücke enthält.

Nun kommen aber noch eine Reihe von Schwierigkeiten für die Paläontologie hinzu, welche in der Natur der Organismen selbst begründet sind. Vor allen ist hier hervorzuheben, dass in der Regel nur harte und feste Körpertheile der Organismen auf den Boden des Meeres und der süssen Gewässer gelangen und hier in Schlamm eingeschlossen und versteinert werden können. Es sind also namentlich die Knochen und Zähne der Wirbelthiere, die Kalkschalen der Weichthiere, die Chitinskelete der Gliederthiere, die Kalkskelete der Sternthiere und Corallen, ferner die holzigen, festen Theile der Pflanzen, die einer solchen Versteinerung fähig sind. Die weichen und zarten Theile dagegen, welche bei den allermeisten Organismen den bei weitem grössten Theil des Körpers bilden, gelangen nur sehr selten unter so günstigen Verhältnissen in den Schlamm, dass sie versteinern, oder dass ihre äusser Form deutlich in dem erhärteten Schlamme sich abdrückt. Nun bedenken Sie, dass ganze grosse Classen von Organismen, wie z. B. die Medusen, die nackten Mollusken, welche keine Schale haben, ein grosser Theil der Gliederthiere, fast alle Würmer und selbst die niedersten Wirbelthiere gar keine festen und harten, versteinerungsfähigen Körpertheile besitzen. Ebenso sind gerade die wichtigsten Pflanzentheile, die Blüthen, meistens so weich und zart, dass sie sich nicht in kenntlicher Form conserviren können. Von allen diesen wichtigen Lebensformen werden wir naturgemäss auch gar keine versteinerten Reste zu finden erwarten können. Ferner sind die Embryonen und Jugendzustände fast aller Organismen so weich und zart, dass sie gar nicht versteinerungsfähig sind. Was wir also von Versteinerungen in den neptunischen Schichten-Systemen der Erdrinde vorfinden, das sind im Verhältniss zum Ganzen nur wenige Formen, und meistens nur einzelne Bruchstücke.

Sodann ist zu berücksichtigen, dass die Meerbewohner in einem viel höheren Grade Aussicht haben, ihre todten Körper in den abgelagerten Schlammschichten versteinert zu erhalten, als die Bewohner der süssen Gewässer und des Festlandes. Die das Land bewohnenden Organismen können in der Regel nur dann versteinert werden, wenn ihre Leichen zufällig ins Wasser fallen und auf dem Boden in erhärtenden Schlamm-Schichten begraben werden, was von mancherlei Bedingungen abhängig ist. Daher kann es uns nicht Wunder nehmen, dass die bei weitem grösste Mehrzahl der Versteinerungen Organismen angehört, die im Meere lebten, und dass von den Landbewohnern verhältnissmässig nur sehr wenige im fossilen Zustande erhalten sind. Welche Zufälligkeiten hierbei in's Spiel kommen, mag Ihnen allein der Umstand beweisen, dass man von vielen fossilen Säugethieren, insbesondere von fast allen Säugethieren der Secundärzeit, weiter Nichts kennt, als den Unterkiefer. Dieser Knochen ist erstens verhältnissmässig fest und löst sich zweitens sehr leicht von dem todten Cadaver, das auf dem Wasser schwimmt, ab. Während die Leiche vom Wasser fortgetrieben und zerstört wird, fällt der Unterkiefer auf den Grund des Wassers hinab und wird hier vom Schlamm umschlossen. Daraus erklärt sich allein die merkwürdige Thatsache, dass in einer Kalkschicht des Jurasystems bei Oxford in England, in den Schiefern von Stonesfield, bis jetzt bloss die Unterkiefer von zahlreichen Beutelthieren gefunden worden sind, den ältesten Säugethieren, welche wir kennen. Von dem ganzen übrigen Körper derselben war auch nicht ein Knochen mehr vorhanden. Die „exacten“ Gegner der Entwickelungstheorie würden nach der bei ihnen gebräuchlichen Logik hieraus den Schluss ziehen müssen, dass der Unterkiefer der einzige Knochen im Leibe jener merkwürdigen Thiere war.

Für die kritische Würdigung der vielen unbedeutenden Zufälle, die unsere Kenntniss der Versteinerungen in der bedeutendsten Weise beeinflussen, sind ferner auch die Fussspuren sehr lehrreich, welche sich in grosser Menge in verschiedenen ausgedehnten Sandsteinlagern, z. B. in dem rothen Sandstein von Connecticut in Nordamerika, finden. Diese Fusstritte rühren offenbar von Wirbelthieren, wahrscheinlich von Reptilien her, von deren Körper selbst uns nicht die geringste Spur erhalten geblieben ist. Die Abdrücke, welche ihre Füsse im Schlamm hinterlassen haben, verrathen uns allein die vormalige Existenz von diesen uns sonst ganz unbekannten Thieren.

Welche Zufälligkeiten ausserdem noch die Grenzen unserer paläontologischen Kenntnisse bestimmen, können Sie daraus ermessen, dass man von sehr vielen wichtigen Versteinerungen nur ein einziges oder nur ein paar Exemplare kennt. Es sind noch nicht dreissig Jahre her, seit wir mit dem unvollständigen Abdruck eines Vogels aus dem Jurasystem bekannt wurden, dessen Kenntniss für die Phylogenie der ganzen Vögelclasse von der allergrössten Wichtigkeit ist. Alle bisher bekannten Vögel stellten eine sehr einförmig organisirte Gruppe dar, und zeigten keine auffallenden Uebergangsbildungen zu anderen Wirbelthierclassen, auch nicht zu den nächstverwandten Reptilien. Jener fossile Vogel aus dem Jura dagegen *(Archaeopteryx)* besass keinen gewöhnlichen Vogelschwanz, sondern einen Eidechsenschwanz, und bestätigte dadurch die aus anderen Gründen vermuthete Abstammung der Vögel von den Eidechsen. Durch dieses einzige Petrefact wurde also nicht nur unsere Kenntniss von dem Alter der Vogelclasse, sondern auch von ihrer Blutsverwandtschaft mit den Reptilien wesentlich erweitert. Eben so sind unsere Kenntnisse von anderen Thiergruppen oft durch die zufällige Entdeckung einer einzigen Versteinerung wesentlich umgestaltet worden. Da wir aber wirklich von vielen wichtigen Petrefacten nur sehr wenige Exemplare oder nur Bruchstücke kennen, so muss auch aus diesem Grunde die paläontologische Urkunde höchst unvollständig sein.

Eine weitere und sehr empfindliche Lücke derselben ist durch den Umstand bedingt, dass die Zwischen-Formen, welche die verschiedenen Arten verbinden, in der Regel nicht erhalten sind, und zwar aus dem einfachen Grunde, weil dieselben (nach dem Princip der Divergenz des Charakters) im Kampfe um's Dasein ungünstiger gestellt waren, als die am meisten divergirenden Varietäten, die sich aus einer und derselben Stamm-Form entwickelten. Die Zwischenglieder sind im Ganzen immer rasch ausgestorben und haben sich nur selten vollständig erhalten. Die am stärksten divergirenden Formen dagegen konnten sich längere Zeit hindurch als selbstständige Arten am Leben erhalten, sich in zahlreichen Individuen ausbreiten und demnach auch leichter versteinert werden. Dadurch ist jedoch nicht ausgeschlossen, dass nicht in vielen Fällen auch die verbindenden Zwischen-Formen der Arten sich so vollständig versteinert erhielten, dass sie noch gegenwärtig die systematischen Paläontologen in die grösste Verlegenheit versetzen und endlose Streitigkeiten über die ganz willkürlichen Grenzen der Species hervorrufen.

Ein ausgezeichnetes Beispiel der Art liefert die berühmte vielgestaltige Süsswasser-Schnecke aus dem Stubenthal bei Steinheim in Würtemberg, welche bald als *Paludina*, bald als *Valvata*, bald als *Planorbis multiformis* beschrieben worden ist. Die schneeweissen Schalen dieser kleinen Schnecke setzen mehr als die Hälfte von der ganzen Masse eines tertiären Kalkhügels zusammen, und offenbaren dabei an dieser einen Localität eine solche wunderbare Formen-Manichfaltigkeit, dass man die am meisten divergirenden Extreme als wenigstens zwanzig ganz verschiedene Arten beschreiben und diese sogar in vier ganz verschiedene Gattungen versetzen könnte. Aber alle diese extremen Formen sind durch so massenhafte verbindende Zwischenformen verknüpft, und diese liegen so gesetzmässig über und neben einander, dass Hilgendorf daraus auf das Klarste den Stammbaum der ganzen Formen-Gruppe entwickeln konnte. Ebenso finden sich bei sehr vielen anderen fossilen Arten (z. B. vielen Ammoniten, Terebrateln, Seeigeln, Seelilien u. s. w.) die verknüpfenden Zwischen-Formen in solcher Masse, dass sie die „fossilen Specieskrämer“ zur Verzweiflung bringen.

Wenn Sie nun alle vorher angeführten Verhältnisse erwägen, so werden Sie sich nicht darüber wundern, dass die paläontologische Schöpfungs-Urkunde ganz ausserordentlich lückenhaft und unvollständig ist. Aber dennoch haben die wirklich gefundenen Versteinerungen den grössten Werth. Ihre Bedeutung für die natürliche Schöpfungs-Geschichte ist nicht geringer als die Bedeutung, welche die berühmte Inschrift von Rosette und das Decret von Kanopus für die Völkergeschichte, für die Archäologie und Philologie besitzen. Wie es durch diese beiden uralten Inschriften möglich wurde, die Geschichte des alten Egyptens ausserordentlich zu erweitern, und die ganze Hieroglyphenschrift zu entziffern, so genügen uns in vielen Fällen einzelne Knochen eines Thieres oder unvollständige Abdrücke einer niederen Thier- oder Pflanzenform, um die wichtigsten Anhaltspunkte für die Geschichte einer ganzen Gruppe und die Erkenntniss ihres Stammbaums zu gewinnen. Ein paar kleine Backzähne, die in der Keuper-Formation der Trias gefunden wurden, haben für sich allein den sicheren Beweis geliefert, dass schon in der Triaszeit Säugethiere existirten.

Von der Unvollkommenheit des geologischen Schöpfungsberichtes sagt Darwin, in Uebereinstimmung mit Lyell, dem berühmten, kürzlich verstorbenen Geologen: „Der natürliche Schöpfungsbericht, wie ihn die Paläontologie liefert, ist eine Geschichte der Erde, unvollständig erhalten und in wechselnden Dialecten geschrieben, wovon aber nur der letzte, bloss auf einige Theile der Erdoberfläche sich beziehende Band bis auf uns gekommen ist. Doch auch von diesem Bande ist nur hie und da ein kurzes Capitel erhalten, und von jeder Seite sind nur da und dort einige Zeilen übrig. Jedes Wort der langsam wechselnden Sprache dieser Beschreibung, mehr oder weniger verschieden in der ununterbrochenen Reihenfolge der einzelnen Abschnitte, mag den anscheinend plötzlich wechselnden Lebensformen entsprechen, welche in den unmittelbar auf einander liegenden Schichten unserer weit von einander getrennten Formationen begraben liegen."

Wenn Sie diese ausserordentliche Unvollständigkeit der paläontologischen Urkunde sich beständig vor Augen halten, so wird es Ihnen nicht wunderbar erscheinen, dass wir noch auf so viele unsichere Hypothesen angewiesen sind, indem wir wirklich den Stammbaum der verschiedenen organischen Gruppen entwerfen wollen. Jedoch besitzen wir glücklicher Weise ausser den Versteinerungen auch noch andere historische Urkunden; und diese sind in vielen Fällen von nicht geringerem und in den meisten sogar von viel höherem Werthe als die Petrefacten. Die bei weitem wichtigste von diesen anderen Schöpfungs-Urkunden ist ohne Zweifel die Ontogenie oder Keimes-Geschichte; denn sie wiederholt uns kurz in grossen, markigen Zügen das Bild der Stammes-Geschichte oder Phylogenie (vergl. oben S. 309).

Allerdings ist die Skizze, welche uns die Ontogenie der Organismen von ihrer Phylogenie giebt, in den meisten Fällen mehr oder weniger verwischt, und zwar um so mehr, je mehr die Anpassung im Laufe der Zeit das Uebergewicht über die Vererbung erlangt hat, und je mächtiger das Gesetz der abgekürzten Vererbung und das Gesetz der wechselbezüglichen Anpassung eingewirkt haben. Allein dadurch wird der hohe Werth nicht vermindert, welchen die wirklich treu erhaltenen Züge jener Skizze besitzen. Besonders für die Erkenntniss der frühesten paläontologischen Entwickelungs-Zustände ist die Ontogenie von ganz unschätzbarem Werthe, weil gerade von den ältesten Entwickelungs-Zuständen der Stämme und Classen uns gar keine versteinerten Reste erhalten worden sind und auch schon wegen der weichen und zarten Körper-Beschaffenheit derselben nicht erhalten bleiben konnten. Keine Versteinerung könnte uns von der unschätzbar wichtigen Thatsache berichten, welche die Ontogenie uns erzählt, dass die ältesten gemeinsamen Vorfahren aller verschiedenen Thier- und Pflanzen-Arten ganz einfache Zellen, gleich den Eiern waren. Keine Versteinerung könnte uns die unendlich werthvolle, durch die Ontogenie festgestellte Thatsache beweisen, dass durch einfache Vermehrung, Gemeindebildung und Arbeitstheilung jener Zellen die unendlich mannichfaltigen Körperformen der vielzelligen Organismen entstanden. Allein schon die Gastrulation (S. 300) ist eine der wichtigsten Stammes-Urkunden. So hilft uns die Ontogenie über viele und grosse Lücken der Paläontologie hinweg.

Zu den unschätzbaren Schöpfungs-Urkunden der Paläontologie und Ontogenie gesellen sich nun drittens die nicht minder wichtigen Zeugnisse für die Blutsverwandtschaft der Organismen, welche uns die vergleichende Anatomie liefert. Wenn äusserlich sehr verschiedene Organismen in ihrem inneren Bau nahezu übereinstimmen, so können wir daraus mit voller Sicherheit schliessen, dass diese Uebereinstimmung ihren Grund in der Vererbung, jene Ungleichheit dagegen ihren Grund in der Anpassung hat. Betrachten Sie z. B. vergleichend die Hände oder Vorderpfoten der neun verschiedenen Säugethiere, welche auf der nachstehenden Tafel IV abgebildet sind, und bei denen das knöcherne Skelet-Gerüst im Innern der Hand und der fünf Finger sichtbar ist. Ueberall finden sich bei der verschiedensten äusseren Form dieselben Knochen in derselben Zahl, Lagerung und Verbindung wieder.

Dass die Hand des Menschen (Fig. 1) von derjenigen seiner nächsten Verwandten, des Gorilla (Fig. 2) und des Orang (Fig. 3), sehr wenig verschieden ist, wird vielleicht sehr natürlich erscheinen. Wenn aber auch die Vorderpfote des Hundes (Fig. 4), sowie die Brustflosse (die Hand) des Seehundes (Fig. 5) und des Delphins (Fig. 6) ganz denselben wesentlichen Bau zeigt, so wird dies schon mehr überraschen. Und noch wunderbarer wird es Ihnen vorkommen, dass auch der Flügel der Fledermaus (Fig. 7), die Grabschaufel des Maulwurfs (Fig. 8) und der Vorderfuss des unvollkommensten aller Säugethiere, des Schnabelthiers (Fig. 9) ganz aus denselben Knochen zusammengesetzt ist. Nur die Grösse und Form der Knochen ist vielfach geändert. Die Zahl und die Art ihrer Anordnung und Verbindung ist dieselbe geblieben. (Vergl. auch die Erklärung der Taf. IV im Anhang.) Es ist ganz undenkbar, dass irgend eine andere Ursache, als die gemeinschaftliche Vererbung von gemeinsamen Stamm-Eltern diese wunderbare Homologie oder Gleichheit im wesentlichen inneren Bau bei so verschiedener äusserer Form verursacht habe. Und wenn Sie nun im System von den Säugethieren weiter hinuntersteigen, und finden, dass sogar bei den Vögeln die Flügel, bei den Reptilien und Amphibien die Vorderfüsse, wesentlich in derselben Weise aus denselben Knochen zusammengesetzt sind, wie die Arme des Menschen und die Vorderbeine der übrigen Säugethiere, so können Sie schon daraus auf die gemeinsame Abstammung aller dieser Wirbelthiere mit voller Sicherheit schliessen. Der Grad der inneren Form-Verwandtschaft enthüllt Ihnen hier, wie überall, den Grad der wahren Stamm-Verwandtschaft.

Hand von neun verschiedenen Säugethieren

Taf. IV

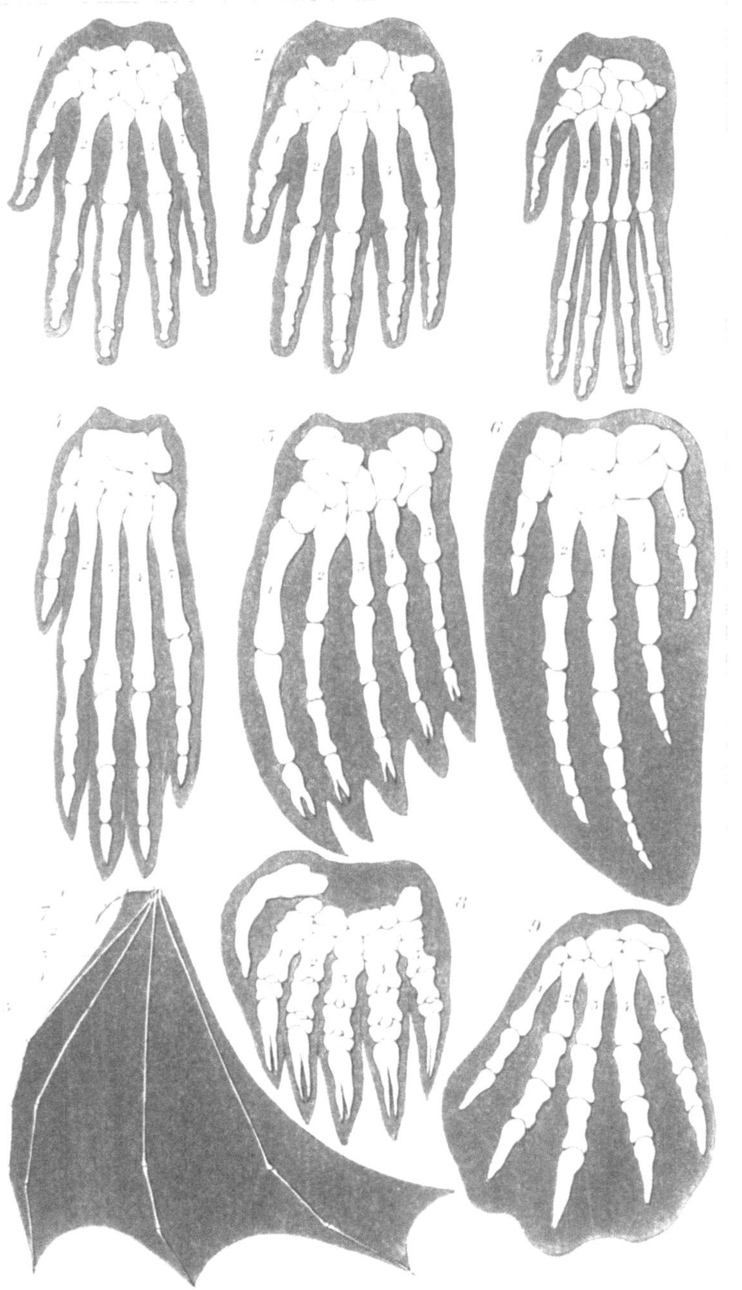

1. Mensch. 2. Gorilla. 3. Orang. 4. Hund. 5. Seehund. 6. Delphin.
7. Fledermaus. 8. Maulwurf. 9. Schnabelthier.

Siebzehnter Vortrag.

Phylogenetisches System der Organismen. Protisten und Histonen.

Specielle Durchführung der Descendenz-Theorie in dem natürlichen System der Organismen. Construction der Stammbäume. Neuere Fortschritte der Phylogenie. Abstammung aller mehrzelligen Organismen von einzelligen. Abstammung der Zellen von Moneren. Begriff der organischen Stämme oder Phylen. Zahl der Stämme des Thierreichs und des Pflanzenreichs. Einheitliche oder monophyletische und vielheitliche oder polyphyletische Descendenz-Hypothese. Das Reich der Protisten oder Zellinge (einzellige Organismen). Gegensatz zum Reiche der Histonen oder Webinge (vielzellige Thiere und Pflanzen). Grenzen zwischen Thierreich und Pflanzenreich. Urpflanzen (Protophyta) und Urthiere (Protozoa). Monobien und Coenobien. Challenger-Resultate. Geschichte der Radiolarien. System der organischen Reiche.

Meine Herren! Durch die denkende Vergleichung der individuellen und paläontologischen Entwickelung, sowie durch die vergleichende Anatomie der Organismen, durch die vergleichende Betrachtung ihrer entwickelten Form-Verhältnisse, gelangen wir zur Erkenntniss ihrer stufenweis verschiedenen Form-Verwandtschaft. Dadurch gewinnen wir aber zugleich einen Einblick in ihre wahre Stamm-Verwandtschaft; denn diese ist ja nach der Descendenz-Theorie der eigentliche Grund der Form-Verwandtschaft. Wenn wir also die empirischen Resultate der Embryologie, Paläontologie und Anatomie zusammenstellen, kritisch vergleichen, und zur gegenseitigen Ergänzung benutzen, dürfen wir hoffen, uns der Erkenntniss des natürlichen Systems, und somit auch des Stammbaums der Organismen zu nähern. Allerdings bleibt unser menschliches Wissen, wie überall, so ganz besonders hier, nur Stückwerk, schon wegen der ausserordentlichen Unvollständigkeit und Lückenhaftigkeit der empirischen Schöpfungs-Urkunden. Indessen dürfen wir uns dadurch nicht abschrecken lassen, jene höchste Aufgabe der Biologie in Angriff zu nehmen. Lassen Sie uns vielmehr sehen, wie weit es schon jetzt möglich ist, trotz des unvollkommenen Zustandes unserer embryologischen, paläontologischen und anatomischen Kenntnisse, eine annähernde Hypothese von dem verwandtschaftlichen Zusammenhang der Organismen aufzustellen.

Darwin giebt uns in seinen Werken auf diese speciellen Fragen der Descendenz-Theorie keine Antwort. Er äussert nur gelegentlich seine Vermuthung, „dass die Thiere von höchstens vier oder fünf, und die Pflanzen von eben so vielen oder noch weniger Stamm-Arten herrühren“. Da aber auch diese wenigen Hauptformen noch Spuren von verwandtschaftlicher Verkettung zeigen, und da selbst Pflanzen- und Thierreich durch vermittelnde Uebergangs-Formen verbunden sind, so gelangt er weiterhin zu der Annahme, „dass wahrscheinlich alle organischen Wesen, die jemals auf dieser Erde gelebt, von irgend einer Urform abstammen“.

Ich habe 1866 in der systematischen Einleitung zu meiner allgemeinen Entwickelungs-Geschichte (im zweiten Bande der generellen Morphologie) eine Anzahl von hypothetischen Stammtafeln für die grösseren Organismen-Gruppen aufgestellt, und damit thatsächlich den ersten Versuch gemacht, die Stammbäume der Organismen in der Weise, wie es die Entwickelungs-Theorie erfordert, wirklich zu construiren. Dabei war ich mir der ausserordentlichen Schwierigkeiten dieser wichtigen Aufgabe vollkommen bewusst. Indem ich trotz aller abschreckenden Hindernisse dieselbe dennoch in Angriff nahm, beanspruchte ich weiter Nichts, als den ersten Versuch gemacht und zu weiteren und besseren Versuchen angeregt zu haben. Die meisten Zoologen und Botaniker sind von diesem Anfang wenig befriedigt gewesen, und am wenigsten natürlich in dem engen Specialgebiete, in welchem ein Jeder besonders arbeitet. Allein wenn irgendwo, so ist gewiss hier das Tadeln viel leichter als das Bessermachen.

In den 23 Jahren, welche seit dem Erscheinen der „Generellen Morphologie“ verflossen sind, ist sehr Viel geschehen, um den dort entworfenen Grundriss der Phylogenie auszuführen. Zwar erhoben sich anfänglich viele Stimmen, welche nicht nur jene ersten Entwürfe für ganz verfehlt, sondern die phylogenetische Forschung und die damit verknüpfte Construction hypothetischer Stammbäume überhaupt für unwissenschaftlich, ja sogar für unmöglich erklärten. Du Bois-Reymond suchte sie lächerlich zu machen, indem er sie mit den philologischen Forschungen über die Stammbäume der homerischen Helden verglich. Aber die Freude unserer Gegner über diese und ähnliche, namentlich von Physiologen ausgehende Angriffe war nur von kurzer Dauer; denn bald regte sich überall in erfreulichster Weise der phylogenetische Forschungstrieb. Jeder denkende Morphologe, der eine grössere oder kleinere Gruppe des Thierreichs systematisch bearbeitete, wurde durch die Erkenntniss ihrer Form-Verwandtschaft von selbst zu der Frage nach ihrer Stamm-Verwandtschaft hingeführt; und in vielen Fällen ergaben sich die Grundzüge derselben mit so viel Klarheit, dass man sich eine vollkommene Vorstellung von der Entstehung und stufenweisen Entwickelung dieser Thier-Gruppe machen konnte; so z. B. bei den Hufthieren, Haifischen, Krebsthieren, Ammoniten, Seeigeln, Seelilien u. s. w. Ich selbst habe in meinen Monographien der Radiolarien, Kalkschwämme, Medusen und Siphonophoren zu zeigen versucht, wie weit es möglich ist, den Stammbaum einer formenreichen Thier-Gruppe auf Grund der bekannten Urkunden zu ermitteln. Gleich allen anderen wissenschaftlichen Hypothesen, welche zur Erklärung der Thatsachen dienen, werden auch meine genealogischen Hypothesen so lange auf Berücksichtigung Anspruch machen dürfen, bis sie durch bessere ersetzt werden.

Hoffentlich wird dieser Ersatz recht bald geschehen, und ich wünschte Nichts mehr, als dass mein erster Versuch recht viele Naturforscher anregen möchte, wenigstens auf dem engen, ihnen genau bekannten Specialgebiete des Thier- oder Pflanzenreichs die genaueren Stammbäume für einzelne Gruppen aufzustellen. Durch zahlreiche derartige Versuche wird unsere genealogische Erkenntniss im Laufe der Zeit langsam fortschreiten, und mehr und mehr der Vollendung näher kommen, obwohl mit Bestimmtheit vorauszusehen ist, dass ein vollendeter Stammbaum niemals wird erreicht werden. Es fehlen uns und werden uns immer fehlen die unerlässlichen paläontologischen Grundlagen. Die ältesten Urkunden werden uns ewig verschlossen bleiben aus den früher bereits angeführten Ursachen. Die ältesten, durch Urzeugung entstandenen Organismen, die Stamm-Eltern aller folgenden, müssen wir uns nothwendig als Moneren denken, als einfache weiche structurlose Plasma-Klümpchen, ohne jede bestimmte Form, ohne irgend welche harte und geformte Theile. Diese und ihre nächsten Abkömmlinge waren daher der Erhaltung im versteinerten Zustande durchaus nicht fähig. Ebenso fehlt uns aber aus den im letzten Vortrage ausführlich erörterten Gründen der bei weitem grösste Theil von den zahllosen paläontologischen Documenten, die zur sicheren Durchführung der Stammes-Geschichte oder Phylogenie und zur wahren Erkenntniss der organischen Stammbäume eigentlich erforderlich wären. Wenn wir daher das Wagniss ihrer hypothetischen Construction dennoch unternehmen, so sind wir vor Allem auf die Unterstützung der beiden anderen Urkunden-Reihen hingewiesen, welche das paläontologische Archiv in wesentlichster Weise ergänzen, der vergleichenden Anatomie und Keimes-Geschichte.

Wenn wir nun diese höchst werthvollen Urkunden gehörig denkend und vergleichend zu Rathe ziehen, und vom allgemeinsten Standpunkt der Zellen-Theorie einen umfassenden Blick auf die Gesammtheit der Lebens-Formen werfen, so begegnen wir zunächst einer höchst wichtigen Thatsache: Die niedersten und einfachsten Lebens-Formen, die sogenannten Ur-Pflanzen und Ur-Thiere, bestehen zeitlebens nur aus einer einfachen Zelle; sie sind permanent einzellig. Hingegen sind die meisten Organismen, insbesondere alle höheren Thiere und Pflanzen vielzellig, aus einer Vielzahl von eng verbundenen Zellen zusammengesetzt; sie nehmen ihren Ursprung aus einem Ei und dieses Ei ist bei den Thieren ebenso wie bei den Pflanzen eine einzige ganz einfache Zelle: ein Klümpchen einer Eiweiss-Verbindung, in welchem ein anderer eiweissartiger Körper, der Zellkern, eingeschlossen ist. Diese kernhaltige Zelle wächst und vergrössert sich. Durch Theilung bildet sich ein Zellen-Häufchen, und aus diesem entstehen durch Arbeitstheilung in der früher beschriebenen Weise die vielfach verschiedenen Formen, welche die ausgebildeten Thier- und Pflanzen-Arten uns vor Augen führen. (Vergl. S. 298.) Dieser unendlich wichtige Vorgang, welchen wir alltäglich bei der embryologischen Entwickelung jedes thierischen und pflanzlichen Individuums mit unseren Augen Schritt für Schritt unmittelbar verfolgen können, und welchen wir in der Regel durchaus nicht mit der verdienten Ehrfucht betrachten, belehrt uns sicherer und vollständiger, als alle Versteinerungen es thun könnten, über die ursprüngliche paläontologische Entwickelung aller mehrzelligen Organismen, aller höheren Thiere und Pflanzen. Denn da die Ontogenie oder die Keimes-Geschichte jedes einzelnen Individuums nur ein kurzer Auszug seiner Phylogenie oder Stammes-Geschichte ist, eine Recapitulation der paläontologischen Entwickelung seiner Vorfahrenkette, so können wir daraus zunächst mit voller Sicherheit den eben so einfachen als bedeutenden Schluss ziehen, dass alle mehrzelligen Thiere und Pflanzen ursprünglich von einzelligen Organismen abstammen.

Die uralten primordialen Vorfahren des Menschen so gut wie aller anderen Thiere und aller aus vielen Zellen zusammengesetzten Pflanzen waren einfache, isolirt lebende Zellen. Dieses unschätzbare Geheimniss des organischen Stammbaumes wird uns durch die Ei-Zelle der Thiere und Pflanzen mit untrüglicher Sicherheit verrathen. Wenn die Gegner der Descendenz-Theorie uns entgegenhalten, es sei wunderbar und unbegreiflich, dass ein äusserst complicirter vielzelliger Organismus aus einem einfachen einzelligen Organismus im Laufe der Zeit hervorgegangen sei, so entgegnen wir einfach, dass wir dieses unglaubliche Wunder jeden Augenblick nachweisen und mit unseren Augen verfolgen können. Denn die Embryologie der Thiere und Pflanzen führt uns in kürzester Zeit denselben Vorgang greifbar vor Augen, welcher im Laufe ungeheurer Zeiträume bei der Entstehung des ganzen Stammes ursprünglich stattgefunden hat.

Auf Grund der keimesgeschichtlichen Urkunden können wir also mit voller Sicherheit behaupten, dass alle mehrzelligen Organismen eben so gut wie alle einzelligen ursprünglich von einfachen Zellen abstammen; hieran würde sich sehr natürlich der Schluss reihen, dass die älteste Wurzel des Thier- und Pflanzenreichs gemeinsam ist, eine einfachste Zelle. Denn die verschiedenen uralten „Urzellen", aus denen sich die wenigen verschiedenen Hauptgruppen, die „Stämme" oder Phylen des Thier- und Pflanzenreichs entwickelt haben, können ihre Verschiedenheit selbst erst erworben haben, und können selbst von einer gemeinsamen „Urstamm-Zelle" abstammen. Wo kommen aber jene wenigen „Urzellen" oder diese eine „Urstamm-Zelle" her? Zur Beantwortung dieser genealogischen Grundfrage müssen wir auf die früher erörterte Plastiden-Theorie und die Urzeugungs-Hypothese zurückgreifen. (S. 368.)

Wie wir damals zeigten, können wir uns durch Urzeugung unmittelbar nicht Zellen entstanden denken, sondern nur Moneren, Urwesen der denkbar einfachsten Art, gleich den noch jetzt lebenden Protamoeben, Protomyxen u. s. w. Nur solche structurlose Plasma-Körperchen, deren ganzer eiweissartiger Leib so gleichartig in sich wie ein anorgischer Krystall ist, und dennoch die beiden organischen Grundfunctionen der Ernährung und Fortpflanzung vollzieht, konnten unmittelbar im Beginn der laurentischen Zeit aus anorgischer Materie durch Autogonie entstehen. Während einige Moneren auf der ursprünglichen einfachen Bildungsstufe verharrten, bildeten sich andere allmählich zu Zellen um, indem der innere Kern des Plasma-Leibes sich von dem äusseren Zellschleim sonderte. Andererseits bildete sich durch Differenzirung der äussersten Zellschleimschicht sowohl um einfache (kernlose) Cytoden, als um nackte (aber kernhaltige) Zellen eine äussere Hülle (Membran oder Schale). Durch diese beiden Sonderungsvorgänge in dem einfachen Urschleim des Moneren-Leibes, durch die Bildung eines Kerns im Innern, einer Hülle an der äusseren Oberfläche des Plasma-Körpers, entstanden aus den ursprünglichen einfachsten Cytoden, den Moneren, jene vier verschiedenen Arten von Plastiden oder Individuen erster Ordnung, aus denen weiterhin alle übrigen Organismen durch Differenzirung und Zusammensetzung sich entwickeln konnten. (S. 368). Jedenfalls sind die Moneren die Urquellen alles Lebens.

Hier wird sich Ihnen nun zunächst die Frage aufdrängen: Stammen alle organischen Cytoden und Zellen, und mithin auch jene Urzellen, welche wir vorher als die Stamm-Eltern der wenigen grossen Haupt-Gruppen des Thier- und Pflanzenreichs betrachtet haben, von einer einzigen ursprünglichen Moneren-Form ab, oder giebt es mehrere verschiedene organische Stämme, deren jeder von einer eigenthümlichen selbstständig durch Urzeugung entstandenen Moneren-Art abzuleiten ist. Mit anderen Worten: Ist die ganze organische Welt gemeinsamen Ursprungs, oder verdankt sie mehrfachen Urzeugungs-Acten ihre Entstehung? Diese genealogische Grundfrage scheint auf den ersten Blick ein ausserordentliches Gewicht zu haben. Indessen werden Sie bei näherer Betrachtung bald sehen, dass sie dasselbe nicht besitzt, vielmehr im Grunde von untergeordneter Bedeutung und polyphyletisch zu beantworten ist.

Hier müssen wir nun zunächst den Begriff des organischen Stammes feststellen. Wir verstehen unter Stamm oder Phylum die Gesammtheit aller derjenigen Organismen, deren Abstammung von einer gemeinsamen Stamm-Form aus anatomischen und entwickelungsgeschichtlichen Gründen nicht zweifelhaft sein kann, oder doch wenigstens in hohem Maasse wahrscheinlich ist. Unsere Stämme oder Phylen fallen also wesentlich dem Begriffe nach mit jenen wenigen „grossen Classen“ oder „Haupt-Classen“ zusammen, von denen auch Darwin glaubt, dass eine jede nur blutsverwandte Organismen enthält, und von denen er sowohl im Thierreich als im Pflanzenreich nur sehr wenige, in jedem Reiche etwa vier bis fünf annimmt. Im Thierreich würden diese Stämme im Wesentlichen mit jenen vier bis acht Hauptabtheilungen zusammenfallen, welche die Zoologen seit Baer und Cuvier als „Haupt-Formen, General-Pläne, Zweige oder Kreise“ des Thierreichs unterscheiden. (Vergl. S. 48.) Baer und Cuvier unterschieden deren nur vier, nämlich 1. die Wirbelthiere (*Vertebrata*); 2. die Gliederthiere (*Articulata*); 3. die Weichthiere (*Mollusca*) und 4. die Strahlthiere (*Radiata*). Gegenwärtig unterscheidet man gewöhnlich acht, indem man die drei ersten Haupt-Classen oder Kreise beibehält, die vierte aber (Strahlthiere) in fünf Zweige auflöst; diese sind die Mantelthiere (*Tunicata*), Sternthiere (*Echinoderma*), Wurmthiere (*Helminthes*), Pflanzenthiere (*Zoophyta*) und Urthiere (*Protozoa*). Innerhalb jedes dieser acht Stämme zeigen alle dazu gehörigen Thiere trotz grosser Mannichfaltigkeit der äusseren Form dennoch im inneren Bau so zahlreiche und wichtige gemeinsame Grundzüge, dass wir ihre Stamm-Verwandtschaft vorläufig mit grosser Wahrscheinlichkeit annehmen können.

Dasselbe gilt auch von den sechs grossen Haupt-Classen, welche die neuere Botanik im Pflanzenreiche unterscheidet, nämlich 1. die Blumenpflanzen (*Phanerogamae*); 2. die Farne (*Filicinae*); 3. die Mose (*Muscinae*); 4. die Flechten (*Lichenes*); 5. die Pilze (*Fungi*) und 6. die Tange (*Algae*). Die letzten drei Gruppen zeigen selbst wiederum unter sich so nahe Beziehungen, dass man sie als Thalluspflanzen (*Thallophyta*) den drei ersten Haupt-Classen gegenüber stellen, und somit die Zahl der Phylen oder Haupt-Gruppen des Pflanzenreichs auf vier beschränken könnte. Auch Mose und Farne könnte man als Prothalluspflanzen (*Prothallota*) zusammenfassen und dadurch die Zahl der Pflanzenstämme auf drei erniedrigen: Blumenpflanzen, Prothalluspflanzen und Thalluspflanzen. Wir wollen aber dieser Eintheilung gleich die ausdrückliche Bemerkung hinzufügen, dass die morphologischen und phylogenetischen Beziehungen der sechs Stämme des Pflanzenreichs ganz andere sind, als diejenigen der acht Stämme des Thierreichs.

Gewichtige Thatsachen der vergleichenden Anatomie und Entwickelungs-Geschichte legen sowohl im Thierreich als im Pflanzenreich die Vermuthung nahe, dass auch diese wenigen Haupt-Classen oder Stämme unter sich wiederum stammverwandt sind. Wir werden nachher sehen, in wie verschiedener Weise dieser phylogenetische Zusammenhang der Stämme im Thierreich einerseits, im Pflanzenreiche andererseits zu denken ist. Man könnte selbst noch einen Schritt weiter gehen und mit Darwin annehmen, dass die beiden Stammbäume des Thier- und Pflanzenreichs an ihrer tiefsten Wurzel zusammenhängen; dann würden entweder die niedersten und ältesten Thiere und Pflanzen von einem einzigen gemeinsamen Urwesen, oder die ersteren von den letzteren abstammen. Natürlich könnte nach unserer Ansicht dieser gemeinsame Urorganismus nur ein einfachstes durch Urzeugung entstandenes Moner sein.

Vorsichtiger werden wir vorläufig jedenfalls verfahren, wenn wir diesen letzten Schritt noch vermeiden, und wahre Stamm-Verwandtschaft nur innerhalb jedes Stammes oder Phylum annehmen, wo sie durch die Thatsachen der vergleichenden Anatomie, Ontogenie und Paläontologie ziemlich sicher gestellt wird. Aber schon jetzt können wir bei dieser Gelegenheit darauf hinweisen, dass zwei verschiedene Grund-Formen der genealogischen Hypothesen möglich sind, und dass alle verschiedenen Untersuchungen der Descendenz-Theorie über den Ursprung der organischen Formen-Gruppen sich künftig entweder mehr in der einen oder mehr in der andern von diesen beiden Richtungen bewegen werden. Die einheitliche (einstämmige oder monophyletische) Abstammungs-Hypothese wird bestrebt sein, den ersten Ursprung sowohl aller einzelnen Organismen-Gruppen als auch der Gesammtheit derselben auf eine einzige gemeinsame, durch Urzeugung entstandene Moneren-Art zurückzuführen. Die vielheitliche (vielstämmige oder polyphyletische) Descendenz-Hypothese dagegen wird annehmen, dass mehrere verschiedene Moneren-Arten durch Urzeugung entstanden sind, und dass diese mehreren verschiedenen Haupt-Classen (Stämmen oder Phylen) den Ursprung gegeben haben. Im Grunde ist der scheinbar sehr bedeutende Gegensatz zwischen diesen beiden Hypothesen nur von geringer Wichtigkeit. Denn beide, sowohl die einheitliche oder monophyletische, als die vielheitliche oder polyphyletische Descendenz-Hypothese, müssen nothwendig auf Moneren als auf die älteste Wurzel des einen oder der vielen organischen Stämme zurückgehen. Da aber der ganze Körper aller Moneren nur aus einer einfachen, structurlosen und formlosen Plasson-Masse, einer eiweissartigen Kohlenstoff-Verbindung besteht, so können die Unterschiede der verschiedenen Moneren nur chemischer Natur sein und nur in einer verschiedenen molekularen Zusammensetzung jener schleimartigen Plasma-Verbindung bestehen. Diese feinen und verwickelten Mischungs-Verschiedenheiten der unendlich mannichfaltig zusammengesetzten Eiweiss-Verbindungen sind aber vorläufig für die rohen und groben Erkenntnissmittel des Menschen gar nicht erkennbar, und daher auch für unsere vorliegende Aufgabe zunächst von weiter keinem Interesse.

Die Frage von dem einheitlichen oder vielheitlichen Ursprung wird sich auch innerhalb jedes einzelnen Stammes immer wiederholen, wo es sich um den Ursprung einer kleineren oder grösseren Gruppe handelt. Im Pflanzenreiche z. B. werden die einen Botaniker mehr geneigt sein, die sämmtlichen Blumen-Pflanzen von einer einzigen Farn-Form abzuleiten, während die andern die Vorstellung vorziehen werden, dass mehrere verschiedene Phanerogamen-Gruppen aus mehreren verschiedenen Farn-Gruppen hervorgegangen sind. Ebenso werden im Thierreiche die einen Zoologen mehr zu Gunsten der Annahme sein, dass sämmtliche placentale Säugethiere von einer einzigen Beutelthier-Form abstammen, die andern dagegen mehr zu Gunsten der entgegengesetzten Annahme, dass mehrere verschiedene Gruppen von Placental-Thieren aus mehreren verschiedenen Beutelthier-Gruppen hervorgegangen sind. Was das Menschen-Geschlecht selbst betrifft, so werden die Einen den Ursprung desselben aus einer einzigen Affen-Form vorziehen, während die Andern sich mehr zu der Vorstellung neigen werden, dass mehrere verschiedene Menschen-Arten unabhängig von einander aus mehreren verschiedenen Affen-Arten entstanden sind. Ohne uns hier schon bestimmt für die eine oder die andere Auffassung auszusprechen, wollen wir dennoch die Bemerkung nicht unterdrücken, dass im Allgemeinen für die höchsten und höheren Formen-Gruppen die einstämmigen oder monophyletischen Descendenz-Hypothesen mehr innere Wahrscheinlichkeit besitzen, dagegen für die niederen und niedersten Abtheilungen die vielstämmigen oder polyphyletischen Abstammungs-Hypothesen. Das gilt sowohl für das Thierreich wie für das Pflanzenreich.

Der früher erörterte chorologische Satz von dem einfachen „Schöpfungs-Mittelpunkte“ oder der einzigen Urheimath der meisten Species führt zu der Annahme, dass auch die Stamm-Form einer jeden grösseren und kleineren natürlichen Gruppe nur einmal im Laufe der Zeit und nur an einem Orte der Erde entstanden ist. Für alle einigermaassen differenzirten und höher entwickelten Classen und Classen-Gruppen des Thier- und Pflanzenreichs darf man diese einfache Stammeswurzel, diesen monophyletischen Ursprung als gesichert annehmen (vergl. S. 313). Für die einfachen Organismen niedersten Ranges gilt dies aber nicht. Vielmehr wird wahrscheinlich die entwickelte Descendenz-Theorie der Zukunft den polyphyletischen Ursprung für viele niedere und unvollkommene Gruppen der beiden organischen Reiche nachweisen (vergl. meinen Aufsatz über „Einstämmigen und vielstämmigen Ursprung“ im „Kosmos“ Bd. IV, 1879). Auf der anderen Seite sprechen wieder manche Thatsachen für einen ursprünglichen Zusammenhang der ältesten Stamm-Wurzeln. Man kann daher vorläufig immerhin (— als heuristische Hypothese! —) für das Thierreich einerseits, für das Pflanzenreich andererseits eine einstämmige oder monophyletische Descendenz annehmen.

Um diese schwierigen Fragen der Stammes-Geschichte richtig zu beurtheilen, und um sich ihrer Lösung mit Sicherheit nähern zu können, muss man vor Allem ein wichtiges Verhältniss im Auge behalten, nämlich den bedeutungsvollen Unterschied in der Entwickelung der einzelligen und der vielzelligen Organismen. Dieser Unterschied ist bisher viel zu wenig gewürdigt worden, obwohl er die grösste Wichtigkeit, sowohl in morphologischer als physiologischer Beziehung besitzt. Denn der bleibend einzellige Organismus verhält sich zum höher entwickelten vielzelligen ganz ähnlich, wie die einzelne menschliche Person zum Staate. Nur durch die innige Verbindung vieler Zellen zu einem Ganzen, durch ihre Arbeitstheilung und Formspaltung, wird jene höhere Entfaltung der Lebensthätigkeiten und Formbildungen möglich, welche wir bei den vielzelligen Thieren und Pflanzen bewundern. Bei den einzelligen Lebensformen vermissen wir dieselbe; sie bleiben stets auf einer viel niederen Stufe stehen.

Aus diesen und anderen Gründen habe ich schon früher vorgeschlagen, die ganze organische Körperwelt zunächst in zwei Haupt-Gruppen einzutheilen: Protisten und Histonen. Die Protisten oder Einzelligen behalten entweder zeitlebens ihre volle Selbstständigkeit als einfache Zellen bei (*Eremobia*), oder sie bilden durch Gesellung nur lockere Zellhorden (*Coenobia*), aber niemals wirkliche Gewebe. Die Histonen oder Vielzelligen hingegen sind nur im Beginn ihrer Existenz einzellig; bald entstehen durch wiederholte Theilung der Stamm-Zelle organisirte Zell-Verbände und aus diesen Gewebe (*Hista*); die einfachste Form des Gewebes ist bei den Pflanzen der Thallus, bei den Thieren die Keimhaut oder das Blastoderma.

Aus den Thatsachen der vergleichenden Keimesgeschichte dürfen wir mit voller Sicherheit den Schluss ziehen, dass alle Histonen ursprünglich von Protisten abstammen; alle vielzelligen Thiere sowohl, wie alle vielzelligen Pflanzen müssen natürlich ursprünglich aus einzelligen Vorfahren entstanden sein; denn noch heute entwickelt sich thatsächlich jeder einzelne vielzellige Organismus aus einer einzelligen Keimform (*Cytula*, S. 297). Diese „Stamm-Zelle" ist nach dem biogenetischen Grundgesetze die erbliche Wiederholung der „Urzelle", der ursprünglichen historischen Ahnenform oder des einzelligen Vorfahren. Daraus folgt aber keineswegs, dass alle uns bekannten Protisten zu den Vorfahren der Histonen gehören; im Gegentheil! Nur ein sehr kleiner Bruchtheil der ersteren darf in den Stammbaum der letzteren einbezogen werden. Die überwiegende Mehrzahl aller Protisten gehört selbstständigen Stämmen an, welche weder zum Pflanzenreiche noch zum Thierreiche in directer phylogenetischer Beziehung stehen.

Durch die ausgedehnten mikroskopischen Untersuchungen des letzten halben Jahrhunderts sind wir mit einer wunderbaren Welt des sogenannten „unsichtbaren Lebens" bekannt geworden. Das verbesserte Mikroskop hat uns viele Tausende von Arten kleinster Lebewesen kennen gelehrt, welche dem unbewaffneten Auge verborgen waren, und welche trotzdem durch die Mannichfaltigkeit ihrer zierlichen Gestalten, wie ihrer einfachen Lebens-Erscheinungen unser höchstes Interesse erregen. Die erste umfassende Darstellung derselben gab 1838 der berühmte Berliner Mikrologe Gottfried Ehrenberg in seinem grossen Werke: „Die Infusions-Thierchen als vollkommene Organismen“. Dieses Werk enthält die Beschreibung und Abbildung zahlreicher mikroskopischer Organismen aus den verschiedensten Classen, von ganz ungleicher Organisation. Ehrenberg war durch seine Untersuchungen zu der irrthümlichen Ueberzeugung gelangt, dass ihr Körper allgemein eine sehr vollkommene Zusammensetzung aus verschiedenen Organen besitze, ähnlich dem der höheren Thiere; er gründete auf diesen Irrthum „das ihm eigene Princip überall gleich vollendeter Organisation“. In der That besteht diese aber nicht; und die Mehrzahl seiner sogenannten „Infusions-Thierchen“ sind einzellige Protisten.

In demselben Jahre, 1838, in welchem Ehrenberg sein grosses Infusorien-Werk veröffentlichte, begründete Schwann seine Zellen-Theorie, deren eifrigster Gegner der erstere bis zu seinem Tode (1876) geblieben ist. Als grösster Fortschritt ergab sich aus der Zellen-Theorie zunächst die Erkenntniss, dass alle verschiedenen Gewebe des Thier- und Pflanzen-Körpers aus einem und demselben Form-Elemente zusammengesetzt seien, aus der einfachen Zelle. Sowohl die Stengel und Blätter, die Blüthen und Früchte der Pflanzen, als die Nerven und Muskeln, die Decken- und Binde-Gewebe der Thiere, sind Anhäufungen von Milliarden mikroskopischer Zellen; ihre verschiedene Beschaffenheit beruht lediglich auf der verschiedenen Anordnung und Zusammensetzung, Arbeitstheilung und Formspaltung der constituirenden Zellen. In den einfacheren Geweben der Pflanzen bewahren diese Zellen, als Bausteine der Gewebe, eine grössere Selbstständigkeit und werden gewöhnlich von einer festen Haut oder Membran umhüllt; diese fehlt dagegen den meisten Zellen der thierischen Gewebe, welche eine höhere Ausbildung erreichen.

Zahlreiche mikroskopische Lebensformen, welche Ehrenberg als hoch organisirte Infusions-Thierchen beschrieben hatte, wurden schon bald darauf als einfache, selbstständig lebende Zellen erkannt; und 1848 wurde dieser Nachweis von Siebold sogar für die Wimperthierchen (*Ciliata*) und Wurzelfüssler (*Rhizopoda*) geführt, welche man allgemein für hoch organisirte Thiere gehalten hatte; er gründete für sie die besondere Hauptklasse der einzelligen Ur-Thiere (*Protozoa*). Indessen dauerte es immerhin noch ziemlich lange, ehe diese bedeutungsvolle Erkenntniss sich allgemeine Anerkennung erwarb. Erst nachdem unsere Kenntniss vom Zellenleben sich weiter ausgebildet hatte, und nachdem ich (1872) die echten vielzelligen Thiere als Metazoen den einzelligen Protozoen gegenüber gestellt hatte, wurde die Grundverschiedenheit beider Reiche allgemein anerkannt.

Je mehr wir nun aber durch ausgedehnte Untersuchungen von der Natur der einzelligen Organismen kennen lernten, und je weiter der grosse von ihnen gebildete Formenkreis sich ausdehnte, desto stärker wurden die Zweifel, ob denn wirklich alle diese sogenannten „Ur-Thiere" als echte Thiere zu betrachten seien? Viele von ihnen schienen eher einfachste Pflanzen zu sein, und manche Gruppen waren so unmittelbar durch Uebergangs-Formen mit echten vielzelligen Pflanzen (Algen) verknüpft, dass man sie als einzellige Pflanzen betrachten konnte. Niemand aber vermochte eine scharfe Grenze zwischen diesen „Ur-Pflanzen" (*Protophyta*) und jenen „Ur-Thieren" (*Protozoa*) zu finden. Und doch musste eine solche Grenze gefunden und abgesteckt werden, wenn überhaupt eine Grenze zwischen Thierreich und Pflanzenreich, sowie eine klare Begriffsbestimmung dieser beiden grossen Reiche der organischen Welt erhalten werden sollte.

Durch vielfache Versuche, diese schwierigen und wichtigen Fragen zu lösen, entstanden vor dreissig Jahren — kurz vor und nach dem Erscheinen von Darwin's Hauptwerk (1859) — eine grosse Anzahl von interessanten Abhandlungen. In diesen bemühten sich Zoologen und Botaniker, Anatomen und Physiologen, Embryologen und Systematiker, irgend eine bestimmte Grenze zwischen Thierreich und Pflanzenreich festzustellen. So leicht und sicher diese Grenzbestimmung bei Vergleichung der höheren Thiere und Pflanzen erscheint, so schwierig, ja unmöglich gestaltet sie sich bei den niederen und unvollkommenen Organismen. Alle Merkmale im Körperbau und den Lebens-Erscheinungen, welche die höheren und vollkommenen Thiere und Pflanzen in so auffallenden Gegensatz stellen, erscheinen verwischt oder gemischt bei vielen niederen und einfachen Lebensformen. Insbesondere zeigen viele einzellige Organismen entweder einen so indifferenten Charakter, oder eine solche Mischung von animalen und vegetalen Eigenschaften, dass es rein willkürlich erscheint, ob man sie zum Thierreich oder zum Pflanzenreich stellen will.

Gestützt auf diese Erwägungen, sowie auf die anerkannte Erfolglosigkeit jener Grenzbemühungen, versuchte ich 1866 in meiner „Generellen Morphologie" die Lösung der Frage auf einem anderen Wege. Das zweite Buch jenes Werkes enthält ausführliche „allgemeine Untersuchungen über die Natur und erste Entstehung der Organismen, ihr Verhältniss zu den Anorganen, und ihre Eintheilung in Thiere und Pflanzen" (Band I, S. 111—238). Ich schlug dort vor, ein besonderes „Reich der Protisten" für alle jene niederen Lebensformen zu gründen, welche weder als echte Thiere noch als echte Pflanzen gelten können. Als wesentlichen Charakter dieses Protisten-Reiches stellte ich in den Vordergrund: „die allgemeine bleibende Selbstständigkeit der Plastiden, oder der Individuen erster Ordnung (Zellen oder Cytoden), sowie den damit verknüpften Mangel der Gewebe. Der ganze entwickelte Organismus der Protisten bildet gewöhnlich nur eine einzige Plastide, eine Monobie (bald eine kernlose Cytode, bald eine kernhaltige Zelle); seltener entstehen durch wiederholte Theilung der Zelle und lockere Verbindung der Theilproducte sogenannte Zellhorden oder Coenobien (auch Zellcolonien oder Plastidenstöckchen gennannt). Aber niemals entwickeln sich aus denselben die festen Zell-Verbände, welche wir Gewebe nennen, und welche den vielzelligen Organismus der echten Thiere und Pflanzen aufbauen.

Die formenreichen Classen, welche das Protistenreich zusammensetzen, habe ich später in verschiedenen Schriften eingehender geschildert, und zum Theil in etwas veränderter Anordnung und Begrenzung aufgeführt, so namentlich in meinen Studien über Moneren, Infusorien und Radiolarien, sowie in meiner Gastraea-Theorie (1873). Eine kleinere Abhandlung über „Das Protistenreich", erschien 1878 im „Kosmos" und enthält „eine populäre Uebersicht über das Formen-Gebiet der niedersten Lebewesen". Indessen kann das kurze, jener Abhandlung angehängte System der Protisten, — gleich ähnlichen späteren Versuchen anderer Naturforscher — nur als ein vorläufiger Versuch zur systematischen Lösung jener schwierigen Fragen gelten; und dasselbe gilt von der verbesserten Form dieses Systems, welche ich hier sogleich folgen lassen werde. Es werden noch viele andere Versuche, von verschiedenen Gesichtspunkten aus, gemacht werden müssen, ehe wir befriedigende Klarheit über die systematische Anordnung der Protisten-Classen und die ihr zu Grunde liegende phylogenetische Verwandtschaft erlangen werden.

Jedenfalls ist durch die bisherigen Versuche schon sehr viel erreicht worden, so namentlich die wichtige Ueberzeugung, dass grosse und formenreiche Protisten-Classen (so z. B. die Diatomeen, Mycetozoen, Rhizopoden, Ciliaten) selbstständige Entwickelungsreihen einzelliger Lebensformen darstellen, ganz unabhängig von den echten, vielzelligen Thieren und Pflanzen. Wenn man früher die Bacterien und Mycetozoen mit Pilzen, die Siphoneen mit Mosen, die Thalamarien mit Mollusken, die Radiolarien mit Echinodermen, die Ciliaten mit Würmern verglich, und wenn man nahe Verwandtschafts-Beziehungen zwischen diesen gänzlich verschiedenen Classen aufzufinden sich bemühte, so sind jetzt dagegen solche falsche Vergleiche nicht mehr möglich.

Die überraschenden Entdeckungen der letzten Decennien, vor allen die grossartigen Ergebnisse der Challenger-Expedition, haben uns auserdem in mehreren selbstständigen Protisten-Classen einen Reichthum an merkwürdigen neuen Lebensformen offenbart, von dem man früher keine Ahnung hatte. Die Abgründe des Oceans, insbesondere die ausgedehnten Tiefsee-Becken zwischen 6000 und 9000 Meter, galten noch vor dreissig Jahren für leblose Einöden, von keinem lebendigen Wesen bewohnt. Die vierjährigen Tiefsee-Forschungen der englischen Challenger-Expedition, geleitet von Sir Wyville Thomson und Dr. John Murray (1873—1876), haben das Gegentheil gelehrt. Jene Abgründe sind bevölkert von vielen Tausend Arten wunderbarer Protisten, welche durch die unglaubliche Zierlichkeit und Mannichfaltigkeit ihrer einzelligen Körperbildung alles bisher Bekannte übertreffen; sie öffen uns eine neue Welt der Forschung und Erkenntniss, und erweitern unsere biologischen Anschauungen in früher ungeahnter Weise. Das grosse Werk über die Challenger-Reise, von der englischen Regierung mit beispielloser Freigebigkeit ausgestattet und veröffentlicht, enthält jetzt schon über dreissig grosse Folio-Bände, mit vielen tausend Tafeln. Mehrere Hunderte derselben stellen nur einzellige neue Lebensformen des Protistenreichs dar.

Als Beispiel für die überraschende, dadurch gewonnene Erweiterung unseres morphologischen Gesichtskreises führe ich hier die Radiolarien an, die zierlichste und formenreichste von allen Protisten-Classen. Taf. XV und XVI zeigen ein paar Dutzend verschiedene Formen derselben. Die ersten beiden Arten dieser kieselschaligen See-Rhizopoden wurden 1834 von Meyen beschrieben. Später (1847) entdeckte Ehrenberg gegen dreihundert fossile Arten derselben in dem Gestein der Antillen-Insel Barbados; er kannte aber bloss ihre zierlichen gitterartig durchbrochenen Kieselschalen, während ihre Organisation ihm unbekannt blieb. Diese wurde erst 1858 von dem grossen Berliner Biologen Johannes Müller in seinem letzten Werke beschrieben; er unterschied 50, lebend von ihm im Mittelmeer beobachtete Arten und vertheilte diese auf 20 Gattungen. Ich selbst setzte unmittelbar nach seinem Tode die Untersuchungen meines unvergesslichen Meisters in Messina fort, und gab 1862 in meiner Monographie der Radiolarien die Beschreibung und Abbildung von 144 neuen Arten. Mit anderen neuen Formen derselben machte uns sodann 1879 Richard Hertwig bekannt, welcher auch zuerst überzeugend nachwies, dass ihr ganzer Organismus, trotz seiner wunderbaren Zusammensetzung, eine einzige Zelle bilde. Die Tiefsee-Lothungen des „Challenger" ergaben sodann, dass ausgedehnte Gebiete des tiefen Ocean-Bodens mit „Radiolarien-Schlamm" bedeckt sind, einem feinen kreideähnlichen Pulver, welches fast allein aus Milliarden solcher zierlichen Kieselschalen besteht; viele Tausende davon gehen auf ein Gramm. In der systematischen Beschreibung dieser „Challenger-Radiolarien", welche ich 1887 gab (drei Bände, mit 140 Tafeln), unterschied ich 4 Legionen, 20 Ordnungen, 85 Familien, 739 Gattungen, und 4318 Arten. (Vergl. meine „Allgemeine Naturgeschichte der Radiolarien“, Berlin 1887.)

Aehnlich wie das System der Radiolarien, ist auch das System der Diatomeen und der Thalamarien (oder Foraminiferen) durch die grossartigen Entdeckungen der Challenger-Expedition in erstaunlichem Maasse gewachsen. Viele werthvolle Beiträge dazu sind ausserdem durch den emsigen Bienenfleiss zahlreicher jüngerer Naturforscher geliefert worden. Nicht minder werthvoll aber als diese quantitative Erweiterung unserer Protisten-Kenntnisse. ist die qualitative Vertiefung des allgemeinen Verständnisses, welche wir denselben verdanken. Unsere Anschauungen von der ersten Entwickelung des organischen Lebens, von der Bedeutung der einzelligen Organisation, von den Beziehungen der Protisten zu den Histonen u. s. w. sind dadurch in vielfacher Richtung geklärt und befestigt worden. Einerseits ist die Wahrscheinlichkeit vom polyphyletischen Ursprung des Protisten-Reiches, von einer unabhängigen Entwickelung zahlreicher einzelner Stämme von einzelligen Organismen, immer einleuchtender geworden; andererseits ist für zahlreiche Arten einer einzigen Protisten-Classe der monophyletische Ursprung, die Ableitung von einer einzigen gemeinsamen Stamm-Form, mit grosser Wahrscheinlichkeit dargethan worden. So habe ich z. B. gezeigt, dass alle 4318 Radiolarien-Arten nur Modificationen von 4 ursprünglichen Typen darstellen, und dass auch diese 4 Urformen sich phylogenetisch durch Divergenz von einer einfachen kugeligen Zelle ableiten lassen (Actissa, Taf. XVI, Fig. 1). Vergl. Taf. XV und XVI, S. 448.

Auch die Zellen-Theorie ist durch diese neueren Protisten-Forschungen mächtig gefördert worden. Die Entdeckung der Moneren hat uns die Hypothese der Urzeugung annehmbar gemacht, und gelehrt, dass die ursprünglichste Lebensform die Cytode ist, nicht die Zelle; die kernhaltige Zelle hat sich erst secundär aus der kernlosen Cytode entwickelt. Die winzigen Bacterien, ebenfalls zu den Moneren zu rechnen, haben uns gezeigt, dass die kleinsten und unscheinbarsten Lebens-Formen die grösste und eingreifendste Rolle im Kampf um's Dasein spielen; Hunderttausende von Menschenleben erliegen alljährlich den Angriffen der Bacillen der Tuberculose, der Cholera, des Typhus, verschiedener Infections-Fieber u. s. w. Die Syncytien, oder die riesengrossen vielkernigen Zellen, führen uns die erstaunliche Höhe der Organisation vor Augen, welche die einzelne Zelle für sich erreichen kann; die Siphoneen-Zelle wird ähnlich einer Blumenpflanze, mit Wurzel, Stengel und Blättern (Fig. 17); die Polythalamien-Zelle wird ähnlich einem Weichthier, mit vielkammeriger kalkiger Nautilus-Schale. Die Zellhorden oder Coenobien der socialen Protisten (Volvocinen, Catallacten u. s. w.) belehren uns darüber, wie der vielzellige Organismus ursprünglich aus dem einzelligen entstanden ist; sie bilden den Uebergang zu den Histonen mit ihren Geweben. Mit Rücksicht auf diese wichtigen Fortschritte der Plastiden-Theorie lassen sich jetzt folgende fünf Entwickelungsstufen des organischen Lebens klar unterscheiden: 1. Die Cytode. 2. Die Zelle. 3. Das Syncytium. 4. Das Coenobium. 5. Das Histon. (Vergl. S. 422.)

Für die phylogenetische Classification der ganzen organischen Welt ergiebt sich aus den vorhergegangenen Betrachtungen ein verschiedenes System, je nachdem man den physiologischen oder den morphologischen Standpunkt als entscheidend betrachtet. Wenn man die physiologischen Gegensätze im Stoffwechsel als entscheidend ansieht, so kann man die althergebrachte Eintheilung in Pflanzenreich und Thierreich beibehalten (S. 421). Wenn man hingegen die morphologischen Unterschiede im Körperbau als wichtiger hervorhebt, so muss man in erster Linie die Einzelligen den Vielzelligen gegenüberstellen; die einfachen Protisten und die zusammengesetzten Histonen erscheinen dann als die beiden Haupt-Reiche der organischen Welt (S. 420). In jedem dieser Haupt-Reiche kann man dann wieder zwei Reiche unterscheiden, eines mit Phytoplasma und pflanzlichem Stoffwechsel, das andere mit Zooplasma und thierischem Stoffwechsel. Dabei darf man aber nicht vergessen, dass die grosse Mehrzahl der einzelligen Organismen zu selbstständigen Entwickelungsreihen gehören, zu Phylen eines neutralen Protisten-Reiches.

System der organischen Welt auf morphologischer Basis.

Eintheilung der Organismen in Protisten (Zellinge) und Histonen (Webinge) auf Grund ihres Körperbaues und ihrer Zellbildung.

<table>
<tr><th colspan="2">Erstes organisches Reich:
Einzellige: Protista.</th><th colspan="2">Zweites organisches Reich:
Vielzellige: Histones.</th></tr>
<tr><td colspan="2">Organismen, welche meistens zeitlebens einzellig bleiben (*Monobia*), seltener durch wiederholte Theilung lockere Zellhorden bilden (*Coenobia*); aber niemals echte Gewebe. Fortpflanzung meistens ungeschlechtlich (*Monogonie*).</td><td colspan="2">Organismen, welche nur im Beginne der Existenz einzellig, später vielzellig sind, und stets durch feste Verbindung der associirten Zellen Gewebe bilden (*Histobia*). Fortpflanzung meistens geschlechtlich (*Amphigonie*).</td></tr>
<tr><td colspan="2">Unterreiche der Protisten:</td><td colspan="2">Unterreiche der Histonen:</td></tr>
<tr><td>**A. Urpflanzen.**
Protophyta.</td><td>**B. Urthiere.**
Protozoa.</td><td>**C. Gewebpflanzen.**
Metaphyta.</td><td>**D. Gewebthiere.**
Metazoa.</td></tr>
<tr><td>A. Character: Einzellige Organismen mit vegetalem Stoffwechsel (Reduction und Synthese) — vergl. S. 421, I.</td><td>B. Character: Einzellige Organismen mit animalem Stoffwechsel (Oxydation und Analyse) — vergl. S. 421, II.</td><td>C. Character: Vielzellige Organismen mit vegetalem Stoffwechsel (Reduction und Synthese) — vergl. S. 421, I.</td><td>D. Character: Vielzellige Organismen mit animalem Stoffwechsel (Oxydation und Analyse) — vergl. S. 421, II.</td></tr>
<tr><td>Hauptgruppen:
I. Phytarcha.
Kernlose Plastiden (Cytoden).
II. Diatomea.
Einzellige Pflanzen mit zweiklappiger Kieselschale.
III. Cosmaria.
Einzellige Pflanzen mit zweispaltiger Cellulose-Hülle.
IV. Palmellaria.
Einzellige Pflanzen mit Schwärmsporen.
V. Siphonea.
Einzellige Pflanzen mit Pseudo-Cormus.</td><td>Hauptgruppen:
I. Zoarcha.
Cytoden. (Kernlose Plastiden.)
II. Cytarcha.
Einfachste einzelligeThiere, ohne Flimmer-Bewegung (Lobosa).
III. Infusoria.
Einzellige Thiere mit Flimmer-Bewegung.
IV. Rhizopoda.
Einzellige Thiere mit Wurzelfüsschen (Pseudopodien).</td><td>Hauptgruppen:
I. Thallophyta
mit Thallus (Thallus-Pflanzen).
II. Mesophyta
(Prothallota) mit Prothallium (Mittel-Pflanzen).
III. Anthophyta
(Phanerogamae) mit Blumen (Blumen-Pflanzen).</td><td>I. Hauptgruppe:
Coelenteria.
Gewebethiere ohne Leibeshöhle (stets ohne After).
II. Hauptgruppe:
Coelomaria.
Gewebethiere mit Leibeshöhle (meistens mit After).
II. A. Pseudocoelia
mit Spalt-Leibeshöhle (ohne Coelomtaschen).
II. B. Enterocoelia
mit wahrer Leibeshöhle, aus zwei Coelomtaschen entstanden.</td></tr>
</table>

System der organischen Welt auf physiologischer Basis.

Eintheilung der Organismen in Pflanzen und Thiere, auf Grund ihrer Lebensthätigkeiten, insbesondere ihres Stoffwechsels.

Erstes organisches Reich: **Pflanzen: Plantae.**	Zweites organisches Reich: **Thiere: Animalia.**
Reductions-Organismen (mit chemisch-synthetischer Function) verwandeln die lebendige Kraft des Sonnenlichts in die chemische Spannkraft organischer Verbindungen, insbesondere Eiweisskörper (Plasson). Ausscheidung von Sauerstoff, Aufnahme von Kohlensäure und Ammoniak.	Oxydations-Organismen (mit chemisch-analytischer Function) verwandeln die Spannkräfte organischer Verbindungen in die lebendige Kraft der Wärme und der Bewegung (Muskel- und Nerven-Thätigkeit). Aufnahme von Sauerstoff, Ausscheidung von Kohlensäure und Ammoniak.

Unterreiche der Pflanzen:		Unterreiche der Thiere:	
A. Urpflanzen.	**C. Gewebpflanzen.**	**B. Urthiere.**	**D. Gewebthiere.**
Protophyta.	**Metaphyta.**	**Protozoa.**	**Metazoa.**
A. Character: (Vergl. S. 420, A).	C. Character: (Vergl. S. 420, C).	B. Character: (Vergl. S. 420, B).	D. Character: (Vergl. S. 420, D).
Hauptgruppen:	Hauptgruppen:	Hauptgruppen:	Hauptgruppen:
I. Phytarcha. 1. Probiontes. 2. Chromaceae. **II. Diatomea.** 3. Coccochromia. 4. Placochromia. **III. Cosmaria.** 5. Clostericae. 6. Desmidieae. **IV. Palmellaria.** 7. Protococceae. 8. Xanthelleae. **V. Siphonea.** 9. Botrydieae. 10. Caulerpeae.	**I. Thallophyta.** (Thallus-Pflanzen) 1. Algae. 2. Fungi. **II. Mesophyta.** (Mittel-Pflanzen) (Prothallota.) 3. Muscinae. 4. Filicinae. **III. Anthophyta.** (Blumen-Pflanzen) (Phanerogamae.) 5. Gymnospermae. 6. Angiospermae. 6A. Monocotylae. 6B. Dicotylae.	**I. Zoarcha.** 1. Zoomonera. 2. Bacteria. **II. Cytarcha.** 3. Lobosa. 4. Gregarinae. **III. Infusoria.** 5. Flagellata. 6. Catallacta. 7. Ciliata. 8. Acinetae. **IV. Rhizopoda.** 9. Mycetozoa. 10. Heliozoa. 11. Thalamaria. 12. Radiolaria.	**I. Coelenteria.** (Niederthiere.) 1. Gastraeades. 2. Spongiae. 3. Cnidaria. 4. Platodes. **II. Coelomaria.** (Oberthiere.) 5. Helminthes. 6. Mollusca. 7. Echinoderma. 8. Articulata. 9. Tunicata. 10. Vertebrata.

N. B. Ueber die besondere Organisation der einzelnen Protozoen-Gruppen und die historische Entwickelung unserer Kenntniss derselben ist die neueste umfassende Darstellung derselben von Bütschli, in Bronn's „Classen und Ordnungen des Thierreichs", zu vergleichen.

Tabellarische Uebersicht

über die fünf ersten Stufen des organischen Lebens, mit Rüchsicht auf die analoge Entwickelung der Zelle im Pflanzenreich und Thierreich.

Lebens-Stufe:	Form-Character:	Vegetale Gruppe:	Animale Gruppe:
I. Erste Stufe des organischen Lebens: **Cytoda.** Kernlose Plastiden.	**Moneren.** Der ganze entwickelte Körper besteht aus einer einfachen Cytode (einer kernlosen Plastide).	**Phytomoneren.** Probionten. (Die ersten Lebens-Anfänge, oder Probien.) Chromaceen. (Chroococcaceen und Nostochineen).	**Zoomoneren.** Lobomoneren. Rhizomoneren. Bacterien. (Sphaerobacterien und Rhabdobacterien.)
II. Zweite Stufe des organischen Lebens: **Monocyta.** Einzeln lebende einkernige Zellen. (Monobia.)	**Monocyten.** Der ganze entwickelte Körper besteht aus einer einzigen kernhaltigen Zelle. (Einzellige Organismen im strengsten Sinne.)	**Einzellige Pflanzen.** Solitäre Formen der Diatomeen, Cosmarieen (Closterien) und Palmelleen.	**Einzellige Thiere.** Monocystiden. Monacineten. Solitäre Formen der Rhizopoden und Infusorien (Viele Flagellaten, die meisten Ciliaten.)
III. Dritte Stufe des organischen Lebens: **Syncytia.** Einzeln lebende vielkernige Zellen. (Plasmodia.)	**Syncytien.** Der ganze Körper besteht aus einer einzigen colossalen Zelle, welche in ihrem voluminösen Körper zahlreiche Kerne einschliesst.	**Vegetale Syncytien.** Siphoneen (Coeloblasten). Botrydieae. Codiaceae. Caulerpaceae.	**Animale Syncytien.** Mycetozoen (Myxomyceten). Actinosphaerium. Vielkernige Polythalamien.
IV. Vierte Stufe des organischen Lebens: **Coenobia.** Zellhorden, oder einfache Gemeinden von einzelligen Organismen.	**Coenobien.** Der ganze Körper besteht aus einer lockeren Gesellschaft von einzelligen Wesen, bildet aber noch keine festen Gewebe.	**Vegetale Coenobien.** Sociale Formen der Diatomeen, Cosmarieen (Desmidiaceen) und Palmelleen.	**Animale Coenobien.** Polycystiden, und Sociale Ciliaten (Carchesien). Synacineten. Die meisten Flagellaten. Catallacten. Polycyttarien.
V. Fünfte Stufe des organischen Lebens: **Histones.** Zell-Gewebe bildende Organismen.	**Histonen.** Der ganze Körper besteht aus einem oder mehreren Geweben, aus einem geformten Verbande vieler Zellen.	**Metaphyten.** Gewebe-Pflanzen. I. Thallophyta. (Thallus-Pflanzen) II. Cormophyta. (Stockpflanzen)	**Metazoen.** Gewebe-Thiere. I. Coelenteria (ohne Leibeshöhle). II. Coelomaria (mit Leibeshöhle).

Achtzehnter Vortrag.

Stammes-Geschichte des Protisten-Reiches.

Anfangs-Fragen. Grundsätze für die Phylogenie des Protisten-Reiches. Die ältesten Wurzeln des Stammbaumes: Moneren. Phytomoneren als Lebens-Anfänge. Probionten. Vielfach wiederholte Urzeugung von Probien. Zoomoneren (Raub-Moneren). Bacterien (sogenannte Spaltpilze). Chromaceen (Chroococceen und Nostochinen). Phytarchen und Zoarchen. Hauptgruppen von einzelligen Organismen. Diatomeen. Cosmarien. Palmellarien. Volvocinen. Xanthelleen. Calcocyten. Siphoneen. Amoebinen (Lobosen). Gregarinen. Geisselschwärmer (Flagellaten). Flimmerkugeln (Catallacten). Infusorien. Die Zellseele der Ciliaten. Acineten. Wurzelfüsser (Rhizopoden). Pilzthiere (Mycetozoa). Sonnenthierchen (Heliozoa). Kammerlinge (Thalamaria). Strahlinge (Radiolaria). Sedimente der Tiefsee.

Meine Herren! Das alte Sprichwort: „Aller Anfang ist schwer“! gilt auch von der Wissenschaft, und ganz besonders von einer so jugendlichen Wissenschaft, wie unsere Stammes-Geschichte oder Phylogenie ist. Die gewaltigen Fortschritte derselben in den letzten zwanzig Jahren, herbeigeführt durch die vereinten eifrigen Forschungen zahlreicher ausgezeichneter Morphologen, haben uns in erfreulichster Weise über den Ursprung und die Entwickelung vieler Thier- und Pflanzen-Gruppen aufgeklärt; aber sie haben nur wenig dazu beigetragen, uns sichere Vorstellungen über den Ursprung der ältesten Stamm-Gruppen zu verschaffen, und über die Bildung jener einfachsten Urwesen, von denen wir alle Uebrigen ableiten müssen. Der Anfang des organischen Lebens auf unserer Erde, der Anfang der ältesten Urwesen oder Protisten, der Anfang ihrer Umbildung zu höheren Lebens-Formen, der Anfang der characteristischen Organisation in diesen höheren Gruppen — diese und ähnliche Anfangs-Fragen sind in der That sehr schwierig zu beantworten, und sie gelten selbst heute noch vielen Naturforschern als unlösbare Räthsel.

Nun glaube ich aber durch unsere früheren Betrachtungen, und besonders durch die Untersuchungen der letzten Vorträge, Sie hinreichend davon überzeugt zu haben, dass die muthlose Verzichtleistung auf Lösung dieser Räthsel nicht gerechtfertigt ist. Schwierig und dunkel sind jene Ursprungs-Fragen allerdings; aber die erstaunlichen Fortschritte der biologischen Forschung in den letzten beiden Decennien, die grossartigen Entdeckungen der vergleichenden Anatomie und Physiologie, Ontogenie und Paläontologie, vor Allem aber die tiefere Erkenntniss des Zellen-Lebens und der Protisten-Organisation, haben uns viele neue und mächtige Hülfsmittel zu ihrer Beantwortung an die Hand gegeben. In manchen grossen und formenreichen Protisten-Gruppen wie z. B. den Radiolarien und Thalamarien, den Diatomeen und Cosmarieen, lassen sich bereits die Stamm-Verwandtschaften der verschiedenen Formen-Gruppen befriedigend erkennen, und viele derselben auf gemeinsame einfache Stamm-Formen zurückzuführen. Aber auch über die Bedeutung und Entstehung dieser Stamm-Formen, über den Anfang ihrer historischen Entwickelung, können wir uns zum Theil schon ganz befriedigende Vorstellungen bilden. Wir können mit voller Sicherheit schon jetzt gewisse leitende Grundsätze, als allgemeine Richtschnur für die Untersuchung des Protisten-Stammbaums aufstellen.

Als solche fundamentale Grundsätze für die Phylogenie des Protisten-Reiches dürfen wir schon heute folgende an die Spitze stellen: 1. Die grosse Mehrzahl der Protisten besitzen in entwickeltem Zustande eine Organisation, welche unter den Begriff einer einzigen Zelle fällt. 2. Wenn diese Organisation auch oft verhältnissmässig verwickelt ist, und den einfachen Zellen-Character zu überschreiten scheint, so lässt sie sich dennoch auf eigenthümliche Umbildungen einer einfachen Zelle zurückführen. 3. Diese einfache Urzelle stellt wesentlich nur ein lebendiges Plasma-Klümpchen dar, mit zwei verschiedenen, wenn auch nahe verwandten, Bestandtheilen, dem inneren Zellkern (*Caryoplasma*) und dem äusseren Zellleib (*Cytoplasma*). 4. Die allgemeinen Lebensthätigkeiten vertheilen sich auf diese beiden activen Ur-Bestandtheile der Zelle in der Weise, dass der innere Zellkern die Function der Fortpflanzung und Vererbung, der äussere Zellleib die Arbeit der Ernährung und Anpassung übernimmt. 5. Alle übrigen Form-Bestandtheile des einzelligen Protisten-Körpers, insbesondere die mannichfaltigen Skelet- und Schalen-Bildungen, sind passive Plasma-Producte, erst secundär aus der Wechselwirkung jener beiden activen Ur-Bestandtheile hervorgegangen. 6. In physiologischer Beziehung ist das Cytoplasma der Protisten entweder Phytoplasma (synthetisches oder Reductions-Plasma, mit vegetalem Stoffwechsel), oder Zooplasma (analytisches oder Oxydations-Plasma, mit animalem Stoffwechsel, S. 421); das erstere characterisirt die Urpflanzen (*Protophyta*); das letztere die Urthiere (*Protozoa*). 7. Ursprünglich ist das *Zooplasma* aus *Phytoplasma* durch Arbeitswechsel entstanden, da nur dieses letztere im Stande ist, unmittelbar aus anorgischen Verbindungen unter dem Einflusse des Sonnenlichts zu entstehen. 8. Diejenigen Protisten, welche in entwickeltem Zustande vielzellig sind (Zellhorden oder *Coenobia*) sind ursprünglich aus einzelligen Stamm-Formen hervorgegangen, durch wiederholte Theilung der letzteren und bleibende Vereinigung der Theil-Producte. 9. Alle einzelligen Protisten müssen ursprünglich von kernlosen Cytoden abgeleitet werden (Phytarchen und Zoarchen); die einfachsten von diesen sind die Moneren (Phytomoneren mit Phytoplasma und Zoomoneren mit Zooplasma): Zellkern und Zellleib sind die ersten Sonderungs-Producte des einfachen Plasson (oder des kernlosen Moneren-Plasma). 10. Die ältesten Moneren, welche die ursprünglichsten Stamm-Formen aller übrigen Moneren darstellen, sind durch Urzeugung (Autogonie) aus anorgischen Verbindungen entstanden. (XV. Vortrag.) 11. Die beiden Reiche der Histonen, der vielzelligen und gewebebildenden Organismen, (Thierreich und Pflanzenreich) haben sich ursprünglich aus dem Protisten-Reiche entwickelt. 12. Die grosse Mehrzahl der Protisten steht zu diesen Stamm-Formen der Histonen in keiner directen Verwandschaft, sondern gehört zu unabhängigen, polyphyletischen Protisten-Stämmen.

In diesen zwölf Grundsätzen sind die wichtigsten Anschauungen enthalten, welche uns bei der Stammes-Geschichte des Protisten-Reiches leiten müssen; gestützt auf diese Principien, und auf unsere früheren Betrachtungen über allgemeine Phylogenie und deren Urkunden, können wir uns unmittelbar zur Betrachtung der ersteren wenden. Dabei werden wir nicht, von physiologischen Erwägungen geleitet, Urpflanzen und Urthiere getrennt aufführen (S. 421), sondern vielmehr, auf morphologische Vergleichungen gestützt, die historische Entwickelung des Protisten-Reiches als Ganzes in's Auge fassen.

Den ersten Anfang wird die Stammes-Geschichte der Protisten, wie die der organischen Welt überhaupt, jedenfalls mit den Moneren machen müssen, jenen wunderbaren „Organismen ohne Organe“, welche wir bereits im VIII. und XVI. Vortrage betrachtet haben (vergl. oben S. 164—168). Wie wir dort schon uns überzeugten, sind diese merkwürdigen Moneren nicht nur die einfachsten von allen beobachteten Lebensformen, sondern überhaupt die denkbar einfachsten Organismen; denn ihr ganzer entwickelter Körper ist blos ein einfaches weiches Plasson-Körnchen, ein Stückchen von lebendigem Plasma, an welchem wir weder mikroskopisch noch mikrochemisch irgend welche innere Structur, irgend welche Zusammensetzung aus verschiedenen Bestandtheilen entdecken können. Bald ist dieses lebendige Plasson-Klümpchen kugelig, bald von unbestimmter und wechselnder Form. Es ist reizbar, empfindlich und beweglich, wie jeder andere Organismus; es ernährt sich und pflanzt sich fort (durch Theilung); und dennoch fehlen besondere Organe für diese Lebensthätigkeiten.

Indem ich hier nochmals die vollkommene Einfachheit des Moneren-Körpers betone, will ich dabei zugleich daran erinnern, dass dadurch keineswegs eine sehr zusammengesetzte Molekular-Structur desselben ausgeschlossen ist, eine verwickelte Zusammensetzung aus organisirten Molekül-Gruppen und Molekülen (Plastidulen oder Micellen). Im Gegentheil dürfen wir eine solche, aus allgemeinen Gründen, theoretisch mit voller Sicherheit annehmen, allein empirisch nachweisbar, durch das

Mikroskop wahrnehmbar, ist dieselbe nicht. Ein Theil der Moneren, wie z. B. die auf Taf. I (S. 167) abgebildete *Protomyxa*, ebenso einige Formen von *Biomyxa* und *Protamoeba* (S. 431) sind von beträchtlicher Grösse, und dennoch sind wir auch mit Hülfe der stärksten Vergrösserung nicht im Stande, irgend welche bestimmten Structur-Verhältnisse in ihrem homogenen durchsichtigen Plasma-Körper wahrzunehmen. Wir dürfen also annehmen, dass derselbe aus lauter gleichartigen Plasson-Molekeln (Plastidulen oder Micellen) zusammengesetzt und dass diese durch Wasserhüllen getrennt sind. Wie alle Molekeln, sind auch diese viel zu klein, um selbst mit Hülfe unserer stärksten Mikroskope erkannt zu werden.

Mit Beziehung auf den Stoffwechsel der Moneren, und zugleich mit Rücksicht auf ihre Bedeutung als „Lebens Anfänge", müssen wir zwei verschiedene Classen dieser einfachsten Urwesen unterscheiden: *Phytomonera* und *Zoomonera*. Die Phytomoneren sind aus *Phytoplasma* gebildet, besitzen also die Fähigkeit, Plasson aus anorgischen Verbindungen synthetisch herzustellen, und die lebendige Kraft des Sonnenlichtes in die chemische Spannkraft organischer Verbindungen überzuführen. Die Zoomoneren hingegen bestehen aus *Zooplasma* und besitzen jene assimilirende Fähigkeit nicht; sie ernähren sich durch Aufnahme von Plasma aus anderen Organismen und verwandeln die darin enthaltenen Spannkräfte wieder in die lebendige Kraft der Wärme und der mechanischen Bewegung. Zu diesen Zoomoneren (mit animalem Stoffwechsel) gehören wahrscheinlich die meisten bisher beschriebenen Moneren-Formen (S. 164—168); zu den Phytomoneren hingegen gehören die ältesten und ursprünglichsten von allen Organismen, die Probionten.

Probionten (oder Protobien) nennen wir jene einfachsten Lebensformen, welche einerseits vermöge der vollkommenen Einfachheit ihres Plasson-Körpers, andererseits vermöge ihres vegetalen Stoffwechsels, als die ältesten Urquellen alles Lebens angesehen werden müssen. Die beste Darstellung derselben hat Naegeli in seinem grossen, schon früher besprochenen Werke, „Mechanisch-physiologische Theorie der Abstammungs-Lehre" gegeben (vergl.

oben S. 201). Er definirt sie als sehr kleine lebendige Plasma-Körnchen, welche beim Process der Urzeugung (— in dem oben S. 361 erörterten Sinne —) unmittelbar durch „Micellar-Organisation" aus den spontan entstandenen Albuminaten oder Eiweiss-Verbindungen hervorgehen. Er unterscheidet „in der einleitenden Periode, welche zwischen der anorgischen Natur und den uns bekannten niedrigsten Organismen sich befindet, zwei Stufen. Die erste Stufe besteht in der Synthese der Eiweiss-Verbindungen, und in der Organisation derselben zu Micellen (— oder Plastidulen —); die zweite Stufe besteht in der Fortbildung der primordialen Plasma-Masse bis zu den uns bekannten einfachsten Organismen" (a. a. S. 90). Naegeli meint, dass diese Probien oder Probionten zu klein seien, um selbst mit Hülfe unserer stärksten Mikroskope gesehen zu werden. Indessen ist nicht einzusehen, warum nicht diese Probionten durch einfaches Wachsthum (gleich wachsenden Krystallen) eine viel beträchtlichere Grösse allmählich erlangen könnten. Ich vermuthe, dass die grösseren Formen bei stärkeren Vergrösserungen deutlich sichtbar sind und ohne scharfe Grenze in die verhältnissmässig schon sehr grossen Zoomoneren übergehen. Vielleicht sind zahlreiche kleinste Plasma-Körnchen, wie sie uns überall im süssen und salzigen Wasser frei begegnen, selbstständige Probionten. Wir pflegen sie für abgelöste Plasma-Körnchen von zerstörten und sich zersetzenden Thier- und Pflanzen-Leichen zu halten. Allein ein strenger Beweis dafür fehlt in der Regel. Und wer will uns beweisen, dass diese Probien nicht erst kürzlich durch Urzeugung entstanden sind?

Die Erörterungen über Urzeugung, welche Naegeli (a. a. O. S. 82—101) an seine Darstellung der Probien knüpft, gehören zu den besten und scharfsinnigsten Bemerkungen über diese hochwichtige Frage. Ich stimme ihm vollkommen bei, wenn er dieses interessante Kapitel mit folgenden Worten beginnt: „Die Entstehung des Organischen aus dem Unorganischen ist in erster Linie nicht eine Frage der Erfahrung und des Experimentes, sondern eine aus dem Gesetze der Erhaltung von Kraft und Stoff folgende Thatsache. Wenn in der materiellen Welt Alles in ursächlichem Zusammenhange steht, wenn alle Erscheinungen auf natürlichem Wege vor sich gehen, so müssen auch die Organismen, die aus den nämlichen Stoffen sich aufbauen und schliesslich wieder in dieselben Stoffe zerfallen, aus denen die unorganische Natur besteht, in ihren Uranfängen aus unorganischen Verbindungen entspringen. Die Urzeugung leugnen heisst das Wunder verkünden." Ueber diese wichtige und unstreitig richtige Auffassung des Lebens-Ursprungs sollten die zahlreichen Naturforscher gründlich nachdenken, welche aus dogmatischem Vorurtheil immer noch Gegner der Urzeugung in jeglicher Form sind.

Als ich vor 23 Jahren die Urzeugung in der hier definirten Form (— der Autogonie —) als eine unentbehrliche Hypothese der allgemeinen Entwickelungs-Lehre begründete, wurde sie fast allgemein verworfen. Damals herrschte noch der berühmte Satz von Virchow: „*Omnis cellula e cellula*" (Jede Zelle ist aus einer Zelle hervorgegangen). Er galt als Parallele zu dem altberühmten Satze von Harvey: „*Omne vivum ex ovo*" (Alles Lebendige ist aus einem Ei entstanden). Beide Sätze haben Geltung für die grosse Mehrzahl der Organismen. Beide Sätze werden aber zu falschen Dogmen, wenn man ihnen ganz allgemeine Geltung zuschreiben will. Denn für die niedersten Lebens-Formen gelten sie nicht, und können sie nicht gelten. Eine vernünftige Erwägung aller hier in Betracht kommenden Verhältnisse führt uns zu der Ueberzeugung, dass die ältesten Zellen nicht von Zellen abstammen, sondern von kernlosen Cytoden, von Moneren; und diese Moneren, insbesondere die ältesten Probionten, können ursprünglich nur durch Urzeugung, in dem früher definirten Sinne entstanden sein.

Wie ich schon früher anführte, und wie auch Naegeli annimmt, ist es sehr wahrscheinlich, dass derartige Urzeugungs-Akte sich sehr oft wiederholt haben, nämlich jedesmal dann, wenn die dazu erforderlichen Bedingungen in der anorgischen Natur vorhanden waren. Vielleicht finden sie noch heute alltäglich statt, ohne dass wir im Stande sind, sie mit unseren ungenügenden Hilfsmitteln direct zu beobachten. Jene Bedingungen sind uns noch ganz unbekannt; und die spontane Entstehung von winzigen

Probionten, Plasson-Körnchen, die selbst bei stärkster Vergrösserung kaum sichtbar sind, dürfte selbst unter den günstigsten Verhältnissen kaum zu beweisen sein. Den heute noch lebenden Moneren gegenüber finden wir uns aber in folgende Alternative versetzt: Entweder stammen dieselben wirklich direct von den zuerst entstandenen (oder „erschaffenen“) ältesten Moneren ab, und dann müssten sie sich schon viele Millionen Jahre hindurch unverändert fortgepflanzt und in der ursprünglichen Form einfacher Plasmastückchen erhalten haben. Oder die heutigen Moneren sind erst viel später im Laufe der organischen Erdgeschichte durch wiederholte Urzeugungs-Acte entstanden, und dann kann die Urzeugung eben so gut noch heute stattfinden; sie kann sich unendlich oft wiederholen. Offenbar hat die letztere Annahme viel mehr Wahrscheinlichkeit für sich als die erstere.

Wenn Sie die Hypothese der Urzeugung nicht annehmen, so müssen Sie in der That an diesem einzigen Punkte der Entwickelungs-Theorie zum Wunder einer übernatürlichen Schöpfung Ihre Zuflucht nehmen. Der Schöpfer muss dann den ersten Organismus oder die wenigen ersten Organismen, von denen alle übrigen abstammen, jedenfalls einfachste Moneren oder Urcytoden, als solche geschaffen und ihnen die Fähigkeit beigelegt haben, sich in mechanischer Weise weiter zu entwickeln. Ich überlasse es einem Jeden von Ihnen, zwischen dieser Wunder-Vorstellung und der Hypothese der Urzeugung zu wählen. Mir scheint die Vorstellung, dass der Schöpfer an diesem einzigen Punkte willkürlich in den gesetzmässigen Entwickelungsgang der Materie eingegriffen habe, der im Uebrigen ganz ohne seine Mitwirkung verläuft, ebenso unbefriedigend für das gläubige Gemüth, wie für den wissenschaftlichen Verstand zu sein. Nehmen wir dagegen für die Entstehung der ersten Organismen die Hypothese der Urzeugung an, welche aus den oben erörterten Gründen, insbesondere durch die Entdeckung der Moneren, ihre frühere Schwierigkeit verloren hat, so gelangen wir zur Herstellung eines ununterbrochenen natürlichen Zusammenhanges zwischen der Entwickelung der Erde und der von ihr geborenen Organismen; wir erkennen dann auch in dem letzten noch zweifelhaften Punkte die **Einheit der gesammten Natur** und die **Einheit ihrer Entwickelungs-Gesetze**.

Aus den **Probionten**, oder den ursprünglichsten **Phytomoneren**, sind durch Aenderung des Stoffwechsels die **Zoomoneren** entstanden, oder diejenigen Moneren, welche nicht selbst zu assimiliren oder Plasma synthetisch zu bilden im Stande sind, sondern bereits gebildetes Plasma von anderen Organismen zu ihrer Ernährung aufnehmen müssen. Dazu gehören wahrscheinlich die meisten Moneren welche wir früher beschrieben haben (*Protamoeba*, *Protogenes*, *Protomyxa* etc). Diese animalen „Raub-Mo-

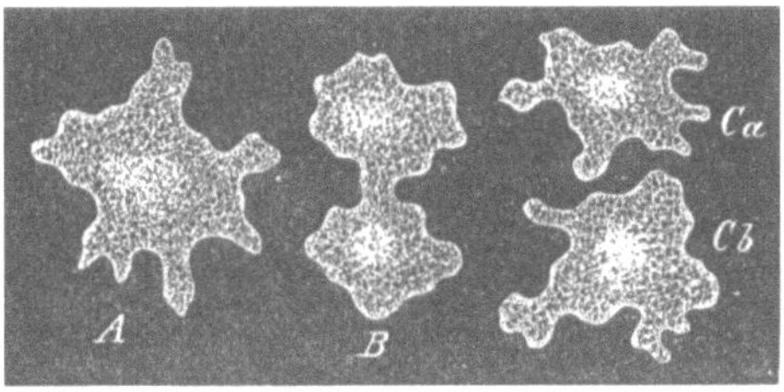

Fig. 8. Protamoeba primitiva, ein Moner des süssen Wassers, stark vergrössert. *A.* Das ganze Moner mit seinen formwechselnden Fortsätzen. *B.* Dasselbe beginnt sich in zwei Hälften zu theilen. *C.* Die Trennung der beiden Hälften ist vollständig geworden und jede stellt nun ein selbstständiges Individuum dar.

neren“ fanden es bequemer, ihre Nahrung direct von ihren vegetalen Schwestern zu beziehen, als selbst sich der Mühe der Plasma-Synthese zu unterziehen. Eine solche Aenderung des Stoffwechsels musste die wichtigsten Folgen nach sich ziehen; physiologisch betrachtet, war damit die Ableitung des Thierreichs aus dem Pflanzenreiche gegeben. Sie hat an sich durchaus nichts Räthselhaftes; denn selbst zahlreiche höhere Pflanzen haben dieselbe principielle Aenderung vollzogen und ihr synthetisches Phytoplasma in analytisches Zooplasma verwandelt; alle jene Parasiten nämlich, welche ihr Plasma direct von anderen Gewächsen aufnahmen, die bekannten der grünen Blätter entbehrenden Schmarotzer-Pflanzen aus den Gruppen der Orchideen, Orobancheen, Cuscuteen, Cytineen u. s. w. Sie alle stammen nachweislich von höheren, grünblättrigen Pflanzen ab, welche einen geradezu entgegengesetzten Stoffwechsel besassen. (Vergl. oben S. 271). Dieselbe, principiell so wichtige Veränderung, welche in diesen verschiedenen Gruppen sich oft wiederholt vollzog, dieselbe fand zum ersten Male statt, als sich Zoomoneren aus Phytomoneren entwickelten.

Zu den Zoomoneren müssen wir als besondere Gruppe auch die Bacterien rechnen, jene höchst merkwürdigen kleinen Organismen, die gegenwärtig in der Medicin eine ausserordentlich wichtige Rolle spielen, als Erzeuger vieler Krankheiten, der Fäulniss, der Gährung u. s. w. Bald sind dieselben kugelig (*Sphaerobacteria*, z. B. *Micrococcus*), bald stäbchenartig (*Rhabdobacteria*, z. B. *Bacillus*). Die meisten Bacterien sind von so winziger Grösse, dass man sie erst mit Hülfe der stärksten Vergrösserung sieht, viele erst dann, wenn sie gefärbt worden sind. Ein einziges Wassertröpfchen aus einer faulen Flüssigkeit kann Milliarden derselben enthalten. Viele zeigen eine eigenthümliche zitternde Bewegung, weshalb man sie auch Zitterlinge genannt hat (*Vibriones*). Der ganze winzige Körper der Bacterien besteht aus einem homogenen Plasma-Stückchen, wie bei allen Moneren. Da ein Zellkern nicht vorhanden ist, dürfen sie nicht als Zellen bezeichnet werden; vielmehr sind sie einfache Cytoden. Ihre Vermehrung geschieht einfach durch Theilung. Viele der gefährlichsten Krankheiten (Cholera, Tuberculose, Milzbrand, Aussatz etc.) werden durch besondere Bacterien-Arten hervorgerufen; in kürzester Zeit können diese winzigen Protisten durch massenhafte Entwickelung, zum Theil durch Erzeugung eines besonderen Giftes, die Gewebe des menschlichen Körpers zerstören und den Tod herbeiführen. In vielen Lehrbüchern werden die Bacterien noch heute als einzellige Pflanzen aufgeführt, obgleich sie weder eine Zelle bilden noch pflanzlichen Stoffwechsel haben. Gewöhnlich nennt man sie Spaltpilze (*Schizomycetes*), obwohl sie keinen einzigen Charakter der echten Pilze besitzen.

Mit den Bacterien vereinigen viele Botaniker die Gruppe der Chromaceen (oder Cyanophyceen) und bilden daraus die unnatürliche Classe der sogenannten Spaltalgen (*Schizophyta*). Das

Gemeinsame beider Gruppen ist die Vermehrung durch einfache Theilung und der Mangel des Zellkerns; mithin bilden auch die Chromaceen keine echten Zellen, sondern nur Cytoden. Ihr Stoffwechsel ist pflanzlich (Plasma-bildend), nicht wie bei den Bacterien thierisch (Plasma-verzehrend). Während das Zooplasma der letzteren farblos ist, erscheint das Phytoplasma der ersteren durch eigenthümliche Farbstoffe (Phycocyan) blaugrün oder spangrün gefärbt. Da eine besondere Membran die kernlosen Plastiden umschliesst, müssen wir sie als Lepocytoden bezeichnen (vergl. S. 367). Viele Chromaceen führen eigenthümliche Bewegungen aus. Bei den *Chroococceae* trennen sich die beiden Cytoden, welche bei der Fortpflanzung durch Theilung entstehen, alsbald von einander, während sie bei den *Nostochineae* sich fadenförmig an einander reihen. In beiden Gruppen der Chromaceen scheiden die Cytoden oft Gallertmassen aus, in welchen sie gesellig vereinigt bleiben (Coenobien). Sie kommen überall massenhaft im Wasser und auf feuchtem Boden vor.

Die bisher betrachteten Protisten, sowohl die Phytarchen (mit vegetalem Stoffwechsel und Phytoplasma) als die Zoarchen (mit animalem Stoffwechsel und Zooplasma) stimmen alle in einem höchst wichtigen Merkmal überein: sie besitzen noch keinen Zellkern und dürfen daher auch nicht als „Zellen“ bezeichnet werden. Die Sonderung des Plasson im Zellkern (*Karyoplasma*) und Zellstoff (*Protoplasma*) tritt erst auf der zweiten Stufe des Protisten-Reiches auf, bei den wirklich Einzelligen. Unter diesen können wir im Allgemeinen drei Gruppen unterscheiden, deren gegenseitige Verwandtschafts-Beziehungen sehr verwickelt sind. Eine erste Gruppe bilden die sogenannten „einzelligen Pflanzen“, mit Phytoplasma und vegetalem Stoffwechsel (Plasma-bildend oder „plasmogene“), die Diatomeen, Cosmarien, Palmelleen und Siphoneen. Zur zweiten Gruppe gehören die eigentlichen „einzelligen Thiere“, mit Zooplasma und animalem Stoffwechsel (Plasma-verzehrend oder „plasmophage“), die meisten Infusions-Thiere (insbesondere Ciliaten und Acineten) und Rhizopoden (namentlich Thalamarien und Radiolarien). Aber bei vielen anderen Protisten ist der entscheidende Charakter des Stoffwechsels nicht ausgesprochen, oder er ist in so sonderbarer Weise mit entgegengesetzten morphologischen Merkmalen verbunden, dass ein unerledigter Streit darüber fortdauert, ob man sie als „Urpflanzen“ oder „Urthiere“ betrachten soll. Zu dieser dritten Gruppe, den „neutralen Moneren“, gehören z. B. die Flagellaten, Lobosen, Gregarinen, Diatomeen und Mycetozoen.

Die Diatomeen (Taf. XIV, Fig. 2. 3) bilden eine ganz selbstständige, äusserst formenreiche Classe des Protisten-Reiches, ausgezeichnet durch eine eigenthümliche zweiklappige Kieselschale. Sie bevölkern in ungeheuren Massen und in einer unendlichen Mannichfaltigkeit der zierlichsten Formen das Meer und die süssen Gewässer. Die meisten Diatomeen sind mikroskopisch kleine Zellen, welche entweder einzeln (Fig. 13) oder in grosser Menge

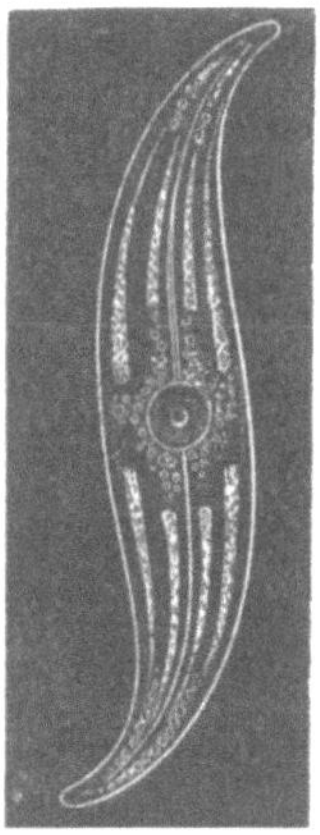

Fig. 13. Navicula hippocampus (stark vergrössert). In der Mitte der kieselschaligen Zelle ist der Zellenkern (Nucleus) nebst seinen Kernkörperchen (Nucleolus) sichtbar.

vereinigt leben. Viele sind festgewachsen; die meisten aber bewegen sich in eigenthümlicher Weise rutschend, schwimmend oder kriechend umher. Ihr weicher Zellenleib ist durch einen charakteristischen Farbstoff bräunlich gelb gefärbt, und wird stets von einer festen und starren Kieselschale umschlossen; diese ist durch eine sehr regelmässige, meistens symmetrische Bildung und sehr feine Sculptur ausgezeichnet; sie entwickelt sich in den zierlichsten und mannichfaltigsten Formen. Die Kieselhülle besteht eigentlich aus zwei Hälften, die nur locker zusammenhängen und sich verhalten wie eine Schachtel und ihr Deckel. In der Fuge zwischen beiden, vielleicht auch in einer besonderen Längslinie der Schale, finden sich eine oder ein paar Spalten, wodurch der eingeschlossene weiche Zellenleib mit der Aussenwelt communicirt. Die Kieselschalen finden sich massenhaft versteinert vor und setzen manche Gesteine, z. B. den Biliner Polirschiefer und das schwedische Bergmehl, vorwiegend zusammen. Die Fortpflanzung der Diatomeen erfolgt einfach durch Theilung. Dabei schieben sich die beiden Klappen der schachtelförmigen Kieselzelle auseinander; und nachdem das Protoplasma der Theilung des Kernes in zwei gleiche Hälften gefolgt ist, sondert jede Hälfte eine neue Klappe ab, welche sich zu einer der alten Schalen-Hälften wie die Schachtel zu ihrem Deckel fügt.

Enger als die Diatomeen schliessen sich an das Pflanzenreich die ähnlichen Cosmarien an (Taf. XIV, Fig. 4—8), einzellige Protisten, welche sich ebenfalls durch die zierliche und regelmässige Gestalt ihrer zweiseitigen symmetrischen Hülle auszeichnen. Diese besteht aber nicht aus einer zweiklappigen Kiesel-

Fig. 18. Euastrum rota, eine einzellige Cosmarie stark vergrössert. Der ganze zierliche sternförmige Körper hat den Formwerth einer einzigen Zelle. In der Mitte derselben liegt der Kern nebst Kernkörperchen.

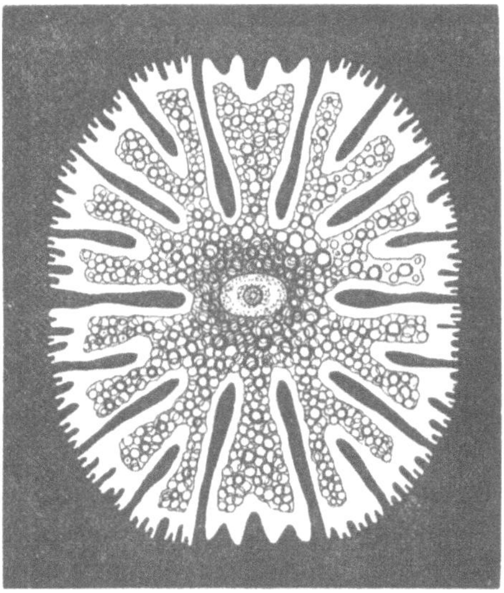

schale, sondern aus einer zweiseitigen, meistens durch einen mittleren Einschnitt in zwei Lappen getheilten Cellulose-Membran. Oft besitzt dieselbe eine sehr zierliche Sternform, oder bildet strahlenförmige Lappen; anderemale ist die Cosmarien-Zelle regelmässig dreieckig, kreuzförmig, halbmondförmig u. s. w. Die Fortpflanzung erfolgt einfach durch Theilung in der Mittel-Ebene; jede Hälfte ergänzt sich alsbald wieder durch Bildung einer neuen Hälfte. Meistens geht der Theilung (wie bei den Gregarinen) Copulation oder Verschmelzung von zwei gleichen Zellen voraus. Die grosse Mehrzahl der Cosmarien lebt isolirt, überall verbreitet im süssen Wasser (*Closterieae*), einige jedoch leben gesellig und bilden Coenobien in Form von Ketten (*Desmidieae*); diese Ketten-Form oder Zellreihe führt hinüber zur Gruppe der Zygnemeen oder Conjugaten, vielzelligen Algen mit fadenförmigen Thallus.

An die Cosmarien schliessen sich eng die **Palmellarien** an (*Palmellaceae*); eine grosse Gruppe von „einzelligen Algen“, welche ebenfalls zu den Stamm-Gruppen der „vielzelligen Algen“ gehört; in ähnlicher Weise wie die Cosmarien (Desmidieen) als Stamm-Gruppe der Zygnemeen, sind die Palmellarien als die ursprüngliche Stamm-Gruppe der Conferveae (oder der vielzelligen grünen „Wasserfäden“) zu betrachten. Auch die Palmellarien-Zellen leben bald einzeln als Einsiedler (Eremobien), bald gesellig verbunden in gallertigen Zellhorden (Coenobien). Es gehören dahin die Protococceen und Pleurococceen; viele Botaniker stellen dazu auch die Pandorinen und Volvocinen, welche dagegen von den meisten Zoologen als Flagellaten betrachtet und zu den Infusorien gerechnet werden. In frei beweglichem Zustande schwimmen diese neutralen Protisten mittelst einer (oder mehrerer) langer schwingender Geisseln umher und gleichen dann echten „Infusions-Thierchen“ („die Pflanze im Momente der Thierwerdung“), Taf. XIV, Fig. 9, 10). Im ruhenden Zustande hingegen stellen sie kugelige oder rundliche Pflanzenzellen einfachster Art dar. Die Fortpflanzung geschieht bald durch einfache Theilung (Fig. 11—13), bald durch eine Copulation von zwei gleichartigen Zellen; indem diese ungleich werden, leiten sie die geschlechtliche Fortpflanzung ein.

Zu den Palmellarien gehören wahrscheinlich auch die **Xanthelleen** oder die sogenannten „gelben Zellen“, welche im Körper vieler niederen Thiere wohnen; nicht eigentlich als Schmarotzer, die ihre Nahrung aus letzteren entnehmen, sondern als Symbionten, die mit ihnen zu gegenseitigem Nutzen sich innig verbinden. Die betreffenden Wohnthiere (Würmer, Sternthiere, Pflanzenthiere aller Classen, Radiolarien, Fig. 16, S. 250) gewähren den eingeschlossenen Xanthellen (*Zooxanthella*) Schutz und Obdach; sie erhalten dafür von letzteren Plasma und Stärkemehl, welche diese unter dem Einflusse des Sonnenlichtes erzeugen. Die „gelben Zellen“ haben meistens einfache Kugelform und pflanzen sich durch Theilung fort (Taf. XV. Fig. 11—13). Entfernt man die Xanthellen aus dem Körper ihrer Wohnthiere, so scheiden sie Gallerte aus und gehen in einen Palmellen-Zustand über. Bringt man sie aber in viel Wasser, so verwandeln sie sich in Flagellaten, in einzellige „Schwärmsporen mit zwei Geisseln“.

Grundformen von Urpflanzen (Protophyten.)

Taf. XIV.

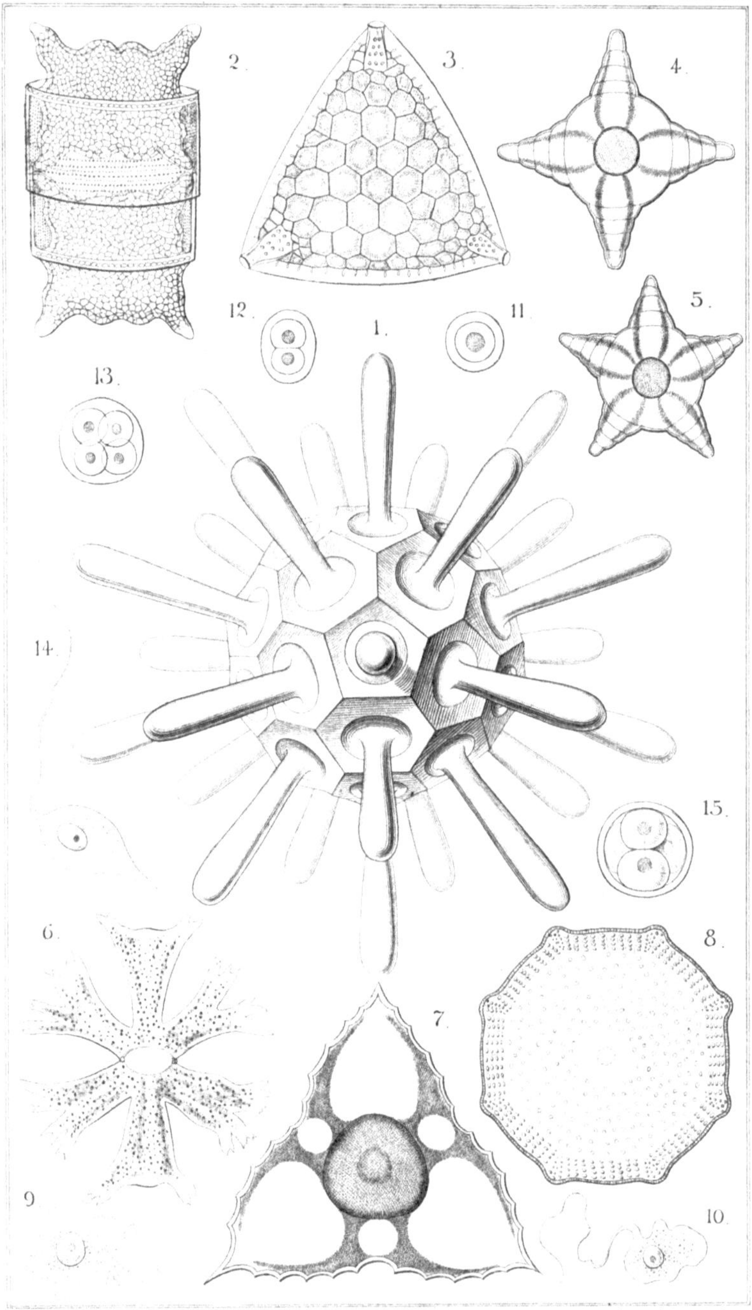

Grundformen von Urthieren (Protozoen). Taf. XV.

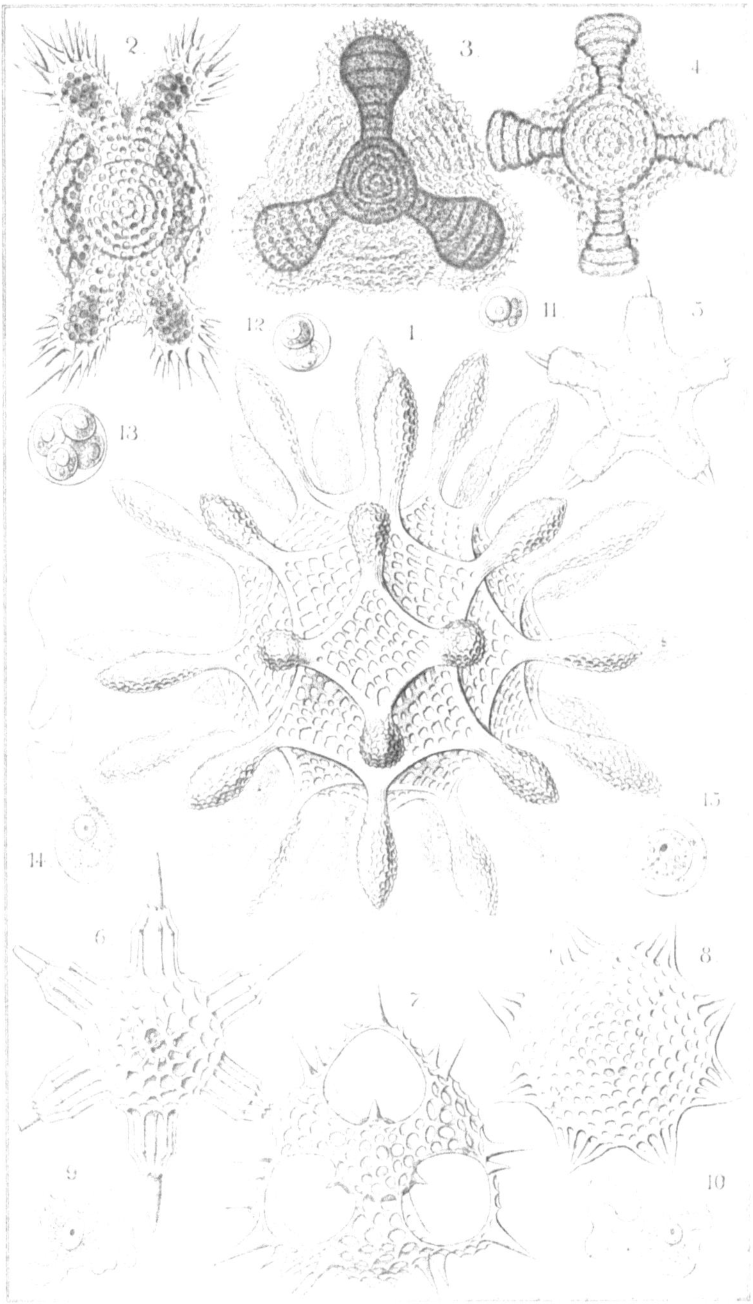

Mit den Xanthelleen hängen vielleicht auch die Labyrinthuleen zusammen, welche an Pfählen in Seewasser leben. Sie erscheinen als spindelförmige, meistens dottergelb gefärbte Zellen, welche bald in dichten Haufen zu Klumpen vereinigt sitzen, bald in höchst eigenthümlicher Weise sich umherbewegen. Sie bilden

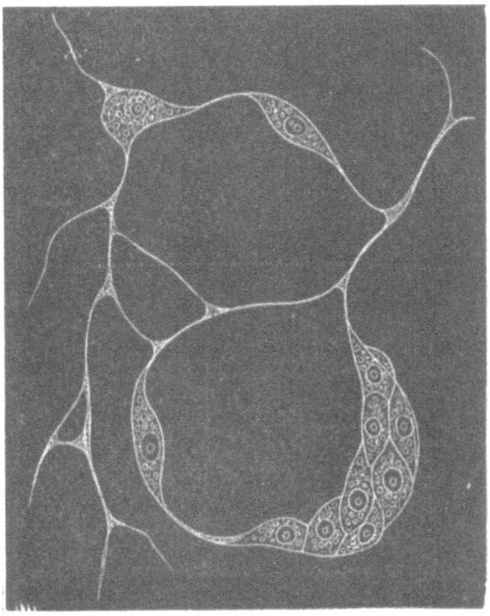

Fig. 14. Labyrinthula macrocystis (stark vergrössert). Unten eine Gruppe von zusammengehäuften Zellen, von denen sich links eine soeben abtrennt; oben zwei einzelne Zellen, welche in dem starren netzförmigen Gerüste ihrer „Fadenbahn“ umherrutschen.

dann in noch unerklärter Weise ein netzförmiges Gerüst von labyrinthisch verschlungenen Strängen, und in der starren „Fadenbahn“ dieses Gerüstes rutschen sie umher. Der Gestalt nach würde man die Zellen der Labyrinthuleen für einfachste Pflanzen, der Bewegung nach für einfachste Thiere halten.

Eine merkwürdige, noch wenig bekannte Gruppe von Protisten sind die Calcocyteen oder die „einzelligen Kalkalgen“. Die Zelle, wahrscheinlich aus Phytoplasma gebildet, nimmt hier so viel kohlensauren Kalk in sich auf, dass sie einem anorgischen Kalkkörperchen oder einer Concretion gleicht. Bald bilden dieselben einfache runde Scheibchen (Discolithen), bald Doppelscheibchen, ähnlich einem Hemdknöpfchen (Cyatholithen). Die kleinen Kugeln, welche aus vielen solchen verbundenen Scheibchen sich zusammensetzen, die Coccosphaeren, sind vielleicht Coenobien der ersteren; ebenso die zierlichen Rhabdosphaeren, Kalk-Kugeln mit Radialstacheln, die von polygonalen Tafeln der Oberfläche ausgehen (Taf. XIV, Fig. 1). Massenhaft finden sich diese kleinen Calcocyteen sowohl an der Oberfläche und auf dem Boden der tropischen Meere, als auch fossil in der Kreide. (Vergl. darüber Wyville-Thomson, The Atlantic, 1877, Vol. I, S. 222).

Eine ganz eigenthümliche Klasse von „Urpflanzen" bilden die Siphoneen, deren ansehnlicher Körper in wunderbarer Weise die Formen mancher höheren Pflanzen nachahmt. Einige von diesen Siphoneen erreichen eine Grösse von mehreren Fussen und gleichen einem zierlichen Mose (*Bryopsis*) oder einem Bärlappe oder gar einer vollkommenen Blüthenpflanze mit Stengel, Wurzeln und Blättern (*Caulerpa*, Fig. 17). Und dennoch besteht dieser ganze grosse und vielfach äusserlich differenzirte Körper innerlich aus einem ganz einfachen Schlauche, der nur den Formwerth einer

Fig. 17. Caulerpa denticulata, eine Siphonee in natürlicher Grösse. Die ganze verzweigte Urpflanze, welche aus einem kriechenden Stengel mit Wurzelfaser-Büscheln und gezähnten Laubblättern zu bestehen scheint, ist in Wirklichkeit nur eine einzige Zelle.

einzigen Zelle besitzt. Zahlreiche kleine Zellkerne sind in dem Phytoplasma vertheilt, welches die Innenwand des riesigen Cellulose-Schlauches auskleidet. Einige pflanzen sich bloss ungeschlechtlich fort (*Caulerpa* etc.); andere geschlechtlich (*Vaucheria* etc.).

Diese wunderbaren Siphoneen, Vaucherien und Caulerpen zeigen uns, wie weit es die einzelne Zelle als ein einfachstes Individuum erster Ordnung durch fortgesetzte Anpassung an die Verhältnisse der Aussenwelt bringen kann. Die meisten sind Bewohner der wärmeren Meere; indessen finden sich einige Gattungen auch im süssen Wasser (*Vaucheria*) oder sogar auf feuchter Erde (*Botrydium*).

Während die bisher betrachteten Protisten von den meisten Naturforschern als „Urpflanzen" angesehen sind, werden die einzelligen Organismen, zu denen wir uns jetzt wenden, gewöhnlich als „Urthiere" beschrieben, insbesondere die grossen Klassen der Infusorien und Rhizopoden. Als die einfachsten und indifferentesten Formen dieser Hauptgruppe treten uns hier zunächst die Amoebinen oder Lappinge entgegen (*Lobosa*). Zu diesen gehören die nackten Amoeben (*Gymnolobosa*) und die beschalten Arcellen (*Thecolobosa*). Die gewöhnlichen Amoeben sind der Typus der einfachen, kernhaltigen, aber noch formlosen Zelle. Ganz ähnliche, nackte, kernhaltige Zellen kommen überall im Anfange der Entwickelung sowohl bei echten Pflanzen, als bei echten Thieren vor. Die Fortpflanzungszellen z. B. von manchen Algen (Sporen und Eier) existiren längere oder kürzere Zeit im Wasser in Form von nackten, kernhaltigen Zellen, die von einfachen Amoeben und von den nackten Eiern mancher Thiere (z. B. der Schwämme, Siphonophoren und Medusen) geradezu nicht zu unterscheiden sind. (Vergl. die Abbildung vom nackten Ei des Blasentangs im XIX. Vortrag.) Viele nackte einfache Zellen, gleichviel ob sie aus dem Thier- oder Pflanzenkörper kommen, sind von einer selbstständigen Amoebe nicht wesentlich verschieden. Denn die letztere ist selbst Nichts weiter als eine einfache Urzelle, ein nacktes Klümpchen von Protoplasma, welches einen Kern enthält. Die Zusammenziehungsfähigkeit oder Contractilität dieses Protoplasma aber, welche die freie Amoebe im Ausstrecken und Einziehen formwechselnder Fortsätze zeigt, ist eine allgemeine Lebenseigenschaft des organischen Plasson eben sowohl in den thierischen wie in den pflanzlichen Plastiden. Wenn eine frei bewegliche, ihre Form beständig ändernde Amoebe in den Ruhezustand übergeht, so zieht sie sich kugelig zusammen und umgiebt sich mit einer ausgeschwitzten Membran. Dann ist sie der Form nach eben so wenig von einem thierischen Ei als von einer einfachen kugeligen Pflanzenzelle zu unterscheiden (Fig. 10A).

Nackte kernhaltige Zellen, gleich den in Fig. 10B abgebildeten, welche in beständigem Wechsel formlose fingerähnliche Fortsätze ausstrecken und wieder einziehen, und welche man deshalb als Amoeben bezeichnet, finden sich vielfach und sehr weit verbreitet im süssen Wasser und im Meere, ja sogar auf dem Lande kriechend vor. Dieselben nehmen ihre Nahrung in gleicher Weise auf, wie es früher (S. 166) von den Protamoeben beschrieben wurde. Bisweilen kann man ihre Fortpflanzung durch Theilung (Fig. 10C, D) beobachten, die ich bereits in einem früheren

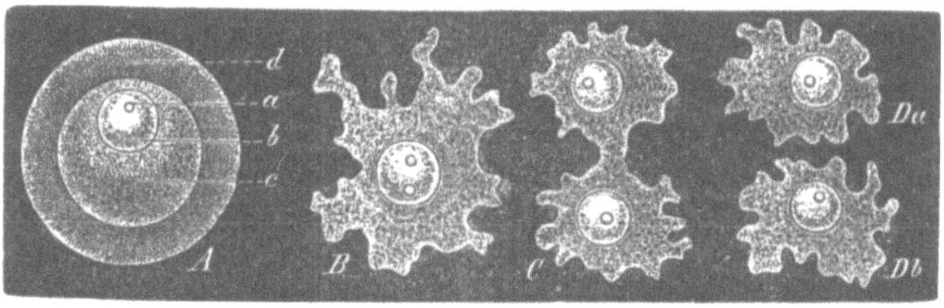

Fig. 10. Amoeba sphaerococcus (eine Amoebenform des süssen Wassers ohne contractile Blase) stark vergrössert. *A.* Die eingekapselte Amoebe im Ruhezustand, bestehend aus einem kugeligen Plasmaklumpen (*c*), welcher einen Kern (*b*) nebst Kernkörperchen (*a*) einschliesst. Die einfache Zelle ist von einer Cyste oder Zellenmembran (*d*) umschlossen. *B.* Die freie Amoebe, welche die Cyste oder Zellhaut gesprengt und verlassen hat. *C.* Dieselbe beginnt sich zu theilen, indem ihr Kern in zwei Kerne zerfällt und der Zellschleim zwischen beiden sich einschnürt. *D.* Die Theilung ist vollendet, indem auch das Protoplasma vollständig in zwei Hälften zerfallen ist (*Da* und *Db*).

Vortrage Ihnen geschildert habe (S. 168). Viele von diesen formlosen Amoeben sind neuerdings als jugendliche Entwickelungszustände von anderen Protisten (namentlich den Myxomyceten) oder als abgelöste Zellen von niederen Thieren und Pflanzen erkannt worden. Die farblosen Blutzellen der Thiere, z. B. auch die im menschlichen Blute, sind von Amoeben nicht zu unterscheiden. Sie können gleich diesen feste Körperchen in ihr Inneres aufnehmen, wie ich zuerst 1859 durch Fütterung derselben mit feinzertheilten Farbstoffen nachgewiesen habe. Viele derartige fressende „Wander-Zellen“ (oder Phagocyten) spielen eine grosse Rolle im Stoffwechsel höherer Thiere, auch in manchen Krankheiten des Menschen. Andere Amoeben dagegen (wie die in Fig. 10 abgebildeten) scheinen selbstständige „gute Species“ zu sein, indem sie sich viele Generationen hindurch unverändert fortpflanzen. Ausser den eigentlichen oder nackten Amoeben (*Gymnolobosa*), finden wir weitverbreitet, besonders im süssen Wasser, auch beschalte Amoeben (*Thecolobosa*), deren nackter Protoplasmaleib theilweise durch eine feste Schale (*Arcella*) oder selbst durch ein aus Steinchen zusammengeklebtes Gehäuse (*Difflugia*) geschützt ist. Oft hat diese Schale eine sehr zierliche Bildung; bei *Quadrula* z. B. ist sie aus quadratischen Plättchen zusammengesetzt.

An die Lobosen schliessen wir die Gregarinen an (*Gregarinae* oder *Sporozoa*). Das sind einzellige, ziemlich grosse Protisten, welche schmarotzend im Darme und in der Leibeshöhle vieler Thiere leben, sich wurmähnlich bewegen und zusammenziehen, und früher irrthümlich zu den Würmern gestellt wurden. Von den Amoeben unterscheiden sich die Gregarinen durch den Mangel der veränderlichen Fortsätze und durch eine dicke structurlose Hülle oder Membran, die ihren Zellenleib umschliesst. Man kann sie als Amoeben auffassen, welche sich an parasitische Lebensweise gewöhnt und in Folge dessen mit einer ausgeschwitzten Hülle umgeben haben. Bald bleiben die Gregarinen einfache Zellen, bald legen sie sich zu Ketten von zwei oder drei Zellen an einander. Bei der Fortpflanzung ziehen sie sich kugelig zusammen, der Kern löst sich im Protoplasma auf und letzteres zerfällt in zahlreiche kleine Kügelchen oder Sporen. Diese umgeben sich mit spindelförmigen Hüllen und werden so zu sogenannten Psorospermien (oder Pseudo-Navicellen). Später schlüpft aus der Hülle ein kleines Moner heraus, welches sich durch Neubildung eines Kerns in eine Amoebe verwandelt. Indem letztere wächst und sich mit einer Hülle umgiebt, wird sie zur Gregarine.

Eine sehr merkwürdige Protisten-Classe bilden die Geisselschwärmer oder Geissler (*Flagellata*, Fig. 11). Gleich den Lobosen sind sie interessant durch ihre indifferente Natur und ihren neutralen Charakter, so dass sie von den Zoologen meistens für einzellige Thiere, von den Botanikern für einzellige Pflanzen erklärt werden. In der That zeigen sie gleich nahe und wichtige Beziehungen zum Pflanzenreich wie zum Thierreich. Einige Flagellaten sind von den frei beweglichen Jugendzuständen echter Pflanzen, namentlich den Schwärmsporen vieler Tange, nicht zu unterscheiden, während andere sich scheinbar den echten Thieren anschliessen. Die einen sind grün und erzeugen Plasma (gleich Protophyten); die anderen, von derselben Form, sind farblos und verzehren Plasma (gleich Protozoen). Somit sind die Flagellaten in Wirklichkeit neutrale Protisten und stehen einerseits eben so nahe den echten „Urpflanzen“ (Palmellarien) als andererseits den echten „Urthieren“ (Infusorien). Viele leben einzeln (Euglenen, Fig. 11), andere in Coenobien oder Colonien vereinigt (Volvocinen). Ueberall sind sie massenhaft sowohl im süssen als im salzigen

Fig. 11. Ein einzelner Geisselschwärmer (Euglena striata) stark vergrössert. Oben ist die fadenförmige schwingende Geissel sichtbar, in der Mitte der runde Zellenkern mit seinem Kernkörperchen.

Wasser zu finden. Ihr charakteristischer Körpertheil ist ein sehr beweglicher, einfacher oder mehrfacher, peitschenförmiger Anhang (Geissel oder Flagellum), mittelst dessen sie lebhaft im Wasser umherschwärmen. Die rothen oder grünen Euglenen und Astasien färben durch ihre ungeheuren Mengen im Frühjahr oft plötzlich das Wasser roth oder grün. Die einen Geissler (z. B. die Euglenen Fig. 11) besitzen einen nackten Zellenleib, wogegen derselbe bei den Panzergeisslern (*Thecoflagellata*) von einer Hülle umgeben ist. Die kieselschaligen Peridinien (*Dinoflagellata*) besitzen ausserdem noch eine besondere Gürtel-Geissel. Die grössten und eigenthümlichsten Formen sind aber die Meerleuchten oder Blasengeissler (*Cystoflagellata*), welche im Dunkeln Licht ausstrahlen und oft in solcher Masse auftreten, dass die Meeresoberfläche meilenweit leuchtet. Eine von diesen Meeresleuchten (*Leptodiscus medusoides*) ahmt Form und Bewegungen einer wahren Meduse nach und ist trotzdem nur eine einfache schirmförmige Zelle.

Eine sehr merkwürdige neue Protisten-Form, welche ich Flimmerkugel (*Magosphaera*) genannt habe, ist im September 1869 von mir an der norwegischen Küste entdeckt und in meinen biologischen Studien [15]) eingehend geschildert worden (S. 137, Taf. V). Bei der Insel Gis-Oe in der Nähe von Bergen fing ich an der Oberfläche des Meeres schwimmende äusserst zierliche kleine Kugeln (Fig. 12), zusammengesetzt aus einer Anzahl von (ungefähr 30—40) wimpernden birnförmigen Zellen, die mit ihren spitzigen Enden strahlenartig im Mittelpunkt der Kugel vereinigt waren. Nach einiger Zeit löste sich die Kugel auf. Die einzelnen Zellen schwammen selbstständig im Wasser umher, ähnlich ge-

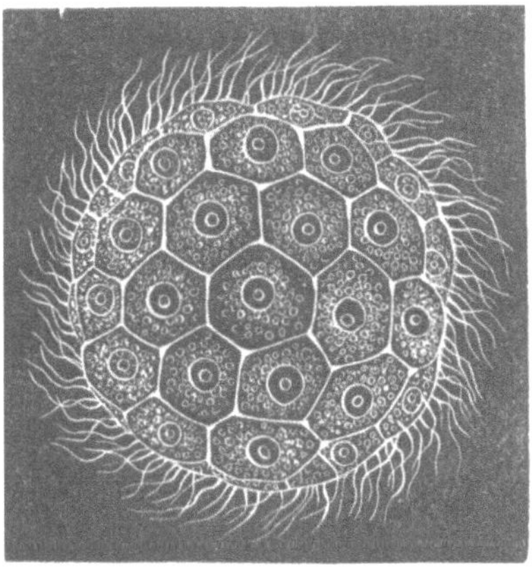

Fig. 12. Die norwegische Flimmerkugel (Magosphaera planula) mittelst ihres Flimmerkleides umherschwimmend, von der Oberfläche gesehen.

wissen bewimperten Infusorien oder Ciliaten. Die Zellen senkten sich nachher zu Boden, zogen ihre Wimperhaare in den Leib zurück und gingen allmählich in die Form einer kriechenden Amoebe über (ähnlich Fig. 10B). Die letztere kapselte sich später ein (wie in Fig. 10A) und zerfiel dann durch fortgesetzte Zweitheilung in eine grosse Anzahl von Zellen (ganz wie bei der Eifurchung, Fig. 6, S. 266). Die Zellen bedeckten sich mit Flimmerhärchen, durchbrachen die Kapselhülle und schwammen nun wieder in der Form einer wimpernden Kugel umher (Fig. 12). Da dieser wunderbare Organismus bald als einfache Amoebe, bald als einzelne bewimperte Zelle, bald als vielzellige Wimperkugel erscheint, ist er schwer in einer der anderen Protistenclassen unterzubringen und kann als Repräsentant einer neuen selbstständigen Gruppe angesehen werden. Da dieselbe zwischen mehreren Protisten-Formen in der Mitte steht und dieselben mit einander verknüpft, kann sie den Namen der Vermittler oder Catallacten führen.

Einen ausgeprägt thierischen Character tragen die Lebens-Erscheinungen in der grossen Classe der echten Infusions-Thierchen (*Infusoria*) und ganz besonders in derjenigen Gruppe, welche jetzt gewöhnlich den Namen der „Wimper-Thierchen oder Wimperlinge“ (*Ciliata*) führt. Diese vielgestaltigen und interessanten kleinen Geschöpfe, welche in grossen Massen alle süssen und salzigen Gewässer bevölkern, zeigen uns, wie weit es die einzelne animale Zelle in ihrem Streben nach Vollkommenheit bringen kann. Denn obgleich die Wimperlinge mit so lebhafter willkürlicher Bewegung und mit so zarter sinnlicher Empfindung ausgestattet sind, dass sie früher allgemein für hochorganisirte Thiere gehalten wurden, sind doch auch sie nur einfache Zellen. Die Oberfläche dieser verschiedenartig gestalteten Zellen ist mit zarten Wimperhärchen bedeckt, die sowohl die Ortsbewegung, wie die Empfindung und die Nahrungsaufnahme vermitteln. Im Inneren liegt ein einfacher Zellkern. Theils pflanzen sie sich durch Theilung, theils durch Knospung oder Sporenbildung fort. Oft geht der Theilung Copulation oder eine Art geschlechtlicher Zeugung voraus. Bei keiner Gruppe von Protisten treten uns so deutlich und unleugbar die Aeusserungen des Seelenlebens der einzelnen Zelle entgegen, wie bei diesen einzelligen Wimperlingen, und deshalb sind sie für die monistische Lehre von der Zellseele von ganz besonderem Interesse. (Vergl. meinen Aufsatz über „Zellseelen und Seelenzellen“, Ges. Popul. Vorträge I. Heft.)[50]).

Als nächste Verwandte der Ciliaten und als eine besondere Infusorien-Classe werden gewöhnlich im System der Protisten an jene die Starrlinge oder Acineten angeschlossen (Acinetae). Im Gegensatze zu den geschmeidigen und lebhaft beweglichen Wimperlingen sitzen diese einzelligen Starrlinge meistens im Wasser unbeweglich fest und strecken steife haarfeine Saugröhren aus, durch welche sie andere Infusorien aussaugen. Gleich den Ciliaten vermehren sich auch die Acineten bald durch Theilung, bald durch Knospung oder Bildung von beweglichen Schwärmsporen.

Während die Infusionsthiere hauptsächlich physiologisch von Interesse sind, als die Protisten mit höchst entwickelter Zellseele, finden wir dagegen die grösste Formen-Mannichfaltigkeit, und die reichste morphologische Divergenz, bei der letzten Gruppe des Protisten-Reiches, den Wurzelfüssern (*Rhizopoda* oder *Sarcodina*). Diese merkwürdigen „Urthiere" bevölkern das Meer seit den ältesten Zeiten der organischen Erdgeschichte in einer ausserordentlichen Formen-Mannichfaltigkeit, theils auf dem Meeresboden kriechend, theils in verschiedenen Tiefen schwebend, theils an der Oberfläche schwimmend. Nur wenige leben im süssen Wasser oder auf feuchter Erde. Die meisten besitzen feste, aus Kalkerde oder Kieselerde bestehende und höchst zierlich zusammengesetzte Schalen, welche in versteinertem Zustande sich vortrefflich erhalten. Oft sind dieselben zu mächtigen Gebirgsmassen angehäuft, obwohl die einzelnen Individuen meistens klein und häufig für das blosse Auge kaum oder gar nicht sichtbar sind. Indessen erreichen Viele einen Durchmesser von einigen Linien oder selbst von ein paar Zollen. Ihren Namen führt die ganze Classe davon, dass ihr nackter schleimiger Leib an der ganzen Oberfläche Tausende von äusserst feinen Schleimfäden ausstrahlt, falschen Füsschen, Scheinfüsschen oder Pseudopodien, welche sich wurzelförmig verästeln, netzartig verbinden, und in beständigem Formwechsel gleich den einfacheren Schleimfüsschen der Amoeboiden oder Lobosen befindlich sind. Diese veränderlichen Scheinfüsschen dienen sowohl zur Ortsbewegung, als zur Nahrungs-Aufnahme. Wir unterscheiden unter den Rhizopoden vier Classen: die Mycetozoen, Heliozoen, Thalamarien und Radiolarien.

Die erste Rhizopoden-Classe bilden die merkwürdigen Pilzthiere (*Mycetozoa*). Früher wurden dieselben allgemein für Pilze gehalten, und unter dem Namen „Schleimpilze" (*Myxomycetes*) n das Pflanzenreich gestellt. Erst der Botaniker De Bary entdeckte ihre merkwürdige Ontogenie und zog daraus mit vollem Rechte den Schluss, dass sie gänzlich von den Pilzen verschieden und eher als niedere Thiere zu betrachten sind. Allerdings ist

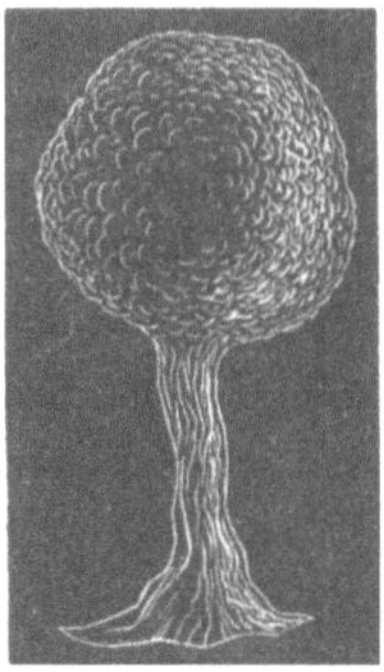

Fig. 15. Ein gestielter Fruchtkörper (Sporenblase, mit Sporen angefüllt) von einem Myxomyceten (Physarum albipes), schwach vergrössert.

der reife Fruchtkörper derselben eine rundliche, oft mehrere Zoll grosse, mit feinem Sporenpulver und weichen Flocken gefüllte Blase (Fig. 15), wie bei den bekannten Bovisten oder Bauchpilzen (Gastromycetes). Allein aus den Keimkörnern oder Sporen derselben kommen nicht die charakteristischen Faden-Zellen oder Hyphen der echten Pilze hervor, sondern nackte Zellen, welche anfangs in Form von Geisselschwärmern umherschwimmen (Fig. 11), später nach Art der Amoeben umherkriechen (Fig. 10B) und endlich mit anderen ihresgleichen zu grossen Schleimkörpern oder „Plasmodien" zusammenfliessen. Das sind unregelmässige ausgedehnte Netze von Protoplasma, welche in beständigem Wechsel ihre unregelmässige Form langsam ändern. Später ziehen sie sich auf einen runden Klumpen zusammen und verwandeln sich unmittelbar in den blasenförmigen Fruchtkörper. Eines von diesen grossen Plasmodien, dasjenige von Aethalium septicum, kommt häufig bei uns im Sommer als sogenannte „Lohblüthe" vor, und durchzieht in Form einer schöngelben, oft mehrere Fuss breiten, salbenartigen Schleimmasse netzförmig die Lohhaufen und Lohbeete der Gerber. Die schleimigen frei kriechenden Jugendzustände dieser Pilzthiere, welche meistens auf faulenden Pflanzenstoffen, Baumrinden u. s. w. in feuchten Wäldern leben, beweisen deutlich, dass sie zu den Rhizopoden und nicht zu den Pilzen gehören.

Zu der zweiten Classe der Wurzelfüsser, den Sonnlingen (Heliozoa), gehört unter Anderen das sogenannte „Sonnenthierchen", welches sich in unseren süssen Gewässern sehr häufig findet. Schon im vorigen Jahrhundert wurde dasselbe von Pastor Eichhorn in Danzig beobachtet und nach ihm Actinosphaerium Eichhornii getauft. Es erscheint dem blossen Auge als ein gallertiges graues Schleimkügelchen von der Grösse eines Stecknadelknopfes. Unter dem Mikroskope sieht man Tausende feiner Schleimfäden von dem centralen Plasmakörper ausstrahlen, und bemerkt, dass eine innere zellige Markschicht von der äusseren blasigen Rindenschicht zu unterscheiden ist. Die erstere enthält zahlreiche Kerne. Die kleinere *Actinophrys sol* enthält nur einen einzigen Kern in ihrem Zellenleib. Manche Sonnlinge hüllen ihren Leib in eine zierliche kugelige Gitterschale (*Clathrulina*).

Von viel grösserem allgemeinen Interesse als die Heliozoen und Mycetozoen sind die beiden letzten Abtheilungen der Rhizopoden, die formenreichen Classen der kalkschaligen Thalamarien und der kieselschaligen Radiolarien. Die äusserst zierlich und mannichfaltig geformten Schalen dieser Wurzelfüsser bleiben nach dem Tode des einzelligen weichen Leibes auf dem Meeresboden liegen und bedecken in ungeheuren Schlamm-Lagern zusammengehäuft den Boden der Tiefsee. Die grosse geologische Bedeutung dieser Protisten-Sedimente, des kalkigen „Globigerinen-Schlammes“ und des kieseligen „Radiolarien-Schlammes“ ist uns erst durch die Entdeckungen des „Challenger“ seit einem Decennium klar geworden. Durch Versteinerung und spätere Hebung des Schlammes können mächtige Gebirgs-Massen entstehen.

Schon um die Mitte des vorigen Jahrhunderts (seit 1731) wusste man, dass der Meeressand vieler Küsten aus Anhäufungen von sehr zierlichen kleinen Kalkschalen besteht. Wegen der auffallenden Aehnlichkeit mit den Kalkschalen von Schnecken und Tintenfischen (Nautilus) hielt man sie für die Gehäuse von winzigen Mollusken. Erst viel später (1835) wies Dujardin nach, dass die lebendigen Bewohner dieser vielgestaltigen Schalen nicht hochorganisirte Thiere, sondern structurlose Schleimkörper sind, Klumpen von Sarcode oder Plasma, von deren Oberfläche feine Fäden ausstrahlen. Bald schliesst ihr einfacher Zellenleib nur einen grossen Kern ein, bald mehrere. Jetzt kennt man ihre Naturgeschichte sehr genau, und nennt die Classe gewöhnlich (sehr unpassend) Foraminifera, besser Thalamaria oder Thalamophora. Trotz ihrer einfachen Leibes-Beschaffenheit schwitzen diese kleinen Kammerlinge dennoch eine feste, meistens aus Kalkerde bestehende Schale aus, welche eine grosse Mannichfaltigkeit zierlicher Formbildung zeigt. Bei den älteren und einfacheren Thalamarien ist die Schale eine einfache, glockenförmige, röhrenförmige oder schneckenhausförmige Kammer, aus deren Mündung ein Bündel von Schleimfäden hervortritt. Im Gegensatz zu diesen Einkammerlingen (Monothalamia) besitzen die Vielkammerlinge (Polythalamia), zu denen die grosse Mehrzahl gehört, ein Gehäuse, welches aus zahlreichen kleinen Kammern in sehr künstlicher Weise zusammengesetzt ist. Bald liegen diese Kammern in einer Reihe hinter einander, bald in concentrischen Kreisen oder Spiralen ringförmig um einen Mittelpunkt herum, und dann oft in vielen Etagen übereinander, gleich den Logen eines grossen Amphitheaters. Diese Bildung besitzen z. B. die Nummuliten, deren linsenförmige Kalkschalen, zu Milliarden angehäuft, an der Mittelmeer-Küste ganze Gebirge zusammensetzen. Die Steine, aus denen die egyptischen Pyramiden aufgebaut sind, bestehen aus solchem Nummulitenkalk. In den meisten Fällen sind die Schalenkammern der Polythalamien in einer Spirallinie um einander gewunden. Die Kammern stehen mit einander durch Gänge und Thüren in Verbindung, gleich den Zimmern eines grossen Palastes, und sind nach aussen gewöhnlich durch zahlreiche kleine Fenster geöffnet, aus denen der schleimige Körper formwechselnde Scheinfüsschen ausstrecken kann. Und dennoch, trotz des ausserordentlich verwickelten und zierlichen Baues dieses Kalklabyrinthes, trotz der unendlichen Mannichfaltigkeit in dem Bau und der Verzierung seiner zahlreichen Kammern, trotz der Regelmässigkeit und Eleganz ihrer Ausführung, ist dieser ganze künstliche Palast das ausgeschwitzte Product einer vollkommen formlosen und structurlosen Schleimmasse! Fürwahr, wenn nicht schon die ganze neuere Anatomie der thierischen und pflanzlichen Gewebe unsere Plastiden-Theorie stützte, wenn nicht alle allgemeinen Resultate derselben übereinstimmend bekräftigten, dass das ganze Wunder der Lebens-Erscheinungen und Lebens-Formen auf die active Thätigkeit des formlosen Plasma zurückzuführen ist, die Polythalamien allein schon müssten unserer Theorie den Sieg verleihen. Denn hier können wir in jedem Augenblick die wunderbare, aber unleugbare, zuerst von Dujardin und Max Schultze festgestellte Thatsache durch das Mikroskop nachweisen, dass der formlose

Tiefsee-Radiolarien des Challenger.

Taf. XVI

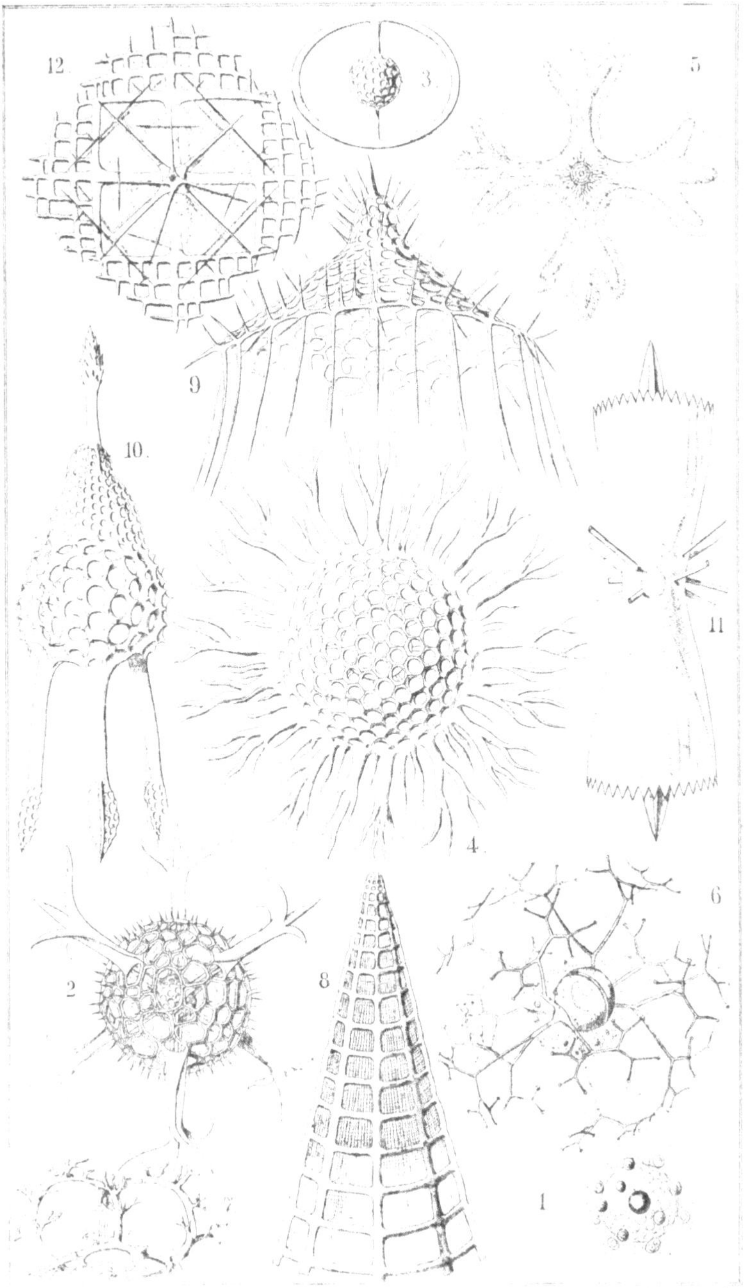

Schleim des eiweissartigen Plasmakörpers die zierlichsten, regelmässigsten und verwickeltsten Bildungen auszuscheiden vermag. Dies ist einfach eine Folge von Vererbung und Anpassung; wir lernen dadurch verstehen, wie derselbe „Urschleim", dasselbe Protoplasma, im Körper der Thiere und Pflanzen die verschiedensten und complicirtesten Zellen-Formen erzeugen kann.

Eine höhere Entwickelungsstufe erreicht der einzellige Organismus in der letzten Protisten-Klasse, bei den wunderbaren Strahlingen (*Radiolaria*, Taf. XV und XVI). Hier sondert sich der Zellkörper in eine innere Central-Kapsel (mit Kern) und eine äussere Gallerthülle (Calymma). Die kugelige, scheibenförmige oder längliche „Central-Kapsel" ist in eine schleimige Plasma-Schicht eingehüllt, von welcher überall Tausende von höchst feinen Fäden, die verästelten und zusammenfliessenden Scheinfüsschen, ausstrahlen. Dazwischen sind zahlreiche gelbe Zellen zerstreut, welche Stärkemehlkörner enthalten; die symbiotischen Xanthellen, welche wir oben bei den Palmellarien erwähnt haben. (Vergl. S. 436 und Fig. 16, l.) Die meisten Radiolarien besitzen ein sehr entwickeltes Skelet aus Kieselerde, ausgezeichnet durch eine wunderbare Fülle der zierlichsten und seltsamsten Formen (Vergl. Taf. XV und XVI nebst Erklärung.) Bald bildet dieses Kieselskelet eine einfache Gitterkugel (Fig. 16, s), bald ein künstliches System von mehreren concentrischen Gitterkugeln, welche in einander geschachtelt und durch radiale Stäbe verbunden sind (*Spumellaria*). Meistens strahlen zierliche, oft baumförmig verzweigte Stacheln von der Oberfläche der Kugeln aus. Anderemale besteht das ganze Skelet bloss aus einem Nadelstern und ist dann meistens aus zwanzig, nach einem bestimmten mathematischen Gesetze vertheilten und in einem gemeinsamen Mittelpunkte vereinigten Stacheln zusammengesetzt (*Acantharia*). Bei noch anderen Radiolarien bildet das Skelet zierliche vielkammerige Gehäuse wie bei den Polythalamien (*Nassellaria*). Manche besitzen sogar eine zweiklappige, zierlich gegitterte Muschelschale (*Phaeodaria*). Es giebt keine andere Gruppe von Organismen, welche eine solche Fülle der verschiedenartigsten Grundformen und eine so geometrische Regelmässigkeit, verbunden mit der zierlichsten Architektonik, in ihren Skeletbildungen entwickelte. Eine der einfachsten Formen ist die *Cyrtidosphaera echinoides* von Nizza (Fig. 16). Das Skelet besteht aus einer hier bloss einfachen

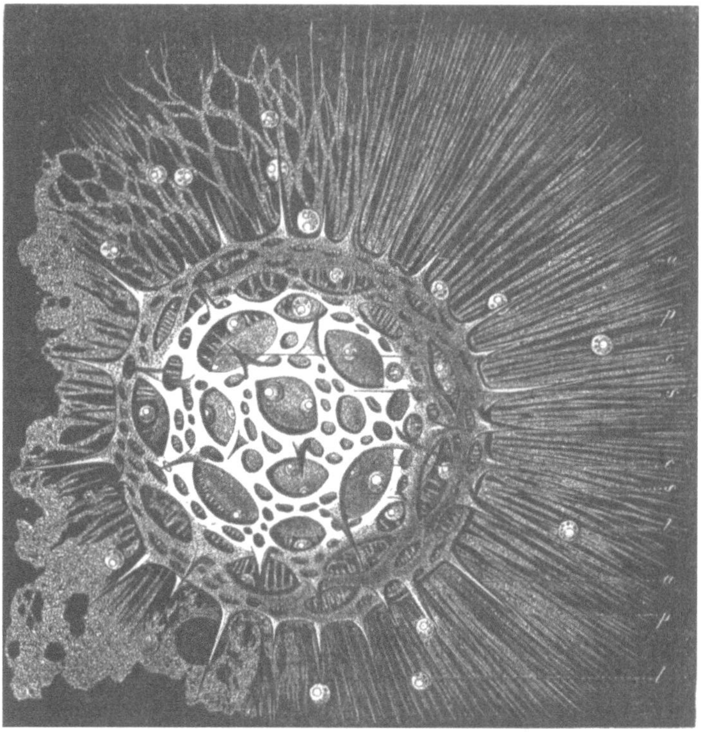

Fig. 16. Cyrtidosphaera echinoides, 400 mal vergrössert. c. Kugelige Centralkapsel. s. Gitterförmig durchbrochene Kieselschale. a. Radiale Stacheln, welche von derselben ausstrahlen. p. Pseudopodien oder Scheinfüsschen, welche von der die Centralkapsel umgebenden Schleimhülle ausstrahlen. l. Kugelige gelbe Zellen, welche dazwischen gestreut sind, und Amylumkörner enthalten (Zooxanthellen, S. 436).

Gitterkugel (s), welche kurze radiale Stacheln (a) trägt, und welche die Centralkapsel (c) locker umschliesst. Von der Schleimhülle, welche die letztere umgiebt, strahlen sehr zahlreiche und feine Scheinfüsschen (p) aus, welche links zum Theil zurückgezogen und in eine klumpige Schleimmasse verschmolzen sind. Dazwischen sind viele Xanthellen oder symbiotische „gelbe Zellen" zerstreut.

Die Lebens-Erscheinungen der Radiolarien sind nicht weniger interessant, als der wunderbare Formen-Reichthum ihrer zierlichen Kieselschalen. Die Nahrungs-Aufnahme erfolgt überall durch die zusammenfliessenden und rückziehbaren Scheinfüsschen. Viele Arten strahlen im Dunkeln ein intensives Licht aus; diese Phosphorescenz geht von Fettkugeln aus, welche in der Central-Kapsel enthalten sind. Die Fortpflanzung wird durch Schwärmsporen vermittelt, durch bewegliche Geisselzellen, welche in der Central-Kapsel entstehen. „Das allgemeine centrale Lebens-Princip, welches man gewöhnlich als Seele bezeichnet, und welches als allgemeiner Regulator sämmtlicher Lebensthätigkeiten erscheint, tritt bei den Radiolarien in derselben einfachsten Form auf, wie bei allen übrigen einzelligen Protisten, als „Zellseele". (Vergl. meine Allgemeine Natur-Geschichte der Radiolarien, Berlin, 1887, S. 108—122).

Einige Tausend zierlicher Radiolarien von mannichfaltigster Form sind in meiner Monographie dieser Klasse und im Challenger-Report abgebildet (S. oben S. 417). Milliarden derselben leben theils an der Oberfläche des Meeres, theils schwebend in den verschiedensten Tiefen desselben. Die denkwürdigen und epochemachenden Entdeckungen der Challenger-Expedition haben vor wenigen Jahren die überraschende Thatsache ergeben, dass der Schlamm des Meeresbodens oft gerade in den tiefsten Abgründen, (— bis zu 27,000 Fuss hinab!) grösstentheils aus Radiolarien besteht. Neuerdings hat Dr. Rüst nachgewiesen, dass auch viele Gesteine (z. B. Opale und Feuersteine) aus zusammengebackenen fossilen Radiolarien-Schalen bestehen. Bisweilen finden sich ihre versteinerten Schalen in solchen Massen angehäuft, dass sie ganze Berge zusammensetzen, z. B. die Nikobareninseln bei Hinterindien und die Insel Barbados in den Antillen. So bewährt sich in dieser wundervollen Protisten-Klasse das alte Sprichwort: „Die Natur ist im Kleinsten am Grössten" (*Natura in minimis maxima*). —

Systematische Uebersicht über das Reich der Urpflanzen.

Protophyta. (*Protista vegetalia.*) Einzellige Organismen mit Phytoplasma (Reductions-Plasma).

Klassen.	Klassen-Character.	Ordnungen.	Beispiel.
I. Phytarcha. Urpflanzen ohne Zellkern (*Phytocytoda*).	I A. Phytomonera Cytoden ohne Membran.	1. Probiontes.	*Archibion.*
	I B. Chromaceae Cytoden mit Cellulose-Membran.	2. Chroococceae. 3. Nostochineae.	*Chroococcus.* *Nostoc.*
II. Diatomeae (Auxosporeae.)	Zelle mit zweiklappiger Kieselschale; durch Theilung sich fortpflanzend.	1. Coocochromia. 2. Placochromia.	*Melosira* *Navicula.*
III. Cosmariae. (Desmidieae.)	Zelle mit zweispaltiger Cellulose-Hülle, durch Theilung sich fortpflanzend.	1. Closteriaceae. 2. Desmidiaceae.	*Euastrum.* *Desmidium.*
IV. Palmellariae. (Palmellaceae.)	Zelle mit einfacher (meistens kugeliger oder rundlicher) Cellulose-Hülle, durch Schwärmsporen sich fortpflanzend.	1. Protococceae. 2. Xanthelleae. 3. Calcocyteae.	*Protococcus.* *Zooxanthella.* *Rhabdosphaera.*
V. Siphoneae. (Coeloblastae.)	Zelle sehr gross, die Gestalt höherer Pflanzen nachahmend, mit zahlreichen Kernen. (Pseudocormus.)	1. Botrydiaceae. 2. Codiaceae. 3. Caulerpaceae.	*Botrydium.* *Codium.* *Caulerpa.*

Systematische Uebersicht über das Reich der Urthiere.

Protozoa. (*Protista animalia.*) Einzellige Organismen mit Zooplasma (Oxydations-Plasma).

Hauptklassen.	Klassen.	Ordnungen.	Beispiel.
I. Zoarcha. Urthiere ohne Zellkern (*Zoocytoda*).	1. **Zoomonera.** mit Pseudopodien	1. Lobomonera.	*Protamoeba.*
		2. Rhizomonera.	*Protomyxa.*
	2. **Bacteria.** ohne Pseudopodien	1. Sphaerobacteria.	*Micrococcus.*
		2. Rhabdobacteria.	*Bacillus.*
II. Cytarcha. Einfachste einzellige Thiere mit oder ohne Lappenfüsschen.	3. **Lobosa** (Amoebina) Zelle mit Lappenfüsschen.	1. Gymnolobosa.	*Amoeba.*
		2. Thecolobosa.	*Arcella.*
	4. **Gregarinae** (Sporozoa) Zelle ohne Lappenfüsschen.	1. Monocystida.	*Monocystis.*
		2. Polycystida.	*Didymophyes.*
III. Infusoria. Infusionsthierchen. Einzellige Thiere mit Flimmerbewegung (mit Geisseln oder Flimmerhaaren).	5. **Flagellata** (Mastigophora) (Geisslinge) Zelle mit Geissel.	1. Mastigiata.	*Euglena.*
		2. Catallacta.	*Magosphaera.*
		3. Dinoflagellata.	*Peridinium.*
		4. Cystoflagellata.	*Noctiluca.*
	6. **Ciliata** (Wimperlinge) Zelle mit Wimpern.	1. Holotricha.	*Paramaecium.*
		2. Heterotricha.	*Stentor.*
		3. Hypotricha.	*Euplotes.*
		4. Peritricha.	*Vorticella.*
	7. **Acinetae** (Suctoria) Zelle mit Saugröhren.	1. Monacinetae.	*Podophrya.*
		2. Synacinetae.	*Dendrosoma.*
IV. Rhizopoda. (*Sarcodina.*) Wurzelfüssler. Einzellige Thiere mit Wurzelfüsschen oder Pseudopodien (*Reticularia*).	8. **Mycetozoa** (Myxomycetes) mit Sporenblase.	1. Physareae.	*Aethalium.*
		2. Lycogaleae.	*Lycogala.*
	9. **Heliozoa** mit Marksubstanz.	1. Aphrothoraca.	*Actinophrys.*
		2. Chalarothoraca.	*Acanthocystis.*
		3. Desmothoraca.	*Hedriocystis.*
	10. **Thalamaria** (Foraminifera) ohne Centralkapsel.	1. Monostegia.	*Gromia.*
		2. Polystegia.	*Miliola.*
		3. Monothalamia.	*Lagena.*
		4. Polythalamia.	*Polystomella.*
	11. **Radiolaria** mit Centralkapsel.	1. Spumellaria.	*Haliomma.*
		2. Acantharia.	*Dorataspis.*
		3. Nassellaria.	*Podocyrtis.*
		4. Phaeodoria.	*Aulosphaera.*

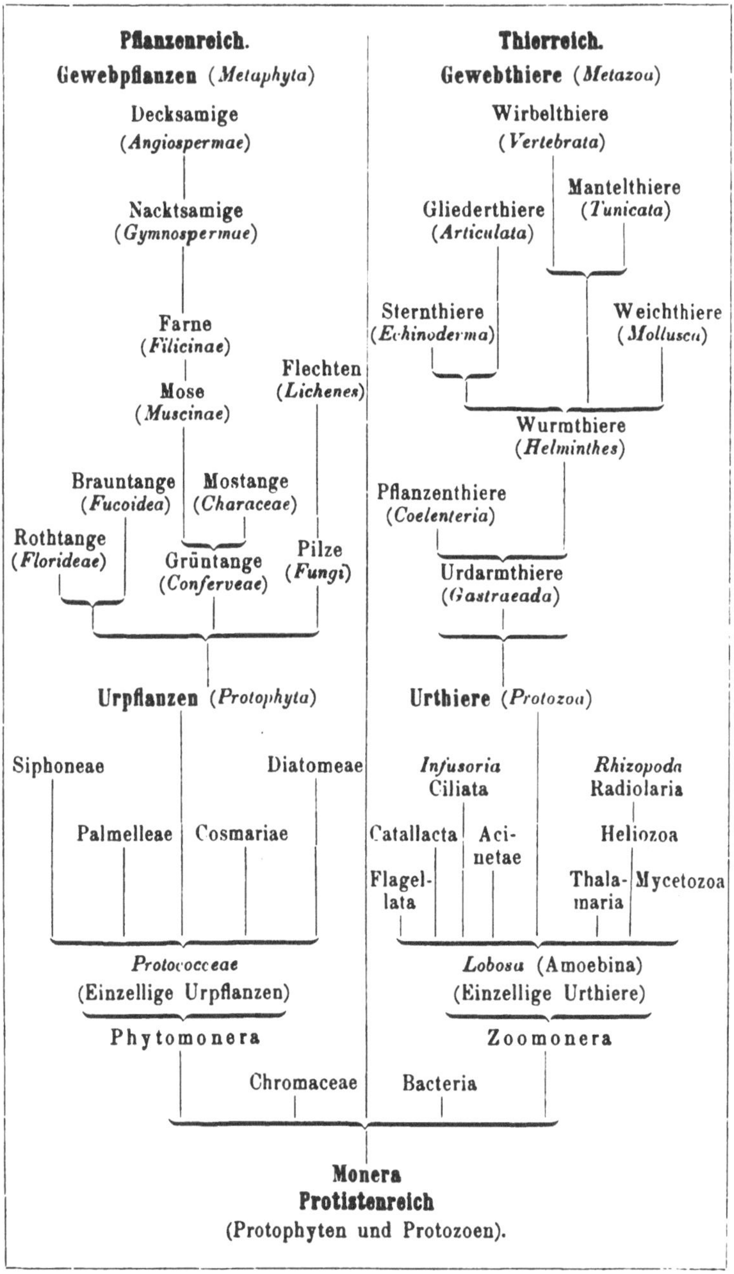
Pflanzenreich.
Gewebpflanzen (Metaphyta)
Decksamige (Angiospermae)
Nacktsamige (Gymnospermae)
Farne (Filicinae)
Mose (Muscinae)
Flechten (Lichenes)
Brauntange (Fucoidea)
Mostange (Characeae)
Rothtange (Florideae)
Grüntange (Conferveae)
Pilze (Fungi)
Urpflanzen (Protophyta)
Siphoneae
Diatomeae
Palmelleae
Cosmariae
Protococceae (Einzellige Urpflanzen)
Phytomonera
Thierreich.
Gewebthiere (Metazoa)
Wirbelthiere (Vertebrata)
Mantelthiere (Tunicata)
Gliederthiere (Articulata)
Sternthiere (Echinoderma)
Weichthiere (Mollusca)
Wurmthiere (Helminthes)
Pflanzenthiere (Coelenteria)
Urdarmthiere (Gastraeada)
Urthiere (Protozoa)
Infusoria Ciliata
Rhizopoda Radiolaria
Catallacta
Acinetae
Heliozoa
Flagellata
Thalamaria
Mycetozoa
Lobosa (Amoebina) (Einzellige Urthiere)
Zoomonera
Chromaceae
Bacteria
Monera
Protistenreich
(Protophyten und Protozoen).

Neunzehnter Vortrag.

Stammes-Geschichte des Pflanzenreichs.

Das natürliche System des Pflanzenreichs. Eintheilung des Pflanzenreichs in sechs Hauptclassen und achtzehn Classen. Unterreich der Blumenlosen (Cryptogamen). Stamm-Gruppe der Thallus-Pflanzen. Abstammung der Metaphyten von Protophyten. Tange oder Algen (Urtange, Grüntange, Brauntange, Rothtange, Mostange). Pilze und Flechten. Symbiose. Stamm-Gruppe der Vorkeim-Pflanzen (Mesophyten oder Prothallophyten). Mose oder Muscinen (Leber-Mose, Laub-Mose). Farne oder Filicinen (Laub-Farne, Schaft-Farne, Wasser-Farne, Schuppen-Farne). Unterreich der Blumen-Pflanzen (Phanerogamen). Nacktsamige oder Gymnospermen. Palm-Farne (Cycadeen). Nadelhölzer (Coniferen). Meningos (Gnetaceen). Decksamige oder Angiospermen. Monocotylen. Dicotylen. Kelchblüthige (Apetalen). Sternblüthige (Choripetalen). Glockenblüthige (Gamopetalen). Die historische Stufenfolge der Hauptgruppen des Pflanzenreichs als Beweis für den Transformismus.

Meine Herren! Jeder Versuch, den wir zur Erkenntniss des Stammbaums irgend einer kleineren oder grösseren Gruppe von stammverwandten Organismen unternehmen, hat sich zunächst an das bestehende „natürliche System“ dieser Gruppe anzulehnen. Denn obgleich das natürliche System der Protisten, Pflanzen und Thiere niemals endgültig festgestellt werden, vielmehr immer nur einen mehr oder weniger annähernden Grad von Erkenntniss der wahren Stamm-Verwandtschaft erreichen wird, so wird es nichtsdestoweniger jederzeit die hohe Bedeutung eines hypothetischen Stammbaums behalten. Allerdings wollen die meisten Zoologen, Protistiker und Botaniker durch ihr „natürliches System“ nur im Lapidarstyl die subjectiven Anschauungen ausdrücken, die ein jeder von ihnen von der objectiven „Form-Verwandtschaft“

der Organismen besitzt. Allein die wahre Form-Verwandtschaft ist ja im Grunde, wie Sie gesehen haben, nur die nothwendige Folge der wirklichen „Stamm-Verwandtschaft", bedingt durch die Gesetze der Vererbung und Anpassung. Daher wird jeder Morphologe, welcher unsere Erkenntniss des natürlichen Systems fördert, gleichzeitig, er mag wollen oder nicht, auch unsere Erkenntniss des Stammbaumes fördern. Je mehr das natürliche System seinen Namen wirklich verdient, je fester es sich auf die übereinstimmenden Resultate der vergleichenden Anatomie, Ontogenie und Paläontologie gründet, desto sicherer dürfen wir dasselbe als den annähernden Ausdruck des wahren Stammbaums betrachten.

Indem wir nun zunächst die Stammes-Geschichte des Pflanzenreichs untersuchen, werden wir, jenem Grundsatze gemäss, vor Allem einen Blick auf das natürliche System des Pflanzenreichs zu werfen haben. Dasselbe ist heutzutage von den meisten Botanikern im Wesentlichen übereinstimmend angenommen, wenn auch im Einzelnen mit mehr oder minder unbedeutenden Abänderungen. Danach zerfällt zunächst die ganze Masse aller Pflanzenformen in zwei Hauptgruppen. Diese obersten Haupt-Abtheilungen oder Unterreiche sind noch dieselben, welche bereits vor 150 Jahren Carl Linné, der Begründer der systematischen Natur-Geschichte, unterschied, und welche er Cryptogamen oder Geheimblühende und Phanerogamen oder Offenblühende nannte. Die letzteren theilte Linné in seinem künstlichen Pflanzen-System nach der verschiedenen Zahl, Bildung und Verbindung der Staubgefässe, sowie nach der Vertheilung der Geschlechts-Organe, in 23 verschiedene Classen, und diesen fügte er dann als 24ste und letzte Classe die Cryptogamen an.

Die Cryptogamen, die geheimblühenden oder blumenlosen Pflanzen, welche früherhin nur wenig beobachtet wurden, haben durch die eingehenden Forschungen der Neuzeit eine so grosse Mannichfaltigkeit der Formen und eine so tiefe Verschiedenheit im gröberen und feineren Bau offenbart, dass wir unter denselben nicht weniger als dreizehn verschiedene Classen unterscheiden müssen, während wir die Zahl der Classen unter den Blüthen-

Pflanzen oder Phanerogamen auf fünf beschränken können. Diese achtzehn Classen des Pflanzenreichs aber gruppiren sich naturgemäss wiederum dergestalt, dass wir im Ganzen sechs Haupt-Classen oder Cladome (d. h. Aeste) des Pflanzenreichs unterscheiden können. Zwei von diesen sechs Haupt-Classen fallen auf die Blüthen-Pflanzen, vier dagegen auf die Blüthenlosen. Wie sich jene achtzehn Classen auf diese sechs Haupt-Classen, und die letzteren auf die Haupt-Abtheilungen des Pflanzenreichs vertheilen, zeigt die nachstehende Tabelle (S. 462).

Das Unterreich der Cryptogamen oder Blumenlosen kann man zunächst naturgemäss in zwei Haupt-Abtheilungen oder Stamm-Gruppen zerlegen, welche sich in ihrem inneren Bau und in ihrer äusseren Form sehr wesentlich unterscheiden, nämlich die Thallus-Pflanzen und die Vorkeim-Pflanzen. Die Stamm-Gruppe der Thallus-Pflanzen umfasst die beiden grossen Haupt-Classen der Algen, welche im Wasser leben, und der Pilze, welche ausserhalb des Wassers, auf der Erde und auf verwesenden organischen Körpern u. s. w. wachsen. Die Stamm-Gruppe der Vorkeim-Pflanzen dagegen enthält die beiden formenreichen Haupt-Classen der Mose und Farne.

Alle Thallus-Pflanzen oder Thallophyten sind sofort daran zu erkennen, dass man an ihrem Körper die beiden morphologischen Grundorgane der übrigen Pflanzen, Stengel und Blätter, noch nicht unterscheiden kann. Vielmehr ist der ganze Leib aller Algen und aller Pilze eine aus einfachen Zellen zusammengesetzte Masse, welche man als Laubkörper oder Thallus bezeichnet. Dieser Thallus ist noch nicht in Axorgane (Stengel und Wurzel) und Blattorgane differenzirt. Hierdurch, sowie durch viele andere Eigenthümlichkeiten, stehen die Thallophyten im Gegensatz zu allen übrigen Pflanzen, den beiden Haupt-Gruppen der Prothallus-Pflanzen und der Blüthen-Pflanzen; man hat deshalb auch häufig die letzteren beiden als Stock-Pflanzen oder Cormophyten zusammengefasst. Das Verhältniss dieser drei Stamm-Gruppen zu einander, entsprechend jenen beiden verschiedenen Auffassungen, macht Ihnen nachstehende Uebersicht deutlich:

I. Blumenlose (*Cryptogamae*).	A. Thallus-Pflanzen (*Thallophyta*).	I. Thalluspflanzen (*Thallophyta*).
	B. Vorkeim-Pflanzen (*Prothallota*).	II. Stockpflanzen. (*Cormophyta*).
II. Blumenpflanzen (*Phanerogamae*).	C. Blumen-Pflanzen. (*Phanerogamae*).	

Die Stock-Pflanzen oder Cormophyten, in deren Organisation bereits der Unterschied von Axorganen (Stengel und Wurzel) und Blattorganen entwickelt ist, bilden gegenwärtig und schon seit sehr langer Zeit die Hauptmasse der Pflanzenwelt. Allein so war es nicht immer. Vielmehr fehlten die Stock-Pflanzen, und zwar nicht allein die Blumen-Pflanzen, sondern auch die Prothallus-Pflanzen, noch fast ganz während jenes unermesslich langen Zeitraums, welcher als das archozoische oder primordiale Zeitalter den Beginn und den ersten Haupt-Abschnitt der organischen Erdgeschichte bildet. Sie erinnern sich, dass während dieses Zeitraums sich die laurentischen, cambrischen und silurischen Schichten-Systeme ablagerten, deren Dicke zusammengenommen ungefähr 70,000 Fuss beträgt. Da nun die Dicke aller darüber liegenden jüngeren Schichten, von den devonischen bis zu den Ablagerungen der Gegenwart, zusammen nur ungefähr 60,000 Fuss erreicht, so konnten wir hieraus schon den auch aus anderen Gründen wahrscheinlichen Schluss ziehen, dass jenes archolithische oder primordiale Zeitalter eine längere Dauer besass, als die ganze darauf folgende Zeit bis zur Gegenwart. Während dieses ganzen unermesslichen Zeitraums, der vielleicht viele Millionen von Jahrhunderten umschloss, scheint das Pflanzenleben auf unserer Erde fast ausschliesslich durch die Stamm-Gruppe der Thallus-Pflanzen, und zwar besonders durch die Haupt-Classe der wasserbewohnenden Thallus-Pflanzen, durch die Tange oder Algen, vertreten gewesen zu sein. Wenigstens gehören fast alle versteinerten Pflanzenreste, welche wir mit Sicherheit aus der Primordialzeit kennen, dieser Haupt-Classe an. Indessen sind neuerdings doch einzelne Reste von Landbewohnern (Farnen und Skorpionen) im silurischen System entdeckt worden. Da auch fast alle Thierreste dieses ungeheuren Zeitraums wasserbewohnenden Thieren angehören, so schliessen wir daraus, dass während seines grösseren Theiles landbewohnende Organismen noch nicht existirten.

Schon aus diesen Gründen muss die erste und unvollkommenste Haupt-Classe des Pflanzenreichs, die Abtheilung der Tange oder Algen, für uns von ganz besonderer Bedeutung sein. Dazu kommt noch das hohe Interesse, welches uns diese Haupt-Classe auch in anderer Hinsicht gewährt. Trotz ihrer höchst einfachen Zusammensetzung aus gleichartigen oder nur wenig differenzirten Zellen zeigen die Tange dennoch eine ausserordentliche Mannichfaltigkeit verschiedener Formen. Einerseits gehören dazu die einfachsten und unvollkommensten aller Gewächse, andrerseits sehr entwickelte und eigenthümliche Gestalten. Ebenso wie in der Vollkommenheit und Mannichfaltigkeit ihrer äusseren Formbildung unterscheiden sich die verschiedenen Algengruppen auch in der Körpergrösse. Auf der tiefsten Stufe finden wir winzig kleine Grüntange und Wasserfäden; auf der höchsten Stufe riesenmässige Makrocysten, welche eine Länge von 300—400 Fuss erreichen; sie gehören zu den längsten von allen Gestalten des Pflanzenreichs. Vielleicht ist auch ein grosser Theil der Steinkohlen aus Tangen entstanden. Und wenn nicht aus diesen Gründen, so müssten die Algen schon deshalb unsere besondere Aufmerksamkeit erregen, weil sie die Anfänge des Pflanzenlebens bilden und die ältesten Stamm-Formen aller übrigen Pflanzen-Gruppen enthalten.

Die meisten Bewohner des Binnenlandes können sich nur eine sehr unvollkommene Vorstellung von dieser höchst interessanten Haupt-Classe des Pflanzenreichs machen, weil sie davon nur die verhältnissmässig kleinen und einfachen Vertreter im süssen Wasser kennen. Die schleimigen grünen Wasserfäden und Wasserflocken in unseren Teichen und Brunnentrogen, die hellgrünen Schleim-Ueberzüge auf allerlei Holzwerk, welches längere Zeit mit Wasser in Berührung war, die gelbgrünen schaumigen Schleimdecken auf den Tümpeln unserer Dörfer, die grünen Haarbüscheln gleichenden Fadenmassen, welche überall im stehenden und fliessenden Süsswasser vorkommen, sind grösstentheils aus verschiedenen Tang-Arten zusammengesetzt. Unvergleichlich grossartiger erscheint die

Algen-Classe Denjenigen, welche die Meeresküste besucht haben, welche an den Küsten von Helgoland und von Schleswig-Holstein die ungeheuren Massen ausgeworfenen Seetangs bewundert, oder an den Felsenufern des Mittelmeeres die zierlich gestalfete und lebhaft gefärbte Tangvegetation auf dem Meeresboden selbst durch die klare blaue Fluth hindurch erblickt haben. Und dennoch geben selbst diese formenreichen untermeerischen Algenwälder der europäischen Küsten nur eine schwache Vorstellung von den kolossalen Sargassowäldern des atlantischen Oceans, jenen ungeheuren Tangbänken, welche einen Flächenraum von ungefähr 40,000 Quadratmeilen bedecken, und welche dem Columbus auf soiner Entdeckungsreise die Nähe des Festlandes vorspiegelten. Aehnliche, aber weit ausgedehntere Tangwälder wuchsen in dem primordialen Urmeere wahrscheinlich in dichten Massen, und wie zahllose Generationen dieser archolithischen Tange über einander hinstarben, bezeugen unter Anderen die mächtigen silurischen Alaunschiefer Schwedens, deren eigenthümliche Zusammensetzung wesentlich von jenen untermeerischen Algenmassen herrühren soll. Nach der Ansicht einiger Geologen ist sogar ein grosser Theil der Steinkohlenflötze aus den zusammengehäuften Pflanzenleichen der Tangwälder im Meere entstanden.

Wir unterscheiden in der Haupt-Classe der Tange oder Algen fünf verschiedene Classen, nämlich: 1. Urtange oder Zygnemaceen, 2. Grüntange oder Conferveen, 3. Brauntange oder Fucoideen, 4. Rothtange oder Florideen und 5. Mostange oder Characeen. Die meisten Botaniker stellen an den Anfang die Gruppe der Urpflanzen (*Protophyta*), jene einfachsten und unvollkommensten von allen Pflanzen, welche wir schon früher als vegetale Protisten aufgeführt haben (im XVII. und XVIII. Vortrag; vergl. S. 420 und 435). Unzweifelhaft gehören zu diesen Protophyten jene ältesten pflanzlichen Organismen, welche allen übrigen Pflanzen den Ursprung gegeben haben. Allein aus den dort angegebenen Gründen erscheint es zweckmässiger, diese „einzelligen Pflanzen" im Princip den gewebebildenden vielzelligen Pflanzen, dem Metaphyten gegenüberzustellen. (Vergl. oben S. 256). Die Thatsache, dass beide Haupt-Gruppen unmittelbar, und zwar durch mehrfache Uebergangs-Formen, verbunden sind, kann uns in dieser Auffassung nicht beirren. Sie beweist nur auf's Neue die Wahrheit der Descendenz-Theorie, und zeigt uns den phylogenetischen Weg, auf welchem „Gewebe-Pflanzen“ aus „einzelligen Algen“ hervorgegangen sind.

Diese Abstammung der Metaphyten von Protophyten ist sicher polyphyletisch; d. h. es haben verschiedene Gruppen von vielzelligen Thallus-Pflanzen (Algen) aus mehreren verschiedenen Gruppen von einzelligen Urpflanzen, unabhängig von einander, sich entwickelt. So entstanden insbesondere die Urtange (*Zygnemaceae*) aus den früher betrachteten zierlichen Cosmarien (Closterien und Desmidiaceen); beide stimmen überein in der eigenthümlichen Chlorophyll-Bildung und Copulation, und werden deshalb als „Conjugaten“ zusammengefasst. Andererseits sind wahrscheinlich die gewöhnlichen grünen Wasserfäden (*Confervaceae*) und die nahe verwandten blattförmigen Wassersalate (*Ulvaceae*) aus einer Gruppe der Siphoneen, oder aus einer älteren, beiden gemeinsamen Stamm-Gruppe der Palmellarien hervorgegangen.

Diese und die nächstverwandten Algen-Gruppen werden jetzt gewöhnlich als Grüntange (Chlorophyceae oder *Conferveae*) zusammengefasst. Sie sind sämmtlich lebhaft grün gefärbt, und zwar durch denselben Farbstoff, das Blattgrün oder Chlorophyll, welches auch die Blätter aller höheren Gewächse grün färbt. Zu dieser Classe gehören ausser einer grossen Anzahl von niederen Seetangen die allermeisten Algen des süssen Wassers, die gemeinen Wasserfäden oder Conferven, der hellgrüne Wassersalat oder die Ulven, welche einem sehr dünnen und langen Salatblatte gleichen, ferner zahlreiche mikroskopisch kleine Tange, welche in dichter Masse zusammengehäuft einen hellgrünen schleimigen Ueberzug über allerlei im Wasser liegende Gegenstände, Holz, Steine u. s. w. bilden, sich aber durch die Zusammensetzung und Differenzirung ihres Körpers bereits über die einfachen Urpflanzen erheben. Da die Grüntange, gleich den Urtangen, meistens einen sehr weichen Körper besitzen, waren sie nur sehr selten der Versteinerung fähig. Wahrscheinlich sind aber diese beiden Algen-Classen bereits während der Primordial-Zeit sehr reich entwickelt gewesen.

Systematische Uebersicht

der sechs Hauptclassen und achtzehn Classen des Pflanzenreichs.

Stammgruppen oder Unterreiche des Pflanzenreichs	Hauptclassen oder Cladome des Pflanzenreichs	Classen des Pflanzenreichs	Systematischer Name der Classen
A. Thallus-Pflanzen. Thallota (*Thallophyta*).	I. Tange. *Algae* (Phycophyta).	1. Urtange	1. Zygnemaceae
		2. Grüntange	2. Conferveae
		3. Brauntange	3. Fucoideae
		4. Rothtange	4. Florideae
		5. Mostange	5. Characeae
	II. Pilze. *Fungi* (Inophyta).	6. Schwammpilze	6. Mycetes
		7. Flechten	7. Lichenes
B. Vorkeim-Pflanzen. Prothallota (*Mesophyta*).	III. Mose. *Muscinae.* (Bryophyta).	8. Lebermose	8. Hepaticae (*Thallobrya*)
		9. Laubmose	9. Frondosae (*Phyllobrya*)
	IV. Farne. *Filicinae* (Pteridophyta).	10. Laubfarne	10. Pteridinae (*Filices*)
		11. Wasserfarne	11. Rhizocarpeae (*Hydropterides*)
		12. Schaftfarne	12. Calamariae (*Equisetinae*)
		13. Schuppenfarne	13. Selagineae (*Lycopodinae*)
C. Blumen-Pflanzen. Phanerogamae (*Anthophyta*).	V. Nacktsamer. *Gymnospermae.*	14. Farnpalmen	14. Cycadeae
		15. Nadelhölzer	15. Coniferae
		16. Meningos	16. Gnetaceae
	VI. Decksamer. *Angiospermae.*	17. Einkeimblättrige	17. Monocotylae
		18. Zweikeimblättrige	18. Dicotylae

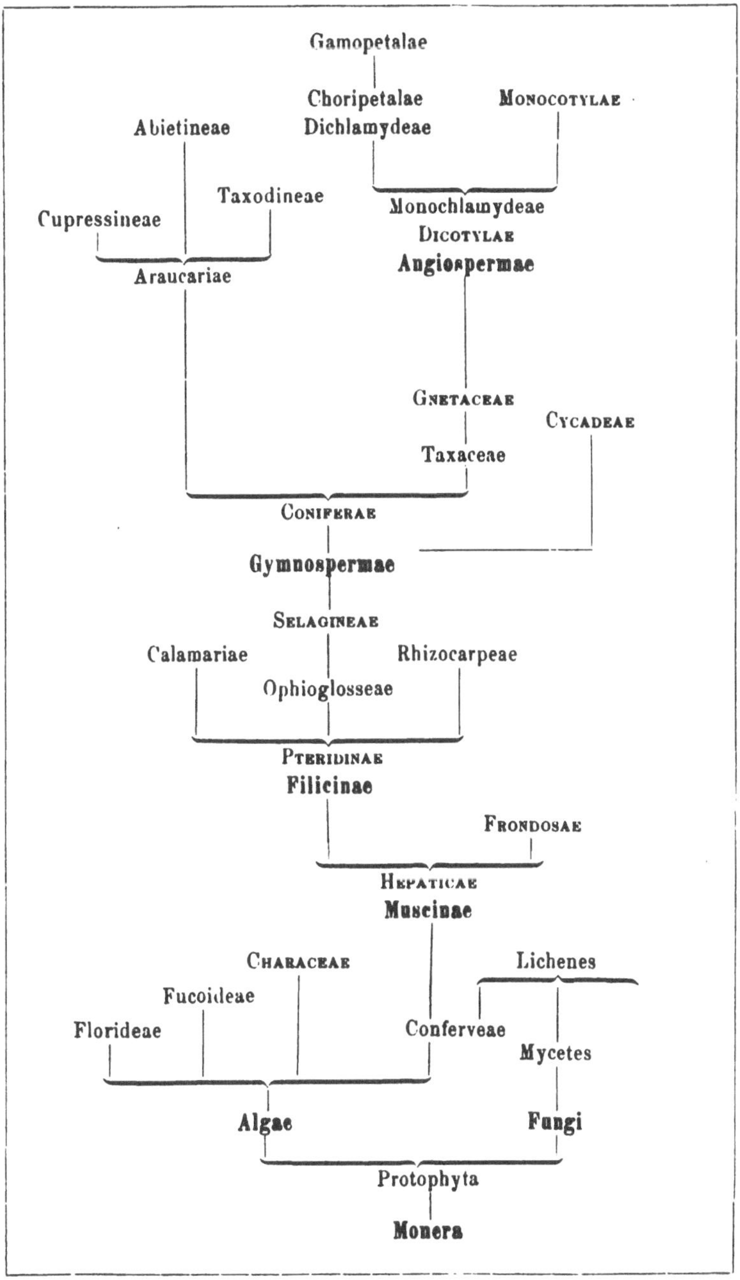
Gamopetalae
Choripetalae
Dichlamydeae
Monocotylae
Abietineae
Taxodineae
Cupressineae
Monochlamydeae
Dicotylae
Angiospermae
Araucariae
Gnetaceae
Cycadeae
Taxaceae
Coniferae
Gymnospermae
Selagineae
Calamariae
Rhizocarpeae
Ophioglosseae
Pteridinae
Filicinae
Frondosae
Hepaticae
Muscinae
Characeae
Lichenes
Fucoideae
Florideae
Conferveae
Mycetes
Algae
Fungi
Protophyta
Monera

Beide werden schon in laurentischer Zeit die süssen und salzigen Gewässer der Erde in der grössten Mannichfaltigkeit bevölkert haben.

In der Classe der Brauntange oder Schwarztange (*Fucoideae* oder *Phaeophyceae*), erreicht die Haupt-Classe der Algen ihren höchsten Entwickelungsgrad, wenigstens in Bezug auf die körperliche Grösse. Die charakteristische Farbe der Fucoideen ist meist ein mehr oder minder dunkles Braun, bald mehr in Olivengrün und Gelbgrün, bald mehr in Braunroth und Schwarz übergehend. Hierher gehören die grössten aller Tange, welche zugleich die längsten von allen Pflanzen sind; unter diesen kolossalen Riesentangen erreicht z. B. *Macrocystis pyrifera* an der californischen Küste eine Länge von 400 Fuss. Aber auch unter unseren einheimischen Tangen gehören die ansehnlichsten Formen zu dieser Gruppe, so namentlich der stattliche Zuckertang (*Laminaria*), dessen schleimige olivengrüne Thallus-Körper, riesigen Blättern von 10—15 Fuss Länge, $^1/_2$—1 Fuss Breite gleichend, in grossen Massen an der Küste der Nord- und Ostsee ausgeworfen werden. Sehr gemein ist in unseren Meeren der Blasentang (*Fucus vesiculosus*), dessen mehrfach gabelförmig gespaltenes Laub durch viele eingeschlossene Luftblasen (wie bei vielen anderen Brauntangen) auf dem Wasser schwimmend erhalten wird. Im atlantischen Ocean bildet der freischwimmende Sargassotang (*Sargassum bacciferum*) die ungeheuren schwimmenden Bänke des Sargassomeeres. Obwohl jedes Individuum von diesen grossen Tangbäumen aus vielen Millionen von Zellen zusammengesetzt ist, besteht es dennoch im Beginne seiner Existenz, gleich allen höheren Pflanzen, aus einer einzigen Zelle, einem einfachen Ei. Dieses Ei ist z. B. bei unserm gemeinen Blasentang eine nackte, hüllenlose Zelle, und ist als solche den nackten Eiern niederer Seethiere, z. B. der Medusen, zum Verwechseln ähnlich (Fig. 19). Nur die verschiedene chemische Zusammensetzung und Molekular-Structur des Plasma bedingt die specifisch verschiedene Entwickelung. Fucoideen oder Brauntange haben wahrscheinlich zum grössten Theile während der Primordialzeit die charakteristischen Tangwälder dieses endlosen Zeitraums zusammengesetzt. Die versteinerten Reste, welche uns von denselben (vorzüglich aus der silurischen Zeit)

Fig. 19. Das Ei des gemeinen Blasentang (Fucus vesiculosus), eine einfache nackte Zelle, stark vergrössert. In der Mitte der nackten Protoplasma-Kugel schimmert der helle Kern hindurch.

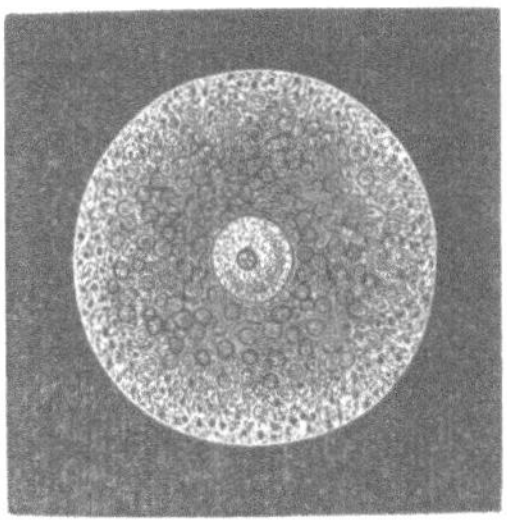

erhalten sind, können uns allerdings nur eine schwache Vorstellung davon geben, weil die Formen dieser Tange, gleich den meisten anderen, sich nur schlecht zur Erhaltung im fossilen Zustande eignen. Jedoch ist vielleicht, wie schon bemerkt, ein grosser Theil der Steinkohle aus demselben zusammengesetzt.

Weniger bedeutend ist die vierte Classe der Tange, diejenige der Rosentange oder Rothtange (*Florideae* oder *Rhodophyceae*). Zwar entfaltet auch diese Classe einen grossen Reichthum verschiedener Formen. Allein die meisten derselben sind von viel geringerer Grösse als die Brauntange. Uebrigens stehen sie den letzteren an Vollkommenheit und Differenzirung der äusseren Form keineswegs nach, übertreffen dieselben vielmehr in mancher Beziehung. Hierher gehören die schönsten und zierlichsten aller Tange, welche sowohl durch die feine Fiederung und Zertheilung ihres Laubkörpers, wie durch reine und zarte rothe Färbung zu den reizendsten Pflanzen gehören. Die charakteristische rothe Farbe ist bald ein tiefes Purpur-, bald ein brennendes Scharlach-, bald ein zartes Rosenroth, und geht einerseits in violette und purpurblaue, andererseits in braune und grüne Tinten in bewunderungswürdiger Pracht über. Wer einmal eines unserer nordischen Seebäder besucht hat, wird gewiss schon mit Staunen die reizenden Formen dieser Florideen betrachtet haben, welche auf weissem Papier, zierlich angetrocknet, vielfach zum Verkaufe geboten werden. Die meisten Rothtange sind leider so zart, dass sie gar nicht der Versteinerung fähig sind, so die prachtvollen Ptiloten, Plocamien, Delesserien u. s. w. Doch giebt es einzelne Formen, wie die Chondrien und Sphärococcen, welche einen härteren, oft fast knorpelharten Thallus besitzen; von diesen sind uns auch manche versteinerte Reste, namentlich aus den silurischen, devonischen und Kohlenschichten, später besonders aus dem Jura, erhalten worden. Wahrscheinlich nahm auch diese formenreiche Classe an der Zusammensetzung der archolithischen Tangflora einen sehr wesentlichen Antheil.

Die fünfte und letzte Classe unter den Algen bilden die Mostange (Characeae). Hierher gehören die tangartigen Armleuchter-Pflanzen (Chara) und Glanz-Mose (Nitella), welche mit ihren grünen, fadenförmigen, quirlartig von gabelspaltigen Aesten umstellten Stengeln in unseren Teichen und Tümpeln oft dichte Bänke bilden. Einerseits nähern sich die Characeen im anatomischen Bau, besonders der Fortpflanzungs-Organe, den Mosen und werden diesen neuerdings unmittelbar angereiht. Andrerseits stehen sie durch viele Eigenschaften tief unter den echten Mosen und schliessen sich vielmehr den Grüntangen oder Conferveen an. Man könnte sie daher wohl als übrig gebliebene und eigenthümlich ausgebildete Abkömmlinge von jenen Grüntangen betrachten, aus denen sich die wahren Mose entwickelt haben. Durch manche Eigenthümlichkeiten sind übrigens die Characeen so sehr von allen übrigen Pflanzen verschieden, dass viele Botaniker sie als eine besondere Haupt-Abtheilung des Pflanzenreichs betrachten.

Was die Verwandschafts-Verhältnisse der verschiedenen Tang-Classen zu einander und zu den übrigen Pflanzen betrifft, so bilden jedenfalls die früher beschriebenen Urpflanzen (*Protophyta*) die gemeinsame Wurzel des Stammbaums, nicht allein für die verschiedenen Tang-Classen, sondern für das ganze Pflanzenreich. Im Beginn des organischen Lebens können durch Urzeugung zunächst nur Probionten entstanden sein, Körnchen von Phytoplasma, oder nackte vegetabilische Moneren. Vermuthlich schon im Beginn der laurentischen Periode entwickelten sich aus diesen zunächst Hüllcytoden, indem der nackte, structurlose Plasmaleib der Moneren sich an der Oberfläche krustenartig verdichtete oder eine Hülle ausschwitzte. Späterhin werden dann aus diesen Hüllcytoden echte Pflanzen-Zellen geworden sein, indem im Innern sich ein Kern oder Nucleus von dem umgebenden Zellstoff oder Cytoplasma sonderte. Wahrscheinlich bilden unsere heutigen einzelligen Algen (Cosmarien, Palmellarien u. s. w.) nur einen kleinen Ueberrest des vielgestaltigen Urpflanzen-Reichs, das jene laurentischen Meere bevölkerte. Die drei Classen der Grüntange, Brauntange und Rothtange sind vielleicht drei gesonderte Stämme, welche unabhängig von einander aus der gemeinsamen Wurzelgruppe der Protophyten entstanden sind und sich dann (ein jeder in seiner Art) weiter entwickelt und vielfach in Ordnungen und Familien verzweigt haben. Die Brauntange und Rothtange haben keine nähere Stamm-Verwandtschaft zu den übrigen Classen des Pflanzenreichs. Diese letzteren sind vielmehr aus den Grüntangen entstanden. Wahrscheinlich sind einerseits die Mose (aus welchen später die Farne sich entwickelten) aus einer Gruppe der Grüntange hervorgegangen; die Pilze anderseits können direct von Protophyten abstammen. Die Phanerogamen haben sich jedenfalls erst viel später aus den Farnen entwickelt (Vergl. S. 463).

Als zweite Hauptclasse des Pflanzenreichs haben wir oben die Pilze (*Fungi*) oder Faden-Pflanzen (*Inophyta*) angeführt. Wir verstehen darunter die beiden naheverwandten Classen der eigentlichen Pilze (*Mycetes*) und der Flechten (*Lichenes*). Beide Classen unterscheiden sich von den übrigen Gewebe-Pflanzen durch die Zusammensetzung ihres weichen Körpers aus einem dichten Geflecht von sehr langen, vielfach verschlungenen, eigenthümlichen Fadenzellen, den sogenannten Hyphen. Sowohl die Structur und das Wachsthum dieser chlorophyllfreien Hyphen, wie die Art der Fortpflanzung, sind wesentlich verschieden von denjenigen der übrigen Metaphyten.

Die eigentlichen Pilze (*Fungi* oder *Mycetes*) werden irrthümlich oft Schwämme genannt und daher mit den echten thierischen Schwämmen oder Spongien verwechselt. Zu diesen stehen sie aber in gar keiner Beziehung. Hingegen besitzen sie zum Theil nahe Verwandtschafts-Beziehungen zu den niedersten Algen; insbesondere sind die Tangpilze oder Phycomyceten (die Saprolegnieen und Peronosporeen) eigentlich nur durch den Mangel des Blattgrüns oder Chorophylls von den früher beschriebenen Siphoneen (den Vaucherien und Caulerpen) verschieden. Andrerseits aber haben alle eigentlichen Pilze viel Eigenthümliches und weichen namentlich durch ihre Ernährungsweise auffallend von den meisten übrigen Pflanzen ab. Die übrigen Pflanzen leben grösstentheils von anorgischer Nahrung, von einfachen Verbindungen, welche sie zu verwickelteren zusammensetzen; sie erzeugen Protoplasma durch Zusammensetzung von Wasser, Kohlensäure und Ammoniak. Sie athmen Kohlensäure ein und Sauerstoff aus. Die Pilze dagegen leben, gleich den Thieren, von organischer Nahrung, von Plasma-Körpern und von anderen verwickelten Kohlenstoff-Verbindungen, welche sie von anderen Organismen entnehmen und zersetzen. Sie athmen Sauerstoff ein und Kohlensäure aus, wie die Thiere. Auch bilden sie niemals das Blattgrün oder Chlorophyll, welches für die meisten übrigen Pflanzen so charakteristisch ist. Eben so erzeugen sie synthetisch weder Plasma noch Stärkemehl. Daher haben schon wiederholt hervorragende Botaniker den Vorschlag gemacht, die Pilze ganz aus dem Pflanzenreiche zu entfernen und als ein besonderes drittes Reich zwischen Thier- und Pflanzenreich zu setzen. Die bereits angedeutete nahe Verwandtschaft der Phycomyceten und Siphoneen (besonders der Saprolegnieen und Vaucherien) lässt daran denken, dass ein Theil der Pilze von letzteren abstammt. Durch Anpassung an parasitische Lebensweise verwandelte sich das Phytoplasma der Alge in das Zooplasma des Pilzes; und diese Aenderung des Stoffwechsels hatte die wichtigsten weiteren Umbildungen zur Folge. Wahrscheinlich sind verschiedene Pilz-Gruppen polyphyletisch aus verschiedenen Protophyten-Gruppen entstanden.

Eine der merkwürdigsten Pflanzen-Gruppen bilden in phylogenetischer Beziehung die Flechten (Lichenes). Die überraschenden Entdeckungen der letzten Decennien haben nämlich gelehrt, dass jede Flechte eigentlich aus zwei ganz verschiedenen Pflanzen zusammengesetzt ist, aus einer niederen Algenform (Nostochaceae, Chroococcaceae) und aus einer parasitischen Pilzform (Ascomycetes); die letztere schmarotzt auf der ersteren und lebt von den assimilirten Stoffen, welche diese bereitet. Die Alge hingegen erhält Schutz und Wohnung von ihrem parasitischen Freunde. Das Verhältniss ist daher zu gegenseitigem Nutzen, und wird richtiger als Zusammenleben (*Symbiosis*) bezeichnet. Solche Symbionten kommen auch in vielen anderen Classen vor (vgl. S. 436). Die grünen, chlorophyllhaltigen Zellen (Gonidien), welche man in jeder Flechte findet, gehören der Alge an. Die farblosen Fäden (Hyphen) dagegen, welche dicht verwebt die Hauptmasse des Flechtenkörpers bilden, gehören dem schmarotzenden Pilze an. Immer aber sind beide Pflanzen-Formen, Pilz und Alge, die man doch als Angehörige zweier ganz verschiedener Classen betrachtet, so fest mit einander verbunden und so innig durchwachsen, dass Jedermann die Flechte als einen einheitlichen Organismus betrachtet. Auch hat jede Flechte ihre besondere Art und Wachsthums-Form.

Die meisten Flechten bilden mehr oder weniger unansehnliche, formlose oder unregelmässig zerrissene, krustenartige Ueberzüge auf Steinen, Baumrinden u. s. w. Die Farbe derselben wechselt in allen möglichen Abstufungen vom reinsten Weiss, durch Gelb, Roth, Grün, Braun, bis zum dunkelsten Schwarz. Wichtig sind viele Flechten in der Oeconomie der Natur dadurch, dass sie sich auf den trockensten und unfruchtbarsten Orten, inbesondere auf dem nackten Gestein, ansiedeln können, auf welchem keine andere Pflanze leben kann. Die harte, schwarze Lava, welche in vulkanischen Gegenden viele Quadratmeilen Boden bedeckt, und welche oft Jahrhunderte lang jeder Pflanzen-Ansiedelung den hartnäckigsten Widerstand leistet, wird zuerst immer von Flechten bewältigt. Weisse oder graue Steinflechten (Stereocaulon) sind es, welche auf den ödesten und todtesten Lavafeldern mit der Urbarmachung des nackten Felsenbodens beginnen und denselben für die nachfolgende höhere Vegetation erobern. Ihre absterbenden Leiber bilden die erste Dammerde, in welcher nachher Mose, Farne und Blüthen-Pflanzen festen Fuss fassen können. Auch gegen klimatische Unbilden sind die zähen Flechten unempfindlicher als alle anderen Pflanzen. Daher überziehen ihre trockenen Krusten die nackten Felsen noch in den höchsten, grossentheils mit ewigem Schnee bedeckten Gebirgshöhen, in denen keine andere Pflanze mehr ausdauern kann.

Die zweite grosse Haupt-Abtheilung des Pflanzenreichs bildet die formenreiche Gruppe der Vorkeim-Pflanzen oder Prothallus-Pflanzen (*Prothallota* oder *Prothallophyta*); von Anderen als phyllogonische Cryptogamen bezeichnet (im Gegensatz zu den

Thallus-Pflanzen oder thallogonischen Cryptogamen). Man könnte sie auch Mittel-Pflanzen nennen (*Mesophyta*), weil sie in morphologischer und phylogenetischer Beziehung eine Mittelstellung zwischen den niederen Thallus-Pflanzen und den höheren Büthen-Pflanzen einnehmen. Dieses Gebiet umfasst die beiden Haupt-Classen der Mose und Farne. Hier begegnen wir bereits allgemein (wenige der untersten Stufen ausgenommen) der Sonderung des Pflanzenkörpers in zwei verschiedene Grund-Organe: Axen-Organe (oder Stengel und Wurzel) und Blätter (oder Seiten-Organe). Hierin gleichen die Prothallus-Pflanzen bereits den Blüthen-Pflanzen, weshalb man sie neuerdings auch häufig mit diesen als Stock-Pflanzen (*Cormophyta*) zusammenfasst. Andererseits gleichen die Mose und Farne den Thallus-Pflanzen durch den Mangel der Blumenbildung und der Samenbildung; und daher stellte sie Linné mit diesen als Cryptogamen zusammen, im Gegensatze zu den samenbildenden Pflanzen oder Blumen-Pflanzen (den Phanerogamen oder Anthophyten).

Unter dem Namen „Prothallus-Pflanzen“ vereinigen wir die nächstverwandten Mose und Farne deshalb, weil bei Beiden sich ein sehr eigenthümlicher und charakteristischer Generationswechsel in der individuellen Entwickelung findet. Jede Art nämlich tritt in zwei verschiedenen Generationen auf, von denen man die eine gewöhnlich als Vorkeim oder Prothallium bezeichnet, die andere dagegen als den eigentlichen Stock oder Cormus des Moses oder des Farns betrachtet. Die erste und ursprüngliche Generation, der Vorkeim oder Prothallus (auch das Prothallium oder Protonema genannt), steht noch auf jener niederen Stufe der Formbildung, welche alle Thallus-Pflanzen zeitlebens zeigen, d. h. es sind Stengel und Blatt-Organe noch nicht gesondert und der ganze zellige Körper des Vorkeims stellt einen einfachen Thallus dar. Die zweite und vollkommenere Generation der Mose und Farne dagegen, der Stock oder Cormus, bildet einen viel höher organisirten Körper, welcher wie bei den Blumen-Pflanzen in Stengel und Blatt gesondert ist; ausgenommen sind die niedersten Mose, bei welchen auch diese Generation noch auf der niederen Stufe der ursprünglichen Thallusbildung stehen bleibt. Mit Ausnahme dieser letzteren erzeugt allgemein bei den Mosen und Farnen die erste Generation, der thallusförmige Vorkeim, eine stockförmige zweite Generation mit Stengel und Blättern; diese erzeugt wiederum den Thallus der ersten Generation u. s. w. Es ist also, wie bei dem gewöhnlichen einfachen Generationswechsel der Thiere, die erste Generation der dritten, fünften u. s. w., die zweite dagegen der vierten, sechsten u. s. w. gleich. (Vergl. oben S. 185.)

Von den beiden Haupt-Classen der Prothallus-Pflanzen stehen die Mose im Allgemeinen auf einer viel tieferen Stufe der Ausbildung, als die Farne, und vermitteln durch ihre niedersten Formen (namentlich in anatomischer Beziehung) den Uebergang von den Thallus-Pflanzen und speciell von den Algen zu den Farnen. Der genealogische Zusammenhang der Mose und Farne, welcher dadurch angedeutet wird, lässt sich jedoch nur zwischen den unvollkommensten Formen beider Haupt-Classen nachweisen. Die vollkommneren und höheren Gruppen der Mose und Farne stehen in keiner näheren Beziehung zu einander und entwickeln sich nach entgegengesetzten Richtungen hin. Jedenfalls sind die Mose direct aus Thallus-Pflanzen und zwar wahrscheinlich aus Grüntangen oder Chlorophyceen entstanden. Die Farne dagegen stammen wahrscheinlich von ausgestorbenen unbekannten Muscinen ab, die den niedrigsten der heutigen Lebermose sehr nahe standen. Für die Schöpfungs-Geschichte sind die Farne von weit höherer Bedeutung als die Mose.

Die Haupt-Classe der Mose (*Muscinae* oder *Bryophyta*) enthält die niederen und unvollkommneren Pflanzen der Mesophyten-Gruppe, welche noch gefässlos sind. Meistens ist ihr Körper so zart und vergänglich, dass er sich nur sehr schlecht zur kenntlichen Erhaltung in versteinertem Zustande eignet. Daher sind die fossilen Reste von allen Mos-Classen selten und unbedeutend. Vermuthlich haben sich die Mose schon in sehr früher Zeit aus den Thallus-Pflanzen, und zwar aus den Grüntangen entwickelt. Der Vorkeim vieler Mose wiederholt noch heute die Form des grünen Wasserfadens, der Conferve. Wasser bewohnende Uebergangsformen von Conferven zu Mosen gab es wahrscheinlich schon in der Primordialzeit und landbewohnende in der Silurzeit. Die Mose der Gegenwart, aus deren stufenweis verschiedener Ausbildung die vergleichende Anatomie Einiges auf ihre Stammes-Geschichte schliessen kann, zerfallen in zwei verschiedene Classen, nämlich in die Lebermose und die Laubmose.

Die erstere und ältere Classe der Mose, welche sich unmittelbar an die Grüntange oder Conferveen anreiht, bilden die Lebermose (*Hepaticae* oder *Thallobrya*). Die hierher gehörigen Mose sind meistens kleine und unansehnliche, aber zierliche Pflänzchen. Die niedersten Formen derselben besitzen noch in beiden Generationen einen einfachen Thallus, wie die Thallus-Pflanzen, so z. B. die Riccien und Marchantien. Die höheren Lebermose dagegen, die Jungermannien und Verwandte, beginnen allmählich Stengel und Blatt zu sondern, und die höchsten schliessen sich unmittelbar an die Laubmose an. Die Lebermose zeigen durch diese Uebergangs-Bildung ihre directe Abstammung von den Thallophyten, und zwar von den Grüntangen an.

Diejenigen Mose, welche der Laie gewöhnlich allein kennt, und welche auch in der That den hauptsächlichsten Bestandtheil der ganzen Haupt-Classe bilden, gehören zur zweiten Classe, den Laubmosen (*Frondosae* oder *Phyllobrya*). Unter die Laubmose gehören die meisten jener zierlichen Pflänzchen, die zu dichten Gruppen vereinigt den seidenglänzenden Mosteppich unserer Wälder bilden, oder auch in Gemeinschaft mit Lebermosen und Flechten die Rinde der Bäume überziehen. Als Wasserbehälter, welche die Feuchtigkeit sorgfältig aufbewahren, sind sie für die Oeconomie der Natur von der grössten Wichtigkeit. Wo der Mensch schonungslos die Wälder abholzt und ausrodet, da verschwinden mit den Bäumen auch die Laubmose, welche ihre Rinde bedecken oder im Schutze ihres Schattens den Boden bekleiden und die Lücken zwischen den grösseren Gewächsen ausfüllen. Mit den Laubmosen verschwinden aber die nützlichen Wasserbehälter, welche Regen und Thau sammeln und für die Zeit der Trockniss aufbewahren. Das ganze Klima wird verschlechtert. Es entsteht eine trostlose Dürre des Bodens, welche das Aufkommen jeder ergiebigen Vegetation vereitelt. In dem grössten Theile Süd-

Europas, in Griechenland, Italien, Sicilien, Spanien sind durch die rücksichtslose Ausrodung der Wälder die Mose vernichtet und dadurch der Boden seiner nützlichsten Feuchtigkeits-Vorräthe beraubt worden; die vormals blühendsten und üppigsten Landstriche sind in dürre, öde Wüsten verwandelt. Leider nimmt auch in Deutschland neuerdings diese rohe Barbarei zu unserem grössten Schaden immer mehr überhand. Wahrscheinlich haben die kleinen Laubmose jene ausserordentlich wichtige Rolle schon seit sehr langer Zeit, vielleicht seit Beginn der Primärzeit gespielt. Da aber ihre zarten Leiber ebenso wenig wie die der übrigen Mose für die deutliche Erhaltung im fossilen Zustande geeignet sind, so kann uns hierüber die Paläontologie keine Auskunft geben.

Weit mehr als von den Mosen wissen wir durch die Versteinerungskunde von den Farnen. Diese zweite Haupt-Classe der Vorkeim-Pflanzen hat eine ausserordentliche Bedeutung für die Geschichte der Pflanzenwelt gehabt. Die Farne, oder genauer ausgedrückt, die „farnartigen Pflanzen" (*Filicinae* oder *Pteridophyta*, auch „Gefäss-Cryptogamen" genannt), bilden während eines ausserordentlich langen Zeitraums, nämlich während des ganzen primären oder paläolithischen Zeitalters, die Hauptmasse der Pflanzenwelt, so dass wir dasselbe geradezu als das Zeitalter der Farnwälder bezeichnen konnten. Nachdem schon in der silurischen Zeit einige landbewohnende Farne aufgetreten waren (*Eopteris*), überwogen während der Ablagerung der devonischen, carbonischen und permischen Schichten, die farnartigen Pflanzen so sehr alle übrigen, dass jene Benennung dieses Zeitalters in der That gerechtfertigt ist. In den genannten Schichten-Systemen, vor allen aber in den ungeheuer mächtigen Steinkohlenflötzen der carbonischen oder Steinkohlenzeit, finden wir so zahlreiche und zum Theil wohl erhaltene Reste von Farnen, dass wir uns daraus ein ziemlich lebendiges Bild von der ganz eigenthümlichen Landflora des paläolithischen Zeitalters machen können. Im Jahre 1855 betrug die Gesammtzahl der damals bekannten paläolithischen Pflanzen-Arten ungefähr Eintausend, und unter diesen befanden sich nicht weniger als 872 farnartige Pflanzen. Unter den übrigen 128 Arten befanden sich 77 Gymnospermen (Nadelhölzer und Palmfarne), 40 Thallus-Pflanzen (grösstentheils Tange) und gegen 20 nicht sicher bestimmbare Cormophyten.

Wie schon bemerkt, haben sich die Farne wahrscheinlich aus niederen Lebermosen hervorgebildet, und zwar während der silurischen Periode. In ihrer Organisation erheben sich die Farne bereits bedeutend über die Mose und schliessen sich in ihren höheren Formen schon an die Blumen-Pflanzen an. Während bei den Mosen noch ebenso wie bei den Thallus-Pflanzen der ganze Körper aus ziemlich gleichartigen, wenig oder nicht differenzirten Zellen zusammengesetzt ist, entwickeln sich im Gewebe der Farne bereits jene eigenthümlich differenzirten Zellenstränge, welche man als Pflanzengefässe und Gefässbündel bezeichnet, und welche auch bei den Blumen-Pflanzen allgemein vorkommen. Daher vereinigt man wohl auch die Farne als „Gefäss-Cryptogamen“ mit den Phanerogamen, und stellt diese „Gefäss-Pflanzen“ den „Zellen-Pflanzen“ gegenüber, d. h. den „Zellen-Cryptogamen“ (Mosen und Thallus-Pflanzen). Dieser hochwichtige Fortschritt in der Pflanzen-Organisation, die Bildung der Gefässe und Gefässbündel, fand demnach erst in der silurischen Zeit statt. (Vergl. Taf. XVII und deren Erklärung unten im Anhang.)

Die Haupt-Classe der Farne oder Filicinen zerfällt in vier verschiedene Classen, nämlich 1. die Laubfarne oder Pteridinen, 2. die Wasserfarne oder Rhizocarpeen, 3. die Schaftfarne oder Calamarien und 4. die Schuppenfarne oder Selagineen. Die bei weitem wichtigste und formenreichste von diesen vier Classen, der Haupt-Bestandtheil der paläolithischen Wälder, sind die Laubfarne, und demnächst die Schuppenfarne. Dagegen traten die Schaftfarne schon damals mehr gegen diese beiden Classen zurück, und von den Wasserfarnen wissen wir nicht einmal mit Bestimmtheit, ob sie damals schon lebten. Wir können uns nur schwer eine Vorstellung von dem ganz eigenthümlichen Charakter jener düsteren paläolithischen Farnwälder bilden, in denen der ganze bunte Blumenreichthum unserer gegenwärtigen Flora noch völlig fehlte, und welche noch von keinem Vogel, von keinem Säugethier belebt wurden. (Vergl. Taf. XVII.) Von Blumen-Pflanzen existirten damals nur die niedersten Classen, die Nacktsamigen oder Gymnospermen (Nadelhölzer und Farnpalmen), mit ganz unscheinbaren, Archegonien ähnlichen Blüthen.

Als die Stamm-Gruppe der Farne, die sich zunächst aus den Lebermosen entwickelt hat, ist die Classe der Farne im engeren Sinne, der Laubfarne oder Wedelfarne, zu betrachten (*Filices* oder *Pteridinae*, auch *Phyllopterides* genannt). In der gegenwärtigen Flora unserer gemässigten Zonen spielt diese Classe nur eine untergeordnete Rolle, da sie hier meistens nur durch die niedrigen stammlosen Farnkräuter vertreten ist. In der heissen Zone dagegen, namentlich in den feuchten, dampfenden Wäldern der Tropengegenden, erhebt sie sich noch heutigentags zu der wundervollen Bildung der hochstämmigen, palmenähnlichen Farnbäume. Diese schönen Baumfarne der Gegenwart, Hauptzierden unserer Gewächshäuser, können uns aber nur eine schwache Vorstellung von den stattlichen und prachtvollen Laubfarnen der Primärzeit geben, deren mächtige Stämme damals dichtgedrängt ganze Wälder zusammensetzten. Man findet diese Stämme namentlich in den Steinkohlenflötzen der Carbonzeit massenhaft über einander gehäuft, und dazwischen vortrefflich erhaltene Abdrücke von den zierlichen Wedeln oder Blättern, welche in schirmartig ausgebreitetem Busche den Gipfel des Stammes krönten. Die einfache oder mehrfache Zusammensetzung und Fiederung dieser Wedel, der zierliche Verlauf der verästelten Nerven oder Gefässbündel in ihrem zarten Laube, ist an den Abdrücken der paläolithischen Farnwedel noch so deutlich zu erkennen, wie an den Farnwedeln der Jetztzeit. Bei vielen kann man selbst die Fruchthäufchen, welche auf der Unterfläche der Wedel vertheilt sind, ganz deutlich nachweisen. Nach der Steinkohlenzeit nahm das Uebergewicht der Laubfarne bereits ab, und schon gegen Ende der Secundärzeit spielten sie eine fast eben so untergeordnete Rolle wie in der Gegenwart.

Aus den Laubfarnen oder Pteridinen scheinen sich als drei divergirende Aeste die Calamarien, Ophioglosseen und Rhizocarpeen entwickelt zu haben (vergl. S. 463). Von diesen drei Gruppen sind auf der niedersten Stufe die Schaftfarne stehen geblieben (*Calamariae*, auch *Equisetinae* oder *Calamophyta* genannt). Sie umfassen drei verschiedene Ordnungen, von denen nur eine noch gegenwärtig lebt, nämlich die Schafthalme oder Schachtelhalme (*Equisetaceae*). Die beiden anderen Ordnungen, die Riesenhalme (*Calamiteae*) und die Sternblatthalme (*Asterophylliteae*), sind längst ausgestorben. Alle Schaftfarne zeichnen sich durch einen hohlen und gegliederten Schaft, Stengel oder Stamm aus, an welchem Aeste und Blätter, wenn sie vorhanden sind, quirlförmig um die Stengelglieder herumstehen. Die hohlen Stengelglieder sind durch Querscheidewände von einander getrennt. Bei den Schafthalmen und Calamiten ist die Oberfläche von längsverlaufenden parallelen Rippen durchzogen, wie bei einer cannellirten Säule, und die Oberhaut enthält so viel Kieselerde, dass sie zum Scheuern und Poliren verwendet werden kann. Bei den Sternblatthalmen oder Asterophylliten waren die sternförmig in Quirle gestellten Blätter stärker entwickelt als bei den beiden anderen Ordnungen. In der Gegenwart leben von den Schaftfarnen nur noch die unansehnlichen Schafthalme oder Equisetum-Arten unserer Sümpfe und Wiesen, während die Gruppe in der ganzen Primär- und Secundärzeit durch mächtige Bäume aus der Gattung *Equisetites* vertreten war. Ein Ueberrest dieser riesigen Schaftbäume lebt noch heute bei Quito in Süd-Amerika (*Equisetum giganteum*). Zu den nächsten Verwandten derselben gehören die ausgestorbenen Riesenhalme (*Calamites*), deren starke Stämme gegen 50 Fuss Höhe erreichten. Die Ordnung der Sternblatthalme (*Asterophyllites*) dagegen enthielt kleinere, zierliche Pflanzen von sehr eigenthümlicher Form, und blieb ausschliesslich auf die Primärzeit beschränkt. (Vergl. Taf. XVII, linke Seite.)

Am wenigsten bekannt von allen Farnen ist uns die Geschichte der dritten Classe, der Wasserfarne (*Rhizocarpeae* oder *Hydropterides*). In ihrem Bau schliessen sich diese im süssen Wasser lebenden Farne einerseits an die Laubfarne, andrerseits an die Schuppenfarne an. Es gehören hierher die wenig bekannten Mosfarne (*Salvinia*), Kleefarne (*Marsilea*) und Pillenfarne (*Pilularia*) in den süssen Gewässern unserer Heimath, ferner die grössere schwimmende *Azolla* der Tropenteiche. Die meisten Wasserfarne sind von zarter Beschaffenheit und deshalb wenig zur Versteinerung geeignet. Daher mag es wohl rühren, dass ihre fossilen

Reste so selten sind, und dass die ältesten derselben, die wir kennen, im Jura gefunden wurden. Wahrscheinlich ist aber die Classe viel älter und hat sich bereits während der paläolithischen Zeit aus anderen Farnen durch Anpassung an das Wasserleben entwickelt.

Als eine besondere Farn-Classe werden jetzt bisweilen die Zungenfarne (*Ophioglosseae* oder *Glossopterides*) betrachtet. Gewöhnlich werden diese Farne, zu welchen von unseren einheimischen Gattungen ausser dem Ophioglossum auch das Botrychium gehört, nur als eine kleine Unterabtheilung der Laubfarne angesehen. Sie verdienen aber deshalb besonders hervorgehoben zu werden, weil sie eine wichtige, phylogenetisch vermittelnde Zwischenform zwischen den Pteridinen und Lycopodinen darstellen und demnach auch zu den directen Vorfahren der Blumen-Pflanzen zu rechnen sind.

Die letzte und höchst entwickelte Farn-Classe bilden die Schuppenfarne (*Lycopodinae*, auch *Lepidophyta* oder *Selagineae* genannt). Wie die Zungenfarne aus den Laubfarnen, so sind später die Schuppenfarne aus den Zungenfarnen entstanden. Die Selagineen entwickelten sich höher als alle übrigen Farne und bilden bereits den Uebergang zu den Blumen-Pflanzen, die sich aus ihnen zunächst hervorgebildet haben. Nächst den Wedelfarnen waren sie am meisten an der Zusammensetzung der paläolithischen Farnwälder betheiligt. Auch diese Classe enthält, gleichwie die Classe der Schaftfarne, drei nahe verwandte, aber doch mehrfach verschiedene Ordnungen, von denen nur noch eine am Leben, die beiden anderen aber bereits gegen Ende der Steinkohlenzeit ausgestorben sind. Die heute noch lebenden Schuppenfarne gehören zur Ordnung der Bärlappe (*Lycopodiaceae*). Es sind meistens kleine und zierliche, mosähnliche Pflänzchen, deren zarter, in vielen Windungen schlangenartig auf dem Boden kriechender und verästelter Stengel dicht von schuppenähnlichen und sich deckenden Blättchen eingehüllt ist. Die zierlichen *Lycopodium*-Ranken unserer Wälder, welche die Gebirgsreisenden um ihre Hüte winden, werden Ihnen Allen bekannt sein, ebenso die noch zartere *Selaginella*, welche als sogenanntes „Rankenmos" den

Boden unserer Gewächshäuser mit dichtem Teppich ziert. Die grössten Bärlappe der Gegenwart leben auf den Sunda-Inseln und erheben sich dort zu Stämmen von einem halben Fuss Dicke und 25 Fuss Höhe. Aber in der Primärzeit und Secundärzeit waren noch grössere Bäume dieser Gruppe weit verbreitet; und die ältesten derselben gehören vielleicht zu den Stammeltern der Nadelhölzer (*Lycopodites*).

Die mächtigste Entwickelung erreichte jedoch die Classe der Schuppenfarne während der Primärzeit nicht in den Bärlappbäumen, sondern in den beiden Ordnungen der Schuppenbäume (*Lepidodendreae*) und der Siegelbäume (*Sigillarieae*). Beide Ordnungen treten schon in der Devonzeit mit einzelnen Arten auf, erreichen jedoch ihre massenhafte und erstaunliche Ausbildung erst in der Steinkohlenzeit, und sterben bereits gegen Ende derselben oder in der darauf folgenden permischen Periode wieder aus. Die Schuppenbäume oder Lepidodendren waren wahrscheinlich den Bärlappen noch näher verwandt, als die Siegelbäume. Sie erhoben sich zu prachtvollen, unverästelten und gerade aufsteigenden Stämmen, die sich am Gipfel nach Art eines Kronleuchters gabelspaltig in zahlreiche Aeste theilten. Diese trugen eine Krone von Schuppenblättern und waren gleich dem Stamm in zierlichen Spirallinien von den Narben oder Ansatzstellen der abgefallenen Blätter bedeckt. (Taf. XVII, rechts oben.) Man kennt Schuppenbäume von 40—60 Fuss Länge und 12—15 Fuss Durchmesser am Wurzelende. Einzelne Stämme waren mehr als hundert Fuss lang. Noch viel massenhafter finden sich in der Steinkohle die nicht minder hohen, aber schlankeren Stämme der merkwürdigen Siegelbäume oder Sigillarien angehäuft; sie setzen an manchen Orten hauptsächlich die Steinkohlenflötze zusammen. Ihre Wurzelstöcke hat man früher als eine ganz besondere Pflanzenform (*Stigmaria*) beschrieben. Die Siegelbäume sind in vieler Beziehung den Schuppenbäumen sehr ähnlich, weichen jedoch durch ihren anatomischen Bau schon mehrfach von diesen und von den Farnen überhaupt ab. Sie erscheinen auch den ausgestorbenen devonischen Lycopterideen verwandt, welche charakteristische Eigenschaften der Bärlappe nnd der Laubfarne in sich vereinigten, und welche nach den wichtigen phylogenetischen Untersuchungen von **Strasburger** als die hypothetische Stamm-Form der Blumen-Pflanzen zu betrachten sind.

Aus den dichten Farnwäldern der Primärzeit, welche vorzugsweise aus Laubfarnen, Schuppenbäumen und Siegelbäumen zusammengesetzt sind, treten wir in die nicht minder charakteristischen Nadelwälder der Secundärzeit hinüber. Damit treten wir aber zugleich aus dem Bereiche der blumenlosen und samenlosen Pflanzen oder Cryptogamen in die zweite Haupt-Abtheilung des Pflanzenreichs ein, in das Unterreich der samenbildenden Pflanzen, der **Blumenpflanzen** oder **Phanerogamen** (neuerdings oft auch *Anthophyta* oder *Spermaphyta* genannt). Diese formenreiche Abtheilung, welche die Hauptmasse der jetzt lebenden Pflanzenwelt, und namentlich die grosse Mehrzahl der landbewohnenden Pflanzen enthält, ist jedenfalls viel jüngeren Alters, als die Abtheilung der Cryptogamen. Denn sie kann erst im Laufe des paläolithischen Zeitalters aus dieser letzteren sich entwickelt haben. Mit voller Gewissheit können wir behaupten, dass während des ganzen archolithischen Zeitalters, also während der ersten und längeren Hälfte der organischen Erdgeschichte, noch gar keine Blumen-Pflanzen existirten; erst während der Primärzeit haben sie sich aus farnartigen Cryptogamen entwickelt. Die anatomische und embryologische Verwandtschaft der Phanerogamen mit diesen letzteren ist so innig, dass wir daraus mit Sicherheit auch auf ihren genealogischen Zusammenhang, ihre wirkliche Stamm-Verwandtschaft schliessen können. Die Blumen-Pflanzen können unmittelbar weder aus Thallus-Pflanzen noch aus Mosen, sondern nur aus Farnen oder Pteridophyten entstanden sein. Höchst wahrscheinlich sind die Schuppenfarne oder Selagineen, und zwar die vorher genannten Lycopterideen (der heutigen Selaginella sehr nahe stehend), die unmittelbaren Vorfahren der Phanerogamen gewesen.

Schon seit langer Zeit hat man auf Grund des inneren anatomischen Baues und der embryologischen Entwickelung das Unterreich der Phanerogamen in zwei grosse Haupt-Classen eingetheilt, in die **Nacktsamigen** oder **Gymnospermen** und in die **Deck-**

samigen oder Angiospermen. Diese letzteren sind in jeder Beziehung vollkommener und höher organisirt als die ersteren, und haben sich erst später, im Laufe der Secundärzeit, aus jenen entwickelt. Die Gymnospermen bilden sowohl anatomisch als embryologisch die vermittelnde Uebergangs-Gruppe von den Farnen zu den Angiospermen. In der charakteristischen Bildung der Archegonien (oder der weiblichen Geschlechts-Organe) stimmen die drei Haupt-Classen der Gymnospermen, Farne und Mose so auffallend überein, dass Manche sie neuerdings in einer Gruppe vereinigen, den Archegoniaten.

Die niedere und ältere von den beiden Haupt-Classen der Blumen-Pflanzen, die der Nacktsamigen (*Gymnospermae*) erreichte ihre mannichfaltigste Ausbildung und weiteste Verbreitung während der mesolithischen oder Secundärzeit. Sie ist für dieses Zeitalter nicht minder charakteristisch, wie die Farngruppe für das vorhergehende primäre, und wie die Angiospermen-Gruppe für das nachfolgende tertiäre Zeitalter. Wir konnten daher die Secundärzeit auch als den Zeitraum der Gymnospermen, oder nach ihren bedeutendsten Vertretern als das Zeitalter der Nadelhölzer bezeichnen. Die Nacktsamigen zerfallen in drei Classen, die Coniferen, Cycadeen und Gnetaceen. Wir finden versteinerte Reste derselben bereits im devonischen System vor, und müssen daraus schliessen, dass der Uebergang von Schuppenfarnen in Gymnospermen schon im ersten Abschnitt des paläozoischen Zeitalters erfolgt ist. Immerhin spielen die Nacktsamigen während der ganzen folgenden Primärzeit nur eine sehr untergeordnete Rolle und gewinnen die Herrschaft über die Farne erst im Beginn der Secundärzeit.

Von den drei Classen der Gymnospermen steht diejenige der Farnpalmen (*Cycadeae*) auf der niedersten Stufe und schliesst sich, wie schon der Name sagt, unmittelbar an die Farne an, so dass sie früher selbst von manchen Botanikern mit dieser Gruppe in Systeme vereinigt wurde. In der äusseren Gestalt gleichen sie sowohl den Palmen als den Farnbäumen oder baumartigen Laubfarnen, und tragen eine aus Fiederblättern zusammengesetzte Krone, welche entweder auf einem dicken niedrigen Strunke oder

Farnwald der Steinkohlenzeit

Taf. XVII

E. Haeckel del. A. Giltsch lith.

auf einem schlanken, einfachen, säulenförmigen Stamme sitzt. In der Gegenwart ist diese einst formenreiche Classe nur noch durch wenige, in der heissen Zone lebende, Formen dürftig vertreten, durch die niedrigen Zapfenfarne (*Zamia*), die dickstämmigen Brodfarne (*Encephalartos*), und die schlankstämmigen Rollfarne (*Cycas*). Man findet sie häufig in unseren Treibhäusern, wo sie gewöhnlich mit Palmen verwechselt werden. Eine viel grössere Formen-Mannichfaltigkeit als die lebenden bieten uns die ausgestorbenen und versteinerten Zapfenfarne, welche namentlich in der Mitte der Secundärzeit (während der Juraperiode) in grösster Masse auftraten und damals vorzugsweise den Charakter der Wälder bestimmten.

In grösserer Formen-Mannichfaltigkeit als die Classe der Palmfarne hat sich bis auf unsere Zeit der andere Zweig der Gymnospermen-Gruppe erhalten, die Classe der Nadelhölzer oder Zapfenbäume (*Coniferae*). Noch gegenwärtig spielen die dazu gehörigen Cypressen, Wachholder und Lebensbäume (*Thuja*), die Taxus- und Ginkobäume (*Salisburya*), die Araucarien und Cedern, vor allen aber die formenreiche Gattung Pinus mit ihren zahlreichen und bedeutenden Arten, den verschiedenen Kiefern, Pinien, Tannen, Fichten, Lärchen u. s. w. in den verschiedensten Gegenden der Erde eine höchst bedeutende Rolle; sie setzen ausgedehnte Waldgebiete fast allein zusammen. Doch erscheint diese Entwickelung der Nadelhölzer schwach im Vergleiche zu der ganz überwiegenden Herrschaft, welche sich die Classe während der älteren Secundärzeit, in der Triasperiode, über die übrigen Pflanzen erworben hatte. Damals bildeten mächtige Zapfenbäume in verhältnissmässig wenigen Gattungen und Arten, aber in ungeheuren Massen von Individuen beisammen stehend, den Hauptbestandtheil der mesolithischen Wälder. Sie rechtfertigen die Benennung der Secundärzeit als des „Zeitalters der Nadel-Wälder“, obwohl die Coniferen schon in der Jurazeit von den Cycadeen überflügelt wurden.

Die Stamm-Gruppe der Coniferen spaltete sich schon frühzeitig in zwei Aeste, in die Araucarien einerseits, die Taxaceen oder Eibenbäume andererseits. Von den ersteren stammt die Hauptmasse der Nadelhölzer ab. Aus den letzteren hingegen entwickelte sich die dritte Classe der Gymnospermen, die Meningos oder Gnetaceae. Diese kleine, aber sehr interessante Classe enthält nur drei verschiedene Gattungen: Gnetum, Welwitschia und Ephedra; sie ist von grosser Bedeutung als die unmittelbare Uebergangs-Gruppe von den Coniferen zu den Angiospermen, und zwar speciell zu den Dicotylen.

Aus den Nadel-Wäldern der mesolithischen oder Secundärzeit treten wir in die Laub-Wälder der caenolithischen oder Tertiärzeit hinüber und gelangen dadurch zur Betrachtung der sechsten und letzten Haupt-Classe des Pflanzenreichs, der Decksamigen (*Angiospermae*). Die ersten sicheren Versteinerungen von Decksamigen finden wir in den Schichten des Kreidesystems, und zwar kommen hier neben einander Reste von den beiden Classen vor, in welche man die Haupt-Classe der Angiospermen allgemein eintheilt, nämlich Einkeimblättrige oder Monocotylen und Zweikeimblättrige oder Dicotylen. Indessen ist die ganze Gruppe wahrscheinlich älteren Ursprungs und schon während der Trias-Periode entstanden. Wir kennen nämlich eine Anzahl von zweifelhaften und nicht sicher bestimmbaren fossilen Pflanzenresten aus der Jurazeit und aus der Triaszeit, welche von manchen Botanikern bereits für Angiospermen, von anderen dagegen für Gymnospermen gehalten werden. Was die beiden Classen der Decksamigen betrifft, Monocotylen und Dicotylen, so haben sich höchst wahrscheinlich zunächst aus den Gnetaceen die Dicotylen, hingegen die Monocotylen erst später aus einer Seitenlinie oder einem Zweige der Dicotylen entwickelt.

Die Classe der Einkeimblättrigen oder Einsamenlappigen (*Monocotylae* oder *Monocotyledones*, auch *Endogenae* genannt) umfasst diejenigen Blumen-Pflanzen, deren Samen nur ein einziges Keimblatt oder einen sogenannten Samenlappen (Cotyledon) besitzt. Jeder Blattkreis ihrer Blume enthält in der grossen Mehrzahl der Fälle drei Blätter, und es ist sehr wahrscheinlich, dass die gemeinsame Mutter-Pflanze aller Monocotylen eine regelmässige und dreizählige Blüthe besass. Die Blätter sind meistens einfach, von einfachen, graden Gefässbündeln oder sogenannten

„Nerven" durchzogen. Zu dieser Classe gehören die umfangreichen Familien der Binsen und Gräser, die Lilien und Schwertlilien, Orchideen und Dioscoreen, ferner eine Anzahl einheimischer Wasser-Pflanzen, die Wasserlinsen, Rohrkolben, Seegräser u. s. w., und endlich die prachtvollen, höchst entwickelten Familien der Aroideen und Pandaneen, der Bananen und Palmen. Im Ganzen ist die Monocotylen-Classe trotz aller Formen-Mannichfaltigkeit, die sie in der Tertiärzeit und in der Gegenwart entwickelt hat, viel einförmiger organisirt, als die Dicotylen-Classe, und auch ihre geschichtliche Entwickelung bietet ein viel geringeres Interesse. Versteinerte Reste sind selten gut erhalten. Jedenfalls existirten sie bereits in der Kreidezeit, vielleicht schon in der Trias-Periode.

Viel grösseres historisches und anatomisches Interesse bietet in der Entwickelung ihrer untergeordneten Gruppen die zweite Classe der Decksamigen, die Zweikeimblättrigen oder Zweisamenlappigen (*Dicotylae* oder *Dicotyledones*, auch *Exogenae* benannt). Die Blumen-Pflanzen dieser Classe besitzen, wie ihr Name sagt, gewöhnlich zwei Samenlappen oder Keimblätter (Cotyledonen). Die Grundzahl in der Zusammensetzung ihrer Blüthe ist gewöhnlich nicht drei, wie bei den meisten Monocotylen, sondern vier oder fünf, oder ein Vielfaches davon. Ferner sind ihre Blätter gewöhnlich höher differenzirt und mehr zusammengesetzt, als die der Monocotylen, und von gekrümmten, verästelten Gefässbündeln oder „Adern" durchzogen. Zu dieser Classe gehören die meisten Laubbäume, und da dieselbe in der Tertiärzeit schon ebenso wie in der Gegenwart das Uebergewicht über die Gymnospermen und Farne besass, so konnten wir das caenolithische Zeitalter auch als das der Laub-Wälder bezeichnen.

Obwohl die Mehrzahl der Dicotylen zu den höchsten und vollkommensten Pflanzen gehört, so schliesst sich doch die niederste Abtheilung derselben unmittelbar an die Gymnospermen, und zwar an die Gnetaceen an. Bei den niederen Dicotylen ist, wie bei den Monocotylen, Kelch und Blumenkrone noch nicht gesondert. Man nennt sie daher Kelchblüthige (*Monochlamydeae* oder *Apetalae*). Diese Unter-Classe ist wahrscheinlich als die Stamm-Gruppe der Angiospermen anzusehen und existirte schon während der

Trias- oder Jurazeit. Es gehören dahin die meisten kätzchentragenden Laubbäume: die Birken und Erlen, Weiden und Pappeln, Buchen und Eichen, ferner die nesselartigen Pflanzen: Nesseln, Hanf und Hopfen, Feigen, Maulbeeren und Rüstern, endlich die wolfsmilchartigen, lorbeerartigen, amaranthartigen Pflanzen u. s. w.

Erst später, in der Kreidezeit, erscheint die zweite und vollkommnere Unter-Classe der Dicotylen, die Gruppe der Kronenblüthigen (*Dichlamydeae* oder *Corolliflorae*). Diese entstanden aus den Kelchblüthigen dadurch, dass sich die einfache Blüthenhülle der letzteren in Kelch und Krone differenzirte. Die Unter-Classe der Kronenblüthigen zerfällt wiederum in zwei grosse Haupt-Abtheilungen oder Legionen, deren jede eine grosse Menge von verschiedenen Ordnungen, Familien, Gattungen und Arten enthält. Die erste Legion führt den Namen der Sternblüthigen oder Choripetalen, die zweite den Namen der Glockenblüthigen oder Gamopetalen.

Die tiefer stehende und unvollkommnere von den beiden Legionen der Kronenblüthigen sind die Sternblüthigen (*Choripetalae* oder *Polypetalae*). Hierher gehören die umfangreichen Familien der Doldenblüthigen oder Umbelliferen, der Kreuzblüthigen oder Cruciferen, ferner die Ranunculaceen und Crassulaceen, Wasserrosen und Cistrosen, Malven und Geranien, und neben vielen anderen namentlich noch die grossen Abtheilungen der Rosenblüthigen (welche ausser den Rosen die meisten unserer Obstbäume umfassen), und der Schmetterlingsblüthigen (welche unter anderen die Wicken, Bohnen, Klee, Ginster, Acacien und Mimosen enthalten). Bei allen diesen Choripetalen bleiben die Blumenblätter getrennt und verwachsen nicht mit einander, wie es bei den Gamopetalen der Fall ist. Die letzteren haben sich erst in der Tertiärzeit aus den Choripetalen entwickelt, während diese schon in der Kreidezeit neben den Kelchblüthigen auftraten.

Die höchste und vollkommenste Gruppe des Pflanzenreichs bildet die zweite Abtheilung der Kronenblüthigen, die Legion der Glockenblüthigen (*Gamopetalae* oder *Monopetalae*). Hier verwachsen die Blumenblätter, welche bei den übrigen Blumenpflanzen meistens ganz getrennt bleiben, regelmässsig zu einer mehr oder weniger glocken-, trichter- oder röhrenförmigen Krone. Es gehören hierher unter anderen die Glockenblumen und Winden, Primeln und Haidekräuter, Gentianen und Loniceren, ferner die Familie der Oelbaumartigen (Oelbaum, Liguster, Flieder und Esche) und endlich neben vielen anderen Familien die umfangreichen Abtheilungen der Lippenblüthigen (Labiaten) und der Zusammengesetztblüthigen (Compositen). In diesen letzteren erreicht die Differenzirung und Vervollkommnung der Phanerogamenblüthe ihren höchsten Grad, und wir müssen sie daher als die vollkommensten von allen an die Spitze des Pflanzenreichs stellen. Dem entsprechend tritt die Legion der Glockenblüthigen oder Gamopetalen am spätesten von allen Haupt-Gruppen des Pflanzenreichs in der organischen Erdgeschichte auf, nämlich erst in der caenolithischen oder Tertiärzeit. Selbst in der älteren Tertiärzeit ist sie noch sehr selten, nimmt erst in der mittleren langsam zu und erreicht erst in der neueren Tertiärzeit und in der Quartärzeit ihre volle Ausbildung.

Wenn Sie nun, in der Gegenwart angelangt, nochmals die ganze geschichtliche Entwickelung des Pflanzenreichs überblicken, so werden sie nicht umhin können, darin lediglich eine grossartige Bestätigung der Descendenz-Theorie zu finden. Die beiden grossen Grundgesetze der organischen Entwickelung, die wir als die nothwendigen Folgen der natürlichen Züchtung im Kampf um's Dasein nachgewiesen haben, die Gesetze der Differenzirung und der Vervollkommnung, machen sich in der Entwickelung der grösseren und kleineren Gruppen des natürlichen Pflanzensystems überall geltend. In jeder grösseren und kleineren Periode der organischen Erdgeschichte nimmt das Pflanzenreich sowohl an Mannichfaltigkeit, als an Vollkommenheit zu. Während des grössten Theiles der langen Primordialzeit existirt nur die niederste und unvollkommenste Haupt-Classe, die der Algen. Erst gegen Ende derselben gesellen sich zu ihnen die höheren und vollkommneren Cryptogamen, insbesondere die Haupt-Classe der Farne. Schon während der devonischen Periode beginnen sich aus letzteren die Phanerogamen zu entwickeln, anfänglich jedoch nur die niedere Haupt-Classe der Nacktsamigen (Gymnospermae).

Erst während der Secundärzeit geht aus den Gymnospermen die höhere Classe der Decksamigen oder Angiospermen hervor. Auch von diesen sind anfänglich nur die niederen, kronenlosen Gruppen, die Monocotylen und die Apetalen vorhanden. Erst während der Kreidezeit entwickeln sich aus letzteren die höheren Kronenblüthigen. Aber auch diese höchste Abtheilung ist in der Kreidezeit nur durch die tiefer stehenden Sternblüthigen oder Choripetalen vertreten, und ganz zuletzt erst, in der Tertiärzeit, gehen aus diesen die höher stehenden Glockenblüthigen oder Gamopetalen hervor, die vollkommensten von allen Blumen-Pflanzen. So erhob sich in jedem jüngeren Abschnitt der organischen Erdgeschichte das Pflanzenreich stufenweise zu einem höheren Grade der Vollkommenheit und der Mannichfaltigkeit.

Die specielle Phylogenie der Ordnungen und Familien, die Erkenntniss der Stamm-Verwandtschaft der grösseren und kleineren Gruppen in jeder Classe, bietet im Pflanzenreiche einerseits viel grössere Schwierigkeiten, anderseits ein weit geringeres Interesse als im Thierreiche. In letzterem liefert die mannichfaltige Arbeitstheilung und Formspaltung der Organe, die Differenzirung der Gewebe, die weite Divergenz der zahlreichen Classen, der vergleichenden Morphologie ein unerschöpfliches Gebiet voll der interessantesten Probleme. Die morphologische Differenzirung des Pflanzenreiches ist damit gar nicht zu vergleichen. Denn auch bei den höheren Pflanzen ist der Körperbau verhältnissmässig höchst einfach und der Gestaltungskreis einförmig. Alle die zahllosen Formen der Angiospermen erscheinen nur als Variationen eines einzigen Themas, und weichen in geringerem Grade von einander ab, als die mannichfaltigen Formen einer einzigen Thier-Classe, der Insecten-Classe.

Zwanzigster Vortrag.

Phylogenetische Classification des Thierreichs. Gastraea-Theorie.

Das natürliche System des Thierreichs. Aeltere Systeme von Linné und Lamarck. Die vier Typen von Baer und Cuvier. Die acht Typen der neueren Zoologie. Ihre phylogenetische Bedeutung. Die Philosophie der Kalkschwämme, die Homologie der Keimblätter, und die Gastraea-Theorie. Einheit der Stämme oder Phylen. Abstammung aller Metazoen von der Gastraea. Die fünf ersten Bildungsstufen des einzelligen Thierkörpers. Die fünf ersten Keimstufen: Stammzelle (Cytula). Maulbeerkeim (Morula). Blasenkeim (Blastula). Haubenkeim (Depula). Becherkeim (Gastrula). Die entsprechenden fünf ältesten Stammformen (Cytaea, Moraea, Blastaea, Depaea, Gastraea). Die Hohlkugel als Urform des Thierkörpers (Baer). Darmhöhle und Leibeshöhle. Coelom-Theorie. Pseudocoel und Enterocoel. Die beiden Hauptgruppen der Metazoen: I. Coelenterien oder Coelenteraten (ohne Leibeshöhle). II. Coelomarien oder Bilateraten (mit Leibeshöhle).

Meine Herren! Das natürliche System der Organismen, welches wir ebenso im Thierreich wie im Pflanzenreich zunächst als Leitfaden für unsere genealogischen Untersuchungen benutzen müssen, ist hier wie dort erst neueren Ursprungs, und wesentlich durch die Fortschritte unseres Jahrhunderts in der vergleichenden Anatomie und Ontogenie bedingt. Die Classifications-Versuche des vorigen Jahrhunderts bewegten sich fast sämmtlich noch in der Bahn des künstlichen Systems, welches zuerst Karl Linné (1735) in strengerer Form aufgestellt hatte. Das künstliche System unterscheidet sich von dem natürlichen wesentlich dadurch, dass es nicht die gesammte Organisation und die innere, auf der Stamm-Verwandtschaft beruhende Form-Verwandtschaft zur Grundlage der Eintheilung macht, sondern nur einzelne und dazu meist noch äusserliche, leicht in die Augen fallende Merkmale. So unterschied Linné seine 24 Classen des Pflanzenreichs wesentlich nach der Zahl, Bildung und Verbindung der Staubgefässe. Ebenso unterschied derselbe im Thierreiche sechs Classen wesentlich nach der Beschaffenheit des Herzens und des Blutes. Diese sechs Classen waren: 1. die Säugethiere; 2. die Vögel; 3. die Amphibien; 4. die Fische; 5. die Insecten und 6. die Würmer.

Diese sechs Thierclassen Linné's sind aber keineswegs von gleichem Werthe, und es war schon ein wichtiger Fortschritt, als Lamarck zu Ende des vorigen Jahrhunderts die vier ersten Classen als Wirbelthiere (*Vertebrata*) zusammenfasste, und diesen die übrigen Thiere, die Insecten und Würmer Linné's, als eine zweite Haupt-Abtheilung, als Wirbellose (*Invertebrata*) gegenüberstellte. Eigentlich griff Lamarck damit auf den Vater der Naturgeschichte, auf Aristoteles zurück, welcher diese beiden Haupt-Gruppen bereits unterschieden, und die ersteren Blutthiere (*Enaema*), die letzteren Blutlose (*Anaema*), genannt hatte. In dem System des Thierreichs, welches Lamarck 1801 veröffentlichte, unterschied er bereits elf Classen; davon kommen vier auf die Wirbelthiere (Säugethiere, Vögel, Amphibien, Fische), und sieben auf die Wirbellosen (Mollusken, Crustaceen, Arachniden, Insecten, Würmer, Strahlthiere, Polypen). Mit Ausnahme der beiden letzten Classen, welche niedere Thiere von sehr verschiedener Organisation enthalten, waren die übrigen Classen von Lamarck sehr natürliche Haupt-Gruppen; der grosse Vorläufer Darwin's war somit zugleich der erste Zoologe, welcher das bis dahin allein gültige System Linné's nach Verlauf von 66 Jahren wesentlich verbesserte und umgestaltete.

Den nächsten grossen Fortschritt zum natürlichen System des Thierreichs thaten einige Decennien später zwei der verdienstvollsten Zoologen, George Cuvier und Carl Ernst Baer. Wie schon früher erwähnt wurde, stellten dieselben fast gleichzeitig (1817), und unabhängig von einander, die Behauptung auf, dass mehrere grundverschiedene Haupt-Gruppen im Thierreich zu unterscheiden seien, von denen jede einen ganz eigenthümlichen Bauplan oder Typus besitze. In jeder dieser Haupt-Abtheilungen giebt es eine baumförmig verzweigte Stufenleiter von sehr einfachen und unvollkommenen bis zu höchst zusammengesetzten und entwickelten Formen. Der Ausbildungsgrad innerhalb eines jeden Typus ist ganz unabhängig von dem eigenthümlichen Bauplan, der dem Typus als besonderer Charakter zu Grunde liegt. Dieser „Typus“ wird durch das eigenthümliche Lagerungs-Verhältniss der wichtigsten Körpertheile und die Verbindungsweise der Organe bestimmt. Der Ausbildungsgrad dagegen ist abhängig von der mehr oder weniger weitgehenden Arbeitstheilung und Formspaltung der Organe. Diese ausserordentlich wichtige und fruchtbare Idee begründete Baer (1828) auf die individuelle Entwickelungs-Geschichte der Thiere, während Cuvier sich bloss an die Resultate der vergleichenden Anatomie hielt. Doch erkannte weder dieser noch jener die wahre Ursache jenes merkwürdigen Verhältnisses. Diese wird uns erst durch die Descendenz-Theorie enthüllt. Sie zeigt uns, dass der gemeinsame Typus oder Bauplan durch die Vererbung, der Grad der Ausbildung oder Sonderung dagegen durch die Anpassung bedingt ist.

Cuvier hatte schon 1812 im Thierreiche vier verschiedene Typen oder Baupläne unterschieden und dasselbe dem entsprechend in vier grosse Haupt-Abtheilungen, Zweige oder Kreise eingetheilt (vergl. oben S. 47). Die erste von diesen wird durch die Wirbelthiere (*Vertebrata*) gebildet, die vier ersten Classen Linné's umfassend: die Säugethiere, Vögel, Amphibien und Fische. Den zweiten Typus bilden die Gliederthiere (*Articulata*), welche den Insecten Linné's entsprechen, also die eigentlichen Insecten und Tausendfüsse, die Spinnen und Krebse, ausserdem aber auch die gegliederten Würmer oder Anneliden. Die dritte Haupt-Abtheilung umfasst die Weichthiere (*Mollusca*): die Kracken, Schnecken, Muscheln, und einige verwandte Gruppen. Der vierte und letzte Kreis des Thierreichs endlich ist aus den verschiedenen Strahlthieren (*Radiata*) zusammengesetzt, welche sich auf den ersten Blick von den drei vorhergehenden Typen durch ihre „strahlige“, blumenähnliche Körperform unterscheiden. Während nämlich bei den Weichthieren, Gliederthieren und Wirbelthieren der Körper aus zwei symmetrisch-gleichen Seitenhälften besteht, aus zwei Gegenstücken oder Antimeren, von denen das eine das Spiegelbild des anderen darstellt, so ist dagegen bei den sogenannten Strahlthieren der Körper aus mehr als zwei, gewöhnlich vier, fünf oder sechs Gegenstücken zusammengesetzt, welche wie bei einer Blume um eine gemeinsame Hauptaxe gruppirt sind. So auffallend dieser Unterschied zunächst auch erscheint, so ist er doch im Grunde nur untergeordnet, und keineswegs hat die „Strahlform" bei allen „Strahlthieren" dieselbe Bedeutung.

Die Aufstellung dieser vier natürlichen Haupt-Gruppen (Typen oder Kreise des Thierreichs) durch Cuvier und Baer war der grösste Fortschritt in der Classification der Thiere seit Linné. Die drei Gruppen der Wirbelthiere, Gliederthiere und Weichthiere sind so naturgemäss, dass sie noch heutzutage in wenig verändertem Umfang beibehalten werden. Dagegen musste die ganz unnatürliche Vereinigung der Strahlthiere bei genauerer Erkenntniss alsbald aufgelöst werden. Zuerst wies Leuckart 1848 nach, dass darunter zwei grundverschiedene Typen vermischt seien, nämlich einerseits die Sternthiere (*Echinoderma*): die Seesterne, Seelilien, Seeigel und Seegurken; andererseits die Pflanzenthiere (*Coelenterata* oder *Zoophyta*): die Schwämme, Polypen, Korallen, Schirmquallen und Kammquallen.

Schon vorher (1845) hatte der ausgezeichnete Münchener Zoologe Siebold die Infusionsthierchen oder Infusorien mit den Wurzelfüssern oder Rhizopoden in einer besonderen Haupt-Abtheilung als Urthiere (*Protozoa*) vereinigt, und ihren Charakter als einzelliger Thiere hervorgehoben. Dadurch stieg die Zahl der thierischen Typen oder Kreise auf sechs. Später wurde dieselbe noch dadurch um einen siebenten Typus vermehrt, dass die neueren Zoologen die Haupt-Abtheilung der Gliederthiere oder Articulaten in zwei Gruppen trennten, einerseits die mit gegliederten Beinen versehenen Gliederfüsser (*Arthropoda*), welche den Insecten im Sinne Linné's entsprechen, nämlich die eigentlichen (sechsbeinigen) Insecten, die Tausendfüsse, Spinnen und Krebse; andrerseits die fusslosen oder mit ungegliederten Füssen versehenen Würmer (*Vermes*). Diese letzteren umfassen nur die eigentlichen Würmer (die Rundwürmer, Plattwürmer u. s. w.); sie entsprechen daher keineswegs den Würmern im Sinne Linné's, welcher dazu auch noch die Weichthiere, Strahlthiere und viele andere niedere Thiere gerechnet hatte. Endlich wurden neuerdings auch die Mantelthiere (*Tunicata*), die früher bald zu den Weichthieren, bald zu den Würmern gestellt wurden, als eine selbstständige, achte Haupt-Gruppe des Thierreichs anerkannt.

So wäre denn nach der Anschauung der neueren Zoologen, welche in den meisten Hand- und Lehrbüchern der gegenwärtigen Thierkunde vertreten wird, das Thierreich aus acht Typen oder obersten, ganz verschiedenen Haupt-Abtheilungen zusammengesetzt, jede durch einen charakteristischen, ihr ganz eigenthümlichen sogenannten Bauplan ausgezeichnet, und von jeder anderen völlig verschieden. In dem natürlichen System des Thierreichs, welches ich Ihnen jetzt als den wahrscheinlichen Stammbaum desselben entwickeln werde, schliesse ich mich im Grossen und Ganzen dieser üblichen Eintheilung an, jedoch nicht ohne einige Modificationen, welche ich in Betreff der Genealogie für sehr wichtig halte, und welche unmittelbar durch unsere historische Auffassung der thierischen Formbildung bedingt sind.

Schon vor zwanzig Jahren war ich durch meine Untersuchungen über vergleichende Entwickelungs-Geschichte zu der Ueberzeugung gelangt, dass die acht Stämme des Thierreichs keineswegs äquivalente Haupt-Gruppen, sondern von ganz verschiedener morphologischer und phylogenetischer Bedeutung sind. Die acht thierischen Stämme oder Typen dürfen daher nicht, wie es noch heute vielfach geschieht, einfach in einer Reihe hinter einander aufgeführt und beschrieben werden, sondern sie müssen wieder in verschiedene übergeordnete Haupt-Gruppen zusammengestellt und deren wahrscheinliche Stammverwandtschaft kritisch in Betracht gezogen werden. Für diese kritisch-phylogenetische Betrachtung darf ausschliesslich weder die vergleichende Anatomie, noch die vergleichende Ontogenie maassgebend sein, sondern diese beiden grossen Schöpfungs-Urkunden müssen in umfassender Weise zusammengestellt und mit morphologischem Urtheil zur gegenseitigen Ergänzung benutzt werden; ausserdem muss auch daneben die dritte Schöpfungs-Urkunde, die Paläontologie, beständig im Auge behalten werden.

Indem ich, von diesen Grundsätzen ausgehend, die phylogenetischen Beziehungen der acht Thier-Stämme untersuchte und mich bestrebte, den ersten (1866 in der „Generellen Morphologie" erschienenen) Entwurf einer phylogenetischen Classification zu verbessern, gelangte ich zu einer neuen, wesentlich veränderten Auffassung des Thiersystems. Die Grundzüge derselben veröffentlichte ich 1872 in meiner „Philosophie der Kalkschwämme" (im vierten Abschnitte der Monographie der Calcispongien, Bd. I, S. 465). Diese merkwürdige Classe von Seethieren ist durch eine ganz ausserordentliche Unbeständigkeit der Körperform ausgezeichnet, so dass man sogenannte „gute Arten", d. h. „relativ constante Species", in gewöhnlichem Sinne überhaupt nicht unterscheiden kann (vergl. oben S. 268). Fünf Jahre hindurch untersuchte ich an einem ausserordentlich reichen und vollständigen Material alle Verhältnisse ihrer Formbildung und Entwickelung auf das Genaueste; ich wurde dadurch in den Stand gesetzt, alle Arten dieser Classe (— deren man nach Belieben 111 oder 289 oder 591 unterscheiden kann —) auf eine einzige gemeinsame Stammform zurückzuführen, den Olynthus. Mit einigem Rechte durfte ich daher wohl meine Monographie der Kalkschwämme — den ersten Versuch eines durchgeführten phylogenetischen Systems einer formenreichen Classe — zugleich als einen „Versuch zur analytischen Lösung des Problems von der Entstehung der Arten" bezeichnen.

Jene merkwürdige Stammform der Kalkschwämme, Olynthus, (Taf. VI), ist seitdem auch als die phylogenetische Grundform aller übrigen Spongien nachgewiesen worden und wird jetzt allgemein als die gemeinschaftliche Stammform der ganzen Schwamm-Classe betrachtet. Indem ich nun den Olynthus, als einfachen, aus zwei Zellenschichten zusammengesetzten Schlauch, mit der ähnlichen zweiblättrigen Keimform der Metazoen, der Gastrula verglich (S. 300), gelangte ich zu der Ueberzeugung, dass der erstere auf einer sehr tiefen Bildungsstufe stehen bleibe, welche von allen übrigen Gewebe-Thieren in früher Jugend vorübergehend durchlaufen wird. Dieser Jugendzustand, die Gastrula, war bis dahin in sehr verschiedener Weise aufgefasst, und in den divergenten Stämmen des Thierreichs als eine gänzlich verschiedene Keimform angesehen worden. Im Gegensatz zu dieser allgemein herrschenden Ansicht versuchte ich zu zeigen, dass die auffallenden Unterschiede der Keimformen von untergeordneter Bedeutung und nur Modificationen einer und derselben Urform, einer primären Gastrula sind. Daraus schloss ich weiter nach dem biogenetischen Grundgesetze, auf eine entsprechende gemeinsame Stammform aller vielzelligen Thiere, die Gastraea. Das Capitel über „die Keimblätter-Theorie und den Stammbaum des Thierreichs", welches in der „Philosophie der Kalkschwämme" steht, und welches zum ersten Male die Homologie der beiden primären Keimblätter bei allen Metazoen behauptet, schliesst mit folgendem Satze: „Aus dieser Identität der Gastrula bei Repräsentanten der verschiedensten Thierstämme, von den Spongien bis zu den Vertebraten, schliesse ich nach dem biogenetischen Grundgesetze auf eine gemeinsame Descendenz der animalen Phylen von einer einzigen unbekannten Stammform, welche im Wesentlichen der Gastrula gleichgebildet war: „Gastraea" (a. a. O. 1872, Bd. I, S. 467).

In dem „Stammbaum des Thierreichs", welcher diesem Satze vorangeht (S. 465), leitete ich die fünf höheren Thier-Stämme (Vertebraten, Mollusken, Tunicaten, Arthropoden und Echinodermen) von der gemeinsamen Stamm-Gruppe der Coelomaten ab, von den „Würmern mit Leibeshöhle". Von diesen nahm ich an, dass sie ursprünglich aus Acoelomien oder Platoden entstanden seien, „Würmern ohne Leibeshöhle". Für diese letzteren aber und für die Pflanzen-Thiere glaubte ich eine directe Abstammung von der hypothetischen Gastraea annehmen zu dürfen.

Diese Grundzüge der Gastraea-Theorie, welche zuerst in der Monographie der Kalkschwämme mitgetheilt wurden, führte ich im folgenden Jahre weiter aus in meinen Studien „Zur Morphologie der Infusorien" (Jena. Zeitschr. 1873, Bd. VII, S. 560). Die ausführliche Begründung derselben, sowie ihre Anwendung auf die wichtigsten phylogenetischen und morphologischen Probleme, ist enthalten in meinen „Studien zur Gastraea-Theorie“ (1873—1877). Ihre erste Bestätigung erhält sie durch den ausgezeichneten englischen Zoologen Ray-Lankester, welcher (1873) selbstständig zu ähnlichen Anschauungen gelangt war. Auch der erste vergleichende Anatom der Gegenwart, Carl Gegenbaur, verlieh ihr durch seine Zustimmung die werthvollste Unterstützung. Hertwig, Rabl, Selenka, Balfour, Rückert, Hatschek, und viele andere Embryologen lieferten weitere Beweise dafür. Obgleich vielfach angefochten, hat sich doch die Gastraea-Theorie in den wesentlichsten Punkten als richtig bewährt und ist heute von den meisten Zoologen als brauchbare Grundlage des heutigen phylogenetischen Thier-Systems anerkannt worden.

Als eine der wichtigsten systematischen Consequenzen ergab sich zunächst die vollständige Trennung der einzelligen Protozoen von den übrigen vielzelligen Thieren, die ich ihnen als Metazoen gegenüberstellte (vergl. oben S. 414). Weiterhin unterschied ich unter den Metazoen zunächst zwei Haupt-Gruppen. Die beiden niederen Stämme (Coelenteraten und Acoelomien) haben weder Blut noch Leibeshöhle; diese kommen nur den fünf höheren Stämmen zu. Unter letzteren aber stellen die Coelomaten (oder die Würmer mit Leibeshöhle) die gemeinsame Stamm-Gruppe dar, aus welcher sich die höheren typischen Thier-Stämme divergent entwickelt haben.

Was nun zunächst die phylogenetische Einheit der grossen Stämme des Thierreichs betrifft, so dürfen wir schon jetzt mit befriedigender Sicherheit aus zahlreichen Thatsachen der vergleichenden Anatomie und Ontogenie auf die gemeinsame Abstammung aller derjenigen Thiere schliessen, die zu einem sogenannten „Typus“ gehören. Denn trotz aller Mannichfaltigkeit in der äusseren Form, welche innerhalb jedes dieser Typen sich entwickelt, ist dennoch die Grundlage des inneren Baues, das wesentliche Lagerungs-Verhältniss der Körpertheile, welches den Typus bestimmt, so constant, bei allen Gliedern jedes Typus so übereinstimmend, dass man dieselben eben wegen dieser inneren Form-Verwandtschaft im natürlichen System in einer einzigen

Haupt-Gruppe vereinigen muss. Daraus folgt aber unmittelbar, dass diese Vereinigung auch im Stammbaum des Thierreichs stattfinden darf. Denn die wahre Ursache jener innigen Form-Verwandtschaft kann nur durch Vererbung bedingt sein, ist also wirkliche Stamm-Verwandtschaft. Wir können demnach vorläufig an dem wichtigen Satz festhalten, dass alle Thiere, welche zu einem und demselben Kreis oder Typus gehören, von einer und derselben ursprünglichen Stamm-Form abstammen. Mit anderen Worten, der Begriff des Kreises oder Typus, wie er in der Zoologie seit Baer und Cuvier für die wenigen obersten Haupt-Gruppen des Thierreichs gebräuchlich ist, fällt zusammen mit dem Begriff des Stammes oder Phylum, wie ihn die Descendenz-Theorie für die Gesammtheit derjenigen Organismen anwendet, welche höchst wahrscheinlich stammverwandt sind und eine gemeinsame ursprüngliche Wurzel besitzen.

An diese wichtige Erkenntniss schliesst sich nun zunächst als ein zweites phylogenetisches Problem die Frage an: Wo kommen die einzelnen Thier-Stämme her? Sind die ursprünglichen Stamm-Formen derselben ganz selbstständigen Ursprungs, oder sind auch sie unter einander in entfernterem Grade blutsverwandt? Anfänglich könnte man geneigt sein, diese Frage in polyphyletischem Sinne zu beantworten, und für jeden grossen Thier-Stamm mindestens eine selbstständinge und von den anderen gänzlich unabhängige Stamm-Form anzunehmen. Allein bei eingehendem Nachdenken über dieses schwierige Problem gelangt man doch schliesslich zu der monophyletischen Ueberzeugung, dass auch die einfachen Stamm-Formen ganz unten an der Wurzel zusammenhängen, dass auch sie wieder von einer einzigen, gemeinsamen Urform abzuleiten sind. Wenn man von den einzelligen Protisten ganz absieht und bloss die Abstammung der vielzelligen Histonen vergleichend untersucht, so gewinnt auch im Thierreich, wie im Pflanzenreich, bei näherer Betrachtung die einstämmige oder monophyletische Descendenz-Hypothese, gestützt auf die Gastraea-Theorie, das Uebergewicht über die entgegengesetzte, vielstämmige oder polyphyletische Hypothese.

Vor Allem und in erster Linie ist es die vergleichende Keimes-Geschichte oder Ontogenie, welche uns zu dieser monophyletischen Ueberzeugung führt. Der Zoologe, welcher die individuelle Entwickelungs-Geschichte der Thiere denkend vergleicht und die Bedeutung des biogenetischen Grundgesetzes begriffen hat (S. 361), wird sich der Ueberzeugung nicht verschliessen, dass auch für alle Metazoen-Stämme eine gemeinsame Wurzel-Form angenommen werden kann. Auf Grund der vergleichenden Ontogenie können wir alle Thiere mit Inbegriff des Menschen auf eine einzige gemeinsame Stamm-Form zurückführen. Aus den ontogenetischen Thatsachen ergiebt sich die nachstehende phylogenetische Hypothese, welche ich in meinen „Studien zur Gastraea-Theorie“[15]) und in der „Anthropogenie“[56]) näher erläutert habe.

Die erste und wichtigste Erscheinung, welche uns die vergleichende Keimes-Geschichte lehrt, ist die Thatsache, dass jedes vielzellige Thier sich aus einer einfachen Zelle entwickelt. Diese erste Zelle ist die Cytula, die Stamm-Zelle oder die sogenannte „erste Furchungskugel“. (Fig. 20B, S. 504.) Wir haben ihre Entstehung aus der befruchteten Eizelle, sowie die Bedeutung des Befruchtungs-Aktes schon früher betrachtet (S. 296). Der ontogenetischen Cytula entsprechend dürfen wir als gemeinsame phylogenetische Stamm-Form des ganzen Thierreichs die einfache thierische Zelle oder das einzellige Urthier ansehen; in einfachster Form tritt uns dasselbe noch heute in den Amoeben der Gegenwart lebendig vor Augen. Gleich diesen einfachen noch jetzt lebenden Amoeben, und gleich den nackten, davon nicht zu unterscheidenden Eizellen vieler niederen Thiere (z. B. der Schwämme, Taf. VI, S. 520, Fig. 4, 16), waren auch jene uralten Stamm-Amoeben noch ganz einfache nackte Zellen; sie haben sich wahrscheinlich mittelst formwechselnder Fortsätze kriechend in dem laurentischen Urmeere umherbewegt und auf dieselbe Weise, wie die heutigen Amoeben, ernährt und durch Theilung fortgepflanzt (vergl. S. 169 und 380). Die Existenz dieser einzelligen, einer Amoebe gleichen Stamm-Form des ganzen Thierreichs wird unwiderleglich durch die höchst wichtige Thatsache bewiesen, dass das befruchtete Ei aller Thiere, vom Schwamm und vom

Wurm bis zur Ameise und zum Menschen hinauf eine einfache Zelle ist. Die reifen Eier der verschiedenen Thiere zeigen oft sehr verschiedene Gestalt, je nachdem sie von mannichfaltigen geformten Hüllen umschlossen oder mit Nahrungsdotter belastet sind. Allein die jugendlichen Eizellen sind noch nackt und membranlos, von einfachster Beschaffenheit, und bisweilen kriechen sie selbst gleich einer Amoebe im Körper umher, so z. B. bei Schwämmen; sie sind hier sogar früher für parasitische Amoeben gehalten worden.

Die hypothetische gemeinsame einzellige Stamm-Form des Thierreichs, deren einstmalige Existenz durch die *Cytula* bewiesen wird, können wir als Cytaea oder „Urstamm-Zelle“ unterscheiden. (S. 406.) Die Frage nach der ursprünglichen Herkunft dieser *Cytaea* haben wir schon früher beantwortet, als wir zeigten, dass die ältesten Stamm-Formen aller einzelligen Wesen — also auch der Cytaea — nur einfachste Moneren gewesen sein können (S. 406, 426 etc.).

Man dürfte demnach erwarten, dass auch in der Ontogenie der kernlose Moneren-Zustand dem kernhaltigen einzelligen Zustande vorausgeht. In der That glaubte man bis vor Kurzem, dass im Beginne der individuellen Entwickelung ein kernloses Stadium auftritt (*Monerula*); die *Cytula* sollte aus diesem erst wieder durch Neubildung eines Kernes entstehen. Indessen die wichtigen neueren früher schon besprochenen Beobachtungen über Befruchtung (S. 296) haben diese Annahme widerlegt. Es scheint, dass das Monerula-Stadium durch abgekürzte Vererbung verloren gegangen ist (S. 191).

Aus dem einzelligen Zustande entwickelte sich zunächst der einfachste vielzellige Zustand, nämlich ein Haufen oder eine kleine Gemeinde von einfachen, gleichartigen Zellen, eine Zellhorde (*Coenobium*). Noch jetzt entsteht bei der ontogenetischen Entwickelung jeder thierischen Eizelle durch wiederholte Theilung derselben (durch die sogenannte „Eifurchung“) zunächst ein kugeliger Haufen von gleichartigen nackten Zellen (vergl. Fig. 6, S. 298, und Fig. 20C, D, E, S. 504). Wir nannten diesen Zellenhaufen wegen seiner Aehnlichkeit mit einer Maulbeere oder Brombeere das Maulbeer-Stadium oder den Maulbeer-Keim (*Morula*). In allen verschiedenen Thier-Stämmen kehrt dieser Morula-Körper in ähnlicher einfacher Gestalt wieder, und gerade aus diesem wichtigen Umstande, können wir nach dem biogenetischen Grundgesetze mit der grössten Sicherheit schliessen, dass auch die älteste vielzellige Stamm-Form des Thierreichs einer solchen Morula glich, und einen einfachen Haufen von lauter amoebenartigen, unter sich gleichen Urzellen darstellte. Wir wollen diese älteste Amoeben-Gesellschaft, diese einfachste Thierzellen-Gemeinde, welche durch die Morula recapitulirt wird, Moraea oder Synamoebium nennen. Unter den verschiedenen, heute noch lebenden Coenobien von Protozoen können namentlich die einfachen Zellhorden von Lobosen und Flagellaten damit verglichen werden. (Vergl. Taf. V, Fig. 3—5, und 13—15).

Aus dem Synamoebium entwickelte sich weiterhin in früher laurentischer Urzeit eine dritte Stamm-Form des Thierreichs, welche die Gestalt einer Hohlkugel hatte, und die wir daher Kugelblase (*Blastaea*) nennen wollen. Diese *Blastaea* entstand aus der Moraea dadurch, dass im Inneren des kugeligen Zellenhaufens sich Flüssigkeit oder Gallerte ansammelte. Dadurch wurden die sämmtlichen gleichartigen Zellen an die Oberfläche gedrängt und bildeten nunmehr als einfache Zellenschicht die dünne Wand einer kugeligen Blase. Die amoeboiden Fortsätze der Zellen begannen sich rascher und regelmässiger zu bewegen und verwandelten sich in bleibende Flimmerhaare. Durch die Flimmerbewegung dieser letzteren wurde der ganze vielzellige Körper in kräftigere und schnellere Bewegung versetzt, und ging aus der kriechenden in die schwimmende Ortsbewegung über. Auf diese uralten phylogenetischen Vorgänge dürfen wir aus sicheren ontogenetischen Thatsachen schliessen. Denn in ganz derselben Weise geht noch gegenwärtig bei der Keimung niederer Thiere aus den verschiedensten Thier-Stämmen die Morula in eine flimmernde Larvenform über, welche bald Blastula, bald „Blastosphaera“ oder Blasenkeim genannt wird. (Fig. 20 F, G, S. 504.) Diese Blastula ist ein blasenförmiger kugeliger Körper, welcher mittelst Flimmerbewegung im Wasser umherschwimmt.

Die dünne Wand der kugeligen mit Flüssigkeit gefüllten Blase besteht aus einer einzigen Schicht von gleichartigen flimmernden Zellen, der sogenannten Keimhaut (*Blastoderma*, Taf. V, Fig. 6k, 16k). Der kugelige Hohlraum, welchen die Keimhaut allseitig und gleichmässig umschliesst, heisst Keimhöhle (*Blastocoeloma*, b).

Die hohe Bedeutung der Blastula, als einer uralten gemeinsamen Stamm-Form des Thierreichs, wurde schon vor 60 Jahren von dem genialen Embryologen Baer mit prophetischem Blicke vorausgesehen. In seiner classischen „Entwickelungs-Geschichte der Thiere“ stellt er den kühnen Satz auf: „Beim ersten Auftreten sind vielleicht alle Thiere gleich und nur hohle Kugeln“; und er erläutert diesen Satz mit folgenden Worten (Bd. I, S. 223): „Je weiter wir in der Entwickelung zurückgehen, um desto mehr finden wir auch in sehr verschiedenen Thieren eine Uebereinstimmung. Wir werden hierdurch zu der Frage geführt: Ob nicht im Beginne der Entwickelung alle Thiere im Wesentlichen sich gleich sind, und ob nicht für Alle eine gemeinsame Urform besteht? — Da der Keim das unausgebildete Thier selbst ist, so kann man nicht ohne Grund behaupten, dass die einfache Blasenform die gemeinschaftliche Grundform ist, aus der sich alle Thiere nicht nur der Idee nach, sondern historisch entwickeln.“ Dieser merkwürdige Lehrsatz, welcher erst nach einem halben Jahrhundert fest empirisch begründet wurde, erscheint uns heute um so bewunderungswürdiger, als Baer damals (1828) nicht entfernt im Stande war, denselben glaubwürdig zu beweisen; er selbst hatte nur sehr wenige Keimblasen gesehen; und die grundlegende Zellentheorie wurde erst zehn Jahre später geboren!

Unsere hypothetische Annahme, dass die heutige Blastula-Keimform die erbliche Wiederholung einer Blastaea-Stammform darstellt, wird unmittelbar durch die Thatsache glaubwürdig, dass noch heute ganz ähnliche Formen existiren, so namentlich verschiedene Volvocinen und die früher beschriebenen Catallacten (*Magosphaera*, S. 443). Die bekannteste von diesen ist das gemeine „Kugelthierchen“ (*Volvox globator*), ein Coenobium aus der Klasse der Geisselschwärmer (*Flagellata*, S. 442). Der kugelige Gallertkörper desselben trägt an der Oberfläche eine einfache Lage von Geissel-Zellen, durch deren schwingende Geisseln er im Wasser schwimmend umhergetrieben wird. Beim reifen Kugel-Thierchen tritt eine sexuelle Arbeitstheilung ein, indem einzelne dieser Zellen sich in Eizellen, andere in Sperma-Zellen verwandeln. Bei den ähnlichen Catallacten hingegen löst sich die kugelige Zellhorde späterhin auf, ohne dass es zu jener geschlechtlichen Fortpflanzung kömmt. Jede einzelne Zelle lebt dann auf ihre Hand weiter (in Amoeben-Form), wächst durch Nahrungs-Aufnahme und kapselt sich ein. Innerhalb der kugeligen Kapsel vermehrt sich der einzellige Organismus durch wiederholte Theilung (wie bei der Eifurchung), und bildet endlich wieder eine Flimmerkugel, gleich der Blastula.

Aus der Blastula entwickelt sich bei Thieren aller Stämme weiterhin zunächst jene ausserordentlich wichtige und interessante Thierform, welche ich in meiner Monographie der Kalkschwämme mit dem Namen Becherkeim oder *Gastrula* (d. h. Magenlarve oder Darmlarve) belegt habe (Fig. 20 I, K, S. 504). Diese Gastrula gleicht äusserlich der Blastula, unterscheidet sich aber wesentlich dadurch von ihr, dass ihr innerer Hohlraum sich durch eine Mündung nach aussen öffnet und dass die Zellenwand desselben nicht einschichtig, sondern zweischichtig ist. Die Gastrula entsteht aus der Blastula dadurch, dass die Wand der letzteren in das Innere eingestülpt wird (Fig. 20 H). Zuletzt berührt die eingestülpte Hälfte der Blase die andere Hälfte und der ursprüngliche Hohlraum (die „Keimhöhle") verschwindet. Der wichtige, durch die Einstülpung entstandene Hohlraum ist der Urdarm oder „Urmagen" (*Progaster* oder *Archenteron*), die erste Anlage des ernährenden Darmcanals; seine Oeffnung ist der Urmund (*Prostoma* oder *Blastoporus*), die erste Mundöffnung. Die beiden Zellenschichten der Darmwand, welche zugleich die Körperwand der hohlen Gastrula ist, sind die beiden primären Keimblätter: Hautblatt (*Exoderma*) und Darmblatt (*Entoderma*). Die höchst wichtige Larvenform der Gastrula kehrt in derselben Gestalt in der Ontogenese von Thieren aller Stämme wieder: bei den Schwämmen, Medusen, Korallen, Würmern, Mantelthieren.

Sternthieren, Weichthieren, ja sogar bei den niedersten Wirbelthieren (*Amphioxus*, vergl. Taf. XII, Fig. B 4; *Ascidia*, ebendaselbst Fig. A 4). Auf Taf. V ist die Gastrulation unserer gewöhnlichen Teichschnecke (*Lymnaeus*, Fig. 1—10) nach den Beobachtungen von Carl Rabl, sowie die Gastrulabildung eines Pfeilwurms (*Sagitta*) nach den Untersuchungen von Gegenbaur und Hertwig dargestellt (Fig. 11—20). Fig. 8 und 18 zeigen die entwickelte Gastrula beider Thiere im Längsschnitt.

Eine interessante Zwischen-Stufe zwischen der *Blastula* (Fig. 20 F, G) und der *Gastrula* (K, I) bildet der halb eingestülpte Zustand der ersteren (Fig. 20 H; Taf. V, Fig. 7 und 17). Wir können denselben als Haubenkeim oder *Depula* bezeichnen. Da die Entstehung der Gastrula aus der Blastula durch Einstülpung der letzteren (Invagination) neuerdings durch zahlreiche verschiedene Beobachter als die ursprüngliche Bildungs-Art der ersteren erkannt worden ist, so dürfen wir annehmen, dass auch diesem ontogenetischen Zustande eine bestimmte Ahnen-Form entspricht; auch dieser Zustand des Keimes kann nach unserem Entwickelungs-Grundgesetze durch Vererbung erklärt werden, als erbliche Wiederholung eines entsprechenden phylogenetischen Zustandes; wir wollen letzteren *Depaea* nennen (*Depos* = Becher). Auf diesem Zwischen-Zustand existiren neben einander zwei Höhlen im Keime; die ursprüngliche Keimhöhle (*Blastocoel*, b), in Rückbildung begriffen, und die Urdarmhöhle (*Progoster*, a), in Fortbildung begriffen. Letztere dehnt sich immer weiter aus auf Kosten der ersteren; doch bleibt bei manchen Metazoen ein Rest der Keimhöhle bestehen und kann eine falsche Leibeshöhle bilden (Pseudocoel).

Aus der ontogenetischen Verbreitung der Gastrula bei den verschiedensten Thier-Classen, von den Pflanzen-Thieren bis zu den Wirbel-Thieren hinauf, können wir nach dem biogenetischen Grund-Gesetze mit Sicherheit den wichtigen Schluss ziehen, dass während der laurentischen Periode eine gemeinsame Stamm-Form der Metazoen-Stämme existirte, welche im Wesentlichen der Gastrula gleichgebildet war, unsere *Gastraea*. Diese *Gastraea* besass einen ganz einfachen, kugeligen, eiförmigen oder länglich runden Körper, der eine einfache Höhle von gleicher Gestalt, den Urdarm, umschloss; an einem Pole der Längsaxe öffnete sich der Urdarm durch einen Mund, der zur Nahrungs-Aufnahme diente. Die Körperwand (und zugleich Darmwand) bestand aus zwei Zellen-Schichten oder „Keimblättern“: Entoderm oder Darmblatt, und Exoderm oder Hautblatt; durch die Flimmerbewegung des letzteren schwamm die Gastraea frei umher. Auch bei denjenigen höheren Thieren, bei denen die ursprüngliche Gastrula-Form in der Keimes-Geschichte durch gefälschte oder abgekürzte Vererbung (S. 190) verloren gegangen ist, hat sich dennoch die Zusammensetzung des Gastraea-Körpers auf diejenige Keim-Form vererbt, die zunächst aus der Morula entsteht. Diese Keim-Form ist hier eine runde Scheibe, die auf einem kugeligen „Nahrungsdotter“ aufliegt und aus zwei Zellenlagen oder Blättern besteht. Die äussere Zellenschicht, das animale oder neurale Keim-Blatt (*Epiblast*) entspricht dem Exoderm der Gastraea; aus ihr entwickelt sich die äussere Oberhaut (Epidermis) mit ihren Drüsen und Anhängen, so wie das Central-Nervensystem. Die innere Zellenschicht, das vegetative oder gastrale Keim-Blatt (*Hypoblast*) ist ursprünglich das Entoderm der Gastraea; aus ihr entwickelt sich die ernährende innere Haut (Epithelium) des Darmcanals und seiner Drüsen. (Vergl. meine „Anthropogenie“ [56]), Vortrag XVI.)

Drei verschiedene Grundgedanken erscheinen in unserer Gastraea-Theorie maassgebend: erstens dass die beiden primären Keim-Blätter bei allen Metazoen homolog oder ursprünglich gleichbedeutend sind; zweitens dass die von ihnen umschlossene Höhle, der Urdarm, als ursprüngliches Ernährungs-Organ, das phylogenetisch älteste Organ der Metazoen ist; und drittens, dass demgemäss als älteste gemeinsame Stamm-Form der Metazoen eine uralte, längst ausgestorbene Gastraea anzusehen ist, die im Wesentlichen der einfachsten Form der heutigen Gastrula gleichgebildet war. Eine sehr starke Stütze erhält diese Gastraea-Theorie durch die Thatsache, dass noch heute mehrere niedere Thiere existiren, welche dem hypothetischen Urbilde der *Gastraea* im Wesentlichen entsprechen (Taf. VI). Das bekannteste und interessanteste von diesen Thieren ist unser gemeiner Süsswasser-Polyp (*Hydra*). Sehen wir ab von geringen Veränderungen in der Zusammensetzung des Hautblattes, sowie von einem einfachen Tentakelkranz, der secundär um den Mund hervorgesprosst ist, so erscheint uns die Hydra im Wesentlichen als eine permanente Gastraea; sie wird in diesem einfachsten Zustande geschlechtsreif und pflanzt sich fort, indem aus dem Hautblatt am vorderen Theile Sperma-Zellen, am hinteren Theile Eizellen entstehen. Eine andere, wenig vom Urbilde der Gastraea entfernte Thier-Form ist der Olynthus, die oben erwähnte Stamm-Form der Schwämme; eine dritte, nahe verwandte Gruppe bilden die Physemarien (*Prophysema*), eine vierte die Orthonectiden (*Rhopalura*). Vergl. Taf. VI, S. 520; und den folgenden Vortrag.

Wir hätten demnach durch die vergleichende Keimes-Geschichte für unsere Hypothese von der monophyletischen Descendenz des Thierreichs bereits fünf primordiale Entwickelungsstufen gewonnen: 1) die Amoebe; 2) die Moraea; 3) die Blastaea; 4) die Depaea und 5) die Gastraea. Die einstmalige Existenz dieser fünf ältesten, auf einander folgenden Stamm-Formen, welche im laurentischen Zeitalter gelebt haben müssen, folgt unmittelbar aus dem biogenetischen Grundgesetz, aus dem Parallelismus und dem mechanischen Causalzusammenhang der Keimes- und Stammes-Geschichte (vgl. S. 309). Die vier ersten Formstufen (die animalen Amoeben, Moraea, Depaea und Blastaea) würden ihrer einfachen Beschaffenheit wegen noch zu den Protisten zu rechnen oder als eigentliche Urthiere (*Protozoa*) an letztere anzuschliessen sein. Mit der fünften Formstufe hingegen, mit der Gastraea, beginnt das eigentliche Thierreich und damit eine weit höhere Organisation. Ihre beiden Keimblätter bilden die ersten Gewebe, die ursprüngliche Grundlage für alle Organe der Metazoen.

Die phylogenetische Ableitung der verschiedenen Thier-Stämme aus der gemeinsamen Stamm-Form der Gastraea erscheint in mancher Beziehung sehr klar und einfach, in anderer Beziehung hingegen sehr schwierig und verwickelt. Alle urtheilsfähigen Zoologen stimmen jetzt in der Annahme überein, dass alle höheren Thier-Gruppen ursprünglich von niederen abstammen.

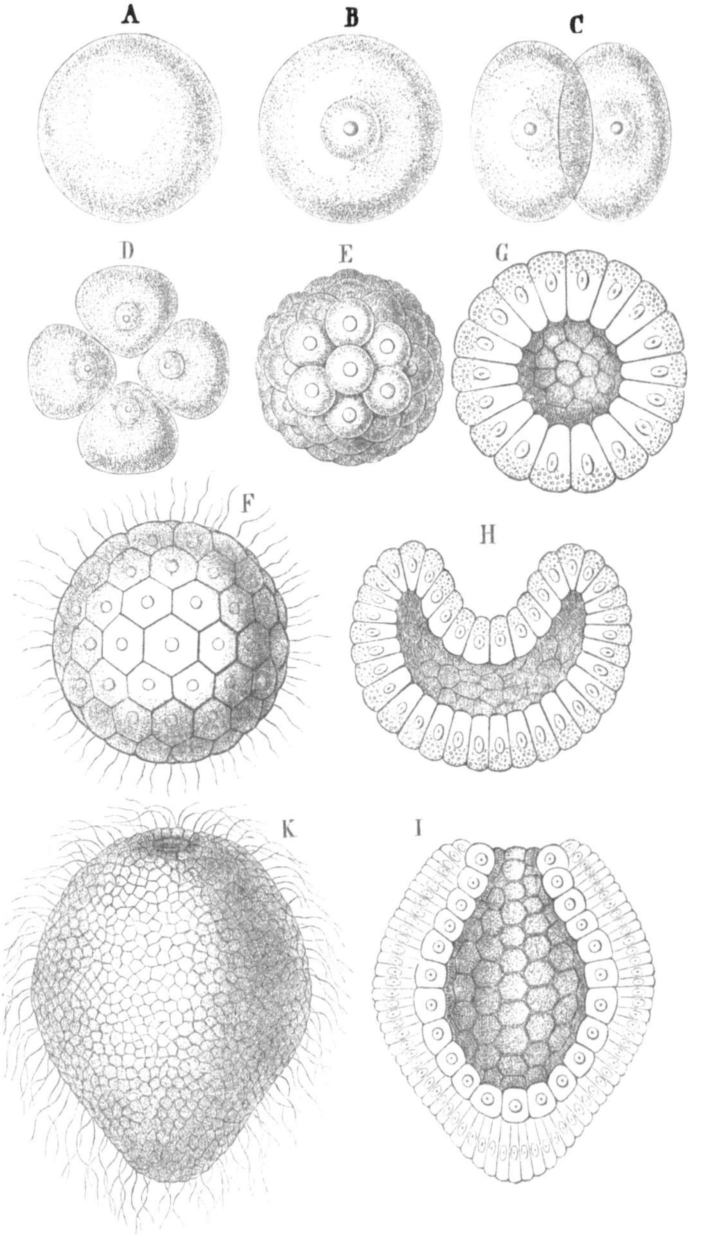

Fig. 20. Keimung einer Koralle (*Monoxenia Darwinii*). A. Befruchtete Eizelle (Kern nicht sichtbar). B. Stammzelle Cytula.) C, D. Theilung der Stammzelle. E. Morula. F, G. Blastula. H. Depula. I, K. Gastrula. (Fig. G, H und I im Durchschnitt).

Formwerth der fünf ersten Entwickelungsstufen des Thierkörpers, verglichen in der individuellen und phyletischen Entwickelung	**Ontogenesis.** Die fünf ersten Stufen der Keimes-Entwickelung	**Phylogenesis.** Die fünf ersten Stufen der Stammes-Entwickelung
Erste Entwickelungs-Stufe **Eine einfache Zelle** (Eine kernhaltige Plastide)	1. **Cytula** Stammzelle oder „Erste Furchungskugel" Fig. 20 B.	1. **Cytaea** Urstammzelle. (Aelteste animale Amoebe).
Zweite Entwickelungs-Stufe **Eine solide Gemeinde** (ein dichtes Aggregat) **von gleichartigen einfachen Zellen** (Coenobium).	2. **Morula** (Maulbeerkeim) Kugeliger Haufen von gleichartigen „Furchungskugeln" Fig. 20 E.	2. **Moraea** (Synamoebium oder Amoebenstock) Aelteste Coenobien von geselligen gleichartigen Zellen (Amoeben).
Dritte Entwickelungs-Stufe Eine kugelige oder eiförmige, mit Flüssigkeit gefüllte **Blase, deren dünne Wand aus einer einzigen Schicht von gleichartigen flimmernden Zellen besteht**	3. **Blastula** (Blasenkeim) Hohle blasenförmige Larve (oder Embryo), deren einfache Wand aus einer einzigen Zellenschicht besteht. Fig. 20 F, G	3. **Blastaea** (Flimmerschwärmer) Hohles blasenförmiges Urthier, dessen dünne Wand aus einer einzigen flimmernden Zellenschicht besteht.
Vierte Entwickelungs-Stufe Ein haubenförmiger Körper mit zwei getrennten Zellschichten und **zwei Höhlen** (Blastocoel und Progaster)	4. **Depula** (Haubenkeim) Haubenförmige Larve mit Keimhöhle (Blastocoel) und Urdarm (Progaster). („Gastrula invaginata"). Fig. 20 H.	4. **Depaea** Zwischenform zwischen Blastaea und Gastraea, durch Einstülpung der Ersteren entstanden. (Gastraea invaginata)
Fünfte Entwickelungs-Stufe Ein kugeliger oder eiförmiger **Körper mit einfacher Darmhöhle und Mundöffnung: Darmwand aus zwei Blättern zusammengesetzt:** aussen Exoderm (Hautblatt, Dermalblatt); innen Entoderm (Darmblatt, Gastralblatt)	5. **Gastrula** (Becherkeim) Vielzellige Larve mit Urdarm und Urmund; Darmwand zweiblättrig (Ursprüngliche gemeinsame Keimform der Darmthiere). Fig. 20 I, K	5. **Gastraea** Vielzelliges Darmthier mit Darm und Mund; Darmwand zweiblättrig (Ursprüngliche gemeinsame Stammform aller echten Thiere: Darmthiere oder *Metazoa*).

Die niedersten und ältesten unter allen Metazoen sind die einfachsten Coelenteraten (Hydra, Olynthus, Gastraea). Auch nimmt man allgemein an, dass alle verschiedenen Organe der höheren Thiere ursprünglich aus den beiden einfachen Keimblättern der Gastraea entstanden sind. Aber auf welchen Wegen jene höheren Stämme aus diesen niedersten Metazoen hervorgegangen sind, wie die allgemeinen Verwandtschafts-Beziehungen derselben aufzufassen, und wie namentlich die erste Entstehung der einzelnen Organe aus den Keimblättern zu deuten ist, darüber gehen die Ansichten noch weit auseinander. Schon in meiner Monographie der Kalkschwämme, und ausführlicher in den Studien zur Gastraea-Theorie, hatte ich darauf hingewiesen, dass der wichtigste Unterschied in der Organisation der niederen und höheren Thiere darauf beruht, dass bei den letzteren eine Leibeshöhle (*Coeloma*) und ein Blutsystem entwickelt ist, bei den ersteren hingegen noch fehlt. Darauf hin vereinigte ich als niedere Thier-Stämme die Pflanzen-Thiere (*Coelenterata*) und die Würmer ohne Leibeshöhle (*Acoelomi*). Diesen „blutlosen Thieren“ (*Anaemaria*) stellte ich gegenüber alle höheren Thier-Stämme als „Blutthiere“ (*Haemataria*), alle ausgerüstet mit einer Leibeshöhle, und die allermeisten auch mit einem Blutgefäss-System. Als Stamm-Gruppe dieser Haematarien (ursprünglich abgeleitet von Acoelomien) betrachtete ich die „Würmer mit Leibeshöhle“ (*Coelomati*), und von diesen leitete ich als divergirende Zweige die vier höheren Typen ab, die Stämme der Weichthiere, Sternthiere, Gliederthiere und Wirbelthiere (Kalkschwämme, Bd. I, S. 465; Gastraea-Theorie, Heft I, S. 54, 55).

Die wichtige Frage von dem Ursprung und der systematischen Bedeutung der Leibeshöhle ist seitdem in einer grossen Reihe von Schriften ausführlich erörtert worden, am eingehendsten und klarsten von den Gebrüdern Hertwig in ihren „Studien zur Blätter-Theorie“. Das vierte Heft dieser Studien ist „Die Coelom-Theorie, Versuch einer Erklärung des mittleren Keimblattes“ (Jena 1881). Sie unterscheiden darin drei Haupt-Gruppen der Metazoen: I. die Coelenteraten (Pflanzen-Thiere oder Zoophyten), ohne jede Leibeshöhle, bloss mit Darmhöhle; II. die

Pseudocoelien, mit einem Pseudocoel oder einer „falschen Leibeshöhle“, entstanden durch Spaltbildung im mittleren Keimblatt, zwischen innerem und äusserem Keimblatt (Mollusken und Plathelminthen, Räderthierchen und Mosthierchen); III. die Enterocoelien, mit einer „wahren Leibeshöhle“ (Enterocoel), entstanden aus ein paar Taschen, welche seitlich aus dem Urdarm hervorwachsen und sich von ihm abschnüren; so bei den meisten Würmern (Coelelminthen), den Sternthieren, Gliederthieren und Wirbelthieren.

Die Coelom-Therorie der Gebrüder Hertwig enthält zahlreiche vortreffliche Erörterungen über die Verwandtschafts-Beziehungen der grossen Thier-Stämme und schien eine Zeit lang viele Räthsel derselben sehr einfach zu erklären. Allein in neuerer Zeit sind die Hauptsätze derselben, insbesondere die Unterscheidung des Pseudocoels und Enterocoels, sowie deren systematische Verwerthung, von verschiedenen Seiten aus hart angegriffen worden, und es scheint, dass sie in ihrem ganzen Umfang nicht aufrecht zu erhalten sind. Ich ziehe es daher vor, hier zunächst nur jene beiden Haupt-Gruppen von Metazoen zu unterscheiden, welche ich schon früher als Anaemarien und Haematarien gegenübergestellt hatte; als passendere Bezeichnung wähle ich für erstere *Coelenteria* (Niederthiere), für letztere *Coelomaria* (Oberthiere).

Die Coelenterien oder Niederthiere (— oder die *Coelenterata* im weitesten Sinne —) werden von den meisten Zoologen nur als ein einziger Stamm aufgefasst. Ohne die Einheit des Stammes zu bezweifeln, halte ich es doch für richtiger, und besonders für die phylogenetische Classification vortheilhafter, diesen Typus in vier verschiedene Phylen, von sehr divergenter Organisation, aufzulösen: Die niederste und älteste von diesen Gruppen, die Wurzel des ganzen Metazoen-Reiches, bildet die Stamm-Gruppe der *Gastraeades* oder Stamm-Thiere; in der Hauptsache permanente Gastraea-Formen. Aus diesen haben sich wahrscheinlich als drei divergente Stämme entwickelt: 1. die Schwammthiere (*Spongiae*), 2. die Nesselthiere (*Cnidaria*) und 3. die Plattenthiere (*Platodes*).

Uebersicht über die zehn Stämme der Metazoen,
mit Angabe ihrer characteristischen Merkmale.

I. Coelenteria (Coelenterata, Zoophyta, Anaemaria) Metazoen ohne Leibeshöhle, ohne Blut, ohne After-Oeffnung.

Stämme (Phylen).	Gliederung, Grundform.	Typisches Nerven-Centrum	Besondere Eigenheiten.
1. **Gastraeades** Stammthiere	Keine Gliederung, Grundform einaxig.	Kein Nerven-System.	Körper bloss aus beiden Keimblättern gebildet.
2. **Spongiae** Schwammthiere	Keine Gliederung, Grundform ganz irregulär.	Kein Nerven-System.	Mikroskopische Hautporen zur Nahrungs-Aufnahme.
3. **Cnidaria** Nesselthiere	Keine Gliederung, Grundform strahlig.	Nervensystem bald fehlend, bald ringförmig.	Mikroskopische Nessel-Organe in der Oberhaut.
4. **Platodes** Plattenthiere	Keine Gliederung, Grundform zweiseitig.	Einfacher Hirnknoten und zwei Längsfäden.	Ein Paar Nephridien oder Urnieren-Canäle.

II. Coelomaria (Bilaterata, Bilateria, Haemataria) Metazoen mit Leibeshöhle, meistens mit Blut und mit After-Oeffnung.

Stämme (Phylen).	Gliederung, Grundform.	Typisches Nerven-Centrum	Besondere Eigenheiten.
5. **Helminthes** Wurmthiere	Keine Gliederung, Grundform zweiseitig.	Einfacher Hirnknoten oder Schlundring.	Mangel der positiven Merkmale der übrigen Coelomarien.
6. **Mollusca** Weichthiere	Keine Gliederung, Grundform zweiseitig.	Doppelter Schlundring mit drei Knoten-Paaren.	Dorsal-Mantel mit Kalkschale. Ventraler Muskelfuss.
7. **Echinoderma** Sternthiere	Aeussere Gliederung, Grundform fünfstrahlig.	Ventrales fünfstrahliges Sternmark.	Ambulacral-System. Verkalkte Lederhaut.
8. **Articulata** Gliederthiere	Aeussere Gliederung, Grundform zweiseitig.	Segmentirtes Bauchmark mit Schlundring.	Cuticulares Chitin-Skelet der Haut.
9. **Tunicata** Mantelthiere	Keine Gliederung, Grundform zweiseitig.	Hirnknoten. (Rückgebildetes Rückenmark.)	Cellulose-Mantel aus Bindegewebe. Kiemendarm. Endostyl.
10. **Vertebrata** Wirbelthiere	Innere Gliederung, Grundform zweiseitig.	Entwickeltes Rückenmark (und meistens Gehirn).	Chorda oder Wirbelsäule. Kiemendarm. Ventral-Herz.

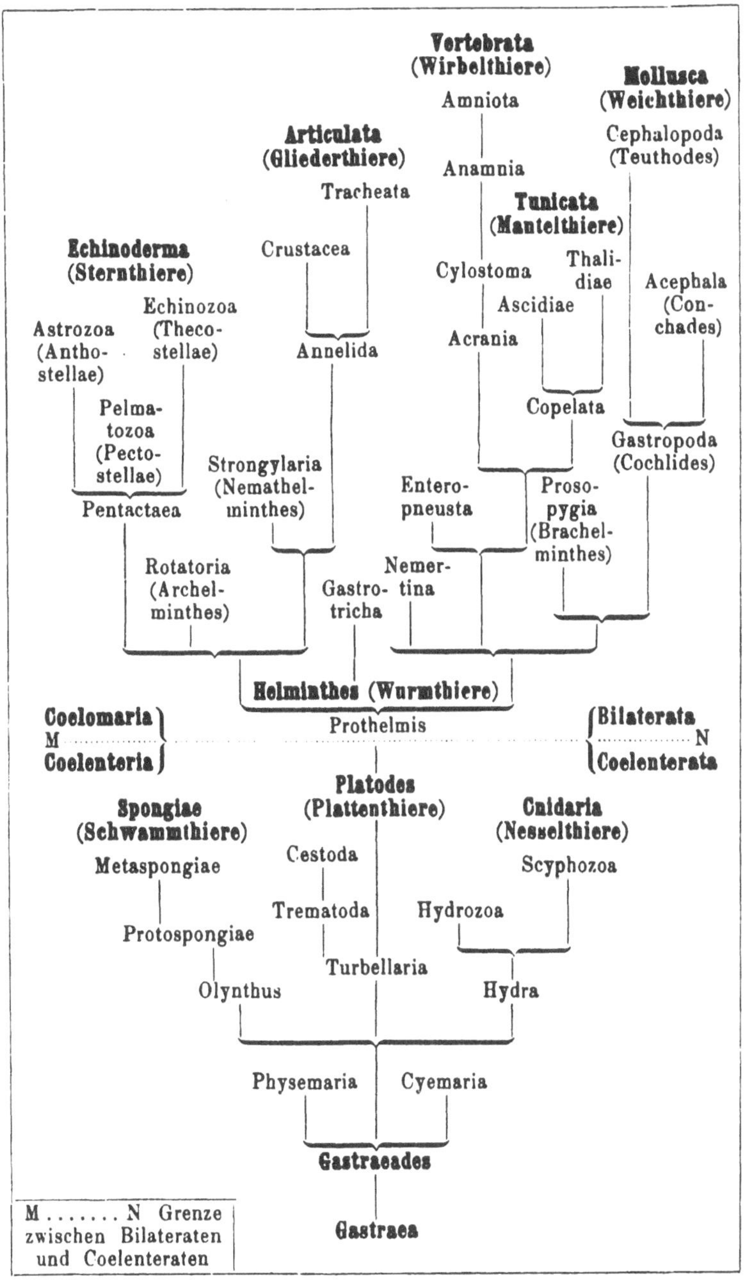
Vertebrata
(Wirbelthiere)
Amniota
Anamnia
Mollusca
(Weichthiere)
Cephalopoda
(Teuthodes)
Articulata
(Gliederthiere)
Tracheata
Tunicata
(Mantelthiere)
Echinoderma
(Sternthiere)
Crustacea
Cylostoma
Thali-
diae
Acephala
(Con-
chades)
Echinozoa
(Theco-
stellae)
Ascidiae
Astrozoa
(Antho-
stellae)
Annelida
Acrania
Copelata
Pelma-
tozoa
(Pecto-
stellae)
Gastropoda
(Cochlides)
Strongylaria
(Nemathel-
minthes)
Entero-
pneusta
Proso-
pygia
(Brachel-
minthes)
Pentactaea
Rotatoria
(Archel-
minthes)
Nemer-
tina
Gastro-
tricha
Helminthes (Wurmthiere)
Coelomaria
M
Coelenteria
Prothelmis
Bilaterata
N
Coelenterata
Platodes
(Plattenthiere)
Spongiae
(Schwammthiere)
Cnidaria
(Nesselthiere)
Metaspongiae
Cestoda
Scyphozoa
Trematoda
Hydrozoa
Protospongiae
Turbellaria
Olynthus
Hydra
Physemaria
Cyemaria
Gastraeades
Gastraea
M . . . . N Grenze zwischen Bilateraten und Coelenteraten

Aus dem Stamm der Plattenthiere ist vermuthlich die zweite Haupt-Abtheilung der Metazoen hervorgegangen, die grosse Gruppe der Coelomarien oder Oberthiere (*Bilaterata*). Unter diesen schliesst sich die niederste Gruppe, der Stamm der Wurmthiere (*Helminthes*), unmittelbar an die Platoden an. Aus dem Haupt-Stamme der Helminthen sind wahrscheinlich vier verschiedene Stämme, unabhängig von einander hervorgegangen, die Weichthiere (*Mollusca*), die Sternthiere (*Echinoderma*), die Gliederthiere (*Articulata*) und die Chordathiere (*Chordonia*); die letzteren haben sich frühzeitig in zwei sehr divergirende Stämme gespalten: die Mantelthiere (*Tunicata*) und die Wirbelthiere (*Vertebrata*).

Die wichtigsten Unterschiede in der typischen Organisation dieser zehn Metazoen-Stämme sind in der tabellarischen Uebersicht auf S. 508 kurz angegeben. Wie der phylogenetische Zusammenhang derselben bei dem gegenwärtigen unvollkommenen Zustande unserer Kenntnisse ungefähr naturgemäss gedacht werden kann, soll der gegenüber stehende hypothetische Stammbaum (S. 509) erläutern. Ich wiederhole jedoch für denselben, wie auch für alle folgenden Stammbäume, ausdrücklich die Bemerkung, dass sie der Natur der Sache nach nur einen provisorischen Werth haben können. Diejenigen Naturforscher jedoch, welche tiefer in die Stammes-Geschichte der Organismen eindringen, werden sich bald überzeugen, dass die Stammbäume als heuristische Hypothesen einen sehr hohen Werth besitzen, und dass sie für eine klare Beantwortung der verwickelten phylogenetischen Fragen unentbehrlich sind.

Nervensystem der Thierstämme.

Taf. XVIII.

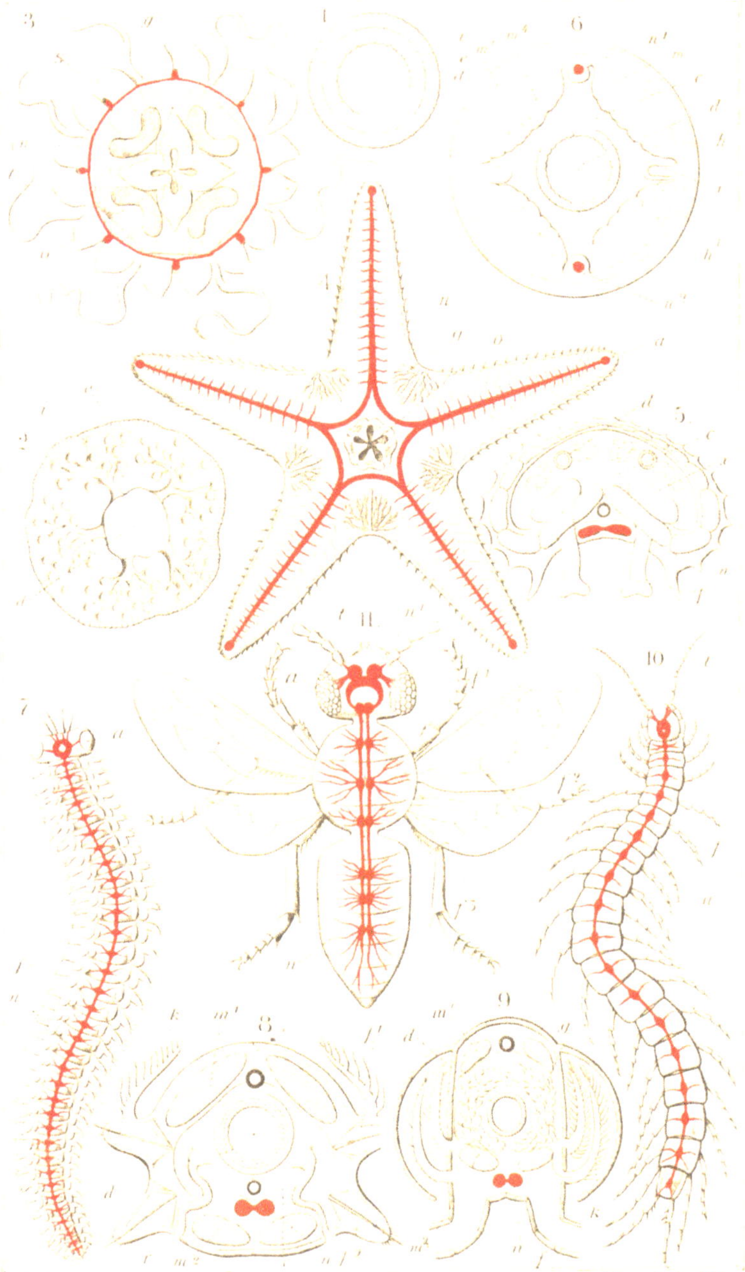

Lith. Anst. v. A. Giltsch, Jena.

Nervensystem der Thierstämme.

Taf. XIX.

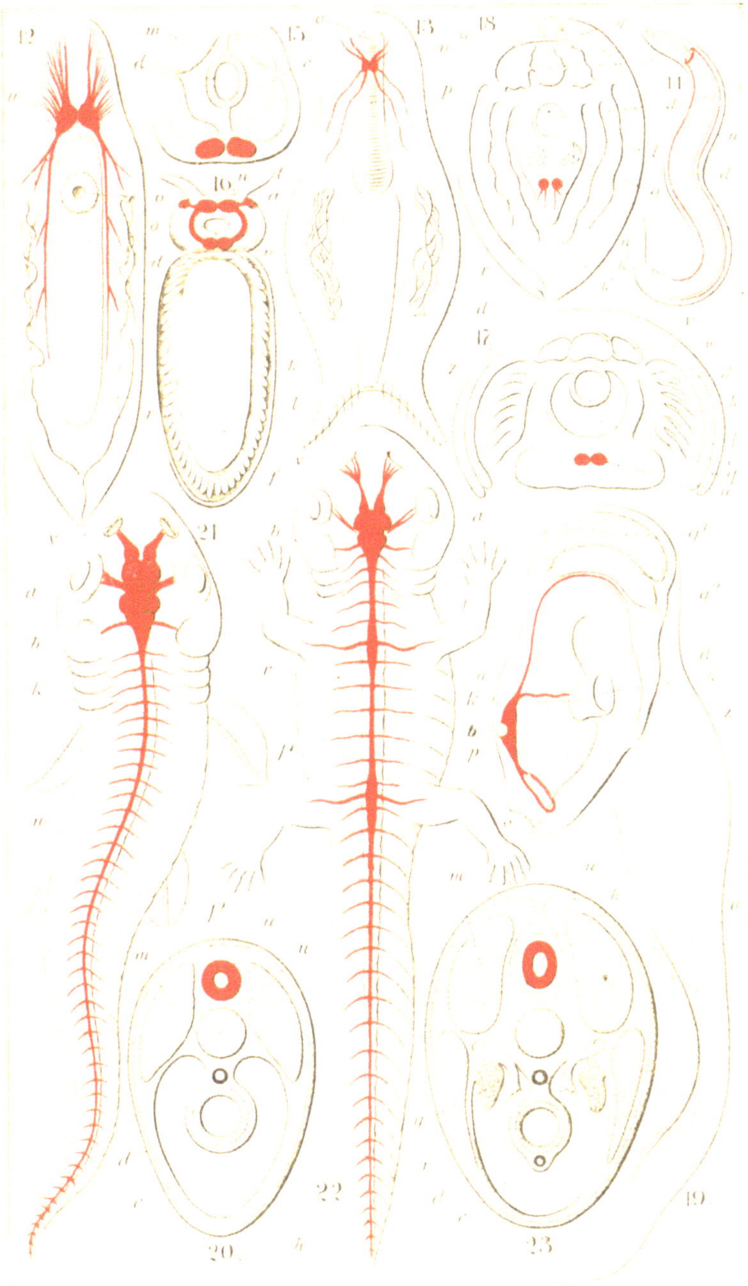

Lith. Anst. v. A. Giltsch, Jena.

Einundzwanzigster Vortrag.

Stammes-Geschichte der Niederthiere und Wurmthiere.

Phylogenie der Coelenterien oder Coelenteraten: Gastraeaden (Gastraemonen, Cyemarien und Physemarien). Spongien. Ihre Organisation. Homologie der Geisselkammer und der Gastraea. Skeletbildungen der Schwämme. Die drei Classen des Spongien-Stammes: Kittschwämme (Malthospongien), Kieselschwämme (Silicispongien), Kalkschwämme (Calcispongien). Ihre gemeinsame Stamm-Form: Olynthus. Ammoconiden. Stamm der Nesselthiere (Cnidarien oder Acalephen. Ihre Organisation. Abstammung aller Nesselthiere von einfachsten Polypen (Hydra). Hydropolypen und Scyphopolypen. Polyphyletischer Ursprung der Medusen und der Siphonophoren. Ctenophoren. Korallen. Stamm der Plattenthiere (Platodes): die drei Classen der Strudelwürmer (Turbellarien), Saugwürmer (Trematoden) und Bandwürmer (Cestoden). Radiale und bilaterale Grund-Form. Nephridien. Phylogenie der Coelomarien oder Bilateraten: Metazoen mit Leibeshöhle, Blut und After. Abstammung der fünf höheren Thier-Stämme von Wurmthieren (Helminthen). Die vier Hauptclassen und zehn Classen der Helminthen.

Meine Herren! Indem wir den schwierigen Versuch unternehmen, die Grundzüge einer allgemeinen Stammes-Geschichte des Thierreichs zu entwerfen, stützen wir uns zunächst auf die Unterscheidung der zehn grossen Stämme oder Phylen der Metazoen (Vergl. S. 508). Dadurch, dass wir die wichtigsten Unterschiede in der Entwickelung und im Körperbau derselben von allgemeinsten Gesichtspunkten aus vergleichend betrachteten, wurden wir in den Stand gesetzt, sie zunächst auf zwei grosse Haupt-Gruppen zu vertheilen, die Niederthiere oder Coelenterien, und Oberthiere oder Coelomarien. Die Coelenterien (oder „*Coelenterata*“ im weitesten Sinne) besitzen keine Leibeshöhle und kein Blut; ihr Darm besitzt nur eine einzige Oeffnung, den Mund, aber keinen

After. Hingegen besitzen die Coelomarien (oder „*Bilaterata*“) eine vom Darm getrennte Leibeshöhle, und gewöhnlich auch Blut und Blutgefässe; meistens besitzt auch der Darm zwei äussere Oeffnungen, Mund und After; jedoch ist der After nicht selten durch Rückbildung verschwunden. Es kann keinem Zweifel unterliegen, dass von diesen beiden Haupt-Gruppen der Metazoen die einfacher gebauten Coelenterien die älteren und ursprünglicheren sind. Erst später können sich aus diesen die Coelomarien entwickelt haben, und zwar in erster Linie durch Bildung einer Leibeshöhle (*Coeloma*); weiterhin durch Entwickelung eines Afters und eines Blutgefäss-Systems.

Die Haupt-Gruppe der Coelenterien oder Coelenteraten (früher vielfach als Pflanzenthiere oder Zoophyten bezeichnet) setzt sich aus vier verschiedenen grösseren Gruppen oder Phylen zusammen; diese vier Stämme sind: 1. die Urdarmthiere (*Gastraeades*); 2. die Schwämme (*Spongiae*); 3. die Nesselthiere (*Cnidaria*), und 4. die Plattenthiere (*Platodes*). Die drei letzteren Haupt-Classen haben sich wahrscheinlich unabhängig von einander aus der ersten Gruppe, den Gastraeaden entwickelt.

Die erste Haupt-Gruppe der Coelenterien, die Abtheilung der Urdarmthiere (*Gastraeades*), ist aus den früher angeführten Gründen als die gemeinsame ursprüngliche Stamm-Gruppe aller Metazoen zu betrachten. Denn bei allen echten Thieren oder Metazoen beginnt ja die individuelle Entwickelung des Körpers mit der Bildung einer wahren Gastrula. Aus dieser höchst wichtigen Thatsache müssen wir nach dem biogenetischen Grund-Gesetze den Schluss ziehen, dass die gemeinsame, uralte, längst ausgestorbene Stamm-Form des Thierreichs, die Gastraea, jener Gastrula im Wesentlichen gleich gebildet war: ein einfacher, länglich runder, eiförmiger oder becherförmiger Körper mit einer Axe, dessen Magenhöhle durch einen Mund nach aussen geöffnet und dessen Wand aus zwei einfachen Zellen-Schichten, den beiden primären Keim-Blättern, zusammengesetzt war (Fig. 20 I, K, S. 504). Diese beiden einfachen Zell-Schichten bildeten zugleich die ersten wirklichen Gewebe des Thierkörpers, einschichtige Decken oder Epithelien. Alle anderen Gewebe des höher entwickelten Thierkörpers, Stützgewebe, Muskeln und Nerven, sind als „secundäre Gewebe“ zu betrachten, weil sie erst später aus jenen primären Epithelien sich entwickelt haben. Einzelne Zellen der letzteren wurden schon bei den Gastraeaden zur Fortpflanzung verwendet, und entwickelten sich entweder zu weiblichen (Eizellen) oder männlichen (Spermazellen).

Es ist sehr wahrscheinlich, dass die älteste Stamm-Gruppe der Metazoen im laurentischen Urmeere durch viele verschiedene Gastraeaden vertreten war, und dass diese mittelst ihrer Flimmerdecke frei umherschwammen, bewimperten Infusorien oder Ciliaten ähnlich. Wie bei vielen der letzteren (insbesondere den Tintinnoiden) wird sich vermuthlich ihr zarter, gastrula-gleicher Körper durch Bildung einer umhüllenden Schale geschützt haben. Es ist sogar möglich, dass Viele von den kleinen rundlichen, eiförmigen und kegelförmigen Schalen, die man schon in den ältesten neptunischen Formationen findet, und die man bald Rhizopoden, bald Pteropoden und anderen Thieren zuschreibt, ursprünglich Gastraeaden angehört haben. Wir wollen diese älteste hypothetische Stamm-Gruppe der Metazoen vorläufig als Gastraemonen unterscheiden.

Ausser diesen hypothetischen Gastraemonen gehören aber zur Gruppe der Gastraeaden zwei kleine noch lebende Classen von einfachsten Metazoen, die Cyemarien und Physemarien. Die Classe der Cyemarien besteht aus kleinen, schwimmenden Seethieren, welche in der Leibeshöhle von Stern-Thieren und in der Nierenhöhle von Weichthieren schmarotzend leben. Sie können als einfachste Metazoen angesehen werden, welche die ursprüngliche Organisation der Gastraea zeitlebens beibehalten haben; namentlich gilt das von den merkwürdigen Orthonectiden (*Rhopalura*). Ihr eiförmiger oder spindelförmiger Körper (Taf. VI, Fig. 9, 10, S. 520) ist einaxig (mit kreisrundem Querschnitt) und aus zwei Zellschichten zusammengesetzt. Die Flimmerhaare der äusseren Zellschicht (des Exoderms oder animalen Keimblattes) dienen zur Schwimmbewegung; die Zellen der inneren Masse (des Entoderms oder vegetativen Keimblattes) bilden Eier und Spermazellen, und zwar entstehen beiderlei Geschlechtszellen in verschieden gestalteten

Individuen (gonochoristischen Personen). Bei den nahe verwandten Dicyemiden (*Dicyema*) wird das Entoderm durch eine einzige grosse Central-Zelle vertreten, ähnlich wie vorübergehend bei manchen Gastrula-Formen.

Eine zweite, heute noch lebende Gastraeaden-Classe wird durch die merkwürdigen Physemarien gebildet (Prophysema und Gastrophysema; Taf. VI, Fig. 6—8, S. 520). Eine genaue Beschreibung dieser Physemarien, welche mehrfach mit ähnlichen Rhizopoden (*Haliphysema*) verwechselt worden sind, habe ich in meinen „Studien zur Gastraea-Theorie“ gegeben (III. Die Physemarien, Gastraeaden der Gegenwart. Taf. IX—XIV. 1876.)[15]). Es sind einfache becherförmige Schläuche von 1—3 Millimeter Länge, die auf dem Meeresboden festsitzen. Eine kurze, an der Mundöffnung befindliche Geisselspirale strudelt die Nahrung in die einfache Magenhöhle hinein, deren Wand aus zwei Zellen-Schichten, den beiden primären Keimblättern besteht. Das äussere Keimblatt oder Exoderma bildet ein Skelet aus Sandkörnchen und anderen fremden Körpern; das innere Keimblatt ist ein Geissel-Epithel, das zur Ernährung dient; einzelne Zellen des letzteren verwandeln sich in Eizellen, andere in Sperma-Zellen. Aus dem befruchteten Ei entsteht eine Gastrula, welche eine Zeit lang umherschwimmt, dann sich festsetzt und wieder in ein Physemarium auswächst.

Diesen Physemarien noch sehr nahe stehen die einfachsten Formen der ächten Schwämme oder Schwammthiere, *Spongiae* oder *Porifera*. Sie unterscheiden sich wesentlich nur dadurch, dass die Magenwand von zahlreichen feinen Hautlöchern oder Poren durchbohrt ist. Durch diese Hautporen tritt der ernährende Wasserstrom in die Magenhöhle ein; er wird durch die Mundöffnung (*Osculum*) ausgestossen. Alle Schwämme (— nicht zu verwechseln mit den Pilzen, S. 417 —) leben im Meere, mit einziger Ausnahme des Süsswasser-Schwammes (*Spongilla*). Lange Zeit galten diese Thiere für Pflanzen, später für Protisten; in vielen Lehrbüchern werden sie noch jetzt zu den Urthieren gerechnet. Seitdem ich jedoch die Entwickelung derselben aus der Gastrula und den Aufbau ihres Körpers aus zwei Keimblättern (wie bei allen höheren Thieren) nachgewiesen habe, erscheint ihre nahe Verwandtschaft mit den Physemarien und Nessel-Thieren endgültig begründet. Insbesondere hat der Olynthus, den ich als die gemeinsame Stamm-Form der Schwämme betrachte, hierüber sicheren Aufschluss gegeben (Taf. VI, Fig. 1—5, S. 520). Aus einem einfachen dünnwandigen Schlauche, ähnlich dem *Olynthus*, entwickeln sich die verschiedenen Schwamm-Formen durch Verdickung der Magenwand und Entwickelung eines Canalsystems in derselben. Die charakteristische Keim-Form der *Olynthula*, welche aus der *Gastrula* der Spongien zunächst entsteht, wiederholt uns noch heute das erbliche Bild jenes hypothetischen Urschwammes (*Archolynthus*). Dasselbe gleicht einem Prophysema, dessen dünne Becherwand von zahlreichen feinen Poren durchbrochen ist.

Der artenreiche Stamm der Spongien zeichnet sich vor allen anderen Thierklassen durch die vollkommene Unregelmässigkeit der äusseren Körper-Form und die ursprüngliche Einfachheit des inneren Baues und der Gewebe-Bildung aus. Fast alle Schwämme sitzen auf dem Meeresboden fest, in Gestalt von unregelmässigen Knollen und Klumpen, dünnen Krusten, verzweigten Büschen u. s. w. Selten ist die Gestalt regelmässig cylindrisch, becherförmig oder selbst pilzförmig. Die Grösse der kleineren Arten beträgt nur wenige Centimeter, während die grössten bisweilen über einen Meter Durchmesser erreichen. Die einen sind sehr weich, gallertig oder bröckelig, die anderen ziemlich fest, kautschukartig, manche knorpelig oder selbst steinhart.

Der Durchschnitt des Spongien-Körpers zeigt uns stets ein mehr oder weniger entwickeltes, mit Wasser gefülltes Canal-System. Dasselbe mündet an der Oberfläche durch zahllose feine Hautporen, während die grösseren Canäle des Inneren entweder in einen centralen Hohlraum oder in mehrere grössere Höhlungen sich öffnen; jede von diesen mündet in der Regel nach aussen durch eine Hauptöffnung (Osculum). Der Wasserstrom, welcher durch die feinen Haut-Poren aufgesaugt wird und die Nahrungsmittel (mikroskopische Theilchen von Pflanzen- und Thier-Leichen, Protisten u. dergl.) in den Körper einführt, tritt durch jene Oeffnungen wieder aus. Gewöhnlich sind im Laufe der Canäle zahllose rundliche Geisselkammern angebracht; die schwingenden Bewegungen der Geisselzellen, welche sie auskleiden, erhalten den Wasserstrom in Bewegung. Jede Geisselkammer ist als einfachstes Schwamm-Individuum aufzufassen, gleichwerthig einer Gastrula. Der ganze Schwamm kann daher als eine Gastraea-Cormus angesehen werden, als ein Stock, welcher aus vielen kleinen Gastraea-Personen zusammengesetzt ist, ähnlich einem Hydropolypen-Stock. Diese Auffassung erklärt auch die auffallende Unregelmässigkeit der äusseren Gestalt, die sich bei den meisten Thier-Stöcken wiederfindet.

Sinnes-Organe, Nerven und Muskeln fehlen den Schwämmen, wie denn auch die Lebensthätigkeit dieser niedersten Metazoen auf einer sehr tiefen Stufe stehen bleibt. Empfindung und Bewegung (Zusammenziehung auf Reize) ist bei den Meisten kaum wahrnehmbar. Die Fortpflanzung erfolgt durch amoebenartige Eizellen und befruchtende Samenzellen, welche in der dichten Körpermasse sich entwickeln. Letztere besteht aus Bindegewebe verschiedener Art und meistens aus zerstreuten Skelettheilen, welche in dasselbe eingelagert sind. Diese Gewebe und die beiderlei Geschlechtszellen gehen aus dem Exoderm oder dem äusseren Keimblatte der Gastrula hervor, während das innere Keimblatt (Entoderm) die Geisselzellen liefert. Die Skelettheile, welche die verschiedene Festigkeit des Schwammes bedingen, zeigen höchst mannichfaltige Gestalt und Zusammensetzung. Man kann danach unter den Spongien drei Classen unterscheiden: Kittschwämme (*Malthospongiae*), Kieselschwämme (*Silicispongiae*) und Kalkschwämme (*Calcispongiae*).

Die erste Classe, die Kittschwämme (*Malthospongiae*) bilden kein Mineral-Skelet; sie erzeugen weder Kieselnadeln, noch Kalknadeln. Bei der ersten Ordnung derselben, den Gallertschwämmen (*Myxospongiae*) fehlt überhaupt ein Skelet, oder ein festes Körpergerüst ganz (*Halisarca*, *Chondrosia*). Bei der zweiten Ordnung, den Sandschwämmen (*Psammospongiae*), wird dasselbe ersetzt durch Massen von Sand oder anderen fremden Körpern, welche vom Meeresboden aufgenommen werden (so bei den merkwürdigen, vom „Challenger" entdeckten und kürzlich von mir beschriebenen „Tiefsee-Keratosen“: Ammoconiden, Psamminiden und Stannomiden). Die dritte Ordnung der Malthospongien bildet die grosse und wichtige Gruppe der Hornschwämme (*Ceraspongiae*), deren weicher Körper durch ein festes, faseriges Skelet gestützt wird. Dieses Faser-Skelet besteht aus einem Gerüste von sogenannten „Hornfasern“, aus einer schwer zerstörbaren und sehr elastischen organischen Substanz. Am reinsten und gleichmässigsten ist dieses Hornfaser-Geflecht bei unserem gewöhnlichen Badeschwamme (*Euspongia officinalis*), dessen gereinigtes Skelet wir täglich zum Waschen benutzen. Der lebende Badeschwamm bildet einen fleischigen, schwarzbraunen Klumpen, dessen inneres Fasergerüst erst auf dem Durchschnitt sichtbar wird. Bei anderen Hornschwämmen werden Sandkörner und andere fremde Körper bei der Bildung der Hornfasern in diesen abgelagert, bei anderen Kieselnadeln.

An diese letzteren schliessen sich unmittelbar die eigentlichen Kieselschwämme an (*Silicispongiae*). Bei diesen besteht das Skelet ganz oder grösstentheils aus Kieselnadeln, bald mit, bald ohne Hornsubstanz. Dahin gehört die grosse Gruppe der Halichondrien, sowie der Süsswasser-Schwamm (*Spongilla*). Eine besondere Abtheilung derselben bilden die schönen Glas-Schwämme (*Hyalospongiae* oder *Hexactinellae*). Ihr Skelet besteht aus sechsstrahligen Kieselnadeln, welche oft zu einem äusserst zierlichen Gitterwerke verflochten sind, so namentlich bei dem berühmten „Venus-Blumenkorb“ (*Euplectella*). Durch dreistrahlige oder vierstrahlige Kieselnadeln sind die Rinden-Schwämme oder Anker-Schwämme ausgezeichnet (*Phloeospongiae*). Die Systematik dieser, wie der vorhergehenden Kiesel-Schwämme, ist von besonderem Interesse für die Descendenz-Theorie, wie zuerst Oscar Schmidt, einer der besten Kenner dieser Thier-Gruppe, nachgewiesen hat. Kaum irgendwo lässt sich die unbegrenzte Biegsamkeit der Species-Form und ihr Verhältniss zur Anpassung und Vererbung so einleuchtend Schritt für Schritt verfolgen; kaum irgendwo lässt sich die Species so schwer abgrenzen und definiren.

In noch höherem Maasse als von der grossen Classe der Kiesel-Schwämme gilt dieser Satz von der kleinen, aber höchst interessanten Classe der Kalk-Schwämme (*Calcispongiae*). Die sechzig Tafeln Abbildungen, welche meine Monographie dieser Classe begleiten, erläutern die ausserordentliche Form-Biegsamkeit dieser kleinen Spongien, bei denen man von „guten Arten" im Sinne der gewöhnlichen Systematik überhaupt nicht sprechen kann. Hier giebt es nur schwankende Formen-Reihen, welche ihre Species-Form nicht einmal auf die nächsten Nachkommen rein vererben, sondern durch Anpassung an untergeordnete äussere Existenz-Bedingungen unaufhörlich abändern. Hier kommt es sogar häufig vor, dass aus einem und demselben Stocke verschiedene Arten hervorwachsen, welche in dem üblichen Systeme zu mehreren ganz verschiedenen Gattungen gehören; so z. B. bei der merkwürdigen Ascometra. Die ganze äussere Körpergestalt ist bei den Kalk-Schwämmen noch viel biegsamer und flüssiger als bei den Kiesel-Schwämmen; sie unterscheiden sich von diesen durch den Besitz von Kalknadeln, die ein zierliches Skelet bilden. Mit der grössten Sicherheit lässt sich aus der vergleichenden Anatomie und Ontogenie der Kalk-Schwämme die gemeinsame Stamm-Form der ganzen Gruppe erkennen, der schlauchförmige Calcolynthus (Taf. VI, Fig. 3—5, S. 520). Das ist ein einfacher Olynthus, dessen dünne, poröse Körperwand durch eingelagerte Kalknadeln gestützt wird. Aus diesem *Calcolynthus*, der der *Gastraea* noch sehr nahe steht, hat sich zunächst die Ordnung der Asconiden entwickelt; die beiden anderen Ordnungen der Kalk-Schwämme, die Leuconiden und Syconiden, sind erst später als divergirende Zweige aus jenen hervorgegangen. Innerhalb dieser Ordnungen lässt sich wiederum die Descendenz der einzelnen Formen Schritt für Schritt verfolgen. So bestätigen die Kalk-Schwämme in jeder Beziehung den schon früher von mir ausgesprochenen Satz: „Die ganze Naturgeschichte der Spongien ist eine zusammenhängende und schlagende Beweisführung für Darwin." [30])

In jüngster Zeit ist es mir geglückt, auch unter den vorher erwähnten Psammospongien oder Sand-Schwämmen der Tiefsee, einige unscheinbar kleine Formen zu entdecken, welche der gemeinsamen Spongien-Stammform, dem *Olynthus* noch sehr nahe stehen. Das sind die Ammoconiden, welche von der Challenger-

Expedition im tropischen Ocean, aus Tiefen zwischen 2000 und 3000 Meter gehoben wurden. Die einfachste Form unter diesen Ammoconiden ist der merkwürdige Ammolynthus (Taf. VI, Fig. 1, 2). Sein eiförmiger oder urnenförmiger Körper ist ein einfacher dünnwandiger Schlauch mit poröser Wand. Er gleicht dem *Calcolynthus* (Fig. 3), welchen ich zuerst 1872 in der Monographie der Kalk-Schwämme (auf Taf. I, Fig. 1) abgebildet hatte. Die feinen Kalknadeln aber, welche das Exoderm oder Hautblatt des *Calcolynthus* stützen, sind beim *Ammolynthus* durch die zierlichen Kieselschalen von mannichfaltigen Radiolarien ersetzt, welche der kleine Schwamm aus dem Radiolarien-Schlamm des Tiefsee-Bodens aufgenommen hat (Fig. 1, 2, x). Eine andere Art von *Ammolynthus* setzt statt dessen ihr Skelet aus den Kalkschalen des Globigerinen-Schlammes zusammen. Zwischen diesen fremden Skelet-Bestandtheilen findet man im Hautblatt zerstreut die amoebenähnlichen weiblichen Eizellen und die Geissel-Zellen des männlichen Samens. Das Darmblatt oder Entoderm des Ammolynthus, wird, wie beim Calcolynthus, durch eine einfache Schicht von Geissel-Zellen gebildet, welche die Urdarmhöhle auskleidet. Beide Spongien stehen somit in ihrer einfachen Körperbildung der Gastraea noch ganz nahe.

Einige andere Ammoconiden, welche vom „Challenger" an anderen Stellen des Tiefsee-Bodens (theils im Pacifik, theils im Atlantik) entdeckt wurden, unterscheiden sich von dem ganz einfachen *Ammolynthus* durch ihre verästelte Gestalt. *Ammosolenia* bildet zierliche Büsche (gleich *Leucosolenia*), mit cylindrischen Aesten, deren jeder eine endständige Mundöffnung hat. Bei *Ammoconia* verwachsen die Aeste und bilden ein lockeres Geflecht (wie bei *Auloplegma*). Jeder Ast des verzweigten Körpers hat den Werth einer Gastraea (ähnlich dem „Köpfchen" eines Hydropolypen-Stockes). Diese verschiedenen Formen von Ammoconiden entsprechen ganz den characteristischen Haupt-Formen der Asconiden unter den Kalk-Schwämmen. In beiden Ordnungen werden die gewöhnlichen rundlichen Geisselkammern der Spongien durch cylindrische Röhren ersetzt. Dieser Unterschied im Bau ist sehr wichtig und kann dem Structur-Unterschied der tubulösen und acinösen Drüsen verglichen werden. Vielleicht würde es demnach am richtigsten sein, den ganzen Stamm der Spongien in zwei Classen einzutheilen; die erste Classe würden die Röhren-Schwämme bilden (*Protospongiae*), mit röhrenförmigen oder tubulösen Gastral-Individuen (*Ammoconidae* und *Asconidae*); die zweite Classe würde alle übrigen Spongien umfassen, die Kammer-Schwämme (*Metaspongiae*), mit bläschenförmigen oder acinösen Gastral-Individuen, den sogenannten „Geissel-Kammern". Diese könnten dann wieder eingetheilt werden in Malthospongien (ohne selbstgebildete Mineral-Nadeln), Silicispongien (mit Kiesel-Nadeln) und Calcispongien (mit Kalk-Nadeln). Phylogenetisch würden die Metaspongien von den Protospongien abzuleiten sein, da der Olynthus selbst zu diesen letzteren gehört.

Eine viel höhere Stufe der Organisation als die Schwämme erreicht der grosse Stamm der Nesselthiere (*Cnidariae* oder *Acalephae*). Die zahlreichen schönen Formen der schwimmenden Medusen und Siphonophoren, der festsitzenden Korallen und Polypen, welche die wahre Blumen-Welt des Meeres bilden, offenbaren uns eine Reihe der interessantesten Entwickelungsstufen des thierischen Körperbaues. Trotzdem stehen die niedersten Formen des vielverästelten Stammes (*Hydra*, Taf. VI, Fig. 11 bis 16) noch sehr nahe dem *Olynthus* und der *Gastraea*, somit der Wurzel des ganzen Metazoen-Reiches. Als die gemeinsame Stamm-Form der ganzen Gruppe ist die längst ausgestorbene *Archydra* zu betrachten, ein kleiner mariner „Urpolyp", welcher in dem gemeinen noch heute lebenden Süsswasser-Polypen (*Hydra*) einen nahen, wenig veränderten Verwandten hinterlassen hat. Die *Archydra* war den Physemarien (Fig. 6,7) und den einfachsten Spongien (Fig. 1—5) wahrscheinlich sehr nahe verwandt, unterschied sich aber von ihnen wesentlich durch den Besitz von Tentakeln und Nesselorganen, und den Mangel der Hautporen. Aus der *Archydra* entwickelten sich zunächst die verschiedenen Hydroid-Polypen, von denen einige zu den Stamm-Formen der Korallen, andere zu den Stamm-Formen der Medusen wurden. Aus verschiedenen Zweigen der letzteren entwickelten sich später die Siphonophoren und vielleicht auch die Ctenophoren.

Gastraeaden.

Taf. VI.

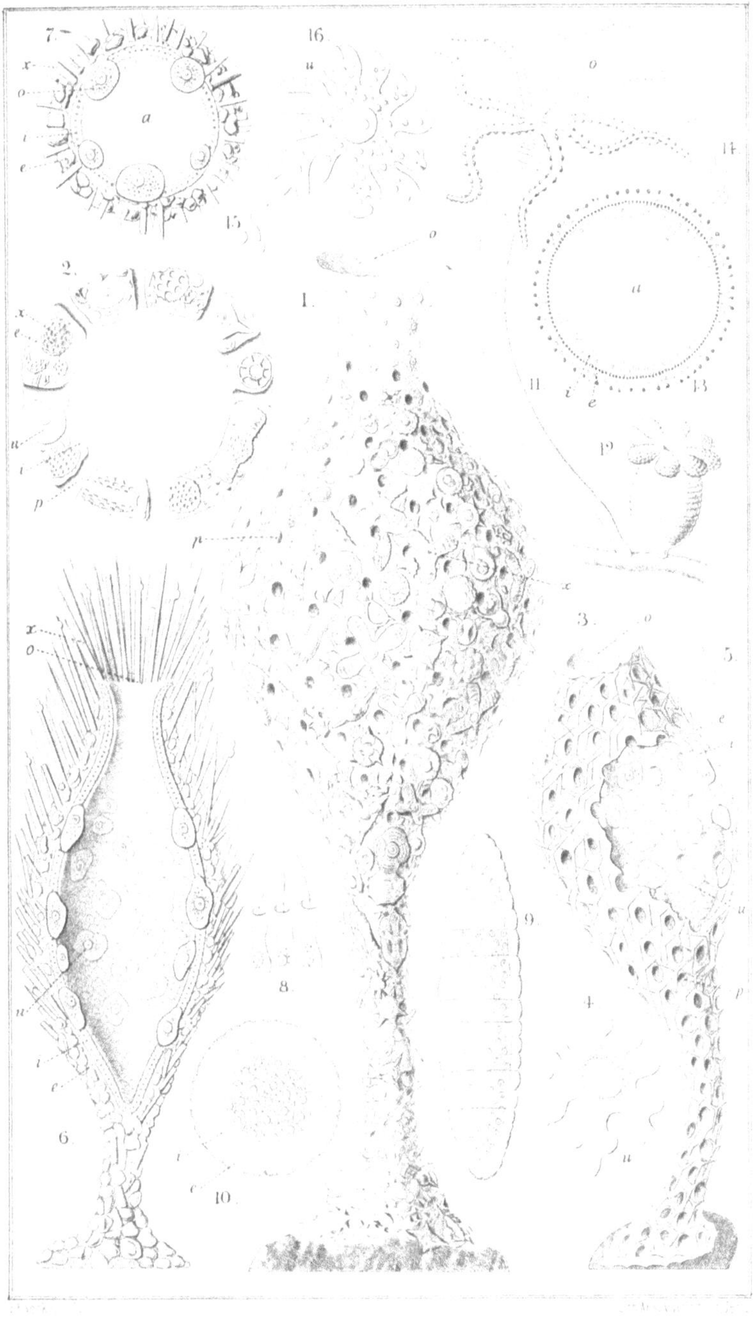

1,2. Ammolynthus. 3-5. Calcolynthus.
6-8. Prophysema. 9,10. Rhopalura, 11-16. Hydra.

Die Nessel-Thiere unterscheiden sich von den Schwämmen, mit denen sie in der charakteristischen Bildung des ernährenden Canal-Systems wesentlich übereinstimmen, einerseits durch den Mangel der Hautporen, andererseits durch die Bildung eines Tentakelkranzes und durch den beständigen Besitz der Nesselorgane. Das sind kleine, mit Gift gefüllte Bläschen, welche in grosser Anzahl, meist zu vielen Millionen, in der Haut der Nessel-Thiere vertheilt sind. Sie dienen als Waffen, theilweise auch als Haft-Organe, indem sie bei Berührung aus der Haut hervortreten und ihren giftigen Inhalt entleeren.

Als die älteste und niederste unter den fünf Classen der Nessel-Thiere ist diejenige der kleinen Polypen (*Hydrusae*) zu betrachten. Sie unterscheiden sich von einem *Physemarium* oder einer festsitzenden Gastraea wesentlich nur durch ihre Nesselorgane und durch einen Kranz von Fühlern oder Tentakeln, der den Mund umgiebt. Wenige leben isolirt als einzelne Personen; die meisten bilden durch Knospung Stöckchen, die aus vielen Personen zusammengesetzt sind. Solche finden sich überall auf dem Meeresboden festgewachsen und gleichen zierlichen Bäumchen. Die niedersten und einfachsten Angehörigen dieser Klasse sind die kleinen Süsswasser-Polypen, (*Hydra* und *Cordylophora*). Wir können sie als die wenig veränderten Nachkommen jener uralten Urpolypen (*Archydrae*) ansehen, welche während der Primordialzeit der ganzen Abtheilung der Nessel-Thiere den Ursprung gaben. Der merkwürdige, überall in unseren Teichen verbreitete Süsswasser-Polyp (*Hydra*, Taf. VI, Fig. 11—16) gehört wegen seines einfachen typischen Baues und wegen seiner grossen Theilungsfähigkeit zu den interessantesten niederen Thieren.

Die zweite Classe der Nessel-Thiere bilden die schönen Schirmquallen oder Medusen (*Medusae*). (Taf. VII, Fig. 8 bis 12.) Sie sind in allen Meeren verbreitet und erscheinen oft an der Oberfläche schwimmend in ungeheuren Schwärmen. Die meisten Schirmquallen haben die Form einer Glas-Glocke, eines gallertigen Hutpilzes oder eines Regenschirms, von dessen Rand viele zarte und lange Fangfäden herabhängen. Sie gehören zu den schönsten und interessantesten Bewohnern des Meeres.

Systematische Uebersicht
über die Stämme und Classen der **Coelenterien oder Niederthiere**.

Stämme der Coelenterien.	Character der vier Stämme.	Classen der Coelenterien.	Gattungs-Namen als Beispiele.
I. **Urdarmthiere Gastraeades**	Coelenterien ohne Hautporen, ohne Tentakeln, ohne Nesselorgane. Grundform einaxig	1. **Gastraemones**	Gastraea
		2. **Cyemaria**	Rhopalura
		3. **Physemaria**	Prophysema
II. **Schwämme Spongiae** (oder *Porifera*)	Coelenterien mit Hautporen, ohne Tentakeln, ohne Nesselorgane. Grundform einaxig oder irregulär	1. Kittschwämme **Malthospongiae**	Ammolynthus, Euspongia
		2. Kieselschwämme **Silicispongiae**	Spongilla, Euplectella
		3. Kalkschwämme **Calcispongiae**	Ascon, Sycon
III. **Nesselthiere Cnidaria** (oder *Acalephae*)	Coelenterien ohne Hautporen, mit Tentakeln, mit Nesselorganen, ohne Nierencanäle. Grundform strahlig oder pyramidal (mit 4, 6, 8 oder mehr Kreuzaxen, und einer ungleichpoligen verticalen Hauptaxe)	III. A. Hydrozoa: 1. Urpolypen **Hydropolypi**	Hydra, Millepora
		III. A. Hydrozoa: 2. Schleierquallen **Craspedotae**	Codonium, Geryonia
		III. A. Hydrozoa: 3. Staatsquallen **Siphonophorae**	Porpita, Physalia
		III. A. Hydrozoa: 4. Kammquallen **Ctenophorae**	Cydippe, Beroe
		III. B. Scyphozoa: 5. Becherpolypen **Scyphopolypi**	Scyphostoma, Spongicola
		III. B. Scyphozoa: 6. Korallen **Anthozoa**	Eucorallium, Madrepora
		III. B. Scyphozoa: 7. Lappenquallen **Acraspedae**	Periphylla, Aurelia
IV. **Plattenthiere Platodes** (oder *Plathelminthes*)	Coelenterien ohne Hautporen (meist ohne Tentakeln, oft mit Nesselorganen), mit Nierencanälen. Grundform zweihälftig oder bilateral-symmetrisch	1. Strudelwürmer **Turbellaria**	Vortex, Planaria
		2. Saugwürmer **Trematoda**	Distoma, Polystoma
		3. Bandwürmer **Cestoda**	Caryophyllaeus, Taenia

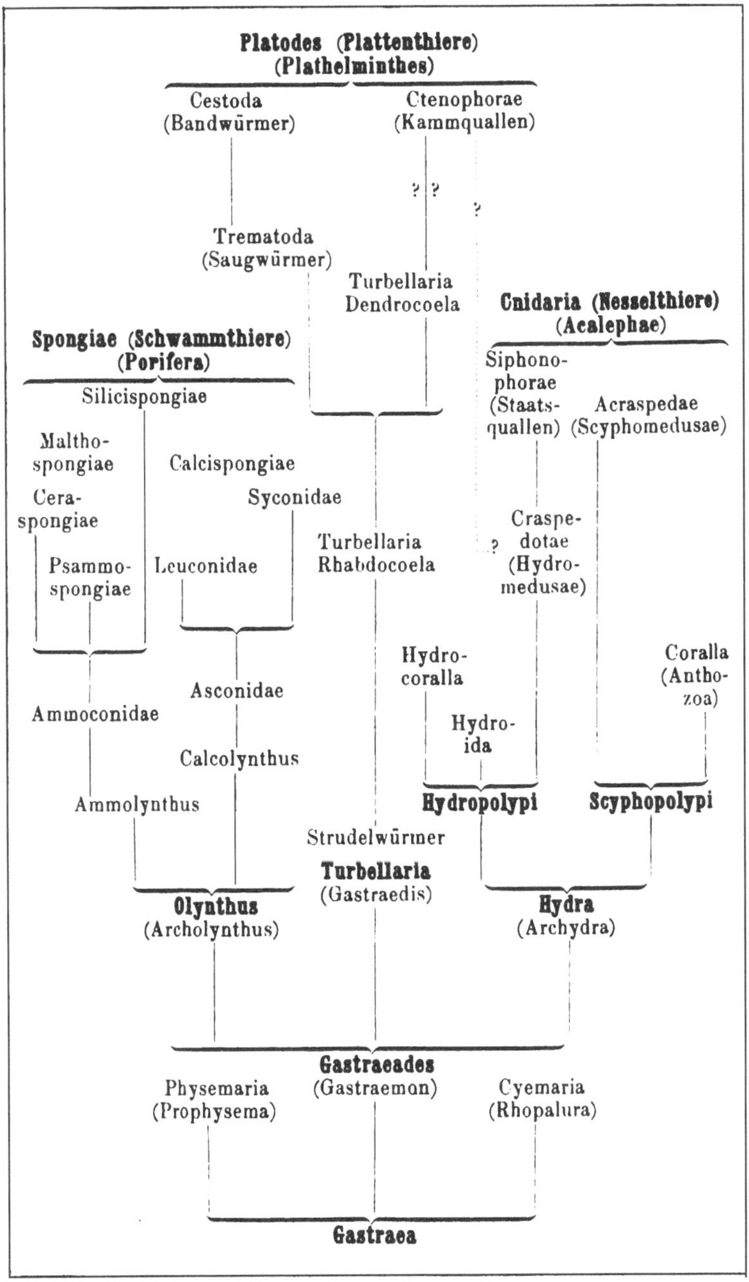
Platodes (Plattenthiere)
(Plathelminthes)
Cestoda
(Bandwürmer)
Ctenophorae
(Kammquallen)
? ?
?
Trematoda
(Saugwürmer)
Turbellaria
Dendrocoela
Cnidaria (Nesselthiere)
(Acalephae)
Spongiae (Schwammthiere)
(Porifera)
Siphono-
phorae
(Staats-
quallen)
Acraspedae
(Scyphomedusae)
Silicispongiae
Maltho-
spongiae
Calcispongiae
Cera-
spongiae
Syconidae
Craspe-
dotae
(Hydro-
medusae)
?
Turbellaria
Rhabdocoela
Psammo-
spongiae
Leuconidae
Hydro-
coralla
Coralla
(Antho-
zoa)
Asconidae
Ammoconidae
Hydro-
ida
Calcolynthus
Ammolynthus
Hydropolypi
Scyphopolypi
Strudelwürmer
Turbellaria
(Gastraedis)
Olynthus
(Archolynthus)
Hydra
(Archydra)
Gastraeades
(Gastraemon)
Physemaria
(Prophysema)
Cyemaria
(Rhopalura)
Gastraea

Systematische Uebersicht
über die Classen und Ordnungen der Nesselthiere (Cnidaria).

Classen der Nesselthiere	Legionen der Nesselthiere	Ordnungen der Nesselthiere	Eine Gattung als Beispiel
I. **Polypen Hydrusae**	1. Hydropolypen *Hydropolypi*	1. Hydrariae	Hydra
		2. Sertulariae	Plumularia
	2. Korallpolypen *Hydrocoralla*	3. Milleporidae	Millepora
		4. Stylasteridae	Stylaster
II. **Schirmquallen Medusae**	3. Schleierquallen *Craspedotae* *(Aphacellae)*	5. Anthomedusae	Codonium
		6. Leptomedusae	Aequorea
		7. Trachymedusae	Aglaura
		8. Narcomedusae	Aegina
	4. Lappenquallen *Acraspedae* *(Phacellotae)*	9. Scyphomedusae	Lucernaria
		10. Peromedusae	Periphylla
		11. Cubomedusae	Charybdea
		12. Discomedusae	Aurelia
III. **Staatsquallen Siphonophorae**	5. Scheiben-Staatsquallen *Disconanthae*	13. Disconectae	Discalia, Porpita, Velella
	6. Röhren-Staatsquallen *Siphonanthae*	14. Calyconectae	Diphyes
		15. Physonectae	Physophora
		16. Auronectae	Rhodalia
		17. Cystonectae	Physalia
IV. **Kammquallen Ctenophorae**	7. Weitmündige *Eurystomae*	18. Beroidae	Beroe
	8. Engmündige *Stenostomae*	19. Saccatae	Cydippe
		20. Lobatae	Eucharis
		21. Taeniatae	Cestum
V. **Korallen Anthozoa**	9. Becher-Korallen *Scyphopolypi*	22. Scyphostomida	Scyphostoma
		23. Spongicolida	Stephanoscyphus
	10. Vierstrahlige Korallen *Tetracoralla*	24. Corallarcha	Procorallium
		25. Rugosa	Stauria
	11. Achtstrahlige Korallen *Octocoralla*	26. Alcyonida	Alcyonium
		27. Tubulosa	Tubipora
		28. Gorgonida	Eucorallium
		29. Pennatulida	Pennatula
	12. Sechsstrahlige Korallen *Hexacoralla*	30. Antipatharia	Antipathes
		31. Actiniaria	Actinia
		32. Perforata	Madrepora
		33. Eporosa	Astraea

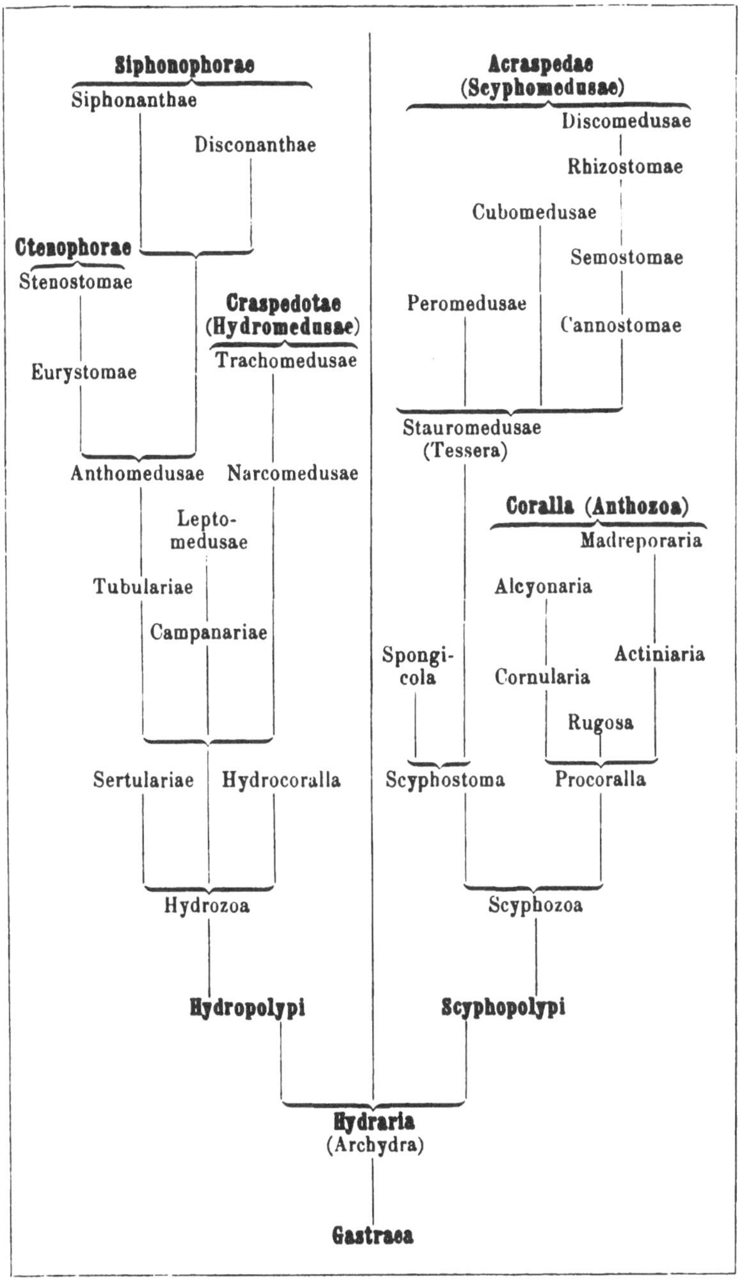
Siphonophorae
Siphonanthae
Disconanthae
Ctenophorae
Stenostomae
Eurystomae
Craspedotae
(Hydromedusae)
Trachomedusae
Anthomedusae
Narcomedusae
Lepto-
medusae
Tubulariae
Campanariae
Sertulariae
Hydrocoralla
Hydrozoa
Hydropolypi
Acraspedae
(Scyphomedusae)
Discomedusae
Rhizostomae
Cubomedusae
Semostomae
Peromedusae
Cannostomae
Stauromedusae
(Tessera)
Coralla (Anthozoa)
Madreporaria
Alcyonaria
Spongi-
cola
Actiniaria
Cornularia
Rugosa
Scyphostoma
Procoralla
Scyphozoa
Scyphopolypi
Hydraria
(Archydra)
Gastraea

Einige Medusen erreichen eine ansehnliche Grösse, bis zu einem Meter Durchmesser, und ein Gewicht von 20 Kgr. Dabei besteht aber ihr durchsichtiger, glasartiger Körper nur aus 3—6 Procenten (oft kaum aus einem Procent) thierischer Substanz, aus 94—99 Procent Seewasser. Ihre merkwürdige Lebens-Geschichte, insbesondere der verwickelte Generationswechsel der Polypen und Medusen, liefert uns sehr wichtige Zeugnisse für die Wahrheit der Abstammungs-Lehre. Denn aus den Eiern der Medusen entstehen meistens nicht wieder Medusen, sondern vielmehr Polypen der vorigen Classe (Tubularien und Campanarien). Diese letzteren aber treiben Knospen, die sich ablösen und zu Medusen werden. Wie nun durch diesen „Generationswechsel“ noch jetzt täglich Medusen aus Polypen entstehen, so ist auch ursprünglich phylogenetisch die frei schwimmende Medusen-Form aus der festsitzenden Polypen-Form hervorgegangen.

Die genauere Untersuchung der Medusen, über welche ich 1879 eine Monographie (mit 72 Tafeln in Farbendruck) veröffentlicht habe, hat ergeben, dass diese formenreiche Thier-Gruppe polyphyletischen Ursprungs ist; mehrere verschiedene Gruppen von Schirmquallen sind — ganz unabhängig von einander — aus mehreren verschiedenen Gruppen von festsitzenden Polypen entstanden. Schon der uralte Grund-Stamm der Polypen-Gruppe, die Wurzel des ganzen Nesselthier-Stammes, hat sich frühzeitig in zwei Hauptlinien gespalten: Hydropolypen und Scyphopolypen. Die niederen und einfacher gebauten Hydropolypen (— oder Glockenpolypen —) behielten die einfache Magenhöhle der Stamm-Form und der Gastraea bei. Hingegen entwickelten sich bei den Scyphopolypen (— oder Becherpolypen —) an der Innenseite der Magenwand vorspringende Leisten, durch welche deren peripherischer Hohlraum in mehrere (ursprünglich vier) radiale Taschen getheilt wurde. Aus diesen Magenleisten oder Taeniolen wuchsen später innere Magenfäden, die beweglichen Gastral-Filamente hervor.

Diesen beiden Hauptlinien des Polypen-Stammes entsprechen zwei ganz verschiedene Haupt-Gruppen von Medusen, und zwar sind die letzteren auf verschiedene Weise aus den ersteren entstanden, wie auch noch heute ihr Generationswechsel verschieden ist. Die kleinen und zarten Schleierquallen (*Hydromedusae* oder *Craspedotae*) entstehen durch laterale Knospung aus Hydropolypen. Hingegen entwickeln sich die grossen und prächtigen Lappenquallen (*Scyphomedusae* oder *Acraspedae*) durch terminale Knospung aus Scyphopolypen. In beiden Fällen entsteht das characteristische Schwimm-Organ der Meduse, der muskulöse Schirm oder die Umbrella, aus der Mundscheibe des Polypen. Die Anpassung an die freischwimmende Lebensweise, und die damit verknüpfte, höhere und vielseitige Thätigkeit der Organe bewirkt aber bei der Meduse eine viel vollkommnere Ausbildung derselben; sie erhebt sich in ihrer ganzen Organisation hoch über ihre niedere Stamm-Form, den Polypen. Die Meduse erwirbt nicht allein ein verwickeltes Canalsystem zur Ernährung, sondern auch ein Nervensystem und höhere Sinnesorgane, Augen und Gehörbläschen; diese fehlen noch ihren Polypen-Ahnen.

Wer, wie ich, viele Jahre hindurch die Naturgeschichte der herrlichen Medusen, und ihren Generations-Wechsel mit den festsitzenden Polypen studirt hat, der kann daraus allein schon die feste Ueberzeugung von der Wahrheit der Abstammungs-Lehre gewinnen. Denn nur durch sie erklären sich die zahlreichen wundervollen Erscheinungen derselben in einfachster Weise, während sie ohne die Descendenz-Theorie völlig unerklärlich bleiben. Dabei ist noch besonders hervorzuheben, dass wir hier ein höchst klares Beispiel von sogenannter Convergenz der Formen finden, d. h. von der Entwickelung ähnlicher Formen aus verschiedenen Stamm-Wurzeln. (Vergl. oben S. 273.) Gewisse Hydromedusen (Narcomedusen) sind manchen Scyphomedusen (Cannostomen) in der ganzen Organisation so ähnlich, dass sie früher in einer Gruppe vereinigt wurden. Und dennoch lässt sich jetzt leicht nachweisen, dass Beide ganz verschiedenen Ursprungs sind. Die Anpassung an dieselben Existenz-Bedingungen und die gleiche Lebensweise hat hier mehrere Male höchst ähnliche Lebens-Formen hervorgerufen, trotzdem gewisse, durch Vererbung übertragene innere Eigenthümlichkeiten den getrennten Ursprung derselben beweisen. Den Hydromedusen fehlen stets die inneren Magenfäden oder Gastral-Filamente, welche die Scyphomedusen stets besitzen.

Auch die Abstammung der übrigen Nessel-Thiere lässt sich jetzt grösstentheils klar übersehen. Aus beiden Hauptzweigen des Stammes haben sich mehrere Classen entwickelt. Die Staatsquallen (*Siphonophorae*) — und wahrscheinlich auch die Kammquallen (*Ctenophorae*) — sind aus der Abtheilung der Hydromedusen hervorgegangen, stammen also ursprünglich von Hydropolypen ab. Hingegen sind die Stamm-Formen der Corallen, ebenso wie diejenigen der Scyphomedusen, unter den Scyphopolypen zu suchen.

Eine der schönsten und merkwürdigsten Classen des ganzen Thierreichs — ja vielleicht die herrlichste von allen — wird von den wenig bekannten Staatsquallen (*Siphonophorae*) gebildet. Das sind schwimmende Stöcke von Hydromedusen, deren zarte Schönheit und Anmuth der Bewegungen nicht weniger anziehend ist, als ihre höchst merkwürdige Organisation. Man vergleicht sie am besten mit schwimmenden Blumenstöcken, deren zierliche Blätter, Blüthen und Früchte aus buntem Glase gefertigt sind. Dabei sind aber alle diese Körpertheile höchst empfindlich und beweglich. Bei der leisesten Berührung zieht sich der prächtig entfaltete Stock auf einen kleinen Klumpen zusammen. Die genauere Untersuchung hat gelehrt, dass jeder Siphonophoren-Stock aus einer grossen Zahl von verschiedenen medusenartigen Personen zusammengesetzt ist. Jede dieser Medusen hat durch Anpassung an eine bestimmte Lebensthätigkeit eine besondere Form angenommen; die einen wirken als Schwimmblasen, die anderen als Schwimmglocken; eine dritte Gruppe von Personen, die Siphonen. nehmen nur Nahrung auf und verdauen sie; eine vierte Gruppe, die Palponen, haben wesentlich die Bedeutung von empfindlichen Sinnesorganen; zwei andere Gruppen von Personen, Männchen und Weibchen, haben sich ausschliesslich mit der Fortpflanzung zu beschäftigen, die ersteren produciren Sperma, die letzteren Eier. So haben dann in Folge fortgeschrittener Arbeitstheilung und mannichfachen Arbeitswechsels (S. 271) die verschiedenen Personen des Siphonophoren-Stockes in ähnlicher Weise sich ganz verschieden ausgebildet, und wirken in ähnlicher Weise zum einheitlichen Leben des ganzen Stockes zusammen, wie bei

16
10
11
8
9
12
7
6
E. Haeckel del.

den höheren Thieren die verschiedenen Organe einer einzigen Person, oder wie die Stände im menschlichen Staate. In meinem Aufsatze über „Arbeitstheilung in Natur- und Menschenleben“ habe ich diese höchst interessanten Verhältnisse und ihre weitreichende allgemeine Bedeutung, eingehend erörtert[59]).

Während meines Aufenthaltes auf den canarischen Inseln (1866) hatte ich eingehend die Entwickelungs-Geschichte der Siphonophoren studirt, und darauf gestützt den Beweis geführt, dass aus dem Ei dieser Thiere sich eine einfache Medusen-Person entwickelt; diese Hydromedusen-Larve erzeugt durch Knospung die zahlreichen Personen des Stockes. Die Arbeitstheilung, — oder die Anpassung an getheilte Functionen — durch welche dieselben verschiedene Formen annehmen, ist bereits von den Vorfahren der heutigen Staatsquallen durch Vererbung übertragen. Ausgedehntere Untersuchungen über die Natur-Geschichte der Siphonophoren, welche ich in den letzten Jahren, und während meines Aufenthaltes auf Ceylon (1881) anstellte, haben mich in der Erkenntniss dieser höchst merkwürdigen Verhältnisse noch bedeutend weiter geführt. Es hat sich ergeben, dass auch diese Nesselthier-Classe polyphyletischen Ursprungs ist; mindestens zwei verschiedene Haupt-Gruppen von Siphonophoren haben sich — unabhängig von einander — aus mehreren verschiedenen Gruppen von Hydromedusen entwickelt. Die Disconanthen (*Discalia, Porpita, Velella*) stammen wahrscheinlich von Trachomedusen ab; die Personen des Stockes entwickeln sich hier durch Knospung aus dem Schirm der ursprünglichen Meduse (Pectyllide?). Hingegen stammen die Siphonanthen (*Circalia, Rhodalia, Physalia*) sicher von Anthomedusen ab; die Personen ihres Stockes entwickeln sich durch Knospung aus dem Magenrohr der ursprünglichen Meduse (Euphyside!). Die nähere Begründung dieser Auffassung enthält mein System der Siphonophoren, und der ausführliche Report über die Challenger - Siphonophoren, welcher (illustrirt durch 50 Farbendruck-Tafeln) kürzlich erschienen ist (1888).

Während die Abstammung der Siphonophoren demnach jetzt klar zu Tage liegt, ist dieselbe dagegen noch ganz dunkel und zweifelhaft bei einer anderen Classe von Nesselthieren, den Kammquallen (*Ctenophorae*). Diese Quallen, welche oft auch Rippenquallen oder Gurkenquallen genannt werden, besitzen einen gurkenförmigen Körper, welcher, gleich dem Körper der meisten Schirmquallen, krystallhell und durchsichtig wie geschliffenes Glas ist. Ausgezeichnet sind die Kammquallen oder Rippenquallen durch ihre eigenthümlichen Bewegungsorgane, nämlich acht Reihen von rudernden Wimperblättchen, die wie acht Rippen von einem Ende der Längsaxe (vom Munde) zum entgegengesetzten Ende verlaufen. Die innere Organisation der Ctenophoren ist sehr eigenthümlich; einerseits gleicht sie in vielen wichtigen Punkten derjenigen gewisser Hydromedusen (*Cladonemidae*), andererseits derjenigen der nachher zu besprechenden Strudelwürmer (*Turbellaria*). Mit beiden Classen ist sie anscheinend durch Zwischenformen verbunden, mit den ersteren durch *Ctenaria*, mit den letzteren durch *Ctenoplana*. Demnach sind gegenwärtig die einen Zoologen mehr geneigt, sie von den Hydromedusen, die anderen sie von den Turbellarien phylogenetisch abzuleiten. Nach einer dritten Ansicht würden sie verbindende Zwischen-Formen zwischen den ersteren und den letzteren sein. Es ist jedoch auch hier möglich, dass die auffallenden Aehnlichkeiten nicht auf gemeinsamer Abstammung von einer Stamm-Gruppe beruhen, sondern die Folgen von Angleichung oder Convergenz der Form sind. Erst spätere genauere Untersuchungen können uns über die Phylogenie der Ctenophoren aufklären.

Die letzte Classe von Nesselthieren sind die schönen Korallen (*Coralla*). Auch diese stammen, gleich allen anderen Cnidarien, ursprünglich von einfachen Polypen oder Hydrusen ab. Die Korallenthiere leben ausschliesslich im Meere und sind namentlich in den wärmeren Meeren durch eine Fülle von zierlichen und bunten blumenähnlichen Gestalten vertreten. Sie heissen daher auch Blumenthiere (*Anthozoa*). Die meisten sind auf dem Meeresboden festgewachsen und enthalten ein inneres Kalkgerüste. Indessen kann der Körper auch ganz weich und skeletlos sein; so bei den Seerosen (*Actinia*), welche unsere Aquarien zieren. Viele Stein-Korallen erzeugen durch fortgesetztes Wachsthum so gewaltige Stöcke, dass ihre Kalkgerüste die Grundlage ganzer Inseln bilden; so die berühmten Korallen-Riffe und Atolle der Südsee, über deren merkwürdige Formen wir erst durch Darwin[13]) aufgeklärt worden sind. Die Radialstücke oder Parameren, d. h. die gleichartigen Haupt-Abschnitte des Körpers, welche strahlenförmig vertheilt um die mittlere Hauptaxe des Körpers herumstehen, sind bei den Korallen bald zu vier, bald zu sechs, bald zu acht vorhanden. Danach unterscheiden wir als drei Legionen die vierzähligen (*Tetracoralla*), die sechszähligen (*Hexacoralla*) und die achtzähligen Korallen (*Octocoralla*). Die vierzähligen Tetra-Korallen (*Rugosa*) gehören zu den ältesten versteinerten Pflanzen-Thieren und finden sich zahlreich schon im silurischen System. Zu dieser Gruppe gehört wahrscheinlich die gemeinsame Stamm-Form der ganzen Classe. Aus einfachen Tetra-Korallen (mit vier Magentaschen) haben sich wahrscheinlich als zwei divergirende Hauptäste die beiden anderen Legionen entwickelt; die achtzähligen Octo-Korallen durch Verdoppelung der vier Parameren (oder Zweitheilung der vier Magentaschen); die sechszähligen Hexa-Korallen durch Divergenz der beiden Kreuzaxen, indem die Parameren der einen einfach blieben, die der anderen sich verdoppelten. Zu den Octo-Korallen (oder Alcyonarien) gehört die bekannte rothe Edel-Koralle (*Eucorallium*) und unsere nordische Kork-Koralle (*Alcyonium*). Zu den Hexa-Korallen (oder Zoantharien) gehören die weichen Actinien und die Hauptmasse der Stein-Korallen.

Den vierten und letzten Stamm der Coelenterier bilden die Plattenthiere (*Platodes*), vielfach auch als Plattwürmer (*Plathelminthes*) bezeichnet. Dieser interessante und wichtige Stamm enthält drei verschiedene Classen: 1. die frei lebenden mit Flimmerhaaren bedeckten Strudelwürmer (*Turbellaria*); 2. die parasitischen nackthäutigen Saugwürmer (*Trematoda*), und 3. die parasitischen darmlosen Bandwürmer (*Cestoda*). Alle drei Classen sind nächstverwandt, wie die wesentliche Uebereinstimmung im erblichen inneren Bau ihres blattförmigen Körpers ergiebt. Sie unterscheiden sich durch Merkmale, welche offenbar durch Anpassung an verschiedene Lebensweise erworben sind. Die gemeinsame Stamm-Gruppe bilden die Strudelwürmer, welche grösstentheils im Meere leben, Viele auch im süssen Wasser, Wenige auch auf dem Festlande (in feuchten Tropen-Wäldern). Die einfachsten Formen dieser Turbellarien schliessen sich noch eng an die Gastraeaden und Cnidarien an. Durch Anpassung an schmarotzende Lebensweise sind aus den Strudelwürmern die Saugwürmer hervorgegangen; sie haben dabei das ursprüngliche Flimmerkleid verloren, dafür aber Haftwerkzeuge erworben (Saugnäpfe und Klammerhaken). Die Bandwürmer haben letztere von ihren Vorfahren, den Saugwürmern, ererbt, haben aber den Darmcanal derselben verloren; durch ihren Aufenthalt im Darm und in den Geweben anderer Thiere ist das ernährende Darmrohr überflüssig geworden; die Aufnahme des ernährenden Saftes aus der Umgebung erfolgt unmittelbar durch die Haut.

In drei sehr wichtigen Merkmalen stimmen alle Platoden mit den übrigen Coelenterien überein, und unterscheiden sich von den Wurmthieren oder Helminthen, mit denen sie gewöhnlich vereinigt werden. Erstens besitzen die Plattenthiere keine Leibeshöhle, zweitens kein Blut und drittens keine Afteröffnung. Der Mangel dieser drei wichtigen, für die höhere Ernährungs-Thätigkeit so bedeutungsvollen Einrichtungen muss bei den Plattenthieren als ein ursprünglicher angesehen werden, wie bei den übrigen Coelenteraten. Ich habe daher schon 1872 (in der „Philosophie der Kalk-Schwämme“, S. 465) die Platoden als Acoelomi („Würmer ohne Leibeshöhle“) von den Coelomati (oder den echten „Würmern mit Leibeshöhle“) abgetrennt und als eine viel tiefer stehende Gruppe mit den Zoophyten (oder Coelenteraten) vereinigt.

Auf der anderen Seite unterscheiden sich die Platoden von den übrigen Coelenterien und schliessen sich an die Helminthen an durch ihre zweiseitige Grund-Form, sowie durch den Besitz von ein Paar Urnieren oder Nephridien. Die zweiseitige oder dipleure Grund-Form (— „der bilateral-symmetrische Typus“ —), welche wir auch bei den höheren Thier-Stämmen allgemein wiederfinden, erscheint aus mehreren Gründen so bedeutend, dass wir diese letzteren sämmtlich als Bilateria, d. h. „zweiseitige oder zweihälftige Thiere“, den „Strahlthieren oder Radiaten“ gegenüber stellen können. Bei allen diesen Bilaterien — d. h. also bei allen Wurmthieren, Weichthieren, Sternthieren, Gliederthieren, Mantelthieren und Wirbelthieren — besteht der Körper ursprünglich, wie beim Menschen, aus zwei Seitenhälften (Gegenstücken oder Antimeren), welche symmetrisch gleich sind. Die rechte Hälfte oder das rechte Antimer ist das Gegenstück der linken. In beiden Hälften finden sich dieselben Organe, in derselben Verbindung und in gleicher relativer, aber entgegengesetzter absoluter Lagerung. Daher wird bei allen diesen Bilaterien (— im Gegensatze zu den Pflanzen-Thieren —) die Lagerung aller Körpertheile durch drei Richtaxen oder Euthynen bestimmt: Längsaxe, Pfeilaxe und Queraxe. Die Längsaxe oder Hauptaxe geht der Länge nach durch den Körper der Person hindurch, vom vorderen „Mundpol“ zum hinteren „Gegenmundpol“. Die Pfeilaxe oder Dickenaxe (Dorsoventralaxe) geht von oben nach unten, vom Rückenpol zum Bauchpol. Die Queraxe oder Seitenaxe endlich (Lateralaxe) geht quer durch den Körper hindurch, vom rechten zum linken Pol. Diese letztere Axe ist gleichpolig, während die beiden ersteren ungleichpolig sind. Daher finden wir bei allen Bilaterien oder zweihälftigen Thieren ursprünglich den Gegensatz von Rechts und Links, von Rücken und Bauch, während dieser Gegensatz den meisten Pflanzen-Thieren oder Coelenterien noch fehlt. Die tiefe Kluft, welche dadurch zwischen den Coelenterien und Bilaterien besteht, geht vielleicht bis zur gemeinsamen Stamm-Form der Gastraea hinab. In diesem Falle müsste man annehmen, dass die Stamm-Formen der Platoden, unabhängig von denjenigen der Cnidarien, aus Gastraeaden hervorgegangen sind, und dass die zweiseitigen Formen der Nesselthiere sich erst secundär entwickelt haben.

Offenbar steht dieser wichtige Unterschied der Grund-Form in ursächlichem Zusammenhang mit der ursprünglichen Bewegungsweise der Thiere. Die ältesten Formen der Pflanzen-Thiere oder Coelenterien setzten sich fest auf dem Meeresboden, oder sie bewegten sich frei schwimmend im Meere, ohne bestimmte Richtung. Sie behielten in Folge dessen die einaxige Grund-Form bei, wie sie ursprünglich ihre Stamm-Form, die einaxige Gastraea (*Gastraea monaxonia*) besass; oder sie erwarben eine kreuzaxige, strahlige oder radiale Grund-Form, wie die meisten Nesselthiere. Die zweiseitigen Thiere oder Bilaterien hingegen bewegten sich von Anfang an, schwimmend im Meere oder kriechend auf dem Meeresboden, in einer bestimmten Richtung, die sich gleich blieb. Dadurch wurde der ursprünglich einaxige Körper ihrer Gastraea-Ahnen zweiseitig, und schon die älteste gemeinsame Stamm-Form der Platoden und Helminthen muss diese zweiseitige Grund-Form erworben haben; schon sie besass jene charakteristischen drei Richtaxen und war somit eine zweiseitige oder richtaxige Gastraea (*Gastraea dipleura*).

Von den übrigen Coelenterien unterscheiden sich die Plattenthiere ferner sehr auffallend durch die Beschaffenheit des wichtigsten aller Organe, des Seelen-Organs oder Central-Nervensystems. Dasselbe hat hier allgemein die ursprüngliche Beschaffenheit beibehalten, wie wir sie bei der ältesten Stamm-Gruppe der Bilaterien voraussetzen müssen. Es ist ein sogenanntes Urhirn (*Protoganglion*), ein einfacher Nervenknoten, von welchem symmetrisch seitliche Fäden ausstrahlen; wegen seiner Lage oberhalb des Mundes oder Schlundes wird er auch oft als „Oberschlundknoten“ (*Ganglion suprapharyngeum*) bezeichnet. Dieses Urhirn hat sich ursprünglich aus einer dorsalen Scheitelplatte, an der Aussenfläche des Hautblattes der *Gastraea dipleura*, oberhalb des Mundes entwickelt. Auch bei den meisten Wurmthieren behält dieses Urhirn noch dieselbe ursprüngliche einfache Beschaffenheit wie bei den Plattenthieren; nur bei wenigen Gruppen hat es sich weiter entwickelt und bildet einen sogenannten Schlundring. Unter den Nesselthieren zeigt nur eine Classe ein ähnliches einfaches Nerven-Centrum; das sind die sonderbaren oben erwähnten Rippenquallen (*Ctenophorae*); da dieselben auch in anderen Beziehungen sich den Platoden nähern, und sogar durch unmittelbare Zwischen-Formen mit denselben verknüpft erscheinen, nehmen manche Zoologen jetzt einen directen phylogenetischen Zusammenhang beider Gruppen an, vielleicht mit Recht.

Eine sehr wichtige Einrichtung des Thierkörpers tritt uns bei den Platoden zum ersten Male und ganz allgemein entgegen; das sind die Rohrnieren oder Nephridien, häufig auch als „Wassergefässe oder Excretions-Organe“ bezeichnet. Sie dienen zur Ausscheidung unbrauchbarer Säfte aus dem Körper und entsprechen somit den Harn-Organen oder Nieren höherer Thiere. Da sie den Cnidarien und Spongien ganz allgemein fehlen, hingegen den Platoden allgemein zukommen, dürfen wir annehmen, dass sie bei den älteren Stamm-Formen dieses Phylum zuerst aufgetreten sind. Von den Platoden haben sie sich auf die Helminthen, und von diesen auf die höheren Thier-Stämme vererbt. Wahrscheinlich sind die Nephridien ursprünglich nur vergrösserte Hautdrüsen. Sie erscheinen bei den Platoden gewöhnlich als ein paar einfache Röhren oder verästelte Canäle, welche beiderseits des Darms liegen und an einer Stelle nach aussen münden.

Indem wir nun das weite Reich der Coelenterien oder Coelenteraten verlassen, treten wir in das zweite grosse Reich der Metazoen hinüber, in das formenreiche Gebiet der Coelomarien oder Bilateraten. Wie schon mehrfach hervorgehoben wurde, unterscheiden sich dieselben von den ersteren vor Allem durch den Besitz einer Leibeshöhle (*Coeloma*); eines Hohlraums, welcher vom Darm ganz abgetrennt ist und einen Theil desselben umschliesst. Ferner besitzen fast alle Coelomarien (mit Ausnahme weniger entarteter Gruppen) Blut, und die meisten auch besondere Blutgefässe. Endlich besitzt bei den meisten Coelomarien der Darm zwei Oeffnungen, eine Mund- und eine After-Oeffnung; in den verschiedenen Gruppen, in welchen der After fehlt, ist er offenbar durch Rückbildung verloren gegangen.

Aus vielen gewichtigen Gründen dürfen wir annehmen, dass die Coelomarien von Coelenterien abstammen, und zwar von dem zuletzt besprochenen vierten Stamme derselben, den Platoden; unter diesen werden die heutigen Turbellarien den ausgestorbenen Stamm-Formen der Coelomarien am nächsten stehen. Von den Ersteren haben die Letzteren durch Vererbung bereits die zweiseitige Grund-Form des Körpers erhalten, welche zur Vereinigung derselben als Bilaterien oder Bilateraten berechtigt (s. oben S. 533). Ferner hat jene unbekannte Stamm-Form, oder das Zwischenglied zwischen Turbellarien und Coelomarien, von ersteren noch andere wichtige Erbstücke übernommen, nämlich das Urhirn (oder den oberen Schlund-Nervenknoten) und ein paar Nephridien oder Rohrnieren.

Die sechs höheren Stämme des Thierreichs, welche unser Unterreich der Coelomarien bilden, werden jetzt phylogenetisch fast allgemein so aufgefasst, wie ich sie zuerst vor zwanzig Jahren gruppirt habe; d. h. man betrachtet den Stamm der Wurmthiere (*Helminthes*) als die gemeinsame Stamm-Gruppe, aus welcher sich die fünf höheren Stamm-Typen entwickelt haben. Die letzteren erscheinen noch heute mit den ersteren so vielfach durch Uebergangs-Formen und durch innige ontogenetische Beziehungen verknüpft, dass jene Auffassung fast allgemein angenommen ist. Hingegen gehen die Ansichten der Zoologen darüber noch weit auseinander, wie die engeren Verwandtschafts-Beziehungen der fünf höheren Thier-Stämme unter sich zu denken sind. Nach meiner Ansicht ist es das Wahrscheinlichste, dass dieselben, unabhängig von einander, aus verschiedenen Zweigen des grossen Helminthen-Stammes entstanden sind, ungefähr in der Weise, wie es der hypothetische Stammbaum auf S. 509 zeigt.

Der Stamm der Wurmthiere (*Helminthes*, oft auch schlechtweg Würmer, *Vermes* oder *Verminosa* genannt) ist aus den angeführten Gründen von ganz besonderem Interesse; denn er ist einerseits die Wurzel-Gruppe der Coelomarier, welche aus den Platoden hervorgegangen ist, und anderseits die gemeinsame Stamm-Gruppe, aus welcher sich die fünf höheren Thier-Stämme entwickelt haben. Ich fasse hier das Gebiet dieses wichtigen Stammes viel enger, als es gewöhnlich geschieht; einerseits scheide ich die Platoden aus, welche ich zu den Coelenterien stelle; anderseits trenne ich die Anneliden ab, welche ich zu den Articulaten rechne. Dadurch wird die Möglichkeit gegeben, die schwierige Stamm-Gruppe der Helminthen schärfer zu definiren, und sie durch bestimmte Merkmale abzugrenzen. Von den tiefer stehenden Platoden einerseits unterscheiden sich die Wurmthiere durch den Besitz der Leibeshöhle, des Blutes und des Afters;

von den fünf höheren Thier-Stämmen anderseits unterscheiden sie sich durch den Mangel der positiven Charaktere, welche jeden der letzteren auszeichnen (vergl. S. 508). Insbesondere sind alle hier als Helminthen vereinigte Thiere ungegliederte Bilateraten, mit einfachem Hirnknoten oder Schlundring; es fehlt ihnen allgemein die Mantelbildung und Radula der Mollusken, das Ambulacral-System und Sternmark der Echinodermen, das gegliederte Bauchmark der Articulaten, die Chorda und das Medullar-Rohr der Tunicaten und Vertebraten.

Die zehn Classen, welche ich hier im Stamme der Helminthen unterscheide, können in vier Cladome oder Haupt-Classen zusammengestellt werden: 1. Radwürmer (*Rotatoria*); 2. Rundwürmer (*Strongylaria*); 3. Rüsselwürmer (*Rhynchocoela*) und 4. Armwürmer (*Prosopygia*). Wie man sich die dunkle Phylogenie dieser Gruppen annähernd etwa vorstellen kann, zeigt der Stammbaum auf S. 509. Wir wollen die Classen hier nur ganz kurz namhaft machen, da ihre Verwandtschaft und Abstammung uns heutzutage noch sehr verwickelt und dunkel erscheint. Erst zahlreichere und genauere Untersuchungen über die Keimesgeschichte der Helminthen werden uns künftig einmal auch über ihre Stammesgeschichte besser aufklären.

Das erste Cladom der Helminthen bilden die Räderthiere im weiteren Sinne (*Rotatoria*). Man kann sie auch als Urwürmer (*Archelminthes*) bezeichnen, weil zu ihnen wahrscheinlich die ausgestorbene gemeinsame Stamm-Form der Wurmthiere gehört. Diesen „Urwurm" (*Prothelmis*), abgeleitet von einfachsten rhabdocoelen Turbellarien, stellen wir uns vor als einen ganz einfachen ungegliederten Wurm mit Flimmerhaut, dessen einfacher Darm-Canal Mund und After besitzt; über dem Munde ein einfacher oder paariger Hirnknoten („Scheitelplatte"); in die einfache Leibeshöhle münden ein paar Nephridien. Diesem hypothetischen Urwurm sehr nahe scheinen die heutigen Ichthydinen zu stehen (*Gastrotricha*), kleine Süsswasser-Bewohner. Nahe verwandt erscheint ferner die Trochophora, die bedeutungsvolle Larven-Form, welche in vielfachen Modificationen ontogenetisch bei sehr verschiedenen Classen von Coelomarien auftritt, wahrscheinlich der erbliche Ueberrest einer entsprechenden phylogenetischen Stamm-Gruppe (*Trochozoa*). Etwas höher entwickelt erscheinen bereits die eigentlichen Räderthierchen (im engeren Sinne), die *Rotifera*. Sie sind sehr klein, zum Theil mikroskopisch, weshalb sie früher irrthümlich mit den echten Infusorien als „Infusionsthierchen“ vereinigt wurden. Besonders im süssen Wasser sind sie sehr verbreitet und schwimmen mittelst eines eigenthümlichen Flimmer-Apparates, des sogenannten „Räder-Organs“ umher. Dieses Räder-Organ kehrt in Gestalt von „Flimmerschnüren, Wimpersegeln“ u. s. w. sowohl bei den Larven oder Jugend-Formen vieler anderen Helminthen, als auch bei den jungen Larven der höheren Thier-Stämme wieder. Die uralten Stamm-Formen derselben, die sich zunächst aus den Wurmthieren entwickelten, besitzen daher vielleicht nahe phylogenetische Beziehungen zu den Räderthieren. Andere Zoologen fassen hingegen diese Gruppe als eine rückgebildete auf und legen jener Aehnlichkeit der verschiedenen „Räder-Organe“ keine palingenetische Bedeutung bei.

Das zweite Cladom der Helminthen enthält die umfangreiche Abtheilung der Rundwürmer (*Strongylaria* oder *Nematelminthes*), ausgezeichnet durch ihre derbe, nicht flimmernde Haut, durch drehrunde und langgestreckte, cylindrische Gestalt, und sehr einfachen Körperbau. Sie leben zum grössten Theil als Schmarotzer im Inneren anderer Thiere und Pflanzen, sehr verbreitet. Von menschlichen Parasiten gehören dahin namentlich die berüchtigten Trichinen, die Spulwürmer (*Ascaris*), Peitschenwürmer (*Trichocephalus*), Fadenwürmer (*Filaria*) u. s. w. Ausser den eigentlichen Rundwürmern oder Fadenwürmern (*Nematoda*) gehören zu dieser Haupt-Klasse auch noch die parasitischen Gordiaceen, die ihren Darmcanal theilweise, und die Acanthocephalen, die denselben durch ihr Schmarotzerthum ganz verloren haben (ähnlich den Bandwürmern). Auch die sonderbaren Pfeilwürmer (*Chaetognathi*), welche in grossen Mengen an der Meeresoberfläche schwimmen, werden oft dazu gerechnet; sie stehen aber doch durch ihren eigenthümlichen Bau ziemlich isolirt und zeigen bereits Merkmale höherer Organisation. Die Entstehung der Leibeshöhle aus einem Paar Coelom-Taschen, welche aus dem Urdarm hervorwachsen und sich von ihm abschnüren, ist bei diesen Pfeilwürmern oder Sagitten sehr klar zu beobachten (Vergl. S. 300, Taf. V, Fig. 19, 20).

Als eine sehr alte und phylogenetisch wichtige Gruppe ist die dritte Hauptclasse der Helminthen zu betrachten, das Cladom der Rüsselwürmer (*Rhynchocoela* oder *Rhynchelminthes*). Dasselbe umfasst die Nemertinen und Enteropneusten, zwei ziemlich verschiedene Classen, die aber beide sich durch eigenthümliche Rüsselbildungen, sowie durch merkwürdige Verwandtschafts-Beziehungen zu den Sternthieren und den Chordonien (Mantelthieren und Wirbelthieren) auszeichnen. Die Classe der Schnurwürmer (*Nemertina*) enthält zahlreiche, grösstentheils im Meere lebende Würmer von langgestreckter und abgeplatteter, oft bandförmiger Gestalt. Sie wurden früher zu den Platoden gerechnet, erheben sich aber weit über diese Coelenterien durch den Besitz von Blutcanälen und einer Afteröffnung. Die Classe der Eichelwürmer (*Enteropneusta*) enthält nur eine einzige, aber höchst merkwürdige Wurmgattung, den im Meeressande vergrabenen *Balanoglossus*. Durch seinen merkwürdigen Kiemendarm erscheint derselbe als ältester Ueberrest derjenigen Helminthen, von denen die Chordathiere (Tunicaten und Vertebraten) abzuleiten sind.

Das vierte und letzte Cladom der Helminthen wird durch die Armwürmer (*Prosopygia* oder *Brachelminthes*) gebildet. Dasselbe setzt sich aus vier Classen zusammen, welche alle in der charakteristischen Bildung des Darmes und in dem Besitze von Tentakeln oder Mundarmen übereinstimmen. Zwei von diesen vier Klassen (Bryozoen und Brachiopoden) wurden früher irrthümlich zu den Weichthieren gestellt und sehr unpassend als *Molluscoida* bezeichnet. Die Mosthiere (*Bryozoa*) bilden eine formenreiche Klasse, deren zierliche Stöcke (grösstentheils im Meere lebend) Polypenstöcken sehr ähnlich sind. Die marinen Spiralkiemer (*Brachiopoda*) besitzen eine zweiklappige muschelähnliche Kalkschale; dieselben finden sich massenhaft versteinert schon in den ältesten petrefactenführenden Gebirgsmassen und sind von grosser Wichtigkeit für die Geologie als „Leitmuscheln“.

Systematische Uebersicht
über die Cladome und Classen der **Helminthen.**

Cladome oder Hauptclassen.	**Classen der Helminthen.**	**Gattungs-Namen als Beispiele.**	**Besondere Bemerkungen.**
I. Cladom: Radwürmer **Rotatoria** (**Archelminthes**)	1. Prothelminthen **Trochozoa** 2. Gastrotrichen **Ichthydina** 3. Räderthierchen **Rotifera**	Prothelmis, Trochosphaera Chaetonotus, Ichthydium Philodina, Hydatina	Haut zart, mit Flimmer-Organen. Darm einfach, gerade. After hinten. (Phylogenetische Beziehungen zu Platoden)
II. Cladom: Rundwürmer **Strongylaria** (**Nemathelminthes**)	4. Fadenwürmer **Nematoda** 5. Kratzwürmer **Acanthocephala** 6. Pfeilwürmer **Chaetognathi**	Trichina, Ascaris Echinorhynchus, Acanthocephalus Sagitta, Spadella	Haut derb, ohne Flimmer-Organe. Darm einfach, gerade. After hinten. (Phylogenetische Beziehungen zu Gliederthieren)
III. Cladom: Rüsselwürmer **Rhynchocoela** (**Rhynchelminthes**)	7. Schnurwürmer **Nemertina** 8. Eichelwürmer **Enteropneusta**	Polia, Nemertes Tornaria, Balanoglossus	Haut weich, mit Flimmer-Decke. Darm gerade, vorn mit Rüsselbildung. After hinten. (Phylogenetische Beziehungen zu Chordathieren)
IV. Cladom: Armwürmer **Prosopygia** (**Brachelminthes**)	9. Mosthierchen **Bryozoa** 10. Spiralkiemer **Brachiopoda** 11. Hufeisenwürmer **Phoronea** 12. Spritzwürmer **Sipunculea**	Loxosoma, Flustra Lingula, Terebratula Actinotrocha, Phoronis Sipunculus, Priapulus	Haut weich, meist in Schalen oder Röhren eingeschlossen. Darm hufeisenförmig gekrümmt. After neben dem Mund. Tentakeln oder Arme rings um den Mund. (Phylogenetische Beziehungen zu Weichthieren)

Die beiden anderen Klassen, welche neuerdings Arnold Lang in seinem trefflichen Lehrbuche der vergleichenden Anatomie mit den beiden ersteren als „Prosopygien“ vereinigt hat, sind die marinen Hufeisenwürmer (*Phoronea*) und Spritzwürmer (*Sipunculea*); früher wurden diese bald an die Sternthiere bald an die Gliederthiere angeschlossen.

Der grosse und formenreiche Stamm der Wurmthiere galt bisher als die gefürchtete „Rumpelkammer der Zoologie“, in welcher alle wenig bekannten und sonst nicht unterzubringenden niederen Thiere zusammengeworfen wurden. Indessen gewinnt derselbe bedeutend an morphologischer Klarheit und an phylogenetischem Interesse, wenn wir sein Gebiet in der hier dargelegten Weise schärfer begrenzen. Es bleiben dann, nach Ausschluss der Platoden einerseits und der Anneliden andererseits, die vier angeführten Cladome übrig, welche in den wichtigsten morphologischen Charakteren übereinstimmen. In dieser Begrenzung erscheint der Stamm der Helminthen als eine hochinteressante Zwischengruppe, ein verknüpfendes Bindeglied zwischen den Coelenterien (Platoden) einerseits und den höheren Thierstämmen andererseits. Die letzteren sind divergirend aus dem vielverzweigten Stamme der Würmer hervorgewachsen, während seine Wurzel im Stamme der Platoden zu suchen ist.

Bei Beurtheilung der Helminthen-Phylogenie ist besondere Vorsicht und kritische Zurückhaltung desshalb nothwendig, weil für die meisten Classen paläontologische Documente fast ganz fehlen. Wir sind daher fast ausschliesslich auf die Urkunden der vergleichenden Anatomie und Ontogenie angewiesen; und deren Ergebnisse scheinen sich hier oft zu widersprechen. Auch sind die Lücken zwischen vielen einzelnen Classen und Familien oft sehr gross. Alle lebenden Helminthen-Gruppen erscheinen nur als einzelne kleine Zweige eines mächtigen Baumes, der in grauer Primordial-Zeit viele mächtige und sprossenreiche Aeste entwickelt hatte. Der bei weitem grösste Theil derselben ist längst abgestorben, ohne uns irgend eine Spur ihres Daseins zu hinterlassen.

Zweiundzwanzigster Vortrag.

Stammes-Geschichte der Weichthiere und Sternthiere.

Stamm der Weichthiere oder Mollusken. Organisation derselben. Stamm-Verwandtschaft der drei Hauptclassen. Stammgruppe der Schnecken (Cochlides). Entstehung der Muscheln (Acephala) durch Rückbildung des Kopfes. Entwickelung der Kracken (Cephalopoda) durch weitere Ausbildung des Kopfes und seiner Arme. — Stamm der Sternthiere oder Echinodermen. Organisation derselben. Zweiseitig-fünfstrahlige Grundform. Wassercanal-System. Ontogenie. Hypothesen über die Phylogenie der Echinodermen. Pentastraea-Hypothese (1866). Ableitung aller Sternthiere von Seesternen, und dieser von Gliederwürmern (Panzerwürmer oder Phracthelminthen). Die drei Hauptclassen der Echinodermen. Astrozoen (Seesterne und Seestrahlen). Pelmatozoen (Seelilien, Seeknospen und Seeäpfel). Echinozoen (Seeigel und Seegurken). Pentactaea-Hypothese von Semon (1888). Phylogenetische Bedeutung der gemeinsamen ontogenetischen Larven-Form: Pentactula.

Meine Herren! Die grossen natürlichen Hauptgruppen des Thierreichs, welche wir als Stämme oder Phylen unterschieden haben, besitzen sehr verschiedene Bedeutung für unsere Phylogenie oder Stammes-Geschichte. Dieselben lassen sich weder in einzige Stufenreihe über einander ordnen, noch als ganz unabhängige Phylen, noch als gleichwerthige Zweige eines einzigen Stammbaums betrachten. Vielmehr stellt sich, wie wir in den letzten Vorträgen gesehen haben, die Gastraea als die gemeinsame Stammform aller Metazoen heraus. Diese uralte Gastraea-Stammform, deren frühere Existenz noch heute durch die Gastrula-Keimform der verschiedensten Thiere handgreiflich bewiesen wird, hat zunächst eine Anzahl verschiedener Gastraeaden erzeugt; und diese müssen wir ihrer primitiven Organisation nach als einfachste Coelenterien oder Pflanzenthiere betrachten. Aus den Gastraeaden haben sich später die übrigen Niederthiere, einerseits die Spongien und Nesselthiere, andererseits die Plattenthiere (*Platodes*) entwickelt. Aus letzteren sind die Wurmthiere (*Helminthes*) hervorgegangen. Diesen vielgestaltigen und weitverzweigten Stamm müssen wir wiederum als die gemeinsame Stammgruppe betrachten, aus welcher (an ganz verschiedenen Zweigen) die übrigen Stämme, die höheren Phylen des Thierreichs, hervorgesprosst sind (vergl. den hypothetischen Stammbaum S. 509).

Welche Reihenfolge wir bei Betrachtung der höheren Stämme des Thierreichs einschlagen, ist an sich ganz gleichgültig. Denn unter sich haben diese Phylen gar keine näheren verwandtschaftlichen Beziehungen; sie haben sich vielmehr von ganz verschiedenen Aesten der Würmergruppe abgezweigt. Als den unvollkommensten, am tiefsten stehenden von diesen Stämmen, wenigstens in Bezug auf die morphologische Ausbildung, kann man den Stamm der Weichthiere (*Mollusca*) betrachten. Dieser Stamm enthält drei Hauptclassen oder Cladome, die Schnecken (*Cochlides*), die Muscheln (*Conchades*) und die Kracken (*Teuthodes*). Die Schnecken bilden die Hauptmasse und die Stammgruppe des Mollusken-Stammes. Aus ihnen sind die Muscheln durch Rückbildung, die Kracken durch Fortbildung hervorgegangen.

Charakteristisch für alle Weichthiere ist der ungegliederte sackförmige Körper, dessen muskulöse Bauchfläche einen verschieden gestalteten, meist sohlenförmigen und zum Kriechen dienenden Fuss bildet, während die Haut der gewölbten Rückenfläche sich ringsum in Gestalt einer mantelartigen Falte, des sogenannten Mantels, abhebt. Die Grundform des Körpers, durch Vererbung von den Wurmahnen übertragen, ist bilateral oder zweiseitig-symmetrisch; doch entwickelt sich häufig eine auffallende Asymmetrie, so dass die rechte Körperhälfte viel stärker als die linke erscheint; oder umgekehrt. Zwischen Fussrand und Mantelrand ist ursprünglich eine Höhle vorhanden, in der die zur Athmung dienenden Kiemen liegen (Mantelhöhle oder Kiemenhöhle). Nirgends begegnen wir hier der ausgeprägten Gliederung des Körpers, der Articulation oder Metamerenbildung, welche bei den drei Stämmen der Sternthiere, Gliederthiere und Wirbelthiere die wesentlichste Ursache der höheren Formentwickelung und Vervollkommnung wird. Vielmehr stellt bei allen Weichthieren, bei allen Muscheln, Schnecken u. s. w. der ganze Körper einen einfachen ungegliederten Sack dar, in dessen Höhle die Eingeweide liegen. Nur der vorderste Theil des Körpers setzt sich als Kopf mehr oder minder deutlich vom ungegliederten Rumpfe ab. Bei den meisten Schnecken ist dieser Kopf mässig entwickelt und trägt ein paar Augen und ein paar Fühler oder Tentakeln, sowie den Mund mit Kiefer und Gebiss, eine Zunge mit vielzähniger Reibeplatte. Bei den Muscheln ist der Kopf rückgebildet, bei den Kracken dagegen sehr hoch entwickelt.

Das Nervensystem der Weichthiere ist sehr charakteristisch und besteht ursprünglich aus einem Schlundring, von welchem zwei paar kräftige Seitennerven abgehen (*Amphineura*). Gewöhnlich aber sind diese so entwickelt, dass ein oberes Urhirn oder ein Gehirnknoten durch einen vorderen Schlundring mit einem unten gelegenen Fussknoten und durch einen hinteren Schlundring mit einem hinten gelegenen Kiemenknoten verbunden ist. Bei der grossen Mehrzahl der Weichthiere ist der weiche sackförmige Körper von einer Kalkschale oder einem Kalkgehäuse geschützt, einer erhärteten Ausscheidung des Mantels. Ursprünglich ist diese Schale oder „Conchylie" ein flacher, den Rücken deckender Schild oder Napf. Bei den meisten Schnecken und Kracken wächst sie in eine spiral gewundene Röhre aus und bildet das bekannte „Schneckenhaus". Bei den Muscheln aber zerfällt sie in zwei seitliche Klappen, die auf dem Rücken durch ein „Schlossband" zusammenhängen. Wegen dieser festen Kalkschalen werden die Weichthiere auch Schalthiere (*Conchylia*) genannt (*Ostracoderma* des Aristoteles). Trotzdem dieselben massenhaft in allen neptunischen Schichten sich versteinert finden, sagen sie uns dennoch nicht viel über die geschichtliche Entwickelung des Stammes aus. Denn diese fällt grösstentheils in die ältere Primordialzeit. Selbst schon in den silurischen Schichten finden wir alle drei Hauptclassen der Weichthiere neben einander versteinert vor, und dies beweist deutlich, in Uebereinstimmung mit vielen anderen Zeugnissen, dass der Weichthier-Stamm damals schon eine mächtige Ausbildung erreicht hatte, als die höheren Stämme, namentlich Gliederthiere und Wirbelthiere, kaum über den Beginn ihrer historischen Entwickelung hinaus waren. In den darauf folgenden Zeitaltern, besonders zunächst im primären und weiterhin im secundären Zeitraum, dehnten sich diese höheren, gegliederten Thier-Stämme mehr und mehr auf Kosten der ungegliederten Mollusken und Würmer aus; diese waren ihnen im Kampfe um das Dasein nicht gewachsen und mussten dem entsprechend mehr und mehr abnehmen. Die jetzt noch lebenden Weichthiere und Würmer sind nur als ein verhältnissmässig schwacher Rest von der mächtigen Fauna zu betrachten, welche in primordialer und primärer Zeit über die anderen Stämme ganz überwiegend herrschte. Die grosse Mehrzahl der heutigen Mollusken lebt im Meere, eine viel geringere Zahl im süssen Wasser; Bewohner des Festlandes sind nur die Lungenschnecken.

In keinem Thierstamm zeigt sich deutlicher, als in dem der Mollusken, wie verschieden der Werth ist, welchen die Versteinerungen für die Geologie und für die Phylogenie besitzen. Für die Geologie sind die verschiedenen Arten der versteinerten Weichthierschalen von der grössten Bedeutung, weil dieselben als „Leitmuscheln“ vortreffliche Dienste zur Characteristik der verschiedenen Schichtengruppen und ihres relativen Alters leisten. Für die Stammes-Geschichte der Mollusken dagegen besitzen sie meistens nur geringen Werth, weil sie einerseits Körpertheile von ganz untergeordneter morphologischer Bedeutung sind, und weil andererseits die eigentliche Entwickelung des Stammes in die ältere Primordialzeit fällt, aus welcher uns keine deutlichen Versteinerungen erhalten sind. Viele Schnecken mit ähnlicher Schalenbildung haben eine sehr verschiedene innere Organisation, und umgekehrt. Wenn wir daher den Stammbaum der Mollusken construiren wollen, so sind wir vorzugsweise auf die Urkunden der vergleichenden Anatomie und Keimes-Geschichte angewiesen, aus denen sich etwa Folgendes ergiebt.

Als die eigentliche Haupt- oder Stammgruppe der Mollusken haben wir die Hauptclasse der Schnecken (*Cochlides*) anzusehen.

Systematische Uebersicht
über die Classen und Ordnungen der Weichthiere (*Mollusca*).

	Classen der Weichthiere.	Ordnungen der Weichthiere.	Unterordnungen der Weichthiere.	Gattungsnamen als Beispiele.
I. Cochlides.	I. **Urweichthiere** **Promollusca**	1. Urschnecken *Procochlides*	1. Procochlides	Procochlis
			2. Neomenida	Neomenia
		2. Plattenschnecken *Amphineura*	3. Placophora	Chiton
	II. **Sohlenschnecken** **Gastropoda**	3. Vorderkiemer *Prosobranchia*	4. Chiastoneura	Fissurella
			5. Orthoneura	Murex
			6. Heteropoda	Carinaria
		4. Hinterkiemer *Opisthobranchia*	7. Tectibranchia	Aplysia
			8. Nudibranchia	Doris
			9. Saccoglossa	Elysia
		5. Lungenschnecken *Pulmonata*	10. Branchiopneusta	Lymnaeus
			11. Nephropneusta	Helix
	III. **Schaufelschnecken** **Scaphopoda**	6. Schaufelschnecken *Scaphopoda*	12. Dentalida	Dentalium
II. Conchades.	IV. **Muscheln** **Acephala**	7. Muscheln ohne Athemröhren *Asiphonia*	13. Palaeoconchae	Arca
			14. Monomyaria	Ostrea
			15. Najades	Unio
		8. Muscheln mit Athemröhren *Siphoniata*	16. Disiphonia	Tellina
			17. Gamosiphonia	Solen
			18. Inclusa	Teredo
	V. **Sackschnecken** **Saccomorpha**	9. Sackschnecken *Saccomorpha*	19. Entoconchida	Entoconcha
III. Teuthodes.	VI. **Flossenschnecken** **Pteropoda**	10. Flossenschnecken *Pteropoda*	20. Propteropoda	Conularia
			21. Thecosomata	Hyalaea
			22. Gymnosomata	Clio
	VII. **Kracken** **Cephalopoda**	11. Vierkiemige *Tetrabranchia*	23. Proteuthides	Orthoceras
			24. Polyolenae	Nautilus
		12. Zweikiemige *Dibranchia*	25. Decolenae	Sepia
			26. Octolenae	Octopus

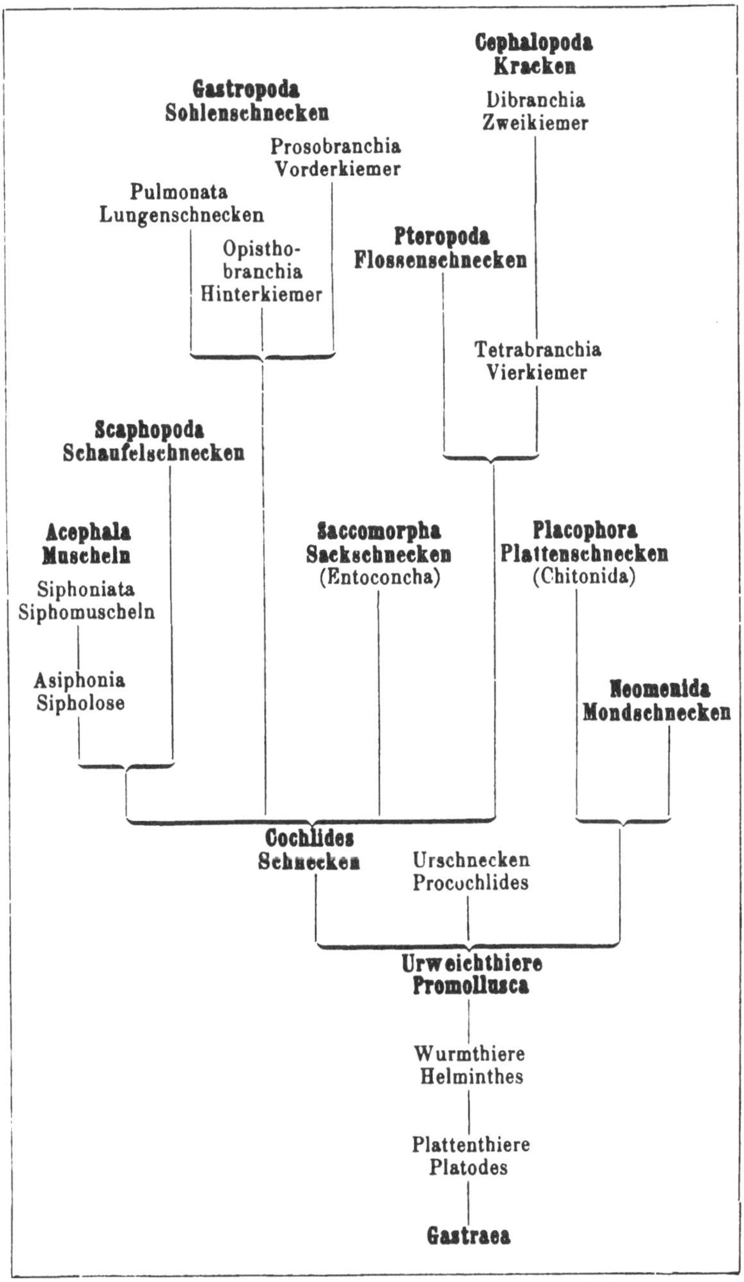
Cephalopoda
Kracken
Dibranchia
Zweikiemer
Gastropoda
Sohlenschnecken
Prosobranchia
Vorderkiemer
Pulmonata
Lungenschnecken
Opistho-
branchia
Hinterkiemer
Pteropoda
Flossenschnecken
Tetrabranchia
Vierkiemer
Scaphopoda
Schaufelschnecken
Acephala
Muscheln
Siphoniata
Siphomuscheln
Asiphonia
Sipholose
Saccomorpha
Sackschnecken
(Entoconcha)
Placophora
Plattenschnecken
(Chitonida)
Neomenida
Mondschnecken
Cochlides
Schnecken
Urschnecken
Procochlides
Urweichthiere
Promollusca
Wurmthiere
Helminthes
Plattenthiere
Platodes
Gastraea

Aus ihr haben sich wahrscheinlich die Muscheln durch rückschreitende, die Kracken umgekehrt durch fortschreitende Umbildung entwickelt; erstere haben den Kopf verloren, letztere denselben höher ausgebildet. Die Hauptclasse der Schnecken zerfällt in mehrere formenreiche Classen; trotz sehr verschiedenartiger und mannigfaltiger Ausbildung erscheinen dieselben dennoch durch ihre gemeinsame Jugendform als nächstverwandte Abkömmlinge einer uralten gemeinsamen Stammform. Diese hypothetische, seit Millionen von Jahren ausgestorbene Stammform, die Urschnecke (*Procochlis*) können wir uns als eine Zwischenform zwischen den niedersten heute noch lebenden Schnecken (*Amphineura*) und ungegliederten Helminthen vorstellen. In ihrer Ontogenie wird bereits die interessante Segellarve (*Veliger*) aufgetreten sein, welche heute noch in der Keimes-Geschichte der meisten Mollusken vorübergehend erscheint. Ihren Namen trägt die Segellarve von einem grossen flimmernden zweilappigen „Segel" oder „Räder-Organ" (*Velum*), welches auf der Stirnfläche des jungen Weichthieres erscheint, während den Rücken eine kleine napfförmige Schale deckt. Sie lässt sich unmittelbar von der *Trochophora* der Helminthen ableiten.

Als älteste Weichthiere der Gegenwart, welche der gemeinsamen Stammform aller Mollusken am nächsten stehen, können entweder die wurmähnlichen Neomeniden (*Neomenia*, *Chaetoderma*), oder die nahe verwandten Placophoren (*Chiton*) angesehen werden. Diese letzteren, die Plattenschnecken (*Placophora*), werden jetzt meistens als eine besondere Classe betrachtet, ausgezeichnet dadurch, dass die Rückenschale in acht hinter einander gelegene Kalkplatten zerfällt. In der primitiven Beschaffenheit des inneren Körperbaues stehen ihnen unter den übrigen Schnecken am nächsten die paarkiemigen Schnecken (*Zeugobranchia*), welche zur grossen Classe der Sohlenschnecken (*Gastropoda*) gerechnet werden. Ihr Fuss ist eine platte Sohle, auf der die Schnecke kriecht, wie von unseren gewöhnlichen Landschnecken allbekannt ist. Unter den Sohlenschnecken werden als drei Hauptabtheilungen die Vorderkiemer, Hinterkiemer und Lungenschnecken unterschieden. Bei den Vorderkiemern (*Proso-*

branchia) liegt die Kieme vor, bei den Hinterkiemern (*Opisthobranchia*) hinter dem Herzen. Bei den Lungenschnecken (*Pulmonata*), zu denen die gewöhnlichen Weinbergschnecken (*Helix*) und Gartenschnecken (*Limax*) gehören, hat sich die Kiemenhöhle durch Anpassung an Luftathmung in eine Lungenhöhle verwandelt. Diese Lungenschnecken sind die einzigen Mollusken, welche den ursprünglichen Wasseraufenthalt verlassen und sich an das Landleben angepasst haben.

Eine der merkwürdigsten Weichthier-Formen ist die Wunderschnecke (*Entoconcha mirabilis*), welche die besondere Classe der Sackschnecken (*Saccomorpha*) bildet. Diese Wunderschnecke entdeckte der grosse Berliner Zoologe Johannes Müller in der Bucht von Muggia bei Triest. Sie ist in entwickeltem Zustande ein einfacher Sack oder Schlauch, welcher mit Eiern und Sperma angefüllt und an den Darm einer Seegurke (*Synapta*) angeheftet gefunden wird. Nimmermehr würde man auf die Vermuthung gekommen sein, dass dieser einfache Eierschlauch eine umgewandelte Schnecke wäre, wenn nicht aus den Eiern sich junge Schnecken entwickelten, die ganz den Segellarven (*Veliger*) gewöhnlicher Kiemenschnecken (*Natica*) gleichen und ein Flimmersegel nebst Schale besitzen. Offenbar ist hier durch Anpassung an die schmarotzende Lebensweise die Schnecke so entartet, dass sie nach und nach alle Organe, bis auf die Haut und die Geschlechts-Organe verloren hat. Unter den Weichthieren steht dieser Fall einzig da, während er unter den Krebsthieren bei den Sackkrebsen (*Sacculina*) sich sehr oft wiederholt. Die Keimes-Geschichte allein giebt uns bei diesen völlig rückgebildeten Schmarotzern Aufschluss über ihre Herkunft und Stammes-Geschichte.

Wahrscheinlich ebenfalls durch Rückbildung, die jedoch vorzugsweise nur den Kopf betroffen hat, sind aus einer Gruppe der Schnecken die Muscheln (*Conchades*) entstanden. Wegen dieses Kopfmangels werden die Muscheln oft auch Kopflose genannt (*Acephala*), oder wegen ihrer blattförmigen Kiemen Blattkiemer (*Lamellibranchia*); Andere nennen sie wegen ihres beilförmig zugeschärften Fusses Beilfüsser (*Pelecypoda*), oder wegen ihrer zweiklappigen Schale Zweiklapper (*Bivalva*). Alle Muscheln haben den Kopf verloren und damit auch die Kiefern und die characteristische, mit Zähnen besetzte Reibeplatte der Zunge (*Radula*), die bei allen übrigen Mollusken (— die entarteten Wunderschnecken ausgenommen —) sich findet. Als die Ursache dieser weitgehenden Rückbildung ist wahrscheinlich die Anpassung an die festsitzende Lebensweise anzusehen; noch heute sitzen viele Muscheln am Meeresboden fest, theils mit der Schale angewachsen (Austern), theils mittelst des Byssus, eines eigenthümlichen, aus einer Fussdrüse vorwachsenden Faserbüschels (Miesmuscheln, Riesenmuscheln). Auch die beiden Augen des Kopfes haben alle Muscheln eingebüsst; zum Ersatz dafür haben sich jedoch manche Muschelthiere eine grosse Anzahl von neuen Augen angeschafft, die in einer langen Reihe an beiden Rändern ihres weiten Mantels sitzen. Die ursprünglich einfache Rückenschale der Schnecken ist bei den Muscheln in drei Stücke zerfallen, in zwei Seitenklappen und ein längs des Rückens verlaufendes „Schlossband“, welches beide Klappen in einem „Schlosse“ oder Gelenke vereinigt und zusammenhält.

Unsere phylogenetische Hypothese, dass die Muscheln durch Rückbildung und Verlust des Kopfes aus einer Schnecken-Gruppe entstanden sind, wird sowohl durch die vergleichende Anatomie und Keimes-Geschichte bestätigt, als auch durch den Umstand, dass noch heute eine verbindende Zwischenform zwischen Beiden existirt; das ist die Gattung *Dentalium*, welche die besondere Classe der Schaufelschnecken (*Scaphopoda*) bildet. An sie schliessen sich nahe die Bohrmuscheln an, die nebst den Messermuscheln und Venusmuscheln zur Ordnung der Siphoniaten gehören. Bei diesen Siphoniaten finden sich entwickelte Athemröhren, welche der Ordnung der Asiphonien fehlen. Zu letzteren gehören die Austern und Perlmuttermuscheln, sowie unsere gewöhnlichen Teichmuscheln oder Najaden.

Eine eigenthümliche Molluskenclasse bilden die Flossenschnecken oder Flossenkracken (*Pteropoda*), nächtliche Seethiere, welche in grossen Schwärmen die Meere bevölkern, eine Hauptnahrung der Walfische. Mittelst zweier grosser, am Kopfe stehender Flossenlappen oder Flügel (entstanden durch Umbildung des vordersten Fusstheils) flattern sie im Meere umher, wie „See-Schmetterlinge“. Sie bilden in mancher Beziehung den Uebergang von den Schnecken zu den Kracken (*Teuthoda*) und werden von einigen Zoologen mit ihnen vereinigt. Die Hauptmasse dieser letzteren bildet die merkwürdige, schon von Aristoteles vielfach untersuchte Classe der Tintenfische oder Kopffüssler (*Cephalopoda*). Auch diese leben sämmtlich schwimmend im Meere. Durch ihre beträchtliche Grösse und vollkommnere Organisation, namentlich die hohe Entwickelung des grossen Kopfes, erheben sie sich bedeutend über die Schnecken, obwohl sie unzweifelhaft von diesen abstammen. Sie zeichnen sich vor den Schnecken durch acht, zehn oder mehr lange Arme aus, welche im Kranze den Mund umgeben und eigenthümliche Kopfgliedmaassen darstellen (gleich den „Kopfkegeln“ der Flossenschnecken). Die Kracken, welche noch jetzt in unseren Meeren leben, die Sepien, Kalmare, Argonautenboote und Perlboote, sind nur dürftige Reste von der formenreichen Schaar, welche diese Classe in den Meeren der primordialen, primären und secundären Zeit bildete. Die zahlreichen versteinerten Ammonshörner (*Ammonites*), Perlboote (*Nautilus*) und Donnerkeile (*Belemnites*) legen noch heutzutage von jenem längst erloschenen Glanze des Stammes Zeugniss ab. Die meisten dieser ausgestorbenen Kracken gehören zur Legion der Vierkiemigen (*Tetrabranchia*), von denen heute nur noch das sonderbare Perlboot lebt (*Nautilus*). Alle übrigen Cephalopoden der Gegenwart sind Zweikiemige (*Dibranchia*).

Die verschiedenen Ordnungen, welche man unter den Mollusken-Classen unterscheidet, und deren systematische Reihenfolge Ihnen die vorstehende Tabelle (S. 546) anführt, liefern in ihrer historischen und ihrer entsprechenden systematischen Entwickelung mannichfache Beweise für die Gültigkeit des Fortschrittsgesetzes. Da jedoch diese untergeordneten Mollusken-Gruppen an sich weiter von keinem besonderen Interesse sind, verweise ich Sie auf die gegenüberstehende Skizze ihres Stammbaums (S. 547) und wende mich sogleich weiter zur Betrachtung des Sternthier-Stammes.

Zum Stamme der Sternthiere oder Stachelhäuter (*Echinoderma* oder *Estrellae*) gehören die Seesterne, Seestrahlen, Seeknospen, Seelilien, Seeäpfel, Seeigel und Seegurken (vergl. Taf. IX, sowie die Uebersicht der Classen auf S. 564 und ihres Stammbaums auf S. 565). Sie bilden eine der interessantesten und dennoch wenigst bekannten Abtheilungen des Thierreichs. Alle Sternthiere leben im Meere, in dessen Oeconomie sie eine wichtige Rolle spielen. Jeder der einmal einige Wochen an der See war, wird wenigstens zwei Formen derselben, die Seesterne und Seeigel, gesehen haben. Wegen ihrer sehr eigenthümlichen Organisation sind die Sternthiere als ein ganz selbstständiger Stamm des Thierreichs zu betrachten, und namentlich gänzlich von den Nesselthieren oder Akalephen zu trennen, mit denen sie früher irrthümlich als Strahlthiere oder Radiaten zusammengefasst wurden.

Alle Echinodermen sind ausgezeichnet durch die Vereinigung von mehreren ganz eigenthümlichen Bau-Verhältnissen des Körpers, und entfernen sich dadurch weit von allen anderen Thier-Stämmen. Als solche morphologischen Haupt-Charactere betrachten wir die fünfstrahlig-symmetrische Grund-Form, das Kalk-Skelet der Lederhaut, das fünfstrahlige Sternmark des Nerven-Systems, und vor Allem das Wassercanal-System. Schon bei oberflächlicher Betrachtung der äusseren Gestalt fallen alle Sternthiere durch ihre f ü n f s t r a h l i g - s y m m e t r i s c h e G r u n d - F o r m auf (Taf. IX). Fast immer ist der Körper aus fünf Strahltheilen oder Parameren zusammengesetzt, welche rings um die Hauptaxe des Körpers sternförmig herum stehen und sich in dieser Axe berühren. Nur bei einigen Seestern-Arten steigt die Zahl dieser Strahltheile über fünf hinaus, auf 6—9, 10—12, oder selbst 20—40; und in diesem Falle ist die Zahl der Strahltheile bei den verschiedenen Individuen der Species meist nicht beständig, sondern wechselnd. Die fünf Parameren selbst besitzen einen zweiseitig-symmetrischen und gegliederten Körperbau, aus zwei symmetrischen Hälften oder Antimeren zusammengesetzt, ähnlich einem Ringelwurm. Bald sind alle fünf Stücke von gleicher Bildung, bald in der Weise differenzirt, dass der ganze fünfstrahlige Körper selbst wieder bilateral, und aus zwei Antimeren zusammengesetzt erscheint, mit einer senkrechten, ihn halbirenden Mittel-Ebene. Dann liegt ein unpaares Paramer in dieser Mittel-

Ebene, während die vier anderen sich paarweise auf die beiden Hälften vertheilen, jederseits ein vorderes und ein hinteres. Im inneren Körperbau ist ganz allgemein eine Andeutung dieser bilateren Symmetrie ausgesprochen; und da sie schon in frühester Jugend allgemein auftritt, muss sie als uralte Erwerbung gelten.

Das eigenthümliche fünfstrahlige Haut-Skelet der Echinodermen entsteht durch Verkalkung der Lederhaut, durch Ablagerung von zierlichen mikroskopischen Kalkstäbchen im Bindegewebe des Corium; meistens verbinden sich diese Stäbchen zu Gitter-Platten; und bei Vielen entstehen daraus grosse Panzer-Platten, welche sich in sehr characteristischer Lagerung zu einem festen Gehäuse, ähnlich einer äusseren Kalkschale, zusammensetzen.

Ebenso characteristisch ist ferner für die Sternthiere die besondere Form ihres Central-Nervensystems. Wie sich die Wurmthiere durch ihr einfaches Urhirn auszeichnen, die Weichthiere durch ihren Doppel-Schlundring, die Gliederthiere durch ihr Bauchmark und die Wirbelthiere durch ihr Rückenmark, so besitzen die Sternthiere ihr eigenthümliches Sternmark, einen Mundring, von dessen Ecken in jeden Strahltheil ein Bauchmark ausstrahlt (in der Regel also fünf). Dieser Nervenstrahl verläuft, gleich dem Bauchmark der Gliederthiere, an der Bauchseite jedes gegliederten Strahltheils oder Parameres bis an dessen Ende.

Von allen anderen Thieren unterscheiden sich ferner die Echinodermen durch ihr eigenthümliches Ambulacral-System, einen höchst merkwürdigen Bewegungs-Apparat. Dieser besteht aus einem verwickelten System von Canälen oder Röhren, die von aussen mit Seewasser gefüllt werden. Das Seewasser wird in dieser Wasserleitung theils durch schlagende Wimperhaare, theils durch Zusammenziehungen der muskulösen Röhrenwände selbst, die Gummischläuchen vergleichbar sind, fortbewegt. Aus den Röhren wird das Wasser in sehr zahlreiche hohle Füsschen hineingepresst, welche dadurch prall ausgedehnt und nun zum Gehen und zum Ansaugen benutzt werden. Jedes Füsschen steht mit einem inneren Bläschen in Verbindung. Will das Sternthier kriechen, so presst es Wasser aus dem Bläschen in das

Füsschen hinein. Schon in früher Jugend entwickeln sich um den Mund herum fünf Arme, welche vom Wassergefäss-Ring des Mundes aus gefüllt werden. Auch Fühler, Kiemen und andere Organe werden vom Ambulacral-System versorgt.

Ausserdem besitzen alle Sternthiere einen gut entwickelten Darmcanal, eine Leibeshöhle und ein Blutgefäss-System, sehr entwickelte Muskeln, getrennte (selten vereinigte) Geschlechter u. s. w. Kurz im Ganzen erscheinen sie morphologisch als sehr hochorganisirte Thiere, während sie physiologisch, und besonders bezüglich ihrer Seelenthätigkeit, auf einer sehr tiefen Stufe stehen. Höchst eigenthümlich ist ihre Keimesgeschichte, von den Einen als Generations-Wechsel, von den Anderen als Metamorphose aufgefasst. Sie wirft ein merkwürdiges Licht auf die Stammes-Geschichte dieser wunderbaren Thiere. Innerhalb der einzelnen Classen ist diese ziemlich klar, da uns zahlreiche, vorzüglich erhaltene Versteinerungen über die historische Entwickelung der kleineren und grösseren Gruppen aufklären. Aber die Stamm-Verwandtschaft der Classen, sowie ihr gemeinsamer Ursprung aus einer älteren Urform, ist eine äusserst schwierige, freilich auch höchst interessante Aufgabe der Phylogenie.

Zur Lösung dieser Aufgabe sind seit zwanzig Jahren, und besonders in den letzten Jahren, mehrfach verschiedene Versuche gemacht worden; keiner jedoch mit entscheidendem Erfolge. Zwei von diesen Hypothesen über die Stammes-Geschichte der Echinodermen sollen hier kurz geschildert und gegenüber gestellt werden, weil sie von entgegengesetzten Ausgangspunkten den Versuch einer umfassenden Lösung jenes Problems unternehmen. Wir wollen die ältere kurz als die Pentastraca-Hypothese bezeichnen, die jüngere als die Pentactaea-Hypothese. Die erstere geht von den höchst decentralisirten Seesternen aus (Taf. IX, Fig. A) und betrachtet die höchst centralisirten Seegurken (Fig. D) als jüngste Bildungsstufe; die letztere Hypothese gerade umgekehrt. Beide Hypothesen — wie auch alle übrigen Versuche — stimmen in der Annahme überein, dass die Echinodermen von Helminthen abstammen, und zwar von zweiseitig symmetrischen Würmern mit Darmcanal und Leibeshöhle, letztere aus ein paar Darmtaschen oder Coelom-Säcken entstanden. Aber wie diese Entstehung zu denken ist, und welche Urkunden der Stammes Geschichte dabei maassgebend sein sollen, darüber gehen die Ansichten weit auseinander.

Die ältere oder Pentastraea-Hypothese ist 1866 von mir in der „Generellen Morphologie" begründet worden (Bd. II, Taf. IV, S. LXI — LXXVII). Danach wäre als die älteste und ursprüngliche Gruppe der Sternthiere, die Stammgruppe des ganzen Phylum, die Classe der Seesterne (*Asterida*) zu betrachten. Dafür spricht ausser zahlreichen und wichtigen Beweisgründen der vergleichenden Anatomie und Entwickelungs-Geschichte insbesondere die hier noch unbeständige und wechselnde Zahl der Strahltheile oder Parameren, welche bei allen übrigen Echinodermen ausnahmslos auf fünf fixirt ist. Jeder Seestern besteht aus einer mittleren kleinen Körperscheibe, an deren Umkreis in einer Ebene fünf oder mehr lange gegliederte Arme befestigt sind. Jeder Arm des Seesterns entspricht in seiner ganzen Organisation wesentlich einem gegliederten Wurm, vergleichbar manchen Ringelwürmern oder Anneliden. Ich betrachtete daher den Seestern als einen echten Stock oder Cormus von fünf oder mehr gegliederten Würmern, welche einst durch sternförmige Knospenbildung aus einem centralen Mutter-Wurme entstanden sind. Von diesem letzteren haben die sternförmig verbundenen Geschwister die gemeinschaftliche Mundöffnung und die gemeinsame Verdauungshöhle (Magen) übernommen, die in der mittleren Körperscheibe liegen. Das verwachsene Ende, welches in die gemeinsame Mittelscheibe mündet, würde dem Hinterende der ursprünglich selbstständigen Würmer entsprechen.

In ganz ähnlicher Weise sind auch bei Thieren ans anderen Stämmen bisweilen mehrere Individuen zur Bildung eines sternförmigen Stockes vereinigt. Das ist namentlich bei den Botrylliden der Fall, zusammengesetzten Seescheiden oder Ascidien, aus dem Stamme der Mantelthiere (Tunicaten). Auch hier sind die einzelnen Personen mit ihrem hinteren Ende verwachsen, und haben sich hier eine gemeinsame Auswurfsöffnung, eine Centralkloake gebildet, während am vorderen Ende noch jede Person ihre eigene Mundöffnung besitzt. Bei den Seesternen würde die letztere im Laufe der historischen Stockentwickelung zugewachsen sein, während sich die Centralkloake zu einem gemeinsamen Mund für den ganzen Stock ausbildete.

Die Seesterne würden demnach Würmerstöcke sein, welche sich durch sternförmige Knospenbildung aus echten gegliederten Würmern entwickelt haben. Diese Hypothese scheint auch durch die vergleichende Anatomie und Ontogenie der gegliederten Seesterne und der gegliederten Würmer gestützt zu werden. Unter den letzteren gleichen in Bezug auf den inneren Bau die vielgliedrigen Ringelwürmer (*Annelida*), die wir zu den Gliederthieren stellen, den einzelnen Armen oder Strahltheilen der Seesterne, d. h. den ursprünglichen Einzelwürmern. Jeder der fünf Arme des Seesterns ist aus einer grossen Anzahl hinter einander liegender gleichartiger Glieder oder Metameren kettenartig zusammengesetzt, ebenso wie jeder gegliederte Wurm und jeder Krebs. Wie bei diesen letzteren, so verläuft auch bei den ersteren in der Mittellinie des Bauchtheils ein centraler Nervenstrang, das Bauchmark. An jedem Metamere sind ein paar ungegliederte Füsse und ausserdem meistens ein oder mehrere Stacheln angebracht, ähnlich wie bei vielen Ringelwürmern. Auch vermag der abgetrennte Seestern-Arm ein selbstständiges Leben zu führen. Bei manchen Seestern-Arten (*Ophidiaster*, *Linckia*, *Brisingia etc.*) sind sogar die abgelösten Arme im Stande, durch sternförmige Knospenbildung den ganzen Seestern, die mittlere Scheibe nebst den übrigen Armen, neu zu bilden. Das sind die sogenannten „Kometenformen" der Seesterne. (Vergl. Zeitschr. für wissensch. Zoologie, Bd. XXX, Suppl. 1878.)

Wichtige Beweise für die Wahrheit der Pentastraea-Hypothese scheint ferner die Ontogenie oder die Keimes-Geschichte der Echinodermen zu liefern. Die höchst merkwürdigen Thatsachen dieser Ontogenie entdeckte erst im Jahre 1848 der grosse Berliner Zoologe Johannes Müller. Einige der wichtigsten ontogenetischen Verhältnisse sind auf Taf. VIII und IX vergleichend dargestellt. (Vergl. die nähere Erklärung derselben unten im Anhang.) Fig. A auf Taf. IX zeigt Ihnen einen gewöhnlichen Seestern (*Uraster*), Fig. B eine Seelilie (*Comatula*), Fig. C einen Seeigel (*Echinus*) und Fig. D eine Seegurke (*Synapta*). Trotz der ausserordentlichen Formverschiedenheit, welche diese vier Sternthiere zeigen, ist dennoch der Anfang der Entwickelung bei allen ganz gleich. Aus dem Ei (Taf. VIII, Fig. A1—D1) entwickelt sich eine Gastrula, und aus dieser eine Thierform, welche gänzlich von dem ausgebildeten Sternthiere verschieden, dagegen den bewimperten Larven gewisser Wurmthiere höchst ähnlich ist. Die sonderbare Thierform heisst *Dipleurula* (Fig. A3—D4). Sie wird von den Einen als „Larve", von den Andern als „Amme" der Sternthiere betrachtet. Sie ist sehr klein, durchsichtig, schwimmt mittelst einer Wimperschnur im Meere umher, und besitzt einen einfachen Darm mit Mund und After. Beide Oeffnungen liegen in der Mittelebene des zweiseitigen Körpers und ebenso das Mesenterium. Aus dem Darm wachsen seitlich ein paar Coelom-Taschen heraus, die Anlagen der Leibeshöhle. Demnach ist die *Dipleurula* stets aus zwei symmetrisch gleichen Körperhälften, aus einem „Antimeren-Paar", zusammengesetzt. Das erwachsene Sternthier dagegen, welches vielmals (oft mehr als hundertmal) grösser und ganz undurchsichtig ist, kriecht auf dem Grunde des Meeres und ist stets aus mindestens fünf gleichen Stücken (aus fünf Paar Antimeren) strahlig zusammengesetzt. Taf. VIII zeigt die Entwickelung der Ammen oder Larven von den auf Taf. IX abgebildeten vier Sternthieren.

Das ausgebildete Sternthier entsteht nun durch einen sehr merkwürdigen Knospungs-Process im Innern der Amme, von welcher dasselbe nur einen Theil des Körpers, insbesondere Magen und Leibeshöhle beibehält. Die Amme oder die sogenannte „Larve" der Echinodermen kann demnach als ein solitärer Wurm aufgefasst werden, welcher durch innere Knospung eine zweite Generation in Form eines Stockes von fünf sternförmig verbundenen Würmern erzeugt. Der ganze Process ist nach dieser Auffassung echter Generationswechsel oder Metagenesis, keine „Metamorphose", wie gewöhnlich gesagt wird. Denn nur durch wirkliche Vermehrung, nicht durch blosse Verwandlung, können aus einem Antimeren-Paar (oder aus einem „Paramer") deren fünf entstehen.

Ein ähnlicher Generationswechsel findet sich auch noch bei anderen Würmern, nämlich bei einigen Sternwürmern (Sipunculiden) und Schnurwürmern (Nemertinen). Erinnern wir uns nun des biogenetischen Grundgesetzes (S. 309) und beziehen wir die Ontogenie der Echinodermen auf ihre Phylogenie, so dürfen wir annehmen, dass die älteren Stammformen der Sternthiere bilaterale Würmer mit Leibeshöhle waren, welche sich an festsitzende Lebensweise anpassten und durch Knospung fünfstrahlige Stöcke bildeten.

Ausser den angeführten Gründen scheinen auch noch andere Thatsachen (besonders aus der vergleichenden Anatomie der Echinodermen) Zeugniss für die Richtigkeit der Pentastraea-Hypothese abzulegen. Ich hatte diese Stammhypothese 1866 aufgestellt, ohne eine Ahnung davon zu haben, dass auch noch versteinerte Gliedwürmer existiren, welche jenen hypothetisch vorausgesetzten Stammformen zu entsprechen scheinen. Solche sind aber bald darauf wirklich bekannt geworden. In einer Abhandlung „über ein Aequivalent der takonischen Schiefer Nordamerikas in Deutschland“ beschrieben 1867 Geinitz und Liebe eine Anzahl von gegliederten silurischen Würmern, welche den von mir gemachten Voraussetzungen entsprechen. Diese merkwürdigen Würmer kommen in den silurischen Dachschiefern von Wurzbach im reussischen Oberlande zahlreich und in vortrefflich erhaltenem Zustande vor. Sie haben den Bau eines gegliederten Seesternarms, und müssen offenbar einen festen Hautpanzer, ein viel härteres und festeres Hautskelet besessen haben, als es sonst bei den Würmern vorkommt. Die Zahl der Körperglieder oder Metameren ist sehr beträchtlich, so dass die Würmer bei einer Breite von $^1/_4$—$^1/_2$ Zoll eine Länge von 2—3 Fuss und mehr erreichen. Die vortrefflich erhaltenen Abdrücke, namentlich von *Phyllodocites thuringiacus* und *Crossopodia Henrici*, gleichen auffallend den skeletirten Armen mancher gegliederten Seesterne (*Colasteriae*). Ich bezeichnete diese uralte Würmergruppe, zu welcher vielleicht die Stammformen der Seesterne gehört haben, als Panzerwürmer (*Phracthelminthes*).

Das phylogenetische System des formenreichen Sternthier-Stammes würde nach der Pentastraea-Hypothese zunächst in drei Hauptclassen und sechs Classen zerfallen. Da die Classe der Seesterne (*Asterida*) die ursprüngliche Form des sternförmigen Wurmstockes am getreuesten erhalten hat, und da ihnen noch die innere Centralisation der übrigen Sternthiere grösstentheils fehlt, so würde sie als die gemeinsame älteste Wurzelgruppe des ganzen Stammes anzusehen sein. Die ähnlichen Seestrahlen (*Ophiurae*) stehen den Seesternen im Ganzen noch sehr nahe; doch ist die centrale Scheibe schon scharf von den fünf langen Armen abgesetzt. Bei den Seesternen besitzt noch jeder Arm die vollständige Wurm-Organisation, während das bei den Seestrahlen nicht mehr der Fall ist. Doch sind noch heute beide Classen durch Uebergangs-Formen verbunden; beide zusammen bilden die Hauptclasse der Arm-Sternthiere (*Anthostellae* oder *Asterozoa*).

Als zweite Hauptclasse trennen wir die Kelch-Sternthiere (*Pectostellae* oder *Pelmatozoa*). Dahin gehören drei verschiedene Classen, die Seelilien (*Crinoidea*, Taf. IX, Fig. B), die Seeknospen (*Blastoidea*) und die Seeäpfel (*Cystoidea*). Die beiden letzten Classen sind uralt und längst ausgestorben; wir kennen nur ihre versteinerten Panzer aus den archolithischen und paläolithischen Formationen. Auch die Seelilien sind grösstentheils ausgestorben; doch leben noch heute viele Epigonen derselben, besonders in der Tiefsee. Alle drei Classen von Pectostellen sind dadurch ausgezeichnet, dass sie die freie Ortsbewegung der übrigen Sternthiere aufgegeben, sich festgesetzt, und dann einen mehr oder minder langen Stiel entwickelt haben. Dadurch sind sie in vielen Beziehungen stark rückgebildet worden. Einige Seelilien lösen sich jedoch späterhin von ihrem Stiele wieder ab, so z. B. die Comateln, Fig. B auf Taf. VIII und IX.

Die dritte Hauptclasse der Echinodermen bilden die Kapsel-Sternthiere (*Thecostellae* oder *Echinozoa*); die beiden Classen der Seeigel und Seegurken. Hier sind stets die gegliederten Arme nicht mehr als selbstständige Körpertheile erkennbar, vielmehr durch weitgehende Centralisation des Stockes vollkommen in der Bildung der gemeinsamen aufgeblasenen Mittelscheibe aufgegangen, so dass diese jetzt als eine einfache armlose Kapsel oder ein wurmähnlicher cylindrischer Schlauch erscheint. Der ursprüngliche Individuenstock ist scheinbar dadurch wieder zum Formwerth eines einfachen Individuums, einer einzelnen Person, herabgesunken. In mehrfacher Beziehung schliesst sich an die Seesterne zunächst die formenreiche Classe der Seeigel (*Echinida*) an. Sie führt ihren Namen von den zahlreichen, oft sehr grossen Stacheln, welche die feste, aus Kalkplatten zierlich zusammengesetzte Schale bedecken (Fig. C, Taf. VIII und IX). Die Schale selbst hat die Grundform einer fünfseitigen Pyramide. Die einzelnen Abtheilungen der Seeigel bestätigen in ihrer historischen Aufeinanderfolge, eben so wie die einzelnen versteinert erhaltenen Gruppen der Seelilien und Seesterne, in ausgezeichneter Weise die Gesetze des Fortschritts und der Differenzirung. Während uns die Geschichte dieser Sternthier-Classen durch die zahlreichen und vortrefflich erhaltenen Versteinerungen sehr genau erzählt wird, wissen wir dagegen von der geschichtlichen Entwickelung der letzten Classe, der Seegurken (*Holothuriae*), fast Nichts. Aeusserlich zeigen diese sonderbaren gurkenförmigen Sternthiere eine trügerische Aehnlichkeit mit Würmern (Fig. D, Taf. VIII und IX). Die Skeletbildung der Haut ist hier sehr unvollkommen und daher konnten keine deutlichen Reste von ihrem langgestreckten walzenförmigen wurmähnlichen Körper in fossilem Zustande erhalten bleiben. Die Pentastraea-Hypothese zieht aus der vergleichenden Anatomie und Ontogenie der Holothurien den Schluss, dass dieselben wahrscheinlich aus einer Abtheilung der Seeigel durch Erweichung und Rückbildung des Hautskelets entstanden sind. Sie würden somit als die jüngste und die am meisten veränderte Classe des Sternthier-Stammes anzusehen sein. Zu ähnlichen Anschauungen ist auch neuerdings Otto Hamann durch seine eingehenden Untersuchungen über die Histologie der Echinodermen gelangt.

Zwanzig Jahre hindurch blieb meine Pentastraea-Hypothese der einzige umfassende Versuch, die Stammes-Geschichte der Echinodermen monophyletisch zu begründen und die Stammverwandtschaft ihrer Classen durch gleichmässige Berücksichtigung aller drei Schöpfungs-Urkunden, der vergleichenden Anatomie, Ontogenie und Paläontologie aufzuklären. Während dieses Zeitraums wurden alle drei Urkunden durch die eingehenden Untersuchungen zahlreicher Naturforscher ausserordentlich bereichert, und durch eine Fülle von überraschenden Entdeckungen ein ganz neues Licht auf jene schwierigen Aufgaben der Phylogenie geworfen. Diese führten allmählich zu einer ganz verschiedenen Auffassung der Sternthier-Organisation, und in den letzten Jahren zu mehrfachen Versuchen, dieselbe phylogenetisch aufzuklären. Der umfassendste dieser Versuche, und derjenige, welcher bei dem gegenwärtigen Stande unserer Kenntniss wohl der Wahrheit am nächsten zu kommen scheint, wurde von Richard Semon unternommen, in seiner gedankenreichen Schrift über „Die Entwickelung der *Synapta digitata* und die Stammes-Geschichte der Echinodermen" (Jena, 1888). Zu ganz ähnlichen Resultaten gelangten auch die beiden Sarasin, in ihrer schönen Abhandlung „über die Anatomie der Echinothuriden und die Phylogenie der Echinodermen" (Wiesbaden, 1888).

Die Pentactaea-Hypothese von Semon stimmt mit meiner Pentastraea-Hypothese in der Annahme überein, dass alle Echinodermen monophyletisch von einer gemeinsamen uralten Stammform abzuleiten sind, und dass diese Stammform ein dipleures Wurmthier war, mit bilateral-symmetrischer Grundform, einfachem Darmcanal und ein paar Coelom-Taschen. Semon nimmt aber an, dass die verschiedenen Classen der Sternthiere divergent, unabhängig von einander, aus dieser gemeinsamen Stammform (*Pentactaea*) sich entwickelt haben. In der Ontogenie aller Sternthiere findet sich übereinstimmend ein wichtiges Larven-Stadium (*Pentactula*), welches nach dem biogenetischen Grundgesetze die erbliche Bildung der hypothetischen *Pentactaea* wiederholt. Die verschiedenen Larven-Formen, welche Taf. VIII darstellt, convergiren gegen diese bilaterale Pentactula, während sich die weiteren Entwickelungsformen der verschiedenen Classen divergirend aus derselben hervorbilden. Die mediane Lage des Darms, der durch ein Dorsal-Mesenterium an die Leibeswand geheftet ist, sowie die beiden aus ihm hervorgewachsenen Coelom-Taschen, bekunden unzweifelhaft die bilaterale Symmetrie der Pentactula-Larve und ihre Abstammung von alten Helminthen.

Systematische Uebersicht

über die Classen und Ordnungen der Sternthiere (*Echinoderma*).

Hauptclassen der Sternthiere.	Classen der Sternthiere.	Ordnungen der Sternthiere.	Gattungsnamen als Beispiele.
I. Erste Hauptklasse: **Thecostellae** (*Echinozoa*) Kapsel-Sternthiere	**I. Seegurken** **Holothuriae** (Scytoderma)	1. Seegurken ohne Füsschen **Apodia**	*Synapta* *Molpadia*
		2. Seegurken mit Füsschen **Eupodia**	*Pentacta* *Elpidia*
	II. Seeigel **Echinida**	3. Aeltere Seeigel **Palechinida**	*Melonites* *Protechinus*
		4. Jüngere Seeigel **Metechinida**	*Sphaerechinus* *Spatangus*
II. Zweite Hauptklasse: **Pectostellae** (*Pelmatozoa*) Kelch-Sternthiere	**III. Seeäpfel** **Cystoidea** (nur fossil)	5. Zweiseitige Cystoideen **Pleurocystida**	*Trochocystites* *Pleurocystites*
		6. Kugelige Cystoideen **Sphaeronitida**	*Sphaeronites* *Echinosphaerites*
	IV. Seeknospen **Blastoidea** (nur fossil)	7. Zweiseitige Blastoideen **Dysblastoida**	*Codonaster* *Eleutherocrinus*
		8. Regelmässige Blastoideen **Eublastoida**	*Pentremites* *Elaeacrinus*
	V. Seelilien **Crinoidea**	9. Aeltere Seelilien **Palacrinida**	*Rhodocrinus* *Cyathocrinus*
		10. Jüngere Seelilien **Neocrinida**	*Rhizocrinus* *Comatula*
III. Dritte Hauptklasse: **Anthostellae** (*Asterozoa*) Blumen-Sternthiere	**VI. Seestrahlen** **Ophiurae**	11. Einfache Seestrahlen **Ophiantheae**	*Ophiolepis* *Ophioderma*
		12. Aestige Seestrahlen **Euryaleae**	*Astroporpa* *Astrophytum*
	VII. Seesterne **Asterida**	13. Aeltere Seesterne **Palasteriae**	*Palaeaster* *Lepidaster*
		14. Neuere Seesterne **Colasteriae**	*Astropecten* *Ophidiaster*

Sternthiere. Erste Generation: Wurm-Person. Taf. VII.

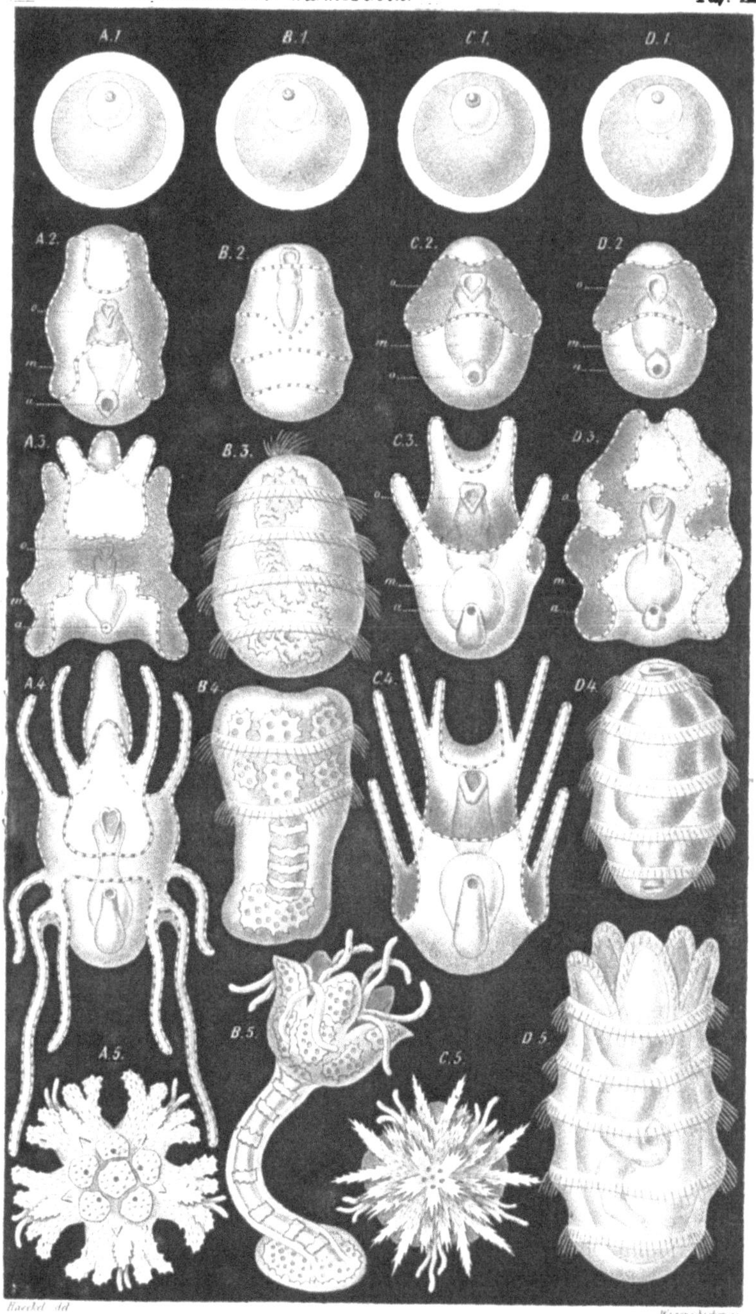

Haeckel del.

Wagenschieber sc.

Haeckel del. Wagenschieber sc.

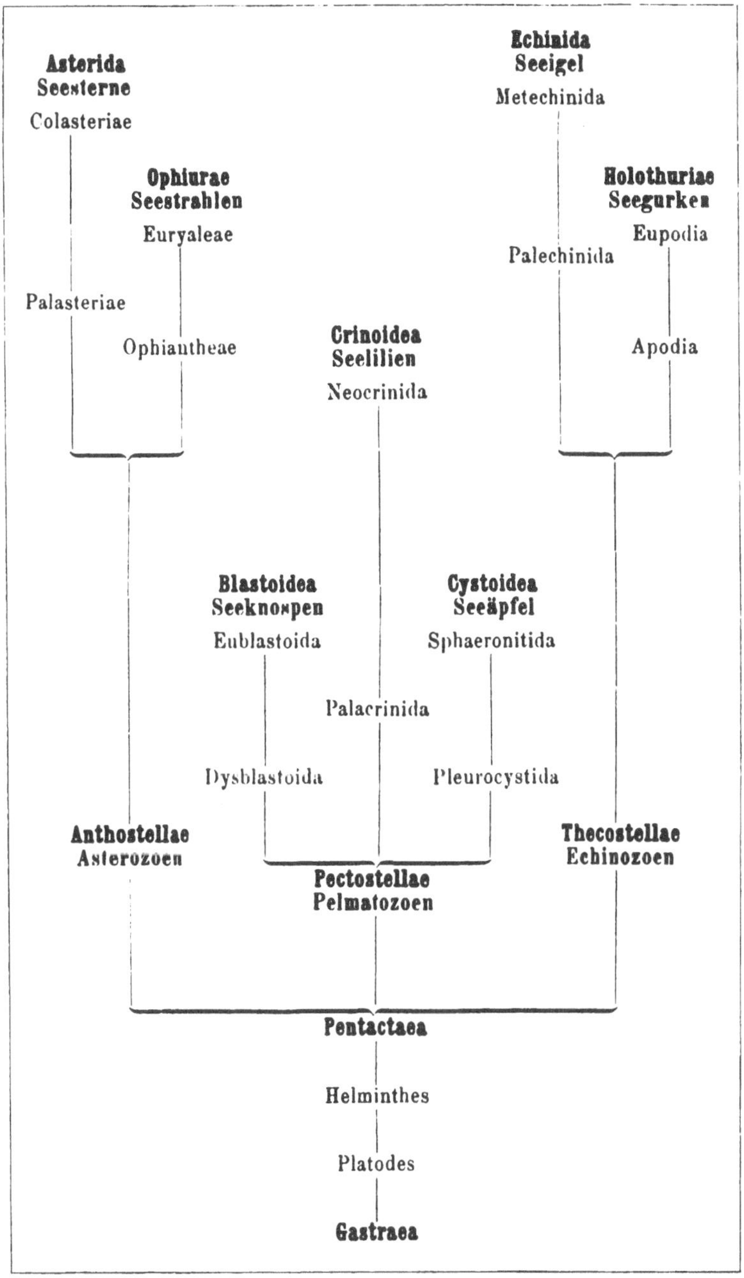
Asterida
Seesterne
Colasteriae
Ophiurae
Seestrahlen
Euryaleae
Palasteriae
Ophiantheae
Echinida
Seeigel
Metechinida
Holothuriae
Seegurken
Eupodia
Palechinida
Apodia
Crinoidea
Seelilien
Neocrinida
Blastoidea
Seeknospen
Eublastoida
Cystoidea
Seeäpfel
Sphaeronitida
Palaecrinida
Dysblastoida
Pleurocystida
Anthostellae
Asterozoen
Pectostellae
Pelmatozoen
Thecostellae
Echinozoen
Pentactaea
Helminthes
Platodes
Gastraea

Anderseits aber deutet gleichzeitig ein Kranz von fünf Primär-Tentakeln, welcher sich um den Mund entwickelt, sowie fünf in dieselben hineinlaufenden Wassergefässe (ausgehend von einem Mundring) die fünfstrahlige Organisation an, welche in ihrer weiteren Entwickelung so bedeutungsvoll für den Stamm der Sternthiere sich gestaltet. (Vergl. S. 510, Taf. XVIII, Fig. 4, 5). Die typische Grundform der Pentactula ist daher die pentamphipleure, oder die fünfstrahlig-symmetrische Grundform.

Die Ursache der fünfstrahligen Grundform ist in der Anpassung an die festsitzende Lebensweise zu suchen. Die ältere freischwimmende Helminthen-Stammform, welche noch heute die *Dipleurula* (Taf. VIII) durch Vererbung wiederholt, setzte sich später am Meeresboden fest. Sie verwandelte sich in die Pentactaea und wird durch einen, der Mundöffnung entgegengesetzten Stiel am Meeresboden befestigt gewesen sein. Dieser ursprüngliche Stiel hat sich auf die meisten Pectostellen vererbt, während die Anthostellen und Thecostellen sich wieder vom Stiele abgelöst und die verlorene freie Ortsbewegung wieder gewonnen haben. Auch andere Würmer, (z. B. *Loxosoma* unter den Bryozoen) entwickeln einen Kranz von radialen Tentakeln um die Mundöffnung, während das entgegengesetzte Körperende durch einen Stiel am Meeresboden befestigt wird.

Die Synapten, oder die einfachsten Holothurien, von deren Ontogenie Semon ausgegangen ist, sind nach ihm die ursprünglichsten und ältesten unter allen lebenden Sternthieren, diejenigen, welche die wichtigsten Züge der Pentactaea-Organisation am getreuesten durch Vererbung erhalten haben. Nach der Pentastraea-Hypothese hingegen würden sie als die jüngsten, durch Rückbildung entstellten und durch Anpassung am meisten veränderten Zweige des Stammes anzusehen sein. Die Seesterne hingegen, und insbesondere die Kometen-Formen (mit höchster Selbstständigkeit der fünf Arme), welche nach dieser Hypothese die ältesten und ursprünglichsten Formen des Stammes darstellten, würden nach der Pentactaea-Hypothese gerade umgekehrt als die jüngsten, durch Decentralisation am stärksten veränderten Zweige desselben anzusehen sein.

Die Vergleichung dieser beiden Hypothesen, sowie mehrfacher anderer Versuche, welche neuerdings zur Aufklärung des Sternthier-Stammbaums unternommen worden sind, kann leider hier nicht weiter ausgeführt werden, weil sie eine specielle Kenntniss der höchst verwickelten Verhältnisse in der vergleichenden Anatomie und Ontogenie dieses wunderbaren Thierstammes voraussetzt. Sie ist aber nicht allein an sich höchst interessant, sondern auch sehr lehrreich für die allgemeinen Ziele und Wege unserer heutigen Stammes-Geschichte. Wir können daraus entnehmen, wie hoch der Werth der phylogenetischen Methode für die Lösung schwieriger und verwickelter morphologischer Fragen ist. Auch wenn keine der verschiedenen Hypothesen über den Ursprung der Echinodermen ganz richtig ist, so haben dieselben doch sehr Viel dazu beigetragen das tiefe Dunkel zu erhellen, welches bisher über der schwierigen Erkenntniss dieses ganz eigenthümlichen Thierstammes lagerte. Viele leitende Gesichtspunkte für die Verwandtschaften der verschiedenen Classen sind aufgefunden, und neue phylogenetische Beziehungen zwischen ihnen aufgedeckt worden.

Billigerweise darf man nicht verlangen, dass jetzt schon die Phylogenie — vor 25 Jahren noch unbekannt — überall reife Früchte trage. Aber neben zahlreichen, schon gezeitigten Früchten zeigt sie uns überall am Baume der Erkenntniss entfaltete Blüthen und hoffnungsvolle Knospen: phylogenetische Fragen, deren allmähliche Lösung dem denkenden und forschenden Menschengeiste die interessanteste Arbeit und die schönsten Erfolge verspricht.

Dreiundzwanzigster Vortrag.

Stammes-Geschichte der Gliederthiere.

Vier Classen der Gliederthiere von Cuvier. Spätere Trennung der Anneliden von den Arthropoden. Die drei Hauptclassen der Anneliden, Crustaceen und Tracheaten. Gemeinsame Merkmale derselben. Abstammung derselben von einer Stammform. Stammgruppe der Anneliden oder Ringelthiere (Egel und Borstenwürmer). Hauptclasse der Krustenthiere oder Crustaceen. Eintheilung in zwei divergente Classen: Krebsthiere (Caridonia) und Schildthiere (Aspidonia). Abstammung der Caridonien von Archicariden. Nauplius. Verwandtschaft der Aspidonien und Arachniden. Hauptclasse der Luftrohrthiere (Tracheata). Vier Classen derselben: Protracheaten (Peripatus), Tausendfüsser (Myriapoden), Spinnen (Arachniden) und Insecten. Organisation und Stammbaum der Insecten. Eintheilung derselben in vier Legionen nach den Mundtheilen. Flügellose ältere Insecten (Thysanura). Geflügelte jüngere Insecten (Pterygonia). Insecten mit beissenden, leckenden, stechenden und schlürfenden Mundtheilen. Historische Stammfolge der Insecten.

Meine Herren! Wenn wir von einem höheren Standpunkt aus die historische Entwicklung der verschiedenen Thierstämme vergleichend betrachten, so treten uns auffallende Unterschiede in der zeitlichen und räumlichen Entfaltung derselben entgegen. Auch die Zahl der kleineren und grösseren Formengruppen, in welche sich jeder Stamm spaltet, ist sehr verschieden, nicht allein in den einzelnen Perioden der organischen Erdgeschichte, sondern auch im Grossen und Ganzen genommen. Denn der Kampf um's Dasein bedingt überall und jederzeit höchst mannichfaltige Verhältnisse der Entwickelung; er züchtet daher auch die einzelnen Stämme in der verschiedensten Weise. Wollte man die Bedeutung jedes Stammes nach der Zahl seiner Arten beurtheilen, und als Maassstab die Mannichfaltigkeit der einzelnen, durch natürliche Züchtung entstandenen Formen anwenden, so würde ein einziger Stamm allen anderen bei Weitem voranstehen; das ist der höchst entwickelte Stamm unter den wirbellosen Thieren, das Phylum der Gliederthiere (*Articulata*).

Unter diesem Namen fasste zuerst Cuvier 1817 vier Classen von wirbellosen Thieren zusammen, die sich alle durch die auffallende äussere Gliederung ihres Körpers und durch ein characteristisches Nervensystem, ein Bauchmark mit Schlundring, auszeichnen. Jene vier Classen waren die Ringelwürmer (*Annelida*), die Krustenthiere (*Crustacea*), die Spinnen (*Arachnida*) und die Insecten (*Insecta*). Die drei letzten Classen besitzen gegliederte Beine und ihre Leibesringe sind sehr ungleichartig. Hingegen ist die Gliederung der Ringelwürmer mehr gleichartig, und sie haben entweder gar keine oder nur ungegliederte Beine. Deshalb wurden diese letzteren später gewöhnlich zu den fusslosen Würmern oder Wurmthieren gestellt; die anderen Gliederthiere aber als besonderer Typus unter dem Namen Gliederfüssler (*Arthropoda*) zusammengefasst. Die neueren Zoologen unterschieden in diesem Typus nach dem Vorgange Bronn's zwei Haupt-Gruppen, nämlich 1) die Krustenthiere (*Crustacea*), welche Wasser durch Kiemen athmen; und 2) die Luftrohrthiere (*Tracheata*), welche Luft durch Luftröhren athmen. Die letzteren wurden in drei Classen getheilt, in Tausendfüsser (*Myriapoda*), Spinnen (*Arachnida*) und echte sechsbeinige Insecten (*Insecta*).

Diese neuere, gegenwärtig übliche Auffassung und Eintheilung der Gliederfüssler oder Arthropoden hat aber in neuester Zeit durch unsere bessere Erkenntniss ihrer Entwickelungsgeschichte wieder eine wesentliche Wendung erfahren. Die Kluft zwischen Crustaceen und Tracheaten hat sich immer mehr erweitert, während die letzteren wieder den Anneliden viel näher gerückt sind. Entscheidend ist hier namentlich die Entdeckung des feineren Baues und der Entwickelung von einer uralten merkwürdigen Gliederthier-Form geworden, die bisher allgemein zu den Ringelwürmern gerechnet wurde. Das ist der interessante tausendfussähnliche Peripatus, der in feuchter Erde in den heissen Erdtheilen lebt. Ein verdienstvoller Zoologe der berühmten Challenger-Expedition, Moseley, hat gezeigt, dass der Peripatus wirkliche Luftröhren besitzt und so die unmittelbare Verbindung zwischen den Ringelwürmern und Luftrohrthieren herstellt.

In Folge dieser wichtigen Entdeckung, und in unbefangener vergleichender Würdigung der gesammten Organisation und Entwickelung halte ich es jetzt für das Richtigste, den Stamm oder Typus der Gliederfüssler (*Arthropoda*) aufzugeben und wieder zu der alten Auffassung der Gliederthiere (*Articulata*) von Cuvier zurückzukehren. Mit Berücksichtigung der neueren wichtigen Fortschritte in unserer Kenntniss ihres Körperbaues und ihrer Entwickelung unterscheide ich unter den Gliederthieren drei Haupt-Classen: 1. Anneliden, 2. Crustaceen und 3. Tracheaten. Die Ringelthiere (*Annelida*) zerfallen in zwei Classen: Egel (*Hirudinea*) und Borstenwürmer (*Chaetopoda*), erstere ohne Füsse, letztere mit ungegliederten Füssen. Die Krustenthiere (*Crustacea*) theile ich ebenfalls in zwei Classen: Krebsthiere (*Caridonia*) und Schildthiere (*Aspidonia*), erstere mit zwei Paar Fühlhörnern, letztere mit einem Paar. Die Luftrohrthiere endlich (*Tracheata*) müssen in vier Classen getheilt werden. Die erste Classe bilden die Urluftröhrer (*Protracheata*), von denen jetzt nur noch der *Peripatus* lebt, mit zahlreichen ungegliederten Beinpaaren; die zweite Classe die Tausendfüsser (*Myriapoda*) mit zahlreichen gegliederten Beinpaaren; die dritte Classe die Spinnen (*Arachnida*) mit vier Beinpaaren, und die vierte Classe endlich die echten Insecten (*Insecta*) mit sechs Beinpaaren.

Alle diese Gliederthiere oder Articulaten stimmen darin überein, dass ihr Körper ursprünglich aus einer grösseren Zahl (mindestens 8—10, oft 20—50 und mehr) Gliedern zusammengesetzt ist, die in der Längsaxe hinter einander liegen und die wir Rumpfsegmente, Somiten, Ringe oder Metameren nennen. Aeusserlich tritt diese Gliederung meistens deutlich hervor, indem die Haut von einer festen Chitin-Hülle umgeben und diese zwischen je zwei Gliedern ringförmig eingeschnürt ist. Noch mehr aber spricht sich die Gliederung in der Wiederholung innerer

Organe aus, indem z. B. auf jedes Glied oder Metamer ursprünglich ein Abschnitt des Gefässsystems, des Muskelsystems, des Nervensystems etc. kommt. Höchst characteristisch ist in dieser Beziehung vor allen die Bildung des centralen Nervensystems, welches stets ein Bauchmark mit Schlundring darstellt. Auf jedes Glied kommt nämlich ursprünglich ein Ganglien-Paar, und alle diese Nervenknoten sind durch Längsfäden zu einer langen Kette verbunden, die auf der Bauchseite, unter dem Darm verläuft. Der vorderste Knoten dieser Kette, der „untere Schlundknoten", liegt im Kopfe, und ist durch einen ringförmigen, den Schlund umfassenden Strang, den „Schlundring", mit dem „oberen Schlundknoten", dem oberhalb gelegenen „Urhirn", verbunden.

Die drei Haupt-Classen der Gliederthiere lassen sich durch mancherlei Eigenthümlichkeiten ziemlich scharf unterscheiden. Die Ringelthiere sind namentlich ausgezeichnet durch ihre sogenannten Schleifencanäle oder Nephridien; das sind lange gewundene Nierencanäle, die in jedem Gliede oder Metamer sich paarweise wiederholen. Die Luftrohrthiere anderseits sind scharf gekennzeichnet durch ihre merkwürdigen Luftröhren oder Tracheen, die bei keiner anderen Thierclasse wiederkehren. Die Krustenthiere besitzen weder die metamerischen Schleifencanäle der Ringelthiere, noch die Tracheen der Luftrohrthiere; ihre Chitinhülle ist meistens sehr dick und hart, kalkhaltig und krustenartig. (Vergl. S. 510, Taf. XVIII, Fig. 7—11).

Obwohl nun durch diese und andere Merkmale die drei Haupt-Classen der Gliederthiere ziemlich leicht und bestimmt zu unterscheiden sind, so erscheinen sie doch auf der anderen Seite wieder so nahe verwandt, dass wir sie in dem einen Stamme der *Articulata* vereinigen müssen. Unzweifelhaft wurzelt dieser Thierstamm ursprünglich in dem Stamme der Wurmthiere oder Helminthen. Einerseits erscheinen die Ringelthiere oder Anneliden durch mehrfache Zwischenformen mit den Rundwürmern (*Nematoda*), vielleicht auch mit den Schnurwürmern (*Nemertina*) in Verbindung zu stehen. Anderseits stehen die Jugendformen vieler Anneliden, insbesondere die sogenannten „Räder-Larven" (*Trochophora*), in ihrer Organisation den kleinen Räder-

Systematische Uebersicht
über die Classen und Ordnungen der Gliederthiere (*Articulata*).

Hauptclassen (Cladome) der Gliederthiere.	**Charactere der Classen.**	**Classen der Gliederthiere.**	**Ordnungen der Gliederthiere.**
I. **Ringelthiere** **Annelida.** Mit segmentalen Nephridien. Ohne Luftröhren.	1. Keine Beine. Statt deren Saugnäpfe.	1. Egel *Hirudinea*	1. Rhynchobdellea 2. Gnathobdellea
	2. Zahlreiche ungegliederte Beinpaare oder Borsten.	2. Borstenwürmer *Chaetopoda*	1. Oligochaeta 2. Polychaeta
II. **Krustenthiere** **Crustacea.** Ohne segmentale Nephridien. Ohne Luftröhren.	3. Nauplius-Keim. Zwei Paar Fühlhörner.	3. Krebsthiere *Caridonia*	1. Branchiopoda 2. Copepoda 3. Cirripeda 4. Leptostraca 5. Edriophthalma 6. Podophthalma
	4. Kein Nauplius-Keim. Ein Paar Fühlhörner.	4. Schildthiere *Aspidonia*	1. Trilobita 2. Merostoma 3. Xiphosura
III. **Luftrohrthiere** **Tracheata.** Meist ohne segmentale Nephridien. Mit Luftröhren oder Tracheen.	5. Zahlreiche ungegliederte Beinpaare.	5. Urluftröhrer *Protracheata*	1. Peripatida
	6. Zahlreiche gegliederte Beinpaare.	6. Tausendfüsser *Myriapoda*	1. Chilopoda 2. Diplopoda
	7. Vier gegliederte Beinpaare.	7. Spinnen *Arachnida*	1. Scorparia 2. Araneae 3. Acaria
	8. Drei gegliederte Beinpaare (und meistens zwei Paar Flügel)	8. Insecten *Insecta*	1. Thysanura 2. Archiptera 3. Neuroptera 4. Strepsiptera 5. Orthoptera 6. Coleoptera 7. Hymenoptera 8. Hemiptera 9. Diptera 10. Lepidoptera

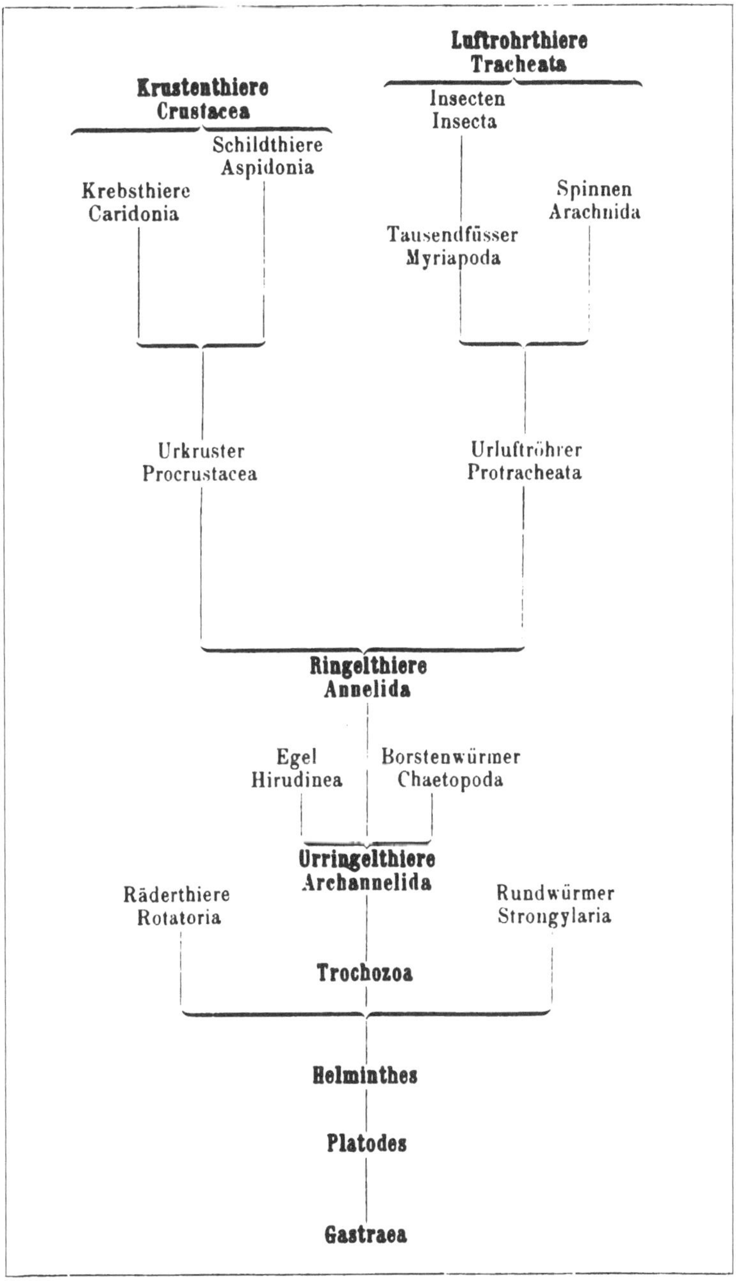
Luftrohrthiere
Tracheata
Krustenthiere
Crustacea
Insecten
Insecta
Schildthiere
Aspidonia
Krebsthiere
Caridonia
Spinnen
Arachnida
Tausendfüsser
Myriapoda
Urkruster
Procrustacea
Urluftröhrer
Protracheata
Ringelthiere
Annelida
Egel
Hirudinea
Borstenwürmer
Chaetopoda
Urringelthiere
Archannelida
Räderthiere
Rotatoria
Rundwürmer
Strongylaria
Trochozoa
Helminthes
Platodes
Gastraea

thierchen (*Rotatoria*) sehr nahe. Auch unter anderen Helminthen giebt es interessante Formen, welche sich bereits der Organisation der Anneliden nähern. Die beiden Arthropoden-Classen aber, Crustaceen und Tracheaten, haben sich höchst wahrscheinlich als zwei divergente Haupt-Stämme, unabhängig von einander, aus älteren Anneliden hervorgebildet. Ob aber diese beiden Haupt-Classen aus einer und derselben Anneliden-Gruppe abzuleiten sind, oder ob sie von zwei oder drei verschiedenen Gruppen der Ringelthiere abstammen, das lässt sich zur Zeit nicht sicher entscheiden. Selbst für die einzelnen Classen, die wir unter den drei Haupt-Classen der Gliederthiere unterscheiden, ist der einheitliche Ursprung nicht überall sicher festgestellt. Jedenfalls dürfen wir aber hier vorläufig alle Luftrohrthiere als Nachkommen einer gemeinsamen Stammform betrachten, ebenso alle Krebsthiere, ebenso alle Ringelthiere. Wie man sich ungefähr den phylogenetischen Zusammenhang derselben (S. 570) gegenwärtig vorstellen kann, zeigt der hypothetische Stammbaum auf S. 571.

Die erste Hauptclasse der Gliederthiere bilden die Ringelthiere (*Annelida*), häufig auch Ringelwürmer (*Annulata*) genannt. Ihre Organisation ist im Allgemeinen einfacher und unvollkommener, als diejenige der Crustaceen und Tracheaten. Insbesondere sind die Glieder oder Segmente ihres Leibes meistens sehr gleichmässig ausgebildet (homonom): und ihre Beine sind nie so deutlich gegliedert, wie bei jenen beiden Arthropoden-Classen. Die Chitin-Decke ihres Körpers ist meistens zart und dünn, oft nur eine feine Cuticula. Characteristisch sind besonders die zahlreichen Rohrnieren oder Nephridien, von denen ein paar Paar an jedem Segment sich findet; diese „Segmental-Organe“ fehlen sowohl den Krustenthieren als den Luftrohrthieren; auch in anderen Beziehungen erscheinen diese letzteren als „höhere Gliederthiere“, obwohl der characteristische Typus des Körperbaues in allen drei Hauptclassen derselbe bleibt.

Die grosse Mehrzahl der Ringelthiere lebt im Meere, eine kleine Zahl im süssen Wasser (z. B. Blutegel) und einzelne in der Erde (z. B. Regenwurm). Die formenreiche Hauptclasse zerfällt in zwei verschiedene Classen, die Egel und Borstenwürmer. Die Egel (*Hirudinea*), zu denen der medicinische Blutegel und viele andere Parasiten gehören, besitzen keine Beine, dafür aber Saugnäpfe, durch die sie sich ansaugen. Die Borstenwürmer (*Chaetopoda*), die grösstentheils im Meere leben, haben dagegen meistens an jedem Gliede ein oder zwei Paar kurze, ungegliederte Beine, die mit Borstenbündeln bewaffnet sind. Andere Borstenwürmer, wie z. B. der Regenwurm und die Süsswasser-Schlängel, haben bloss Borstenbündel in der Haut, statt der Beine. Viele Anneliden leben in Hornröhren oder Kalkröhren eingeschlossen (*Tubicolae*), und diese finden sich auch versteinert vor; sonst sind Versteinerungen derselben nur selten und unbedeutend, wegen der sehr zarten und weichen Beschaffenheit des Körpers. Eine merkwürdige Ausnahme bilden die trefflich erhaltenen Abdrücke der silurischen Panzerwürmer (*Phracthelminthes*, vergl. oben S. 558).

Die grosse Hauptclasse der Krustenthiere (*Crustacea*) führt ihren Namen von der harten, krustenartigen Hautbedeckung, einem festen, oft verkalkten Chitin-Panzer. Die meisten Krustenthiere leben im Meere, eine geringere Zahl im Süsswasser und sehr Wenige auf dem Lande. Wir theilen sie in zwei Classen ein: die Krebsthiere oder Caridonien, und die Schildthiere oder Aspidonien. Diese letzteren sind in der Gegenwart nur noch durch eine einzige lebende Gattung, den grossen Pfeilschwanz (*Limulus*) vertreten. Ausserdem aber gehören dahin eine Masse von ausgestorbenen Formen, die riesigen Gigantostraken oder Eurypteriden, sowie die uralte Gruppe der Trilobiten oder Paläaden. Alle lebenden Crustaceen, mit einziger Ausnahme des *Limulus*, gehören zu der formenreichen Classe der Caridonien, oder der Crustaceen in engerem Sinne. Durch die ungeheuren Massen von Individuen, in denen sie alle süssen und salzigen Gewässer bevölkern, spielen sie eine höchst wichtige Rolle in der Oeconomie der Natur, ähnlich wie die Insecten auf dem Festlande. Die Crustaceen athmen durch Kiemen, niemals durch Luftröhren, wie die Tracheaten; sie theilen mit diesen den Besitz der gegliederten Beine, wodurch sich Beide von den Anneliden unterscheiden. Die Nephridien der Ringelthiere sind bei den Krebsthieren entweder ganz verschwunden, oder in andere Organe umgewandelt.

Die Classe der eigentlichen Krebsthiere (*Caridonia*) ist bei uns im Binnenlande durch den allbekannten Flusskrebs und zahlreiche Formen von Asseln und Flohkrebsen vertreten, sowie durch viele sehr kleine Kiemenfüsse (Branchiopoden). Die letzteren (Daphniden, Cypriden, Cyclopiden u. s. w.) bevölkern in ungeheuren Massen unsere süssen Gewässer und sind sehr wichtig als Reiniger derselben und als Hauptnahrung vieler Fische (z. B. der Forellen). Aber ihr Formenreichthum und ihre oecologische Bedeutung wird bei weitem übertroffen von den meerbewohnenden Krebsthieren, unter denen wir mindestens neunzehn Ordnungen und über hundert Familien unterscheiden können. Die Keimes-Geschichte dieser Thiere ist ausserordentlich interessant, und verräth uns, eben so wie diejenige der Wirbelthiere, deutlich die wesentlichen Grundzüge ihrer Stammes-Geschichte. Fritz Müller hat in seiner ausgezeichneten, bereits angeführten Schrift „Für Darwin“ [16]) dieses merkwürdige Verhältniss vortrefflich erläutert. Die gemeinschaftliche Keimform aller Krebse, welche sich bei den meisten noch heutzutage zunächst aus dem Ei entwickelt, ist ursprünglich eine und dieselbe: der sogenannte Nauplius (Taf. X, S. 578). Dieser merkwürdige Urkrebs stellt eine sehr einfache, scheinbar ungegliederte Thierform dar, deren Körper meistens die Gestalt einer rundlichen, ovalen oder birnförmigen Scheibe hat, und auf seiner Bauchseite nur drei Beinpaare trägt. Von diesen ist das erste ungespalten, die beiden folgenden Paare gabelspaltig. Diese drei typischen Beinpaare bekunden die Zusammensetzung des Nauplius-Körpers aus drei Segmenten oder Rumpfgliedern. Die Leibeshöhle enthält einen einfachen Darmcanal, mit Mund und After. Vorn über dem Munde sitzt ein einfaches unpaares Auge. Trotzdem nun die verschiedenen Ordnungen der Krebs-Classe in dem Bau ihres Körpers und seiner Anhänge sich sehr weit von einander entfernen, bleibt dennoch ihre jugendliche Naupliusform immer im Wesentlichen dieselbe. Werfen Sie, um sich hiervon zu überzeugen, einen vergleichenden Blick auf Taf. X und XI, deren nähere Erklärung unten im Anhange gegeben wird. Auf Taf. XI sehen Sie die ausgebildeten Repräsentanten von sechs verschiedenen Krebsordnungen, einen Blattfüsser (*Limnetis*, Fig. Ac), einen Rankenkrebs (*Lepas*, Fig. Dc), einen Wurzelkrebs *Sacculina*, Fig. Ec), einen Ruderkrebs (*Cyclops*, Fig. Bc), eine Fischlaus (*Lernaeocera*, Fig. Cc) und endlich eine hoch organisirte Garnele (*Peneus*, Fig. Fc). Diese sechs Krebse weichen in der ganzen Körperform, in der Zahl und Bildung der Beine u. s. w., wie Sie sehen, sehr stark von einander ab. Wenn Sie dagegen die aus dem Ei geschlüpften frühesten Jugendformen oder „Nauplius“ dieser sechs verschiedenen Krebse betrachten, die auf Taf. X mit entsprechenden Buchstaben bezeichnet sind (Fig. An—En), so werden Sie durch die grosse Uebereinstimmung dieser letzteren überrascht sein. Die verschiedenen Nauplius-Formen jener sechs Ordnungen unterscheiden sich nicht stärker, wie etwa sechs verschiedene „gute Species“ einer Gattung. Wir können daher mit Sicherheit auf eine gemeinsame Abstammung aller jener Ordnungen von einem gemeinsamen Urkrebse schliessen, der sich an die Anneliden anschloss, dessen Larve aber bereits dem heutigen Nauplius im Wesentlichen gleich gebildet war. Diese bedeutungsvolle, längst ausgestorbene Stammgruppe nennen wir Archicariden oder „Urkrebse“.

Nachdem Fritz Müller (Desterro) in seiner geistreichen Schrift „Für Darwin“ die allgemeine Verbreitung der Nauplius-Keimform bei allen Krebsthieren, und ihre hohe Bedeutung für die monophyletische Descendenz dieser formenreichen Thierclasse nachgewiesen hatte, war man geneigt, in dem *Nauplius* selbst (Taf. X) das getreue, durch Vererbung erhaltene Urbild ihrer gemeinsamen Stammform zu erblicken. Ich selbst leitete in diesem Sinne (gleich den meisten Zoologen) alle verschiedenen Caridonien von einer Nauplius-gleichen Stammform ab, einem uralten Naupliaden. Indessen bedarf diese Vorstellung und die sie stützende Anwendung des biogenetischen Grundgesetzes einer gewissen Einschränkung, wie in neuester Zeit Arnold Lang (— der erste „Professor der Phylogenie“ —) in seinem ausgezeichneten Lehrbuch der vergleichenden Anatomie gezeigt hat (Jena, 1889, S. 421). Die uralte (cambrische), längst ausgestorbene

Stammform der Krebsthiere, unseren „Urkrebs oder *Archicaris*,“ müssen wir uns als ein vielgliederiges Annelid vorstellen, mit zahlreichen Beinpaaren, mit Bauchmark und Schlundring; als eine Zwischenform zwischen Polychaeten und Phyllopoden. Der reine *Nauplius*, in seiner ursprünglichen einfachsten Form, ist die characteristische Larve dieses Urkrebses gewesen, und verhält sich daher zu den Caridonien ebenso, wie die Räderlarve (*Trochophora*) zu den Anneliden. Der Nauplius selbst ist aus einer Trochophora entstanden. Freilich ist anderseits zu bedenken, dass auch diese einfachen Larven selbst wieder eine hohe phylogenetische Bedeutung besitzen und ihren typischen Körperbau von einer älteren ungegliederten Helminthen-Gruppe durch Vererbung erhalten haben.

Wie man sich ungefähr die Abstammung der auf S. 578 aufgezählten Krebs-Ordnungen von der gemeinsamen Stammgruppe der Urkrebse (*Archicariden*) gegenwärtig vorstellen kann, zeigt Ihnen der gegenüberstehende Stammbaum (S. 579). Aus der ursprünglich als selbstständige Gattung existirenden Archicaris-Form haben sich als divergente Zweige nach verschiedenen Richtungen hin die drei Legionen der niederen Krebse oder *Entomostraca* entwickelt, die Kiemenfüssigen (*Branchiopoda*), Ruderfüssigen (*Copepoda*) und Rankenfüssigen (*Cirripeda*). Aber auch die drei Legionen der höheren Krebse oder *Malacostraca*, die Ur-Panzerkrebse (*Leptostraca*), die sitzäugigen Panzerkrebse (*Edriophthalma*) und die stieläugigen Panzerkrebse (*Podophthalma*) haben aus dem gemeinsamen *Archicaris* ihren Ursprung genommen. Die uralten ausgestorbenen Palaeocariden der cambrischen und silurischen Schichten (*Ceratocaris*) gehörten wahrscheinlich zu den Stammformen der Malacostraken. Noch heute bildet die Nebalia eine unmittelbare Uebergangsform von den Phyllopoden zu den Schizopoden, und repräsentirt einen Ueberrest von der gemeinsamen Stammgruppe der stieläugigen und sitzäugigen Panzerkrebse. Jedoch hat sich hier die Keimform des Nauplius zunächst in eine andere Larvenform, die sogenannte *Zoëa*, umgewandelt, welche eine hohe phylogenetische Bedeutung besitzt.

An die Stammgruppe der *Leptostraca* (*Nebalia*) schliesst sich

Nauplius-Jugendform von sechs Krebsthieren

Taf. X

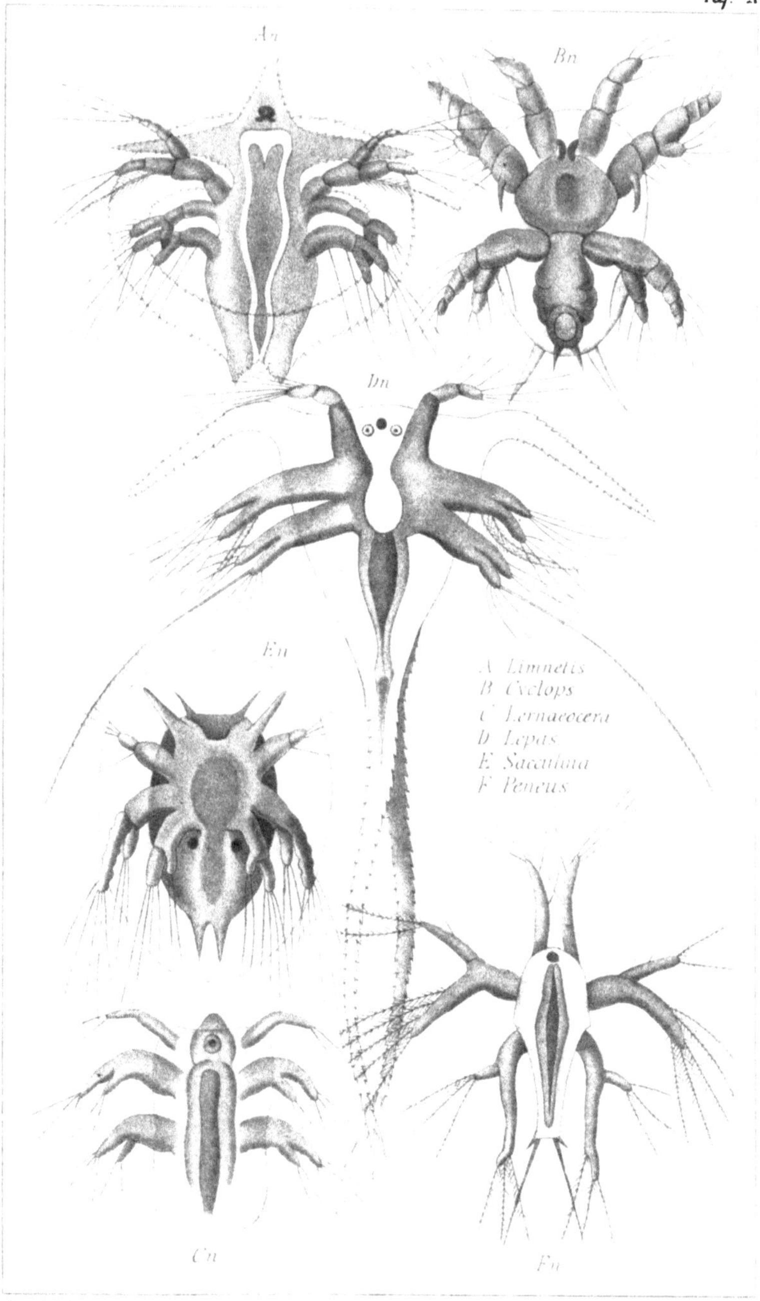

Haeckel del.

Erwachsene Form derselben sechs Krebsthiere. Taf. XI.

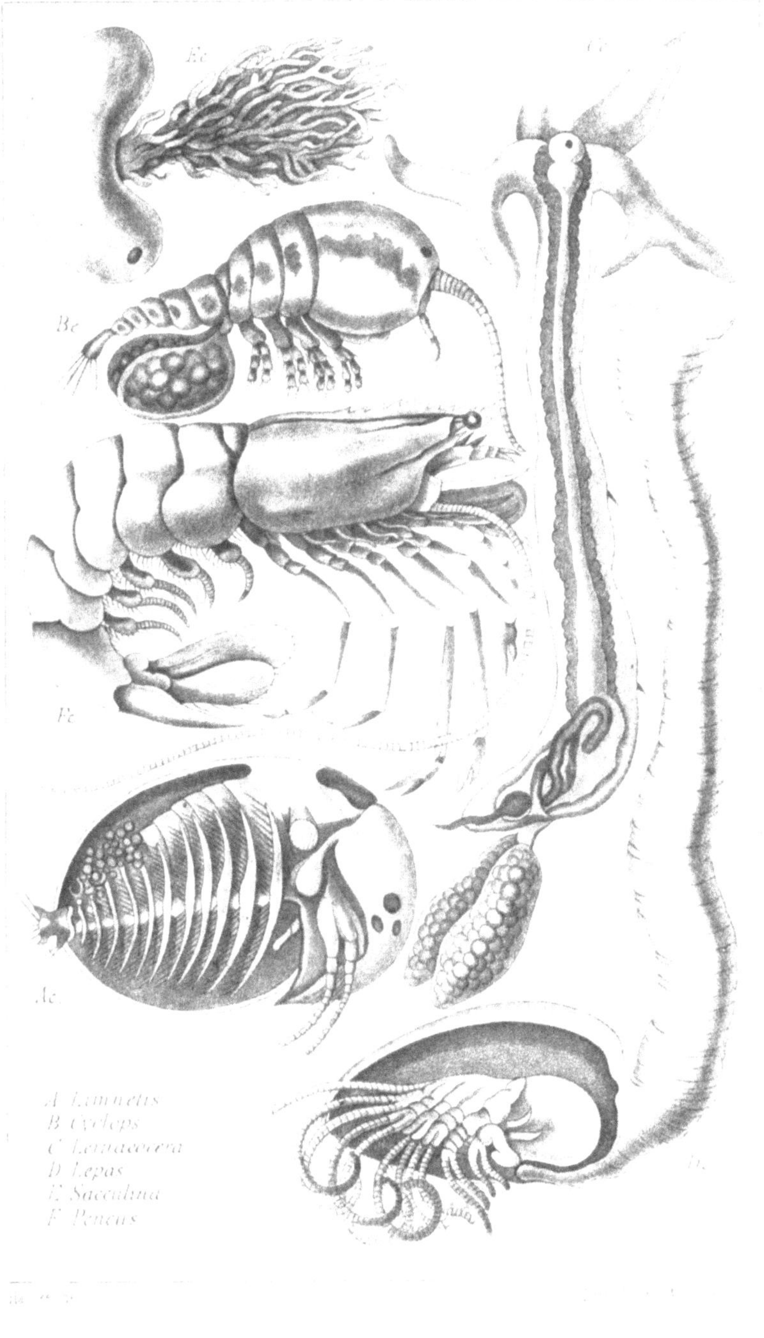

zunächst die Ordnung der Spaltfüsser oder Schizopoden an (*Mysis*); denn diese hängen noch heutigen Tages durch die Nebalien unmittelbar mit den Blattfüssern oder Phyllopoden zusammen. Die letzteren aber stehen von allen lebenden Krebsen der ursprünglichen Stammform des Nauplius am nächsten. Aus den Spaltfüssern haben sich als zwei divergente Zweige nach verschiedenen Richtungen hin die stieläugigen und die sitzäugigen Panzerkrebse oder Malocostraken entwickelt; die ersteren hängen durch die Cumaceen (*Cuma*) und Garneelen (*Peneus*), die letzteren durch die Scheerenasseln (*Anisopoda*, *Tanais*) noch heute mit den Schizopoden zusammen. Zu den Stieläugigen gehört der Flusskrebs, der Hummer und die übrigen Langschwänze oder Makruren, aus denen sich erst später in der Kreidezeit durch Rückbildung des Schwanzes die kurzschwänzigen Krabben oder Brachyuren entwickelt haben. Die Sitzäugigen spalten sich in die beiden Zweige der Flohkrebse (Amphipoden) und der Asseln (Isopoden), zu welchen letzteren unsere gemeine Mauerassel und Kellerassel gehört.

In der Keimes-Geschichte der Schildthiere (*Aspidonia*), der zweiten Crustaceen-Classe, finden wir nicht die characteristische Nauplius-Larve, welche mit Sicherheit auf eine gemeinsame Abstammung aller Krebsthiere oder Caridonien schliessen lässt. Auch haben die ersteren nur ein Paar, die letzteren dagegen stets zwei Paar Fühlhörner oder Antennen. Auch die Gliederung des Leibes, sowie der innere Körperbau, zeigt mancherlei auffallende Unterschiede. Trotzdem ist es wahrscheinlich, dass der Stammbaum beider Crustaceen-Classen doch unten an der Wurzel zusammenhängt. Andere Zoologen legen freilich auf jene Unterschiede so viel Gewicht, dass sie die Aspidonien ganz von den Crustaceen trennen, und sie mit den Spinnenthieren (*Arachnida*) vereinigen; unter den letzteren zeigen namentlich die Scorpione auffallende Aehnlichkeit mit den ersteren. Da nun fossile Scorpione schon im Silur vorkommen und die ältesten versteinerten Tracheaten sind, wäre immerhin ein ursprünglicher Stamm-Zusammenhang beider Gruppen denkbar. Allein den Aspidonien fehlen die Tracheen und die Malpighischen Röhren der Arachniden, welche diese mit den Tracheaten theilen.

Systematische Uebersicht
über die Krustenthiere oder Crustaceen.

Classen der Crustaceen.	Legionen der Crustaceen.	Ordnungen der Crustaceen.	Ein Gattungsname als Beispiel.
I. Krebsthiere Caridonia. Mit zwei Antennenpaaren, mit Nauplius-Keimform	I. Branchiopoda Kiemenfüssige Krebse	1. Archicarides	Archicaris
		2. Phyllopoda	Limnetis
		3. Cladocera	Daphnia
		4. Ostracoda	Cypris
	II. Copepoda Ruderfüssige Krebse	5. Eucopepoda	Cyclops
		6. Siphonostoma	Lernaeocera
		7. Branchiura	Argulus
	III. Cirripeda Rankenfüssige Krebse	8. Pectostraca	Lepas
		9. Rhizocephala	Sacculina
	IV. Leptostraca Ur-Panzerkrebse	10. Leptocarida	Nebalia
		11. Palaeocarida	Ceratocaris
	V. Edriophthalma Sitzäugige Panzerkrebse	12. Amphipoda	Gammarus
		13. Laemodipoda	Caprella
		14. Anisopoda	Tanais
		15. Isopoda	Oniscus
	VI. Podophthalma Stieläugige Panzerkrebse	16. Cumacea	Diastylis
		17. Schizopoda	Mysis
		18. Stomatopoda	Squilla
		19. Decapoda	Astacus
II. Schildthiere Aspidonia. Mit einem Antennenpaar, ohne Nauplius-Keimform	VII. Trilobita Scheerenlose Schildthiere	20. Palaeades	Paradoxides
		21. Asaphades	Asaphus
	VIII. Merostoma Scheerentragende Schildthiere	22. Gigantostraca	Pterygotus
		23. Xiphosura	Limulus

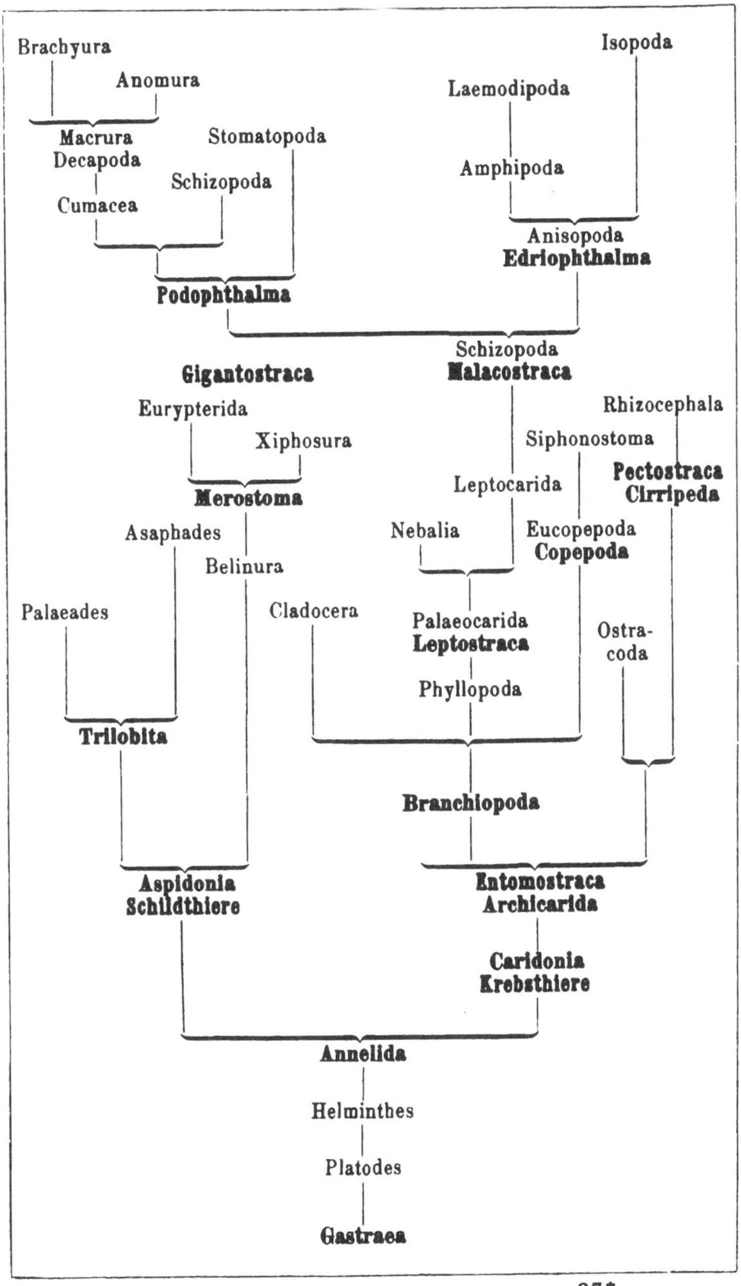
Brachyura
Anomura
Macrura
Decapoda
Cumacea
Schizopoda
Stomatopoda
Podophthalma
Isopoda
Laemodipoda
Amphipoda
Anisopoda
Edriophthalma
Schizopoda
Malacostraca
Gigantostraca
Eurypterida
Xiphosura
Merostoma
Asaphades
Belinura
Palaeades
Trilobita
Rhizocephala
Siphonostoma
Pectostraca
Cirripeda
Leptocarida
Nebalia
Eucopepoda
Copepoda
Cladocera
Palaeocarida
Leptostraca
Phyllopoda
Ostra-
coda
Branchiopoda
Aspidonia
Schildthiere
Entomostraca
Archicarida
Caridonia
Krebsthiere
Annelida
Helminthes
Platodes
Gastraea

Unter den uralten ausgestorbenen Aspidonien finden sich die grössten aller Gliederthiere, die silurischen und devonischen Merostomen (*Eurypterida* und *Pterygotida*). Einzelne von ihnen, Riesen-Scorpionen sehr ähnlich, erreichten eine Länge von mehr als zwei Meter; sie wurden früher zum Theil für versteinerte Fische gehalten. Diesen Riesenkrustern (Gigantostraca) nächstverwandt erscheinen unsere heutigen Molukkenkrebse oder Pfeilschwänze (*Xiphosura*), durch die einzige Gattung *Limulus* vertreten. Bei diesen „letzten Mohikanern" des mächtigen Aspidonien-Stammes erreicht der schildförmige Körper auch eine Länge von mehr als einem Fuss; sie leben im Molukken-Meere und an der Ostküste von Nord-Amerika, und sind jetzt auch oft in unseren Aquarien zu finden, wo sie durch ihren Pfeilschwanz und ihre sonderbaren Schwimmbewegungen auffallen. Wahrscheinlich stammen alle diese Aspidonien von den uralten Trilobiten ab (*Palaeades* und *Asaphades*); diese finden sich massenhaft versteinert schon im cambrischen und silurischen System; in der Steinkohle sterben sie bereits aus.

Die dritte Hauptclasse der Gliederthiere bilden die Luftrohrthiere (*Tracheata*); sie schliessen sich enger an die erste Hauptclasse, die Ringelthiere, an, und sind mit ihnen eng verknüpft durch die Protracheaten (*Peripatus*), die früher zu letzteren gerechnet wurden. Frühestens sind die Tracheaten gegen Ende des archolithischen Zeitraums entstanden, weil alle diese Thiere (im Gegensatz zu den wasserbewohnenden Krebsen) ursprünglich Landbewohner sind. Offenbar können sich diese Luftathmer erst entwickelt haben, als im Verlaufe der silurischen Zeit das Landleben begann. Das älteste Tracheaten-Petrefact ist ein silurischer Scorpion (*Eoscorpius*); fossile Reste von Spinnen und Insecten sind bereits im devonischen System und in den Steinkohlenschichten gefunden worden.

Ueber die Entstehung und Verwandtschaft der Tracheaten haben wir die wichtigsten Aufschlüsse erst kürzlich durch den merkwürdigen Peripatus erhalten, der zwar schon längere Zeit bekannt, aber erst durch die verdienstvollen Naturforscher der Challenger-Expedition genauer untersucht worden ist; namentlich hat Moseley durch Entdeckung seiner Luftröhren und seiner Entwickelung ihm seinen natürlichen Platz im System angewiesen. Früher wurde dieses merkwürdige Thier, welches in der heissen Zone auf der Erde kriechend lebt, zu den Ringelwürmern gerechnet und gleicht ihnen äusserlich in der cylindrischen Form des gleichmässig geringelten Körpers. Dieser ist aus 20—30 Gliedern oder Metameren zusammengesetzt und trägt eben so viele kurze ungegliederte Fusspaare mit Krallen. Auch besitzt der *Peripatus* noch zahlreiche Nephridien-Paare oder „Segmental-Nieren", gleich den echten Anneliden. Sein Kopf ist wenig entwickelt. Ueberall in der Haut unregelmässig vertheilt finden sich zahlreiche sehr feine Luftlöcher, welche in enge, blind endigende Luftröhren-Büschel hineinführen. Das deutet darauf hin, dass bei diesen Peripatiden, die als einziges Ueberbleibsel der uralten Urluftrohr-Thiere (*Protracheata*) zu betrachten sind, die characteristischen Luftathmungs-Organe aus Hautdrüsen von Anneliden entstanden waren, denen sie auch in der übrigen Organisation noch sehr nahe stehen.

Bei den drei übrigen Classen der Tracheaten, bei den Myriapoden, Arachniden und Insecten sind die Luftröhren oder Tracheen nicht mehr unregelmässig über die ganze Haut in zahllosen kleinen Büscheln vertheilt, sondern vielmehr regelmässig in zwei Längsreihen von grösseren Büscheln geordnet. Diese münden jederseits durch eine Reihe von Luftlöchern nach aussen, durch welche die Luft in die blind geendigten Röhren eintritt. In jeder der beiden Längsreihen verbinden sich gewöhnlich die ursprünglich getrennten Büschel durch Verbindungsröhren oder Anastomosen, und durch stärkere Entwickelung und Ausweitung dieser letzteren entstehen zwei starke Längsstämme, die bei vielen Insecten als Haupttheil des Luftröhren-Systems erscheinen. Von den Protracheaten (*Peripatus*) unterscheiden sich die drei echten Tracheaten-Classen ferner allgemein durch zwei wichtige Merkmale: die Segmental-Nieren der ersteren sind bei den letzteren durch Rückbildung verloren gegangen, oder durch Arbeitsweehsel in andere Organe umgewandelt; und aus den ungegliederten Fusstummeln sind gegliederte Beine geworden (Taf. XVIII, Fig. 10, 11; S. 510).

Am nächsten an die Protracheaten oder Peripatiden schliessen sich von den übrigen Tracheaten die Tausendfüsser (*Myriapoda*) an, die gleich den ersteren an dunkeln, feuchten Orten, in und auf der Erde leben. Auch hier ist der Körper noch sehr ähnlich den Ringelthieren, aus einer grossen Anzahl von gleichmässig gebildeten Rumpfgliedern zusammengesetzt, von denen jedes ursprünglich ein Paar kurze, mit Krallen versehene Beine trägt (Taf. XVIII, Fig. 10). Bei der ersten Ordnung der Tausendfüsser, bei den Einfachfüssern (*Chilopoda*) hat sich dieses ursprüngliche Verhältniss erhalten. Bei der zweiten Ordnung hingegen, bei den Doppelfüssern (*Diplopoda*) sind je zwei Körperringe oder Metameren mit einander paarweise verschmolzen, so dass jeder Ring scheinbar zwei Beinpaare trägt. Die Zahl derselben ist oft sehr gross, 60—80, bei einigen selbst über hundert. Alle Beine sind deutlich gegliedert. Zu den Chilopoden gehört *Scolopendra* und *Polyzonias*, zu den Chilognathen hingegen *Julus* und *Glomeris*.

Während bei den Protracheaten und Myriapoden die Zahl der Ringe und Beinpaare an dem langgestreckten wurmförmigen Körper stets sehr gross ist, erscheint sie dagegen sehr reducirt bei der dritten Tracheaten-Classe, den Spinnen (*Arachnida*). Gewöhnlich schreibt man ihnen zum Unterschiede von den stets sechsbeinigen Insecten vier Beinpaare zu. Wie jedoch die Scorpionspinnen und die Geisselscorpione zu zeigen scheinen, sind eigentlich auch bei ihnen, wie bei den Insecten, nur drei echte Beinpaare vorhanden. Das scheinbar vierte Beinpaar der Spinnen (das vorderste) ist eigentlich ein Kieferpaar. Unter den heute noch lebenden Spinnen giebt es eine kleine Gruppe, welche wahrscheinlich der gemeinsamen Stammform der ganzen Classe sehr nahe steht. Das ist die Ordnung der Scorpionspinnen oder Solifugen (*Solpuga*, *Galeodes*), von der mehrere grosse, wegen ihres giftigen Bisses sehr gefürchtete Arten in Afrika und Asien leben. Der Körper besteht hier, wie wir es bei dem gemeinsamen Stammvater der Spinnen und Insecten voraussetzen müssen, aus drei getrennten Abschnitten, einem Kopfe, welcher ein Paar Antennen (umgewandelt in „Kieferfühler") und zwei Paar Kiefer trägt, einer Brust, an deren drei Ringen drei echte Beinpaare befestigt sind, und einem vielgliedrigen Hinterleibe. In der Gliederung des Leibes stehen demnach die Solifugen eigentlich den Insecten näher, als den übrigen Spinnen; nur ein Kieferpaar ist verloren gegangen. Auf Grund dieser gleichartigen morphologischen Gliederung darf man vielleicht annehmen, dass aus uralten silurischen Urspinnen, welche den heutigen Solifugen nahe verwandt waren, sich als drei divergente Zweige die Streckspinnen, Weberspinnen und Schneiderspinnen entwickelt haben (S. 587).

Die Streckspinnen (*Scorparia* oder *Arthrogastres*) erscheinen als die älteren und ursprünglicheren Formen; die frühere Leibesgliederung hat sich bei ihnen besser erhalten, als bei den Rundspinnen. Die wichtigsten Formen dieser Unterclasse sind die Scorpione, welche durch die Phryniden oder Geisselscorpione mit den Solifugen verbunden werden. Versteinerte Scorpione (*Eoscorpius*) kommen einzeln schon im Silur vor, als die ältesten fossilen Reste von echten Luftrohrthieren; häufiger sind sie in der Steinkohle. Als ein rückgebildeter Seitenzweig der Scorparien erscheinen die kleinen Bücherscorpione, welche unsere Bibliotheken und Herbarien bewohnen. In der Mitte zwischen den Scorpionen und den Rundspinnen stehen die langbeinigen Schneiderspinnen (*Opiliones*), welche vielleicht aus einem besonderen Zweige der Solifugen entstanden sind. Die Pycnogoniden oder Spinnenkrebse und die Arktisken oder Bärwürmer, welche man gewöhnlich noch jetzt unter den Spinnen aufführt, sind entweder ganz verkümmerte Arachniden (ohne Spur von Luftröhren), oder sie sind von dieser Classe auszuschliessen. Die ersteren sind vielleicht unter die Crustaceen, die letzteren unter die Ringelthiere zu stellen.

Viel jüngeren Ursprungs als die Scorparien sind die Weberspinnen (*Araneae*), die zweite Unterclasse der Arachniden; sie finden sich versteinert zuerst im Jura. Sie haben sich wahrscheinlich aus einem Zweige der Solifugen dadurch entwickellt, dass die Leibesringe mehr oder weniger mit einander verschmolzen. Bei den eigentlichen Weberspinnen, welche wir wegen ihrer feinen Webekünste bewundern, geht die Verschmelzung der Rumpfglieder oder Metameren so weit, dass der Rumpf nur noch aus zwei Stücken besteht, einer Kopfbrust, welche die Kiefer und die vier Beinpaare trägt, und einem anhangslosen Hinterleib, an welchem die Spinnwarzen sitzen. Bei den Milben (*Acaria*), welche wahrscheinlich aus einem verkümmerten Seitenzweige der Weberspinnen durch Entartung (insbesondere durch Schmarotzerleben) entstanden sind, verschmelzen sogar noch diese beiden Rumpfstücke mit einander zu einer einzigen ungegliederten Masse.

Entgegen der hier vertretenen Annahme, dass die Arachniden nahe Stamm-Verwandtschaft zu den Insecten besitzen, und sich gemeinsam mit diesen aus der älteren Classe der Myriapoden entwickelt haben (vielleicht auch aus zwei verschiedenen Gruppen dieser Classe), ist neuerdings eine ganz verschiedene Ansicht, namentlich von Ray-Lankester, vertreten worden. Hiernach würde die Uebereinstimmung in der Gliederung und dem Körperbau der Spinnen und Insecten nur scheinbar sein, durch Angleichung oder Convergenz bewirkt. Hingegen würden die Arachniden (und zunächst ihre Stamm-Gruppe, die Scorpione) die nächste Stamm-Verwandtschaft zu den Schildthieren oder Aspidonien besitzen, welche wir vorher als zweite Classe der Crustaceen aufgeführt haben (S. 577). In der That ist manche Aehnlichkeit zwischen beiden Thierclassen auffallend gross. Es lässt sich aber dagegen einwenden, dass auch diese Aehnlichkeit nur durch Convergenz bewirkt sein kann (S. 273).

Besonders aber ist zu betonen, dass die Arachniden in zwei sehr wichtigen Eigenthümlichkeiten mit den echten Tracheaten übereinstimmen, in dem Besitze der Luftröhren und der Malpighischen Röhren; die Aspidonien besitzen von beiden keine Spur. Bestünde wirklich eine directe phylogenetische Beziehung zwischen Aspidonien (*Limulus*, *Eurypterus*) und Arachniden (*Scorpio*, *Thelyphonus*), so würde die wahrscheinlichste Hypothese die sein, dass sich die letzteren (ganz unabhängig von den drei übrigen Tracheaten-Classen) schon in silurischer Zeit aus den ersteren entwickelt hätten. Die Tracheen der Arachniden würden dann anderen Ursprungs sein, als diejenigen der Myriapoden und Insecten.

Die vierte und letzte Classe unter den tracheenathmenden Gliederthieren ist die der Insecten (*Insecta* oder *Hexapoda*), die umfangreichste von allen Thierclassen, und nächst derjenigen der

Säugethiere auch die wichtigste von allen. Trotzdem die Insecten eine grössere Mannichfaltigkeit von Gattungen und Arten entwickeln, als die meisten übrigen Thiere zusammengenommen, sind das alles doch im Grunde nur oberflächliche Variationen eines einzigen Themas, welches in seinen wesentlichen Characteren sich ganz beständig erhält. Bei allen Insecten sind die drei Abschnitte des Rumpfes, Kopf, Brust und Hinterleib deutlich getrennt (Taf. XVIII, Fig. 11, S. 510). Der Hinterleib oder das Abdomen trägt gar keine gegliederten Anhänge. Der mittlere Abschnitt, die Brust oder der Thorax, trägt auf der Bauchseite die drei Beinpaare, ausserdem noch bei den Meisten auf der Rückenseite zwei Flügelpaare. Freilich sind bei sehr vielen Insecten eines oder beide Flügelpaare verkümmert, oder selbst ganz verschwunden. Allein die vergleichende Anatomie der Insecten zeigt uns deutlich, dass dieser Mangel meistens erst nachträglich durch Verkümmerung der Flügel entstanden ist, und dass fast alle jetzt lebenden Insecten von einem gemeinsamen Stamm-Insect abstammen, welches drei Beinpaare und zwei Flügelpaare besass (vergl. S. 283). Eine einzige Ausnahme bildet die Ordnung der Thysanuren (*Campodina* und *Collembola*). Bei diesen kleinen Insecten ist der Flügel-Mangel ein ursprünglicher; sie sind der letzte Rest einer älteren ungeflügelten Stammform, die unmittelbar aus den Myriapoden hervorging. Die Flügel, welche die Insecten so auffallend vor den übrigen Gliederthieren auszeichnen, sind selbstständige Rücken-Gliedmaassen (dorsale Extremitäten) und entstanden ursprünglich wahrscheinlich aus den blattförmigen Tracheenkiemen, welche wir noch heute an den im Wasser lebenden Larven der Eintagsfliegen (*Ephemera*) beobachten.

Der Kopf der Insecten trägt allgemein ausser den Augen ein Paar gegliederte Fühlhörner oder Antennen, und ausserdem auf jeder Seite des Mundes drei Kiefer. Diese drei Kieferpaare, obgleich bei allen Insecten aus derselben ursprünglichen Grundlage entstanden, haben sich durch verschiedenartige Anpassung bei den verschiedenen Ordnungen zu höchst mannichfaltigen und merkwürdigen Formen umgebildet, so dass man sie hauptsächlich zur Unterscheidung der Haupt-Abtheilungen verwendet.

Systematische Uebersicht
über die Luftrohrthiere oder Tracheaten.

Classen der Tracheaten.	Unterclassen der Tracheaten.	Ordnungen der Tracheaten.	Gattungsnamen als Beispiele.
I. Urluftröhrer **Protracheata**	I. Wurminsecten *Onychophora*	1. Peripatiden Peripatida	Properipatus Peripatus
II. Tausendfüsser **Myriapoda**	II. Einfachfüsser *Chilopoda*	2. Einfachfüsser Chilopoda	Scolopendra Geophilus
	III. Doppelfüsser *Diplopoda*	3. Doppelfüsser Diplopoda	Julus Polydesmus
III. Spinnen **Arachnida**	IV. Streckspinnen *Scorparia*	4. Scorpionspinnen Solifugae	Solpuga Galeodes
		5. Geisselscorpione Phrynida	Phrynus Thelyphonus
		6. Scorpione Scorpioda	Scorpio Buthus
		7. Bücherscorpione Pseudoscorpioda	Obisium Chelifer
		8. Schneiderspinnen Opilionida	Phalangium Opilio
	V. Weberspinnen *Araneae*	9. Vierlunger Tetrapneumones	Mygale Cteniza
		10. Zweilunger Dipneumones	Epeira Tegenaria
	VI. Milben *Acaria*	11. Rundmilben Sphaeracara	Sarcoptes Demodex
		12. Streckmilben Macracara	Linguatula Pentastoma
IV. Insecten **Insecta** oder **Hexapoda**	VII. Kauende Insecten *Masticantia*	13. Flügellose Thysanura	Campodea Lepisma
		14. Urflügler Archiptera	Ephemera Libellula
		15. Netzflügler Neuroptera	Hemerobius Phryganea
		16. Fächerflügler Strepsiptera	Stylops Xenos
		17. Gradflügler Orthoptera	Locusta Forficula
		18. Käfer Coleoptera	Cicindela Melolontha
		19. Hautflügler Hymenoptera	Apis Formica
	VIII. Saugende Insecten *Sugentia*	20. Halbflügler Hemiptera	Aphis Cimex
		21. Fliegen Diptera	Culex Musca
		22. Schmetterlinge Lepidoptera	Bombyx Papilio

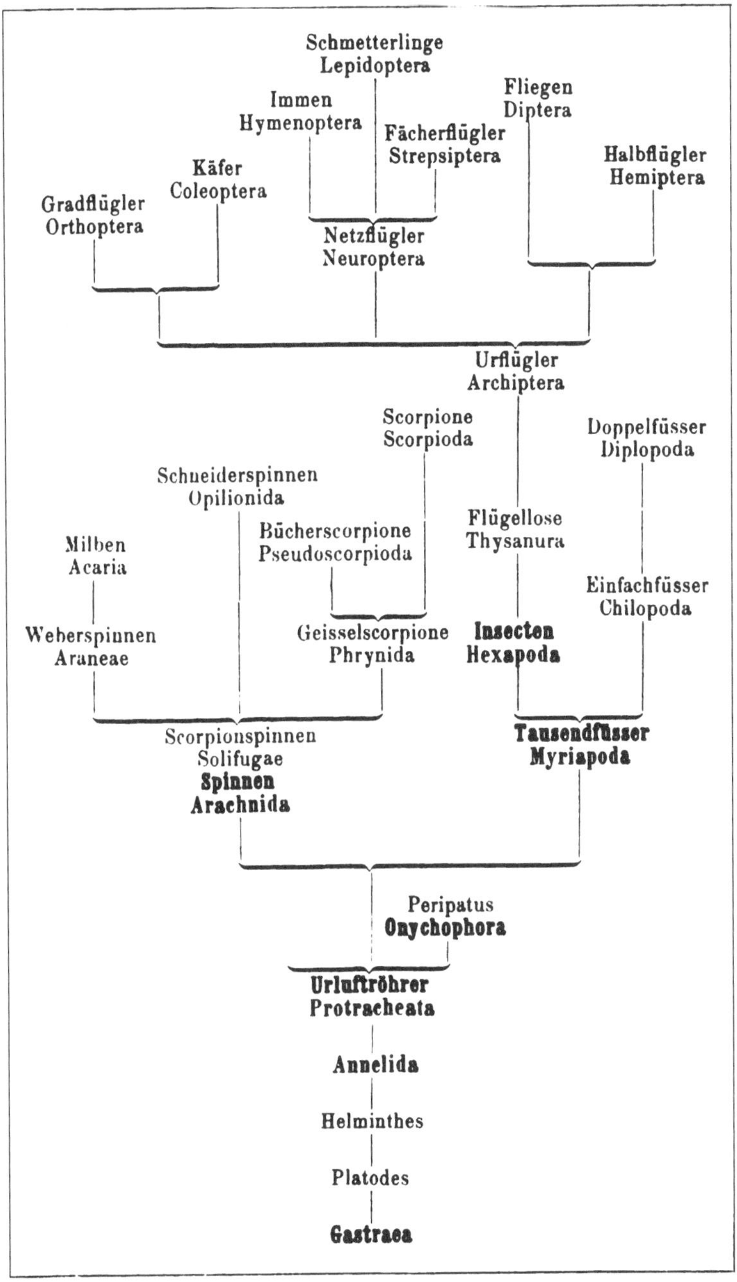
Schmetterlinge
Lepidoptera
Immen
Hymenoptera
Fliegen
Diptera
Fächerflügler
Strepsiptera
Halbflügler
Hemiptera
Käfer
Coleoptera
Gradflügler
Orthoptera
Netzflügler
Neuroptera
Urflügler
Archiptera
Scorpione
Scorpioda
Doppelfüsser
Diplopoda
Schneiderspinnen
Opilionida
Bücherscorpione
Pseudoscorpioda
Flügellose
Thysanura
Milben
Acaria
Einfachfüsser
Chilopoda
Weberspinnen
Araneae
Geisselscorpione
Phrynida
Insecten
Hexapoda
Tausendfüsser
Myriapoda
Scorpionspinnen
Solifugae
Spinnen
Arachnida
Peripatus
Onychophora
Urluftröhrer
Protracheata
Annelida
Helminthes
Platodes
Gastraea

Zunächst kann man als zwei Haupt-Abtheilungen der formenreichen Classe Insecten mit kauenden Mundtheilen (*Masticantia*) und Insecten mit saugenden Mundwerkzeugen (*Sugentia*) unterscheiden. Bei genauerer Betrachtung kann man noch schärfer jede dieser beiden Abtheilungen in zwei Untergruppen vertheilen. Unter den Kau-Insecten oder Masticantien können wir die beissenden und die leckenden unterscheiden. Zu den Beissenden (*Mordentia*) gehören die ältesten und ursprünglichsten Insecten, die sechs Ordnungen der Flügellosen, Urflügler, Netzflügler, Fächerflügler, Gradflügler und Käfer. Die Leckenden (*Lambentia*) werden bloss durch die eine Ordnung der Hautflügler gebildet. Unter den Saug-Insecten oder Sugentien können wir die beiden Gruppen der stechenden und schlürfenden unterscheiden. Zu den Stechenden (*Pungentia*) gehören die beiden Ordnungen der Halbflügler und Fliegen, zu den Schlürfenden (*Sorbentia*) bloss die Schmetterlinge.

Als die ältesten von allen Insecten, und als diejenigen, welche der gemeinsamen Stammform der ganzen Classe am nächsten stehen, müssen wir die Ordnung der flügellosen *Thysanura* betrachten; dazu gehören die kleinen Campodinen und Collembolen (Springschwänze, Gletscherflöhe, Zuckergäste und Silberfischchen). Sie zeichnen sich durch ursprüngliche Einfachheit der Organisation vor allen übrigen Insecten aus, und der Flügelmangel ist bei ihnen allein ursprünglich. Bei allen anderen flügellosen Insecten (— wie sie zahlreich und in allen Ordnungen vorkommen —) ist derselbe hingegen erst nachträglich entstanden, durch Verkümmerung und Rückbildung der Flügel (vergl. S. 283). Ausserdem sind die Thysanuren noch dadurch sehr merkwürdig, dass manche von ihnen (z. B. *Campodea*) noch rudimentäre Beine an den Hinterleibs-Ringen tragen, sich also direct an die Myriapoden, ihre Vorfahren, anschliessen. Auf Grund dieser wichtigen Thatsachen kann man die ganze Insecten-Classe vom phylogenetischen Gesichtspunkt aus zunächst in zwei historisch geschiedene Unterclassen eintheilen, Apteronien und Pterygonien. Die ältere Unterclasse der Urflügellosen (*Apteronia*) ist heute nur noch durch die Thysanuren vertreten und umfasst ausserdem die ausgestorbenen directen Zwischenformen zwischen Tausendfüssern und Insecten. Die jüngere Unterclasse der Flügel-Insecten (*Pterygonia*) hat sich erst später aus den ersteren entwickelt und umfasst alle übrigen Insecten.

Unter den Pterygonien sind die ältesten die Mordentien, oder die Insecten mit beissenden Mundtheilen; und unter diesen steht der gemeinsamen Stammform Aller am nächsten die Ordnung der Urflügler (*Archiptera* oder *Pseudoneuroptera*). Dahin gehören vor allen die Eintagsfliegen (*Ephemera*), deren im Wasser lebende Larven uns wahrscheinlich noch heute in ihren blattförmigen Tracheenkiemen die Organe zeigen, aus denen die Insectenflügel entstanden. Ferner gehören in diese Ordnung die bekannten Wasserjungfern oder Libellen, die Blasenfüsser (*Physopoda*), und die gefürchteten Termiten. Versteinerte Reste von Urflüglern finden sich einzeln schon im Devonischen System und in der Steinkohle. Unmittelbar hat sich wahrscheinlich aus den Urflüglern die Ordnung der Netzflügler (*Neuroptera*) entwickelt, welche sich von ihnen wesentlich nur durch die vollkommene Verwandlung unterscheiden. Es gehören dahin die Florfliegen (*Planipennia*) und die Schmetterlingsfliegen (*Phryganida*). Fossile Insecten, welche den Uebergang von den Urflüglern (Libellen) zu den Netzflüglern (Sialiden) vermitteln, kommen schon im Devon und in der Steinkohle vor (*Dictyophlebia*). Von den Neuropteren stammen wahrscheinlich die kleinen Fächerflügler ab (*Strepsiptera*); ausgezeichnet durch die Verkümmerung der Vorderflügel und durch ihre merkwürdige parasitische Lebensweise (in Hymenopteren).

Aus einem anderen Zweige der Urflügler hat sich wahrscheinlich schon frühzeitig durch Differenzirung der beiden Flügelpaare die Ordnung der Gradflügler (*Orthoptera*) entwickelt. Diese Abtheilung besteht aus der formenreichen Gruppe der Schaben, Heuschrecken, Gryllen u. s. w. (*Ulonata*), und aus der kleinen Gruppe der bekannten Ohrwürmer (*Labidura*), welche durch die Kneifzange am hinteren Körperende ausgezeichnet sind. Sowohl von Schaben als von Gryllen und Heuschrecken kennt man Versteinerungen aus dem Devon und den der Steinkohle.

Auch die sechste und höchstentwickelte Ordnung der beissenden Insecten, die der Käfer (*Coleoptera*), kommt bereits in der Steinkohle versteinert vor. Diese ausserordentlich umfangreiche Ordnung, der bevorzugte Liebling der Insectenliebhaber und Sammler, zeigt am deutlichsten von allen, welche unendliche Formen-Mannichfaltigkeit sich durch Anpassung an verschiedene Lebensverhätnisse äusserlich entwickeln kann, ohne dass deshalb der innere Bau und die Grundform des Körpers irgendwie wesentlich umgebildet wird. Wahrscheinlich haben sich die Käfer aus einem Zweige der Gradflügler entwickelt, von denen sie sich wesentlich nur durch ihre vollkommene Verwandlung unterscheiden.

An diese sechs Ordnungen der beissenden Insecten schliesst sich nun zunächst die eine Ordnung der leckenden Insecten an, die interessante Gruppe der Immen oder Hautflügler (*Hymenoptera*). Dahin gehören diejenigen Insecten, welche sich durch ihre entwickelten Culturzustände, durch ihre weitgehende Arbeitstheilung, Gemeindebildung und Staatenbildung zu bewunderungswürdiger Höhe des Geisteslebens, der intellectuellen Vollkommenheit und der Characterstärke erhoben haben, und dadurch nicht allein die meisten Wirbellosen, sondern überhaupt die meisten Thiere übertreffen. Es sind das vor allen die Ameisen und die Bienen, sodann die Hummeln, Wespen, Blattwespen, Holzwespen, Schlupfwespen, Gallwespen u. s. w. Sie kommen zuerst versteinert im Jura vor, in grösserer Menge jedoch erst in den Tertiärschichten. Wahrscheinlich haben sich die Hautflügler aus einem Zweige entweder der Urflügler oder der Netzflügler entwickelt.

Von den beiden Ordnungen der stechenden Insecten, den Hemipteren und Dipteren, ist die ältere diejenige der Halbflügler (*Hemiptera*), auch Schnabelkerfe (*Rhynchota*) genannt. Dahin gehören die drei Unterordnungen der Blattläuse (*Homoptera*), der Wanzen (*Heteroptera*), und der Läuse (*Pediculina*). Von ersteren beiden finden sich fossile Reste schon im Jura. Aber schon im permischen System kommt ein merkwürdiges Insect vor (*Eugereon*), welches auf die Abstammung der Hemipteren von den Neuropteren hinzudeuten scheint. Vermuthlich sind von den drei Unterordnungen der Hemipteren die ältesten die Homopteren, zu denen ausser den eigentlichen Blattläusen auch noch die Schildläuse, die Blattflöhe und die Zirpen oder Cicaden gehören. Aus zwei verschiedenen Zweigen der Homopteren werden sich die Läuse durch weitgehende Entartung (vorzüglich Verlust der Flügel), die Wanzen dagegen durch Vervollkommung (Sonderung der beiden Flügelpaare) entwickelt haben. Viele von ihnen (wie die Bettwanzen) haben die Flügel verloren.

Die zweite Ordnung der stechenden Insecten, die Fliegen oder Zweiflügler (*Diptera*) finden sich zwar auch schon im Jura versteinert neben den Halbflüglern vor; allein dieselben haben sich doch wahrscheinlich erst nachträglich aus den Hemipteren durch Rückbildung der Hinterflügel entwickelt. Nur die Vorderflügel sind bei den Dipteren vollständig geblieben. Die Hauptmasse dieser Ordnung bilden die langgestreckten Mücken (*Nemocera*) und die gedrungenen eigentlichen Fliegen (*Brachycera*), von denen die ersteren wohl älter sind. Doch finden sich von Beiden schon Reste im Jura vor. Durch Degeneration in Folge von Parasitismus haben sich aus ihnen wahrscheinlich die beiden kleinen Gruppen der puppengebärenden Lausfliegen (*Pupipara*) und der springenden Flöhe (*Aphaniptera*) entwickelt.

Die zehnte und letzte Insectenordnung, und zugleich die einzige mit wirklich schlürfenden Mundtheilen, sind die Schmetterlinge (*Lepidoptera*). Diese Ordnung erscheint in mehreren morphologischen Beziehungen als die vollkommenste Abtheilung der Insecten und hat sich demgemäss auch erst am spätesten entwickelt. Man kennt nämlich von dieser Ordnung Versteinerungen nur aus der Tertiärzeit, während die drei vorhergehenden Ordnungen bis zum Jura, die beissenden Ordnungen dagegen bis zur Steinkohle oder zum Devon hinaufreichen. Die nahe Verwandtschaft einiger Motten (*Tineae*) und Eulen (*Noctuae*) mit einigen Schmetterlingsfliegen (*Phryganida*) macht es wahrscheinlich, dass sich die Schmetterlinge aus dieser Gruppe, also aus der Ordnung der Netzflügler oder Neuropteren entwickelt haben.

Wie Sie sehen, bestätigt Ihnen die ganze Geschichte der Insectenclasse und weiterhin auch die Geschichte des ganzen Gliederthier-Stammes wesentlich die grossen Gesetze der Differenzirung und Vervollkommnung, welche wir nach Darwin's Selections-Theorie als die nothwendigen Folgen der natürlichen Züchtung anerkennen müssen. Der ganze formenreiche Stamm beginnt in archolithischer Zeit mit niederen, wasserbewohnenden Ringelthieren, welche aus einer älteren Gruppe von ungegliederten Wurmthieren hervorgingen. Aus solchen alten noch unvollkommen gegliederten Würmern, welche die Anlage des characteristischen Bauchmarks erwarben, entwickelten sich die Stammformen der heutigen Ringelthiere oder Anneliden. Diese waren anfangs noch fusslos wie die Egel; später erwarben sie Fussstummel mit Borsten wie die Borstenwürmer. Ebenfalls schon im archolithischen Zeitalter, und zwar in der cambrischen Periode, entwickelten sich daneben die Krustenthiere oder Crustaceen. Von diesen sind die Schildthiere, und namentlich die Trilobiten, durch zahlreiche Versteinerungen bereits im devonischen und silurischen, ja sogar schon im cambrischen System vertreten. Ebenso alt sind auch die Urkrebse oder Archicariden und die aus ihnen hervorgegangenen Leptocariden und Palaeocariden.

Jünger als die wasserathmenden Ringelthiere und Krustenthiere sind die luftathmenden Luftrohrthiere oder Tracheaten. Allerdings finden sich einzelne Scorpione schon im Silur; und in die silurische Periode ist also wohl auch die Entstehung der gemeinsamen Stammform aller Tracheaten zu setzen, welche wahrscheinlich dem heutigen Peripatus sehr nahe stand. Aus solchen Protracheaten entwickelten sich während der silurischen und devonischen Zeit die Stammformen der Tausendfüsser, Spinnen und Insecten, die schon im Devon und in der Steinkohle versteinert sich finden. Von den Insecten existirten lange Zeit hindurch nur die sechs beissenden Ordnungen; zunächst flügellose Thysanuren, dann Urflügler, welche wahrscheinlich die gemeinsame Stammgruppe der anderen bilden. Erst viel später entwickelten sich aus den beissenden Insecten, welche die ursprüngliche Form der drei Kieferpaare am reinsten bewahrten, als drei divergente Zweige die leckenden, stechenden und schlürfenden Insecten. Wie diese Ordnungen in der Erdgeschichte auf einander folgen, zeigt Ihnen nochmals übersichtlich die nachstehende Tabelle.

Tabellarische Uebersicht

über die historische Reihenfolge im paläontologischen Auftreten der zehn Insecten-Ordnungen.

A. Insecten mit kauenden Mundtheilen. Masticantia.	I. Beissende Insecten *Mordentia*	1. Flügellose *Thysanura*	M. I. / A. O.	**Zuerst versteinert im Devon**
		2. Urflügler *Archiptera*	M. I. / A. A.	
		3. Netzflügler *Neuroptera*	M. C. / A. A.	
		4. Gradflügler *Orthoptera*	M. I. / A. D.	
		5. Fächerflügler *Strepsiptera*	M. C. / A. D.	**Zuerst versteinert in der Steinkohle**
		6. Käfer *Coleoptera*	M. C. / A. D.	
	II. Leckende Insecten *Lambentia*	7. Hautflügler *Hymenoptera*	M. C. / A. A.	**Zuerst versteinert im Jura**
B. Insecten mit saugenden Mundtheilen. Sugentia.	III. Stechende Insecten *Pungentia*	8. Halbflügler *Hemiptera*	M. I. / A. A.	
		9. Fliegen *Diptera*	M. C. / A. D.	
	IV. Schlürfende Insecten *Sorbentia*	10. Schmetterlinge *Lepidoptera*	M. C. / A. A.	**Zuerst versteinert im Tertiär**

Anmerkung: Bei den zehn einzelnen Ordnungen der Insecten ist zugleich der Unterschied in der Metamorphose oder Verwandlung und in der Flügelbildung durch folgende Buchstaben angegeben: M. I. = Unvollständige Metamorphose. M. C. = Vollständige Metamorphose (Vergl. Gen. Morph. II, S. XCIX). A. A. = Gleichartige Flügel (Vorder- und Hinterflügel im Bau und Gewebe nicht oder nur wenig verschieden). A. D. = Ungleichartige Flügel (Vorder- und Hinterflügel durch starke Differenzirung im Bau und Gewebe sehr verschieden). A. O. = Ursprünglicher Mangel der Flügel (nur bei der ersten und ältesten Insecten-Ordnung, den *Thysanura*).

Vierundzwanzigster Vortrag.

Stammes-Geschichte der Chordathiere (Mantelthiere und Wirbelthiere).

Die Schöpfungs-Urkunden der Wirbelthiere (Vergleichende Anatomie, Embryologie und Paläontologie). Das natürliche System der Wirbelthiere. Die vier Classen der Wirbelthiere von Linné und Lamarck. Vermehrung derselben auf acht Classen. Hauptclasse der Rohrherzen oder Schädellosen (Lanzetthiere). Blutsverwandtschaft der Schädellosen mit den Mantelthieren. Uebereinstimmung in der embryonalen Entwickelung des Amphioxus und der Ascidien. Ursprung des Wirbelthier-Stammes aus der Würmergruppe. Einheitliche Abstammung der Chordathiere. Ihr Kiemendarm. Beziehung zu den Enteropneusten (Eichelwurm oder Balanoglossus), und zu den Schnurwürmern (Nemertina). Divergente Entwickelung der Mantelthiere und Wirbelthiere. Die drei Classen der Mantelthiere (Tunicata): Copelaten, Ascidien und Thalidien. Hauptclasse der Unpaarnasen oder Rundmäuler (Inger und Lampreten). Hauptclasse der Anamnien (Ichthyoten oder Amnionlosen). Fische (Urfische, Schmelzfische, Knochenfische). Lurchfische oder Dipneusten. Einlunger (Monopneumones) und Zweilunger (Dipneumones).

Meine Herren! Unter den natürlichen Hauptgruppen der Organismen, welche wir wegen der Blutsverwandtschaft aller darin vereinigten Arten als Stämme oder Phylen bezeichnen, ist keine einzige von so hervorragender und überwiegender Bedeutung, als der Stamm der Wirbelthiere. Denn nach dem übereinstimmenden Urtheil aller Zoologen ist auch der Mensch ein Glied dieses Stammes und kann seiner ganzen Organisation und Entwickelung nach unmöglich von den übrigen Wirbelthieren getrennt werden. Wir hatten aus der individuellen Entwickelungs-Geschichte des Menschen schon früher die unbestreitbare Thatsache kennen gelernt, dass derselbe in seiner Entwickelung aus dem Ei anfänglich nicht von den übrigen Wirbelthieren, und namentlich den Säugethieren, verschieden ist; daraus müssen wir nothwendig mit Beziehung auf seine paläontologische Entwickelungs-Geschichte schliessen, dass das Menschengeschlecht sich historisch wirklich aus niederen Wirbelthieren entwickelt hat, und dass dasselbe zunächst von den Säugethieren abstammt. Nächst diesem Umstande wird aber auch das vielseitige höhere Interesse, das die Wirbelthiere in anderer Beziehung vor den übrigen Organismen in Anspruch nehmen, es rechtfertigen, dass wir den Stammbaum der Wirbelthiere und dessen Ausdruck, das natürliche System, hier besonders genau untersuchen.

Glücklicherweise sind die Schöpfungs-Urkunden, welche uns bei der Aufstellung der Stammbäume immer leiten müssen, grade für diesen wichtigen Thierstamm, aus dem unser eigenes Geschlecht entsprossen ist, besonders vollständig. Durch Cuvier ist schon im Anfange unseres Jahrhunderts die vergleichende Anatomie und Paläontologie, durch Baer die Keimes-Geschichte der Wirbelthiere zu einer sehr hohen Ausbildung gelangt. Späterhin haben vorzüglich die vergleichend-anatomischen Untersuchungen von Johannes Müller und Rathke, und in neuester Zeit diejenigen von Gegenbaur und Huxley, unsere Erkenntniss von den natürlichen Verwandtschaftsverhältnissen der verschiedenen Wirbelthier-Gruppen bedeutend gefördert. Insbesondere haben die classischen Arbeiten von Gegenbaur, welche überall von dem Grundgedanken der Descendenz-Theorie durchdrungen sind, den Beweis geführt, dass das vergleichend-anatomische Material, wie bei allen übrigen Thieren, so ganz besonders im Wirbelthier-Stamm, erst durch die Anwendung der Abstammungs-Lehre seine wahre Bedeutung und Geltung erhält. Auch hier, wie überall, sind die Analogien auf die Anpassung, die Homologien auf die Vererbung zurückzuführen. So sehen wir z. B., dass die homologen Gliedmaassen der verschiedensten Wirbelthiere trotz ihrer ausserordentlich ungleichen äusseren Form dennoch wesentlich denselben inneren Bau besitzen; wir sehen, dass dem Arme des Menschen und des Affen, dem Flügel der Fledermaus und des Vogels, der Brustflosse der Walfische und der Seedrachen, den Vorderbeinen der Hufthiere und der Frösche immer dieselben Knochen, in derselben characteristischen Lagerung, Gliederung und Verbindung zu Grunde liegen. Diese wunderbare Uebereinstimmung oder Homologie können wir nur durch die gemeinsame Vererbung von einer einzigen Stammform erklären. Die auffallenden Unterschiede dieser homologen Körpertheile dagegen rühren von der Anpassung an verschiedene Existenzbedingungen und Thätigkeiten her (vergl. Taf. IV, S. 400).

Ebenso wie die vergleichende Anatomie ist auch die Ontogenie oder die individuelle Entwickelungs-Geschichte für den Stammbaum der Wirbelthiere von ganz besonderer Wichtigkeit. Die ersten aus dem Ei entstehenden Entwickelungs-Zustände sind bei allen Wirbelthieren im Wesentlichen ganz gleich, und behalten um so länger ihre Uebereinstimmung, je näher sich die betreffenden ausgebildeten Wirbelthier-Formen im natürlichen System, d. h. im Stammbaum, stehen. Wie weit diese Uebereinstimmung der Keimformen oder Embryonen selbst bei den höchst entwickelten Wirbelthieren noch jetzt geht, das habe ich Ihnen schon früher gelegentlich erläutert (vergl. S. 289—311). Die wesentliche Uebereinstimmung in Form und Bau, welche z. B. zwischen den Embryonen des Menschen und des Hundes, des Vogels und der Schildkröte selbst noch in den auf Taf. II und III dargestellten Entwickelungszuständen besteht, ist eine Thatsache von unermesslicher Bedeutung und liefert uns die wichtigsten Anhaltspunkte zur Construction des Stammbaums.

Endlich sind auch die paläontologischen Schöpfungs-Urkunden grade bei den Wirbelthieren von ganz besonderem Werthe. Denn die versteinerten Wirbelthierreste gehören grösstentheils dem knöchernen Skelete dieser Thiere an, einem Organsysteme, welches für das Verständniss ihres Organismus von der grössten Bedeutung ist. Allerdings ist auch hier, wie überall, die Versteinerungs-Urkunde äusserst unvollständig und lückenhaft. Allein immerhin sind uns von den ausgestorbenen Wirbelthieren wichtigere Reste im versteinerten Zustande erhalten, als von den meisten anderen Thiergruppen, und einzelne Trümmer geben oft die bedeutendsten Fingerzeige über das Verwandtschaftsverhältniss und die historische Aufeinanderfolge der verschiedenen Gruppen.

Die Bezeichnung Wirbelthiere (*Vertebrata*) rührt, wie ich schon früher erwähnte, von dem grossen Lamarck her, welcher zuerst gegen Ende des vorigen Jahrhunderts unter diesem Namen die vier oberen Thierclassen Linné's zusammenfasste: die Säugethiere, Vögel, Amphibien und Fische. Die beiden niederen Classen Linné's, die Insecten und Würmer, stellte Lamarck den Wirbelthieren als Wirbellose gegenüber (*Invertebrata*, später auch häufig *Evertebrata* genannt).

Die Eintheilung der Wirbelthiere in die vier genannten Classen wurde auch von Cuvier und seinen Nachfolgern, und in Folge dessen von vielen Zoologen noch bis auf die Gegenwart festgehalten. Aber schon 1818 erkannte der ausgezeichnete Anatom Blainville aus der vergleichenden Anatomie, und fast gleichzeitig unser grosser Embryologe Baer aus der Ontogenie der Wirbelthiere, dass Linné's Classe der Amphibien eine unnatürliche Vereinigung von zwei ganz verschiedenen Classen sei. Diese beiden Classen trennte 1820 Merrem als zwei Hauptgruppen der Amphibien unter den Namen der Pholidoten und der Batrachier. Die Batrachier, welche heutzutage gewöhnlich als Amphibien (im engeren Sinne!) bezeichnet werden, umfassen die Frösche, Salamander, Kiemenmolche, Cäcilien und die ausgestorbenen Stegocephalen. Sie schliessen sich in ihrer ganzen Organisation eng an die Fische an. Die Pholidoten oder Reptilien dagegen sind viel näher den Vögeln verwandt. Es gehören dahin die Eidechsen, Schlangen, Krokodile und Schildkröten, und die vielgestaltigen Formengruppen der mesolithischen Drachen und Seedrachen, der fliegenden Reptilien u. s. w.

Im Anschluss an diese naturgemässe Scheidung der Amphibien in zwei Classen theilte man nun den ganzen Stamm der Wirbelthiere in zwei Hauptgruppen. Die erste Hauptgruppe, die Fische und Amphibien, athmen entweder zeitlebens oder doch in der Jugend durch Kiemen, und werden daher als Kiemenwirbelthiere bezeichnet (*Branchiata* oder *Anallantoidia*). Die zweite Hauptgruppe dagegen, Reptilien, Vögel und Säugethiere, athmen zu keiner Zeit ihres Lebens durch Kiemen, sondern ausschliesslich durch Lungen, und heissen deshalb auch passend kiemenlose oder

Lungenwirbelthiere (*Ebranchiata* oder *Allantoidia*). So richtig diese Unterscheidung auch ist, so können wir doch bei derselben nicht stehen bleiben, wenn wir zu einem wahren natürlichen System des Wirbelthierstammes, und zu einem naturgemässen Verständniss seines Stammbaums gelangen wollen. Vielmehr müssen wir dann, wie ich in meiner generellen Morphologie gezeigt habe, noch drei weitere Wirbelthier-Classen unterscheiden, indem wir die bisherige Fischclasse in vier verschiedene Classen auflösen (Gen. Morph. Bd. II, Taf. VII, S. CXVI—CLX).

Die erste und niederste von diesen Classen wird durch die Schädellosen (*Acrania*) oder Rohrherzen (*Leptocardia*) gebildet, von denen heutzutage nur noch ein einziger Repräsentant lebt, das merkwürdige Lanzetthierchen (*Amphioxus lanceolatus*). Als zweite Classe schliessen sich an diese zunächst die Unpaarnasen (*Monorhina*) oder Rundmäuler (*Cyclostoma*) an, zu denen die Inger (Myxinoiden) und die Lampreten (Petromyzonten) gehören. Die dritte Classe erst würden die echten Fische (*Pisces*) bilden und an diese würden sich als vierte Classe die Lurchfische (*Dipneusta*) anschliessen: Uebergangsformen von den Fischen zu den Amphibien. Durch diese Unterscheidung, welche, wie Sie gleich sehen werden, für die Genealogie der Wirbelthiere sehr wichtig ist, wird die ursprüngliche Vierzahl der Wirbelthier-Classen auf das Doppelte gesteigert.

Diese acht Classen der Wirbelthiere sind aber keineswegs von gleichem genealogischen Werthe. Vielmehr müssen wir dieselben aus wichtigen Gründen auf vier verschiedene Hauptclassen vertheilen. Zunächst können wir die drei höchsten Classen, die Säugethiere, Vögel und Schleicher als eine natürliche Hauptclasse unter dem Namen der Amnionthiere (*Amniota*) zusammenfassen. Diesen stellen sich naturgemäss als eine zweite Hauptclasse die Amnionlosen (*Anamnia*) oder Fischthiere (*Ichthyota*) gegenüber, nämlich die drei Classen der Lurche, Lurchfische und Fische. Die genannten sechs Classen, sowohl die Fischthiere als die Amnionthiere, stimmen unter sich in zahlreichen wichtigen Merkmalen überein, und unterscheiden sich dadurch von den beiden niedersten Classen (den Unpaarnasen und Rohrherzen). Wir vereinigen sie daher in der natürlichen Hauptgruppe der Paarnasen (*Amphirhina*) oder Kiefermäuler (*Gnathostoma*). Endlich sind diese Paarnasen wiederum viel näher den Rundmäulern oder Unpaarnasen, als den Schädellosen oder Rohrherzen verwandt. Wir können daher mit vollem Rechte die Paarnasen mit den Unpaarnasen in einer obersten Hauptgruppe zusammenstellen und diese als Schädelthiere (*Craniota*) oder Centralherzen (*Pachycardia*) der einzigen Classe der Schädellosen oder Rohrherzen gegenüberstellen. Durch diese, von mir in der generellen Morphologie vorgeschlagene Classification der Wirbelthiere wird es möglich, die wichtigsten genealogischen Beziehungen ihrer acht Classen einfach und klar zu übersehen. Das systematische Verhältniss dieser Gruppen zu einander lässt sich durch folgende Uebersicht kurz ausdrücken:

A. Schädellose (Acrania)			1. Rohrherzen	1. Leptocardia
B. Schädelthiere (Craniota) oder **Centralherzen (Pachycardia)**	a. Unpaarnasen *Monorhina*		2. Rundmäuler	2. Cyclostoma
	b. Paarnasen *Amphirhina* (*Gnathostoma*)	I. Amnionlose *Anamnia* (*Ichthyota*)	3. Fische	3. Pisces
			4. Lurchfische	4. Dipneusta
			5. Lurche	5. Amphibia
		II. Amnionthiere *Amniota*	6. Schleicher	6. Reptilia
			7. Vögel	7. Aves
			8. Säugethiere	8. Mammalia

Auf der niedrigsten Organisationsstufe von allen uns bekannten Wirbelthieren steht der einzige noch lebende Vertreter der ersten Classe, das Lanzetfischchen oder Lanzetthierchen (*Amphioxus lanceolatus*; Taf. XIII, Fig. B). Dieses höchst interessante und wichtige Thierchen, welches über die älteren Wurzeln unseres Stammbaumes ein überraschendes Licht verbreitet, ist offenbar „der letzte Mohikaner," der letzte überlebende Repräsentant einer formenreichen niederen Wirbelthier-Classe, welche während der Primordialzeit sehr entwickelt war, uns aber leider wegen des Mangels aller festen Skelettheile gar keine versteinerten Reste hinterlassen konnte. Das kleine Lanzetfischchen lebt heute noch weitverbreitet in verschiedenen Meeren, z. B. in der Ostsee, Nordsee, im Mittelmeere, gewöhnlich auf flachem Grunde im Sand vergraben. Der Körper hat, wie der Name sagt, die Gestalt eines schmalen, an beiden Enden zugespitzten, lanzetförmigen Blattes. Erwachsen ist dasselbe etwa zwei Zoll lang, und röthlich schimmernd, halb durchsichtig. Aeusserlich hat das Lanzetthierchen so wenig Aehnlichkeit mit einem Wirbelthier, dass sein erster Entdecker, Pallas, es für eine unvollkommene Nachtschnecke hielt. Beine besitzt es nicht, und ebensowenig Kopf, Schädel und Gehirn. Das vordere Körperende ist äusserlich von dem hinteren fast nur durch die Mundöffnung zu unterscheiden. Aber dennoch besitzt der Amphioxus in seinem inneren Bau die wichtigsten Merkmale, durch welche sich alle Wirbelthiere von allen Wirbellosen unterscheiden, vor allen den Axenstab und das Rückenmark. Der Axenstab (*Chorda dorsalis*) ist ein cylindrischer, vorn und hinten zugespitzter, gerader Knorpelstab, welcher die centrale Axe des inneren Skelets und die Grundlage der Wirbelsäule bildet. Unmittelbar über diesem Axenstabe, auf der Rückenseite desselben, liegt das Rückenmark (*Medulla spinalis*), ebenfalls ursprünglich ein gerader, vorn und hinten zugespitzter, inwendig aber hohler Strang, welcher das Hauptstück und Centrum des Nervensystems bei allen Wirbelthieren bildet (Taf. XIX, Fig. 21—23). Bei allen Wirbelthieren ohne Ausnahme, auch den Menschen mit inbegriffen, werden diese wichtigsten Körpertheile während der embryonalen Entwickelung aus dem Ei ursprünglich in derselben einfachsten Form angelegt, welche sie beim Amphioxus zeitlebens behalten. Erst später entwickelt sich durch Auftreibung des vorderen Endes aus dem Rückenmark das Gehirn, und aus der Chordascheide der das Gehirn umschliessende Schädel. Da bei dem Amphioxus diese beiden wichtigen Organe gar nicht zur Entwickelung gelangen, so können wir die durch ihn vertretene Thierclasse mit Recht als Schädellose (*Acrania*) bezeichnen, im Gegensatze zu allen übrigen, den Schädelthieren (*Craniota*). Gewöhnlich werden die Schädellosen Rohrherzen oder Röhrenherzen (*Leptocardia*) genannt, weil ein centralisirtes Herz noch fehlt, und das Blut durch die Zusammenziehungen der röhrenförmigen Blutgefässe

Taf. XII. Ascidia (A) und Amphioxus (B)

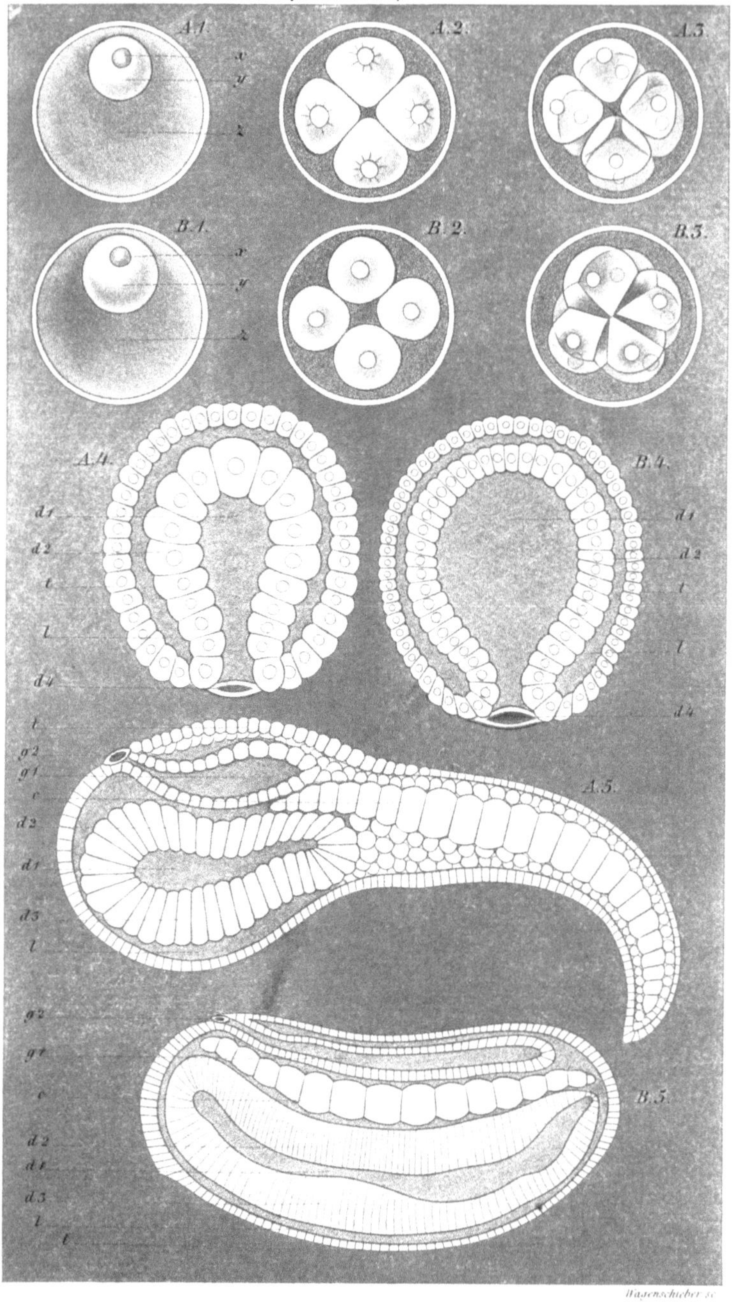

Wagenschieber sc.

Ascidia (A.) und Amphioxus (B.) Taf. XIII

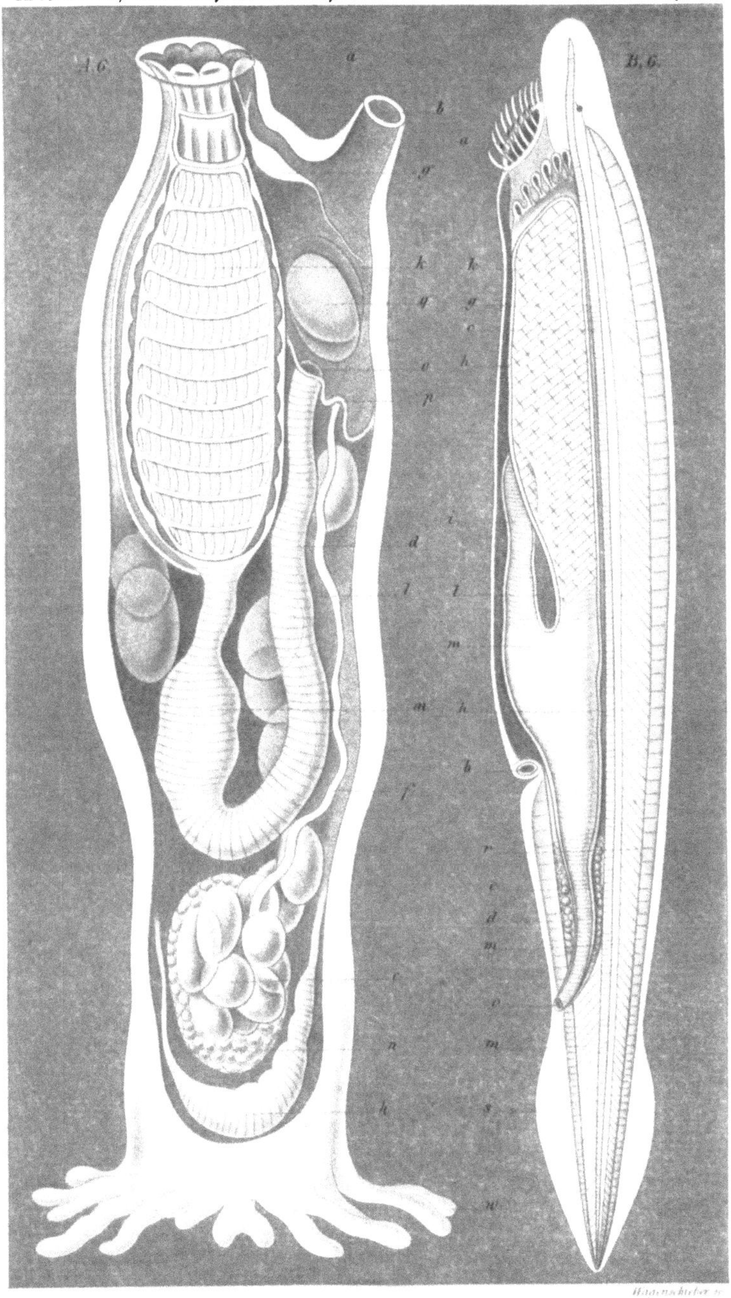

selbst im Körper umhergetrieben wird. Die Sahädelthiere, welche dagegen ein centralisirtes, beutelförmiges Herz besitzen, müssten dann im Gegensatz dazu Beutelherzen oder Centralherzen (*Pachycardia*) genannt werden.

Offenbar haben sich die Schädelthiere oder Centralherzen erst in späterer Primordialzeit aus Schädellosen oder Rohrherzen, welche dem Amphioxus nahe standen, allmählich entwickelt. Darüber lässt uns die Keimes-Geschichte der Schädelthiere nicht in Zweifel. Wo stammen nun aber diese Schädellosen selbst her? Diese wichtige Frage ist erst in der letzten Zeit ihrer Lösung näher gerückt worden. Aus den 1867 veröffentlichten Untersuchungen von Kowalewsky über die individuelle Entwickelung des Amphioxus und der festsitzenden Seescheiden (*Ascidiae*) aus dem Stamme der Mantelthiere (*Tunicata*) hat sich die überraschende Thatsache ergeben, dass die Keimes-Geschichte dieser beiden ganz verschiedenen Thierformen in ihrer ersten Jugend merkwürdig übereinstimmt. Die frei umherschwimmenden Larven der Ascidien (Taf. XII, Fig. A) entwickeln die unzweifelhafte Anlage zum Rückenmark (Fig. 5g) und zum Axenstab (Fig. 5c) und zwar ganz in derselben Weise, wie der Amphioxus (Taf. XII, Fig. B). Allerdings bilden sie diese wichtigsten Organe des Wirbelthier-Körpers späterhin nicht weiter aus. Vielmehr gehen sie eine rückschreitende Verwandlung ein, setzen sich auf dem Meeresboden fest, und wachsen zu unförmlichen Klumpen aus, in denen man kaum noch bei äusserer Betrachtung ein Thier vermuthet (Taf. XIII, Fig. A). Allein das Rückenmark, als die Anlage des Centralnervensystems, und der Axenstab, als die erste Grundlage der Wirbelsäule, sind so wichtige, den Wirbelthieren so ausschliesslich eigenthümliche Organe, dass wir daraus sicher auf die wirkliche Stamm-Verwandtschaft der Wirbelthiere mit den Mantelthieren schliessen können. Natürlich wollen wir damit nicht sagen, dass die Wirbelthiere von den Mantelthieren abstammen, sondern nur, dass beide Gruppen aus gemeinsamer Wurzel entsprossen sind, und dass die Mantelthiere von allen Wirbellosen diejenigen sind, welche die nächste Blutsverwandtschaft zu den Wirbelthieren besitzen. Offenbar haben sich während der Primordialzeit die echten Wirbelthiere aus wurmartigen Chordathieren (*Chordonia*) fortschreitend entwickelt, aus welchen nach einer anderen, rückschreitenden Richtung hin die entarteten Mantelthiere hervorgingen. Vergl. die nähere Erklärung von Taf. XII und XIII im Anhang; sowie die ausführliche Darstellung des Amphioxus und der Ascidie im XIII. und XIV. Vortrage meiner Anthropogenie[56]).

Die grosse Gruppe der Chordathiere (*Chordonia* oder *Chordata*), in welcher ich alle mit Chorda und Rückenmark versehenen Thiere vereinigt habe, wird dem entsprechend neuerdings als eine einheitliche Hauptgruppe der Coelomarien betrachtet. Die Wurzel derselben wird als eine gemeinsame angesehen und tief unten im Stamme der Helminthen gesucht (vergl. S. 539); denn man kann nicht annehmen, dass eine so eigenthümliche und verwickelte Einrichtung des Körperbaues mehrmals, unabhängig von einander entstanden sei. Die grosse monophyletische Gruppe selbst aber betrachten wir als einen Doppelstamm, da wir durch die beträchtliche Divergenz der Entwickelung zu der Ueberzeugung geführt werden, dass Manthelthiere und Wirbelthiere schon sehr frühzeitig oberhalb der gemeinsamen Stammwurzel sich getrennt haben, die ersteren langsam rückschreitend, die letzteren mächtig fortschreitend in der typischen Entwickelung.

Die gemeinschaftlichen Grund-Charactere, in welchen alle Mantelthiere und Wirbelthiere übereinstimmen, und durch welche sich Beide von allen anderen Thieren durchgreifend unterscheiden, beschränken sich keineswegs auf den Besitz der Chorda und des Rückenmarks. Vielmehr gesellen sich dazu noch mehrere andere, nicht minder wichtige Merkmale. Das bedeutungsvollste von diesen ist der Kiemendarm, d. h. die Umbildung des Vorderdarms zu einem gegitterten, von Spalten durchbrochenen und zum Athmen dienenden Kiemenkorbe. Das Wasser, welches ursprünglich zur Athmung dient, tritt durch die Mundöffnung ein und durch die Kiemenspalten wieder aus. Unten in der Mitte des Kiemendarms liegt eine sehr characteristische Flimmerrinne, die „Hypobranchial-Rinne“ mit dem „Endostyl“. Bei den Mantelthieren und Schädellosen dient dieselbe als Drüsen-Canal und Sinnes-Organ; bei den Schädelthieren hingegen wird daraus die Schilddrüse, jene vor dem Kehlkopf gelegene Drüse, welche krankhaft vergrössert beim Menschen den „Kropf“ oder Struma bildet. Eine ähnliche Einrichtung, und zwar die ursprünglichere Einrichtung des Kiemendarms, findet sich nur noch bei einem einzigen wirbellosen Thiere, bei dem merkwürdigen Eichelwurm (*Balanoglossus*). Da derselbe auch noch andere Spuren von Stammverwandtschaft mit den Chordonien zeigt, dürfen wir ihn als letzten Ueberrest einer uralten Würmerclasse betrachten, von der auch alle Chordathiere abstammen. Diese Classe hat Gegenbaur treffend als Darmathmer (*Enteropneusta*) bezeichnet.

Der Stammbaum aller dieser darmathmenden Thiere, sowohl der Enteropneusten als der Chordonien, ist jedenfalls auf eine tiefer stehende Gruppe von Wurmthieren zurückzuführen; wahrscheinlich stehen unter allen heute noch lebenden Helminthen die merkwürdigen Schnurwürmer (*Nemertina*) jener ausgestorbenen Stammgruppe am nächsten; ich habe deshalb in dem früher aufgestellten System der Helminthen die beiden Classen der Enteropneusten und Nemertinen in der Hauptclasse der Rüsselwürmer (*Rhynchocoela*) zusammengestellt (S. 539). Die älteren Vorfahren dieser Hauptclasse sind wieder unter den Plattenthieren (*Platodes*) zu suchen, wie sich aus der nahen Verwandtschaft der letzteren mit den Nemertinen ergiebt.

Die gemeinsame Stammform aller Chordathiere, welche dem Balanoglossus nächst verwandt war, ist längst ausgestorben. Wir wollen diese hypothetische Stammgruppe, die wahrscheinlich schon in laurentischer oder cambrischer Urzeit lebte, als Urchordathiere (*Prochordata* oder *Prochordonia*) bezeichnen. Als zwei divergirende Stämme gingen aus derselben einerseits die ältesten Mantelthiere (*Copelata*), anderseits die ältesten Wirbelthiere (*Provertebrata*) hervor. Allen diesen ältesten Chordathieren waren folgende Eigenschaften gemeinsam: 1. ein einfacher Chordastab in der Längsaxe des langgestreckten, zweiseitig-symmetrischen Körpers; 2. ein Rückenmark oder Medullar-Rohr oberhalb der Chorda, auf der Rückenseite; 3. ein Darmrohr mit Mund und After, unterhalb der Chorda, auf der Bauchseite; 4. Kiemenspalten im Vorderdarm; 5. eine ventrale Kiemenrinne (oder Hypobranchial-Rinne) in der Bauchlinie des Kiemendarms; 6. ein paar Coelomtaschen, zu beiden Seiten des Magendarms (oder Mitteldarms); 7. paarige Nephridien (oder Rohrnieren), welche innen in die Coelomhöhle, aussen durch die Leibeswand mündeten; 8. ein einfaches Bauchherz, hinter den Kiemenspalten, an der Bauchseite des Vorderdarms. (Taf. XIX, Fig. 19—23). Diese gemeinsamen Character-Eigenschaften der Urchordathiere wurden zum grösseren Theile durch Vererbung auf die beiden divergirenden Stämme der Tunicaten und Vertebraten übertragen, während sie zum kleineren Theile in jedem der beiden Stämme eigenthümlich umgebildet, theils fortschreitend, theils rückschreitend modificirt wurden. Bei den Mantelthieren wurde insbesondere der Kiemendarm übermässig ausgebildet, hingegen das dorsale Nervenrohr rückgebildet, ausserdem eine eigenthümliche äussere Mantelhülle entwickelt. Bei den Wirbelthieren umgekehrt wurde das Rückenmark und die Muskelgliederung des Körpers höher ausgebildet, hingegen der Kiemendarm rückgebildet, ausserdem aus der Chorda-Scheide ein eigenthümliches Innen-Skelet entwickelt.

Der Stamm der Mantelthiere (*Tunicata*) wurde früher bald zu den Mollusken, bald zu den Helminthen gestellt. Gegenwärtig wird er mit Recht als eine wichtige selbstständige Hauptgruppe der Coelomarien betrachtet und zunächst an die Wirbelthiere angeschlossen. Alle Mantelthiere leben im Meere, wo die einen auf dem Boden festsitzen, die anderen frei umherschwimmen. Bei allen besitzt der ungegliederte Körper die Gestalt eines einfachen tonnenförmigen Sackes, welcher von einem dicken, oft knorpelähnlichen Mantel eng umschlossen ist. Dieser Mantel (*Tunica*) besteht aus derselben stickstofflosen Kohlenstoffverbindung, welche im Pflanzenreich als „*Cellulose*“ eine so grosse Rolle spielt und den grössten Theil der pflanzlichen Zellmembranen und somit auch des Holzes bildet. Auch in histologischer Beziehung ist der Mantel sehr merkwürdig; er besitzt die Structur des Bindegewebes, obwohl er ursprünglich von der Oberhaut an ihrer Aussenfläche abgeschieden ist. Der grösste Theil des sackförmigen Mantelraumes (oft mehr als drei Viertel) wird von dem mächtigen Kiemendarm eingenommen. Unter demselben liegt das einfache spindelförmige Herz, dessen Pulsation merkwürdiger Weise beständig ihre Richtung wechselt; in bestimmten Zwischenräumen abwechselnd zieht sich das Herz bald in der Richtung von hinten nach vorn, bald umgekehrt zusammen.

Die verschiedenen, ziemlich weit divergirenden Familien des Tunicaten-Stammes können wir auf drei Classen vertheilen, die Copelaten, Ascidien und Thalidien. Die erste und niederste Classe bilden die kleinen Appendicarien (*Copelata*); sie haben die Gestalt und Bewegung von Kaulquappen, und schwimmen frei im Meere umher mittelst eines Ruderschwanzes, in dessen Mitte die permanente Chorda dorsalis liegt (Taf. XIX, Fig. 19). Bei der zweiten Classe, den Seescheiden oder Ascidien, ist der Ruderschwanz nur in früher Jugend zu finden, bei der frei schwimmenden Larve (Taf. XII, Fig. A5); später wirft ihn dieselbe ab; sie setzt sich fest und verkümmert in eigenthümlicher Weise. Bei der dritten Classe, den Salpaceen oder Thalidien (*Salpa*, *Doliolum*) ist der Ruderschwanz ganz verschwunden; die Thiere bewegen sich schwimmend, indem sie Wasser in ihren tonnenförmigen Körper aufnehmen und wieder ausstossen.

Die beiden Classen der Ascidien und Thalidien haben sich offenbar divergent aus einer gemeinsamen älteren Gruppe von ausgestorbenen Tunicaten entwickelt, von welchen die heutigen Copelaten (*Appendicaria*, *Oecopleura*) den letzten Ueberrest darstellen. Da diese letzteren die nächste Verwandtschaft zu den Urwirbelthieren besitzen, kann man sie auch mit diesen in der Stammgruppe der *Prochordonia* zusammenfassen. Von der Organisation der Urwirbelthiere selbst, oder der *Provertebrata*, giebt uns noch heute der Amphioxus ein ziemlich getreues Bild. Doch ist bei der Beurtheilung der vergleichenden Anatomie dieser ältesten Chordathiere zu berücksichtigen, dass das Lanzetthierchen in manchen Beziehungen beträchtliche Rückbildungen, durch Anpassung an seine eigenthümliche Lebensweise, erlitten hat. Als solche secundäre Erscheinungen niedriger Organisation, durch Degeneration entstanden, betrachten wir z. B. den Mangel des ventralen Herzens, der Nieren, der Gehörbläschen. Aber in den weitaus meisten und wichtigsten Beziehungen ist die niedere Organisation des Amphioxus als eine primäre zu betrachten, als ein unschätzbares Urbild der „*Provertebrata*“, welches durch Vererbung uns bis heute erhalten geblieben ist.

Aus den Schädellosen hat sich zunächst eine zweite niedere Classe von Wirbelthieren entwickelt, welche noch tief unter den Fischen steht, und welche in der Gegenwart nur durch die Inger (Myxinoiden) und Lampreten (Petromyzonten) vertreten wird. Auch diese Classe konnte wegen des Mangels aller festen Körpertheile leider eben so wenig als die Schädellosen versteinerte Reste hinterlassen. Aus ihrer ganzen Organisation und Keimes Geschichte geht aber deutlich hervor, dass sie eine sehr wichtige Mittelstufe zwischen den Schädellosen und den Fischen darstellt, und dass die wenigen noch lebenden Glieder derselben nur die letzten überlebenden Reste von einer gegen Ende der Primordialzeit vermuthlich reich entwickelten Thiergruppe sind. Wegen des kieferlosen, kreisrunden, zum Saugen verwendeten Maules, das die Inger und Lampreten besitzen, wird die ganze Classe gewöhnlich Rundmäuler (*Cyclostoma*) genannt. Man kann sie auch Unpaarnasen (*Monorhina*) nennen; denn alle Cyclostomen besitzen ein einfaches unpaares Nasenrohr, während bei allen übrigen Wirbelthieren (wieder mit Ausnahme des Amphioxus) die Nase aus zwei paarigen Seitenhälften, einer rechten und linken Nase, besteht. Wir konnten deshalb diese letzteren (Anamnien und Amnioten) auch als Paarnasen (*Amphirhina*) zusammenfassen. Die Paarnasen besitzen sämmtlich ein ausgebildetes Kieferskelet (Oberkiefer und Unterkiefer), während dieses den Unpaarnasen ganz fehlt.

Auch abgesehen von der eigenthümlichen Nasenbildung und dem Mangel der Kieferbildung unterscheiden sich die Unpaarnasen von den Paarnasen noch durch viele andere Eigenthümlichkeiten. So fehlt ihnen namentlich ganz das wichtige sympathische Nervennetz der letzteren. Von der Schwimmblase und den beiden Beinpaaren, welche ursprünglich bei den Paarnasen in der ersten Anlage vorhanden sind, fehlt den Unpaarnasen (ebenso wie den Schädellosen) noch jede Spur. Es ist daher gewiss ganz gerechtfertigt, wenn wir sowohl die Monorhinen als die Schädellosen gänzlich von den Fischen trennen, mit denen sie bis jetzt irrthümlich vereinigt waren. Uebrigens sind bei den Rundmäulern, ebenso wie beim Lanzetthierchen, nicht alle unvollkommenen und einfachen Einrichtungen im Körperbau als ursprüngliche, durch Vererbung von den Chordonier-Ahnen übertragene, zu betrachten; vielmehr ist ein Theil derselben wahrscheinlich erst später, durch Anpassung an die besondere Lebensweise dieser niedersten Wirbelthiere entstanden, also als Folge von Rückbildung aufzufassen.

Die erste genauere Kenntniss der Monorhinen oder Cyclostomen verdanken wir dem genialen Berliner Zoologen Johannes Müller, dessen classisches Werk über die „vergleichende Anatomie der Myxinoiden" die Grundlage unserer neueren Ansichten über den Bau der Wirbelthiere bildet. Er unterschied unter den Cyclostomen zwei verschiedene Gruppen, welchen wir den Werth von Unterclassen geben: Myxinoiden und Petromyzonten.

Die erste Unterclasse sind die Inger oder Schleimfische (*Hyperotreta* oder *Myxinoida*). Sie leben im Meere schmarotzend auf Fischen, in deren Haut sie sich einbohren (*Myxine*, *Bdellostoma*). Im Gehörorgan besitzen sie nur einen Ringcanal, und ihr unpaares Nasenrohr durchbohrt den Gaumen. Höher entwickelt ist die zweite Unterclasse, die Lampreten oder Pricken (*Hyperoartia* oder *Petromyzontia*). Hierher gehören die allbekannten Flusspricken oder Neunaugen unserer Flüsse (*Petromyzon fluviatilis*), deren Bekanntschaft Sie wohl Alle im marinirten Zustande schon gemacht haben. Im Meere werden dieselben durch die mehrmals grösseren Seepricken oder die eigentlichen Lampreten (*Petromyzon marinus*) vertreten. Bei diesen Unpaarnasen durchbohrt das Nasenrohr den Gaumen nicht, und im Gehörorgan finden sich zwei Ringcanäle. Auch sie besitzen einen runden Saugmund mit Hornzähnen, durch den sie sich, Blutegeln ähnlich, an Fischen ansaugen. Diese parasitische Lebensweise der Cyclostomen ist offenbar die Ursache mancher Rückbildung in ihrer Organisation; allein die meisten Unterschiede derselben von den Fischen sind als ursprüngliche, von der älteren Stammgruppe ererbte aufzufassen. Die Ansicht einzelner Zoologen, dass die Cyclostomen und Acranier degenerirte Fische seien, wird durch keine einzige Thatsache der vergleichenden Anatomie und Ontogenie gestützt.

Systematische Uebersicht

über die Hauptclassen, Classen und Unterclassen der Wirbelthiere.
(Gen. Morph. Bd. II, Taf. VII, S. CXVI—CLX.)

I. Schädellose (Acrania) oder **Rohrherzen (Leptocardia)**
Wirbelthiere ohne Kopf, ohne Schädel und Gehirn, ohne centralisirtes Herz.

1. Schädellose **Acrania**	I. Rohrherzen *Leptocardia*	1. Urwirbelthiere	1. Provertebrata
		2. Lanzetthiere	2. Amphioxida

II. Schädelthiere (Craniota) oder **Centralherzen (Pachycardia)**
Wirbelthiere mit Kopf, mit Schädel und Gehirn, mit centralisirtem Herzen.

Hauptclassen der Schädelthiere	**Classen der Schädelthiere**	**Unterclassen der Schädelthiere**	**Systematischer Name der Unterclassen**
2. Unpaarnasen **Monorhina**	II. Rundmäuler *Cyclostoma*	3. Inger oder Schleimfische	3. Hyperotreta (Myxinoida)
		4. Lampreten oder Pricken	4. Hyperoartia (Petromyzontia)
3. Amnionlose **Anamnia**	III. Fische *Pisces*	5. Urfische	5. Selachii
		6. Schmelzfische	6. Ganoides
		7. Knochenfische	7. Teleostei
	IV. Lurchfische *Dipneusta*	8. Einlunger	8. Monopneumones
		9. Zweilunger	9. Dipneumones
	V. Lurche *Amphibia*	10. Panzerlurche	10. Stegocephala
		11. Schlangenlurche	11. Gymnophiona
		12. Schwanzlurche	12. Urodela
		13. Froschlurche	13. Batrachia
4. Amnionthiere **Amniota**	VI. Schleicher *Reptilia*	14. Land-Reptilien	14. Geosauria
		15. See-Reptilien	15. Halisauria
		16. Schildkröten	16. Chelonia
		17. Flug-Reptilien	17. Pterosauria
	VII. Vögel *Aves*	18. Urvögel	18. Saururae
		19. Zahnvögel	19. Odontornithes
		20. Straussvögel	20. Ratitae
		21. Kielvögel	21. Carinatae
	VIII. Säugethiere *Mammalia*	22. Kloakenthiere	22. Monotrema
		23. Beutelthiere	23. Marsupialia
		24. Placentalthiere	24. Placentalia

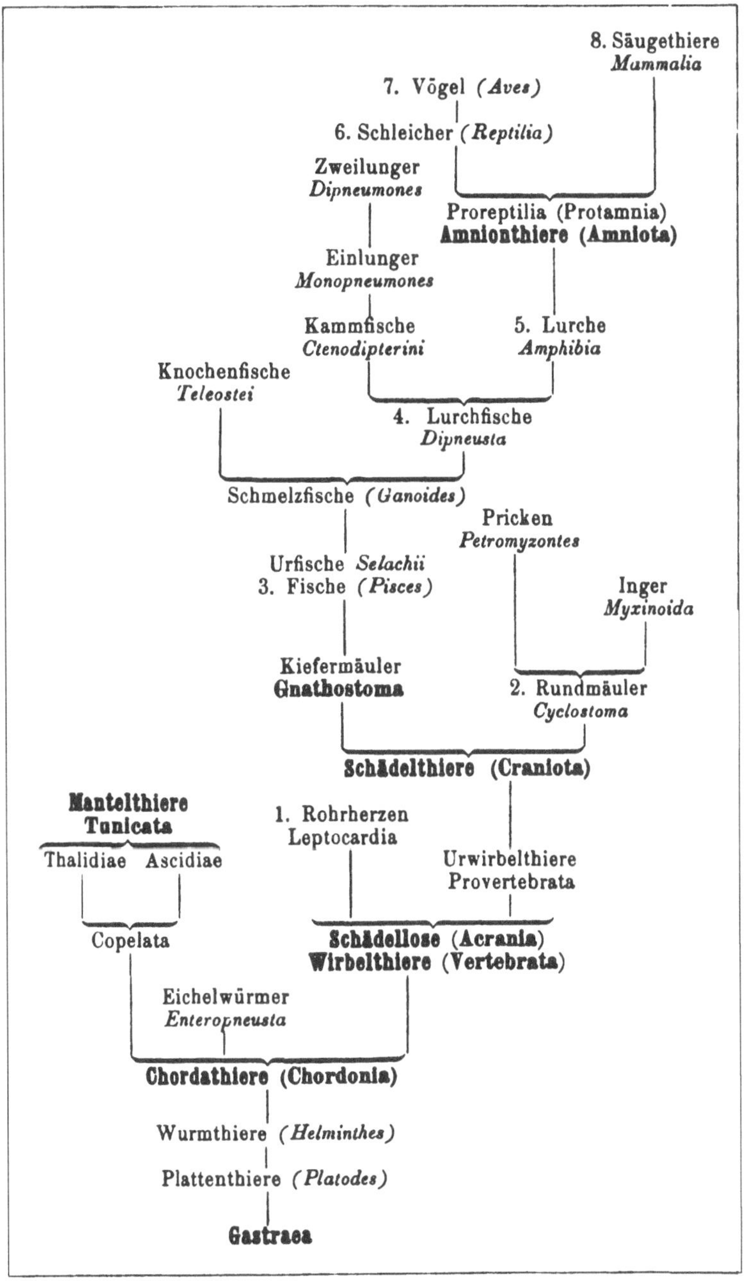
8. Säugethiere
Mammalia
7. Vögel (Aves)
6. Schleicher (Reptilia)
Zweilunger
Dipneumones
Proreptilia (Protamnia)
Amnionthiere (Amniota)
Einlunger
Monopneumones
Kammfische
Ctenodipterini
5. Lurche
Amphibia
Knochenfische
Teleostei
4. Lurchfische
Dipneusta
Schmelzfische (Ganoides)
Pricken
Petromyzontes
Urfische Selachii
3. Fische (Pisces)
Inger
Myxinoida
Kiefermäuler
Gnathostoma
2. Rundmäuler
Cyclostoma
Schädelthiere (Craniota)
Mantelthiere
Tunicata
Thalidiae Ascidiae
1. Rohrherzen
Leptocardia
Urwirbelthiere
Provertebrata
Copelata
Schädellose (Acrania)
Wirbelthiere (Vertebrata)
Eichelwürmer
Enteropneusta
Chordathiere (Chordonia)
Wurmthiere (Helminthes)
Plattenthiere (Platodes)
Gastraea

Alle Wirbelthiere, welche jetzt noch leben, mit Ausnahme der eben betrachteten Rundmäuler und des Amphioxus, gehören zu derjenigen Hauptgruppe, welche wir als Paarnasen (*Amphirhina*) oder Kiefermäuler (*Gnathostoma*) bezeichnen. Alle diese Thiere besitzen eine aus zwei paarigen Seitenhälften bestehende Nase, ein Kieferskelet, ein sympathisches Nervennetz und drei Ringcanäle im Gehörorgan. Alle Paarnasen besitzen ferner ursprünglich eine blasenförmige Ausstülpung des Schlundes, welche sich bei den Fischen zur Schwimmblase, bei den übrigen Kiefermäulern zur Lunge entwickelt hat. Endlich ist ursprünglich bei allen Paarnasen die Anlage zu zwei Paar Extremitäten oder Gliedmaassen vorhanden, ein Paar Vorderbeine oder Brustflossen und ein Paar Hinterbeine oder Bauchflossen. Allerdings ist bisweilen das eine Beinpaar (z. B. bei den Aalen und Walfischen) oder beide Beinpaare (z. B. bei den Caecilien und Schlangen) verkümmert oder verloren gegangen; aber selbst in diesen Fällen ist wenigstens die Spur ihrer ursprünglichen Anlage in früher Embryonalzeit zu finden, oder es bleiben unnütze Reste derselben als rudimentäre Organe durch das ganze Leben bestehen (vergl. S. 13, 283 und 510, Taf. XIX, Fig. 21—23).

Aus allen diesen wichtigen Anzeichen können wir mit voller Sicherheit schliessen, dass sämmtliche Kiefermäuler von einer einzigen gemeinschaftlichen Stammform abstammen, welche während der Primordialzeit direct oder indirect sich aus den Rundmäulern entwickelt hatte. Diese Stammform muss die eben angeführten Organe, namentlich auch die Anlage zur Schwimmblase und zu zwei Beinpaaren oder Flossenpaaren besessen haben. Von allen jetzt lebenden Gnathostomen besitzen offenbar die niedersten Formen der Haifische die nächste Verwandtschaft mit jener längst ausgestorbenen, unbekannten, hypothetischen Stammgruppe, welche wir als Stamm-Paarnasen oder Vorfische (*Proselachii*) bezeichnen können. Wir dürfen daher die Gruppe der Urfische oder Selachier, in deren Rahmen diese Proselachier hineingepasst haben, als die Stammgruppe nicht allein für die Fischclasse, sondern für die ganze Hauptclasse der Paarnasen betrachten. Den sicheren Beweis dafür liefern die „Untersuchungen zur vergleichenden Anatomie der Wirbelthiere" von Carl Gegenbaur, welche sich ebenso durch die sorgfältigste Beobachtung, wie durch die scharfsinnigste Reflexion auszeichnen.

Die Classe der Fische (*Pisces*), mit welcher wir demgemäss die Reihe der Gnathostomen beginnen, unterscheidet sich von den übrigen fünf Classen dieser Reihe vorzüglich dadurch, dass die Schwimmblase niemals zur Lunge entwickelt, vielmehr nur als hydrostatischer Apparat thätig ist. In Uebereinstimmung damit finden wir den Umstand, dass die Nase bei den Fischen durch zwei blinde Gruben vorn auf der Schnauze gebildet wird, welche niemals den Gaumen durchbohren und also nicht in die Rachenhöhle münden. Dagegen sind die beiden Nasenhöhlen bei den übrigen sechs Classen der Kiefermäuler zu Luftwegen umgebildet, welche den Gaumen durchbohren und so den Lungen Luft zuführen. Die echten Fische (nach Ausschluss der Dipneusten) sind demnach die einzigen Paarnasen, welche ausschliesslich durch Kiemen und niemals durch Lungen athmen. Sie leben dem entsprechend alle im Wasser, und ihre beiden Beinpaare haben die ursprüngliche Form von rudernden Flossen beibehalten. Ihr Herz, in eine Vorkammer und in eine Kammer getheilt, enthält nur venöses oder carbonisches Blut, wie bei den Cyclostomen. Aus den Körper-Venen in das Herz geführt, wird das Blut von dort unmittelbar in die Kiemen getrieben (*Ichthyocardia*, S. 618).

Die echten Fische werden gegenwärtig in drei verschiedene Unterclassen eingetheilt, in die Urfische, Schmelzfische und Knochenfische. Die ältesten Fische, welche die ursprüngliche Form am getreuesten bewahrt haben, sind die Urfische (*Selachii*). Davon leben heutzutage noch die Haifische (*Squalacei*) und Rochen (*Rajacei*), welche man als Quermäuler (*Plagiostomi*) zusammenfasst, sowie die seltsamen und abenteuerlich gestalteten Seekatzen oder Chimären (*Holocephali*). Aber diese Urfische der Gegenwart, welche in allen Meeren vorkommen, sind nur schwache Reste von der gestaltenreichen und herrschenden Thiergruppe, welche die Selachier in früheren Zeiten der Erdgeschichte, und namentlich während der paläolithischen Zeit, bildeten. Leider besitzen alle Urfische ein knorpeliges, niemals vollständig ver-

Systematische Uebersicht

der sieben Legionen und fünfzehn Ordnungen der Fischclasse.

Unterclassen der Fischclasse.	Legionen der Fischclasse.	Ordnungen der Fischclasse.	Beispiele aus den Ordnungen.
A. Urfische *Selachii*	I. Quermäuler *Plagiostomi*	1. Haifische *Squalacei*	Stachelhai, Menschenhai
		2. Rochen *Rajacei*	Stachelrochen, Zitterrochen
	II. Seekatzen *Holocephali*	3. Seekatzen *Chimaeracei*	Chimären, Kalorrhynchen
B. Schmelzfische *Ganoides*	III. Gepanzerte Schmelzfische *Tubuliferi*	4. Schildkrötenfische *Placodermi*	Cephalaspiden, Pteraspiden
		5. Störfische *Sturiones*	Löffelstör, Stör, Hausen
	IV. Eckschuppige Schmelzfische *Rhombiferi*	6. Schindellose *Efulcri*	Rhombolepiden Pflasterzähner
		7. Schindelflossige *Fulcrati*	Paläonisken, Knochenhechte
		8. Fahnenflossige *Semaeopteri*	Afrikanischer Flösselhecht
	V. Rundschuppige Schmelzfische *Cycliferi*	9. Quastenflosser *Crossopterygii*	Holoptychier, Coelacanthiden
		10. Häringsganoiden *Amiades*	Coccolepiden, Leptolepiden
C. Knochenfische *Teleostei*	VI. Knochenfische mit Luftgang der Schwimmblase *Physostomi*	11. Häringsartige *Thrissogenes*	Häringe, Lachse, Karpfen, Welse
		12. Aalartige *Enchelygenes*	Aale, Schlangenaale, Zitteraale
	VII. Knochenfische ohne Luftgang der Schwimmblase *Physoclisti*	13. Reihenkiemer *Stichobranchii*	Barsche, Lippfische, Dorsche
		14. Heftkiefer *Plectognathi*	Kofferfische, Igelfische
		15. Büschelkiemer *Lophobranchii*	Seenadeln, Seepferdchen

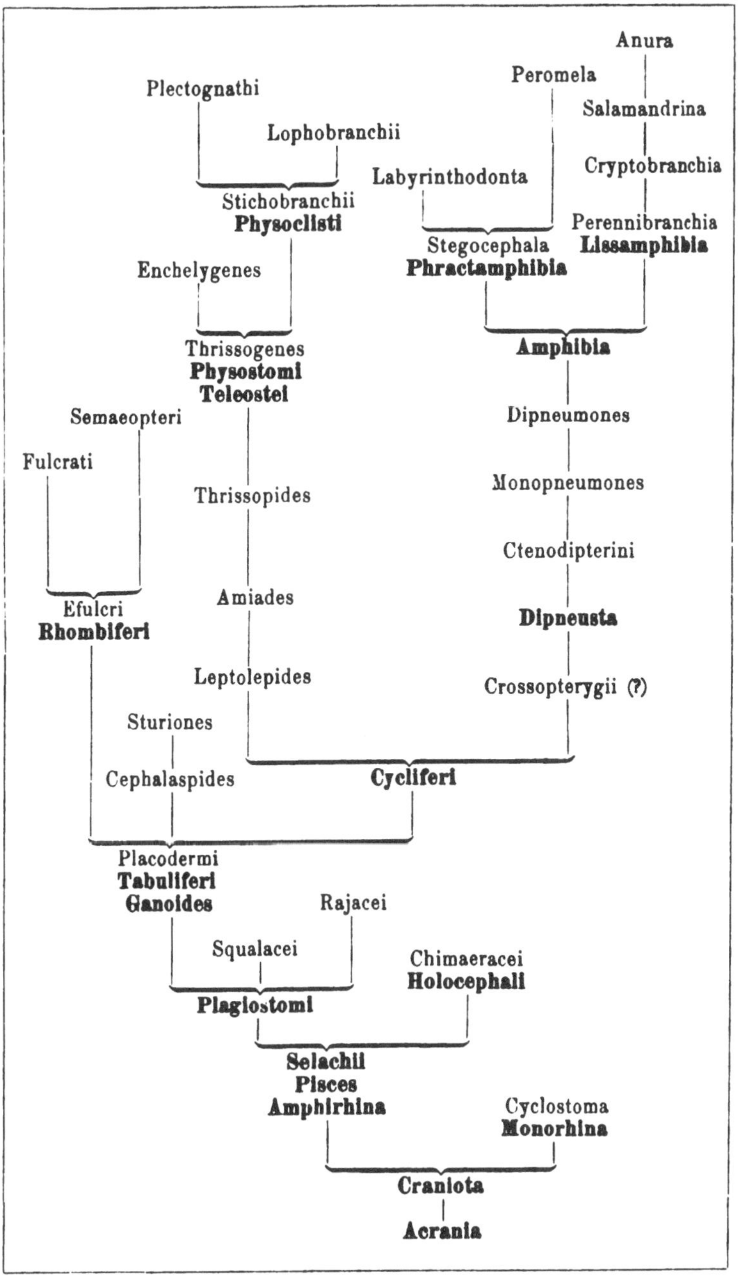
Anura
Peromela
Plectognathi
Salamandrina
Lophobranchii
Cryptobranchia
Labyrinthodonta
Stichobranchii
Physoclisti
Perennibranchia
Stegocephala
Lissamphibia
Enchelygenes
Phractamphibia
Thrissogenes
Physostomi
Teleostei
Amphibia
Semaeopteri
Dipneumones
Fulcrati
Monopneumones
Thrissopides
Ctenodipterini
Efulcri
Rhombiferi
Amiades
Dipneusta
Leptolepides
Crossopterygii (?)
Sturiones
Cephalaspides
Cycliferi
Placodermi
Tabuliferi
Ganoides
Rajacei
Squalacei
Chimaeracei
Holocephali
Plagiostomi
Selachii
Pisces
Amphirhina
Cyclostoma
Monorhina
Craniota
Acrania

knöchertes Skelet, welches der Versteinerung nur wenig oder gar nicht fähig ist. Die einzigen harten Körpertheile, welche in fossilem Zustande sich erhalten konnten, sind die Zähne und die Flossenstacheln. Diese finden sich aber in solcher Menge, Mannichfaltigkeit und Grösse in den älteren Formationen vor, dass wir daraus mit Sicherheit auf eine höchst beträchtliche Entwickelung der Urfische in jener altersgrauen Vorzeit schliessen können. Sie finden sich sogar schon in den silurischen Schichten, welche von anderen Wirbelthieren nur wenige Reste von Schmelzfischen einschliessen. Von den drei Ordnungen der Urfische sind die bei weitem wichtigsten und interessantesten die Haifische, welche wahrscheinlich unter allen lebenden Paarnasen der ursprünglichen Stammform der ganzen Gruppe, den Proselachiern, am nächsten stehen. Aus diesen Proselachiern, welche von echten Haifischen wohl nur wenig verschieden waren, haben sich wahrscheinlich nach einer Richtung hin die heutigen Urfische und Holocephalen, nach einer anderen Richtung hin die Schmelzfische, die Dipneusten und die höher aufsteigenden Amphibien entwickelt.

Die Schmelzfische (*Ganoides*) stehen in anatomischer Beziehung vollständig in der Mitte zwischen den Urfischen einerseits und den Knochenfischen andrerseits. In vielen Merkmalen stimmen sie mit jenen, in vielen anderen mit diesen überein. Wir ziehen daraus den Schluss, dass sie auch genealogisch den Uebergang von den Urfischen zu den Knochenfischen vermittelten. In noch höherem Maasse als die Urfische sind auch die Ganoiden heutzutage grösstentheils ausgestorben, wogegen sie während der ganzen paläolithischen und mesolithischen Zeit in grosser Mannichfaltigkeit und Masse entwickelt waren. Nach der verschiedenen Form der äusseren Hautbedeckung theilt man die Schmelzfische in drei Legionen: Gepanzerte, Eckschuppige und Rundschuppige. Die gepanzerten Schmelzfische (*Tabuliferi*) sind die ältesten und schliessen sich unmittelbar an die Selachier an, aus denen sie entsprungen sind. Fossile Reste von ihnen finden sich, obwohl selten, bereits im oberen Silur vor (*Pteraspis ludensis* aus den Ludlowschichten). Riesige, gegen 30 Fuss lange Arten derselben, mit mächtigen Knochentafeln gepanzert, finden sich namentlich im devonischen System. Heute aber lebt von dieser Legion nur noch die kleine Ordnung der Störfische (*Sturiones*), nämlich die Löffelstöre (*Spatularides*) und die Störe (*Accipenserides*); zu diesen gehört u. A. der Hausen, welcher uns den Fischleim oder die Hausenblase liefert, der Stör und Sterlet, deren Eier wir als Caviar verzehren u. s. w. Aus den gepanzerten Schmelzfischen haben sich wahrscheinlich als zwei divergente Zweige die eckschuppigen und die rundschuppigen entwickelt. Die eckschuppigen Schmelzfische (*Rhombiferi*), welche man durch ihre viereckigen oder rhombischen Schuppen auf den ersten Blick von allen anderen Fischen unterscheiden kann, sind heutzutage nur noch durch wenige Ueberbleibsel vertreten, nämlich durch den Flösselhecht (*Polypterus*) in afrikanischen Flüssen (vorzüglich im Nil), und durch den Knochenhecht (*Lepidosteus*) in amerikanischen Flüssen. Aber während der paläolithischen und der ersten Hälfte der mesolithischen Zeit bildete diese Legion die Hauptmasse der Fische. Weniger formenreich war die dritte Legion, die rundschuppigen Schmelzfische (*Cycliferi*), welche vorzugsweise während der Devonzeit und Steinkohlenzeit lebten. Jedoch war diese Legion, von der heute nur noch der Kahlhecht (*Amia*) in nordamerikanischen Flüssen übrig ist, insofern sehr interessant, als zu derselben zwei wichtige Uebergangs-Gruppen gehören; einerseits die Quastenflosser (*Crossopterygii*), welche sich an die Dipneusten anschliessen; anderseits die Härings-Ganoiden (*Amiades* und *Leptolepides*), aus welchen sich die dritte Unterclasse der Fische, die der Knochenfische, entwickelte.

Die Knochenfische (*Teleostei*) bilden in der Gegenwart die Hauptmasse der Fischclasse. Es gehören dahin die allermeisten Seefische, und alle unsere Süsswasserfische, mit Ausnahme der eben erwähnten Schmelzfische. Wie zahlreiche Versteinerungen deutlich beweisen, ist diese Classe erst um die Mitte des mesolithischen Zeitalters aus den Schmelzfischen, und zwar aus den rundschuppigen oder Cycliferen entstanden. Die Thrissopiden der Jurazeit (*Thrissops, Leptolepis, Tharsis*), welche unseren heutigen Häringen am nächsten stehen, sind wahrscheinlich die ältesten von allen Knochenfischen, und unmittelbar aus den rundschuppigen Schmelzfischen, welche der heutigen *Amia* nahe standen, hervorgegangen. Bei den älteren Knochenfischen, den Physostomen, war ebenso wie bei den Ganoiden die Schwimmblase noch zeitlebens durch einen bleibenden Luftgang (eine Art Luftröhre) mit dem Schlunde in Verbindung. Das ist auch heute noch bei den zu dieser Gruppe gehörigen Häringen, Lachsen, Karpfen, Welsen, Aalen u. s. w. der Fall. Während der Kreidezeit trat aber bei einigen Physostomen eine Verwachsung, ein Verschluss jenes Luftganges ein, und dadurch wurde die Schwimmblase völlig von dem Schlunde abgeschnürt. So entstand die zweite Legion der Knochenfische, die der Physoklisten, welche erst während der Tertiärzeit ihre eigentliche Ausbildung erreichte, und bald an Mannichfaltigkeit bei weitem die Physostomen übertraf. Es gehören hierher die meisten Seefische der Gegenwart, namentlich die umfangreichen Familien der Dorsche, Schollen, Thunfische, Lippfische, Umberfische u. s. w., ferner die Heftkiemer (Kofferfische und Igelfische) und die Büschelkiemer (Seenadeln und Seepferdchen). Dagegen sind unter unseren Flussfischen nur wenige Physoklisten, z. B. der Barsch und der Stichling; die grosse Mehrzahl der Flussfische sind Physostomen.

Zwischen den echten Fischen und den Amphibien mitten inne steht die merkwürdige Classe der Lurchfische oder Doppelathmer (*Dipneusta*, *Dipnoi* oder *Protopteri*). Davon leben heute nur noch wenige Repräsentanten, nämlich der amerikanische Molchfisch (*Lepidosiren paradoxa*) im Gebiete des Amazonenstroms, und der afrikanische Molchfisch (*Protopterus annectens*) in verschiedenen Gegenden Afrikas. Ein dritter grosser Molchfisch (*Ceratodus Forsteri*) ist 1870 in Australien entdeckt worden. Während der trockenen Jahreszeit, im Sommer, vergraben sich diese seltsamen Thiere in dem eintrocknenden Schlamm in ein Nest von Blättern, und athmen dann Luft durch Lungen, wie die Amphibien. Während der nassen Jahreszeit aber, im Winter, leben sie in Flüssen und Sümpfen, und athmen Wasser durch Kiemen, gleich den Fischen. Aeusserlich gleichen sie gewöhnlichen Fischen, und sind wie diese mit runden Schuppen bedeckt; auch in manchen Eigenthümlichkeiten ihres inneren Baues, des

Skelets, der Extremitäten etc. gleichen sie mehr den Fischen, als den Amphibien. In anderen Merkmalen dagegen stimmen sie mehr mit den letzteren überein, vor allen in der Bildung der Lungen, der Nase und des Herzens. Aus diesen Gründen herrscht unter den Zoologen ein ewiger Streit darüber, ob die Lurchfische eigentlich Fische oder Amphibien seien. In der That sind sie wegen der vollständigen Mischung des Characters weder das eine noch das andere, und werden wohl am richtigsten als eine besondere Wirbelthier-Classe aufgefasst, welche den Uebergang zwischen jenen beiden Classen vermittelt. Wenn man die Dipneusten, wie es jetzt meistens geschieht, zu den Fischen stellt, so verliert man für die klare Definition dieser Classe die wichtigsten Merkmale, die typische Bildung des Fischherzens und den Mangel der Lunge.

Unter den heute noch lebenden Dipneusten besitzt Ceratodus eine einfache unpaare Lunge (*Monopneumones*), während Protopterus und Lepidosiren ein Paar Lungen haben (*Dipneumones*). Auch in anderen Beziehungen zeigt Ceratodus Spuren von höherem Alter, als die beiden anderen. Alle drei Gattungen sind jedenfalls uralt, und die letzten überlebenden Reste einer vormals formenreichen Gruppe. Wohlerhaltene fossile Abdrücke derselben, namentlich die sehr characteristischen Zähne von *Ceratodus*, *Ctenodus*, *Dipterus* und verwandten Gattungen, sind neuerdings häufiger in paläozoischen Formationen, im Devon und der Steinkohle, wie auch später gefunden worden. Man fasst diese fossilen Dipneusten in der Gruppe der *Ctenodipterina* zusammen (Ctenodinen und Dipterinen). Sie schliessen sich einerseits unmittelbar an die Quastenflosser (*Crossopterygia*) unter den Ganoiden an, andererseits an die Chimaeren (*Holocephala*) unter den Urfischen. Wahrscheinlich sind dieselben, wie der heute noch lebende *Ceratodus*, mit einer unpaaren Lunge versehen gewesen, entstanden aus der Schwimmblase jener alten Ganoiden. Erst später werden aus diesen Monopneumonen die jüngeren Dipneumonen hervorgegangen sein, indem sich die einfache Lunge in ein paar Lungensäcke spaltete. Diese letzteren wurden dann die Stammväter der Amphibien, indem sich ihre vielstrahligen Fischflossen in fünfzehige Kriech-Füsse verwandelten. (Vergl. den folgenden Vortrag.)

Uebersicht über die acht Wirbelthier-Classen mit Bezug auf die Herzbildung und Fussbildung.

Herzbildung der Wirbelthiere.	**Acht Classen der Wirbelthiere.**	**Unterclassen der Wirbelthiere.**	**Fussbildung der Wirbelthiere.**
I. Hauptgruppe: **Rohrherzen. Leptocardia.** Kaltblütige Wirbelthiere mit einfachem oder einkammerigem Herzen, gefüllt mit carbonischem Blut.	1. Schädellose **Acrania**	1. Urwirbelthiere *Provertebrata* 2. Amphioxinen *Cephalochorda*	I. Hauptgruppe: **Vertebrata adactylia** (*impinnata*). Wirbelthiere ohne paarige Gliedmaassen.
II. Hauptgruppe: **Fischherzen. Ichthyocardia.** Kaltblütige Wirbelthiere mit zweikammerigem Herzen (1 Vorkammer und 1 Hauptkammer). Herzblut carbonisch.	2. Rundmäuler **Cyclostoma**	1. Urschädelthiere *Procraniota* 2. Beutelkiemer *Marsipobranchii*	
	3. Fische **Pisces**	1. Urfische *Selachii* 2. Schmelzfische *Ganoides* 3. Knochenfische *Teleostei*	II. Hauptgruppe: **Vertebrata polydactylia** (*pinnifera*). Ursprünglich zwei paar Flossen, jede mit vielen Fingern oder Flossenstrahlen.
III. Hauptgruppe: **Lurchherzen. Amphicardia.** Kaltblütige Wirbelthiere mit dreikammerigem Herzen (2 Vorkammern und 1 Hauptkammer). Herzblut gemischt.	4. Lurchfische **Dipneusta**	1. Einlunger *Monopneumones* 2. Zweilunger *Dipneumones*	
	5. Lurche **Amphibia**	1. Panzerlurche *Phractamphibia* 2. Nacktlurche *Lissamphibia*	III. Hauptgruppe: **Vertebrata pentadactylia** (*pentanomia*). Ursprünglich zwei paar Beine, jedes mit Drei-Gliederung (Oberschenkel, Unterschenkel, Fuss), und mit fünf Fingern oder Zehen an jedem Fuss.
	6. Schleicher **Reptilia**	1. Land-Reptilien *Geosauria* 2. See-Reptilien *Hydrosauria* 3. Schildkröten *Chelonia* 4. Flug-Reptilien *Pterosauria*	
IV. Hauptgruppe: **Warmherzen. Thermocardia.** Warmblütige Wirbelthiere mit vierkammerigem und zweitheiligem Herzen (2 Vorkammern und 2 Hauptkammern). — Linkes Herz mit oxydischem, rechtes mit carbonischem Blut.	7. Vögel **Aves**	1. Eidechsenschwänzige *Saururae* 2. Vogelschwänzige *Ornithurae*	
	8. Säuger **Mammalia**	1. Gabelthiere *Monotrema* 2. Beutelthiere *Marsupialia* 3. Placentalthiere *Placentalia*	

Die wichtigste innere Veränderung, welche mit der Verwandlung der Schwimmblase in die Lunge sich verknüpfte, war die Theilung der Herzvorkammer in zwei Vorkammern. Während das Fischherz bloss venöses oder carbonisches Blut enthielt (*Ichthyocardia*), trat dazu nun aus den Lungen noch arterielles oder oxydisches Blut; beide Blutarten mischten sich in der Kammer des Herzens. Durch diesen sehr wichtigen Fortschritt der Organisation entfernen sich die Dipneusten von ihren Vorfahren, den Fischen, und bilden unmittelbar den phylogenetischen Uebergang zu den Amphibien. Auch bei den Reptilien besteht noch dieselbe Herzbildung, so dass man diese drei Classen unter dem Begriffe der *Amphicardia* vereinigen kann. Erst bei den höchsten beiden Wirbelthier-Classen, den Vögeln und Säugethieren, theilt sich das ganze Herz in zwei getrennte Hälften; die rechte Hälfte enthält nur venöses, die linke nur arterielles Blut; diese beiden Classen sind daher warmblütig (*Thermocardia*, S. 618).

Das Herz des Embryo durchläuft bei jedem dieser höheren Wirbelthiere noch heute dieselbe Stufenreihe der Verwandlung, welche das Herz ihrer Vorfahren im Laufe der grossen paläontologischen Zeiträume langsam durchmessen hat. Auch unser menschliches Herz entwickelt sich in derselben Weise und liefert so seinerseits einen neuen Beweis für unsere Vertebraten-Abstammung und für das biogenetische Grundgesetz.

Fünfundzwanzigster Vortrag.

Stammes-Geschichte der Amphibien und Amnioten.

Fünfzahl der Finger (oder Pentadactylie) bei den vier höheren Wirbelthier-Classen (Amphibien und Amnioten). Ihre Bedeutung für das Decimal-System. Ihre Entstehung aus der polydactylen Fischflosse. Gliederung der fünfzehigen Extremität in drei Hauptabschnitte. Lurche oder Amphibien. Panzerlurche (Stegocephalen und Peromelen). Nacktlurche (Urodelen und Anuren). Hauptclasse der Amnioten oder Amnion-Thiere. Bildung des Amnion und der Allantois. Verlust der Kiemen. Protamnion (in der permischen Periode). Spaltung des Amnioten-Stammes in zwei Aeste (Sauropsiden und Mammalien). Reptilien. Stammgruppe der Tocosaurier (Ur-Eidechsen). Seedrachen (Plesiosauren und Ichthyosauren) Eidechsen, Schlangen und Crocodile. Schildkröten (Chelonier). Flugdrachen (Pterosaurier). Drachen und Lindwürmer (Dinosaurier). Abstammung der Vögel von vogelbeinigen Sauriern (Ornithoscelides). Die Ordnungen der Vögel. Urvögel, Zahnvögel, Straussvögel, Kielvögel. Fürbringer's Vogel-System und stereometrische Stammbäume.

Meine Herren! Die bekannte Erscheinung, dass kleine Ursachen oft unverhältnissmässig grosse Wirkungen hervorbringen, findet auch in der Stammes-Geschichte der Thiere allenthalben ihre Bestätigung. Kleine und an sich unbedeutende Veränderungen der Organisation, welche eine Thierform durch Anpassung an bestimmte neue Lebens-Bedingungen erwirbt, können derselben im Kampf um's Dasein zum grössten Vortheil gereichen; und indem dieselben durch Vererbung auf eine lange Reihe von Generationen übertragen werden, können sie die weitreichendsten Wirkungen hervorbringen. Sehr häufig vermögen wir den praktischen, durch Anpassung bewirkten Vortheil einer neuen Einrichtung im Körperbau nicht einzusehen; aber die Thatsache, dass sich dieselbe auf grosse Gruppen divergenter Nachkommen constant vererbt, bezeugt hinreichend ihre hohe phylogenetische Bedeutung.

Einem auffallenden Beispiele dieser Art begegnen wir in der Stammes-Geschichte der Wirbelthiere an dem historischen Wendepunkte, bei welchem wir jetzt angelangt sind. Die niederen Vertebraten, deren Phylogenie wir bisher betrachteten, lebten im Wasser, athmeten durch Kiemen und bewegten sich durch Flossen; bei allen Fischen sind die zwei Flossen-Paare ursprünglich vielzehige Gliedmaassen, polydactyl. Die höheren Wirbelthiere hingegen, zu denen wir uns jetzt wenden, leben grösstentheils auf dem Lande, athmen Luft durch Lungen und besitzen zwei Paar Gliedmaassen, welche fünfzehig sind, pentadactyl. Der Uebergang vom Wasserleben der Fische zum Landleben der höheren Wirbelthiere, welcher schon von den Dipneusten begonnen wurde, ruft zunächst bei den Amphibien die wichtigsten Veränderungen in den Organen der Athmung und des Blutkreislaufs hervor. Er bewirkt aber gleichzeitig auch Veränderungen im Bau der Gliedmaassen, welche später die grösste Bedeutung erlangen. Eine von diesen Veränderungen, die Verminderung der zahlreichen Flossenstrahlen in jeder Flosse auf fünf, erscheint an sich sehr unbedeutend und gleichgültig; und dennoch wird heute ein wichtiger Theil unseres menschlichen Cultur-Lebens von diesem zufälligen Reductions-Process beherrscht.

Das Decimal-System, welches unsere ganze Zeitrechnung bestimmt, und welches neuerdings auch in Münze, Maass und Gewicht überall durchgeführt wird, verdankt bekanntlich seinen Ursprung der Zähl-Methode der Wilden, nach den zehn Fingern beider Hände. Allein der älteste Ursprung dieser bedeutungsvollen Zehnzahl liegt viele Millionen Jahre zurück, in der Steinkohlenzeit, vielleicht sogar in der devonischen Periode. In dieser paläozoischen Urzeit entstanden die ersten fünfzehigen Wirbelthiere, die ältesten Amphibien; und diese übertrugen durch Vererbung die Fünfzahl der Zehen auf ihre Nachkommen; der höchst entwickelte ihrer Epigonen, der Mensch, hat diese Fünfzahl getreu conservirt, und in seinem Decimal-System hat sie die weitreichendste practische Verwerthung gefunden.

Wenn die alten Stamm-Amphibien der Steinkohlenzeit von ihren nächsten Vorfahren, den vielfingerigen Dipneusten, noch einen Finger mehr an jeder Extremität geerbt, und statt fünf Fingern sechs durch Vererbung auf ihre Nachkommen bis zum Menschen übertragen hätten, so würden sie damit der Menschheit einen unschätzbaren Dienst geleistet haben. Wir würden dann heute statt unseres Decimal-Systems das ungleich praktischere Duodecimal-System besitzen, dessen Grundzahl, zwölf, durch zwei, drei, vier, sechs theilbar ist, während zehn nur durch zwei und fünf theilbar ist. Auch für viele Künste, z. B. das Clavierspiel, für viele technische Thätigkeiten und medicinische Operationen würden sechs Finger an jeder Hand viel practischer sein, als fünf. Nur wenig hat gefehlt, und wir würden uns dieser grossen Vortheile erfreuen. Einzelne uralte Amphibien aus jener Stammgruppe haben noch sechs Finger besessen, und in der Reptilien-Ordnung der Seedrachen (*Halisauria*) hat sich diese Zahl erblich erhalten. Vielleicht ist sogar das gelegentliche Auftreten von sechs Fingern beim Menschen (S. 159) als ein Rückschlag in jene uralte Einrichtung aufzufassen. Allein das sind nur einzelne Ausnahmen; im Ganzen muss die Fünfzahl der Finger oder die Pentadactylie, gewisse, uns nicht erkennbare Vortheile im Kampf ums Dasein gewährt haben. Denn schon in der Steinkohlenzeit wurde sie bei den Amphibien constant und befestigte sich durch Vererbung bis auf den heutigen Tag. Wenn zahlreiche höhere Wirbelthiere weniger als fünf Zehen an jedem Fusse besitzen, so liegt nachweislich Rückbildung der ursprünglichen Fünfzahl vor.

Die Entstehung des fünfzehigen Amphibien-Fusses aus der vielzehigen Flosse der Dipneusten und Fische ist ausserdem mit einer Reihe der wichtigsten Umbildungen im Knochenbau der Gliedmaassen verknüpft. Diese sind von solcher Bedeutung für die Körperform und Lebensweise der vier höheren Wirbelthier-Classen, dass man dieselben in einer natürlichen phylogenetischen Hauptgruppe vereinigen kann, den Pentanomen oder Pentadactylien. Die Stammgruppe derselben bildet die Amphibien-Classe; aus dieser sind erst später die Amnioten hervorgegangen, die drei Classen der Reptilien, Vögel und Säugethiere. Die Amphibien repräsentiren die niederen und älteren, die Amnioten hingegen die höheren und jüngeren Linien des Pentanomen-Stammes.

Bei allen diesen Pentanomen, schon von den ältesten Amphibien angefangen, finden wir ursprünglich jene characteristische allgemeine Gliederung der beiden Extremitäten-Paare, welche unser eigener menschlicher Organismus noch heute besitzt und als Erbstück von jenen uralten Vorfahren erhalten hat. Ueberall gliedert sich zunächst die Gliedmaasse in drei Hauptabschnitte; vorn Oberarm, Unterarm und Hand, hinten Oberschenkel, Unterschenkel und Fuss. Ueberall besteht ursprünglich das Skelet des ersten Abschnitts aus einem grossen Röhren-Knochen, dasjenige des zweiten aus zwei, und dasjenige des dritten aus sehr zahlreichen kleineren Knochen, welche wieder in drei Gruppen zusammengestellt sind: Fusswurzel (Tarsus), Mittelfuss (Metatarsus) und die fünf Finger. Das Gliedmaassen-Skelet des Salamanders und Frosches zeigt uns schon dieselbe typische Bildung, wie dasjenige des Affen und Menschen. Wie diese pentadactyle Extremität der *Pentanomen* ursprünglich durch Differenzirung aus der polydactylen oder vielzehigen Fisch-Flosse der *Dipneusten* entstanden ist, hat Carl Gegenbaur in einer Reihe von ausgezeichneten Arbeiten gezeigt.

Die ältesten Amphibien, welchen wir als den ersten fünfzehigen Ahnen unseres Stammes ganz besonderes Interesse schulden, sind die Panzerlurche der Steinkohlenzeit, die Stegocephalen. Zahlreiche und zum grossen Theile vortrefflich erhaltene Abdrücke derselben sind neuerdings im carbonischen und permischen System, wie in der Trias gefunden worden. Von dem merkwürdigen *Branchiosaurus amblystomus* fand Credner im Plauen'schen Grunde bei Dresden (in unter-permischen Kalkstein eingeschlossen) über tausend, zum Theil vorzüglich erhaltene Exemplare, so dass er die Anatomie und Ontogenie dieses Panzerlurches sehr vollständig herstellen konnte. Noch näher als diese Mikrosaurier, stehen der gemeinsamen Stammform der Amphibien die uralten Schmelzköpfe (*Ganocephala*), von denen namentlich der *Archegosaurus* aus der Steinkohle von Saarbrücken schon länger bekannt ist. In der characteristischen Bildung der Zähne und der

Knochentafeln, welche den molchähnlichen Körper bedecken, schliessen sich diese Panzerlurche unmittelbar an die fossilen Dipneusten (*Ctenodina*) und Ganoiden (*Crossopterygia*) an, ihre wahrscheinlichen Vorfahren. Anderseits gingen später aus ihnen die riesigen Wickelzähner (*Labyrinthodonta*) hervor, schon im permischen System durch Zygosaurus, später aber vorzüglich in der Trias durch Mastodonsaurus, Trematosaurus, Capitosaurus u. s. w. vertreten. Diese furchtbaren Raubthiere scheinen in der Körperform zwischen den Krokodilen, Salamandern und Fröschen in der Mitte gestanden zu haben, waren aber den beiden letzteren mehr durch ihren inneren Bau verwandt, während sie durch die feste Panzerbedeckung mit starken Knochentafeln den ersteren glichen. Schon gegen Ende der Triaszeit scheinen diese gepanzerten Riesenlurche ausgestorben zu sein. Aus der ganzen folgenden Zeit kennen wir keine Versteinerungen, welche wir mit Sicherheit Stegocephalen zuschreiben könnten.

Während die meisten paläozoischen Panzerlurche zwei paar fünfzehige Beine und einen mehr oder minder entwickelten Schwanz besitzen, wurden diese Theile bei einigen Formen dieser Gruppe rückgebildet. Diese merkwürdigen Aistopoden (*Dolichosoma*, *Ophiderpeton*) nehmen Schlangenform an und gehören vielleicht zu den Vorfahren der heute noch lebenden Blindwühlen oder Coecilien (*Gymnophiona*). Das sind wurmförmige Amphibien ohne Schwanz und Gliedmaassen, welche gleich Regenwürmern in der Erde der Tropen leben. Ihre geringelte Haut schliesst kleine knöcherne Fisch-Schuppen ein, das letzte Ueberbleibsel des festen Knochenpanzers, durch welchen die meisten Stegocephalen geschützt waren. Man kann sie letzteren als Peromelen gegenüberstellen. Beide Ordnungen zusammen bilden die Unterklasse der Panzerlurche (*Phractamphibia*).

Alle übrigen, uns bekannten Amphibien gehören zur zweiten Unterclasse, den Nacktlurchen (*Lissamphibia*). Diese entstanden wahrscheinlich schon während des paläozoischen Zeitalters, obgleich wir fossile Reste derselben erst aus der Kreide- und Tertiärzeit kennen. Sie unterscheiden sich von den Panzerlurchen durch ihre nackte, glatte, schlüpfrige Haut, ohne Schuppenpanzer.

Systematische Uebersicht
über die Legionen und Ordnungen der **Lurche oder Amphibien.**

Subclassen.	Legionen.	Ordnungen.	Gattungs-Beispiele.
I. Erste Unter-classe der Amphibien: **Panzerlurche, Phractamphibia.** Haut gepanzert oder beschuppt, mit Knochen-Plättchen.	Erste Legion: **Schuppenlurche** **Stegocephala** (*Archamphibia*) Eidechsen ähnlich, geschwänzt, meist mit schwachen Gliedmaassen	1. Ganocephalen *Archegosauria*	Archegosaurus Eryops
		2. Labyrinthodonten *Mastodonsauria*	Labyrinthodon Trematosaurus
		3. Lepospondylen *Microsauria*	Branchiosaurus Ceraterpeton
	Zweite Legion: **Schlangenlurche** **Peromela** (*Pseudophidia*) Schlangen ähnlich, fusslos und schwanzlos	4. Procoecilien *Aistopoda*	Dolichosoma Ophiderpeton
		5. Coecilien *Gymnophiona*	Epicrium Siphonops
II. Zweite Unter-classe der Amphibien: **Nacktlurche, Lissamphibia.** Haut nackt und glatt, ohne Knochen-Plättchen.	Dritte Legion: **Schwanzlurche** **Urodela** (*Caudata*) Salamander ähnlich, mit langem Schwanze und schwachen Gliedmaassen	6. Fischlurche *Perennibranchia*	Proteus Siren
		7. Derotremen *Cryptobranchia*	Menopoma Amphiuma
		8. Salamandrinen *Caducibranchia*	Triton Salamandra
	Vierte Legion: **Froschlurche** **Anura** (*Batrachia* oder *Ecaudata*) Frosch ähnlich, ohne Schwanz, mit starken Gliedmaassen (— als Larven geschwänzte Kaulquappen —)	9. Zungenlose Kröten *Aglossa*	Pipa Dactylethra
		10. Kröten *Bufonacea*	Bufo Phryniscus
		11. Laubkröten *Callulacea*	Callula Hylaplesia
		12. Frösche *Ranacea*	Rana Bombinator
		13. Laubfrösche *Hylacea*	Hyla Hylodes

Durch Rückbildung und Verlust der knöchernen Panzerbedeckung haben sich die Lissamphibien aus einem Zweige der Phractamphibien entwickelt. Gewöhnlich werden die Nacktlurche in zwei Ordnungen getheilt: Geschwänzte (*Urodela*) und Schwanzlose (*Anura*). Die Schwanzlurche (*Urodela*) zerfallen wieder in drei Gruppen, welche noch heutzutage in ihrer individuellen Entwickelung sehr deutlich den historischen Entwickelungsgang der ganzen Unterclasse wiederholen. Die ältesten Formen sind die Kiemenlurche (*Perennibranchia*), welche zeitlebens auf der ursprünglichen Stammform der Nacktlurche stehen bleiben und einen langen Schwanz nebst wasserathmenden Kiemen beibehalten. Sie stehen am nächsten den Stegocephalen und Dipneusten, von denen sie sich aber schon äusserlich durch den Mangel des Schuppenkleides unterscheiden. Die meisten Kiemenlurche leben in Nordamerika, unter anderen *Siren* und der früher erwähnte Axolotl (*Siredon*, vergl. oben S. 226). In Europa ist diese Ordnung nur durch eine Form vertreten, durch den berühmten Olm (*Proteus anguineus*), welcher die Adelsberger Grotte und andere Höhlen Krains bewohnt und durch den Aufenthalt im Dunkeln rudimentäre Augen bekommen hat, die nicht mehr sehen können (s. oben S. 13, 282). Aus den Kiemenlurchen hat sich durch Verlust der äusseren Kiemen die Ordnung der Derotremen entwickelt (*Cryptobranchia*). Dazu gehört das grösste von allen lebenden Amphibien, der Riesen-Salamander von Japan (*Cryptobranchus*, über ein Meter lang). Aus diesen sind dann die Salamandrinen entstanden, zu welchen unser schwarzer, gelbgefleckter Landsalamander (*Salamandra maculosa*) und unsere flinken Wassermolche (*Triton*) gehören. Diese letzteren verlieren die Kiemen, welche ihre Larven in der Jugend besitzen, ganz. Aber bisweilen conserviren die Tritonen auch die Kiemen und bleiben demnach auf der Stufe der Kiemenlurche stehen, wenn man sie nämlich zwingt, beständig im Wasser zu bleiben (vergl. oben S. 225). Die dritte Ordnung, die Schwanzlosen oder Froschlurche (*Anura* oder *Batrachia*), verlieren bei der Metamorphose nicht nur die Kiemen, durch welche sie in früher Jugend (als sogenannte „Kaulquappen") Wasser athmen, sondern auch den Schwanz, mit dem sie herumschwimmen. Sie durchlaufen also während ihrer Keimes-Geschichte den Entwickelungsgang der ganzen Unterclasse, indem sie zuerst Kiemenlurche, dann Derotremen, später Salamandrinen und zuletzt Froschlurche sind. Offenbar ergiebt sich daraus, dass die Froschlurche sich erst später aus den Schwanzlurchen, wie diese selbst aus den Kiemenlurchen entwickelt haben. Die wunderbare Verwandlung der bekannten Kaulquappen in Frösche, welche wir in jedem Frühjahr innerhalb weniger Wochen unmittelbar beobachten können, wiederholt uns so nach dem biogenetischen Grundgesetze einen historischen Process, welcher zu den wichtigsten in der Stammes-Geschichte der Wirbelthiere gehört.

Indem wir nun von den Amphibien zu der nächsten Wirbelthierclasse, den Reptilien, übergehen, bemerken wir eine sehr bedeutende Vervollkommnung in der stufenweise fortschreitenden Organisation der Wirbelthiere. Alle bisher betrachteten Paarnasen oder Amphirhinen, die Fische, Dipneusten und Amphibien, stimmen in einer Anzahl von wichtigen Charakteren überein, durch welche sie sich von den drei noch übrigen Wirbelthier-Classen, den Reptilien, Vögeln und Säugethieren, sehr wesentlich unterscheiden. Bei diesen letzteren bildet sich während der embryonalen Entwickelung rings um den Embryo eine von seinem Nabel auswachsende besondere zarte Hülle, die Wasserhaut oder das Amnion, welche mit dem Fruchtwasser oder Amnionwasser gefüllt ist, und in diesem den Embryo oder den Keim blasenförmig umschliesst. Wegen dieser sehr wichtigen und charakteristischen Bildung können wir jene drei höchst entwickelten Wirbelthier-Classen als Amnionthiere (*Amniota*) zusammenfassen. Den drei soeben betrachteten Classen der Paarnasen dagegen fehlt das Amnion, eben so wie allen niederen Wirbelthieren (Unpaarnasen und Schädellosen) vollständig; wir konnten daher diese Ichthyoten jenen als Amnionlose (*Anamnia*) entgegensetzen.

Die Bildung der Wasserhaut oder des Amnion, durch welche sich die Reptilien, Vögel und Säugethiere von allen anderen Wirbelthieren unterscheiden, ist offenbar ein höchst wichtiger Vorgang in der Ontogenie und der ihr entsprechenden Phylogenie der Wirbelthiere. Er fällt zusammen mit einer Reihe von anderen Vorgängen, welche wesentlich die höhere Entwickelung der Amnionthiere bestimmten. Dahin gehört vor allen der gänzliche Verlust der Kiemen, dessenwegen man schon früher die Amnioten als Kiemenlose (*Ebranchiata*) allen übrigen Wirbelthieren als Kiemenathmenden (*Branchiata*) entgegengesetzt hatte. Bei allen bisher betrachteten Wirbelthieren fanden sich athmende Kiemen entweder zeitlebens, oder doch wenigstens, wie bei Fröschen und Molchen, in früher Jugend. Bei den Reptilien, Vögeln und Säugethieren dagegen kommen zu keiner Zeit des Lebens wirklich athmende Kiemen vor; die Kiemenbogen, welche auch hier durch Vererbung erhalten sind, gestalten sich im Laufe der Keimesgeschichte zu ganz anderen Gebilden, zu Theilen des Kieferapparates und des Gehörorgans (vergl. oben S. 306). Alle Amnionthiere besitzen im Gehörorgan eine sogenannte „Schnecke" und ein dieser entsprechendes „rundes Fenster", welche den Amnionlosen fehlen. Bei diesen letzteren liegt der Schädel des Embryo in der gradlinigen Fortsetzung der Wirbelsäule. Bei den Amnionthieren dagegen erscheint die Schädelbasis von der Bauchseite her eingeknickt, so dass der Kopf auf die Brust herabsinkt (Taf. III, Fig. C, D, G, H). Auch entwickeln sich erst bei den Amnioten die Thränenorgane im Auge. Endlich besitzen alle Amnionthiere eine Allantois, ein Ernährungs-Organ des Embryo, welches sich aus der Harnblase der Amphibien entwickelt hat.

Wann fand nun im Laufe der organischen Erdgeschichte dieser wichtige Vorgang statt? Wann entwickelte sich aus einem Zweige der Amnionlosen (und zwar jedenfalls aus einem Zweige der Amphibien) der gemeinsame Stammvater aller Amnionthiere?

Auf diese Frage geben uns die versteinerten Wirbelthierreste zwar keine ganz bestimmte, aber doch eine annähernde Antwort. Die ältesten fossilen Vertebraten-Reste, die wir mit Sicherheit auf Amnioten beziehen können, sind Skelete einiger Reptilien aus dem permischen System (*Proterosaurus, Parasaurus, Sphenosaurus* und einige andere). Diese Reptilien scheinen zu den ältesten Amnionthieren zu gehören und unseren gewöhnlichen Eidechsen sehr nahe zu stehen. Alle übrigen versteinerten Reste, welche wir bis jetzt von Amnionthieren kennen, gehören der

Secundärzeit, Tertiärzeit und Quartärzeit an. Freilich kennen wir von jenen ältesten permischen Eidechsen bloss das Skelet. Da wir nun von den entscheidenden Merkmalen der Weichtheile Nichts wissen, so ist es wohl möglich, dass dieselben noch amnionlose Thiere waren, welche den Amphibien näher als den Reptilien standen, vielleicht auch zu den Uebergangsformen zwischen beiden Classen gehörten. Anderseits finden sich unzweifelhafte Amnionthiere bereits in der Trias versteinert vor, und zwar von sehr verschiedenen Gruppen. Wahrscheinlich fand daher eine mannichfaltigere phylogenetische Entwickelung und Ausbreitung der Amnioten-Hauptclasse erst in der Triaszeit, im Beginn des mesolithischen Zeitalters statt, während die ältesten Stammformen derselben in der permischen Periode, vielleicht selbst schon in der Steinkohlen-Periode lebten. Wie wir schon früher sahen, ist offenbar gerade jener Zeitraum einer der wichtigsten Wendepunkte in der organischen Erdgeschichte. An die Stelle der paläolithischen Farn-Wälder traten damals die Nadel-Wälder der Trias. In vielen Abtheilungen der wirbellosen Thiere traten wichtige Umgestaltungen ein: aus den getäfelten Seelilien (Palacriniden) entwickelten sich die gegliederten (Neocriniden). Die Metechiniden oder die Seeigel mit zwanzig Plattenreihen traten an die Stelle der paläolithischen Palechiniden, der Seeigel mit mehr als zwanzig Plattenreihen. Die Cystoideen, Blastoideen, Trilobiten und andere characteristische wirbellose Thiergruppen der Primärzeit waren so eben ausgestorben. Kein Wunder, wenn die umgestaltenden Anpassungs-Verhältnisse im Beginn der Triaszeit auch auf den Wirbelthier-Stamm mächtig einwirkten und eine reiche Formen-Entwickelung der Amnionthiere veranlassten.

Andere Zoologen, wie namentlich Huxley, sind dagegen der Ansicht, dass eine mannichfaltige Entwickelung der Reptilien-Classe schon in der permischen Periode stattfand und dass mithin ihre erste Entstehung in eine noch frühere Zeit zu setzen ist. In der That sprechen manche Gründe für diese Annahme. Jedoch haben sich die angeblichen Reptilien-Reste, die man früher im Steinkohlensystem oder gar im devonischen Systeme gefunden zu haben glaubte, später entweder nicht als Reptilienreste oder als viel jüngeren Alters (meistens der Trias angehörig) herausgestellt, so z. B. das *Telerpeton elginense* aus der Trias.

Die gemeinsame hypothetische Stammform aller Amnionthiere, welche wir als Protamnion oder Proreptil bezeichnen können, und welche möglicherweise dem fossilen *Proterosaurus* nahe verwandt war, stand vermuthlich im Ganzen hinsichtlich ihrer äusseren Körperform und inneren Organisation in der Mitte zwischen den Salamandern und Eidechsen. Ihr langgestreckter Körper hatte einen kurzen Hals, langen Schwanz, und vier kurze fünfzehige Beine. Die Haut war beschuppt oder mit kleinen Knochentäfelchen bedeckt, wie bei ihren Urahnen, den älteren Stegocephalen (*Microsauria*). Ihre Nachkommenschaft spaltete sich schon frühzeitig in zwei verschiedene Linien, von denen die eine die gemeinsame Stammform der Sauropsiden (der Reptilien und Vögel), die andere die Stammform der Säugethiere enthielt.

Die Schleicher (*Reptilia* oder *Pholidota*, auch *Sauria* im weitesten Sinne genannt) bleiben von allen drei Classen der Amnionthiere auf der tiefsten Bildungsstufe stehen und entfernen sich am wenigsten von ihren Stammvätern, den Amphibien. Daher wurden sie früher allgemein zu diesen gerechnet, obwohl sie in ihrer ganzen Organisation viel näher den Vögeln als den Amphibien verwandt sind. Gegenwärtig leben von den Reptilien nur noch vier Ordnungen, nämlich die Eidechsen, Schlangen, Crocodile und Schildkröten. Diese bilden aber nur noch einen schwachen Rest von der ungemein mannichfaltig und bedeutend entwickelten Reptilienschaar, welche während der mesolithischen oder Secundärzeit lebte und damals alle anderen Wirbelthier-Classen beherrschte. Die ausnehmende Entwickelung der Reptilien während der Secundärzeit ist so characteristisch, dass wir diese danach eben so gut, wie nach den Gymnospermen, benennen konnten (S. 381). Von den 40 Familien, welche die nachstehende Tabelle Ihnen vorführt, gehören 22, und von den neun Ordnungen gehören fünf ausschliesslich der Secundärzeit an. Diese mesolithischen Gruppen sind durch ein † bezeichnet. Mit einziger Ausnahme der Schlangen, die erst tertiär erscheinen, finden sich alle Ordnungen schon im Jura oder der Trias versteinert vor; die ältesten, die Tocosaurier, schon im permischen System.

Die grossartigen paläontologischen Entdeckungen der beiden letzten Decennien, vor Allen diejenigen der beiden unermüdlichen nordamerikanischen Paläontologen Cope und Marsh, haben uns mit einer erstaunlich formenreichen Fauna von mesolithischen Reptilien bekannt gemacht. Zum grossen Theil erscheinen dieselben als selbstständige, ganz eigenthümlich entwickelte Ordnungen und Familien des Reptilien-Stammes („specialisirte Typen“), zum anderen Theil als höchst werthvolle phylogenetische Bindeglieder, welche diese gestaltenreiche Classe theils mit ihrer Stammgruppe, den Phractamphibien unmittelbar verknüpfen, theils ihre Stammverwandtschaft mit den Vögeln und Säugethieren erläutern, den beiden höchsten, aus verschiedenen Reptilien-Zweigen hervorgegangenen Wirbelthier-Classen. Viele von diesen ausgestorbenen Reptilien der Secundär-Zeit besassen die abenteuerlichsten Gestalten und übertrafen an Seltsamkeit der Bildung die phantastischen Fabelwesen, mit welchen die Phantasie eines „Höllen-Breughel“ — oder in unserer Zeit eines Arnold Boecklin — die Unterwelt bevölkerte. Es befanden sich darunter die grössten landbewohnenden Thiere aller Zeiten; viele dieser „Drachen“ hatten über 50 Fuss, einzelne über 100 Fuss Länge. Die grössten (Dinosaurier) waren Pflanzenfresser mit winzig kleinem Gehirn und müssen höchst stupide Colosse gewesen sein. Sie waren durch mächtige Schuppenpanzer, manche auch durch Stacheln und Sporen, gegen die Angriffe der riesigen Fleischfresser geschützt, welche mit einem furchtbaren Gebiss bewaffnet waren.

Zur Zeit ist es nicht möglich, einen klaren Einblick in die verwickelten Verwandtschafts-Verhältnisse dieser wunderbaren Reptilien-Fauna zu gewinnen; um so weniger, als noch alljährlich ihre Zahl durch neue überraschende Entdeckungen beträchtlich vermehrt wird. Auch gehen noch heute die Ansichten selbst der besten Kenner über ihre gegenseitigen phylogenetischen Beziehungen weit auseinander. Will man die neun Hauptgruppen, welche auf S. 636 aufgezählt und in dem provisorischen Stammbaum (S. 637) hypothetisch geordnet sind, in wenige grosse Haupt-

Abtheilungen zusammenfassen, so könnten folgende vier Unterclassen der Reptilien unterschieden werden: 1. *Geosauria*, Land-Reptilien (Tocosaurier, Eidechsen, Schlangen, Theriosaurier und Dinosaurier; 2. *Hydrosauria*, See-Reptilien (Halisaurier und Crocodile); 3. *Chelonia*, Schildkröten, und 4. *Pterosauria*, Flug-Reptilien.

Die erste Ordnung der Reptilien, die der Stammschleicher (*Tocosauria*), umfasst die ältesten und niedrigsten Formen sowohl der Reptilien, als überhaupt aller Amnionthiere. Wir fassen daher in dieser Gruppe vorläufig drei Familien zusammen: die Protamnioten, Proreptilien und Proterosaurier. Die erste Familie bilden die hypothetischen Uramnioten (*Protamniota*), die wir aus den oben angeführten Gründen als die gemeinsamen Stammformen aller Amnionthiere ansehen müssen. Es befanden sich darunter die merkwürdigen Uebergangsformen von gewissen salamanderähnlichen Amphibien (Stegocephalen) zu jenen ältesten eidechsen-ähnlichen Reptilien, die zuerst den Besitz von Amnion und Allantois erwarben. Diese Protamnioten haben spätestens in der permischen Periode, vielleicht schon in der vorhergehenden Steinkohlenzeit existirt. Sie bilden die gemeinsame Wurzel, auf welche einerseits die ältesten Stammformen der Säugethiere (*Promammalia*), anderseits diejenigen der Vögel und eigentlichen Reptilien (*Proreptilia*) zurückzuführen sind. Zu diesen letzteren kann man die merkwürdige gepanzerte Vogel-Eidechse rechnen, welche im Keuper bei Stuttgart gefunden wurde (*Aëtosaurus ferratus*). Dieselbe vereinigt in sich Merkmale der verschiedensten Reptilien-Ordnungen, und zugleich der Vögel. Den Proreptilien wahrscheinlich nahe verwandt waren die Ureidechsen oder Proterosaurier, die ältesten fossilen Reptilien, die wir bis jetzt kennen, und die schon im permischen System versteinert vorkommen (*Proterosaurus*, *Parasaurus*, *Sphenosaurus etc.*). Der älteste bekannte Abdruck dieser wichtigen *Proterosauria*, die unseren gewöhnlichen Eidechsen und namentlich den Monitoren sehr ähnlich waren, ist der thüringer *Proterosaurus Speneri*, der schon 1710 im Kupferschiefer von Eisenach entdeckt und von dem Berliner Ärzte Spener zuerst beschrieben wurde.

Aus den Tocosauriern, die als die gemeinsame Stammgruppe aller Amnionthiere von besonderer Bedeutung sind, haben sich wahrscheinlich schon während der permischen Periode mannichfaltige divergirende Zweige von Reptilien entwickelt, welche dann in der folgenden Trias-Periode zu höherer Ausbildung und in der Jura-Zeit zu voller Blüthe gelangten. Ueber den verwandtschaftlichen Zusammenhang derselben kann man sich bei dem gegenwärtigen Zustande unserer Kenntnisse ungefähr diejenige vorläufige Hypothese bilden, deren einfachster Ausdruck der Stammbaum auf S. 637 ist. Als die conservativste und am wenigsten veränderte Ordnung ist wohl diejenige der eigentlichen Eidechsen (*Autosauria* oder *Lacertilia*) zu betrachten. Aus einem Zweige derselben entwickelten sich später die Schlangen (*Ophidia*). Andere Zweige des Reptilien-Stammes, die direct oder indirect aus den Tokosauriern hervorgingen, sind die Crocodile und Schildkröten. Zwei verschiedene Gruppen von Reptilien lernten fliegen und wurden Luftbewohner, einerseits die Flugeidechsen (*Pterosauria*), anderseits die Vögel; letztere stammen von den Ornithosceliden ab, einem Zweige der Dinosaurier. Aus einer ganz anderen Gruppe, den Theriosauriern, gingen die Stammformen der Säugethiere hervor. Endlich bilden eine ganz besondere Gruppe die Seedrachen (*Halisauria*), deren Stellung unter den Reptilien überhaupt noch zweifelhaft ist.

Die Wirbelthiere, die wir unter dem Namen der Seedrachen (*Halisauria* oder *Enaliosauria*) zusammenfassen, sind schon längst (schon seit der Kreidezeit) ausgestorben. Als furchtbare Raubthiere bevölkerten sie die mesolithischen Meere in grossen Mengen und in höchst sonderbaren Formen, zum Theil von 30—40 Fuss Länge. Sehr zahlreiche und vortrefflich erhaltene Versteinerungen und Abdrücke, sowohl von ganzen Seedrachen als von einzelnen Theilen derselben, haben uns mit ihrem Körperbau bekannt gemacht. Gewöhnlich werden dieselben jetzt zu den Reptilien gestellt, während einige Anatomen ihnen einen viel tieferen Rang, in unmittelbarem Anschluss an die Fische, anweisen. Die neueren Untersuchungen von Gegenbaur, welche vor allem die maassgebende Bildung der Gliedmaassen in das rechte Licht setzen, scheinen nämlich zu dem überraschenden Resultate zu führen, dass die Seedrachen eine isolirt stehende Gruppe bilden, ziemlich weit entfernt sowohl von den Reptilien und Amphibien, als von den eigentlichen Fischen. Die Skeletbildung ihrer vier Beine, welche zu kurzen, breiten Ruderflossen umgeformt sind (ähnlich wie bei den Fischen und Walfischen), scheint zu beweisen, dass sich die Halisaurier früher als die Amphibien von dem Wirbelthier-Stamme abgezweigt haben. Denn die Amphibien sowohl als die drei höheren Wirbelthier-Classen stammen alle von einer gemeinsamen Stammform ab, welche an jedem Beine nur fünf Zehen oder Finger besass. Die Seedrachen dagegen besitzen (entweder deutlich entwickelt oder doch in der Anlage des Fussskelets ausgeprägt) mehr als fünf Finger, wie die Urfische. Indessen kann diese Ueberzahl der Finger vielleicht auch secundär aus der pentadactylen Stammform durch Rückschlag entstanden sein. Unzweifelhaft haben die Halisaurier Luft durch Lungen, wie die ähnlichen Delphine und die Dipneusten, geathmet, trotzdem sie beständig im Meere umherschwammen. Sie haben sich nicht weiter in höhere Wirbelthiere fortgesetzt, und bilden eine ausgestorbene Seitenlinie.

Die genauer bekannten Seedrachen vertheilen sich auf vier, ziemlich stark von einander sich entfernende Familien, die Urdrachen, Schlangendrachen, Fischdrachen und Schnabeldrachen. Die Urdrachen (*Simosauria*) sind die ältesten Seedrachen und lebten bloss während der Triasperiode. Besonders häufig findet man ihre Skelette im Muschelkalk, und zwar zahlreiche verschiedene Gattungen. Sie scheinen im Ganzen den Plesiosauren sehr ähnlich gewesen zu sein und werden daher wohl auch mit diesen zu einer Ordnung (*Sauropterygia*) vereinigt. Die Schlangendrachen (*Plesiosauria*) lebten zusammen mit den Ichthyosauren in der Jura- und Kreidezeit. Sie zeichneten sich durch einen ungemein langen und schlanken Hals aus, welcher oft länger als der ganze Körper war und einen kleinen Kopf mit kurzer Schnauze trug. Wenn sie den Hals gebogen aufrecht trugen, werden sie einem Schwane ähnlich gewesen sein; aber statt der Flügel und Beine hatten sie zwei Paar kurze, platte, ovale Ruderflossen.

Ganz anders war die Körperform der Fischdrachen (*Ichthyo-*

sauria), welche auch wohl als Fischflosser (*Ichthyopterygia*) den beiden vorigen Familien entgegengesetzt werden. Sie besassen einen sehr langgestreckten Fischrumpf und einen schweren Kopf mit verlängerter platter Schnauze, dagegen einen sehr kurzen Hals. Sie werden äusserlich gewissen Delphinen sehr ähnlich gewesen sein. Der Schwanz ist bei ihnen sehr lang, bei den vorigen dagegen sehr kurz. Auch die beiden Paar Ruderflossen sind breiter und zeigen einen wesentlich anderen Bau. Die echten Ichthyosaurier haben furchtbare Zähne in den Kiefern; diese sind verloren gegangen bei den nordamerikanischen Schnabeldrachen (*Sauranodontia*). Vielleicht haben sich die Fischdrachen und die Schlangendrachen als zwei divergente Zweige aus den Urdrachen entwickelt. Vielleicht haben aber auch die Simosaurier bloss den Plesiosauriern den Ursprung gegeben, während die Ichthyosaurier sich tiefer unten von dem gemeinsamen Stamme abgezweigt haben. Die Sauranodonten stammen von Ichthyosauriern ab.

Unter den vier Reptilien-Ordnungen, welche gegenwärtig noch leben, und welche schon seit Beginn der Tertiärzeit allein die Classe vertreten haben, schliessen sich die Eidechsen (*Autosauria* oder *Lacertilia*) offenbar am nächsten an die ausgestorbenen Stammreptilien an, besonders durch die schon genannten Monitoren. Aus einem Zweige der Eidechsenordnung hat sich die Abtheilung der Schlangen (*Ophidia*) entwickelt, und zwar durch Rückbildung der vier Beine und Lockerung des Kiefergerüstes. Die Riesenschlangen besitzen noch heute Ueberreste von den rückgebildeten Hinterbeinen. Die Entstehung der Schlangen fällt wahrscheinlich erst in den Beginn der Tertiärzeit. Wenigstens kennt man versteinerte Schlangen bis jetzt bloss aus tertiären Schichten. Viel früher sind die Crocodile (*Crocodilia*) entstanden, von denen die ältesten, die Thecodonten oder Belodonten schon in der Trias, die Teleosaurier massenhaft versteinert schon im Jura gefunden werden; die jetzt allein noch lebenden Gaviale und Alligatoren dagegen kommen erst in den Kreide- und Tertiärschichten fossil vor. Die Crocodile schliessen sich durch ihre ältesten Formen unmittelbar an einen Zweig der fossilen Tocosaurier an; ihre Phylogenie lässt sich schrittweise deutlich verfolgen.

Systematische Uebersicht

der Ordnungen und Familien der Reptilien.

(Die mit einem † bezeichneten Gruppen sind in der Secundärzeit ausgestorben.)

Ordnungen der Reptilien	Familien der Reptilien	Familien der Reptilien	Ein Gattungsname als Beispiel
I. Stammreptilien Tocosauria †	1. Uramnioten	1. Protamniota	† Protamnion
	2. Urschleicher	2. Proreptilia	† Aëtosaurus
	3. Ureidechsen	3. Proterosauria	† Proterosaurus
II. Eidechsen Autosauria	4. Geckonen	4. Ascalabotae	Platydactylus
	5. Monitoren	5. Monitores	Monitor
	6. Lacertinen	6. Lacertina	Lacerta
	7. Wirtelechsen	7. Chalcidia	Zonurus
	8. Scincoiden	8. Scincoidea	Anguis
	9. Mosasaurier	9. Mosasauria	† Mosasaurus
	10. Ringeleidechsen	10. Glyptoderma	Amphisbaena
	11. Chamaeleonen	11. Vermilingues	Chamaeleo
III. Schlangen Ophidia	12. Nattern	12. Aglyphodonta	Coluber
	13. Baumschlangen	13. Opisthoglypha	Dipsas
	14. Giftnattern	14. Proteroglypha	Hydrophis
	15. Ottern	15. Solenoglypha	Vipera
	16. Wurmschlangen	16. Opoterodonta	Typhlops
IV. Crocodile Crocodilia	17. Thecodonten	17. Thecodontia	† Belodon
	18. Teleosaurier	18. Teleosauria	† Teleosaurus
	19. Gaviale	19. Gaviales	Gavialis
	20. Alligatoren	20. Alligatores	Alligator
V. Schildkröten Chelonia	21. Seeschildkröten	21. Thalassita	Chelone
	22. Flussschildkröten	22. Potamita	Trionyx
	23. Sumpfschildkröten	23. Elodita.	Emys
	24. Landschildkröten	24. Chersita	Testudo
VI. Seedrachen Halisauria †	25. Urdrachen	25. Simosauria	† Simosaurus
	26. Schlangendrachen	26. Plesiosauria	† Plesiosaurus
	27. Fischdrachen	27. Ichthyosauria	† Ichthyosaurus
	28. Schnabeldrachen	28. Sauranodontia	† Sauranodon
VII. Flugdrachen Pterosauria †	29. Langschwänzige	29. Dimorphodontia	† Dimorpodon
	30. Flugeidechsen	30. Rhamphorhynchi	† Rhamphorhynchus
	31. Kurzschwänzige	31. Pterodactyli	† Pterodactylus
	32. Flugeidechsen	32. Pteranodontia	† Pteranodon
VIII. Drachen Dinosauria †	33. Zwergdrachen	33. Nanosauria	† Nanosaurus
	34. Riesendrachen	34. Harpagosauria	† Megalosaurus
	35. Elephantendrachen	35. Titanosauria	† Iguanodon
	36. Vogeleidechsen	36. Ornithoscelides	† Compsognathus
IX. Säugerreptilien Theriosauria †	37. Pelycosaurier	37. Pelycosauria	† Pelycosaurus
	38. Rüsseleidechsen	38. Rhynchocephalia	† Rhynchocephalus
	39. Hundszähner	39. Cynodontia	† Dicynodon
	40. Fehlzähner	40. Cryptodontia	† Udenodon

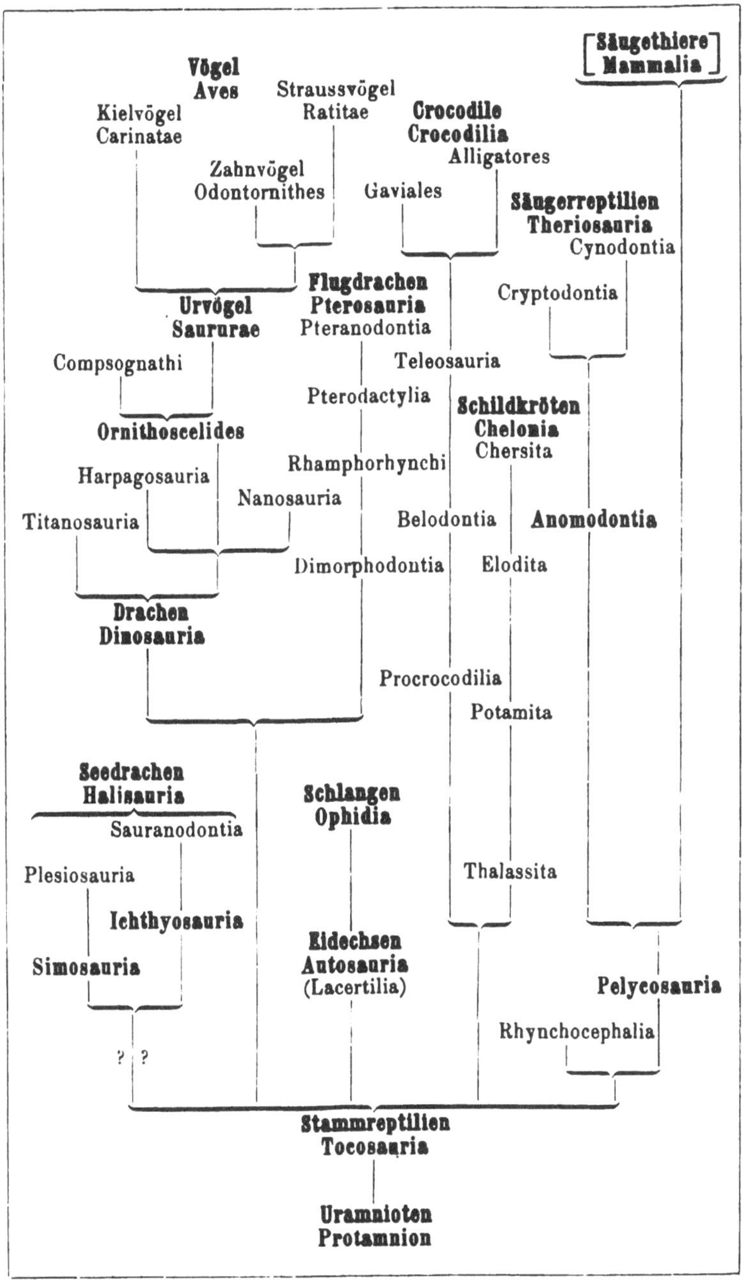
Säugethiere
Mammalia
Vögel
Aves
Straussvögel
Ratitae
Kielvögel
Carinatae
Crocodile
Crocodilia
Alligatores
Zahnvögel
Odontornithes
Gaviales
Säugerreptilien
Theriosauria
Cynodontia
Flugdrachen
Pterosauria
Pteranodontia
Cryptodontia
Urvögel
Saururae
Compsognathi
Teleosauria
Pterodactylia
Schildkröten
Chelonia
Chersita
Ornithoscelides
Harpagosauria
Rhamphorhynchi
Nanosauria
Titanosauria
Belodontia
Anomodontia
Dimorphodontia
Elodita
Drachen
Dinosauria
Procrocodilia
Potamita
Seedrachen
Halisauria
Schlangen
Ophidia
Sauranodontia
Plesiosauria
Thalassita
Ichthyosauria
Simosauria
Eidechsen
Autosauria
(Lacertilia)
Pelycosauria
Rhynchocephalia
? ?
Stammreptilien
Tocosauria
Uramnioten
Protamnion

Am meisten isolirt unter den vier lebenden Reptilien-Ordnungen steht die merkwürdige Gruppe der Schildkröten (*Chelonia*). Diese sonderbaren Thiere kommen zuerst versteinert im Jura vor. Sie nähern sich durch einige Charactere den Amphibien, durch andere den Crocodilen, und durch gewisse Eigenthümlichkeiten sogar den Vögeln, so dass ihr wahrer Platz im Stammbaum der Reptilien unsicher ist. Wahrscheinlich liegt er tief unten an der Wurzel. Höchst auffallend ist die Aehnlichkeit, welche ihre Embryonen selbst noch in späteren Stadien der Ontogenesis mit denjenigen der Vögel zeigen (vergl. Taf. II und III). Von den vier Unterordnungen der Schildkröten sind die ältesten die Seeschildkröten (*Thalassita*). Aus diesen haben sich später die Flussschildkröten (*Potamita*) und aus diesen wiederum in weiterer Folge die Sumpfschildkröten (*Elodita*) entwickelt. Endlich noch viel später, erst in der Tertiärzeit, treten die Landschildkröten (*Chersita*) auf. Die Entwickelung des characteristischen Knochenpanzers in der Haut schreitet von der ersten bis zur letzten Unterordnung stufenweise fort, und gleichzeitig die eigenthümliche Umbildung des Kopfes und der Beine.

Unter den fünf interessanten Ordnungen der ausgestorbenen Reptilien ist die abweichendste und sonderbarste diejenige der Flugdrachen oder Flugreptilien *Pterosauria*); fliegende Eidechsen, bei denen der ausserordentlich verlängerte fünfte Finger der Hand als Stütze einer gewaltigen Flughaut diente. Sie flogen in der Secundärzeit wahrscheinlich in ähnlicher Weise umher, wie jetzt die Fledermäuse. Die kleinsten Flugeidechsen hatten ungefähr die Grösse eines Sperlings. Die grössten Pterosaurier aber, mit einer Klafterweite der Flügel von mehr als 8 Meter und einer Rumpflänge von 2 Meter, übertrafen die grössten jetzt lebenden fliegenden Vögel (Condor und Albatros) bedeutend an Umfang. Sie waren wirkliche fliegende Drachen mit furchtbarem Gebiss. Die älteren Pterosaurier (*Dimorphodontia* und *Rhamphorhynchi*) hatten einen langen Schwanz; die jüngeren (*Pterodactylia* und *Pteranodontia*) hatten denselben rückgebildet; die colossalen Pteranodontien hatten auch das Gebiss verloren; eine interessante Parallele zu den Vögeln. Ihre versteinerten Reste, namentlich die langschwänzigen Rhamphorhynchen und die kurzschwänzigen Pterodactylen, finden sich zahlreich in allen Schichten der Jura- und Kreidezeit, aber nur in diesen vor.

Nicht minder merkwürdig und für das mesolithische Zeitalter characteristisch war die formenreiche Gruppe der Drachen oder Lindwürmer (*Dinosauria*). Das sind zum grossen Theil colossale Reptilien, welche eine Länge von 60—80 Fuss und eine Höhe von 20 bis 30 Fuss erreichten, die grössten Landbewohner, welche jemals unser Erdball getragen hat. Sie lebten ausschliesslich in der Secundärzeit, beginnen mit der unteren Trias und hören mit der oberen Kreide wieder auf. Die meisten Reste derselben finden sich im Jura und in der unteren Kreide, namentlich in der Wälderformation. Die Mehrzahl waren furchtbare Raubthiere (Megalosaurus von 20—30, Pelorosaurus von 40 bis 60 Fuss Länge). Iguanodon jedoch und viele Andere lebten von Pflanzennahrung und spielten in den Wäldern der Kreidezeit wahrscheinlich eine ähnliche Rolle, wie die ebenso schwerfälligen, aber kleineren Elephanten, Flusspferde und Nashörner der Gegenwart. Zu diesen colossalen Pflanzenfressern gehört das grösste aller bekannten Landthiere, der ungeheure Atlasdrache (*Atlantosaurus*), der eine Länge von 115 Fuss bei einer Höhe von 30 Fuss erreichte; er kann zum Frühstück einen ganzen Baum verspeist haben. Seine Wirbel hatten über einen Fuss Durchmesser. Dieses erstaunliche Ungeheuer ist 1877 in den Kreideschichten von Colorado in Nordamerika von dem berühmten Paläontologen Marsh entdeckt worden, dem wir auch die Entdeckung vieler anderer höchst interessanter fossiler Wirbelthiere verdanken; dieselben befinden sich in der unvergleichlichen paläontologischen Sammlung von Yale College in New Haven (Connecticut). Neben jenen Riesen finden sich aber auch viel kleinere Formen unter den Dinosauriern, bis zur Grösse einer Katze und einer Eidechse herab. Morphologisch sind sie vor Allem interessant durch den Knochenbau ihrer Gliedmaassen, namentlich des Schultergürtels und Beckengürtels. Denn bei einem Zweige der Dinosaurier führt derselbe allmählich zu der characteristischen Bildung dieser Theile bei den Vögeln hinüber, weshalb Huxley diesen Zweig geradezu

Vogelbeinige (*Ornithoscelides*) nannte. Im engeren Sinne gebührt dieser Name dem merkwürdigen *Compsognathus* aus dem Jura von Solenhofen, der unmittelbar zu den Vögeln hinüberführt.

Wie die Dinosaurier zu den Vögeln, so bilden die Säugerreptilien (*Theriosauria* oder *Theriomorpha*) die Uebergangsgruppe von den Uramnioten zu den Säugethieren. Der verdienstvolle amerikanische Paläontologe Cope, dem wir ebenfalls viele der wichtigsten fossilen Vertebratenfunde verdanken, hat kürzlich gezeigt, dass diese Theriosaurier (meistens der Trias angehörig) durch eine lange Reihe von Zwischenformen von den Tocosauriern zu den Säugethieren, und zunächst zu den Monotremen hinüberführen. Das geht deutlich aus dem Bau ihrer Gliedmaassen, namentlich des Schultergürtels und Beckengürtels hervor. Die ältesten Theriosaurier sind die *Pelycosauria*; obgleich sie schon Landbewohner waren, besassen sie doch statt der gegliederten Wirbelsäule noch eine einfache Chorda. Später folgen auf sie die *Anomodontia*, die theils wenige grosse Hundszähne besassen (*Cynodontia*), theils die Zähne ganz verloren hatten (*Cryptodontia*). Aus einer Gruppe der Theriosaurier entwickelten sich wahrscheinlich während der Triasperiode die Stammformen der Säugethiere, die Promammalien.

Die Classe der Vögel (*Aves*) ist, wie schon bemerkt, durch ihren inneren Bau und durch ihre embryonale Entwickelung den Reptilien so nahe verwandt, dass sie ohne allen Zweifel aus einem Zweige dieser Classe wirklich ihren Ursprung genommen hat. Wie Ihnen allein schon ein Blick auf Taf. II und III zeigt, sind die Embryonen der Vögel zu einer Zeit, in der sie bereits sehr wesentlich von den Embryonen der Säugethiere verschieden erscheinen, von denen der Schildkröten und anderer Reptilien noch kaum zu unterscheiden. Die Dotterfurchung ist bei den Vögeln und Reptilien partiell, bei den Säugethieren total. Die rothen Blutzellen der ersteren besitzen einen Kern, die der letzteren dagegen nicht. Die Haare der Säugethiere entwickeln sich in anderer Weise, als die Federn der Vögel und die Schuppen der Reptilien. Die verschiedenen Knochen, welche den Unterkiefer ursprünglich zusammensetzen, bleiben bei den letzteren getrennt, während sie bei den Säugethieren verschmelzen. Auch fehlt diesen letzteren das Quadratbein der ersteren. Während bei den Säugethieren (wie bei den Amphibien) die Verbindung zwischen dem Schädel und dem ersten Halswirbel durch zwei Gelenkhöcker oder Condylen geschieht, sind diese dagegen bei den Vögeln und Reptilien zu einem einzigen verschmolzen. Daher fasst Huxley die beiden letzteren Classen mit vollem Rechte in einer Gruppe als *Sauropsida* zusammen und stellt diesen die Säugethiere gegenüber.

Die Abzweigung der Vögel von den Reptilien fand wahrscheinlich während der Triasperiode statt. Die ältesten fossilen Vogelreste sind im oberen Jura gefunden worden (*Archaeopteryx*). Aber schon in der Triaszeit lebten verschiedene Dinosaurier, die in mehrfacher Hinsicht den Uebergang von den Tocosauriern zu den Stammvätern der Vögel, den hypothetischen Protornithen, zu bilden scheinen. Zu diesen merkwürdigen Uebergangsformen gehört namentlich der schon erwähnte *Compsognathus* aus dem Jura von Solenhofen.

Die grosse Mehrzahl der Vögel erscheint, trotz aller Mannichfaltigkeit in der Färbung des schönen Federkleides und in der Bildung des Schnabels und der Füsse, höchst einförmig organisirt, in ähnlicher Weise, wie die Insectenclasse. Den äusseren Existenzbedingungen hat sich die Vogelform auf das Vielfältigste angepasst, ohne dabei irgend wesentlich von dem streng erblichen Typus der characteristischen inneren Bildung abzuweichen. Die sogenannten „Ordnungen" der Vögel unterscheiden sich daher in viel geringerem Grade von einander, als die verschiedenen Ordnungen der Reptilien oder der Säugethiere. Im Ganzen unterscheiden wir vorläufig hier nur vier Ordnungen von Vögeln: 1) die Urvögel (*Saururae*); 2) die Zahnvögel (*Odontornithes*); 3) die Straussvögel (*Ratitae*) und 4) die Kielvögel (*Carinatae*). Die drei letzteren kann man in der Subclasse der Vogelschwänzigen (*Ornithurae*) zusammenfassen, während die erste allein die ältere Subclasse der Eidechsenschwänzigen vertritt (*Saururae*, Gener. Morphol. 1866, Bd. II).

Die erste Ordnung, die Urvögel (*Saururae*) sind bis jetzt bloss durch eine einzige und noch dazu unvollständig erhaltene fossile Art bekannt, welche aber als die älteste und dabei sehr eigenthümliche Vogelversteinerung eine sehr hohe Bedeutung beansprucht. Das ist der Urgreif oder die *Archaeopteryx lithographica*, welche bis jetzt erst in zwei Exemplaren im lithographischen Schiefer von Solenhofen, im oberen Jura von Baiern, gefunden wurde; das erste Stück 1861, das zweite 1877. Wir dürfen ihn als einen nahen Verwandten der hypothetischen *Protornis* betrachten, der gemeinsamen Stammform aller Vögel. Dieser merkwürdige Vogel scheint im Ganzen Grösse und Wuchs eines starken Raben gehabt zu haben, wie namentlich die wohl erhaltenen Beine zeigen; Kopf und Brust fehlen leider zum grössten Theil. Ein Schnabel-Fragment enthält kleine Zähne. Die Flügelbildung weicht schon etwas von derjenigen der anderen Vögel ab, noch viel mehr aber der Schwanz. Bei allen übrigen Vögeln ist der Schwanz sehr kurz, aus wenigen kurzen Wirbeln zusammengesetzt. Die letzten derselben sind zu einer dünnen, senkrecht stehenden Knochenplatte verwachsen, an welcher sich die Steuerfedern des Schwanzes fächerförmig ansetzen. Die Archäopteryx dagegen hat einen langen Schwanz, wie die Eidechsen, aus zahlreichen (20) langen und dünnen Wirbeln zusammengesetzt; und an jedem Wirbel sitzen zweizeilig ein Paar starke Steuerfedern, so dass der ganze Schwanz regelmässig gefiedert erscheint. Dieselbe Bildung der Schwanzwirbelsäule zeigt sich bei den Embryonen der übrigen Vögel vorübergehend, so dass offenbar der Schwanz der Archäopteryx die ursprüngliche, von den Reptilien ererbte Form des Vogelschwanzes darstellt. Wahrscheinlich lebten ähnliche Urvögel mit Eidechsenschwanz um die mittlere Secundärzeit in grosser Menge; der Zufall hat uns aber erst diesen einen Rest bis jetzt enthüllt.

Eine zweite, ebenfalls ausgestorbene Vogel-Ordnung bilden die merkwürdigen Zahnvögel (*Odontornithes*), welche Marsh in der Kreide von Nord-Amerika entdeckt hat. Sie hatten bereits den kurzen Fächerschwanz der gewöhnlichen Kielvögel, aber im Schnabel trugen sie noch zahlreiche Zähne, wie die Urvögel. Zum Theil waren sie sehr gross. *Hesperornis*, der einem schwimmenden und fleischfressenden Straussvogel glich, erreichte über 2 Meter Länge. Diese Form schliesst sich eng an die folgende Ordnung die Ratiten an, während andere Zahnvögel (*Ichthyornis*) mehr den Carinaten (Schwimmvögeln) verwandt sind.

Die dritte Ordnung, die Straussvögel (*Ratitae*), auch Laufvögel (*Cursores*) genannt, sind gegenwärtig nur noch durch wenige lebende Arten vertreten, durch den zweizehigen afrikanischen Strauss, die dreizehigen amerikanischen und neuholländischen Strausse, die indischen Casuare, und die vierzehigen Kiwis oder Apteryx von Neuseeland. Auch die ausgestorbenen Riesenvögel von Madagaskar (Aepyornis) und von Neuseeland (Dinornis), welche viel grösser waren als die jetzt lebenden grössten Strausse, gehören zu dieser Gruppe. Wahrscheinlich sind die straussartigen Vögel durch Abgewöhnung des Fliegens, durch die damit verbundene Rückbildung der Flugmuskeln und des denselben zum Ansatz dienenden Brustbeinkammes, und durch entsprechend stärkere Ausbildung der Hinterbeine zum Laufen, aus verschiedenen Zweigen der kielbrüstigen Vögel entstanden. Sie bilden demnach eine polyphyletische Gruppe. Weniger wahrscheinlich ist eine andere, namentlich von Huxley vertretene Ansicht; hiernach würden die Straussvögel nicht von Flugvögeln abstammen, sondern nächste Verwandte der Dinosaurier, namentlich des Compsognathus sein; sie stünden dann den Urvögeln näher als die Kielvögel.

Zu den Kielvögeln (*Carinatae*) gehören alle jetzt lebenden Vögel, mit Ausnahme der straussartigen oder Ratiten. Sie haben sich wahrscheinlich in der zweiten Hälfte der Secundärzeit, in der Jurazeit oder in der Kreidezeit, aus den fiederschwänzigen Urvögeln durch Verwachsung der hinteren Schwanzwirbel und Verkürzung des Schwanzes entwickelt. Aus der Secundärzeit kennt man von ihnen nur sehr wenige Reste, und zwar nur aus dem letzten Abschnitt derselben, aus der Kreide. Diese Reste gehören mehreren Schwimmvögeln und Stelzvögeln an. Alle übrigen bis jetzt bekannten versteinerten Vogelreste sind in den Tertiärschichten gefunden. Da alle diese Kielvögel unter sich sehr nahe verwandt sind und durch mannichfaltige Beziehungen vielfach verknüpft erscheinen, so ist ihre Stammes-Geschichte sehr schwierig zu enträthseln.

In neuester Zeit hat Max Fürbringer in einem grossen Werke: Untersuchungen zur Morphologie und Systematik der Vögel (1888), mit vorzüglichem Geschick den schwierigen Versuch unternommen, die verwickelten Verwandtschafts-Beziehungen der ganzen Vogel-Classe phylogenetisch aufzuklären. Er gelangt auf Grund höchst sorgfältiger und umfassender Untersuchungen zu der Ueberzeugung, dass die ganze Classe monophyletisch ist, und von einer alten (wahrscheinlich der Trias- oder Perm-Periode angehörigen) Gruppe von Urvögeln abstammt. Als einziger bekannter Ueberrest dieser Stammgruppe ist die *Archaeopteryx lithographica* aus dem Jura zu betrachten. Die Ordnungen der Zahnvögel und der Straussvögel sind nach Fürbringer beide polyphyletisch, und stammen von verschiedenen Abtheilungen fliegender Vögel oder Carinaten ab. Letztere theilt er in vier verschiedene Ordnungen: *Pelargornithes* (die Raubvögel und die meisten Schwimmvögel), *Charadriornithes* (die Mehrzahl der Stelzvögel), *Alectorornithes* (die meisten Hühner-Vögel) und *Coracornithes* (die Masse der Kletter-, Schrei- und Sing-Vögel). Unter den Ratiten unterscheidet er als drei verschiedene Ordnungen die Casuare (*Hippalectryornithes*), die amerikanischen Strausse (*Rheornithes*) und den afrikanischen Strauss (*Struthiornithes*).

Die kritische und umsichtige Art, mit welcher Fürbringer das massenhaft angehäufte Material der Vögel-Morphologie phylogenetisch bearbeitet und zur Begründung seines neuen Systems verwerthet hat, kann als mustergültig hingestellt werden. Auch hat dieser ausgezeichnete Anatom zum ersten Male stereometrische Stammbäume aufgestellt (S. 1119 und 1569, sowie Taf. XXVII—XXX seines Werkes). Er bringt hier das Bild des körperlichen Stammbaums graphisch zur vollen Anschauung, indem er mehrere verticale Ansichten (von verschiedenen Seiten) durch horizontale planimetrische Projectionen ergänzt. Die unvollkommene Form, in welcher ich selbst in meiner generellen Morphologie 1866 die ersten Entwürfe der systematischen Stammbäume veröffentlichte und in den verschiedenen Auflagen der „Natürlichen Schöpfungs-Geschichte“ zu verbessern bestrebt war, musste schon deshalb sehr ungenügend bleiben, weil dieselben

Systematische Uebersicht
über die Ordnungen und Familien der Vögel.

Ordnungen der Vögel.	Charactere der Ordnungen	Familien der Vögel	Eine Gattung als Beispiel
I. Urvögel Saururae	Zähne im Schnabel Langer Eidechsen-schwanz (gefiedert) Brustbein mit Kiel	1. Protornithes	Protornis †
		2. Archaeopteryges	Archaeopteryx †
II. Zahnvögel Odontornithes	Zähne im Schnabel Kurzer Büschelschwanz (gebüschelt) Brustbein ohne Kiel	3. Hesperornithes	Hesperornis †
		4. Ichthyornithes	Ichthyornis †
III. Straussvögel Ratitae	Keine Zähne im Schnabel Kurzer Büschelschwanz (gebüschelt) Brustbein ohne Kiel	5. Apterygidae	Apteryx
		6. Dinornithes	Dinornis †
		7. Casuaridae	Casuarius
		8. Rheidae	Rhea
		9. Struthionidae	Struthio
IV. Kielvögel Carinatae	Keine Zähne im Schnabel Kurzer Fächer-schwanz (gefächert) Brustbein mit Kiel	10. Dromaeognathae	Tinamus
		11. Spheniscidae	Aptenodytes
		12. Pygopodes	Colymbus
		13. Longipennes	Larus
		14. Steganopodae	Pelecanus
		15. Lamellirostres	Cygnus
		16. Ciconariae	Ardea
		17. Grallae	Scolopax
		18. Rasores	Gallus
		19. Gyrantes	Columba
		20. Passerinae	Fringilla
		21. Macrochires	Cypselus
		22. Picariae	Picus
		23. Coccyges	Rhamphastus
		24 Psittacidae	Psittacus
		25. Raptatores	Aquila

nur in einer verticalen Ebene projicirt sind. Die stereometrische Form des Stammbaums, welche **Fürbringer** hier zuerst versucht, bedeutet einen grossen Fortschritt der phylogenetischen Erkenntniss und Darstellung. Jeder Naturforscher, welcher in die verwickelte Stammes-Geschichte einer grösseren oder kleineren Formen-Gruppe einen klaren Einblick gewinnen will, wird seinem Beispiel folgen müssen; und indem er „das mannichfache Gewirr der phylogenetischen Entwickelungsbahnen graphisch von verschiedenen Seiten darstellt," die verticalen Ansichten durch horizontale Projectionen (— oder „Querschnitte des Stammbaums" —) ergänzt, eine weit klarere Vorstellung von den wahren Verwandtschafts-Beziehungen gewinnen, als es sonst möglich ist. Der stereometrische Stammbaum ist allerdings viel schwieriger herzustellen, als der bisher gebräuchliche planimetrische Stammbaum; er ist aber auch von viel höherem intellectuellem Werthe, und bildet das Ziel für die fortschreitende Phylogenie der Zukunft.

Sechsundzwanzigster Vortrag.

Stammes-Geschichte der Säugethiere.

System der Säugethiere nach Linné und nach Blainville. Drei Unterclassen der Säugethiere (Ornithodelphien, Didelphien, Monodelphien). Ornithodelphien oder Monotremen. Eierlegende Säugethiere. Schnabelthiere (Ornithostomen) und Ursäuger (Promammalien). Didelphien oder Marsupialien. Pflanzenfressende und fleischfressende Beutelthiere (Phytophaga und Zoophaga). Monodelphien oder Placentalien (Placentalthiere). Bedeutung der Placenta. Paläontologische Entdeckungen der Neuzeit in Europa und Nardamerica; tertiäre Placental-Fauna. Vollständige Stammbäume. Sechs Legionen und zwanzig Ordnungen der Placentalen. Ihr typisches Gebiss. Zahnarme (Edentata). Walthiere (Cetaceen und Sirenen). Hufthiere. Stammhufer. Unpaarhufer. Paarhufer. Rüsselthiere. Platthufer. Nagethiere. Die vier Ordnungen der Raubthiere (Creodonten, Insectenfresser, Fleischfresser und Robben). Die Legion der Primaten: Halbaffen, Flederthiere, Affen und Menschen.

Meine Herren! Es giebt nur wenige Ansichten in der Systematik der Organismen, über welche die Naturforscher von jeher einig gewesen sind. Zu diesen wenigen unbestrittenen Punkten gehört die bevorzugte Stellung der Säugethier-Classe an der Spitze des Thierreichs. Der Grund dieses Privilegiums liegt theils in dem besonderen Interesse, dem mannichfaltigen Nutzen und dem vielen Vergnügen, das in der That die Säugethiere mehr als alle anderen Thiere bem Menschen darbieten; theils und noch mehr aber in dem Umstande, dass der Mensch selbst ein Glied dieser Classe ist. Denn wie verschiedenartig auch sonst die Stellung des Menschen in der Natur und im System der Thiere beurtheilt worden ist, niemals ist je ein Naturforscher darüber in Zweifel gewesen, dass der Mensch, mindestens rein morphologisch betrachtet, zur Classe der Säugethiere gehöre. Daraus folgt aber für uns ohne Weiteres der höchst bedeutende Schluss, dass der Mensch auch seiner Blutsverwandtschaft nach ein Glied dieser Thierclasse ist, und aus längst ausgestorbenen Säugethier-Formen sich historisch entwickelt hat. Dieser Umstand allein schon wird es rechtfertigen, dass wir hier der Stammes-Geschichte der Säugethiere unsere besondere Aufmerksamkeit zuwenden. Lassen Sie uns zu diesem Zwecke wieder zunächst das System dieser Thierclasse untersuchen.

Von den älteren Naturforschern wurden die Säugethiere mit vorzüglicher Rücksicht auf die Bildung des Gebisses und der Füsse in eine Reihe von 8—16 Ordnungen eingetheilt. Auf der tiefsten Stufe dieser Reihe standen die Walfische, welche durch ihre fischähnliche Körpergestalt sich am meisten vom Menschen, der höchsten Stufe, zu entfernen schienen. So unterschied Linné folgende acht Ordnnngen: 1. *Cete* (Wale); 2. *Belluae* (Flusspferde und Pferde); 3. *Pecora* (Wiederkäuer); 4. *Glires* (Nagethiere und Nashorn); 5. *Bestiae* (Insectenfresser, Beutelthiere und verschiedene Andere); 6. *Ferae* (Raubthiere); 7. *Bruta* (Zahnarme und Elephanten); 8. *Primates* (Fledermäuse, Halbaffen, Affen und Menschen). Nicht viel über diese Classification von Linné erhob sich diejenige von Cuvier, welche für die meisten folgenden Zoologen maassgebend wurde. Cuvier unterschied folgende acht Ordnungen: 1. *Cetacea* (Wale); 2. *Ruminantia* (Wiederkäuer); 3. *Pachyderma* (Hufthiere nach Ausschluss der Wiederkäuer); 4. *Edentata* (Zahnarme); 5. *Rodentia* (Nagethiere); 6. *Carnassia* (Beutelthiere, Raubthiere, Insectenfresser und Flederthiere); 7. *Quadrumana* (Halbaffen und Affen); 8. *Bimana* (Menschen).

Den bedeutendsten Fortschritt in der Classification der Säugethiere that schon 1816 der ausgezeichnete, bereits vorher erwähnte Anatom Blainville, welcher zuerst mit tiefem Blick die drei natürlichen Hauptgruppen oder Unterclassen der Säugethiere erkannte und sie nach der Bildung ihrer Fortpflanzungsorgane als Ornithodelphien, Didelphien und Monodelphien unterschied. Da diese Eintheilung heutzutage mit Recht bei allen wissenschaftlichen Zoologen wegen ihrer tiefen Begründung durch die Entwickelungs-Geschichte als die beste gilt, so wollen wir derselben auch hier folgen. Die Unterschiede, welche diese drei Subclassen der Wirbelthiere von einander trennen, sind so mannichfaltig und so wichtig, dass sie in der That drei verschiedenen historischen Entwickelungsstufen der Classe entsprechen. Es erscheint daher zweckmässig, dieselben vorläufig hier in folgender Uebersicht zusammenzustellen:

Drei Unterclassen der Säugethiere	**Gabelthiere oder Gabler Monotrema (Prototheria oder Ornithodelphia)**	**Beutelthiere oder Beutler Marsupialia (Metatheria oder Didelphia)**	**Placentalthiere oder Placentner Placentalia (Eutheria oder Monodelphia)**
1. Fortpflanzung	eierlegend	lebendig gebärend	lebendig gebärend
2. Eier	gross, dotterreich, mit Schale	klein, ohne Schale	klein, ohne Schale
3. Zitzen oder Milchwarzen	fehlend	vorhanden	vorhanden
4. Placenta oder Mutterkuchen	fehlend	fehlend	vorhanden
5. Kloakenbildung	bleibend	embryonal	embryonal
6. Beutelknochen	vorhanden	vorhanden	fehlend
7. Schlüsselbeine (Claviculae) mit dem Brustbein verwachsen	verwachsen	nicht verwachsen	nicht verwachsen
8. Rabenbeine (Coracoidea)	völlig ausgebildet	ganz rückgebildet	ganz rückgebildet
9. Schwielenkörper des Gehirns	nicht entwickelt	nicht entwickelt	stark entwickelt
10. Bluttemperatur	niedrig (25° C.)	hoch (32—36° C.)	hoch (35—40° C.)

Der Umfang der drei Subclassen der Säuger ist äusserst verschieden. Von der ersten und niedersten, den Monotremen oder Gabelthieren, kennen wir nur zwei noch lebende Gattungen, die Schnabelthiere Australiens. Die zweite Unterklasse, welche einen mittleren Rang in der historischen und morphologischen Entwickelung einnimmt, wird ausschliesslich durch die Marsupialen oder Beutelthiere gebildet; zahlreiche Formen derselben leben noch heute in Australien, und einige in Amerika. Alle übrigen Mammalien, die Hauptmasse der ganzen formenreichen Classe, gehören zur dritten Subclasse, den Placentalen oder Placentalthieren. Diese letzteren sind es, welche seit Beginn der Tertiärzeit die Herrschaft im Wirbelthier-Stamm sich angeeignet, und eine solche Menge von interessanten und wichtigen Thierformen erzeugt haben, dass wir danach das ganze caenozoische Zeitalter als das der Säugethiere bezeichnen konnten.

Die erste Unterclasse bilden die Gabler oder Gabelthiere, oft auch Kloakenthiere oder Zitzenlose genannt (*Monotrema*, *Ornithodelphia* oder *Prototheria*). Sie sind heute nur noch durch zwei lebende Säuger-Gattungen vertreten, die auf Neuholland und die benachbarten Inseln (Neu-Guinea und Vandiemensland) beschränkt sind: das wegen seines Vogelschnabels sehr bekannte Wasserschnabelthier (*Ornithorhynchus paradoxus*) und das weniger bekannte, igelähnliche Landschnabelthier (*Echidna hystrix* und zwei verwandte Arten). Diese beiden seltsamen Thiere, welche man in der Ordnung der Schnabelthiere (*Ornithostoma*) zusammenfasst, sind offenbar die letzten überlebenden Reste einer vormals formenreichen Thiergruppe, welche in der älteren Secundärzeit allein die Säugethier-Classe vertrat, und aus der sich erst später, wahrscheinlich in der Trias- oder Jura-Periode die zweite Unterclasse, die Didelphien, entwickelte. Leider sind uns von dieser ältesten Stammgruppe der Säugethiere, welche wir als Stammsäuger (*Promammalia*) bezeichnen wollen, bis jetzt noch keine fossilen Reste mit voller Sicherheit bekannt. Doch gehören dazu möglicherweise die ältesten bekannten von allen versteinerten Säugethieren, namentlich der *Microlestes antiquus*, von dem man bis jetzt allerdings nur einige kleine Backzähne kennt. Diese sind in den obersten Schichten der Trias, im Keuper, und zwar zuerst (1847) in Deutschland (bei Degerloch unweit Stuttgart), später auch (1858) in England (bei Frome) gefunden worden. Aehnliche Zähne sind neuerdings auch in der nordamerikanischen Trias gefunden und als *Dromatherium sylvestre* beschrieben. Diese merkwürdigen Zähne, aus deren characteristischer Form man auf ein insectenfressendes Säugethier schliessen kann, sind die einzigen Reste von Säugethieren, welche man bis jetzt in den älteren Secundärschichten, in der Trias, gefunden hat. Vielleicht gehören aber ausser diesen auch noch manche andere, im Jura und in der Kreide gefundene Säugethierzähne, welche jetzt gewöhnlich Beutelthieren zugeschrieben werden, eigentlich Promammalien an. Bei dem Mangel der characteristischen Weichtheile lässt sich dies nicht sicher unterscheiden. Jedenfalls müssen dem Auftreten der Beutelthiere zahlreiche, mit entwickeltem Gebiss und mit einer Kloake versehene Monotremen vorausgegangen sein.

Ornithodelphien wurden die Monotremen von Blainville deshalb genannt, weil sie in der Bildung der Fortpflanzungs-Organe auffallend mit den Vögeln und Reptilien übereinstimmen; offenbar beruht diese wichtige Aehnlichkeit auf Vererbung von einer gemeinsamen uralten Stammgruppe, den Protamnien oder Proreptilien. Auf Grund derselben, und insbesondere aus dem Bau der weiblichen Organe, hatte Lamarck schon 1809 geschlossen, dass die Schnabelthiere nicht lebendige Junge gebären, gleich den übrigen Säugern, sondern Eier legen, gleich den Sauropsiden. Diese Vermuthung wurde erst 75 Jahre später durch unmittelbare Beobachtung bestätigt. Erst im Jahre 1884 entdeckten Haacke und Caldwell fast gleichzeitig und unabhängig von einander, dass die Monotremen grosse, dotterreiche und weichschalige Eier ablegen, ähnlich den Reptilien. *Ornithorhynchus* verbirgt sein Ei in einer Erdhöhle, *Echidna* in einer Bruttasche am Bauche. Die jungen, aus dem Ei ausgeschlüpften Monotremen saugen nicht die Milch ihrer Mutter gleich den übrigen Säugern; sondern sie lecken den nahrhaften Schweiss ihrer Mutter; nach der interessanten Entdeckung von Gegenbaur wird hier die ernährende Flüssigkeit von den vergrösserten Schweissdrüsen der Mammartasche geliefert; während die Milch der Beutler und Placentner von den Talgdrüsen derselben gebildet wird; diese beiden Subclassen allein besitzen auch wirkliche Zitzen oder Saugwarzen zum Säugen

(— daher „Zitzenthiere oder *Mastozoa*“ —); den Monotremen fehlen dieselben noch ganz (— daher „Zitzenlose oder *Amasta*“ —).

Die Bezeichnung „Kloakenthiere“ (*Monotrema*) im weiteren Sinne haben die Ornithodelphien wegen der Kloake erhalten, durch deren Besitz sie sich von allen anderen Säugethieren unterscheiden und dagegen mit den Vögeln, Reptilien, Amphibien, überhaupt mit den niederen Wirbelthieren übereinstimmen. Die Kloakenbildung besteht darin, dass der letzte Abschnitt des Darmcanals die Mündungen des Urogenitalapparates, d. h. der vereinigten Harn- und Geschlechtsorgane, aufnimmt, während diese bei allen übrigen Säugethieren (Didelphien sowohl als Monodelphien) getrennt vom Mastdarm ausmünden. Jedoch ist auch bei diesen in der ersten Zeit des Embryolebens die Kloakenbildung vorhanden, und erst später (beim Menschen gegen die zwölfte Woche der Entwickelung) tritt die Trennung der beiden Mündungsöffnungen ein. „Gabelthiere“ hat man die Kloakenthiere genannt, weil die starken Schlüsselbeine mittelst des Brustbeins mit einander in der Mitte zu einem Knochenstück verwachsen sind, ähnlich dem bekannten „Gabelbein“ der Vögel. Bei den übrigen Säugethieren bleiben die beiden Schlüsselbeine vorn völlig getrennt und verwachsen nicht mit dem Brustbein. Ebenso sind auch die hinter den Schlüsselbeinen liegenden Rabenbeine oder Korakoidknochen bei den Gabelthieren viel stärker als bei den übrigen Säugethieren entwickelt und verbinden sich als ein paar selbständige starke Knochen mit dem Brustbein; bei den Beutlern und Placentnern hingegen sind dieselben ganz rückgebildet, bald verschwunden, bald mit dem Schulterblatt verwachsen und nur als kurze Fortsätze desselben noch sichtbar.

Auch in vielen anderen Characteren, namentlich in der Bildung des Gehörlabyrinthes und des Gehirns, schliessen sich die Schnabelthiere näher den übrigen Wirbelthieren als den Säugethieren an, so dass man sie selbst als eine besondere Classe von diesen hat trennen wollen. So ist z. B. die Bluttemperatur (25°) bedeutend niedriger als bei den übrigen Säugern (35—40°). Hingegen zeigen sie durch den Bau ihres Herzens und der Aorta, namentlich aber auch durch die characteristische Behaarung der

Haut, den Bau der Wirbelsäule und des Schädels etc. deutlich, dass sie im System noch zu den Säugern zu stellen sind, wenn auch mit wichtigen Anklängen an die Stammgruppe der uralten Proreptilien.

Die auffallende Schnabelbildung der beiden noch lebenden Schnabelthiere, welche mit Verkümmerung der Zähne verbunden ist, muss offenbar nicht als wesentliches Merkmal der ganzen Unterclasse der Kloakenthiere, sondern als ein zufälliger Anpassungs-Character angesehen werden; derselbe unterscheidet die letzten Reste der Classe von der ausgestorbenen Hauptgruppe eben so, wie die Bildung eines ebenfalls zahnlosen Rüssels manche Zahnarme (z. B. die Ameisenfresser) vor den übrigen Placentalthieren auszeichnet. Wahrscheinlich haben die Stammformen unserer heutigen Schnabelthiere ihre Zähne aus ähnlichen Gründen verloren, wie die heutigen Vögel, welche ursprünglich von Zahnvögeln abstammen. Die unbekannten ausgestorbenen Stamm-Säugethiere oder Promammalien, die in der Triaszeit lebten, und von denen die beiden heutigen Schnabelthiere nur einen einzelnen, verkümmerten und einseitig ausgebildeten Ast darstellen, besassen jedenfalls ein zahnreiches und sehr entwickeltes Gebiss, gleich den Theriosauriern, von denen sie abstammen, und gleich den Beutelthieren, die sich zunächst aus ihnen entwickelten.

Die Beutelthiere oder Beutler (*Didelphia* oder *Marsupialia*, von Huxley *Metatheria* genannt) bilden die zweite von den drei Unterclassen der Säugethiere; sie vermittelt in jeder Hinsicht, sowohl in anatomischer und embryologischer, als in genealogischer und historischer Beziehung, den Uebergang zwischen den beiden anderen, den Gabelthieren und Placentalthieren. Zwar leben von dieser Gruppe noch jetzt zahlreiche Vertreter, namentlich die allbekannten Känguruhs, Beutelratten und Beutelhunde. Allein im Ganzen geht offenbar auch diese Unterclasse, gleich der vorhergehenden, ihrem völligen Aussterben entgegen, und die noch lebenden Glieder derselben sind die letzten überlebenden Reste einer grossen und formenreichen Gruppe, welche während der mittleren und jüngeren Secundärzeit vorzugsweise die Säugethier-Classe vertrat. Wahrscheinlich haben sich die Beutelthiere schon zu Anfang oder um die Mitte der mesolithischen Zeit, während der Trias- oder Juraperiode, aus einem Zweige der Monotremen entwickelt. Später, im Beginn oder gegen Ende der Kreidezeit ging wiederum aus den Beutelthieren die Gruppe der Placentalthiere hervor, welchen die ersteren dann bald im Kampfe um's Dasein unterlagen. Alle fossilen Reste von Säugethieren, welche wir aus der Secundärzeit kennen, scheinen entweder Beutelthieren oder zum Theil auch Gabelthieren anzugehören. Damals waren Beutelthiere über die ganze Erde verbreitet. Selbst in Europa (England, Frankreich) finden wir wohl erhaltene Reste derselben. Dagegen sind die letzten Ausläufer der Unterclasse, welche jetzt noch leben, auf ein sehr enges Verbreitungsgebiet beschränkt, nämlich auf Neuholland, auf den australischen und einen kleinen Theil des asiatischen Archipelagus. Einige wenige Formen (aus der Familie der Beutelratten) leben auch noch in Amerika; hingegen existirt in der Gegenwart kein einziges Beutelthier mehr auf dem Festlande von Asien, in Afrika und Europa.

Die Beutelthiere führen ihren Namen von der bei den meisten wohl entwickelten beutelförmigen Tasche (*Marsupium*), welche sich an der Bauchseite der weiblichen Thiere vorfindet, und in welcher die Mutter ihre Jungen noch eine geraume Zeit lang nach der Geburt umherträgt. Dieser Beutel wird durch zwei characteristische Beutelknochen gestützt, welche auch den Schnabelthieren zukommen, den Placentalthieren dagegen fehlen. Das junge Beutelthier wird in viel unvollkommener Gestalt geboren, als das junge Placentalthier, und erreicht erst, nachdem es einige Zeit im Beutel sich entwickelt hat, denjenigen Grad der Ausbildung, welchen das letztere schon gleich bei seiner Geburt besitzt. Bei dem Riesenkänguruh, welches Mannshöhe erreicht, ist das neugeborene Junge, das kaum einen Monat von der Mutter im Fruchtbehälter getragen wurde, nicht mehr als zolllang; dasselbe erreicht seine wesentliche Ausbildung erst nachher in dem Beutel der Mutter, wo es gegen neun Monate, an der Zitze der Milchdrüse festgesaugt, hängen bleibt.

Die verschiedenen Abtheilungen, welche man gewöhnlich als sogenannte Familien in der Unterclasse der Beutelthiere unterscheidet, verdienen eigentlich den Rang von selbstständigen Ordnungen, da sie sich in der mannichfaltigen Differenzirung des Gebisses und der Gliedmaassen in ähnlicher Weise, wenn auch nicht so scharf, von einander unterscheiden, wie die verschiedenen Ordnungen der Placentalthiere. Zum Theil entsprechen sie den letzteren vollkommen. Offenbar hat die Anpassung an ähnliche Lebensverhältnisse in den beiden Unterclassen der Marsupialien und Placentalien entsprechende Umbildungen der ursprünglichen Grundform bewirkt; ein Beweis für die Macht der Angleichung oder Convergenz (S. 273). Man kann demnach ungefähr acht Ordnungen von Beutelthieren unterscheiden, von denen die eine Hälfte die Hauptgruppe oder Legion der pflanzenfressenden, die andere Hälfte die Legion der fleischfressenden Marsupialen bildet. Von beiden Legionen finden sich (falls man nicht auch den vorher erwähnten Mikrolestes und das Dromatherium der Trias hierher ziehen will) die ältesten fossilen Reste im Jura vor, und zwar in den Schiefern von Stonesfield, bei Oxford in England. Diese Schiefer gehören der Bathformation oder dem unteren Oolith an, derjenigen Schichtengruppe, welche unmittelbar über dem Lias, der ältesten Jurabildung, liegt (vergl. S. 383). Allerdings bestehen die Beutelthierreste, welche in den Schiefern von Stonesfield gefunden wurden, und ebenso diejenigen, welche man später in den Purbeckschichten fand, nur aus Unterkiefern (vergl. S. 395). Allein glücklicherweise gehört gerade der Unterkiefer zu den am meisten characteristischen Skelettheilen der Beutelthiere. Er zeichnet sich nämlich durch einen hakenförmigen Fortsatz des nach unten und hinten gekehrten Unterkieferwinkels aus, welcher weder den Placentalthieren, noch den (heute lebenden) Schnabelthieren zukömmt, und wir können aus der Anwesenheit dieses Fortsatzes an den Unterkiefern von Stonesfield schliessen, dass sie Beutelthieren angehört haben.

Die erste und ältere Legion der Marsupialen, welche von einem Zweige der Prommalien abstammt, bilden die fleischfressenden Beutelthiere (*Zoophaga*). Sie umfasst vier verschiedene Hauptgruppen oder Ordnungen. Die älteste von diesen ist die der Urbeutler oder insectenfressenden Beutelthiere (*Pro-*

didelphia). Zu dieser gehören wahrscheinlich die Stammformen der ganzen Legion, und vielleicht auch der ganzen Unterclasse. Wenigstens gehören alle stonesfielder Unterkiefer (mit Ausnahme von *Plagiaulax* und *Stereognathus*) insectenfressenden Beutelthieren an, welche in dem jetzt noch lebenden *Myrmecobius* ihren nächsten Verwandten besitzen. Doch war bei einem Theile jener oolithischen Urbeutler die Zahl der Zähne grösser, als bei den meisten übrigen Säugethieren. Denn jede Unterkieferhälfte von *Thylacotherium* enthielt 16 Zähne (3 Schneidezähne, 1 Eckzahn, 6 falsche und 6 wahre Backzähne). Wenn in dem unbekannten Oberkiefer eben so viel Zähne sassen, so hatte *Thylacotherium* nicht weniger als 64 Zähne, gerade doppelt so viel als der Mensch. Die Urbeutler entsprechen im Ganzen den Insectenfressern unter den Placentalthieren, zu denen Igel, Maulwurf und Spitzmaus gehören. Eine zweite Ordnung, die sich wahrscheinlich aus einem Zweige der ersteren entwickelt hat, sind die Rüsselbeutler oder zahnarmen Beutelthiere (*Edentula*), welche durch die rüsselförmig verlängerte Schnauze, das verkümmerte Gebiss und die demselben entsprechende Lebensweise an die Zahnarmen oder Edentaten unter den Placentalien, insbesondere an die Ameisenfresser, erinnern (*Tarsipes*). Andrerseits gleichen die Beutelmarder oder Raubbeutelthiere (*Creophaga*) durch Lebensweise und Bildung des Gebisses den eigentlichen Raubthieren oder Carnivoren unter den Placentalthieren. Es gehören dahin der Beutelmarder (*Dasyurus*) und der Beutelwolf (*Thylacinus*) von Neuholland. Obwohl letzterer die Grösse des Wolfes erreicht, ist er doch ein Zwerg gegen die ausgestorbenen Beutellöwen Australiens (*Thylacoleo*), welche mindestens von der Grösse des Löwen waren und Reisszähne von mehr als zwei Zoll Länge besassen. Die vierte fleischfressende Ordnung bilden die Handbeutler oder die affenfüssigen Beutelthiere (*Pedimana*), welche in den wärmeren Gegenden von Amerika leben. Sie finden sich häufig in zoologischen Gärten, namentlich verschiedene Arten der Gattung *Didelphys*, unter dem Namen der Beutelratten, Buschratten oder Opossum bekannt. An ihren Hinterfüssen kann der Daumen unmittelbar den vier übrigen Zehen entgegengesetzt werden, wie bei einer Hand, und sie schliessen sich dadurch unmittelbar an die Halbaffen oder Prosimien unter den Placentalthieren an. Es wäre möglich, dass diese letzteren wirklich den Handbeutlern nächstverwandt sind und aus längst ausgestorbenen Vorfahren derselben sich entwickelt haben.

Von der zweiten Marsupialen-Legion, den pflanzenfressenden Beutelthieren (*Phytophaga*) kennt man bis jetzt aus dem Jura nur wenige Versteinerungen, darunter den *Stereognathus oolithicus* aus den Schiefern von Stonesfield (unterer Oolith) und den *Plagiaulax Becklesii* aus den mittleren Purbeckschichten (oberer Oolith). Dagegen finden sich in Neuholland versteinerte Reste von riesigen ausgestorbenen pflanzenfressenden Beutelthieren der Diluvialzeit (*Diprotodon* und *Nototherium*), welche weit grösser als die grössten jetzt noch lebenden Marsupialien waren. *Diprotodon australis*, dessen Schädel allein drei Fuss lang ist, übertraf das Flusspferd oder den Hippopotamus, dem es im Ganzen an schwerfälligem und plumpem Körperbau glich, noch an Grösse. Man kann diese ausgestorbene Gruppe, welche wahrscheinlich den riesigen placentalen Hufthieren der Gegenwart, den Flusspferden und Rhinoceros, entspricht, wohl als Beutelhufer (*Barypoda*) bezeichnen. Diesen sehr nahe steht die Ordnung der Känguruhs oder Beutelspringer (*Macropoda*). Sie entsprechen durch die sehr verkürzten Vorderbeine, die sehr verlängerten Hinterbeine und den sehr starken Schwanz, der als Springstange dient, den Springmäusen unter den Nagethieren. Durch ihr Gebiss erinnern sie dagegen an die Pferde, und durch ihre zusammengesetzte Magenbildung an die Wiederkäuer. Eine dritte Ordnung von pflanzenfressenden Beutelthieren gleicht durch ihr Gebiss den Nagethieren und durch ihre unterirdische Lebensweise noch besonders den Wühlmäusen. Wir können dieselben daher als Beutelnager oder wurzelfressende Beutelthiere (*Rhizophaga*) bezeichnen. Sie sind gegenwärtig nur noch durch das australische Wombat (*Phascolomys*) vertreten. Eine vierte und letzte Ordnung von pflanzenfressenden Beutelthieren endlich bilden die Beutelmäuse oder früchtefressenden Beutelthiere (*Carpophaga*), welche in ihrer Lebensweise und Gestalt theils den Eichhörnchen, theils den Affen entsprechen (*Phalangista, Phascolarctus*); sie leben kletternd auf Bäumen.

Die dritte und letzte Unterclasse der Säugethiere bilden die Placentalthiere oder Placentner (*Monodelphia* oder *Placentalia*). Sie ist bei weitem die wichtigste, umfangreichste und vollkommenste von den drei Unterclassen. Denn zu ihr gehören alle bekannten Säugethiere nach Ausschluss der Beutelthiere und Schnabelthiere. Auch der Mensch gehört dieser Unterclasse an und hat sich aus niederen Stufen derselben entwickelt. Alle Placentalthiere unterscheiden sich, wie ihr Name sagt, von den übrigen Säugethieren vor Allem durch den Besitz eines sogenannten Mutterkuchens oder Aderkuchens (*Placenta*). Das ist ein sehr eigenthümliches und merkwürdiges Organ, welches bei der Ernährung des im Mutterleibe sich entwickelnden Jungen eine höchst wichtige Rolle spielt. Es entwickelt sich aus der embryonalen Allantois, die bei den übrigen Amnioten in Gestalt einer blutgefässreichen Blase aus dem Darm des Embryo hervorragt. Die Placenta oder der Mutterkuchen (auch Nachgeburt genannt) ist ein weicher, schwammiger, rother Körper von sehr verschiedener Form und Grösse, welcher zum grössten Theile aus einem unentwirrbaren Geflecht von Adern oder Blutgefässen besteht. Seine Bedeutung beruht auf dem Stoffaustausch des ernährenden Blutes zwischen dem mütterlichen Fruchtbehälter oder Uterus und dem Leibe des Keimes oder Embryo (s. oben S. 296). Weder bei den Beutelthieren, noch bei den Schnabelthieren ist dieses höchst wichtige Organ entwickelt. Von diesen beiden Unterclassen unterscheiden sich aber auch ausserdem die Placentalthiere noch durch manche andere Eigenthümlichkeiten, so namentlich durch den Mangel der Beutelknochen, durch die höhere Ausbildung der inneren Geschlechtsorgane und durch die vollkommnere Entwickelung des Gehirns, namentlich des sogenannten Schwielenkörpers oder Balkens (*corpus callosum*), welcher als mittlere Commissur oder Querbrücke die beiden Halbkugeln des grossen Gehirns mit einander verbindet. Auch fehlt den Placentalien der eigenthümliche Hakenfortsatz des Unterkiefers, welcher die Beutelthiere auszeichnet. Wie in diesen anatomischen Beziehungen die Beutelthiere zwischen den Gabelthieren und Placentalthieren in der Mitte stehen, zeigt die vorhergehende Zusammenstellung der wichtigsten Charactere der drei Unterclassen (S. 649).

Die Placentalthiere sind in weit höherem Maasse mannichfaltig differenzirt und vervollkommnet, als die Beutelthiere, und man hat daher dieselben längst in eine Anzahl von Ordnungen gebracht, die sich hauptsächlich durch die Bildung des Gebisses und der Füsse unterscheiden. Gewöhnlich werden jetzt in den zoologischen Lehrbüchern 10 — 12 solcher Placentner-Ordnungen aufgezählt, während man alle Beutelthiere in einer einzigen Ordnung vereinigt, und ebenso auch alle Schnabelthiere. Allein durch die grossartigen paläontologischen Entdeckungen der beiden letzten Decennien sind unsere Anschauungen über Zahl, Umfang und Verwandtschaft dieser Ordnungen, sowie überhaupt über das System der Placentalthiere, gründlich umgestaltet worden. Die Untersuchungen von Rütimeyer über die Fauna der Pfahlbauten und insbesondere die Phylogenie der Hufthiere, die Entdeckung einer überraschend reichen miocaenen Placentalen-Fauna in Griechenland (bei Pikermi und Marathon) durch Gaudry, und einer noch wichtigeren eocaenen im südwestlichen Frankreich (bei Quercy) durch Filhol, sowie zahlreiche kleinere Arbeiten anderer verdienstvoller Paläontologen in England, Deutschland, Frankreich nnd Italien, haben uns unzweifelhaft gelehrt, dass Europa während der Tertiär-Zeit von einer Fülle verschiedener Säugethier-Arten dicht bevölkert war, welche diejenige der reichsten Tropen-Gegenden der Gegenwart übertrifft. Noch viel eingreifender aber wurde das System der Placentalen durch die überraschenden Entdeckungen umgestaltet, mit welchen im letzten Decennium die beiden berühmten Paläontologen von Nord-Amerika, Cope und Marsh, die Phylogenie der Säugethiere bereicherten. Ihre bewunderungswürdigen Forschungen förderten dort eine neue Welt von tertiären Hufthieren, Raubthieren und anderen Placentnern — zum Theil Vertretern ganz neuer Ordnungen — zu Tage, gegen welche unsere heute lebende Fauna nur als ein schwacher Ueberrest erscheint. In Rücksicht auf die Zahl und Mannichfaltigkeit der ausgestorbenen Arten, die Grösse und abenteuerliche Gestaltung vieler Formen, die Divergenz der kleineren und grösseren Gruppen, vor Allen aber die Bedeutung ihrer phylogenetischen Beziehungen, gebührt dieser tertiären Placentalen-Fauna im „Zeitalter der Säugethiere" eine ebenso beherrschende Stellung, wie den mesozoischen Sauriern im „Zeitalter der Reptilien".

Besonders hervorzuheben ist hier noch die seltene Vollständigkeit, mit welcher es gelungen ist, die Sammlung von vielen dieser tertiären Placentalen-Reste herzustellen. Dank der grossen Masse der oft zusammengeschwemmten Skelete, und der guten Erhaltung aller Knochentheile, kennen wir jetzt von vielen jener längst ausgestorbenen Hufthiere und Raubthiere das Knochengerüst so vollständig wie von unseren lebenden Zeitgenossen. Vor Allen aber ist es in vielen Fällen möglich geworden, auch die ganze Ahnen-Reihe, den unmittelbaren phylogenetischen Zusammenhang der auseinander hervorgegangenen Gattungen, so vollständig herzustellen, dass ein completer paläontologischer Stammbaum greifbar vor uuseren Augen steht; so z. B. beim Pferde — dem mit Recht sogenannten „Parade-Pferde" der paläontologisch begründeten Phylogenie. Was die Gegner der Descendenz-Theorie überhaupt als möglich bezweifelten, was die Vorsichtigen verlangten, was aber meistens wegen der bekannten „Unvollständigkeit des paläontologischen Schöpfungs-Berichtes" leider nicht erreichbar ist — eine lückenlose Reihe von versteinerten transformirten Ahnen-Gattungen lebender Thiere — das ist hier bei vielen Placentalien-Gruppen zur erfreulichsten Wirklichkeit geworden.

Natürlich reichen auch die vollständigsten paläontologischen Funde niemals aus, um uns eine ganz befriedigende Vorstellung von der Organisation ausgestorbener Thiere zu geben; denn meistens ist es ja nur das Skelet, das in versteinertem Zustande erhalten werden kann; und auf die Beschaffenheit anderer Theile, z. B. des Gehirns, der Muskeln u. s. w. können wir bloss unvollständige Schlüsse aus der Form des Knochengerüstes machen. Von der Bildung der meisten und wichtigsten Weichtheile (namentlich Herz, Eingeweide, Placenta u. s. w.) erfahren wir dadurch Nichts. Aber glücklicher Weise ist gerade bei den Säugethieren die Beschaffenheit der harten Skelet-Theile von solcher Bedeutung für die Erkenntniss der natürlichen Verwandtschaften, dass wir getrost die fossilen Placentalen der Tertiär-Zeit in das neue System der Säugethiere einreihen können. Die Verschiedenheiten in der Bildung der wichtigsten Skelet-Theile, einerseits des Schädels und Gebisses, anderseits der Gliedmaassen, erscheinen mir in dieser grossen Subclasse der Säuger so wichtig, dass ich hier nicht weniger als zwanzig Ordnungen von Placentnern unterscheide. Dieselben lassen sich wieder in sechs grössere „Haupt-Ordnungen" oder Legionen zusammenfassen (S. 662). Unter diesen nehmen die Zahnarmen (*Edentata*) und Walthiere (*Cetomorpha*) die tiefste Stufe ein; die pflanzenfressenden Hufthiere (*Ungulata*) und Nagethiere (*Rodentia*) einen mittleren Rang; und die meist fleischfressenden Raubthiere (*Carnassia*), darüber die Herrenthiere (*Primates*), stehen an der Spitze.

Die wichtige Frage nach dem phylogenetischen Zusammenhang dieser „Legionen", oder der grossen Haupt-Abtheilungen der Placentalen, ist schwierig zu beantworten. Während wir uns über die Descendenz der Formen-Gruppen innerhalb jeder Ordnung, und meistens auch über die Stamm-Verwandtschaft der Ordnungen in jeder Legion, ziemlich befriedigende Vorstellungen bilden können, liegen dagegen die uralten Wurzeln der letzteren noch ganz im Dunkeln. Der eine Theil der Zoologen fasst die Placental-Gruppe monophyletisch auf; d. h. er nimmt an, dass die Placenta aus der Allantois nur einmal entstanden ist, in einer Gruppe der Beutelthiere; und dass demnach das uralte, so entstandene, erste Placentalthier (*Proplacentale*) der gemeinsame Stammvater aller übrigen geworden ist. Der andere Theil der Zoologen hingegen neigt mehr zu der polyphyletischen Vorstellung, dass jener wichtige Process, die Verwandlung der Allantois in die Placenta, sich mehrmals wiederholt hat, und dass demgemäss mehrere Stammgruppen von Placentalien aus mehreren verschiedenen Ahnen-Reihen von Marsupialien entstanden. Für beide entgegengesetzte Hypothesen lassen sich Gründe anführen; doch erscheint die letztere gegenwärtig wahrscheinlicher.

Systematische Uebersicht
über die 9 Legionen und 30 Ordnungen der Säugethiere.

Legionen	Ordnungen	Ordnungen	Beispiel
I. **Gabelthiere** **Monotrema**	1. Promammalia	Ursäuger †	*Prototherium*
	2. Ornithostoma	Schnabelthiere	*Ornithorhynchus*
II. **Fleischfressende Beutelthiere Zoophaga**	3. Prodidelphia	Beutelahnen †	*Phascolotherium*
	4. Edentula	Beutelrüssler	*Tarsipes*
	5. Creophaga	Beutelmarder	*Thylacinus*
	6. Pedimana	Beutelratten	*Didelphys*
III. **Pflanzenfressende Beutelthiere Phytophaga**	7. Carpophaga	Beutelmäuse	*Phalangista*
	8. Rhizophaga	Beutelnager	*Phascolomys*
	9. Barypoda	Beutelhufer	*Diprotodon*
	10. Macropoda	Beutelspringer	*Halmaturus*
IV. **Zahnarme Edentata**	11. Effodientia	Scharrthiere	*Dasypus*
	12. Bradypoda	Faulthiere	*Bradypus*
V. **Walthiere Cetomorpha**	13. Cetacea	Walfische	*Delphinus*
	14. Sirenia	Seerinder	*Halicore*
VI. **Hufthiere Ungulata**	15. Condylarthra	Urhufer †	*Phenacodus*
	16. Perissodactyla	Unpaarhufer	*Equus*
	17. Artiodactyla	Paarhufer	*Sus*
	18. Proboscidea	Rüsselhufer	*Elephas*
	19. Hyracea	Platthufer	*Hyrax*
VII. **Nagethiere Rodentia**	20. Tillodontia	Hufnager †	*Tillotherium*
	21. Toxodontia	Pfeilnager †	*Toxodon*
	22. Glirina	Schneidenager	*Sciurus*
VIII. **Raubthiere Carnassia**	23. Creodontia	Urraubthiere †	*Lepictis*
	24. Insectivora	Insectenfresser	*Erinaceus*
	25. Carnivora	Fleischfresser	*Canis*
	26. Pinnipedia	Robben	*Phoca*
IX. **Herrenthiere Primates**	27. Prosimiae	Halbaffen	*Lemur*
	28. Chiroptera	Flederthiere	*Vespertilio*
	29. Simiae	Affen	*Gorilla*
	30. Anthropi	Menschen	*Homo*

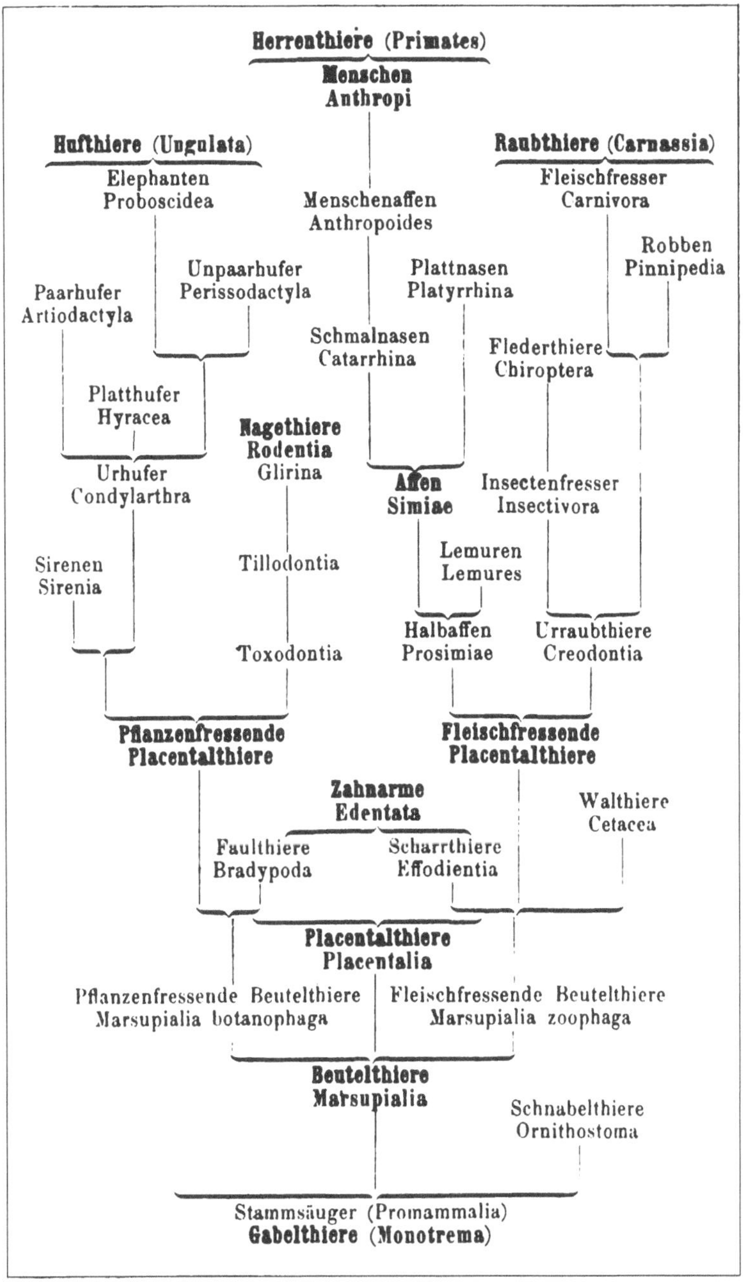
Herrenthiere (Primates)
Menschen
Anthropi
Hufthiere (Ungulata)
Raubthiere (Carnassia)
Elephanten
Proboscidea
Menschenaffen
Anthropoides
Fleischfresser
Carnivora
Robben
Pinnipedia
Unpaarhufer
Perissodactyla
Plattnasen
Platyrrhina
Paarhufer
Artiodactyla
Schmalnasen
Catarrhina
Flederthiere
Chiroptera
Platthufer
Hyracea
Nagethiere
Rodentia
Glirina
Urhufer
Condylarthra
Affen
Simiae
Insectenfresser
Insectivora
Sirenen
Sirenia
Tillodontia
Lemuren
Lemures
Halbaffen
Prosimiae
Urraubthiere
Creodontia
Toxodontia
Pflanzenfressende
Placentalthiere
Fleischfressende
Placentalthiere
Zahnarme
Edentata
Walthiere
Cetacea
Faulthiere
Bradypoda
Scharrthiere
Effodientia
Placentalthiere
Placentalia
Pflanzenfressende Beutelthiere
Marsupialia botanophaga
Fleischfressende Beutelthiere
Marsupialia zoophaga
Beutelthiere
Marsupialia
Schnabelthiere
Ornithostoma
Stammsäuger (Promammalia)
Gabelthiere (Monotrema)

Leider giebt uns die Paläontologie darüber bis heute noch gar keine sichere Auskunft. Aus der Kreide-Periode, in welche wahrscheinlich die Entstehung des Placentalen-Stammes fällt, sind uns bis jetzt nur sehr wenige und unbedeutende Mammalien-Reste bekannt geworden.

Das Gebiss der Proplacentalien, der ältesten Stammformen aller Placentalthiere, bestand wahrscheinlich aus sehr zahlreichen und gleichartigen Zähnen, von einfacher, schlank kegelförmiger Gestalt, welche nicht gewechselt wurden; es glich dem Gebiss, welches wir noch heute bei Gürtelthieren und Delphinen, sowie bei älteren Reptilien (Eidechsen) finden, und wie wir es auch bei den Promammalien und den Stammformen der Beutelthiere voraussetzen müssen. Aus dieser primitiven Gebissform entwickelte sich dann später eine bestimmte, sehr characteristische Zusammensetzung des Gebisses, welche uns zuerst im Beginne der Tertiärzeit begegnet. Dieses „typische Placental-Gebiss", von welchem sich alle verschiedenen Gebissformen der Placentner (ausgenommen Edentaten und Cetaceen) ableiten lassen, besteht aus 44 Zähnen; nämlich in jeder der vier Kieferhälften 3 Schneidezähne, 1 Eckzahn, 4 Lückenzähne und 3 Backzähne (Gebiss-Formel: $\left(\frac{3 . 1 . 4 . 3}{3 . 1 . 4 . 3}\right)$. Da wir diese typische Gebiss-Formel schon im Beginne der Eocaen-Periode, sowohl bei ältesten Fleischfressern, als bei ältesten Pflanzenfressern antreffen, dürfen wir annehmen, dass dieselbe von einer sehr alten (vielleicht noch der Kreide-Periode angehörigen) placentalen Urform auf die verschiedenen Ordnungen dieser Unterclasse vererbt wurde. Die Unterschiede der vier Zahnarten (anfangs kaum bemerkbar) traten mit der Differenzirung des Gebisses immer stärker hervor, und zugleich wurde die Zahl der Zähne allmählich reducirt.

Als Ueberrest einer uralten Gruppe von Placentalen betrachten wir zunächst die Legion der Zahnarmen, Edentata. Das Gebiss bewahrt hier die vorher erwähnte einfachste Reptilien-Bildung; bald wenige, bald sehr zahlreiche (gegen hundert) stiftförmige Zähne von gleicher Gestalt, ohne eigentliche Wurzel; bei manchen (Ameisenfressern) sind sie ganz ausgefallen (wie bei der Echidna). Auch durch die niedere Bildungsstufe des Gehirns und die eigenthümliche Hautbedeckung (Schuppen der Schuppenthiere, Knochenpanzer der Gürtelthiere) erinnern die Edentaten vielfach an Reptilien. Die Legion umfasst zwei sehr verschiedene, vielleicht nicht nahe verwandte Ordnungen, die Scharrthiere und die Faulthiere. Die Ordnung der Scharrthiere (*Effodienta*) besteht aus den beiden Unterordnungen der Ameisenfresser (*Vermilinguia*), zu denen auch die Schuppenthiere gehören, und der Gürtelthiere (*Cingulata*), die früher durch die riesigen Glyptodonten vertreten waren. Die Ordnung der Faulthiere (*Bradypoda*) besteht aus den beiden Unterordnungen der kleinen jetzt noch lebenden Zwergfaulthiere (*Tardigrada*) und der ausgestorbenen schwerfälligen Riesenfaulthiere (*Gravigrada*). Die ungeheuren versteinerten Reste dieser colossalen Pflanzenfresser deuten darauf hin, dass die ganze Legion im Aussterben begriffen ist. Die nahen Beziehungen der noch heute lebenden Edentaten Südamerikas zu den ausgestorbenen Riesenformen in demselben Erdtheil, machten auf Darwin bei seinem ersten Besuche Südamerikas einen solchen Eindruck, dass sie schon damals den Grundgedanken der Descendenz-Theorie in ihm anregten (s. oben S. 119). Uebrigens ist die Genealogie gerade dieser merkwürdigen Legion sehr schwierig.

Eine andere, ebenfalls sehr alte und sehr isolirt stehende Legion der Placentalen sind die Walthiere (*Cetomorpha*) oft auch Fisch-Säugethiere oder schlechtweg „Walfische" genannt. Wegen ihrer fischähnlichen Gestalt wurden diese Wasserbewohner früher zu den Fischen gerechnet. Indessen beruht diese Fisch-Aehnlichkeit nur auf Convergenz, und ist durch Anpassung an gleiche Lebensweise hervorgebracht. Es unterliegt keinem Zweifel, dass alle Walthiere von landbewohnenden vierfüssigen Placentalthieren (wahrscheinlich in der Kreidezeit lebend) abstammen. Diese Abstammung ist aber eine zweifach verschiedene, indem die beiden Ordnungen der Legion, Cetaceen und Sirenen, obwohl äusserlich höchst ähnlich, doch im inneren Bau wesentlich verschieden sind; auch ihre Aehnlichkeit beruht auf Convergenz.

Die Hauptmasse der Walthiere gehört zur Ordnung der

fleischfressenden Walfische (*Cetacea*). Zahlreiche Gattungen und Arten derselben leben noch heute in allen Meeren, einige auch in Flüssen (z. B. der „Ganges-Delphin"). Als Stammgruppe dieser Ordnung betrachten wir die Unterordnung der Zahnwale oder Delphine (*Denticete*). Meistens tragen sie in ihren Kiefern sehr zahlreiche und kleine Zähne von gleichartiger, einfach kegelförmiger Gestalt (ähnlich den Gürtelthieren). Sie stammen wahrscheinlich von einer uralten Stammgruppe der Placentalen ab, die schon in der Secundärzeit lebte. Als zwei divergirende Aeste sind aus der Delphin-Gruppe zwei höhere Unterordnungen hervorgegangen, einerseits die Zeuglodonten (*Zeuglocete*), andererseits die riesigen Bartenwale (*Mysticete*). Zu den letzteren gehören die grössten aller lebenden Thiere, die Riesenwale (Megaptera), welche über 100 Fuss Länge erreichen. Sie tragen im Maule statt der Zähne die bekannten Barten, aus denen das Fischbein gemacht wird. Aber ihre Embryonen zeigen im Kiefer eingeschlossen noch die Reste der kleinen Delphin-Zähne, als Zeichen ihrer Abstammung (Vergl. S. 11).

Ganz anderen Ursprungs sind die pflanzenfressenden Sirenen oder Seerinder (*Sirenia*). Von dieser Ordnung leben heute nur noch zwei Gattungen (*Halicore* im indischen und *Manatus* im atlantischen Ocean); beide mit wenigen Zähnen ausgestattet. Beide haben, gleich allen Cetaceen, einen spindelförmigen Fischkörper mit dicker, fast nackter Haut, breiter horizontaler Schwanzflosse, und ein paar fünfzehigen Brustflossen (Vorderbeinen). Dagegen sind die Hinterbeine (Bauchflossen) verloren gegangen und haben nur ein paar innere Knochen als Rudimente hinterlassen. Allein einige alt-eocaene Sirenen (*Prorastomus* u. A.) besassen noch entwickelte fünfzehige Hinterbeine. Diese hatten auch das typische Placental-Gebiss, mit 44 Zähnen $\left(\begin{matrix}3.1.4.3\\3.1.4.3\end{matrix}\right.$ vergl. S. 664). Da diese pflanzenfressenden Sirenen im Bau des Schädels und der typischen Zahnbildung den ältesten eocaenen Hufthieren ganz nahe verwandt erscheinen, ist wohl nicht zu zweifeln, dass sie von diesen auch wirklich abstammen. Somit bilden die Cetomorphen eine diphyletische Gruppe; die fleischfressenden Cetaceen und die pflanzenfressenden Sirenen sind zwei verschiedene Stämme, aus ganz verschiedenen Gruppen von vierfüssigen landbewohnenden Placentalien durch Anpassung an gleiche fischartige Lebensweise entstanden.

Eine der wichtigsten und umfangreichsten Gruppen unter den Placentalen bildet die grosse Legion der Hufthiere (*Ungulata*). Sie gehören in vieler Beziehung zu den interessantesten Säugethieren und zeigen deutlich, wie uns das wahre Verständniss der natürlichen Verwandtschaft der Thiere niemals allein durch das Studium der noch lebenden Formen, sondern stets nur durch gleichmässige Berücksichtigung ihrer ausgestorbenen und versteinerten Stammverwandten erschlossen werden kann. Wenn man in herkömmlicher Weise allein die lebenden Hufthiere berücksichtigt, so erscheint es ganz naturgemäss dieselben in drei gänzlich verschiedene Ordnungen einzutheilen, nämlich 1. die Pferde oder Einhufer (*Solidungula* oder *Equina*); 2. die Wiederkäuer oder Zweihufer (*Bisulca* oder *Ruminantia*); und 3. die Dickhäuter oder Vielhufer (*Multungula* oder *Pachyderma*). Sobald man aber die ausgestorbenen Hufthiere der Tertiärzeit mit in Betracht zieht, von denen wir sehr zahlreiche und wichtige Reste besitzen, so zeigt sich bald, dass jene Eintheilung, namentlich aber die Begrenzung der Dickhäuter, eine ganz künstliche ist. Denn jene drei Gruppen sind nur abgeschnittene Aeste des Hufthierstammbaums, welche durch ausgestorbene Zwischenformen auf das engste zusammenhängen. Die eine Hälfte der Dickhäuter, Nashorn, Tapir und Paläotherien zeigen sich auf das nächste mit den Pferden verwandt, und besitzen gleich diesen unpaarzehige Füsse. Die andere Hälfte der Dickhäuter dagegen, Schweine, Flusspferde und Anoplotherien, sind durch ihre paarzehigen Füsse viel enger mit den Wiederkäuern, als mit jenen ersteren verbunden. Wir müssen daher zunächst als zwei natürliche Hauptgruppen unter den Hufthieren die beiden Ordnungen der Paarhufer (*Artiodactyla*) und der Unpaarhufer (*Perissodactyla*) unterscheiden; beide haben sich als zwei divergente Aeste aus der alttertiären Stammgruppe der Urhufthiere entwickelt (*Condylarthra*). Aus derselben Stammgruppe haben sich aber ausserdem auch zwei andere interessante Ordnungen entwickelt, welche den Nagethieren sich nähern; die Platthufer (*Hyracea*) und die Rüsselthiere (*Proboscidea*); zu letzteren gehören die Schreckhörner, Dinotherien und Elephanten. Dank den grossartigen Fortschritten der Paläontologie im jüngsten Decennium, können wir jetzt die Verwandtschafts-Beziehungen dieser fünf Hufthier-Ordnungen und ihrer zahlreichen Familien sehr klar übersehen.

Als gemeinsame Stammgruppe aller Hufthiere betrachten wir die Stammhufer (*Condylarthra* oder *Protungulata*). Diese ältesten Ungulaten, im Eocaen von Nord-Amerika entdeckt, schliessen sich in der Bildung des Skelets und der Gliedmaassen, des Schädels und des Gebisses, an die ältesten Placentalien anderer Ordnungen (besonders der Raubthiere) enger an als die übrigen Hufthiere. Sie besitzen noch das volle typische Placental-Gebiss (S. 664) und die 44 Zähne desselben sind weniger differenzirt als bei allen übrigen Hufthieren. Dasselbe gilt auch von den fünfzehigen Füssen, deren Zehen ziemlich gleichmässig entwickelt sind. Wahrscheinlich haben sich aus dieser uralten Stammgruppe als vier divergente Stämme die übrigen Ungulaten entwickelt. Die *Periptychida* führen zu den *Artiodactyla* hinüber, die *Phenacodontida* zu den *Perissodactyla*.

Die Ordnung der Unpaarhufer (*Perissodactyla*) umfasst diejenigen Ungulaten, bei denen die mittlere (oder dritte) Zehe des Fusses stärker als die übrigen entwickelt ist, so dass sie die eigentliche Mitte des Hufes bildet. Man kann die Perissodactylen zunächst in zwei Unterordnungen theilen, in den Nashornstamm und den Pferdestamm. Der Nashornstamm kann auch als Section der Urtapire (*Brontotapiri*) bezeichnet werden. Es gehört dahin die uralte gemeinsame Stammgruppe aller Perissodactylen, welche schon in den ältesten eocaenen Schichten versteinert vorkommen, die *Coryphodontia*. An diese schliesst sich die Gruppe der Nashornthiere (*Nasicornia*) an. Ausser den lebenden *Rhinoceros* gehören dahin die merkwürdigen ausgestorbenen Familien der *Brontotherida* und *Elasmotherida*. Die zweite Unterordnung der Perissodactylen bildet der Pferdestamm, die *Hippotapiri*. Er umfasst wieder zwei nahe verwandte Gruppen (S. 670).

Stammbaumlinie der Pferde.

[N. B. Diese Tabelle zeigt, wie der einzehige Fuss der heutigen Pferde durch Rückbildung aus dem dreizehigen Fuss der miocenen Mittelpferde, und dieser aus dem fünfzehigen Fuss der ältesten eocenen Perissodactylen hervorgegangen ist. Alle Zwischenstufen sind versteinert in Nordamerika gefunden.]

Pferde-Gattung	Tertiärschicht	Vorderbein	Hinterbein
Lebendes Pferd *Equus*	**Gegenwart** und **Quartärzeit**	1 Zehe	1 Zehe
Ober-Pliocenes Pferd *Pliohippus*	**Ober-Pliocen**	1 Hauptzehe und 2 Nebenzehen	1 Zehe und 2 Rudimente
Unter-Pliocenes Pferd *Protohippus* (Hipparion)	**Unter-Pliocen**	1 Hauptzehe und 2 Nebenzehen	1 Hauptzehe und 2 Nebenzehen
Ober-Miocenes Pferd *Miohippus* (Anchitherium)	**Ober-Miocen**	3 Zehen, mittlere grösser	3 Zehen, mittlerer grösser
Unter-Miocenes Pferd *Mesohippus*	**Unter-Miocen**	3 Zehen und 1 Rudiment	3 Zehen
Ober-Eocenes Pferd *Orohippus*	**Ober-Eocen**	4 Zehen	3 Zehen
Urpferd (Stammform der Pferde) *Eohippus*	**Mittel-Eocen**	4 Zehen und 1 Rudiment	3 Zehen
Stammform der Pferdelinie *Hyracotherium*	**Unter-Eocen**	5 Zehen, mittlere grösser	3 Zehen und 1 Rudiment
Stammform aller Unpaarhufer *Coryphodon*	**Unterstes Eocen**	5 Zehen, mittlere etwas grösser	5 Zehen, mittlere etwas grösser
Vorfahren der Perissodactylen *Phenacodus*	**Unterstes Eocen** (und Kreide?)	5 Zehen fast gleich	5 Zehen fast gleich

Systematische Uebersicht

der Ordnungen und Familien der Hufthiere (*Ungulata*).

(NB. Die ausgestorbenen Familien sind durch ein † bezeichnet.)

Ordnungen der Hufthiere	Sectionen der Hufthiere	Familien der Hufthiere	Systematischer Name
I. **Urhufthiere** **Condylarthra**	1. *Phenacodontida*	Ahnen der Unpaarhufer	† *Phenacodon*
			† *Anacodon*
	2. *Periptychida*	Ahnen der Paarhufer	† *Periptychus*
			† *Zetodon*
II. Unpaarhufer Perissodactyla — II A. **Urtapire** **Brontotapiri**	3. Urtapirthiere *Protapiri*	Urunpaarhufer	† *Coryphodontia*
		Lophiodonten	† *Lophiodontia*
	4. Nashornthiere *Nasicornia*	Brontotherien	† *Brontotherida*
		Nashörner	*Rhinocerata*
II B. **Tapirpferde** **Hippotapiri**	5. Tapirthiere *Tapiromorpha*	Paläotherien	† *Palaeotherida*
		Tapire	*Tapirida*
	6. Pferdethiere *Hippomorpha*	Mittelpferde	† *Anchitherida*
		Pferde	*Equina*
III. Paarhufer Artiodactyla — III A. **Schweinförmige** **Choeromorpha** (oder Hügelzähnige, **Bunodontia**)	7. Schweinthiere *Setigera*	Urpaarhufer	† *Anoplotherida*
		Urschweine	† *Anthracotherida*
		Schweine	*Suillida*
	8. Plumpthiere *Obesa*	Schweinpferde	† *Choeropotamida*
		Flusspferde	*Hippopotamida*
III B. **Wiederkäuer** **Ruminantia** (oder Sichelzähnige, **Selenodontia**)	9. Urwiederkäuer *Proruminantia*	Oreodontien	† *Hyopotamida*
		Dremotherien	† *Dremotherida*
		Moschushirsche	*Tragulida*
	10. Kamelthiere *Tylopoda*	Urkamele	† *Poëbrotherida*
		Altkamele	† *Procamelida*
		Lamas	*Auchenida*
		Kamele	*Camelida*
	11. Hirschthiere *Elaphida*	Moschusthiere	*Moschida*
		Hirsche	*Cervina*
		Giraffen	*Devexa*
	12. Hohlhörner *Cavicornia*	Gazellen	*Antilopina*
		Ziegen	*Caprina*
		Schafe	*Ovina*
		Rinder	*Bovina*
IV. **Rüsselthiere** **Proboscidea**	13. *Dinocerata*	Schreckhörner	*Dinoceras*
	14. *Dinotherida*	Kniekiefer	*Dinotherium*
	15. *Elephantida*	Elephanten	*Elephas*
V. **Platthufer** **Hyracea**	16. *Lamnungia*	Klippschliefer	*Hyrax*

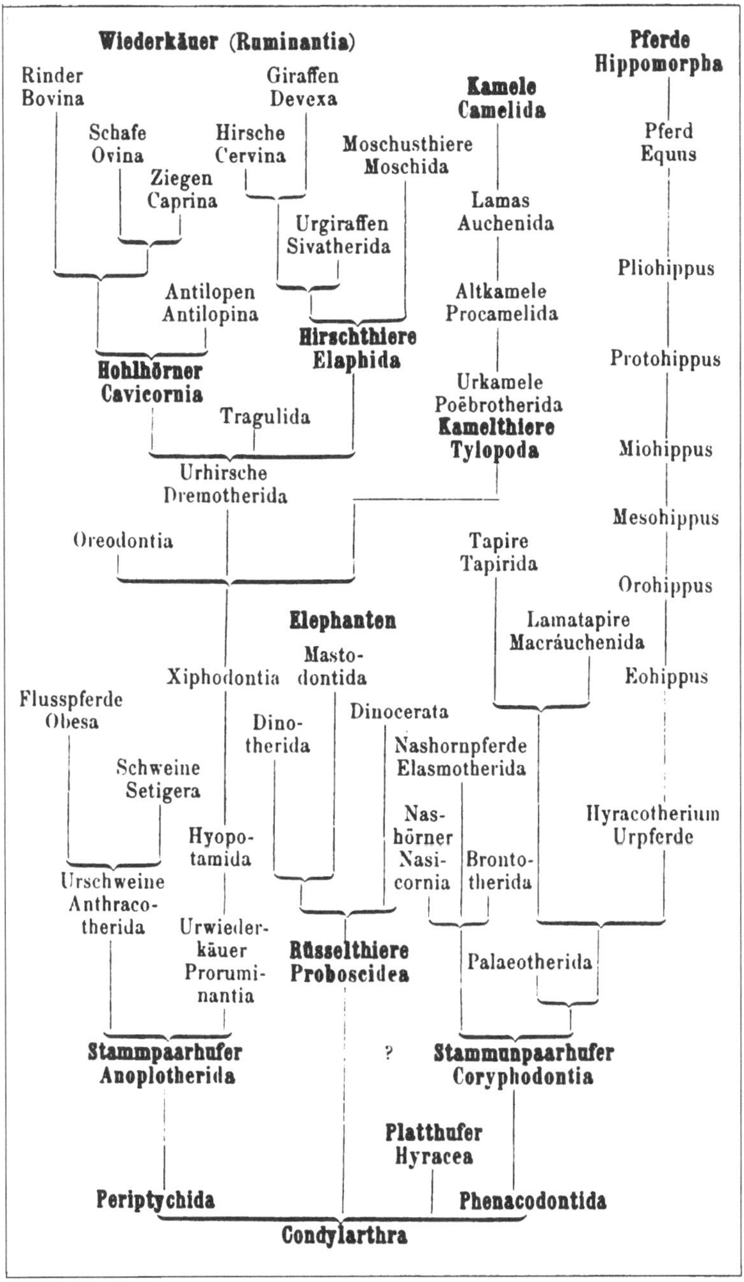
Wiederkäuer (Ruminantia)
Rinder Bovina
Giraffen Devexa
Kamele Camelida
Pferde Hippomorpha
Schafe Ovina
Hirsche Cervina
Moschusthiere Moschida
Pferd Equus
Ziegen Caprina
Lamas Auchenida
Urgiraffen Sivatherida
Pliohippus
Antilopen Antilopina
Altkamele Procamelida
Hirschthiere Elaphida
Hohlhörner Cavicornia
Protohippus
Urkamele Poëbrotherida
Tragulida
Kamelthiere Tylopoda
Miohippus
Urhirsche Dremotherida
Mesohippus
Oreodontia
Tapire Tapirida
Orohippus
Elephanten
Lamatapire Macráuchenida
Masto-dontida
Xiphodontia
Eohippus
Flusspferde Obesa
Dinocerata
Dino-therida
Nashornpferde Elasmotherida
Schweine Setigera
Hyracotherium Urpferde
Nas-hörner Nasi-cornia
Hyopo-tamida
Bronto-therida
Urschweine Anthraco-therida
Urwieder-käuer Prorumi-nantia
Rüsselthiere Proboscidea
Palaeotherida
Stammpaarhufer Anoplotherida
?
Stammunpaarhufer Coryphodontia
Platthufer Hyracea
Periptychida
Phenacodontida
Condylarthra

Als die gemeinsame Stammgruppe der Tapirartigen und Pferdeartigen kann man die eocaenen Palaeotherien betrachten. Aus diesen haben sich einerseits die Tapire, anderseits die Pferde entwickelt. Von besonderem Interesse für die Stammes-Geschichte ist der Stammbaum der Pferde, weil man diesen in seltener Vollständigkeit durch zahlreiche fossile Beweisstücke Schritt für Schritt belegen kann, wie die vorstehende Tabelle zeigt (S. 669). Zwischen dem ältesten eocaenen fünfzehigen Coryphodon und dem heutigen einzehigen Pferde sind alle fossilen Zwischenstufen versteinert in Amerika gefunden worden. Dies ist um so interessanter, als bekanntlich zur Zeit der Entdeckung von Amerika das Pferd in dieser seiner Urheimath ausgestorben war.

Die zweite Hauptgruppe der Hufthiere, die Ordnung der Paarhufer (*Artiodactyla*) enthält diejenigen Hufthiere, bei denen die mittlere (dritte) und die vierte Zehe des Fusses nahezu gleich stark entwickelt sind, so dass die Theilungsebene zwischen beiden die Mitte des ganzen Fusses bildet. Sie zerfällt in die beiden Unterordnungen der Schweineförmigen und der Wiederkäuer. Die Schweineförmigen (*Choeromorpha*) heissen auch Hügelzähner (*Bunodentia*). Dahin gehört zunächst der andere Zweig der Stammhufer, die Anoplotherien, welche wir als die gemeinsame Stammform aller Paarhufer oder Artiodactylen betrachten (*Dichobune* etc.). Aus den Anoplotherien entsprangen als zwei divergente Zweige einerseits die Urschweine oder Anthrakotherien, welche zu den Schweinen und Flusspferden, andrerseits die Urwiederkäuer (*Proruminantia*), welche zu den Wiederkäuern hinüberführten (Sichelzähner, *Selenodontia*). Die Hyopotamiden und Xiphodontien sind die ältesten Wiederkäuer (*Ruminantia*); an sie schliessen sich zunächst die Urhirsche oder Dremotherien an, denen unter den lebenden die Traguliden am nächsten stehen, und aus denen vielleicht als zwei divergente Zweige die Hirschförmigen (*Elaphia*) und die Hohlhörnigen (*Cavicornia*) sich entwickelt haben. Einen eigenthümlichen Seitenzweig der Hirsche bilden die Giraffen. Sehr vollständig bekannt ist der Stammbaum der Hohlhörnigen. Aus der Stammgruppe der Antilopen haben sich einerseits die Ziegen und die nahe verwandten Schafe, anderseits die Rinder entwickelt haben. Einen sehr eigenthümlichen, schon von der Wurzel des Wiederkäuer-Stammes abgezweigten Seitenast bilden die Kamelthiere (*Tylopoda*), deren Stammbaum von den Poëbrotherien aufwärts sich Schritt für Schritt verfolgen lässt, wie bei den Pferden. Wie sich diese zahlreichen Familien der Hufthiere unserer genealogischen Hypothese entsprechend gruppiren, zeigt Ihnen die vorstehende systematische Uebersicht (S. 670) und der entsprechende Stammbaum (S. 671).

Eine besondere sehr merkwürdige Ordnung von Hufthieren wird durch den Elephanten und durch eine Anzahl verwandter ausgestorbener Riesenthiere gebildet; man nennt sie gewöhnlich Rüsselthiere (*Proboscidea*), weil sie meistens einen langen Rüssel tragen. Ihre Wurzel hat auch diese Ordnung zunächst wahrscheinlich in den Coryphodonten, und weiterhin in deren Vorfahren, den Phenacodonten. Die Gliedmaassen aller dieser Rüsselthiere schlagen eine wesentlich andere Entwickelung ein, als bei den langfingerigen Paarzehern und Unpaarzehern, die kurze Oberschenkel haben. Hier umgekehrt sind letzere lang, hingegen die Füsse kurz, meistens mit fünf gleichmässig entwickelten kurzen Zehen. Unsere heutigen Elephanten, die so isolirt in der Gegenwart stehen, stammen von ausgestorbenen (miocaenen) Mastodonten ab. Einen anderen Zweig bilden die merkwürdigen Dinotherien. Wahrscheinlich gehören zum selben Stamm auch die riesigen Schreckhörner (*Dinocerata*), elephanten-ähnliche Thiere aus Nordamerika, welche auf dem schweren Kopfe drei Paar grosse Hörner trugen.

Sehr wenig wissen wir von den Vorfahren und der Verwandtschaft der letzten Hufer-Ordnung, der Platthufer (*Hyracea* oder *Lamnungia*). Diese kleinen, dichtbehaarten, kaninchen-ähnlichen Ungulaten gleichen im allgemeinen Skeletbau den Urhufthieren, in der Fussbildung den Tapiren und in der Backzahnbildung dem Rhinoceros. Durch den Mangel der Eckzähne und die meisselförmigen Schneidezähne schliessen sie sich an die Nagethiere an. Gleich den Rüsselhufern nähern sich auch die Platthufer bereits sehr den letzteren und können als Abkömmlinge der uralten

Placental-Gruppe angesehen werden, aus welcher einerseits die Hufthiere, anderseits die Nagethiere hervorgingen.

Die Legion der Nagethiere (*Rodentia*) bildet in der Gegenwart die bei weitem umfangreichste Hauptgruppe der Säugethiere, sowohl was die Zahl der lebenden Arten und Gattungen, als die Masse der Individuen betrifft. Allein alle lebenden Nagethiere sind im wesentlichen inneren Bau nur sehr wenig verschieden und erscheinen nur als mannichfache Variationen eines und desselben Themas. Insbesondere zeigt das Gebiss überall dieselbe characteristische Form: oben und unten ein paar meisselförmige wurzellose Schneidezähne, speciell zum Nagen harter Pflanzentheile angepasst; dahinter, durch eine grosse Zahnlücke getrennt, wenige grosse schmelzfaltige Backzähne; keine Eckzähne. Ein ähnliches Gebiss wie die heute lebenden Schneidenager (*Glirina*) besitzen auch zwei interessante ausgestorbene Ordnungen von Nagethieren, die Tillotherien (*Tillodontia*) und die Toxotherien (*Toxodontia*). Die Tillodontien, fossil im Eocen von Nord-Amerika, hatten Körperform und Grösse des Tapir; die Toxodontien, fossil im Diluvium von Süd-Amerika, glichen eher einem Rhinoceros. Beide Ordnungen vereinigen in sich Charactere der heutigen Nagethiere (*Glirina*), der Hufthiere (*Condylarthra*) und der Zahnarmen (*Edentata*). Wir dürfen sie daher als Wurzelsprossen desselben alten Placental-Stammes betrachten, aus welchem einerseits die Hufthiere, anderseits die Nagethiere entsprungen sind.

In ähnlicher Weise, wie wir diese grossen Hauptgruppen der pflanzenfressenden Placentalen auf eine gemeinsame uralte, wahrscheinlich der Kreide-Periode angehörige Stammform zurückführen können, ist das anderseits auch möglich bei dem formenreichen Stamme der fleischfressenden Placentalthiere, oder der Raubthiere in weiterem Sinne (*Carnassia*). Wir vereinigen in dieser grossen Legion vier nahe verwandte Ordnungen: die uralten längst ausgestorbenen Urraubthiere (*Creodonta*), die kleinen Insectenfresser (*Insectivora*), die grossen Fleischfresser (*Carnivora*) und die Seeraubthiere oder Robben (*Pinnipedia*). Von diesen vier Legionen ist die erste als die gemeinsame Stammgruppe zu betrachten, aus welcher die drei letzteren allmählich sich entwickelt haben.

Die Stammordnung der Urraubthiere (*Creodonta*) ist neuerdings durch zahlreiche eocaene Arten aus Europa und Nord-Amerika näher bekannt geworden; dieselben wurden hauptsächlich durch Cope und Filhol entdeckt und auf fünf verschiedene Familien vertheilt. Einige von diesen, die uralten Bärenhunde (Arctocyonida), schliessen sich noch eng an die Raubbeutler an (*Creophaga* S. 656); andere (Leptictida) gehen in die heutigen Insectenfresser über (die Borstenigel, Centetida); wieder andere (z. B. die bärengrossen Synoplotherien) erscheinen den ältetesten Carnivoren (Bären) nahe verwandt. Im Allgemeinen zeichnen sich alle diese Creodonten durch die schwache Ausprägung des Raubthier-Characters aus, während sie anderseits sowohl der Stammgruppe der fleischfressenden Beutelthiere sehr nahe stehen, als auch den ältesten Stammformen der Huf- und Nagethiere. Sie entsprechen also vollständig den phylogenetischen Ansprüchen, welche man an die uralte gemeinsame Stammgruppe aller Raubthiere stellen kann. Die Creodonten waren plumpe Sohlengänger mit fünfzehigen Plattfüssen und mit dem vollen typischen Placentalgebiss (S. 664); die 44 Zähne waren viel weniger differenzirt als bei den übrigen Carnassien.

Die Ordnung der Insectenfresser (*Insectivora*) schliesst sich aufs engste an ihre Stammgruppe, die Creodonten an, und hat von diesen viele niedere Organisations-Verhältnisse durch Vererbung beibehalten. Unter den heute lebenden Raubthieren erscheint sie phylogenetisch als die älteste; namentlich hat der Igel viele Merkmale niederer und ursprünglicher Organisation getreu conservirt. Auch die Spitzmäuse und Maulwürfe bleiben auf einer tiefen Stufe stehen. Alle sind Sohlengänger mit fünfzehigen Plattfüssen und die meisten zeichnen sich durch vollständiges Placental-Gebiss aus, mit kleinen Eckzähnen und vielen spitzhöckerigen Backzähnen.

Viel formenreicher und mannichfaltiger entwickelt ist die Ordnung der eigentlichen Fleischfresser (*Carnivora*) oder der „Landraubthiere“ im engeren Sinne. Bei diesen differenzirt sich das Raubthier-Gebiss in sehr characteristischer Weise, indem vorn die 4 grossen Eckzähne, hinten aber 4 eigenthümliche „Reisszähne oder Fleischzähne“ (je einer in jeder Kieferhälfte) stark hervortreten. Dieser Fleischzahn ist ein besonders ausgebildeter Backzahn, dessen grosse und scharfkantige, meist zackige Krone sich dem Zerreissen des Fleisches speciell angepasst hat. Je mehr der Raubthier-Character sich rein entwickelt hat (am meisten bei den höchst stehenden Katzen), desto grösser sind im Verhältniss der Eckzahn und der Reisszahn, desto schwächer die übrigen Zähne. Je weniger umgekehrt der Carnivoren-Character ausgesprochen ist, desto weniger sind jene 8 Hauptzähne differenzirt, desto gleichartiger alle Zähne; am meisten bei der Bären-Familie, die sich eng an die Stammgruppe der Creodonten anschliesst. Aus einer uralten gemeinsamen Stammgruppe, welche zwischen Bären, Hunden und Viverren in der Mitte stand, haben sich divergent die verschiedenen Familien der heutigen Fleischfresser entwickelt; zahlreiche tertiäre Versteinerungen erläutern ihre Stammesgeschichte. Hand in Hand mit der Differenzirung des Gebisses ging die Umbildung der fünfzehigen Füsse; je schneller der Lauf der Carnivoren wurde, desto schlanker ihre Beine, desto kleiner ihre Füsse. Aus den älteren Sohlengängern (Bären) entstanden Halbsohlengänger (Viverren) und aus diesen reine Zehengänger (Hunde und Katzen).

Am meisten hat sich von dem Stamme der Raubthiere die vierte und letzte Ordnung derselben entfernt, die See-Raubthiere oder Robben (*Pinnipedia*). Dahin gehören die Seebären, Seelöwen, Seehunde, und als eigenthümlich angepasste Seitenlinie die Walrosse oder Walrobben. Obwohl die See-Raubthiere äusserlich den Land-Raubthieren sehr unähnlich erscheinen, sind sie denselben dennoch durch ihren inneren Bau, ihr Gebiss und ihre eigenthümliche, gürtelförmige Placenta nächst verwandt und offenbar aus demselben Stamme entsprossen. Ihre älteren Vorfahren sind unter den Creodonten zu suchen, ihre jüngeren vielleicht unter den Marderartigen (*Mustelina*). Noch heute bilden unter den letzteren die Fischottern (*Lutra*) und noch mehr die Seeottern (*Enhydris*) eine unmittelbare Uebergangsform zu den

Robben, und zeigen uns deutlich, wie der Körper der Land-Raubthiere durch Anpassung an das Leben im Wasser robbenähnlich umgebildet wird, und wie aus den Gangbeinen der ersteren die Ruderflossen der See-Raubthiere entstanden sind. Ebenso hat auch die Anpassung an die Fisch-Nahrung das Gebiss in eigenthümlicher Weise umgebildet.

An der Spitze aller Säugethiere, und somit des Thierreichs überhaupt, steht die letzte und höchstentwickelte Gruppe der Placentalthiere, die Legion der Herrenthiere (*Primates*). Unter diesem Namen vereinigte schon Linné vor mehr als einem Jahrhundert die vier Gruppen der Fledermäuse, Halbaffen, Affen und Menschen („*Vespertilio*, *Lemur*, *Simia*, *Homo*"). Alle vier Ordnungen stimmen in einer Anzahl von besonderen anatomischen Merkmalen überein, durch welche sie sich von allen übrigen Placentalthieren unterscheiden. Wir schliessen daraus, dass alle Primaten aus einem und demselben Stamme entsprungen sind, und dessen Wurzel ist höchst wahrscheinlich bei den Creodonten zu suchen, derselben uralten Placental-Gruppe, aus welcher auch die Raubthiere entsprossen sind. Auch die lebenden Insectenfresser, als älteste Ordnung der letzteren, zeigen noch vielfache nahe Beziehungen zu den Primaten, besonders zu den Flederthieren (*Chiroptera*) und zu den Halbaffen (*Prosimiae*). Anderseits erscheinen diese letzteren eng mit den Affen (*Simiae*) verknüpft, aus deren Stamme die Menschen (*Anthropi*) schon während der Tertiär-Zeit hervorgegangen sind.

Die Halbaffen (*Prosimiae*) oder Lemuren (*Lemurina*) wurden früher allgemein mit den Affen in einer und derselben Ordnung vereinigt, die man nach Blumenbach als Vierhänder (*Quadrumana*) bezeichnete. Indessen habe ich sie schon in der „Generellen Morphologie" (1866) gänzlich von diesen abgetrennt; nicht allein deshalb, weil sie von allen Affen viel mehr abweichen, als die verschiedensten Affen von einander, sondern auch, weil sie die interessantesten Uebergangsformen zu den übrigen Ordnungen der Primaten enthalten. Ich schliesse daraus, dass die wenigen jetzt noch lebenden Halbaffen, welche überdies unter sich sehr verschieden sind, die letzten überlebenden Reste von einer fast ausgestorbenen, einstmals formenreichen Stammgruppe darstellen, aus welcher sich ein grosser Theil der höheren Placentalen als divergente Zweige entwickelt haben. Die alte Stammgruppe der Halbaffen selbst hat sich wahrscheinlich aus Creodonten oder noch älteren „Proplacentnern“ entwickelt; vielleicht aber auch direct aus den Ahnen der Handbeutler oder affenfüssigen Beutelthiere (*Pedimana*), welche in der Umbildung ihrer Hinterfüsse zu einer Greifhand ihnen auffallend gleichen. Die uralten (wahrscheinlich in der Kreide-Periode entstandenen) Stammformen selbst sind natürlich längst ausgestorben, ebenso die allermeisten Uebergangsformen zwischen denselben und den übrigen Placentalen-Ordnungen. Aber einzelne Reste der letzteren haben sich in den noch heute lebenden Halbaffen erhalten. Unter diesen bildet das merkwürdige Fingerthier von Madagaskar (*Chiromys madagascariensis*) den Rest der Leptodactylen-Gruppe und den Uebergang zu den Nagethieren. Der seltsame Pelzflatterer der Südsee-Inseln und Sunda-Inseln (*Galeopithecus*), das einzige Ueberbleibsel der Ptenopleuren-Gruppe, ist eine vollkommene Zwischenstufe zwischen den Halbaffen und Flederthieren. Die Langfüsser (*Tarsius, Otolicnus*) bilden den letzten Rest eines Stammzweiges (*Macrotarsi*), der zu den Insectenfressern hinüberführt. Die Kurzfüsser endlich (*Brachytarsi*) vermitteln den Anschluss an die echten Affen. Zu den Kurzfüssern gehören die langschwänzigen Maki (*Lemur*), und die kurzschwänzigen Indri (*Lichanotus*) und Lori (*Stenops*), von denen namentlich die letzteren sich den vermuthlichen Vorfahren des Menschen unter den Halbaffen sehr nahe anzuschliessen scheinen. Sowohl die Kurzfüsser als die Langfüsser leben weit zerstreut auf den Inseln des südlichen Asiens und Afrikas, namentlich auf Madagaskar, einige auch auf dem afrikanischen Festlande. Alle führen eine einsame, nächtliche Lebensweise und klettern auf Bäumen umher.

An die Halbaffen schliesst sich zunächst die merkwürdige Ordnung der fliegenden Säugethiere oder Flederthiere an (*Chiroptera*). Sie hat sich durch Anpassung an fliegende Lebensweise in ähnlicher Weise auffallend umgebildet, wie die See-Raubthiere durch Anpassung an schwimmende Lebensweise. Wahrscheinlich hat auch diese Ordnung ihre Wurzel in den Creodonten, zugleich mit den Halbaffen, mit denen sie noch heute durch die Pelzflatterer (*Galeopithecus*) eng verbunden ist. Die Bildung der Flughaut, welche zwischen dem Rumpf und den Gliedmaassen sich ausspannt, hat in dieser Ordnung der Säugethiere ihre höchste Vollkommenheit erreicht; Ansätze dazu finden sich aber auch in anderen Ordnungen, bei den fliegenden Beutelthieren und den fliegenden Eichhörnchen. Von den beiden Unterordnungen der Flederthiere sind vermuthlich die insectenfressenden oder Fledermäuse (*Nycterides*) die älteren; erst später haben sich aus diesen die früchtefressenden oder Flederhunde (*Pterocynes*) entwickelt.

Als letzte Säugethier-Ordnung hätten wir nun endlich noch die echten Affen (*Simiae*) zu besprechen. Da aber im zoologischen Systeme diese Ordnung dem Menschengeschlecht nächst verwandt ist, und da dasselbe sich aus einem Zweige dieser Ordnung ohne allen Zweifel historisch entwickelt hat, so wollen wir die genauere Untersuchung ihres Stammbaums und ihrer Geschichte einem besonderen Vortrage vorbehalten. Die Urkunden, welche diese vielbesprochene „Abstammung des Menschen vom Affen“ historisch begründen, sind dieselben, wie in allen anderen Theilen der Stammesgeschichte, die Zeugnisse der vergleichenden Anatomie, Ontogenie und Paläontologie. Diese maassgebenden Urkunden reden aber in diesem wichtigsten Capitel der Phylogenie eine viele klarere, viel verständlichere, viel unzweideutigere Sprache, als in zahlreichen anderen Capiteln unserer Wissenschaft zu finden ist.

Siebenundzwanzigster Vortrag.

Stammes-Geschichte des Menschen.

Die Anwendung der Descendenz-Theorie auf den Menschen. Unermessliche Bedeutung und logische Nothwendigkeit derselben. Stellung des Menschen im natürlichen System der Thiere, insbesondere unter den discoplacentalen Säugethieren. Unberechtigte Trennung der Vierhänder und Zweihänder. Berechtigte Trennung der Halbaffen von den Affen. Stellung des Menschen in der Ordnung der Affen. Schmalnasen (Affen der alten Welt) und Plattnasen (amerikanische Affen). Unterschiede beider Gruppen. Phylogenetische Reduction des Gebisses. Entstehung des Menschen aus Schmalnasen. Menschenaffen oder Anthropoiden. Afrikanische Menschenaffen (Gorilla und Schimpanse). Asiatische Menschenaffen (Orang und Gibbon). Vergleichung der verschiedenen Menschenaffen und der verschiedenen Menschenrassen. Fossile Affen-Reste. Uebersicht der Ahnenreihe des Menschen (in 25 Stufen). Wirbellose Ahnen (9 Stufen) und Wirbelthier-Ahnen (16 Stufen).

Meine Herren! Von allen einzelnen Fragen, welche durch die Abstammungslehre beantwortet werden, von allen besonderen Folgerungen, die wir aus derselben ziehen müssen, ist keine einzige von solcher Bedeutung, als die Anwendung dieser Lehre auf den Menschen selbst. Wie ich schon im Beginn dieser Vorträge (S. 6) hervorgehoben habe, müssen wir aus dem allgemeinen Inductions-Gesetze der Descendenztheorie mit der unerbittlichen Nothwendigkeit strengster Logik den besonderen Deductions-Schluss ziehen, dass der Mensch sich aus niederen Wirbelthieren, und zunächst aus affenartigen Säugethieren allmählich und schrittweise entwickelt hat. Dass diese Lehre ein unzertrennlicher Bestandtheil der Abstammungs-Lehre, und somit auch der allgemeinen Entwickelungs-Theorie überhaupt ist, das wird ebenso von allen denkenden Anhängern, wie von allen folgerichtig schliessenden Gegnern derselben anerkannt.

Wenn diese Lehre aber wahr ist, so wird die Erkenntniss vom thierischen Ursprung und Stammbaum des Menschengeschlechts nothwendig tiefer, als jeder andere Fortschritt des menschlichen Geistes, in die Beurtheilung aller menschlichen Verhältnisse und zunächst in das Getriebe aller menschlichen Wissenschaften eingreifen. Sie muss früher oder später eine vollständige Umwälzung in der ganzen Weltanschauung der Menschheit hervorbringen. Ich bin der festen Ueberzeugung, dass man in Zukunft diesen unermesslichen Fortschritt in der Erkenntniss als Beginn einer neuen Entwickelungs-Periode der Menschheit feiern wird. Er lässt sich nur vergleichen mit dem Schritte des Copernicus, der zum ersten Male klar auszusprechen wagte, dass die Sonne sich nicht um die Erde bewege, sondern die Erde um die Sonne. Ebenso wie durch das Weltsystem des Copernicus und seiner Nachfolger die geocentrische Weltanschauung des Menschen umgestossen wurde, die falsche Ansicht, dass die Erde der Mittelpunkt der Welt sei, und dass sich die ganze übrige Welt um die Erde drehe, ebenso wird durch die, schon von Lamarck versuchte Anwendung der Descendenz-Theorie auf den Menschen die anthropocentrische Weltanschauung umgestossen, der eitle Wahn, dass der Mensch der Mittelpunkt der irdischen Natur und das ganze Getriebe derselben nur dazu da sei, um dem Menschen zu dienen. In gleicher Weise, wie das Weltsystem des Copernicus durch Newton's Gravitations-Theorie mechanisch begründet wurde, sehen wir später die Descendenz-Theorie des Lamarck durch Darwin's Selections-Theorie ihre ursächliche Begründung erlangen. Ich habe diesen in mehrfacher Hinsicht lehrreichen Vergleich in meinen Vorträgen „über die Entstehung und den Stammbaum des Menschengeschlechts“ weiter ausgeführt [50]).

Um nun diese äusserst wichtige Anwendung der Abstammungs-Lehre auf den Menschen mit der unentbehrlichen Unparteilichkeit und Objectivität durchzuführen, muss ich Sie vor Allem bitten, sich (für kurze Zeit wenigstens) aller hergebrachten und allgemein üblichen Vorstellungen über die „Schöpfung des Menschen“ zu entäussern, und die tief eingewurzelten Vorurtheile abzustreifen, welche uns über diesen Punkt schon in frühester

Jugend eingepflanzt werden. Wenn sie dies nicht thun, können Sie nicht objectiv das Gewicht der wissenschaftlichen Beweisgründe würdigen, welche ich Ihnen für die thierische Abstammung des Menschen, für seine Entstehung aus affenähnlichen Säugethieren anführen werde. Wir können hierbei nichts besseres thun, als mit Huxley uns vorzustellen, dass wir Bewohner eines anderen Planeten wären, die bei Gelegenheit einer wissenschaftlichen Weltreise auf die Erde gekommen wären, und da ein sonderbares zweibeiniges Säugethier, Mensch genannt, in grosser Anzahl über die ganze Erde verbreitet, angetroffen hätten. Um dasselbe zoologisch zu untersuchen, hätten wir eine Anzahl von Individuen desselben, in verschiedenem Alter und aus verschiedenen Ländern, gleich den anderen auf der Erde gesammelten Thieren in ein grosses Fass mit Weingeist gepackt, und nähmen nun nach unserer Rückkehr auf den heimischen Planeten ganz objectiv die vergleichende Anatomie aller dieser erdbewohnenden Thiere vor. Da wir gar kein persönliches Interesse an dem, von uns selbst gänzlich verschiedenen Menschen hätten, so würden wir ihn ebenso unbefangen und objectiv wie die übrigen Thiere der Erde untersuchen und beurtheilen. Dabei würden wir uns selbstverständlich zunächst aller Ansichten und Muthmaassungen über die Natur seiner Seele enthalten oder über die „geistige Seite seines Wesens“, wie man es gewöhnlich nennt. Wir beschäftigen uns vielmehr zunächst nur mit der körperlichen Seite und derjenigen natürlichen Auffassung derselben, welche uns durch die Entwickelungs-Geschichte an die Hand gegeben wird.

Offenbar müssen wir hier zunächst, um die Stellung des Menschen unter den übrigen Organismen der Erde richtig zu bestimmen, wieder den unentbehrlichen Leitfaden des natürlichen Systems in die Hand nehmen. Wir müssen möglichst scharf und genau die Stellung zu bestimmen suchen, welche dem Menschen im natürlichen System der Thiere zukömmt. Dann können wir, wenn überhaupt die Descendenz-Theorie richtig ist, aus der Stellung im System wiederum auf die wirkliche Stammverwandtschaft zurückschliessen und den Grad der Blutsverwandtschaft bestimmen, durch welchen der Mensch mit den menschenähnlichen Thieren zusammenhängt. Der hypothetische Stammbaum des Menschengeschlechts wird sich uns dann als das Endresultat dieser vergleichend-anatomischen und systematischen Untersuchung ganz von selbst ergeben.

Wenn Sie nun auf Grund der vergleichenden Anatomie und Ontogenie die Stellung des Menschen in dem natürlichen System der Thiere aufsuchen, mit welchem wir uns in den vorhergehenden Vorträgen beschäftigten, so tritt Ihnen zunächst die unumstössliche Thatsache entgegen, dass der Mensch dem Stamm oder Phylum der Wirbelthiere angehört. Alle körperlichen Eigenthümlichkeiten, durch welche sich alle Wirbelthiere so auffallend von allen Wirbellosen unterscheiden, besitzt auch der Mensch. Eben so wenig ist es jemals zweifelhaft gewesen, dass unter allen Wirbelthieren die Säugethiere dem Menschen am nächsten stehen, und dass er alle characteristischen Merkmale besitzt, durch welche sich die Säugethiere vor allen übrigen Wirbelthieren auszeichnen. Wenn Sie dann weiterhin die drei verschiedenen Hauptgruppen oder Unterclassen der Säugethiere in's Auge fassen, deren gegenseitiges Verhältniss wir im letzten Vortrage erörterten, so kann nicht der geringste Zweifel darüber obwalten, dass der Mensch zu den Placentalthieren gehört, und alle die wichtigen Eigenthümlichkeiten mit den übrigen Placentalien theilt, durch welche sich diese von den Beutelthieren und von den Gabelthieren unterscheiden. Die formenreiche Unterclasse der Placentalthiere hatten wir in sechs grosse Hauptgruppen oder Legionen getheilt; die letzte von diesen nannten wir die Legion der Herrenthiere (*Primates*), weil sie den Menschen und die Affen umfasst, und ausserdem deren nächste Verwandte, die Halbaffen und Fledermäuse. Die nahe Stammverwandtschaft dieser Ordnungen, welche schon vor 150 Jahren den scharfsichtigen Linné zu ihrer Vereinigung in der Primaten-Gruppe geführt hatte, erscheint fest begründet durch wichtige Eigenheiten ihres Körperbaues und ihrer Entwickelung, insbesondere durch die eigenthümliche Beschaffenheit ihrer scheibenförmigen deciduaten Placenta (*Discoplacentalia*). Wie aber Jeder von Ihnen weiss, steht unter jenen Primaten-Ordnungen diejenige der Affen dem Menschen in jeder körperlichen Beziehung weit näher, als die übrigen. Es kann sich daher nur noch um die Frage handeln, ob man im System der Säugethiere den Menschen geradezu in die Ordnung der echten Affen einreihen, oder ob man ihn neben und über derselben als Vertreter einer besonderen Ordnung der Primaten betrachten soll.

Die Auflösung der Linné'schen Primaten-Ordnung wurde zuerst von dem Göttinger Anatomen Blumenbach versucht; er trennte den Menschen als eine besondere Ordnung unter dem Namen *Bimana* oder Zweihänder, indem er ihm die vereinigten Affen und Halbaffen unter dem Namen *Quadrumana* oder Vierhänder entgegensetzte. Diese Eintheilung wurde auch von Cuvier und demnach von den allermeisten folgenden Zoologen angenommen. Erst 1863 zeigte Huxley in seinen vortrefflichen „Zeugnissen für die Stellung des Menschen in der Natur“ [27]), dass dieselbe auf falschen Ansichten beruhe, und dass die angeblichen „Vierhänder“ (Affen und Halbaffen) eben so gut „Zweihänder“ sind, wie der Mensch selbst. Der Unterschied des Fusses von der Hand beruht nicht auf der physiologischen Eigenthümlichkeit, dass die erste Zehe oder der Daumen den vier übrigen Fingern oder Zehen an der Hand entgegenstellbar ist, am Fusse dagegen nicht. Denn es giebt wilde Völkerstämme, welche die erste oder grosse Zehe den vier übrigen am Fusse ebenso gegenüber stellen können, wie an der Hand. Sie können also ihren „Greiffuss“ ebenso gut als eine sogenannte „Hinterhand“ benutzen, wie die Affen. Die chinesischen Bootsleute rudern, die bengalischen Handwerker weben mit dieser Hinterhand. Die Neger, bei denen die grosse Zehe besonders stark und frei beweglich ist, umfassen damit die Zweige, wenn sie auf Bäume klettern, gerade wie die „vierhändigen“ Affen. Ja selbst die neugeborenen Kinder der höchstentwickelten Menschenrassen greifen in den ersten Monaten ihres Lebens noch eben so geschickt mit der „Hinterhand“, wie mit der „Vorderhand“, und halten einen hingereichten Löffel eben so fest mit der grossen Zehe, wie mit dem Daumen! Auf der anderen Seite differenziren sich aber bei den höheren Affen, namentlich beim Gorilla, Hand und Fuss schon ganz ähnlich wie beim Menschen (vergl. Taf. IV, S. 400).

Der wesentliche Unterschied von Hand und Fuss ist also nicht ein physiologischer, sondern ein morphologischer, und ist durch den characteristischen Bau des knöchernen Skelets und der sich daran ansetzenden Muskeln bedingt. Die Fusswurzelknochen sind wesentlich anders angeordnet, als die Handwurzelknochen, und den Fuss bewegen drei besondere Muskeln, welche der Hand fehlen (ein kurzer Beugemuskel, ein kurzer Streckmuskel und ein langer Wadenbeinmuskel). In allen diesen Beziehungen verhalten sich die Affen und Halbaffen genau so wie der Mensch, und es war daher vollkommen unrichtig, wenn man den Menschen von den ersteren als eine besondere Ordnung auf Grund seiner stärkeren Differenzirung von Hand und Fuss trennen wollte. Ebenso verhält es sich aber auch mit allen übrigen körperlichen Merkmalen, durch welche man etwa versuchen wollte, den Menschen von den Affen zu trennen, mit der relativen Länge der Gliedmaassen, dem Bau des Schädels, des Gehirns u. s. w. In allen diesen Beziehungen ohne Ausnahme sind die Unterschiede zwischen dem Menschen und den höheren Affen geringer, als die entsprechenden Unterschiede zwischen den höheren und den niederen Affen.

Auf Grund der sorgfältigsten und genauesten anatomischen Vergleichungen kam demnach Huxley zu folgendem, äusserst wichtigem Schlusse: „Wir mögen daher ein System von Organen vornehmen, welches wir wollen, die Vergleichung ihrer Modificationen in der Affenreihe führt uns zu einem und demselben Resultute: dass die anatomischen Verschiedenheiten, welche den Menschen vom Gorilla und Schimpanse scheiden, nicht so gross sind, als die, welche den Gorilla von den niedrigeren Affen trennen.“ Demgemäss vereinigt Huxley, streng der systematischen Logik folgend, Menschen, Affen und Halbaffen in einer einzigen Ordnung, *Primates*, und theilt diese in folgende sieben Familien „von ungefähr gleichem systematischen Werthe“: 1. *Anthropini* (der Mensch). 2. *Catarhini* (echte Affen der alten Welt). 3. *Platyrhini* (echte Affen Amerikas). 4. *Arctopitheci* (Krallenaffen Amerikas). 5. *Lemurini* (kurzfüssige und langfüssige Halbaffen). 6. *Chiromyini* (Fingerthiere). 7. *Galeopithecini* (Pelzflatterer). (Vergl. den XXVI. Vortrag, S. 677.)

Systematische Uebersicht
der Familien und Gattungen der Affen.

Sectionen der Affen	Familien der Affen	Gattungen oder Genera der Affen	Systematischer Name der Genera
I. Affen der neuen Welt (Hesperopitheca) oder plattnasige Affen (Platyrhinae).			
A. Platyrhinen mit Krallen Arctopitheca	I. Seidenaffen *Hapalida*	1. Pinselaffe	1. Midas
		2. Löwenaffe	2. Jacchus
B. Platyrhinen mit Kuppennägeln Dysmopitheca	II. Plattnasen mit Schlappschwanz *Gymnura* oder *Aphyocera*	3. Eichhornaffe	3. Chrysothrix
		4. Springaffe	4. Callithrix
		5. Nachtaffe	5. Nyctipithecus
		6. Schweifaffe	6. Pithecia
	III. Plattnasen mit Greifschwanz *Anetura* oder *Labidocerca*	7. Rollaffe	7. Cebus
		8. Klammeraffe	8. Ateles
		9. Wollaffe	9. Lagothrix
		10. Brüllaffe	10. Mycetes
II. Affen der alten Welt (Heoptiheca) oder schmalnasige Affen (Catarhinae).			
C. Hundsköpfige Affen oder geschwänzte Catarhinen Cynopitheca (oder Menocerca)	IV. Geschwänzte Catarhinen mit Backentaschen *Ascoparea*	11. Pavian	11. Cynocephalus
		12. Makako	12. Inuus
		13. Meerkatze	13. Cercopithecus
	V. Geschwänzte Catarhinen ohne Backentaschen *Anasca*	14. Schlankaffe	14. Semnopithecus
		15. Stummelaffe	15. Colobus
		16. Nasenaffe	16. Nasalis
D. Menschenköpfige Affen oder schwanzlose Catarhinen Anthropomorpha (oder Lipocerca)	VI. Schwanzlose Menschenaffen *Anthropoides*	17. Gibbon	17. Hylobates
		18. Orang	18. Satyrus
		19. Schimpanse	19. Troglodytes
		20. Gorilla	20. Gorilla
	VII. Menschen *Anthropini*	21. Affenmensch (sprachloser Mensch)	21. Pithecanthropus (Alalus)
		22. Sprechender Mensch	22. Homo

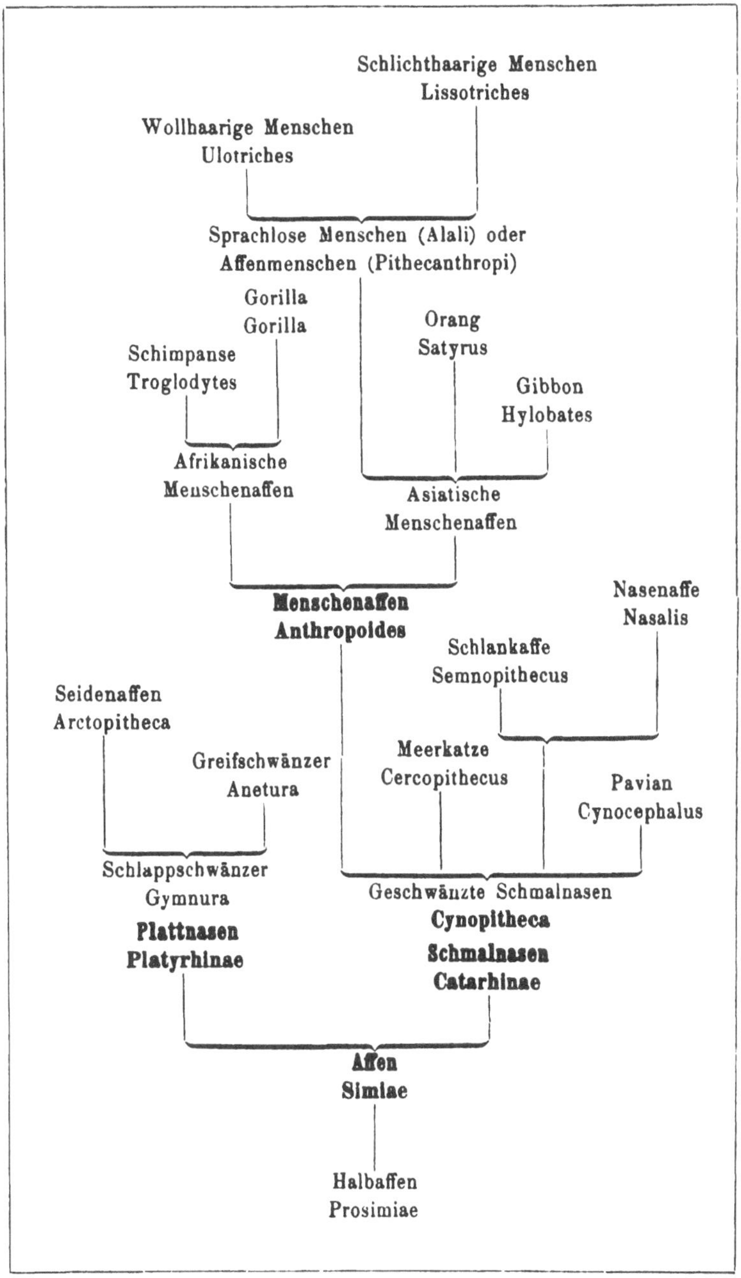
Schlichthaarige Menschen
Lissotriches
Wollhaarige Menschen
Ulotriches
Sprachlose Menschen (Alali) oder
Affenmenschen (Pithecanthropi)
Gorilla
Gorilla
Orang
Satyrus
Schimpanse
Troglodytes
Gibbon
Hylobates
Afrikanische
Menschenaffen
Asiatische
Menschenaffen
Menschenaffen
Anthropoides
Nasenaffe
Nasalis
Schlankaffe
Semnopithecus
Seidenaffen
Arctopitheca
Greifschwänzer
Anetura
Meerkatze
Cercopithecus
Pavian
Cynocephalus
Schlappschwänzer
Gymnura
Geschwänzte Schmalnasen
Cynopitheca
Plattnasen
Platyrhinae
Schmalnasen
Catarhinae
Affen
Simiae
Halbaffen
Prosimiae

Wenn wir aber das natürliche System und demgemäss den Stammbaum der Primaten ganz naturgemäss auffassen wollen, so müssen wir noch einen Schritt weiter gehen, und die Halbaffen oder Prosimien (die drei letzten Familien Huxley's) gänzlich von den echten Affen oder Simien (den vier ersten Familien) trennen. Denn wie ich schon in meiner generellen Morphologie zeigte, unterscheiden sich die Halbaffen in vielen und wichtigen Beziehungen von den echten Affen und schliessen sich in ihren einzelnen Formen vielmehr den verschiedenen anderen Ordnungen der Discoplacentalien an. Am nächsten stehen sie den Insectenfressern, und sind wahrscheinlich mit diesen aus der uralten eocaenen Stammgruppe der Creodonten abzuleiten. Anderseits sind die heutigen Halbaffen wahrscheinlich als Reste der gemeinsamen Stammgruppe zu betrachten, aus welcher sich die anderen Ordnungen der Primaten als divergente Zweige entwickelt haben. Der Mensch aber kann anatomisch und phylogenetisch nicht von der Ordnung der echten Affen oder Simien getrennt werden, da er den höheren echten Affen in jeder Beziehung näher steht, als diese den niederen echten Affen.

Die echten Affen (*Simiae*) werden allgemein in zwei ganz natürliche Hauptgruppen getheilt, nämlich in die Affen der neuen Welt (amerikanische Affen) und in die Affen der alten Welt, welche in Asien und Afrika einheimisch sind, und früher auch in Europa vertreten waren. Diese beiden Abtheilungen unterscheiden sich namentlich in der Bildung der Nase und man hat sie danach benannt. Die amerikanischen Affen haben plattgedrückte Nasen, so dass die Nasenlöcher nach aussen stehen, nicht nach unten; sie heissen deshalb Plattnasen (*Platyrhinae*). Dagegen haben die Affen der alten Welt eine schmale Nasenscheidewand und die Nasenlöcher sehen nach unten, wie beim Menschen; man nennt sie deshalb Schmalnasen (*Catarhinae*). Ferner ist das Gebiss, welches bekanntlich bei der Classification der Säugethiere eine hervorragende Rolle spielt, in beiden Gruppen characteristisch verschieden. Alle Catarhinen oder Affen der alten Welt haben ganz dasselbe Gebiss, wie der Mensch, nämlich in jedem Kiefer, oben und unten, vier Schneidezähne, dann jederseits einen

Eckzahn und fünf Backzähne, von denen zwei Lückenzähne und und drei Mahlzähne sind, zusammen 32 Zähne. Dagegen alle Affen der neuen Welt, alle Platyrhinen, besitzen vier Backzähne mehr, nämlich drei Lückenzähne und drei Mahlzähne jederseits oben und unten. Sie haben also zusammen 36 Zähne. Nur eine kleine Gruppe bildet davon eine Ausnahme, nämlich die Krallenaffen (*Arctopitheci*), bei denen der dritte Mahlzahn verkümmert, und die demnach in jeder Kieferhälfte drei Lückenzähne und zwei Mahlzähne haben. Sie unterscheiden sich von den übrigen Platyrhinen auch dadurch, dass sie an den Fingern der Hände und den Zehen der Füsse Krallen tragen, und keine Nägel, wie der Mensch und die übrigen Affen. Diese kleine Gruppe südamerikanischer Affen, zu welcher unter anderen die bekannten niedlichen Pinseläffchen (*Midas*) und Löwenäffchen (*Jacchus*) gehören, ist wohl nur als ein alter, eigenthümlich entwickelter Seitenzweig der Platyrhinen aufzufassen, welcher in jeder Kieferhälfte einen Mahlzahn verloren hat.

Fragen wir nun, welche Resultate aus diesem System der Affen für den Stammbaum derselben folgen, so ergiebt sich daraus unmittelbar, dass sich alle Affen der neuen Welt aus einem Stamme entwickelt haben, weil sie alle das characteristische Gebiss und die Nasenbildung der Platyrhinen besitzen. Eben so folgt daraus, dass alle Affen der alten Welt abstammen müssen von einer und derselben gemeinschaftlichen Stammform, welche die Nasenbildung und das Gebiss aller jetzt lebenden Catarhinen besass. Ferner ist es sehr wahrscheinlich, dass beide Affenstämme von einer gemeinsamen uralten Stammgruppe abstammen, und dass diese unter den Halbaffen, bei den Lemuren zu suchen ist. Die vergleichende Morphologie des Placental-Gebisses, welche neuerdings namentlich ein Berliner Zahnarzt, Baume, in seinen gedankenreichen „Odontologischen Forschungen“ (1882) vortrefflich erläutert hat, dient auch hier wieder als sicherste Richtschnur. Wir dürfen aus dem Bau und der Entwickelung des Primaten-Gebisses mit Sicherheit den Schluss ziehen, dass alle „Herrenthiere“, Menschen und Affen ebenso wie die Halbaffen, ursprünglich von einer älteren eocaenen Stammform abstammen, welche das volle typische Placental-Gebiss von 44 Zähnen besass, nämlich in jeder Kieferhälfte (oben und unten) 11 Zähne: 3 Schneidezähne, 1 Eckzahn, 4 Lückenzähne, 3 Mahlzähne $= \frac{3.1.4.3}{3.1.4.3}$ (vergl. S. 664). Indem in jeder Kieferhälfte ein Schneidezahn und ein Lückenzahn durch Rückbildung verloren ging, entstand daraus das Gebiss der Platyrhinen: $\frac{2.1.3.3}{2.1.3.3} = 36$. Aus diesem primären Affen-Gebiss entstand dasjenige der Arctopitheken durch Verlust eines Mahlzahns, dasjenige der Catarhinen durch Verlust eines Lückenzahns, erstere mit 2.1.3.2, letztere mit 2.1.2.3 in jeder Kieferhälfte. Hiernach würde der Schluss gestattet sein, dass die Platyrhinen (und speciell die Gymnuren, Chrysothrix u. s. w.) die älteste Gruppe unter den heute lebenden Affen sind, die Ueberreste der Stammgruppe, aus welcher sich die anderen Affen divergent entwickelten. Indessen sprechen auch einige Gründe für die Ansicht neuerer Zoologen, wonach die beiden Affenstämme unabhängig von einander in beiden Erdtheilen aus Halbaffen sich entwickelt haben.

Gleichviel ob man diese letztere, diphyletische, oder jene erstere, monophyletische Descendenz der Affen für wahrscheinlicher hält, so folgt jedenfalls aus ihrer vergleichenden Morphologie der unendlich wichtige Schluss, welcher sowohl für die Abstammung des Menschen, als auch für seine Verbreitung über die Erdoberfläche die grösste Bedeutung besitzt, dass der Mensch sich aus den Catarhinen entwickelt hat. Denn wir sind nicht im Stande, einen zoologischen Character aufzufinden, der den Menschen von den nächstverwandten Affen der alten Welt in einem höheren Grade unterschiede, als die entferntesten Formen dieser Gruppe unter sich verschieden sind. Es ist dies das wichtigste Resultat der sehr genauen vergleichend-anatomischen Untersuchungen Huxley's, welches nicht genug berücksichtigt werden kann. In jeder Beziehung sind die anatomischen Unterschiede zwischen dem Menschen und den menschenähnlichsten Catarhinen (Orang, Gorilla, Schimpanse) geringer, als die anatomischen Unterschiede zwischen diesen und den niedrigsten, tiefst stehenden Catarhinen, insbesondere den hundeähnlichen Pavianen. Dieses höchst bedeutsame Resultat ergiebt sich aus einer unbefangenen anatomischen Vergleichung der verschiedenen Formen von Catarhinen als unzweifelhaft.

Wenn wir also überhaupt, der Descendenz-Theorie entsprechend, das natürliche System der Thiere als Leitfaden unserer Betrachtung anerkennen, und darauf unseren Stammbaum begründen, so müssen wir nothwendig zu dem unabweislichen Schlusse kommen, dass **das Menschengeschlecht ein Aestchen der Catarhinengruppe ist und sich aus längst ausgestorbenen Affen dieser Gruppe in der alten Welt entwickelt hat.** Einige Anhänger der Descendenz-Theorie haben gemeint, dass die amerikanischen Menschen sich unabhängig von denen der alten Welt aus amerikanischen Affen entwickelt hätten. Diese Hypothese halte ich für vollkommen irrthümlich. Denn die völlige Uebereinstimmung aller Menschen mit den Catarhinen in Bezug auf die characteristische Bildung der Nase und des Gebisses beweist deutlich, dass sie eines Ursprungs sind, und sich aus einer gemeinsamen Wurzel erst entwickelt haben, nachdem die Platyrhinen oder amerikanischen Affen sich bereits von dieser längst abgezweigt hatten. Die amerikanischen Ureinwohner sind vielmehr, wie auch zahlreiche ethnographische Thatsachen beweisen, aus Asien, und theilweise vielleicht auch aus Polynesien (oder selbst aus Europa) eingewandert.

Einer genaueren Feststellung des menschlichen Stammbaums stehen gegenwärtig noch grosse Schwierigkeiten entgegen. Nur das lässt sich noch weiterhin behaupten, dass die nächsten Stammeltern des Menschengeschlechts „menschenköpfige Affen“ oder **Anthropoiden** waren, von Anderen als **schwanzlose Catarhinen** (*Lipocerca*) bezeichnet; ähnlich (aber nicht gleich) den heute noch lebenden Menschenaffen. Offenbar haben sich diese erst ziemlich spät aus den **Cynopitheken** oder „hundsköpfigen Affen“, oder den **geschwänzten Catarhinen** (*Menocerca*), als der ursprünglicheren Affenform, entwickelt. Von jenen schwanzlosen Catarhinen, die jetzt auch häufig **Menschenaffen** oder **Anthropoiden** genannt werden, leben heutzutage noch vier verschiedene Gattungen mit ungefähr einem Dutzend verschiedener

Arten. Der grösste Menschenaffe ist der berühmte Gorilla (*Gorilla gina* oder *Troglodytes gorilla*), welcher den Menschen an Grösse und Stärke übertrifft, in der Tropenzone des westlichen Afrika einheimisch ist und am Flusse Gaboon erst 1847 von dem Missionär Savage entdeckt wurde. Diesem schliesst sich als nächster Verwandter der längst bekannte Schimpanse an (*Troglodytes niger* oder *Pongo troglodytes*), ebenfalls im westlichen und centralen Afrika einheimisch, aber bedeutend kleiner als der Gorilla. Der dritte von den drei grossen menschenähnlichen Affen ist der auf Borneo und anderen Sunda-Inseln einheimische Orang oder Orang-Utang, von welchem man neuerdings zwei nahe verwandte Arten unterscheidet, den grossen Orang (*Satyrus orang* oder *Pithecus satyrus*) und den kleinen Orang (*Satyrus morio* oder *Pithecus morio*). Endlich lebt noch im südlichen Asien die Gattung Gibbon (*Hylobates*), von welcher man 4—8 verschiedene Arten unterscheidet. Sie sind bedeutend kleiner als die drei erstgenannten Anthropoiden und entfernen sich in den meisten Merkmalen schon weiter vom Menschen.

Die schwanzlosen Menschenaffen haben neuerdings, namentlich seit der genaueren Bekanntschaft mit dem Gorilla und seit ihrer Verknüpfung mit der Anwendung der Descendenz-Theorie auf den Menschen ein so allgemeines Interesse erregt, und eine solche Fluth von Schriften hervorgerufen, dass ich hier keine Veranlassung finde, näher auf dieselben einzugehen. Was ihre Beziehungen zum Menschen betrifft, so finden Sie dieselben in den trefflichen Schriften von Huxley[26]), Carl Vogt[27]) und Büchner[43]) ausführlich erörtert, am besten in der Schrift von Robert Hartmann über „Die menschenähnlichen Affen und ihre Organisation im Vergleich zur menschlichen“ (1883). Dieser Anatom giebt der nahen Bluts-Verwandtschaft noch schärferen Ausdruck, indem er die Primaten in zwei Familien trennt: I. Primarii (Menschen und Anthropomorphen); II. Eigentliche Affen (Catarhinen und Platyrhinen). Als das wichtigste allgemeine Resultat aus ihrer allseitigen Vergleichung mit dem Menschen ergiebt sich, dass jeder von den vier Menschenaffen dem Menschen in einer oder einigen Beziehungen näher steht, als die übrigen, dass aber keiner als der absolut in jeder Beziehung menschenähnlichste bezeichnet werden kann. Der Orang steht dem Menschen am nächsten in Bezug auf die Gehirnbildung, der Schimpanse durch wichtige Eigenthümlichkeiten der Schädelbildung, der Gorilla hinsichtlich der Ausbildung der Füsse und Hände, und der Gibbon endlich in der Bildung des Brustkastens.

Es ergiebt sich also aus der sorgfältigen vergleichenden Anatomie der Anthropoiden ein ganz ähnliches Resultat, wie es Weisbach aus der statistischen Zusammenstellung und denkenden Vergleichung der sehr zahlreichen und sorgfältigen Körpermessungen erhalten hat, die Scherzer und Schwarz während der Reise der österreichischen Fregatte Novara um die Erde an Individuen verschiedener Menschenrassen angestellt haben. Weisbach fasst das Endresultat seiner gründlichen Untersuchungen in folgenden Worten zusammen: „Die Affenähnlichkeit des Menschen concentrirt sich keineswegs bei einem oder dem anderen Volke, sondern vertheilt sich derart auf die einzelnen Körperabschnitte bei den verschiedenen Völkern, dass jedes mit irgend einem Erbstücke dieser Verwandtschaft, freilich das eine mehr, das andere weniger, bedacht ist, und selbst wir Europäer durchaus nicht beanspruchen dürfen, dieser Verwandtschaft vollständig fremd zu sein.“ (Novara-Reise, Anthropolog. Theil.)

Ausdrücklich will ich hier noch hervorheben, was eigentlich freilich selbstverständlich ist, dass kein einziger von allen jetzt lebenden Affen, und also auch keiner von den genannten Menschenaffen der Stammvater des Menschengeschlechts sein kann. Von denkenden Anhängern der Descendenz-Theorie ist diese Meinung auch niemals behauptet, wohl aber von ihren gedankenlosen Gegnern ihnen untergeschoben worden. Die affenartigen Stammeltern des Menschengeschlechts sind längst ausgestorben. Vielleicht werden wir ihre versteinerten Gebeine noch dereinst theilweis in Tertiärgesteinen des südlichen Asiens oder Afrikas auffinden. Jedenfalls werden dieselben im zoologischen System in der Gruppe der schwanzlosen Schmalnasen (*Catarhina lipocerca*) oder Anthropoiden untergebracht werden müssen.

Fossile Affen-Reste sind bis jetzt im Ganzen wenig bekannt, besonders im Vergleich zu den reichen Versteinerungs-Massen der Raubthiere und Hufthiere, denen wir so wichtige Aufschlüsse über die Phylogenie dieser Legionen verdanken. Die Petrefacten-Armuth der Primaten erklärt sich leicht aus der Lebensweise und Verbreitung dieser Thiere. Glücklicher Weise wird sie aufgewogen durch die überaus reichhaltigen und bedeutungsvollen Aufschlüsse, welche wir in dieser höchststehenden Legion der vergleichenden Anatomie und Ontogenie verdanken. Uebrigens steht so viel schon jetzt fest, dass die Affen-Ordnung während der Tertiär-Zeit durch viele ausgestorbene (zum Theil schon eocaene und miocaene) Formen vertreten war, auch in Europa. Unter diesen befanden sich grosse Menschen-Affen (*Dryopithecus Fontani*, *Pliopithecus antiquus*), welche in der Kieferbildung dem Menschen bedeutend näher standen als alle heute lebenden Anthropoiden. Weitere paläontologische Entdeckungen werden uns hoffentlich bald noch näher über diese „anthropomorphen“ Ahnen unterrichten.

Die genealogischen Hypothesen, zu welchen uns die Anwendung der Descendenz-Theorie auf den Menschen in den letzten Vorträgen bis hierher geführt hat, ergeben sich für jeden klar und consequent denkenden Menschen unmittelbar aus den Thatsachen der vergleichenden Anatomie, Ontogenie und Paläontologie. Natürlich kann unsere Phylogenie nur ganz im Allgemeinen die Grundzüge des menschlichen Stammbaums andeuten, und sie läuft um so mehr Gefahr des Irrthums, je strenger sie im Einzelnen auf die uns bekannten besonderen Thierformen bezogen wird. Indessen lassen sich doch schon jetzt mindestens die nachstehend aufgeführten fünfundzwanzig Ahnenstufen des Menschen mit annähernder Sicherheit unterscheiden. Von diesen gehören sechzehn Stufen zu den Wirbelthieren, neun Stufen zu den wirbellosen Vorfahren des Menschen.

Thierische Ahnenreihe oder Vorfahrenkette des Menschen.

(Vergl. den XXIV.—XXVI. Vortrag, sowie Taf. XVIII, XIX und S. 509, 609).

Erste Hälfte der menschlichen Vorfahrenkette:

Wirbellose Ahnen des Menschen.

Erste Ahnen-Stufe: **Structurlose Urthiere (Monera).**

Die ältesten Vorfahren des Menschen wie aller anderen Organismen waren lebendige Wesen der denkbar einfachsten Art, Organismen ohne Organe, gleich den heute noch lebenden Moneren. Sie bestanden aus einem ganz einfachen, durch und durch gleichartigen, structurlosen und formlosen Klümpchen einer schleimartigen oder eiweissartigen Materie (Plasson), wie die heute noch lebende *Protamoeba primitiva* (vergl. S. 166, Fig. 1). Der Formwerth dieser ältesten menschlichen Urahnen war noch nicht einmal demjenigen einer Zelle gleich, sondern nur dem einer Cytode (vergl. S. 367). Denn wie bei allen Moneren waren Protoplasma und Zellenkern noch nicht gesondert. Die ersten von diesen Moneren entstanden im Beginn der laurentischen Periode durch Urzeugung oder Archigonie aus sogenannten „anorgischen Verbindungen“, aus einfachen Verbindungen von Kohlenstoff, Sauerstoff, Wasserstoff und Stickstoff. Die Annahme einer solchen Urzeugung, einer mechanischen Entstehung der ersten Organismen aus anorgischer Materie, haben wir im dreizehnten Vortrage als eine nothwendige und berechtigte Hypothese nachgewiesen (vergl. S. 361 und 429).

Zweite Ahnen-Stufe: **Einzellige Urthiere (Amoebina).**

Die zweite Ahnenstufe des Menschen, wie aller höheren Thiere und Pflanzen, wird durch eine einfache Zelle gebildet, d. h.

ein Stückchen Protoplasma, das einen Kern umschliesst. Aehnliche „einzellige Organismen“ leben noch heute in grosser Menge. Unter diesen werden die gewöhnlichen, einfachen Amoeben (S. 169, Fig. 2) von jenen Urahnen nicht wesentlich verschieden gewesen sein. Der Formwerth jeder Amoebe ist wesentlich gleich demjenigen, welchen das Ei des Menschen, und ebenso das Ei aller anderen Thiere, noch heute besitzt (vergl. S. 169, Fig. 3). Die nackten Eizellen der Schwämme und Polypen (Taf. VI, Fig. 6, 16), kriechen gleich Amoeben umher und sind von diesen nicht zu unterscheiden. Die Eizelle des Menschen, welche gleich der der meisten anderen Thiere von einer Membran umschlossen ist, gleicht einer eingekapselten Amoebe. Die ersten einzelligen Thiere dieser Art entstanden aus Moneren durch Differenzirung des inneren Kerns und des äusseren Protoplasma, und lebten schon in frühester Primordialzeit. Den unumstösslichen Beweis, dass solche einzellige Urthiere als directe Vorfahren des Menschen wirklich existirten, liefert gemäss des biogenetischen Grundgesetzes (S. 309) die Thatsache, dass das Ei des Menschen weiter nichts als eine einfache Zelle ist. (Vergl. S. 497 und 505.)

Dritte Ahnen-Stufe: **Zellhorden (Moraeada).**

Um uns von der Organisation derjenigen Vorfahren des Menschen, die sich zunächst aus den einzelligen Urthieren entwickelten, eine ungefähre Vorstellung zu machen, müssen wir diejenigen Veränderungen verfolgen, welche das menschliche Ei im Beginn der individuellen Entwickelung erleidet. Gerade hier leitet uns die Keimes-Geschichte mit grösster Sicherheit auf die Spur der Stammes-Geschichte. Nun haben wir schon früher gesehen, dass das Ei des Menschen (ebenso wie das aller anderen Säugethiere) nach erfolgter Befruchtung durch wiederholte Selbsttheilung in einen Haufen von einfachen und gleichartigen Zellen zerfällt (S. 298, Fig. 6; S. 504, Fig. C—E; Taf. V, S. 300, Fig. 1—4, 11—14). Alle diese „Furchungskugeln“ sind anfänglich einander gleich, ohne Hülle, nackte, kernhaltige Zellen. Bei vielen Thieren führen dieselben Bewegungen nach Art der Amoeben aus. Dieser ontogenetische Entwickelungszustand, den wir wegen seiner Maulbeerform Morula nannten (S. 498) führt den sicheren Beweis, dass in früher Primordialzeit Vorfahren des Menschen existirten, welche den Formwerth eines Coenobiums besassen, eines Haufens von gleichartigen, locker verbundenen Zellen. Man kann diese „Zellhorden" entweder als Amoeben-Gemeinden (*Synamoebia*) oder als Maulbeer-Kugeln (*Moraea*) bezeichnen (vergl. S. 505). Solche Moraeaden entstanden aus den einzelligen Urthieren der zweiten Stufe durch wiederholte Selbsttheilung und bleibende Vereinigung dieser Theilungsproducte.

Vierte Ahnen-Stufe: **Flimmer-Hohlkugeln (Blastaeada).**

Aus der Morula oder der „Maulbeerkugel" entwickelt sich im Laufe der Keimung bei sehr vielen Thieren ein merkwürdiger Keimzustand, welchen zuerst Baer entdeckt und mit dem Namen Keimblase oder Keimhautblase belegt hat (*Blastula* oder *Vesicula blastodermica*, S. 498, 504, Fig. F, G). Das ist eine mit Flüssigkeit gefüllte Hohlkugel, deren dünne Wand aus einer einzigen Zellenschicht besteht (der Keimhaut oder *Blastoderma*, Taf. V, S. 300, Fig. 6, 16). Indem sich im Inneren der Morula Gallerte oder Flüssigkeit ansammelt, werden die Zellen sämmtlich nach der Peripherie gedrängt. Bei den meisten niederen Thieren, aber auch noch bei dem niedersten Wirbelthiere, dem Lanzetthiere oder Amphioxus, nennt man diese Keimform Flimmerblase (*Blastula* oder *Blastosphaera*), weil die an der Oberfläche gelegenen gleichartigen Zellen haarfeine Fortsätze oder Flimmerhaare ausstrecken, welche sich schlagend im Wasser bewegen, und dadurch den ganzen Körper rotirend umhertreiben. Beim Menschen, wie bei allen Säugethieren, entsteht zwar auch heute noch aus der Morula dieselbe Keimhautblase, jedoch ohne Flimmerhaare; diese sind durch Anpassung verloren gegangen. Aber die wesentlich gleiche Bildung der Blastoderm-Hohlkugel, die sich vielfach durch Vererbung erhalten hat, deutet auf eine ebenso gebildete uralte Stammform, die wir Flimmer-Hohlkugel (*Blastaea*) nennen können. Unsere heutigen „Kugelthierchen" (Volvocinen und Catallacten, S. 443, Fig. 12) geben uns noch jetzt ein Bild von diesen „Hohlkugel-Ahnen". Die Blastaea war eine einfache, mit Wasser oder Gallerte gefüllte Hohlkugel, deren Wand eine einzige Schicht Flimmerzellen bildete. Den sicheren Beweis dafür liefert der Amphioxus, welcher einerseits dem Menschen blutsverwandt ist, andrerseits aber noch das Stadium der ursprünglichen Blastula bis heute conservirt hat.

Fünfte Ahnen-Stufe: **Urdarmthiere (Gastraeada).**

Im Laufe der individuellen Entwickelung entsteht sowohl beim Amphioxus, wie bei den verschiedensten niederen Thieren aus der Blastula zunächst die äusserst wichtige Larvenform, welche wir Darmlarve oder Gastrula genannt haben (S. 504, I. K; Taf. V, S. 300, Fig. 8 und 18). Bei allen übrigen Metazoen existirt ebenfalls noch heute eine zweiblättrige Keimform, welche auf jene zurückführbar ist. Nach dem biogenetischen Grundgesetze beweist diese Gastrula die frühere Existenz einer ebenso gebauten selbstständigen Urthier-Form, welche wir Urdarmthier oder Gastraea nannten (S. 501, 512). Solche „Gastraeaden" müssen schon während der älteren Primordialzeit existirt und unter ihnen müssen sich auch Vorfahren des Menschen befunden haben. Den sicheren Beweis dafür liefert der Amphioxus, welcher trotz seiner Blutsverwandtschaft mit dem Menschen noch heute das Stadium der ursprünglichen Gastrula mit einfacher Darmanlage und zweiblättriger Darmwand durchläuft (vergl. Taf. XII, Fig. B4).

Sechste Ahnen-Stufe: **Plattenthiere (Platoda).**

Die menschlichen Vorfahren der sechsten Stufe, die aus den Gastraeaden der fünften Stufe hervorgingen, waren Plattenthiere einfachster Art. Diese Platoden standen wahrscheinlich unter allen heute noch lebenden Metazoen den Strudelwürmern oder Turbellarien am nächsten (S. 522, 531). Von ihren Vorfahren, den Gastraeaden, unterschieden sie sich schon äusserlich durch die zweiseitige Grundform (S. 533). Sie waren gleich den heutigen Strudelwürmern auf der ganzen Körperoberfläche mit Wimpern überzogen und besassen einen einfachen Körper von länglichrunder Gestalt ohne alle Anhänge. Eine wahre Leibeshöhle (Coelom), sowie After-Oeffnung und Blut waren noch nicht vorhanden. Die ältesten Platoden entstanden schon in früher Primordialzeit aus den Gastraeaden durch Bildung eines mittleren Keimblattes oder Muskelblattes, sowie durch weitere Differenzirung der inneren Körpertheile zu verschiedenen Organen; insbesondere die erste Bildung eines Nervensystems, der einfachsten Sinnesorgane, der einfachsten Organe für Ausscheidung (ein Paar Rohr-Nieren) und Fortpflanzung (Geschlechtsorgane). Der Beweis dafür, dass auch menschliche Vorfahren von ähnlicher Bildung existirten, ist in dem Umstande zu suchen, dass uns die vergleichende Anatomie und Ontogenie auf bilaterale Coelenterien als auf die gemeinsame Stammgruppe nicht nur aller Helminthen, sondern auch der höheren Thierstämme, hinweist. Diesen uralten längst ausgestorbenen Platoden stehen aber von allen uns bekannten Thieren die Turbellarien (und zwar die einfachsten Rhabdocoelen) am nächsten. (S. 510, Taf. XIX, Fig. 12; S. 531, 535.)

Siebente Ahnen-Stufe: **Schnurwürmer (Nemertina).**

An die Platoden-Ahnen, welche wahrscheinlich während der laurentischen Periode durch eine lange Reihe von allmählich fortschreitenden Turbellarien-Formen vertreten waren, schliesst sich unmittelbar als siebente Stufe unseres Stammbaums die Gruppe der Schnurwürmer an (*Nemertina*, S. 539). Sie erscheinen im anatomischen Bau den Plattenthieren noch so nahe verwandt, dass man sie früher geradezu mit ihnen vereinigte. Sie unterscheiden sich aber von ihnen sehr wesentlich durch den Besitz eines Afters und eines einfachsten Blutgefäss-Systems, zweier bedeutungsvoller neuer Einrichtungen, die den Coelenterien noch ganz fehlen. Auch beginnt bei ihnen die Anlage der Leibeshöhle, welche die Coelomarien von den Coelenterien scheidet. Manche Zoologen finden ausserdem in der Organisation der Nemertinen, z. B. in der Bildung des Nervensystems und Darms, die ersten Andeutungen der späteren Chordonien-Bildung. Aber auch abgesehen von diesen, vielleicht wichtigen Beziehungen, müssen wir einfache Wurmthiere (*Helminthes*) als eine nothwendige Zwischenstufe zwischen den Platoden der sechsten und den Enteropneusten der achten

Stufe ansehen. Unter den heute noch lebenden Helminthen — dem dürftigen Ueberreste eines reich verzweigten Stammes —, scheinen die Nemertinen und die Ichthydinen (Taf. XIX, Fig. 13) jener ausgestorbenen Zwischenstufe am nächsten zu stehen.

Achte Ahnen-Stufe: **Eichelwürmer (Enteropneusta).**

Zwischen den Nemertinen der siebenten und den Prochordonien der neunten Stufe hat wahrscheinlich während der laurentischen Periode eine lange Reihe von Wurmthieren existirt, welche allmählich von der einfachen Organisation der ersteren zu der besonderen Bildung der letzteren hinüber führte. Der wichtigste Fortschritt ihrer Organisation bestand in der Bildung des Kiemendarms, in der Verwandlung eines Vorderdarm-Theils in einen characteristischen „Kiemenkorb mit Flimmerrinne“. Einen solchen besitzt unter den Helminthen nur eine einzige, noch lebende Wurmform, der merkwürdige Eichelwurm (*Balanoglossus*). Da derselbe auch noch in anderen Beziehungen sich den Chordonien nähert, hingegen von den anderen Wurmthieren entfernt, dürfen wir ihn mit grosser Wahrscheinlichkeit als einen letzten isolirten Ueberrest jener wichtigen Zwischengruppe zwischen siebenter und neunter Stufe betrachten, der Darmkiemen-Würmer (*Enteropneusta*, S. 539, 603).

Neunte Ahnen-Stufe: **Urchordathiere (Prochordonia).**

An die Ahnen-Stufe der Enteropneusten müssen wir in unserem Stammbaum unmittelbar diejenige der Prochordonien oder „Urchordathiere“ anschliessen, d. h. die längst ausgestorbene gemeinsame Stammgruppe der Mantelthiere und Wirbelthiere. S. 605). Unter den heute noch lebenden Coelomarien sind die merkwürdigen Copelaten (*Appendicaria*) sowie die Larven der degenerirten Ascidien die nächsten Verwandten dieser höchst merkwürdigen Würmer, welche die tiefe Kluft zwischen Wirbellosen und Wirbelthieren überbrückten. Dass solche Prochordonien-Ahnen des Menschen während der Primordialzeit wirklich existirten, dafür liefert den sicheren Beweis die höchst merkwürdige und wichtige Uebereinstimmung, welche die Keimes-

Geschichte des Amphioxus und der Ascidien darbietet. (Vergl. Taf. XII und XIII, ferner S. 475, 526 etc.) Aus dieser Thatsache lässt sich die frühere Existenz von Chordathieren erschliessen, welche von allen heute uns bekannten Bilateraten den Appendicarien und den Larven der einfachen Seescheiden (*Ascidia*, *Phallusia*) am nächsten standen. Sie entwickelten sich aus den Helminthen der achten Stufe durch Ausbildung eines Rückenmarks und durch Bildung eines darunter gelegenen Axenstabes (*Chorda dorsalis*). Gerade die Lagerung dieses centralen Axenstabes, zwischen dem Rückenmark auf der Rückenseite und dem Darmrohr auf der Bauchseite, ist für sämmtliche Wirbelthiere mit Inbegriff des Menschen höchst characteristisch, ebenso aber auch für die Urformen der Mantelthiere (*Tunicata*); für die Copelaten oder Appendicarien, und für die Ascidien-Larven. Der Formwerth dieser neunten Stufe entspricht ungefähr demjenigen, welchen die genannten Larven der einfachen Seescheiden zu der Zeit besitzen, wo sie die Anlage des Rückenmarks und des Axenstabes entwickelt zeigen. (Vergl. Taf. XII, Fig. A5; und Taf. XIX, Fig. 19, 20; sowie die Erklärung dieser Figuren unten im Anhang.)

Zweite Hälfte der menschlichen Vorfahrenkette:

Wirbelthier-Ahnen des Menschen.

Zehnte Ahnen-Stufe: **Schädellose (Acrania).**

Die Reihe der menschlichen Vorfahren, welche wir ihrer ganzen Organisation nach bereits als Wirbelthiere betrachten müssen, beginnt mit Schädellosen oder Acraniern, von deren Beschaffenheit uns das heute noch lebende Lanzetthierchen (*Amphioxus lanceolatus*, Taf. XII B, XIII B) eine entfernte Vorstellung giebt. Indem dieses Thierchen durch seine frühesten Embryonalzustände ganz mit den Ascidien übereinstimmt, durch seine weitere Entwickelung sich aber als echtes Wirbelthier zeigt, vermittelt es von Seiten der Wirbelthiere den unmittelbaren Zusammenhang mit den Wirbellosen. Vermuthlich sind die menschlichen Vorfahren der zehnten Stufe in vielen Beziehungen von dem Amphioxus, als dem letzten überlebenden und theilweise degenerirten Reste der Schädellosen, ziemlich verschieden gewesen; aber sie müssen ihm doch in den wesentlichsten Eigenthümlichkeiten, in dem Mangel von Schädel und Gehirn geglichen haben. Schädellose von solcher Bildung, aus denen die Schädelthiere erst später sich entwickelten, waren die hypothetischen Urwirbelthiere (*Provertebrata*, S. 603). Sie lebten während der Primordialzeit und entstanden aus den ungegliederten Prochordonien der neunten Stufe durch Gliederung des Rumpfes (Bildung von Metameren oder Rumpfsegmenten), sowie durch weitere Differenzirung aller Organe. Wahrscheinlich begann mit dieser Stufe auch die Trennung der beiden Geschlechter (*Gonochorismus*), während die vorher genannten wirbellosen Ahnen noch Zwitterbildung (*Hermaphroditismus*) besessen zu haben scheinen (vergl. S. 176). Den sicheren Beweis für die frühere Existenz solcher schädellosen und gehirnlosen Ahnen des Menschen liefert die vergleichende Anatomie und Ontogenie des Amphioxus und der Cranioten. (Vergl. S. 599—606, sowie S. 509 und 609.)

Elfte Ahnen-Stufe: **Rundmäuler (Cyclostoma).**

Aus den schädellosen Vorfahren des Menschen gingen zunächst Schädelthiere oder Cranioten von der unvollkommensten Beschaffenheit hervor. Unter allen heute noch lebenden Schädelthieren nimmt die tiefste Stufe die Classe der Rundmäuler oder Cyclostomen ein, die Inger (Myxinoiden) und Lampreten (Petromyzonten). Aus der inneren Organisation dieser Unpaarnasen oder Monorhinen können wir uns ein ungefähres Bild von der Beschaffenheit der menschlichen Ahnen der elften Stufe machen. Wie bei jenen ersteren, so wird auch bei diesen letzteren Schädel und Gehirn noch von der einfachsten Form gewesen sein, und viele wichtige Organe, wie z. B. Schwimmblase, innere Kiemenbogen, Kieferskelet und beide Beinpaare, noch völlig gefehlt haben. Jedoch sind die Beutelkiemen und das runde Saugmaul der Cyclostomen wohl als Anpassungs-Charactere zu betrachten, welche bei der entsprechenden Ahnenstufe nicht vorhanden waren. Die Unpaarnasen entstanden während der Primordialzeit aus den Schädellosen dadurch, dass das vordere Ende des Rückenmarks sich zum Gehirn umbildete und rings um dieses letztere sich ein Schädel aus der Chorda-Scheide entwickelte. Der sichere Beweis, dass solche kieferlose Vorfahren des Menschen existirten, liegt in der „vergleichenden Anatomie der Myxinoiden". (S. 606—610.)

Zwölfte Ahnen-Stufe: **Urfische (Selachii).**

Die Urfisch-Ahnen zeigten unter allen uns bekannten Wirbelthieren wahrscheinlich die meiste Aehnlichkeit mit den heute noch lebenden Haifischen (*Squalacei*, S. 610—614). Sie entstanden aus Unpaarnasen durch Theilung der unpaaren Nase in zwei paarige Seitenhälften, durch Bildung innerer echter Kiemenbogen, eines Kieferskelets, einer Schwimmblase und zweier Beinpaare (Brustflossen oder Vorderbeine, und Bauchflossen oder Hinterbeine). Die innere Organisation dieser ältesten Kiefermäuler (*Gnathostoma*) wird im Ganzen derjenigen der niedersten uns bekannten Haifische entsprochen haben; doch war die Schwimmblase, die bei diesen nur als Rudiment noch existirt, wahrscheinlich stärker entwickelt. Sie lebten bereits in der Silurzeit, wie sich aus den fossilen silurischen Haifisch-Resten (Zähnen und Flossenstacheln) ergiebt. Den sicheren Beweis, dass die silurischen Ahnen des Menschen und aller anderen Gnathostomen den Selachiern nächst verwandt waren, liefert die vergleichende Anatomie derselben.

Dreizehnte Ahnen-Stufe: **Schmelzfische (Ganoides).**

Den ältesten Urfischen sehr eng verbunden erscheint ein Theil der sogenannten Schmelzfische (*Ganoides*). Diese Unterclasse der Fische war bekanntlich im paläozoischen Zeitalter durch äusserst zahlreiche und mannichfaltige Formen vertreten, während heute nur noch vereinzelte Reste derselben existiren (S. 614). Unter sich sind die verschiedenen Gruppen der Ganoiden sehr verschieden. Die einen erscheinen als sehr alte Typen, nahe verwandt den Selachiern (so der heutige Stör und Sterlett). Andere wieder gehören zu den höchst entwickelten Fischen (*Lepidosteus*, *Polypterus*). Eine Gruppe bildet unmittelbar den Uebergang zu den Knochenfischen (Leptolepiden). Eine andere Gruppe enthält vielleicht Bestandtheile der directen menschlichen Ahnen-Reihe. Das sind die merkwürdigen Quastenflosser (*Crossopterygii*, S. 615). Sie sind so nahe den Lurchfischen (*Dipneusta*) verwandt, dass manche Zoologen sie geradezu mit diesen vereinigen. Da sie durch bedeutende Fortschritte in der Skeletbildung (sowohl des Schädels als der Flossen) in der That eine Zwischenstufe zwischen Selachiern und Dipneusten zu bilden scheinen, können wir mit Wahrscheinlichkeit annehmen, dass auch silurische und devonische Ganoiden zu den menschlichen Ahnen gehören (Taf. XIX, Fig. 21).

Vierzehnte Ahnen-Stufe: **Lurchfische (Dipneusta).**

Unsere vierzehnte Ahnenstufe wird durch Wirbelthiere gebildet, welche wahrscheinlich viel Aehnlichkeit mit den heute noch lebenden Molchfischen (*Ceratodus*, *Protopterus*, *Lepidosiren*, S. 616) besessen haben. Sie entstanden aus den Schmelzfischen (wahrscheinlich in der Devon-Periode, im Beginn der Primärzeit) durch Anpassung an das Landleben und Umbildung der Schwimmblase zu einer luftathmenden Lunge, sowie der Nasengruben (welche nunmehr in die Mundhöhle mündeten) zu Luftwegen. Mit dieser Stufe begann die Reihe der durch Lungen luftathmenden Vorfahren des Menschen. Ihre Organisation wird in mancher Hinsicht derjenigen des heutigen Ceratodus und Protopterus entsprochen haben, jedoch auch mannichfach verschieden gewesen sein. Sie lebten wohl schon im Beginn der devonischen Zeit. Den Beweis für ihre Existenz führt die vergleichende Anatomie, indem sie in den Dipneusten ein Mittelglied zwischen den Ganoiden und Amphibien nachweist. Man kann diese vierzehnte Ahnenstufe auch in zwei zerlegen: die älteren Lurchfische (*Monopneumones*) besassen noch eine unpaare, einfache Lunge, gleich *Ceratodus*; bei den jüngeren Dipneusten hingegen war dieselbe in zwei Lungen getheilt (*Dipneumones*).

Fünfzehnte Ahnen-Stufe: **Kiemenlurche (Stegocephala).**

Aus denjenigen Lurchfischen, welche wir als die Stammformen aller lungenathmenden Wirbelthiere betrachten, entwickelte sich als wichtigste Hauptlinie die Classe der Lurche oder Amphibien (S. 620—625). Mit ihnen begann die fünfzehige Fussbildung, die Pentadactylie, die sich von da auf die höheren Wirbelthiere und zuletzt auch auf den Menschen vererbte (S. 400). Unsere ältesten Vorfahren aus der Amphibien-Classe waren kiementragende Schuppenlurche (*Stegosauria*), wahrscheinlich aus den Gruppen der Archegosaurier und Branchiosaurier. Sie behielten neben den Lungen noch zeitlebens bleibende Kiemen, ähnlich dem heute noch lebenden Proteus und Axolotl (S. 626). Sie entstanden aus den Dipneusten durch Umbildung der rudernden Fischflossen zu fünfzehigen Beinen, und durch höhere Differenzirung verschiedener Organe, namentlich der Wirbelsäule. Jedenfalls existirten sie um die Mitte der paläolithischen oder Primärzeit, vielleicht schon in der devonischen Periode. Denn zahlreiche Stegosaurier finden sich fossil schon in der Steinkohle. Den Beweis dafür, dass derartige Kiemenlurche zu unsern directen Vorfahren gehörten, liefert die vergleichende Anatomie und Ontogenie der Amphibien und Amnioten. (XXV. Vortrag).

Sechzehnte Ahnen-Stufe: **Schwanzlurche (Salamandrina).**

Auf unsere amphibischen Vorfahren, die zeitlebens ihre Kiemen behielten, folgten späterhin andere Amphibien, welche durch Metamorphose im späteren Alter die in der Jugend noch vorhandenen Kiemen verloren, aber den Schwanz behielten, ähnlich den heutigen Salamandern und Molchen (Tritonen, vergl. S. 626). Sie entstanden aus den Kiemenlurchen dadurch, dass sie sich daran gewöhnten, nur noch in der Jugend durch Kiemen, im späteren Alter aber bloss durch Lungen zu athmen. Wahrscheinlich lebten sie schon in der zweiten Hälfte der Primärzeit, während der permischen Periode, vielleicht schon während der Steinkohlenzeit. Der Beweis für ihre damalige Existenz liegt darin, dass die Schwanzlurche ein nothwendiges Mittelglied zwischen der vorigen und der folgenden Stufe bilden.

Siebzehnte Ahnen-Stufe: **Proreptilien (Protamnia).**

Als Protamnion haben wir früher die gemeinsame Stammform der drei höheren Wirbelthierclassen bezeichnet, aus welcher als zwei divergente Zweige die Proreptilien einerseits, die Promammalien andrerseits sich entwickelten (S. 632). Man könnte jedoch diese Ahnenstufe selbst auch als Proreptilien bezeichnen, da sie im System zu den Reptilien gehörte. Sie entstand aus unbekannten Schwanzlurchen durch gänzlichen Verlust der Kiemen, Bildung des Amnion, der Schnecke und des runden Fensters im Gehörorgan, und der Thränenorgane. Ihre Entstehung fällt spätestens in den letzten Abschnitt der Primärzeit, in die permische Periode, vielleicht schon in die Steinkohlenzeit. Unter den bekannten fossilen Wirbelthieren stehen ihnen am nächsten die permischen Stammreptilien (*Proterosauria*); unter den lebenden die Eidechsen (*Hatteria* etc.). Der sichere Beweis für ihre einstmalige Existenz liegt in der vergleichenden Anatomie und Ontogenie der Amnionthiere. Denn alle Reptilien, Vögel und Säugethiere mit Inbegriff des Menschen stimmen in so zahlreichen wichtigen Eigenthümlichkeiten überein, dass sie mit voller Sicherheit als Descendenten einer einzigen gemeinsamen Stammform, des Protamnion, zu erkennen sind.

Achtzehnte Ahnen-Stufe: **Säuger-Reptilien (Theriosauria).**

Zwischen den Proreptilien oder Protamnien — als der ältesten gemeinsamen Stammgruppe aller Amnioten — und den Promammalien — als gemeinsamer Stammgruppe der Säugethiere — muss eine Reihe von ausgestorbenen Reptilien liegen, welche die stufenweise Umbildung der Reptilien-Form in die Mammalien-Form vermittelten. Diese Umbildung betraf einerseits hauptsächlich das Skelet (Schädel, Wirbelsäule, Schultergürtel, Beckengürtel), anderseits das Gehirn und Herz. Da die ältesten Säuger schon zu Ende der Trias erscheinen, muss jene wichtige Umbildung wahrscheinlich schon im Beginn dieser Periode, oder in der vorhergehenden permischen Periode stattgefunden haben. Unter den zahlreichen fossilen Reptilien dieser Zeit sind es namentlich die Theriosaurier, welche mit mehr oder minder Wahrscheinlichkeit auf Säugethier-Ahnen zu beziehen sind. (Vergl. S. 640.) Viele von diesen Säuger-Reptilien, namentlich Pelycosaurier und Rhynchocephalen, zeigen Eigenthümlichkeiten im

Skelet-Bau, welche die vergleichende Anatomie als wichtige Beweise für jenen Uebergang deuten darf.

Neunzehnte Ahnen-Stufe: **Stammsäuger (Promammalia).**

Unter unseren Vorfahren von der neunzehnten bis zur vierundzwanzigsten Stufe wird uns bereits heimischer zu Muthe. Sie gehören alle der grossen und wohlbekannten Classe der Säugethiere an, deren Grenzen auch wir selbst bis jetzt noch nicht überschritten haben. Die gemeinsame, längst ausgestorbene und unbekannte Stammform aller Säugethiere, die wir als Promammale bezeichneten, stand jedenfalls im inneren Körperbau unter allen jetzt noch lebenden Thieren dieser Classe den Schnabelthieren oder Ornithostomen am nächsten (*Ornithorhynchus*, *Echidna*, S. 650). Jedoch war sie von letzteren durch vollständige Bezahnung des Gebisses verschieden. Die Schnabelbildung der heutigen Schnabelthiere ist jedenfalls als ein später entstandener Anpassungscharacter zu betrachten. Die Promammalien entstanden aus Theriosauriern wahrscheinlich erst im Beginn der Secundärzeit, in der Trias-Periode, durch mancherlei Fortschritte in der inneren Organisation, sowie durch Umbildung der Epidermis-Schuppen zu Haaren, und Bildung einer Milchdrüse, welche Milch zur Ernährung der Jungen lieferte. Der sichere Beweis dafür, dass die Promammalien, als die gemeinsamen Stammformen aller Säugethiere, auch zu unseren Ahnen gehörten, liegt in der vergleichenden Anatomie und Ontogenie der Säugethiere und des Menschen. (Vergl. S. 663 und 680).

Zwanzigste Ahnen-Stufe: **Beutelthiere (Marsupialia).**

Die drei Unterclassen der Säugethiere stehen, wie wir früher sahen, der Art im Zusammenhang, dass die Beutelthiere sowohl in anatomischer, als auch in ontogenetischer und phylogenetischer Beziehung den unmittelbaren Uebergang zwischen den Monotremen und Placentalthieren vermitteln (S. 653). Daher müssen sich auch Vorfahren des Menschen unter den Beutelthieren befunden haben. Sie entstanden aus den Monotremen, zu denen auch die Stammsäuger oder Promammalien gehörten, durch Trennung der Kloake in Mastdarm und Urogenital-Sinus, durch Bildung einer Brustwarze an der Milchdrüse, und durch theilweise Rückbildung der Rabenbeine (S. 652). Die ältesten Beutelthiere lebten jedenfalls bereits in der Jura-Periode (vielleicht schon in der Trias-Zeit) und durchliefen eine Reihe von Stufen, welche die Entstehung der Placentalien während der Kreide-Periode vorbereiteten. Den sicheren Beweis für unsere Abstammung von Beutelthieren, welche den heute noch lebenden Beutelratten oder Opossum im wesentlichen inneren Bau nahe standen, liefert die vergleichende Anatomie und Ontogenie der Säugethiere. (Vergl. S. 649).

Einundzwanzigste Ahnen-Stufe: **Halbaffen (Prosimiae).**

Eine der wichtigsten und interessantesten Ordnungen unter den Säugethieren bildet, wie wir schon früher sahen, die kleine Gruppe der Halbaffen. Sie enthält wahrscheinlich die unmittelbaren Stammformen der echten Affen, und somit auch des Menschen. Unsere Halbaffen-Ahnen besassen vermuthlich nur ziemlich entfernte äussere Aehnlichkeit mit den heute noch lebenden kurzfüssigen Halbaffen (*Brachytarsi*), namentlich den Maki, Indri und Lori (S. 678). Sie entstanden (wahrscheinlich in der Kreide-Periode, vielleicht erst im Beginn der caenolithischen oder Tertiärzeit) aus unbekannten, den Beutelratten verwandten Beutelthieren durch Bildung einer Placenta, Verlust des Beutels und der Beutelknochen, und stärkere Entwickelung des Schwielenkörpers im Gehirn. Vielleicht haben sich die Halbaffen aber aus einem Zweige der Creodonten entwickelt, welche gegenwärtig als älteste gemeinsame Stammgruppe der freischfressenden Placentalen betrachtet wird. Der sichere Beweis, dass die echten Affen, und somit auch unser eigenes Geschlecht, direct von den Halbaffen herkommen, ist in der vergleichenden Anatomie und Ontogenie der Beutelthiere und Placentalthiere zu suchen. (S. 649).

Zweiundzwanzigste Ahnen-Stufe: **Hundsköpfige Affen (Cynopitheca).**

Unter den beiden Abtheilungen der echten Affen, die sich aus den Halbaffen entwickelten, besitzt nur diejenige der Schmalnasen oder Catarhinen nähere Blutsverwandtschaft mit dem Menschen. Unsere älteren Vorfahren aus dieser Gruppe waren vielleicht ähnlich den heute noch lebenden Nasenaffen und Schlankaffen (*Semnopithecus*), mit demselben Gebiss und derselben Schmalnase wie der Mensch; aber noch mit dichtbehaartem Körper und einem langen Schwanze (S. 691). Diese Cynopitheken oder geschwänzten schmalnasigen Affen (*Catarhina menocerca*) entstanden aus den Halbaffen durch Umbildung des Gebisses und Verwandlung der Krallen an den Zehen in Nägel, wahrscheinlich schon in der älteren Tertiärzeit. Der sichere Beweis für unsere Abstammung von geschwänzten Catarhinen liegt in der vergleichenden Anatomie und Ontogenie der Affen und Menschen (Vergl. S. 686—690).

Dreiundzwanzigste Ahnen-Stufe: **Menschenaffen (Anthropoides).**

Unter allen heute noch lebenden Affen stehen dem Menschen am nächsten die grossen schwanzlosen Schmalnasen, der Orang und Gibbon in Asien, der Gorilla und Schimpanse in Afrika. Diese Menschenaffen oder Anthropoiden entstanden wahrscheinlich während der mittleren Tertiärzeit, in der miocaenen Periode. Sie entwickelten sich aus den geschwänzten Catarhinen der vorigen Stufe, mit denen sie im Wesentlichen übereinstimmen, durch Verlust des Schwanzes, theilweisen Verlust der Behaarung und überwiegende Entwickelung des Gehirntheiles über den Gesichtstheil des Schädels. Directe Vorfahren des Menschen sind unter den heutigen Anthropoiden nicht mehr zu suchen, wohl aber unter den unbekannten ausgestorbenen Menschenaffen der Miocaenzeit (S. 694). Den sicheren Beweis für die frühere Existenz derselben liefert die vergleichende Anatomie der Menschenaffen und der Menschen. (S. 685, 691—693.)

Vierundzwanzigste Ahnen-Stufe: **Affenmenschen (Pithecanthropi).**

Obwohl die vorhergehende Ahnenstufe den echten Menschen bereits so nahe steht, dass man kaum noch eine vermittelnde Zwischenstufe anzunehmen braucht, können wir als eine solche dennoch die sprachlosen Urmenschen (*Alali*) betrachten. Diese Affenmenschen oder Pithekanthropen lebten wahrscheinlich erst gegen Ende der Tertiärzeit. Sie entstanden aus den Menschenaffen oder Anthropoiden durch die vollständige Angewöhnung an den aufrechten Gang und dieser entsprechende stärkere Differenzirung der beiden Beinpaare. Die „Vorderhand" der Anthropoiden wurde bei ihnen zur Menschenhand, die „Hinterhand" dagegen zum Gangfuss. Obgleich diese Affenmenschen so nicht bloss durch ihre äussere Körperbildung, sondern auch durch ihre innere Geistesentwickelung dem eigentlichen Menschen schon viel näher als die Menschenaffen gestanden haben werden, fehlte ihnen dennoch das eigentliche Hauptmerkmal des Menschen, die articulirte menschliche Wortsprache und die damit verbundene Entwickelung des höheren Selbstbewusstseins und der Begriffsbildung. Der sichere Beweis, dass solche sprachlose Urmenschen oder Affenmenschen dem sprechenden Menschen vorausgegangen sein müssen, ergiebt sich für den denkenden Menschen aus der vergleichenden Sprachforschung (aus der „vergleichenden Anatomie" der Sprache), und namentlich aus der Entwickelungs-Geschichte der Sprache, sowohl bei jedem Kinde („glottische Ontogenese"), als bei jedem Volke („glottische Phylogenese") (Vergl. S. 717—720).

Fünfundzwanzigste Ahnen-Stufe: **Menschen (Homines).**

Die echten Menschen entwickelten sich aus den Affenmenschen der vorhergehenden Stufe durch die allmähliche Ausbildung der thierischen Lautsprache zur gegliederten oder articulirten Wortsprache. Mit der Entwickelung dieser Function ging natürlich diejenige ihrer Organe, die höhere Differenzirung des Kehlkopfs und des Gehirns, Hand in Hand. Der Uebergang von den sprachlosen Affenmenschen zu den echten oder sprechenden Menschen erfolgte spätestens im Beginn der Quartärzeit oder der Diluvial-Periode, wahrscheinlich aber schon früher, in der jüngeren Tertiärzeit. Da nach der übereinstimmenden Ansicht der meisten bedeutenden Sprachforscher nicht alle menschlichen Sprachen von einer gemeinsamen Ursprache abzuleiten sind, so dürfen wir einen mehrfachen Ursprung der Sprache und dem entsprechend auch einen mehrfachen Uebergang von den sprachlosen Affenmenschen zu den echten, sprechenden Menschen mit grosser Wahrscheinlichkeit annehmen. (Vergl. unten S. 717—720.)

Mit Bezug auf die früher erläuterten natürlichen Hauptabtheilungen des Thier-Systems kann man die vorstehend angeführten 25 Hauptstufen unserer Vorfahren-Kette auf folgende drei grössere Gruppen vertheilen: I. Urthier-Ahnen (1. und 2. einzellige, 3. und 4. vielzellige Protozoen); II. Wirbellose Ahnen (5—9); III. Wirbelthier-Ahnen (10—16 niedere, 17—25 höhere Wirbelthier-Ahnen). Die chronologische, mehr oder minder wahrscheinliche Vertheilung derselben auf die verschiedenen Haupt-Perioden der Erdgeschichte stellen wir in folgender Uebersicht nochmals zusammen. (Vergl. Cap. XV—XIX meiner „Anthropogenie“, III. Aufl. 1877.)

Die grossartigen Entdeckungen der neueren Paläontologie, namentlich derjenigen der Wirbelthiere, berechtigen uns zu der Hoffnung, dass durch weitere Fortschritte derselben die Erkenntniss unserer thierischen Ahnenreihe noch sehr bedeutend vervollkommnet werden wird. Doch wird vermuthlich die Mehrzahl der angeführten Ahnen-Stufen in der hier angenommenen Reihenfolge bestehen bleiben. Ihre Zahl wird um so mehr zunehmen, und es werden um so mehr verbindende Zwischenglieder zwischen jenen Hauptstufen sich nachweisen lassen, je tiefere Einsicht die Fortschritte der vergleichenden Anatomie und Ontogenie uns in diesen wichtigsten und interessantesten Theil der Phylogenie gestatten werden.

Vorfahren-Reihe des menschlichen Stammbaums.

NB. Die Linie M — N bedeutet die Grenze zwischen den Wirbellosen und Wirbelthier-Ahnen.

Geologische Perioden.	Fünf Reihen der Ahnen.	25 Hauptstufen der thierischen Ahnen-Reihe des Menschen.		Lebende nächste Verwandte der Ahnen.
Erstes Zeitalter der organischen Erdgeschichte: Archozoische oder Primordial-Zeit. A. Laurent. B. Cambrisch C. Silurisch (S. 382)	**I. Reihe: Ahnen aus der Gruppe der Urthiere (Protozoa)**	1. Moneren	**Monera**	1. *Protamoeba*
		2. Einzellige	**Protozoa**	2. *Amoeba*
		3. Vielzellige	**Moraeada**	3. *Morula*
		4. Hohlkugeln	**Blastaeada**	4. *Volvox. Magosphaera*
	II. Reihe: Ahnen aus der Gruppe der wirbellosen Metazoen (Evertebrata)	5. Urdarmthiere	**Gastraeades**	5. *Hydra. Prophysema.*
		6. Plattenthiere	**Platodes**	6. *Rhabdocoela*
		7. Schnurwürmer	**Nemertina**	7. *Nemertina*
		8. Kiemendarm-Würmer	**Enteropneusta**	8. *Balanoglossus*
		9. Ur-Chordathiere	**Prochordonia**	9. *Copelata*
M	………………	………………	………………	N
Palaeozoa Silur Periode	**III. Reihe: Ahnen aus der Gruppe der niederen Wirbelthiere (Ichthyopsiden)**	10. Schädellose	**Acrania**	10. *Amphioxus*
		11. Rundmäuler	**Cyclostoma**	11. *Petromyzon*
		12. Urfische	**Selachii**	12. *Squali* (Haie)
Devonische Periode		13. Schmelzfische	**Ganoides**	13. *Sturio* (Stör)
		14. Lurchfische	**Dipneusta**	14. *Ceratodus*
Carbon (Steinkohle)	**IV. Reihe: Ahnen aus den Klassen der Amphibien und Reptilien**	15. Kiemenlurche	**Stegosauria**	15. *Proteus* (Olm)
		16. Schwanzlurche	**Urodela**	16. *Salamandrina*
Permische Periode		17. Proreptilien	**Protamnia**	17. *Lacertalia* (Eidechsen)
		18. Säugereptilien	**Theriosauria**	18. *Hatteria*
Mesozoa Trias Jura Kreide	**V. Reihe: Ahnen aus der Klasse der Säugethiere**	19. Ursäuger	**Promammalia**	19. *Echidna*
		20. Beutelthiere	**Marsupialia**	20. *Didelphys* (Beutelratte)
Caenozoa Tertiär Zeit		21. Halbaffen	**Prosimiae**	21. *Stenops*
		22. Schwanzaffen	**Cynopitheca**	22. *Semnopithecus*
		23. Menschen-Affen	**Anthropoides**	23. *Gorilla, Orang*
		24. Affen-Menschen	**Alali**	24. *Hylobates* (Sing-Affe)
Anthrop. Quartär Zeit		25. Sprechende Menschen	**Homo**	25. *Austral-Neger-Hottentotten*

Achtundzwanzigster Vortrag.

Wanderung und Verbreitung des Menschengeschlechts. Menschenarten und Menschenrassen.

Alter des Menschengeschlechts. Ursachen der Entstehung desselben. Der Ursprung der menschlichen Sprache. Lautsprache und Begriffsprache. Sing-Affen. Einstämmiger (monophyletischer) und vielstämmiger (polyphyletischer) Ursprung des Menschengeschlechts. Abstammung der Menschen von vielen Paaren. Classification der Menschenrassen. Schädelmessung. System der zwölf Menschenarten. Wollhaarige Menschen oder Ulotrichen. Büschelhaarige (Papuas, Hottentotten). Vliesbaarige (Kaffern, Neger). Schlichthaarige Menschen oder Lissotrichen. Straffhaarige (Malayen, Mongolen, Arktiker, Amerikaner). Lockenhaarige (Australier, Dravidas, Nubier, Mittelländer). Bevölkerungszahlen. Urheimath des Menschen (Südasien oder Lemurien). Beschaffenheit des Urmenschen. Der Traum des Urmenschen. Zahl der Ursprachen (Monoglottonen und Polyglottonen). Divergenz und Wanderung des Menschengeschlechts. Geographische Verbreitung der Menschenarten.

Meine Herren! Der reiche Schatz von Kenntnissen, welchen wir in der vergleichenden Anatomie und Entwickelungsgeschichte der Wirbelthiere besitzen, gestattet uns schon jetzt, die wichtigsten Grundzüge des menschlichen Stammbaums in der Weise festzustellen, wie es in den letzten Vorträgen geschehen ist. Dessen ungeachtet dürfen Sie aber nicht erwarten, die menschliche Stammesgeschichte oder Phylogenie, die fortan die tiefste Grundlage der Anthropologie und somit auch aller anderen Wissenschaften bilden wird, in allen Einzelheiten jetzt schon befriedigend übersehen zu können. Vielmehr muss der Ausbau dieser wichtigsten Wissenschaft, zu der wir nun den ersten Grund legen können, den genaueren und eingehenderen Forschungen der Zukunft vorbehalten bleiben. Das gilt auch von denjenigen speciellen Verhältnissen der menschlichen Phylogenie, auf welche wir jetzt schliesslich noch einen flüchtigen Blick werfen wollen, nämlich von den Fragen nach Zeit und Ort der Entstehung des Menschengeschlechts, sowie der verschiedenen Arten und Rassen, in welche sich dasselbe differenzirt hat.

Was zunächst den langen Zeitraum der Erdgeschichte betrifft, innerhalb dessen langsam und allmählich die Umbildung der menschenähnlichsten Affen zu den affenähnlichsten Menschen statt fand, so lässt sich dieser natürlich nicht nach Jahren, auch nicht nach Jahrhunderten bestimmen. Nur das können wir aus den, in den letzten Vorträgen angeführten Gründen mit voller Sicherheit behaupten, dass der Mensch jedenfalls von placentalen Säugethieren abstammt. Da aber von diesen Placentalthieren versteinerte Reste nur in den tertiären Gesteinen gefunden werden, so kann auch das Menschengeschlecht frühestens innerhalb der Tertiärzeit aus den vervollkommeten Menschenaffen sich entwickelt haben. Das Wahrscheinlichste ist, dass dieser wichtigste Vorgang in der irdischen Schöpfungsgeschichte gegen Ende der Tertiärzeit stattfand, also in der pliocaenen, vielleicht schon in der miocaenen Periode, vielleicht aber auch erst im Beginn der Diluvialzeit. Jedenfalls lebte der Mensch als solcher in Mitteleuropa schon während der Diluvialzeit, gleichzeitig mit vielen grossen, längst ausgestorbenen Säugethieren, namentlich dem diluvialen Elephanten oder Mammuth (*Elephas primigenius*), dem wollhaarigen Nashorn (*Rhinoceros tichorhinus*), dem Riesenhirsch (*Cervus euryceros*), dem Höhlenbär (*Ursus spelaeus*), der Höhlenhyäne (*Hyaena spelaea*), dem Höhlentiger (*Felis spelaea*) etc. Die Resultate, welche die neuere Geologie und Archäologie über diesen fossilen Menschen der Diluvialzeit und seine thierischen Zeitgenossen an das Licht gefördert hat, sind vom höchsten Interesse. Da aber eine eingehende Betrachtung derselben den uns gesteckten Raum bei weitem überschreiten würde, so begnüge ich mich hier damit, ihre hohe Bedeutung im Allgemeinen hervorzuheben, und verweise Sie bezüglich des Besonderen auf die zahlreichen Schriften, welche in neuester Zeit über die Urgeschichte des Menschen erschienen sind, namentlich auf die vortrefflichen

Werke von Charles Lyell[30], John Lubbock[41], L. Büchner[43], Paul Topinard[68], Carus Sterne[26] u. s. w.

Die zahlreichen interessanten Entdeckungen, mit denen uns die ausgedehnten Untersuchungen der letzten Decennien über die Urgeschichte des Menschengeschlechts beschenkt haben, stellen die wichtige (auch aus vielen anderen Gründen schon längst wahrscheinliche) Thatsache ausser Zweifel, dass die Existenz des Menschengeschlechts als solchen jedenfalls auf mehr als zwanzigtausend Jahre zurückgeht. Wahrscheinlich sind aber seitdem mehr als hunderttausend Jahre, vielleicht viele Hunderte von Jahrtausenden verflossen, und es muss im Gegensatz dazu sehr komisch erscheinen, wenn noch heute unsere Kalender die „Erschaffung der Welt nach Calvisius" vor 5838 Jahren geschehen lassen.

Mögen Sie nun den Zeitraum, während dessen das Menschengeschlecht bereits als solches existirte und sich über die Erde verbreitete, auf zwanzigtausend, oder auf hunderttausend, oder auf viele hunderttausend Jahre anschlagen, jedenfalls ist derselbe verschwindend gering gegen die unfassbare Länge der Zeiträume, welche für die stufenweise Entwickelung der langen Ahnenkette des Menschen erforderlich waren. Das geht schon hervor aus der sehr geringen Dicke, welche alle diluvialen Ablagerungen im Verhältniss zu den tertiären, und diese wiederum im Verhältniss zu den vorhergegangen besitzen (vergl. S. 387). Aber auch die unendlich lange Reihe der schrittweise sich langsam entwickelnden Thiergestalten, von dem einfachsten Moner bis zur Gastraea, vom Platoden bis zum Amphioxus, vom Cyclostom bis zum Urfisch, vom Schmelzfisch bis zum Proreptil, vom Theriosaurier bis zum ersten Säugethiere, und von diesem wiederum bis zum Menschen, erheischt zu ihrer historischen Entwickelung eine Reihenfolge von Zeiträumen, die wahrscheinlich viele Millionen von Jahrtausenden umfassen (vergl. S. 114).

Diejenigen Entwickelungs-Vorgänge, welche zunächst die Entstehung der affenähnlichsten Menschen aus den menschenähnlichsten Affen veranlassten, sind in zwei Anpassungs-Thätigkeiten der letzteren zu suchen, welche vor allen anderen die Hebel zur

Menschwerdung waren: der aufrechte Gang und die gegliederte Sprache. Diese beiden physiologischen Functionen entstanden nothwendig zugleich mit zwei entsprechenden morphologischen Umbildungen, mit denen sie in der engsten Wechselwirkung stehen, nämlich Differenzirung der beiden Gliedmaassenpaare und Differenzirung des Kehlkopfs. Die wichtige Vervollkommnung dieser Organe und ihrer Functionen musste aber drittens nothwendig auf die Differenzirung des Gehirns und der davon abhängenden Seelenthätigkeiten mächtig zurückwirken, und damit war der Weg für die unendliche Laufbahn eröffnet, in welcher sich seitdem der Mensch fortschreitend entwickelt, und seine thierischen Vorfahren so weit überflügelt hat.

Als den ersten und ältesten Fortschritt von diesen drei mächtigen Entwickelungs-Processen im menschlichen Organismus haben wir wohl die höhere Differenzirung und Vervollkommnung der Extremitäten hervorzuheben, welche durch die Gewöhnung an den aufrechten Gang herbeigeführt wurde. Indem die Vorderfüsse unserer Affen-Ahnen immer ausschliesslicher die Function des Greifens und Betastens, die Hinterfüsse dagegen immer andauernder die Function des Auftretens und Gehens übernahmen und beibehielten, bildete sich jener Gegensatz zwischen Hand und Fuss aus, welcher zwar dem Menschen nicht ausschliesslich eigenthümlich, aber doch viel stärker bei ihm entwickelt ist, als bei den menschenähnlichsten Affen. Diese Differenzirung der vorderen und hinteren Extremität war aber nicht allein für ihre eigene Ausbildung und Vervollkommnung höchst vortheilhaft, sondern sie hatte zugleich eine ganze Reihe von sehr wichtigen Veränderungen in der übrigen Körperbildung im Gefolge. Die ganze Wirbelsäule, namentlich aber Brustkorb, Beckengürtel und Schultergürtel, sowie die dazu gehörige Muskulatur, erlitten dadurch diejenigen Umbildungen, durch welche sich der menschliche Körper von demjenigen der menschenähnlichsten Affen unterscheidet. Wahrscheinlich vollzogen sich diese Umbildungen schon lange vor Entstehung der gegliederten Sprache, und es existirte das Menschengeschlecht schon geraume Zeit mit seinem aufrechten Gange und der dadurch herbeigeführten characteristischen menschlichen Körperform, ehe sich die eigentliche Ausbildung der menschlichen Sprache und damit der zweite und wichtigere Theil der Menschwerdung vollzog. Wir können daher wohl mit Recht als eine besondere (24ste) Stufe unserer menschlichen Ahnenreihe den sprachlosen Menschen (*Alalus*) oder Affenmenschen (*Pithecanthropus*) unterscheiden, welcher zwar körperlich dem Menschen in allen wesentlichen Merkmalen schon gleichgebildet, aber noch ohne den Besitz der gegliederten Wortsprache war (S. 709).

Die Entstehung der gegliederten Wortsprache, und die damit verbundene höhere Differenzirung und Vervollkommnung des Kehlkopfs haben wir erst als die spätere, zweite und wichtigste Stufe in dem Entwickelungs-Vorgang der Menschwerdung zu betrachten. Sie war es ohne Zweifel, welche vor allem die tiefe Kluft zwischen Mensch und Thier schaffen half, und welche zunächst auch die bedeutendsten Fortschritte in der Seelenthätigkeit und der damit verbundenen Vervollkommnung des Gehirns veranlasste. Allerdings existirt eine Sprache als Mittheilung von Empfindungen, Bestrebungen und Gedanken auch bei sehr vielen Thieren, theils als Gebärdensprache oder Zeichensprache, theils als Tastsprache oder Berührungssprache, theils als Lautsprache oder Tonsprache. Allein eine wirkliche Wortsprache oder Begriffssprache, eine sogenannte „gegliederte oder articulirte“ Sprache, welche die Laute durch Abstraction zu Worten umbildet und die Worte zu Sätzen verbindet, ist, so viel wir wissen, fast ausschliessliches Eigenthum des Menschen. Nur der Gesang der Vögel ist eine ähnliche physiologische Leistung.

Die Sprachen der Säugethiere, wie z. B. das Bellen des Hundes, das nächtliche „steinerweichende Lied“ der Katzen, das Wiehern des Pferdes, das Trompeten des Elephanten u. s. w., sind bloss Interjections-Sprachen, d. h. vereinzelte Ausrufe, welche gewisse Gefühle oder Wünsche des Säugethiers mittheilen. Bei gesellig lebenden Säugern können diese Ausdrücke ihres Empfindungs- und Willens-Vermögens auch noch weitere Bedeutung erlangen, als Befehle, Warnungen, Hilfsrufe u. s. w. Auch kann ihre Wirkung durch die Geberden-Sprache wesentlich verstärkt werden. Obgleich nun die meisten dieser Interjections-Sprachen oder Laut-Sprachen noch tief unter der gegliederten „Begriff-Sprache“ des Menschen stehen, müssen wir dennoch in den ersteren die phylogenetische Vorstufe zur letzteren sehen, ebenso wie in der Ton-Sprache der singenden Vögel. Diese Annahme wird durch die merkwürdige Thatsache unterstützt, dass es ausser dem Menschen noch ein zweites singendes Säugethier giebt, und dass dieses zur Familie der Menschen-Affen gehört. Ein indischer Gibbon (*Hylobates agilis*) singt in vollkommen reinen und klangvollen Tönen die Tonleiter einer Octave auf- und abwärts, und die Töne dieser Scala liegen genau um einen halben Ton auseinander. Dieser indische „Sing-Affe“ steht über den amerikanischen Brüll-Affen ungefähr eben so hoch, wie die Nachtigall über der Krähe.

Mehr als alles Andere musste die Entstehung der menschlichen Sprache veredelnd und umbildend auf das menschliche Seelenleben und somit auf das Gehirn einwirken. Die höhere Differenzirung und Vervollkommnung des Gehirns, und des Geisteslebens als der höchsten Function des Gehirns, entwickelte sich in unmittelbarer Wechselwirkung mit seiner Aeusserung durch die Sprache. Daher konnten die bedeutendsten Vertreter der vergleichenden Sprachforschung in der Entwickelung der menschlichen Sprache mit Recht den wichtigsten Scheidungs-Process des Menschen von seinen thierischen Vorfahren erblicken. Dies hat namentlich August Schleicher in seinem Schriftchen „Ueber die Bedeutung der Sprache für die Naturgeschichte des Menschen“ hervorgehoben[6]). In diesem Verhältniss ist einer der engsten Berührungspunkte zwischen der vergleichenden Zoologie und der vergleichenden Sprachkunde gegeben, und hier stellt die Entwickelungs-Theorie für die letztere die Aufgabe, den Ursprung der Sprache Schritt für Schritt zu verfolgen. Diese ebenso interessante als wichtige Aufgabe ist in neuester Zeit von mehreren Seiten mit Glück in Angriff genommen worden, so insbesondere von Lazarus Geiger und Wilhelm Bleek[35]), welcher seit vielen Jahren in Südafrika mit dem Studium der Sprachen der niedersten Menschenrassen beschäftigt und dadurch besonders zur Lösung dieser Frage befähigt war. Wie sich die verschiedenen Sprachformen, gleich allen anderen organischen Formen und Functionen, durch den Process der natürlichen Züchtung entwickelt, und in viele Arten und Abarten zersplittert haben, hat vorzüglich August Schleicher der Selections-Theorie entsprechend erörtert[6]).

Den Process der Sprachbildung selbst hier weiter zu verfolgen, haben wir keinen Raum, und ich verweise Sie in dieser Beziehung namentlich auf die wichtige, eben erwähnte Schrift von Wilhelm Bleek „über den Ursprung der Sprache“[35]). Dieser ausgezeichnete Sprachforscher sprach in einem an mich gerichteten Briefe die Ansicht aus, dass alle verschiedenen menschlichen Sprachen einen einheitlichen oder monophyletischen Ursprung haben. „Sie alle besitzen wahre Pronomina und die davon abhängende Eintheilung der Redetheile. Nun aber zeigt die Geschichte der Sprachentwickelung uns klar, wie der Besitz der wahren Pronomina durch Anpassung erworben ist, und dies in einer Weise, die unmöglich mehr als einmal stattgefunden haben kann.“ Dagegen sind andere berühmte Sprachforscher der Ansicht, dass die menschliche Sprache einen vielheitlichen oder polyphyletischen Ursprung hat. So behauptet namentlich Schleicher, eine der ersten Autoritäten auf diesem Gebiete, dass „schon die ersten Anfänge der Sprache, im Laute sowohl als nach den Begriffen und Anschauungen, welche lautlich reflectirt wurden, und ferner nach ihrer Entwickelungsfähigkeit, verschieden gewesen sein müssen. Denn es ist positiv unmöglich, alle Sprachen auf eine und dieselbe Ursprache zurückzuführen. Vielmehr ergeben sich der vorurtheilsfreien Forschung eben so viele Ursprachen, als sich Sprachstämme unterscheiden lassen“. Eben so nehmen auch Friedrich Müller[12]) und andere bedeutende Linguisten eine selbstständige und unabhängige Entstehung der Sprachstämme und ihrer Ursprachen an. Bekanntlich entsprechen aber die Grenzen dieser Sprachstämme und ihrer Verzweigungen keineswegs den Grenzen der verschiedenen Menschenarten oder sogenannten „Rassen“, welche wir auf Grund körperlicher Charactere im Menschengeschlecht unterscheiden. Hierin, sowie in den verwickelten Verhältnissen der Rassenmischung und der vielfältigen Bastardbildung, liegt die grosse Schwierigkeit, welche die weitere Verfolgung des menschlichen Stammbaums in seine einzelnen Zweige, die Arten, Rassen, Abarten u. s. w., darbietet.

Trotz dieser grossen und bedenklichen Schwierigkeiten können wir nicht umhin, hier noch einen flüchtigen Blick auf diese weitere Verzweigung des menschlichen Stammbaums zu werfen und dabei die viel besprochene Frage vom einheitlichen oder vielheitlichen Ursprung des Menschengeschlechts, seinen Arten oder Rassen, vom Standpunkte der Descendenz-Theorie aus zu beleuchten. Bekanntlich stehen sich in dieser Frage seit langer Zeit zwei grosse Parteien gegenüber, die Monophyleten und Polyphyleten. Die Monophyleten (oder Monogenisten) behaupten den einheitlichen Ursprung und die Blutsverwandtschaft aller Menschenarten. Die Polyphyleten (oder Polygenisten) dagegen sind der Ansicht, dass die verschiedenen Menschenarten oder Rassen selbstständigen Ursprungs sind. Nach den vorhergehenden genealogischen Untersuchungen kann es Ihnen nicht zweifelhaft sein, dass im weiteren Sinne jedenfalls die monophyletische Ansicht die richtige ist. Denn vorausgesetzt auch, dass die Umbildung menschenähnlicher Affen zu Menschen mehrmals stattgefunden hätte, so würden doch jene Affen selbst durch den einheitlichen Stammbaum der ganzen Affenordnung, oder mindestens der Catarhinen, wiederum zusammenhängen. Es könnte sich daher immer nur um einen näheren oder entfernteren Grad der eigentlichen Blutsverwandtschaft handeln. Im engeren Sinne könnte dagegen die polyphyletische Anschauung insofern Recht behalten, als die verschiedenen Ursprachen sich vielleicht ganz unabhängig von einander entwickelt haben. Wenn man also die Entstehung der gegliederten Wortsprache als den eigentlichen Hauptakt der Menschwerdung ansieht, wenn man ferner einen vielheitlichen Ursprung der Sprache annimmt und wenn man zugleich die Arten des Menschengeschlechts nach ihrem Sprachstamme unterscheiden will, so könnte man sagen, dass die verschiedenen Menschen-Arten unabhängig von einander entstanden seien, indem verschiedene Zweige der aus den Affen unmittelbar entstandenen sprachlosen Urmenschen sich selbstständig ihre Ursprachen bildeten. Immerhin würden natürlich auch diese an ihre Wurzel entweder weiter oben oder tiefer unten wieder zusammenhängen und also doch schliesslich alle von einem gemeinsamen Urstamme abzuleiten sein.

Wenn wir nun an dieser letzteren Ueberzeugung allerdings festhalten, und wenn wir aus vielen Gründen der Ansicht sind, dass die verschiedenen Species der Urmenschen alle von einer gemeinsamen Affenmenschen-Form abstammen, so wollen wir damit natürlich nicht sagen, dass „alle Menschen von einem Paare abstammen". Diese letztere Annahme, welche unsere moderne indogermanische Bildung aus dem semitischen Mythus der mosaischen Schöpfungs-Geschichte herübergenommen hat, ist auf keinen Fall haltbar. Der ganze berühmte Streit, ob das Menschengeschlecht von einem Paar abstammt oder nicht, beruht auf einer vollkommen falschen Fragestellung. Er ist ebenso sinnlos, wie der Streit, ob alle Jagdhunde oder alle Rennpferde von einem Paare abstammen. Mit demselben Rechte könnte man fragen, ob alle Deutschen oder alle Engländer „von einem Paare abstammen" u. s. w. Ein „erstes Menschenpaar" oder ein „erster Mensch" hat überhaupt niemals existirt, so wenig es jemals ein erstes Paar oder ein erstes Individuum von Engländern, Deutschen, Rennpferden oder Jagdhunden gegeben hat. Immer erfolgt natürlich die Entstehung einer neuen Art aus einer bestehenden Art in der Weise, dass eine lange Kette von vielen verschiedenen Individuen an dem langsamen Umbildungsprocess betheiligt ist. Angenommen, dass wir alle die verschiedenen Paare von Menschenaffen und Affenmenschen neben einander vor uns hätten, die zu der wahren Vorfahren-Kette des Menschengeschlechts gehören, so würde es doch ganz unmöglich sein, ohne die grösste Willkür eines von diesen Affenmenschen-Paaren als „das erste Paar" zu bezeichnen. Ebensowenig kann man auch jede der zwölf Menschenrassen oder Species, die wir sogleich betrachten wollen, von einem „ersten Paare", im Sinne der Schöpfungs-Mythen ableiten.

Die Schwierigkeiten, denen wir bei der Classification der verschiedenen Menschenrassen oder Menschenarten begegnen, sind ganz dieselben, welche uns die Systematik der Thier- und Pflanzenarten bereitet. Hier wie dort sind die scheinbar ganz verschiedenen Formen doch meistens durch eine Kette von vermittelnden Uebergangsformen mit einander verknüpft. Hier wie dort kann der Streit, was Art oder Species, und was Rasse oder Varietät ist, niemals entschieden werden. Bekanntlich nahm man seit Blumenbach an, dass das Menschengeschlecht in fünf Rassen oder Varietäten zerfalle, nämlich: 1) die äthiopische oder schwarze Rasse (afrikanische Neger); 2) die malayische oder braune Rasse (Malayen, Polynesier und Australier); 3) die monologische oder gelbe Rasse (die Hauptbevölkerung Asiens und die Eskimos Nordamerikas); 4) die amerikanische oder rothe Rasse (die Ureinwohner Amerikas); und 5) die kaukasische oder weisse Rasse (Europäer, Nordafrikaner und Südwest-Asiaten). Diese fünf Menschenrassen sollten alle, der jüdischen Schöpfungssage entsprechend, „von einem Paare“, Adam und Eva, abstammen, und demgemäss nur Varietäten einer Art oder Species sein. Indessen kann bei unbefangener Vergleichung kein Zweifel darüber existiren, dass die Unterschiede dieser fünf Rassen eben so gross und noch grösser sind, als die „specifischen Unterschiede“, auf deren Grund die Zoologen und Botaniker anerkannt gute Thier- und Pflanzenarten („*bonae species*“) unterscheiden. Mit Recht behauptet daher der treffliche Paläontologe Quenstedt: „Wenn Neger und Kaukasier Schnecken wären, so würden die Zoologen mit allgemeiner Uebereinstimmung sie für zwei ganz vortreffliche Species ausgeben, die nimmermehr durch allmähliche Abweichung von einem Paare entstanden sein könnten.“

Die Merkmale, durch welche man gewöhnlich die Menschenrassen unterscheidet, sind theils der Haarbildung, theils der Hautfarbe, theils der Schädelbildung entnommen. In letzterer Beziehung unterscheidet man als zwei extreme Formen Langköpfe und Kurzköpfe. Bei den Langköpfen (*Dolichocephali*), deren stärkste Ausbildung sich bei den Negern und Australiern findet, ist der Schädel langgestreckt, schmal, von rechts nach links zusammengedrückt. Bei den Kurzköpfen (*Brachycephali*) dagegen ist der

Schädel umgekehrt von vorn nach hinten zusammengedrückt, kurz und breit, wie es namentlich bei den Mongolen in die Augen springt. Die zwischen beiden Extremen in der Mitte stehenden Mittelköpfe (*Mesocephali*) sind namentlich bei den Amerikanern vorherrschend. In jeder dieser drei Gruppen kommen Schiefzähnige (*Prognathi*) vor, bei denen die Kiefer, wie bei der thierischen Schnauze, stark vorspringen und die Vorderzähne daher schief nach vorn gerichtet sind, und Gradzähnige (*Orthognathi*), bei denen die Kiefer wenig vorspringen und die Vorderzähne senkrecht stehen. Man hat in den letzten dreissig Jahren sehr viel Mühe und Zeit an die genaueste Untersuchung und Messung der Schädelformen gewendet, ohne dass diese durch entsprechende Resultate belohnt worden wäre. Denn innerhalb einer einzigen Species, wie z. B. der mittelländischen, kann die Schädelform so variiren, dass man in derselben extreme Gegensätze findet. Ausserdem wurde die nutzlose Danaiden-Arbeit dieser sogenannten „exacten Craniometrie" grösstentheils von Anthropologen verrichtet, denen die unentbehrlichen Vorkenntnisse in der vergleichenden Anatomie des Wirbelthier-Schädels fehlten. Viel bessere Anhaltpunkte für die Classification der menschlichen Species liefert die Beschaffenheit der Behaarung und der Sprache, besonders die typische Bildung des Kopfhaars, weil diese sich viel strenger als die Schädelform vererbt.

Für die verwickelte Frage von der Stammverwandtschaft der grösseren und kleineren „Rassen"-Gruppen sind vor Allem die neueren Ergebnisse der vergleichenden Sprachforschung maassgebend. Daher ist in der neuesten vortrefflichen Bearbeitung der Menschenrassen, welcher der Wiener Sprachforscher Friedrich Müller in seiner ausgezeichneten Ethnographie[42]) gegeben hat, die Sprache mit Recht in den Vordergrund gestellt. Demnächst ist aber auch die Beschaffenheit des Kopfhaares von grosser Bedeutung. Obwohl an sich allerdings ein untergeordneter morphologischer Character, scheint sie sich dennoch im Ganzen streng innerhalb der Rasse zu vererben. Von den zwölf Menschen-Species, die wir unterscheiden (S. 726), zeichnen sich die vier niederen Arten durch die wollige Beschaffenheit der Kopfhaare aus; jedes Haar ist bandartig abgeplattet und erscheint daher auf dem Querschnitt elliptisch oder länglich rund. Wir können diese vier Arten von Wollharigen (*Ulotriches*) in zwei Gruppen bringen, in Büschelhaarige und Vliesshaarige. Bei den Büschelhaarigen *Lophocomi*), den Papuas und Hottentotten, wachsen die Kopfhaare, ungleichmässig vertheilt, in kleinen Büscheln. Bei den Vliesshaarigen (*Eriocomi*) dagegen, den Kaffern und Negern, sind die Wollhaare gleichmässig über die ganze Kopfhaut vertheilt. Alle Ulotrichen oder Wollhaarigen sind schiefzähnig und langköpfig. Die Farbe der Haut, des Haares und der Augen ist stets sehr dunkel. Alle sind Bewohner der südlichen Erdhälfte; nur in Afrika überschreiten sie den Aequator. Im Allgemeinen stehen sie auf einer viel tieferen Entwickelungsstufe und den Affen viel näher, als die meisten Lissotrichen oder Schlichthaarigen. Einer wahren inneren Cultur und einer höheren geistigen Durchbildung sind die Ulotrichen unfähig, auch unter so günstigen Anpassungsbedingungen, wie sie ihnen jetzt in den vereinigten Staaten Nordamerikas geboten werden. Kein wollhaariges Volk hat jemals eine bedeutende „Geschichte“ gehabt.

Bei den acht höheren Menschen-Arten, die wir als Schlichthaarige (*Lissotriches*) zusammenfassen, ist das Kopfhaar niemals eigentlich wollig, auch wenn es bei einzelnen Individuen sich stark kräuselt. Jedes einzelne Haar ist nämlich cylindrisch (nicht bandförmig) und daher auf dem Querschnitt kreisrund (nicht länglich rund). Auch die acht lissotrichen Species können wir auf zwei Gruppen vertheilen: Straffhaarige und Lockenhaarige. Zu den Straffhaarigen (*Euthycomi*), bei denen das Kopfhaar ganz glatt und straff, nicht gekräuselt ist, gehören die Malayen, Mongolen, Arktiker und Amerikaner. Zu den Lockenhaarigen (*Euplocami*) dagegen, bei denen das Kopfhaar mehr oder weniger lockig und auch der Bart mehr als bei allen anderen Arten entwickelt ist, gehören die Australier, Dravidas, Nubier und Mittelländer. (Vergl. Taf. XX am Ende.)

Bevor wir nun den Versuch wagen, die phyletische Divergenz des Menschengeschlechts und den genealogischen Zusammenhang seiner verschiedenen Arten hypothetisch zu beleuchten, wollen wir eine kurze Schilderung der zwölf genannten Species und ihrer Verbreitung vorausschicken. Um die geographische Verbreitung derselben klar zu übersehen, müssen wir uns um drei oder vier Jahrhunderte zurückversetzen, in die Zeit, wo die indische Inselwelt und Amerika eben erst entdeckt war, und wo die gegenwärtige vielfache Mischung der Species, insbesondere die Ueberfluthung durch die indogermanische Rasse, noch nicht so vorgeschritten war. Auf diese Zeit bezieht sich unsere Taf. XX (am Ende). Wir beginnen, von den niedersten Stufen aufsteigend, mit den wollhaarigen Menschen (*Ulotriches*), welche sämmtlich dunkelfarbige prognathe Dolichocephalen sind.

Unter den jetzt noch lebenden Menschenarten steht der ursprünglichen Stammform der wollhaarigen Menschen am nächsten vielleicht der Papua (*Homo papua*). Diese Species bewohnt gegenwärtig nur noch die grosse Insel Neuguinea und den östlich davon gelegenen Archipel von Melanesien (die Salomons-Inseln, Neu-Kaledonien, die neuen Hebriden u. s. w.). Zerstreute Reste derselben finden sich aber auch noch im Innern der Halbinsel Malacca, sowie auf vielen anderen Inseln des grossen pacifischen Archipels; meistens in den unzugänglichen gebirgigen Theilen des Innern, so namentlich auf den Philippinen. Auch die kürzlich ausgestorbenen Tasmanier oder die Bevölkerung von Vandiemsland gehörte zu dieser Art. Aus diesen und anderen Umständen geht hervor, dass die Papuas früher einen viel weiteren Verbreitungsbezirk im Südosten Asiens besassen. Sie wurden aus diesem durch die Malayen verdrängt, und nach Osten fortgeschoben. Alle Papuas sind von schwarzer oder mehr schokoladenbrauner Hautfarbe. Bald spielt diese mehr in das Bräunliche, bald mehr in das Schiefergraue. Die krausen Haare wachsen in Büscheln, sind spiralig gewunden, und oft über einen Fuss lang, so dass sie eine mächtige, weit abstehende wollige Perrücke bilden. Das Gesicht zeigt unter einer schmalen, eingedrückten Stirn eine grosse aufgestülpte Nase, und dicke, aufgeworfene Lippen. Durch ihre eigenthümliche Haarbildung und Sprache unterscheiden sich die Papuas auffallend von ihren schlichthaarigen Nachbarn, sowohl von den Malayen, als von den Australiern.

Systematische Uebersicht

der 12 Menschen-Arten und ihrer 36 Rassen. (Vergl. Taf. XX.)

	Species	Rasse	Heimath	Einwanderung von
1, 2. Lophocomi	1. Papua Homo papua	1. Negritos	Malacca, Philippinen	Westen
		2. Neuguineer	Neuguinea	Westen
		3. Melanesier	Melanesien	Nordwesten
		4. Tasmanier	Vandiemensland	Nordosten
	2. Hottentotte H. hottentottus	5. Hottentotten	Capland	Nordosten
		6. Buschmänner	Capland	Nordosten
3, 4. Eriocomi	3. Kaffer Homo cafer	7. Zulukaffern	Oestliches Südafrika	Norden
		8. Beschuanen	Centrales Südafrika	Nordosten
		9. Congokaffern	Westliches Südafrika	Osten
	4. Neger Homo niger	10. Tibu-Neger	Tibu-Land	Südosten
		11. Sudan-Neger	Sudan	Osten
		12. Senegambier	Senegambien	Osten
		13. Nigritier	Nigritien	Osten
5—8. Euthycomi	5. Malaye Homo malayus	14. Sundanesier	Sunda-Archipel	Westen
		15. Polynesier	Pacifischer Archipel	Westen
		16. Madagassen	Madagascar	Osten
	6. Mongole Homo mongolus	17. Indochinesen	Tibet, China	Süden
		18. Koreo-Japaner	Corea, Japan	Südwesten
		19. Altajer	Mittelasien, Nordasien	Süden
		20. Uralier	Nordwestasien, Nordeuropa, Ungarn	Südosten
	7. Arktiker H. arcticus	21. Hyperboräer	Nordöstliches Asien	Südwesten
		22. Eskimos	Nördlichstes Amerika	Westen
	8. Amerikaner Homo americanus	23. Nordamerikaner	Nordamerika	Nordwesten
		24. Mittelamerikaner	Mittelamerika	Norden
		25. Südamerikaner	Südamerika	Norden
		26. Patagonier	Südlichstes Amerika	Norden
9—12. Euplocami	9. Australier H. australis	27. Nordaustralier	Nordaustralien	Norden
		28. Südaustralier	Südaustralien	Norden
	10. Dravida H. dravida	29. Tamilen	Vorder-Indien	Norden
		30. Todas	Nilgerri	Norden
	11. Nubier H. nuba	31. Dongolesen	Nubien	Osten
		32. Fulater	Fula-Land (Mittelafrika)	Osten
	12. Mittelländer Homo mediterraneus	33. Kaukasier	Kaukasus	Südosten
		34. Basken	Nördlichstes Spanien	Süden?
		35. Hamosemiten	Arabien, Nordafrika etc.	Osten
		36. Indogermanen	Südwestasien, Europa etc.	Südosten

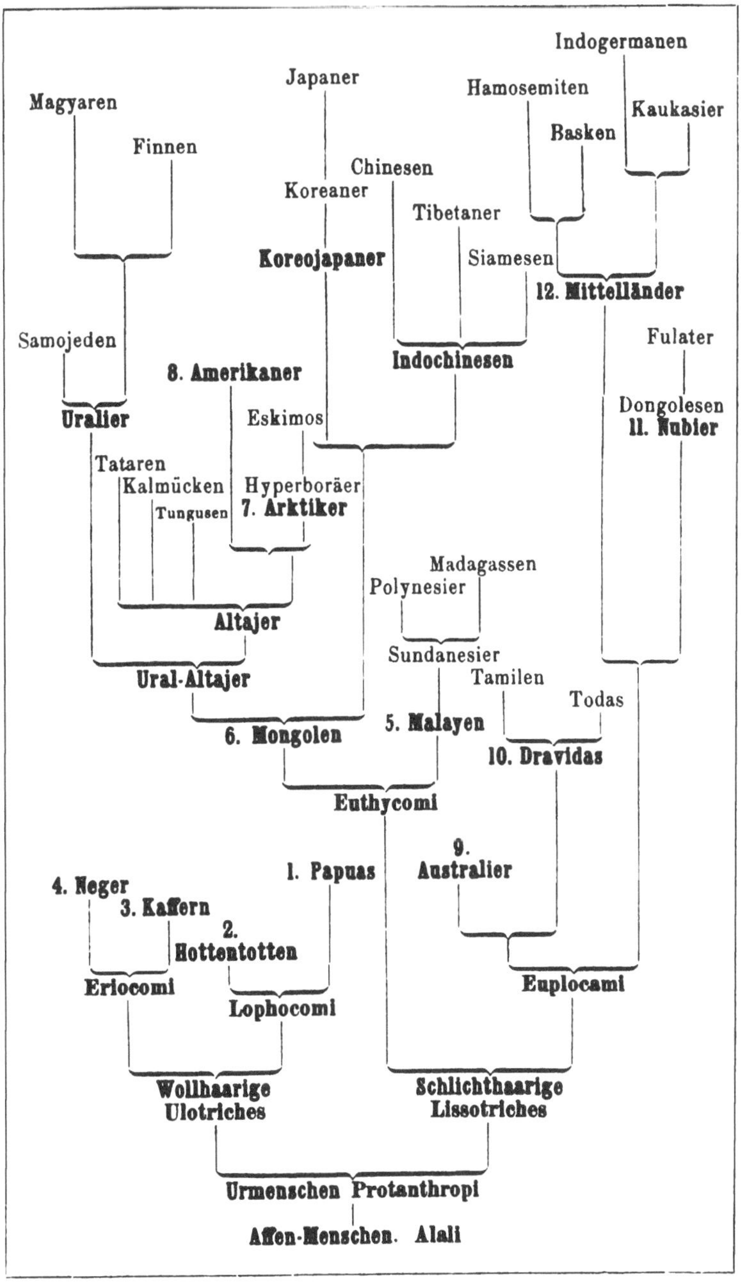
Indogermanen
Japaner
Hamosemiten
Magyaren
Kaukasier
Basken
Finnen
Chinesen
Koreaner
Tibetaner
Koreojapaner
Siamesen
12. Mittelländer
Samojeden
Fulater
Indochinesen
8. Amerikaner
Dongolesen
11. Nubier
Uralier
Eskimos
Tataren
Kalmücken
Hyperboräer
Tungusen
7. Arktiker
Madagassen
Polynesier
Altajer
Sundanesier
Ural-Altajer
Tamilen
Todas
5. Malayen
6. Mongolen
10. Dravidas
Euthycomi
9.
Australier
1. Papuas
4. Neger
3. Kaffern
2.
Hottentotten
Eriocomi
Lophocomi
Euplocami
Wollhaarige
Ulotriches
Schlichthaarige
Lissotriches
Urmenschen Protanthropi
Affen-Menschen. Alali

Auch andere Unterschiede der Papuas sind so wesentlich, dass man sie als eine ganz besondere Species betrachten muss.

Den Papuas durch ähnlichen büscheligen Haarwuchs verwandt. obwohl physiognomisch und räumlich weit von ihnen geschieden, sind die Hottentotten (*Homo hottentottus*). Sie bewohnen ausschliesslich das südlichste Afrika, das Kapland und die nächstangrenzenden Theile, und sind hier von Nordosten her eingewandert. Gleich den Papuas, nahmen auch die Hottentotten früher einen viel grösseren Raum (wahrscheinlich das ganze östliche Afrika) ein und gehen jetzt ihrem Aussterben entgegen. Ausser den eigentlichen Hottentotten, von denen jetzt nur noch die beiden Stämme der Koraka (im östlichen Kapland) und der Namaka (im westlichen Kapland) existiren, gehören hierher auch die Buschmänner (im gebirgigen Innern des Kaplandes). Bei allen diesen Hottentotten wächst das krause Haar ebenso in getrennten, spiralig gewundenen Büscheln, wie bei den Papuas, ähnlich einer Bürste. Beide Species stimmen auch darin überein, dass sich im Gesäss des weiblichen Geschlechts eine besondere Neigung zur Anhäufung grosser Fettmassen zeigt (Steatopygie). Die Hautfarbe der Hottentotten ist aber viel heller, gelblich braun oder selbst graugelb. Das sehr platte und breite Gesicht zeichnet sich durch kleine Stirn und Nase, aber grosse Nasenlöcher aus. Der Mund ist sehr breit, mit grossen Lippen, das Kinn schmal und spitz. Die Sprache ist durch viele ganz eigenthümliche Schnalzlaute ausgezeichnet.

Die nächsten Nachbarn der Hottentotten sind die Kaffern (*Homo cafer*). Diese kraushaarige Menschenart unterscheidet sich jedoch von den Hottentotten und Papuas dadurch, dass das wollige Haar nicht büschelweise vertheilt ist, sondern als dichtes Vliess den Kopf bedeckt (wie bei den Negern). Freilich ist dieser Unterschied nicht streng durchgreifend. Die Farbe der Haut durchläuft alle Abstufungen von dem gelblichen Braun der Hottentotten bis zu dem Braunschwarz oder reinen Schwarz des echten Negers. Während man früher der Kaffernrasse einen sehr engen Verbreitungskreis anwies und sie meist nur als eine Varietät des echten Negers betrachtete, zählt man dagegen jetzt zu dieser Species fast die gesammte Bevölkerung des äquatorialen Afrika von 20 Grad südlicher bis 4 Grad nördlicher Breite, mithin alle Südafrikaner mit Ausschluss der Hottentotten. Insbesondere gehören dahin an der Ostküste die Zulu-, Zambesi- und Mosambik-Völker, im Inneren die grosse Völkerfamilie der Beschuanen oder Setschuanen, und an der Westküste die Herrero- und Congo-Stämme. Auch sie sind, wie die Hottentotten, von Nordosten her eingewandert. Von den Sudan-Negern, mit denen man die Kaffern gewöhnlich vereinigte, unterscheiden sie sich sehr wesentlich durch die Schädelbildung und die Sprache. Das Gesicht ist lang und schmal, die Stirn hoch und gewölbt, die Nase vorspringend, oft gebogen, die Lippen nicht so stark aufgeworfen und das Kinn spitz. Die mannichfaltigen Sprachen der verschiedenen Kaffern-Stämme lassen sich alle von einer ausgestorbenen Ursprache, der Bantu-Sprache, ableiten.

Die Gruppe der Sudanier oder der echten „Neger“ im engeren Sinne (*Homo niger*), umfasst nach Ausschluss der Kaffern, Hottentotten und Nubier, nur noch die Tibus im östlichen Theile der Sahara, die Sudan-Völker oder Sudaner, welche zunächst im Süden dieser grossen Wüste wohnen, und die Bevölkerung der westafrikanischen Küstenländer, von der Mündung des Senegal im Norden, bis unterhalb der Nigermündung im Süden (Senegambier und Nigritier). Die echten Neger sind demnach zwischen den Aequator und den nördlichen Wendekreis eingeschlossen, und haben diesen letzteren nur mit einem kleinen Theile der Tibu-Rasse im Osten überschritten. Innerhalb dieser Zone hat die Neger-Art sich von Osten her ausgebreitet. Die Hautfarbe der echten Neger ist stets ein mehr oder minder reines Schwarz. Die Haut ist sammetartig anzufühlen, und durch eine eigenthümliche übelriechende Ausdünstung ausgezeichnet. Während die Neger in der wolligen Behaarung des Kopfes mit den Kaffern übereinstimmen, unterscheiden sie sich von ihnen nicht unwesentlich durch die Gesichtsbildung. Die Stirn ist flacher und niedriger, die Nase breit und dick, nicht vorspringend, die Lippon stark wulstig aufgetrieben, nnd das Kinn sehr kurz. Ausgezeichnet sind ferner die echten Neger durch sehr dünne Waden und sehr lange Arme. Schon sehr frühzeitig muss sich diese Menschen-Species in viele einzelne Stämme zersplittert haben, da ihre zahlreichen und sehr verschiedenen Sprachen sich kaum auf eine Ursprache zurückführen lassen.

Den vier eben betrachteten wollhaarigen Menschen-Arten stehen nun als anderer Hauptzweig der Gattung die schlichthaarigen (*Homines lissotriches*) gegenüber. Von den acht Arten dieser letzteren lassen sich vier Species als Straffhaarige (*Euthycomi*) und vier Species als Lockenhaarige (*Euplocami*) zusammenfassen. Wir betrachten zunächst die ersteren, zu denen die Urbevölkerung von dem grössten Theile Asiens und von ganz Amerika gehört.

Eine genealogisch wichtige, obwohl nicht umfangreiche Menschen-Species bilden die Malayen (*Homo malayus*), die braune Menschenrasse der früheren Ethnographie. Eine ausgestorbene, südasiatische Menschen-Art, welche den heutigen Malayen sehr nahe stand, ist wahrscheinlich als die gemeinsame Stammform dieser und der folgenden höheren Menschen-Arten anzusehen. Wir wollen diese hypothethische Stammart als Urmalayen oder Promalayen bezeichnen. Die heutigen Malayen zerfallen in zwei weit zerstreute Rassen, in die Sundanesier, welche Malacca und die Sunda-Inseln (Sumatra, Java, Borneo etc.) sowie die Philippinen bevölkern, und die Polynesier, welche über den grössten Theil des pacifischen Archipels ausgebreitet sind. Die nördliche Grenze ihres weiten Verbreitungsbezirks wird östlich von den Sandwich-Inseln (Hawai), westlich von den Marianen-Inseln (Ladronen) gebildet; die südliche Grenze dagegen östlich von dem Mangareva-Archipel, westlich von Neuseeland. Ein weit nach Westen verschlagener einzelner Zweig der Sundanesier sind die Bewohner von Madagaskar. Diese weite pelagische Verbreitung der Malayen erklärt sich aus ihrer besonderen Neigung für das Schifferleben. Als ihre Urheimath ist der südöstliche Theil des asiatischen Festlandes zu betrachten, von wo aus sie sich nach Osten und Süden verbreiteten und die Papuas vor sich her drängten. In der körperlichen Bildung stehen die Malayen unter den übrigen Arten den Mongolen am nächsten, ziemlich nahe aber auch den lockigen Mittelländern. Der Schädel ist meist kurzköpfig, seltener mittelköpfig, und sehr selten langköpfig. Das Haar ist schlicht und straff, oft jedoch etwas gelockt. Die Hautfarbe ist braun, bald mehr gelblich oder zimmetbraun, bald mehr röthlich oder kupferbraun, seltener dunkelbraun. In der Gesichtsbildung stehen die Malayen zum grossen Theil in der Mitte zwischen den Mongolen und Mittelländern. Oft sind sie von letzteren kaum zu unterscheiden. Das Gesicht ist meist breit, mit vorspringender Nase und dicken Lippen, die Augen nicht so enggeschlitzt und schief, wie bei den Mongolen. Alle Malayen und Polynesier bezeugen ihre nahe Stammverwandtschaft durch ihre Sprache, welche sich zwar schon frühzeitig in viele kleine Zweige zersplitterte, aber doch immer von einer gemeinsamen, ganz eigenthümlichen Ursprache ableitbar ist.

Die individuenreichste von allen Menschen-Arten bildet neben dem mittelländischen der mongolische Mensch (*Homo mongolicus*). Dahin gehören die Bewohner des asiatischen Festlandes, mit Ausnahme der Hyperboräer im Norden, der wenigen Malayen im Südosten (Malacca), der Dravidas in Vorderindien, und der Mittelländer im Südwesten. In Europa ist diese Menschen-Art durch die Finnen und Lappen im Norden, sowie durch einen Theil der Türken vertreten. Die Hautfarbe der Mongolen ist stets durch den gelben Grundton ausgezeichnet, bald heller erbsengelb oder selbst weisslich, bald dunkler braungelb. Das Haar ist immer straff und schwarz. Die Schädelform ist bei der grossen Mehrzahl entschieden kurzköpfig (namentlich bei den Kalmücken, Baschkiren u. s. w.), häufig auch mittelköpfig (Tataren, Chinesen u. s. w.). Dagegen kommen echte Langköpfe unter ihnen gar nicht vor. In der runden Gesichtsbildung sind die schmalgeschlitzten, oft schief geneigten Augen auffallend, die stark vorstehenden Backenknochen, breite Nase und dicke Lippen. Die Sprache aller Mongolen lässt sich wahrscheinlich auf eine gemeinsame Ursprache zurückführen. Doch stehen sich als zwei früh getrennte Hauptzweige die einsilbigen Sprachen der indo-chinesischen Rasse und die mehrsilbigen Sprachen der übrigen mongolischen Rassen gegenüber. Zu dem einsilbigen oder monosyllaben Stamme der Indochinesen gehören die Tibetaner, Birmanen, Siamesen und Chinesen. Die übrigen, die vielsilbigen oder polysyllaben Mongolen zerfallen in drei Rassen, nämlich 1) die Koreo-Japaner (Koreaner und Japanesen); 2) die Altajer (Tataren, Türken, Kirgisen, Kalmücken, Burjäten, Tungusen); und 3) die Uralier (Samojeden, Finnen). Von den Finnen stammt ursprünglich auch die magyarische Bevölkerung Ungarns ab.

Als eine Abzweigung der mongolischen Menschen-Art ist der Polarmensch (*Homo arcticus*) zu betrachten. Wir fassen unter dieser Bezeichnung die Bewohner der arktischen Polarländer in beiden Hemisphären zusammen, die Eskimos (und Grönländer) in Nordamerika, und die Hyperboräer im nordöstlichen Asien (Jukagiren, Tschuktschen, Kurjäken und Kamtschadalen). Durch Anpassung an das Polarklima ist diese Menschenform so eigenthümlich umgebildet, dass man sie wohl als Vertreter einer besonderen Species betrachten kann. Ihre Statur ist niedrig und untersetzt, die Schädelform mittelköpfig oder sogar langköpfig, die Augen eng und schief geschlitzt, wie bei den Mongolen, auch die Backenknochen vorstehend und der Mund breit. Das Haar ist straff und schwarz. Die Hautfarbe ist heller oder dunkler bräunlich, bald fast weisslich oder mehr gelb, wie bei den Mongolen, bald mehr röthlich, wie bei den Amerikanern. Die Sprachen der Polarmenschen sind noch wenig bekannt, jedoch sowohl von den mongolischen, als von den amerikanischen verschieden. Wahrscheinlich sind die Arktiker als zurückgebliebene und eigenthümlich angepasste Zweige jenes Mongolen-Stammes zu betrachten, der aus dem nordöstlichen Asien nach Nordamerika hinüberwanderte und diesen Erdtheil bevölkerte.

Zur Zeit der Entdeckung Amerikas war dieser Erdtheil (von den Eskimos abgesehen) nur von einer einzigen Menschenart bevölkert, den Rothhäuten oder Amerikanern (*Homo americanus*). Unter allen übrigen Menschenarten sind ihr die beiden vorigen am nächsten verwandt. Insbesondere ist die Schädelform meistens der Mittelkopf, selten Kurzkopf oder Langkopf. Die Stirn ist breit und sehr niedrig, die Nase gross, vortretend und oft gebogen, die Backenknochen vortretend, die Lippen eher dünn, als dick. Das Haar ist schwarz und straff. Die Hautfarbe ist durch rothen Grundton ausgezeichnet, welcher jedoch bald rein kupferroth oder heller röthlich, bald mehr dunkler rothbraun, gelbbraun oder olivenbraun wird. Die zahlreichen Sprachen der verschiedenen amerikanischen Rassen und Stämme sind ausserordentlich verschieden, aber doch in der ursprünglichen Anlage wesentlich übereinstimmend. Wahrscheinlich ist Amerika zuerst vom nordöstlichen Asien her bevölkert worden, von demselben Mongolen-Stamme, von dem auch die Arktiker (Hyperboräer und Eskimos), sich abgezweigt haben. Zuerst breitete sich dieser Stamm in Nordamerika aus und wanderte erst von da aus über die Landenge von Central-Amerika hinunter nach Südamerika, in dessen südlichster Spitze die Species durch Anpassung an sehr ungünstige Existenz-Bedingungen eine starke Rückbildung erfuhr. Wahrscheinlich sind aber von Westen her ausser Mongolen auch Polynesier, durch Stürme verschlagen, in Amerika eingewandert und haben sich mit diesen vermischt. Jedenfalls sind die Ureinwohner Amerikas aus der alten Welt herübergekommen, und keineswegs, wie Einige meinten, aus amerikanischen Affen entstanden. Catarhinen oder schmalnasige Affen haben zu keiner Zeit in Amerika existirt.

Die vier Menschen-Species, welche wir nun noch unterscheiden, die Australier, Dravidas, Nubier und Mittelländer, stimmen in mancherlei Eigenthümlichkeiten überein, welche eine nähere Verwandtschaft derselben zu begründen scheinen und sie von den vorhergehenden unterscheiden. Dahin gehört vor Allen die Entwickelung eines starken Barthaares, welches allen übrigen Species entweder ganz fehlt oder nur sehr spärlich auftritt. Das Haupthaar ist gewöhnlich nicht so straff und glatt, wie bei den vier vorhergehenden Arten, sondern meistens mehr oder weniger gelockt. Auch andere Charactere scheinen dafür zu sprechen, dass wir dieselben in einer Hauptgruppe, den Lockenhaarigen (*Euplocami*), vereinigen können. Aus der gemeinsamen Stammform der Euplocamen, deren Urheimath wir im südlichen Asien suchen, sind wahrscheinlich zunächst zwei divergente Zweige entstanden, von denen sich der eine nach Südosten, der andere nach

Nordwesten gewendet hat. Reste des ersteren sind die Australier und die Dravidas. Aus dem letzteren hingegen sind die Nubier und Mittelländer hervorgegangen.

Auf der tiefsten Stufe unter allen lockenhaarigen Menschen, und in mancher Beziehung unter allen noch lebenden Menschen-Arten, stehen die Australier oder Australneger (*Homo australis*). Diese Species scheint ausschliesslich auf die grosse Insel Australien beschränkt zu sein. Sie gleicht dem echten afrikanischen Neger durch die schwarze oder schwarzbraune und übelriechende Haut, durch die stark schiefzähnige und langköpfige Schädelform, die zurücktretende Stirn, breite Nase und dick aufgeworfene Lippen, sowie durch den fast gänzlichen Mangel der Waden. Dagegen unterscheiden sich die Australneger sowohl von den echten Negern, als von ihren nächsten Nachbarn, den Papuas, durch viel schwächeren, feineren Knochenbau, und namentlich durch die Bildung des schwarzen Kopfhaares; dieses ist nicht wollig-kraus, sondern wellig oder lockig, bald fast schlicht, bald deutlich gelockt. Die sehr tiefe körperliche und geistige Ausbildungsstufe der Australier ist zum Theil vielleicht nicht ursprünglich, sondern durch Rückbildung, durch Anpassung an die sehr ungünstigen Existenz-Bedingungen Australiens entstanden. Wahrscheinlich sind die Australneger, als ein sehr früh abgezweigter Ast der Euplocamen, von Norden oder Nordwesten her in ihre gegenwärtige Heimath eingewandert. Vielleicht sind sie den Dravidas näher verwandt als alle übrigen noch lebenden Rassen. Die ganz eigenthümliche Sprache der Australier zersplittert sich in sehr zahlreiche kleine Zweige, die in eine nördliche und in eine südliche Abtheilung sich gruppiren.

Unmittelbar schliesst sich an die Australneger zunächst die merkwürdige Art der Dravida an (*Homo dravida*). Gegenwärtig ist diese uralte Species nur noch durch die Dekhan-Völker im südlichen Theile Vorder-Indiens und durch die benachbarten Bewohner der Gebirge des nordöstlichen Ceylon vertreten. Früher aber scheint dieselbe ganz Vorderindien eingenommen und auch noch weiter sich ausgedehnt zu haben. Sie zeigt einerseits Verwandtschafts-Beziehungen zu den Australiern und Malayen, anderseits zu den Mongolen und Mittelländern. Die Hautfarbe ist ein lichteres oder dunkleres Braun, bei einigen Stämmen mehr gelbbraun, bei vielen schwarzbraun. Das Haupthaar ist, wie bei den Mittelländern, mehr oder weniger gelockt, weder ganz glatt, wie bei den Euthycomen, noch wollig, wie bei den Ulotrichen. Auch durch den ausgezeichnet starken Bartwuchs gleichen sie den Mittelländern. Ihre ovale Gesichtsbildung scheint theils derjenigen der Malayen, theils derjenigen der Mittelländer am nächsten verwandt zu sein. Gewöhnlich ist die Stirn hoch, die Nase vorspringend, schmal, die Lippen wenig aufgeworfen. Während meines Aufenthaltes auf Ceylon (im Winter 1881/82) hatte ich, besonders in den Pflanzungen des Hochlandes der Insel, Gelegenheit, sehr zahlreiche Dravidas aus dem Stamme der Tamilen zu sehen; ich war überrascht von dem ausgeprägten Typus dieser selbstständigen schwarzbraunen Menschen-Art; die fast eben so weit entfernt ist in Gesichtsbildung und Körperbau von den zimmtbraunen Singhalesen (Ariern), wie von den wollhaarigen Negern, zu denen sie gar keine Beziehung besitzen. Einen sehr merkwürdigen Stamm der Dravida-Art (vielleicht eine selbstständige Rasse) bilden die Toda's im Nilagiri-Gebirge; ihr schwarzer Oberkörper ist sehr stark behaart (wie bei den Ainos in Japan), und ihre Augenbrauen-Bogen springen sehr stark über die flache Stirn vor, ähnlich wie beim „Neanderthal-Schädel." Vielleicht sind in den Todas' und in anderen dravidischen Bergvölkern Vorder-Indiens Ueberreste einer uralten Menschen-Rasse erhalten, die dem Urmenschen noch sehr nahe stand. Die Sprache der Dravida ist gegenwärtig stark mit indogermanischen Elementen vermischt, scheint aber ursprünglich von einer ganz eigenthümlichen Ursprache abzustammen.

Nicht weniger Schwierigkeiten als die Dravida-Species, hat den Ethnographen der Nubier (*Homo nuba*) verursacht, unter welchem Namen wir nicht nur die eigentlichen Nubier (Schangallas oder Dongolesen), sondern auch die ganz nahe verwandten Fulas, Fulben oder Fellatas begreifen. Die eigentlichen Nubier bewohnen die oberen Nil-Länder (Dongola, Schangalla, Barabra, Kordofan); die Fulas oder Fellatas dagegen sind von da aus weit nach Westen gewandert und bewohnen jetzt einen breiten Strich im Süden der westlichen Sahara, eingekeilt zwischen die Sudaner im Norden und die Nigritier im Süden. Gewöhnlich werden die Nuba- und Fula-Völker entweder zu den Negern oder zu den hamitischen Völkern (also Mittelländern) gerechnet, unterscheiden sich aber von Beiden so wesentlich, dass man sie als eine besondere Art betrachten darf. Wahrscheinlich nahm dieselbe früher einen grossen Theil des nordöstlichen Afrika ein. Die Hautfarbe der Nuba- und Fula-Völker ist gelbbraun oder rothbraun, häufig selbst kupferroth, seltener dunkelbraun bis schwarz. Das Haar ist nicht wollig, sondern nur lockig, oft sogar fast ganz schlicht; die Haarfarbe ist dunkelbraun oder schwarz. Der Bartwuchs ist viel stärker als bei den Negern entwickelt. Die ovale, oft edle Gesichtsbildung nähert sich viel mehr dem mittelländischen als dem Neger-Typus. Die Stirn ist hoch und breit, die Nase vorspringend und nicht platt gedrückt, die Lippen nicht so stark aufgeworfen wie beim Neger. Vielleicht stammen die alten Egypter von dieser Rasse ab. Die Sprachen der nubischen Völker scheinen mit denjenigen der echten Neger gar keine Verwandtschaft zu besitzen.

An die Spitze aller Menschenarten hat man von jeher als die höchst entwickelte und vollkommenste den kaukasischen oder mittelländischen Menschen (*Homo mediterraneus*) gestellt. Gewöhnlich wird diese Form als „kaukasische Rasse“ bezeichnet. Da jedoch grade der kaukasische Zweig unter allen Rassen dieser Species der wenigst bedeutende ist, so ziehen wir die von Friedrich Müller vorgeschlagene, viel passendere Bezeichnung des Mediterran-Menschen oder Mittelländers vor. Denn die wichtigsten Rassen dieser Species, welche zugleich die bedeutendsten Factoren der sogenannten „Weltgeschichte“ sind, haben sich an den Gestaden des Mittelmeeres zu ihrer ersten Blüthe entwickelt. Der frühere Verbreitungsbezirk dieser Art wird durch die Bezeichnung der „indo-atlantischen“ Species ausgedrückt, während dieselbe gegenwärtig sich über die ganze Erde verbreitet und die meisten übrigen Menschen-Species im Kampfe um's Dasein überwindet. In körperlicher, wie in geistiger Beziehung kann sich keine andere Menschenart mit der mittelländischen messen. Sie allein hat (abgesehen von der mongolischen Species) eigentlich „Geschichte“ gemacht. Sie allein hat jene Blüthe der Cultur entwickelt, welche den Menschen über die ganze Natur zu erheben scheint.

Die Charactere, durch welche sich der mittelländische Mensch von den anderen Arten des Geschlechts unterscheidet, sind allbekannt. Unter den äusseren Kennzeichen tritt die helle Hautfarbe in den Vordergrund; jedoch zeigt diese alle Abstufungen von reinem Weiss oder Röthlich weiss, durch Gelb und Gelbbraun, bis zum Olivenbraunen oder selbst Dunkelbraunen. Der Haarwuchs ist meistens stark, das Haupthaar mehr oder weniger lockig, das Barthaar stärker, als bei allen übrigen Arten. Die Schädelform zeigt einen grossen Breitengrad der Entwickelung; überwiegend sind im Ganzen wohl die Mittelköpfe; aber auch Langköpfe und Kurzköpfe sind weit verbreitet. Der Körperbau im Ganzen erreicht nur bei dieser einzigen Menschenart jenes Ebenmaass aller Theile und jene gleichmässige Entwickelung, welche wir als den Typus vollendeter menschlicher Schönheit bezeichnen. Die Sprachen aller Rassen dieser Species lassen sich bis jetzt noch nicht auf eine einzige gemeinsame Ursprache zurückführen; vielmehr sind mindestens vier verschiedene Ursprachen anzunehmen. Dem entsprechend sind auch vier verschiedene, nur unten an der Wurzel zusammenhängende Rassen innerhalb dieser einen Species zu unterscheiden. Zwei von diesen Rassen, die Basken und Kaukasier, existiren nur noch in geringen Ueberbleibseln. Die Basken, welche früher ganz Spanien und Südfrankreich bevölkerten, leben jetzt nur noch in einem schmalen Striche, an der nördlichen Küste Spaniens, im Grunde der Bucht von Biscaya. Die Reste der kaukasischen Rasse (die Daghestaner, Tscherkessen, Mingrelier und Georgier) sind jetzt auf das Gebirgsland des Kaukasus zurückgedrängt. Sowohl die Sprache der Kaukasier, als die der Basken ist durchaus eigenthümlich und lässt sich weder auf die hamosemitische noch auf die indogermanische Ursprache zurückführen.

Auch die Sprachen der beiden Hauptrassen der mediterranen Species, die hamosemitische und indogermanische, lassen sich kaum auf einen gemeinsamen Stamm zurückführen, und daher müssen diese beiden Rassen schon sehr früh sich von einander getrennt haben. Hamosemiten und Indogermanen hängen höchstens unten an der Wurzel zusammen. Die hamosemitische Rasse spaltete sich ebenfalls schon sehr früh in zwei divergirende Zweige, den hamitischen Zweig (in Egypten) und den semitischen Zweig (in Arabien). Der egyptische oder afrikanische Zweig, die Hamiten genannt, umfasst die alte Bevölkerung Egyptens, ferner die grosse Gruppe der Lybier und Berber, welche Nordafrika inne haben und früher auch die canarischen Inseln bewohnten, und endlich die Gruppe der Altnubier oder Aethiopier (Bedscha, Galla, Danakil, Somali und andere Völker), welche das ganze nordöstliche Küstenland von Afrika bis zum Aequator herab bevölkern. Der arabische oder asiatische Zweig dagegen, die Semiten umfassend, spaltet sich in zwei Hauptäste: Araber (Südsemiten) und Urjuden (Nordsemiten). Der arabische Hauptast enthält die Bewohner der grossen arabischen Halbinsel, die uralte Familie der eigentlichen Araber („Urtypus des Semiten"), die Abessinier und Mauren. Zum urjüdischen Hauptast gehören die ausgestorbenen Mesopotamier (Assyrier, Babylonier, Urphönicier), die Aramäer (Syrier, Chaldäer, Samariter) und sodann die höchst entwickelte Semiten-Gruppe, die Bewohner von Palästina: die Phönicier und die eigentlichen Juden oder Hebräer.

Die indogermanische Rasse endlich, welche alle übrigen Menschenrassen in der geistigen Entwickelung weit überflügelt hat, spaltete sich gleich der semitischen sehr früh schon in zwei divergente Zweige, den ario-romanischen und slavo-germanischen Zweig. Aus dem ersteren gingen einerseits die Arier (Inder und Iraner), andrerseits die Gräcoromanen (Griechen und Albanesen, Italer und Kelten) hervor. Aus dem slavo-germanischen Zweige entwickelten sich einerseits die Slaven (russische und bulgarische, cechische und baltische Stämme), andrerseits die Germanen (Scandinavier und Deutsche, Niederländer und Angelsachsen). Wie sich die weitere Verzweigung der indogermanischen Rasse auf Grund der vergleichenden Sprachforschung im Einzelnen genau verfolgen lässt, hat August Schleicher in sehr anschaulicher Form genealogisch entwickelt[6]).

Die Gesammtzahl der menschlichen Individuen, welche gegenwärtig leben, beträgt zwischen 1300 und 1400 Millionen. Auf der nachstehenden tabellarischen Uebersicht sind 1350 Millionen als Mittel angenommen. Davon kommen nach ungefährer Schätzung, soweit solche überhaupt möglich ist, nur etwa 150 Millionen auf die wollhaarigen, dagegen 1200 Millionen auf die schlichthaarigen Menschen. Die beiden höchst entwickelten Species, Mongolen und Mittelländer, übertreffen an Individuenmasse bei weitem alle übrigen Menschenarten, indem auf jede derselben allein ungefähr 550 Millionen kommen (vgl. Friedrich Müller Ethnographie S. XXX). Natürlich wechselt das Zahlenverhältniss der zwölf Species mit jedem Jahre, und zwar nach dem von Darwin entwickelten Gesetze, dass im Kampfe um's Dasein die höher entwickelten, begünstigteren und grösseren Formengruppen die bestimmte Neigung und die sichere Aussicht haben, sich immer mehr auf Kosten der niederen, zurückgebliebenen und kleineren Gruppen auszubreiten. So hat die mittelländische Species, und innerhalb derselben die indogermanische Rasse, vermöge ihrer höheren Gehirnentwickelung alle übrigen Rassen und Arten im Kampfe um's Dasein überflügelt, und spannt schon jetzt das Netz ihrer Herrschaft über die ganze Erdkugel aus. Erfolgreich concurriren kann mit den Mittelländern, wenigstens in gewisser Beziehung, nur die mongolische Species. Innerhalb der Tropengegenden sind die Neger (Sudanier und Kaffern), die Nubier und die Malayen, durch ihre bessere Anpassungsfähigkeit an das heisse Klima, ebenso in den Polargegenden die Arktiker durch ihr kaltes Klima vor dem Andringen der Indogermanen einigermaassen geschützt. Dagegen werden die übrigen Rassen, die ohnehin sehr zusammengeschmolzen sind, den übermächtigen Mittelländern im Kampf ums Dasein früher oder später gänzlich erliegen. Zum grossen Theil werden sie schon durch die sogenannten „Segnungen der Civilisation" aufgerieben; zum anderen Theil durch direkte Kämpfe und durch geschlechtliche Vermischung. Schon jetzt gehen die Amerikaner und Australier mit raschen Schritten ihrer völligen Ausrottung entgegen, und dasselbe gilt auch von den Dravidas, Papuas und Hottentotten.

Für die phylogenetische Classification der Menschen-Rassen und die Erkenntniss ihrer verwickelten Verwandtschafts-Beziehungen sind zwei wichtige Verhältnisse noch besonders in's Auge zu fassen: erstens die unzähligen Kreuzungen und Bastard-Bildungen, welche bei der geschlechtlichen Mischung der verschiedenen Menschen-Rassen, gefördert durch ihre vielfachen Wanderungen, seit mehr als zwanzig Jahrtausenden stattgefunden haben; und zweitens die besondere Begünstigung der Formspaltung oder morphologischen Divergenz, welche die uralte Domestication, oder die Anpassung an die besonderen Bedingungen des Cultur-Lebens hervorgebracht hat. In beiden Beziehungen verhält sich das Menschengeschlecht sehr ähnlich wie unsere, seit vielen Jahrtausenden domesticirten Hausthiere, insbesondere der Hund.

Rein morphologisch betrachtet, d. h. bloss gestützt auf die kritische Vergleichung der mannichfachen Unterschiede im Körperbau, der äusseren Gestalt, der Skeletbildung u. s. w. kann es keinem Zweifel unterliegen, dass die unzähligen Rassen und Spielarten unseres Haushundes in viel höherem Maasse von einander verschieden sind, als die differenten Genera und Species, welche der Zoologe im System der Hunde-Familie unterscheidet. Und dennoch werden sie meist nur als Abarten einer einzigen „Species": *Canis familiaris* betrachtet. In gleicher Weise halten auch die meisten Anthropologen dogmatisch an der sogenannten „Art-Einheit" aller Menschen-Rassen fest und vereinigen sie in einer „Species": *Homo sapiens*. Der unbefangene kritische Forscher aber, welcher dieselben genau vergleicht, kann sich der Ueberzeugung nicht verschliessen, dass ihre morphologischen Unterschiede viel bedeutender sind, als diejenigen, durch welche sich im zoologischen System z. B. die verschiedenen Species der Bären, oder der Wölfe, oder der Katzen unterscheiden. Ja sogar die morphologischen Unterschiede zwischen zwei allgemein anerkannten Genera, z. B. Schaf (*Ovis*) und Ziege (*Capra*), sind viel unbedeutender, als diejenigen zwischen einem Papua und einem Eskimo, oder zwischen einem Hottentotten und einem Germanen. Vortreffliche Ausführungen über diese Frage enthält die kürzlich erschienene Anthropologie von Paul Topinard[68]).

Die geschichtliche Betrachtung des zoologischen Systems zeigt uns, dass unsere fortschreitende Kenntniss der Thierformen stets zu einer immer weitergehenden Spaltung der Gruppen führt. Verwandte Arten, die bei Linné in einer Gattung, bei Cuvier in einer Familie vereinigt waren, bilden jetzt eine umfangreiche Ordnung mit mehreren Familien und vielen Gattungen. Dem entsprechend wird auch das zoologische System der Säugethiere früher oder später die heute gewöhnlich als „Rassen" betrachteten Formengruppen als „Species" auffassen, und die Gattung *Homo* in mehrere Genera (oder zunächst Subgenera) auflösen. Zunächst könnte man dann als zwei Gattungen den Wollhaar-Mensch (*Ulanthropos*) und den Schlichthaar-Mensch (*Lissanthropos*) trennen; zu ersterer Gattung würden unsere vier erstgenannten, zur zweiten die acht letztgenannten Arten gehören. Noch naturgemässer und practischer ist es vielleicht, die vier Genera zu unterscheiden, welche die nachstehende Tabelle zeigt: 1. *Lophocomus*, 2. *Eriocomus*, 3. *Euthycomus*, 4. *Euplocamus*.

Indem wir uns nun zu der eben so interessanten als schwierigen Frage von dem verwandtschaftlichen Zusammenhang, den Wanderungen und der Urheimath der zwölf Menschenarten wenden, will ich im Voraus bemerken, dass bei dem gegenwärtigen unvollkommenen Zustande unserer anthropologischen Kenntnisse jede Antwort auf diese Frage nur als eine provisorische Hypothese gelten kann. Es verhält sich damit nicht anders, als mit jeder genealogischen Hypothese, die wir uns auf Grund des „natürlichen Systems" von dem Ursprung verwandter Thier- und Pflanzenarten machen können. Durch die nothwendige Unsicherheit dieser speciellen Descendenz-Hypothesen wird aber die absolute Sicherheit der generellen Descendenz-Theorie in keinem Falle erschüttert. Der Mensch stammt jedenfalls von Catarhinen oder schmalnasigen Affen ab, mag man nun mit den Polyphyleten jede Menschenart in ihrer Urheimath aus einer besonderen Affenart entstanden sein lassen, oder mag man mit den Monophyleten annehmen, dass alle Menschenarten erst durch Differenzirung aus einer einzigen Species von Urmensch (*Homo primigenius*) entstanden sind.

System der zwölf Menschen-Arten, vertheilt auf vier Gattungen.

Vier Genera.	Kopf-Haar.	Schädel-Form.	Haut-farbe.	Zwölf Species.
I. **Lophocomus** Buschhaar-Mensch (**Homo papuoides**)	wollig-büschelig, mit länglich elliptischem Querschnitt, schwarz	Schiefzähnige Langköpfe (dolichocephal und prognath)	Grundton gelbbraun	1. **Lophocomus hottentottus** Süd-Africa
			Grundton braunschwarz	2. **Lophocomus papua** Neu-Guinea Melanesien
II. **Eriocomus** Vliesshaar-Mensch (**Homo negroides**)	wolligfilzig, mit elliptischem Querschnitt, schwarz	Schiefzähnige Langköpfe (dolichocephal und prognath)	Grundton schwarz oder schwarzbraun	3. **Eriocomus cafer** Süd-Africa
				4. **Eriocomus niger** Sudan-Neger Central-Africa
III. **Euthycomus** Straffhaar-Mensch (**Homo mongoloides**)	straff, gerade, mit kreisrundem Querschnitt, schwarz	meistens Kurzköpfe (brachycephal), viele Mittelköpfe (mesocephal)	Grundton braun	5. **Euthycomus malayus** Sundanesien Polynesien
			Grundton gelb	6. **Euthycomus mongolus** Asien
		meistens Mittelköpfe (mesocephal), viele Kurzköpfe (brachycephal)	Grundton gelb	7. **Euthycomus arcticus** Hyperboraea
			Grundton kupferroth bis rothbraun	8. **Euthycomus americanus** America
IV. **Euplocamus** Lockenhaar-Mensch (**Homo eranoides**)	lockig oder wellig, mit rundlichem Querschnitt, von sehr verschiedener Farbe	Schiefzähnige Langköpfe (dolichocephal und prognath)	Grundton schwarz oder schwarzbraun	9. **Euplocamus australis** Australien
				10. **Euplocamus dravida** Vorder-Indien
		meistens Mittelköpfe (mesocephal), viele Langköpfe, andere Kurzköpfe	Grundton rothbraun	11. **Euplocamus nuba** Nordost-Africa
			Grundton hell (röthlich weiss oder bräunlich)	12. **Euplocamus mediterraneus** West-Asien Nord-Africa Europa

Aus vielen und wichtigen Gründen halten wir diese letztere, monophyletische Hypothese für die richtigere, und nehmen demnach vorläufig für das Menschengeschlecht eine einzige Urheimath an, in der dasselbe sich aus einer längst ausgestorbenen anthropoiden Affenart entwickelt hat. Von den jetzt existirenden fünf Welttheilen kann weder Australien, noch Amerika, noch Europa diese Urheimath oder das sogenannte „Paradies“, die „Wiege des Menschengeschlechts“, sein. Vielmehr deuten die meisten Anzeichen auf das südliche Asien. Ausser dem südlichen Asien könnte von den gegenwärtigen Festländern nur noch Afrika in Frage kommen. Ausserdem schienen bis vor Kurzem eine Menge von Anzeichen (besonders chorologische Thatsachen) darauf hinzudeuten, dass die Urheimath des Menschen ein jetzt unter den Spiegel des indischen Oceans versunkener Continent sei, welcher sich im Süden des jetzigen Asiens (und wahrscheinlich mit ihm in directem Zusammenhang) einerseits östlich bis nach Hinterindien und den Sunda-Inseln, andrerseits westlich bis nach Madagaskar und dem südöstlichen Afrika erstreckte. Wir haben schon früher erwähnt, dass viele Thatsachen der Thier- und Pflanzen-Geographie die frühere Existenz eines solchen südindischen Continents sehr wahrscheinlich machen (vergl. S. 327). Derselbe ist von dem Engländer Sclater wegen der für ihn charakteristischen Halbaffen Lemuria genannt worden. Wenn wir dieses Lemurien als Urheimath annehmen wollten, so liesse sich daraus am leichtesten die geographische Verbreitung der divergirenden Menschenarten durch Wanderung erklären. Indessen sind in neuester Zeit gegen diese, auch von mir früher vertretene Hypothese so erhebliche Bedenken, besonders von geologischer Seite, geltend gemacht worden, dass wir sie vorläufig wohl besser aufgeben.

In diesem Falle bleibt unter den verschiedenen Erdtheilen, in denen man das „Paradies“ oder den Entstehungs-Ort der Menschen-Gattung suchen könnte, als bei weitem wahrscheinlichster Süd-Asien übrig, und zwar der westliche Theil desselben, Vorder-Indien. Historische Ereignisse und prähistorische Funde, anthropologische Beziehungen und ethnographische Mischungen, paläontologische Entdeckungen und pithekologische Vergleichungen machen es in hohem Grade wahrscheinlich, dass Vorder-Indien und die angrenzenden Gebiete (insbesondere auch der Süd-Abhang der Himalaya-Kette) während der pliocenen oder jüngsten Tertiär-Periode der Schauplatz grossartiger Umgestaltungen und Wanderungen in der organischen Welt war. Ganz besonders scheint von diesen Umbildungs-Processen die Säugethier-Classe, und in derselben die höchste Gruppe, die der Primaten, betroffen worden zu sein. Noch heute leben in den Gebirgen Vorder-Indiens verschiedene wilde Stämme, die unter den lebenden Menschen-Rassen eine der tiefsten Stufen einnehmen; so z. B. die Toda's und andere Dravida-Stämme, die Huxley mit Recht an die Austral-Neger anschliesst. Vielleicht sind diese dem längst ausgestorbenen „Urmenschen" am nächsten verwandt.

Allerdings sind von unserem hypothetischen „Urmenschen" (*Protanthropos atavus* — oder *Homo primigenius*) bisher noch keine fossilen Reste gefunden worden. Aber bei der ausserordentlichen Aehnlichkeit im Körperbau, welche sich zwischen den niedersten Menschenrassen und den höchsten Menschenaffen selbst jetzt noch erhalten hat, bedarf es nur geringer Einbildungskraft, um sich zwischen Beiden eine vermittelnde Zwischenform und in dieser ein ungefähres Bild von dem muthmaasslichen Urmenschen oder Affenmenschen vorzustellen. Die Schädelform desselben wird wahrscheinlich sehr langköpfig und schiefzähnig gewesen sein, die Hautfarbe dunkel, bräunlich oder schwärzlich. Die Behaarung des ganzen Körpers wird dichter als bei allen jetzt lebenden Menschenarten gewesen sein, die Arme im Verhältniss länger und stärker, die Beine dagegen kürzer und dünner, mit ganz unentwickelten Waden; der Gang mit stark eingebogenen Knieen. Im Uebrigen wird man, einen monophyletischen Ursprung des Menschen annehmend, die Uebergangs-Bildung des *Protanthropos* im Ganzen als Zwischenform zwischen südasiatischen Menschen-Affen und niedersten Euplocamen-Rassen sich vorstellen können. Zieht man dagegen die diphyletische Hypothese vor, so liessen sich wohl manche Gründe für die Ansicht beibringen, dass der lissotriche Urmensch (als Stammform der acht schlichthaarigen

Arten) aus südasiatischen Anthropoiden, hingegen der ulotriche Urmensch (als Stammform der vier wollhaarigen Arten) aus central-afrikanischen Menschen-Affen hervorgegangen sei.

Einer der wenigen, jetzt noch übrigen, namhaften Gegner der Affen-Abstammungslehre, Virchow, hat neuerdings erklärt, dass der Urmensch oder Protanthropos überhaupt kein Gegenstand ernster wissenschaftlicher Forschung, sondern nur im Traume vorstellbar sei. Dieses geflügelte Wort hat bedenkliche Aehnlichkeit mit einem anderen, welches ein sehr kenntnissreicher Zoologe vor dreissig Jahren aussprach; er nannte die eben geborene Darwin'sche Theorie den „Traum eines Mittagsschläfchens". Dieselbe Anschauung wurde zwei Decennien hindurch von den meisten Koryphäen der Berliner und der Pariser Academie der Wissenschaften erfolgreich vertreten. Trotzdem ist heute aus jenem „Traum" ein lebendiger „Baum" geworden, der vielverzweigte Baum der phylogenetischen Wissenschaften; ein „Baum der Erkenntniss", welcher für alle biologischen Zweige bereits die herrlichsten Früchte getragen hat und deren jedes Jahr mehr trägt.

Hand in Hand mit der Umbildung der Gliedmaassen wird bei der allmählichen Entwickelung des Protanthropos oder Urmenschen auch diejenige des Gehirns und des Kehlkopfs gegangen sein. Wenn die eigentlich menschliche Sprache, d. h. die articulirte Begriffssprache, monophyletisch oder einheitlichen Ursprungs ist (wie Bleek, Geiger u. A. annehmen), so wird der Affenmensch die ersten Anfänge derselben bereits besessen haben. Wenn sie dagegen polyphyletisch oder vielheitlichen Ursprungs ist (wie Schleicher, F. Müller u. A. behaupten), so wird der Affenmensch noch sprachlos (*Alalus*) gewesen sein und seine Nachkommen werden die Sprache erst erworben haben, nachdem bereits die Divergenz der Urmenschenart in verschiedene Species erfolgt war. Die Zahl der Ursprachen ist aber noch beträchtlich grösser, als die Zahl der vorher betrachteten Menschenarten, Denn es ist noch nicht gelungen, die vier Ursprachen der mittelländischen Species, das Baskische, Kaukasische, Hamosemitische und Indogermanische, auf eine einzige Ursprache zurückzuführen.

Ebensowenig lassen sich die verschiedenen Negersprachen von einer gemeinsamen Ursprache ableiten. Diese beiden Species, Mittelländer und Neger, sind daher jedenfalls polyglottone. Dagegen ist die malayische Menschenart monoglottonisch; alle ihre polynesischen und sundanesischen Dialecte und Sprachen lassen sich von einer gemeinsamen, längst untergegangenen Ursprache ableiten. Eben so monoglottone sind die übrigen Menschenarten: die Mongolen, Arktiker, Amerikaner, Nubier, Dravidas, Australier, Papuas, Hottentotten und Kaffern (vgl. S. 749). Uebrigens sprechen viele wichtige Gründe für die Annahme, dass schliesslich doch auch alle jene „Ursprachen" sich noch werden auf eine einzige gemeinsame Wurzelsprache zurückführen lassen.

Aus dem sprachlosen Urmenschen, den wir als die gemeinsame Stammart aller übrigen Species ansehen, entwickelten sich zunächst wahrscheinlich durch natürliche Züchtung verschiedene uns unbekannte, jetzt längst ausgestorbene Menschenarten, die noch auf der Stufe des sprachlosen Affenmenschen (*Alalus* oder *Pithecanthropus*) stehen blieben. Zwei von diesen Species, eine wollhaarige und eine schlichthaarige Art, welche am stärksten divergirten und daher im Kampfe um's Dasein über die andern den Sieg davon trugen, wurden die Stammformen der übrigen Menschenarten.

Der Hauptzweig der wollhaarigen Menschen (*Ulotriches*) breitete sich zunächst bloss auf der südlichen Erdhälfte aus, und wanderte hier theils nach Osten, theils nach Westen. Ueberreste des östlichen Zweiges sind die Papuas in Neuguinea und Melanesien, welche früher viel weiter westlich (in Hinterindien und Sudanesien) verbreitet waren, und erst später durch die Malayen nach Osten gedrängt wurden. Wenig veränderte Ueberreste des westlichen Zweiges sind die Hottentotten, welche in ihre jetzige Heimath von Nordosten aus eingewandert sind. Vielleicht während dieser Wanderung zweigten sich von ihnen die Neger (Kaffern und Sudanier) ab. Wahrscheinlich sind aber diese Eriocomen aus einem andern Zweige des Ulotrichen-Stammes hervorgegangen.

Der zweite und entwickelungsfähigere Hauptzweig der Urmenschen-Art, die schlichthaarigen Menschen (*Lissotriches*), haben uns vielleicht einen wenig veränderten, nach Südosten geflüchteten Rest ihrer gemeinsamen Stammform in den affenartigen Australiern hinterlassen. Ueberreste eines anderen sind möglicherweise die Todas und einige andere Bergstämme der Dravida-Art. Diesen letzteren sehr nahe standen vielleicht die südasiatischen Urmalayen oder Promalayen, mit welchem Namen wir vorher die ausgestorbene hypothetische Stammform der übrigen schlichthaarigen Menschenarten bezeichnet haben. Aus dieser unbekannten gemeinsamen Stammform scheinen sich als drei divergirende Zweige die eigentlichen Malayen, die Mongolen und die Euplocamen entwickelt zu haben. Die ersten breiteten sich nach Osten, die zweiten nach Norden, die dritten nach Westen hin aus.

Die Urheimath oder der „Schöpfungsmittelpunkt" der Malayen ist im südöstlichen Theile des asiatischen Festlandes zu suchen oder vielleicht in einem ausgedehnteren Continent, der früher bestand, als noch Hinterindien mit dem Sunda-Archipel oder selbst mit Vorder-Indien unmittelbar zusammenhing. Von da aus breiteten sich die Malayen nach Südosten über den Sunda-Archipel bis Buro hin aus, streiften dann, die Papuas vor sich hertreibend, nach Osten zu den Samoa- und Tonga-Inseln hin, und zerstreuten sich endlich von hier aus nach und nach über die ganze Inselwelt des südlichen pacifischen Oceans, bis nach den Sandwich-Inseln im Norden, den Mangareven im Osten und Neuseeland im Süden. Ein einzelner Zweig, weit nach Westen verschlagen, bevölkerte Madagaskar.

Der zweite Hauptzweig der Urmalayen, die Mongolen, breitete sich zunächst ebenfalls in Südasien aus und bevölkerte allmählich, von da aus nach Osten, Norden und Nordwesten ausstrahlend, den grössten Theil des asiatischen Festlandes. Von den vier Hauptrassen der mongolischen Species sind wahrscheinlich die Indochinesen als die Stammgruppe zu betrachten, aus der sich erst als divergirende Zweige die übrigen Rassen, Koreo-Japaner und Ural-Altajer später entwickelten. Aus dem Westen Asiens wanderten die Mongolen vielfach nach Europa hinüber, wo noch jetzt die Finnen und Lappen im nördlichen Russland und Skandinavien, sowie ein Theil der Magyaren in Ungarn und der Osmanen in der Türkei, die mongolische Species vertreten.

Andrerseits wanderte aus dem nordöstlichen Asien, welches vormals vermuthlich durch eine breite Landbrücke mit Nordamerika zusammenhing, ein Zweig der Mongolen in diesen Erdtheil hinüber. Als ein Ast dieses Zweiges, welcher durch Anpassung an die ungünstigen Existenzbedingungen des Polarklimas eigenthümlich rückgebildet wurde, sind die Arktiker oder Polarmenschen zu betrachten, die Hyperboräer im nordöstlichen Asien, die Eskimos im nördlichsten Amerika. Die Hauptmasse der mongolischen Einwanderer aber wanderte nach Süden, und breitete sich allmählich über ganz Amerika aus, zunächst über das nördliche, später über das südliche Amerika.

Der vierte und wichtigste Hauptzweig der Menschen-Gattung, die Lockenvölker oder Euplocamen, haben uns vielleicht in den heutigen Australiern und Dravidas diejenige Menschenform hinterlassen, die sich am wenigsten von der gemeinsamen Stammform der Euplocamen entfernt hat. Die Hauptmasse der letzteren, die mittelländische Species, wanderte von ihrer Urheimath (Hindostan?) aus nach Westen und bevölkerte die Küstenländer des Mittelmeeres, das südwestliche Asien, Nordafrika und Europa. Als eine Abzweigung der semitischen Urvölker im nordöstlichen Afrika sind möglicherweise die Nubier zu betrachten, welche weit durch Mittelafrika hindurch bis fast zu dessen Westküste hinüberwanderten. Die divergirenden Zweige der indogermanischen Rasse haben sich am weitesten von der gemeinsamen Stammform des Affenmenschen entfernt. Von den beiden Hauptzweigen dieser Rasse hat im classischen Alterthum und im Mittelalter der romanische Zweig (die graeco-italo-keltische Gruppe), in der Gegenwart aber der germanische Zweig im Wettlaufe der Culturentwickelung die anderen Zweige überflügelt. Die germanische Rasse im nordwestlichen Europa und in Nord-Amerika ist es, welche jetzt vor allen Anderen ihr Culturnetz um den ganzen Erdball spannt, und welche im Ausbau der monistischen Entwickelungslehre das Fundament für eine neue Periode der wissenschaftlichen Denkweise, wie überhaupt der höheren geistigen Entwickelung legt.

Systematische Uebersicht der zwoelf Menschen-Species.

NB. Die Columne A giebt die ungefähre Bevölkerungszahl in Millionen an. Die Columne B deutet das phyletische Entwickelungsstadium der Species an, und zwar bedeutet: Pr = Fortschreitende Ausbreitung; Co = Ungefähres Gleichbleiben; Re = Rückbildung und Aussterben. Die Columne C giebt das Verhältniss der Ursprache an; Mn (Monoglottonisch) bedeutet eine einfache Ursprache: Pl (Polyglottonisch) eine mehrfache Ursprache der Species.

Tribus.	Menschen-Species.	A	B	C	Heimath.
Büschelhaarige Lophocomi (ca. 2 Millionen)	1. **Papua**	2	Re	Mn	Neuguinea und Melanesien, Philippinen, Malakka
	2. **Hottentotte**	1/20	Re	Mn	Südliches Afrika (Capland)
Vliesshaarige Eriocomi (ca. 150 Millionen)	3. **Kaffer**	20	Pr	Mn	Südafrika (zwischen 30° S. Br. und 5° N. Br.)
	4. **Neger**	130	Pr	Pl	Mittelafrika (zwischen dem Aequator und 30° N. Br.)
Straffhaarige Euthycomi (gegen 600 Millionen)	5. **Malaye**	30	Co	Mn	Malakka, Sundanesien, Polynesien und Madagascar
	6. **Mongole**	550	Pr	Mn	Asien zum grössten Theile, und nördliches Europa
	7. **Arktiker**	1/25	Co	Mn?	Nordöstliches Asien und nördlichstes Amerika
	8. **Amerikaner**	12	Re	Mn	Ganz Amerika mit Ausnahme des nördlichsten Theiles
Lockenhaarige Euplocami (gegen 600 Millionen)	9. **Australier**	1/12	Re	Mn	Australien
	10. **Dravida**	34	Co	Mn	Südasien (Vorderindien)
	11. **Nubier**	10	Co	Mn?	Mittelafrika (Nubien und Fulaland)
	12. **Mittelländer**	550	Pr	Pl	In allen Welttheilen, von Südasien aus zunächst nach Nordafrika und Südeuropa gewandert
	13. Bastarde der Arten	21	Pr	Pl	In allen Welttheilen, vorwiegend jedoch in Amerika und Asien
	Summa	1360			

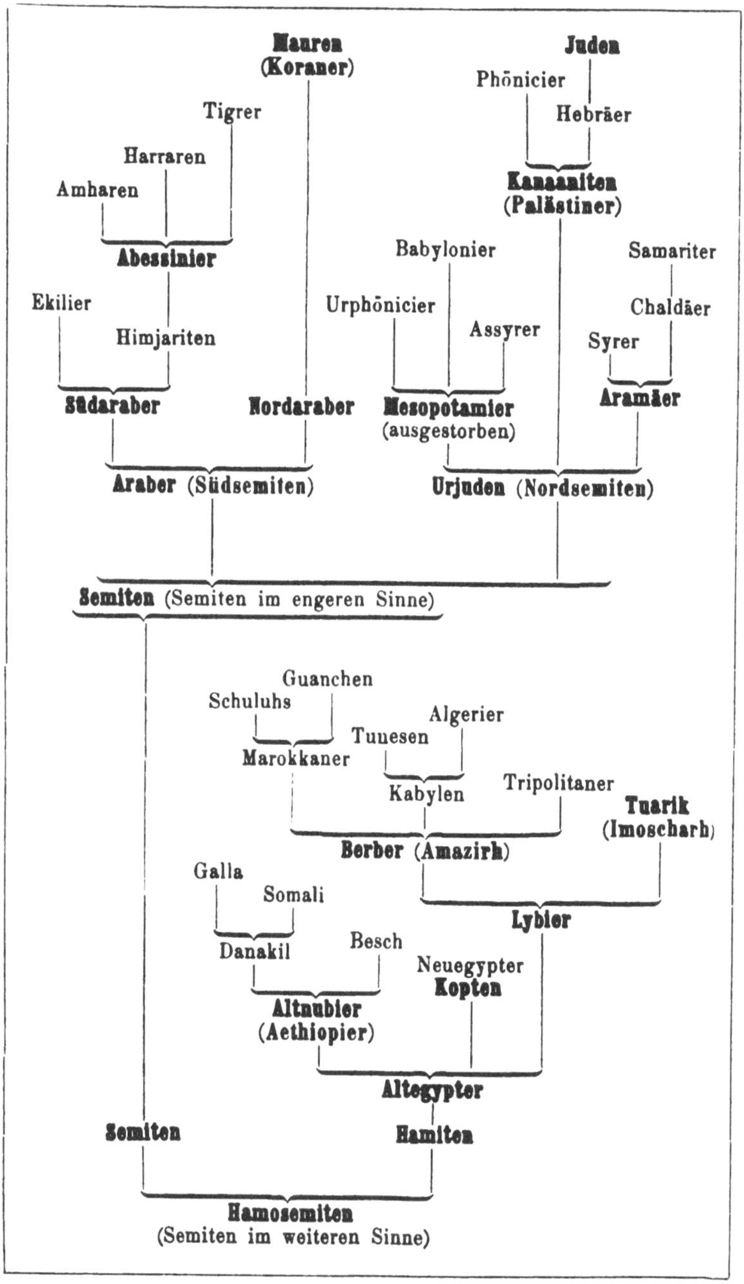
Mauren
(Koraner)
Juden
Phönicier
Hebräer
Tigrer
Harraren
Amharen
Kanaaniten
(Palästiner)
Abessinier
Babylonier
Samariter
Ekilier
Urphönicier
Chaldäer
Himjariten
Assyrer
Syrer
Südaraber
Nordaraber
Mesopotamier
(ausgestorben)
Aramäer
Araber (Südsemiten)
Urjuden (Nordsemiten)
Semiten (Semiten im engeren Sinne)
Guanchen
Schuluhs
Algerier
Tuuesen
Marokkaner
Kabylen
Tripolitaner
Tuarik
(Imoscharh)
Berber (Amazirh)
Galla
Somali
Lybier
Danakil
Besch
Neuegypter
Kopten
Altnubier
(Aethiopier)
Altegypter
Semiten
Hamiten
Hamosemiten
(Semiten im weiteren Sinne)

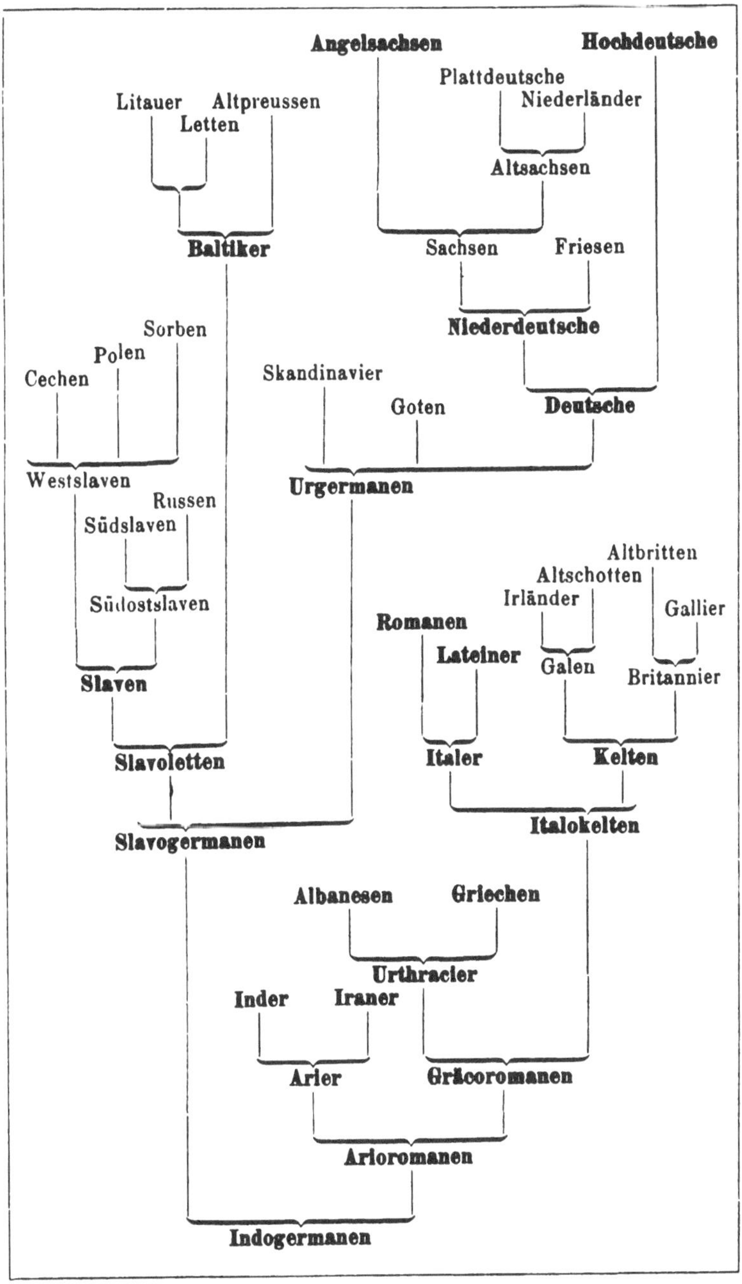
Angelsachsen
Hochdeutsche
Plattdeutsche
Niederländer
Litauer
Altpreussen
Letten
Altsachsen
Baltiker
Sachsen
Friesen
Sorben
Niederdeutsche
Polen
Cechen
Skandinavier
Goten
Deutsche
Westslaven
Urgermanen
Russen
Südslaven
Altbritten
Altschotten
Irländer
Südostslaven
Gallier
Romanen
Lateiner
Galen
Britannier
Slaven
Slavoletten
Italer
Kelten
Slavogermanen
Italokelten
Albanesen
Griechen
Urthracier
Inder
Iraner
Arier
Gräcoromanen
Arioromanen
Indogermanen

Neunundzwanzigster Vortrag.

Einwände gegen die Wahrheit der Descendenz-Theorie.

Einwände gegen die Abstammungs-Lehre. Einwände des Glaubens und der Vernunft. Unermessliche Länge der geologischen Zeiträume. Uebergangsformen zwischen den verwandten Species. Abhängigkeit der Formbeständigkeit von der Vererbung, und des Formwechsels von der Anpassung. Teleologische Einwände. Entstehung zweckmässiger und sehr zusammengesetzter Organisations-Einrichtungen. Stufenweise Entwickelung der Instincte und Seelenthätigkeiten. Entstehung der apriorischen Erkenntnisse aus aposteriorischen. Erfordernisse für das richtige Verständniss der Abstammungs-Lehre. Nothwendige Wechselwirkung der Empirie und Philosophie. Der anthropocentrische Standpunkt der sogenannten exacten Anthropologie; im Gegensatz zum phylogenetischen Standpunkte der vergleichenden Anthropologie (auf zoologischer Basis). Practische Einwände gegen die Folgen der Abstammungs-Lehre.

Meine Herren! Wenn ich einerseits vielleicht hoffen darf, Ihnen durch diese Vorträge die Abstammungs-Lehre mehr oder weniger wahrscheinlich gemacht und Einige von Ihnen selbst von ihrer unerschütterlichen Wahrheit überzeugt zu haben, so verhehle ich mir andrerseits keineswegs, dass die Meisten von Ihnen im Laufe unserer Erörterungen eine Masse von mehr oder weniger begründeten Einwänden gegen dieselbe erhoben haben werden. Es erscheint mir daher jetzt, am Schlusse unserer Betrachtungen, durchaus nothwendig, wenigstens die wichtigsten derselben zu widerlegen, und zugleich auf der anderen Seite die überzeugenden Beweisgründe nochmals hervorzuheben, welche für die Wahrheit der Entwickelungs-Lehre Zeugniss ablegen.

Die Einwürfe, welche man gegen die Abstammungs-Lehre überhaupt erhebt, zerfallen in zwei grosse Gruppen, Einwände des

Glaubens und Einwände der Vernunft. Mit den Einwendungen der ersten Gruppe, die in den unendlich mannichfaltigen Glaubens-Vorstellungen der menschlichen Individuen ihren Ursprung haben, brauche ich mich hier durchaus nicht zu befassen. Denn, wie ich bereits im Anfang dieser Vorträge bemerkte, hat die Wissenschaft, als das objective Ergebniss der sinnlichen Erfahrung und des Erkenntniss-Strebens der menschlichen Vernunft, Nichts mit den subjectiven Vorstellungen des Glaubens zu thun, welche von einzelnen Menschen als unmittelbare Eingebungen oder Offenbarungen des Schöpfers gepredigt und dann von der unselbstständigen Menge geglaubt werden. Dieser bei den verschiedenen Völkern höchst verschiedenartige Glaube, der vom „Aberglauben“ nicht verschieden ist, fängt bekanntlich erst da an, wo die Wissenschaft aufhört. Die Naturwissenschaft betrachtet denselben nach dem Grundsatze Friedrichs des Grossen, „dass Jeder auf seine Façon selig werden kann“, und nur da tritt sie nothwendig in Conflict mit besonderen Glaubens-Vorstellungen, wo dieselben der freien Forschung eine Grenze und der menschlichen Erkenntniss ein Ziel setzen wollen, über welches dieselbe nicht hinaus dürfe. Das ist nun allerdings gewiss hier im stärksten Maasse der Fall; denn die Entwickelungs-Lehre hat sich zur Aufgabe das höchste wissenschaftliche Problem gesetzt: das Problem der Schöpfung, des Werdens der Dinge, und insbesondere des Werdens der organischen Formen, an ihrer Spitze des Menschen. Hier ist es nun jedenfalls eben so das gute Recht, wie die heilige Pflicht der freien Forschung, keinerlei menschliche Autorität zu scheuen, und muthig den Schleier vom Bilde des Schöpfers zu lüften, unbekümmert, welche natürliche Wahrheit darunter verborgen sein mag. Die göttliche Offenbarung, welche wir als die einzig wahre anerkennen, steht überall in der Natur geschrieben, und jedem Menschen mit gesunden Sinnen und gesunder Vernunft steht es frei, in diesem heiligen Tempel der Natur durch eigenes Forschen und selbstständiges Erkennen der untrüglichen Offenbarung theilhaftig zu werden.

Wenn wir demgemäss hier alle Einwürfe gegen die Abstammungs-Lehre unberücksichtigt lassen können, die etwa von den

Priestern der verschiedenen Glaubens-Religionen erhoben werden könnten, so werden wir dagegen nicht umhin können, die wichtigsten von denjenigen Einwänden zu widerlegen, welche mehr oder weniger wissenschaftlich begründet erscheinen, und von denen man zugestehen muss, dass man durch sie auf den ersten Blick in gewissem Grade eingenommen und von der Annahme der Abstammungs-Lehre zurückgeschreckt werden kann. Unter diesen Einwänden erscheint Vielen als der wichtigste derjenige, welcher die Zeitlänge betrifft. Wir sind nicht gewohnt, mit so ungeheuren Zeitmaassen umzugehen, wie sie für die Schöpfungs-Geschichte erforderlich sind. Es wurde früher bereits erwähnt, dass wir die Zeiträume, in welchen die Arten durch allmähliche Umbildung entstanden sind, nicht nach einzelnen Jahrtausenden berechnen müssen, sondern nach Hunderten und nach Millionen von Jahrtausenden. Allein schon die Dicke der geschichteten Erdrinde, die Erwägung der ungeheuren Zeiträume, welche zu ihrer Ablagerung aus dem Wasser erforderlich waren, und der zwischen diesen Senkungs-Zeiträumen verflossenen Hebungs-Zeiträume, beweisen uns die unermessliche Zeitdauer der organischen Erdgeschichte, welche unser menschliches Fassungsvermögen gänzlich übersteigt. Wir sind hier in derselben Lage, wie in der Astronomie betreffs des unendlichen Raumes. Wie wir die Entfernungen der verschiedenen Planetensysteme nicht nach Meilen, sondern nach Siriusweiten berechnen, von denen jede wieder Millionen Meilen einschliesst, so müssen wir in der organischen Erdgeschichte nicht nach Jahrtausenden, sondern nach paläontologischen oder geologischen Perioden rechnen, von denen jede viele hundert Jahrtausende, und manche vielleicht Millionen oder selbst Milliarden von Jahrtausenden umfasst.

Es ist sehr gleichgültig, wie hoch man annähernd die unermessliche Länge dieser geologischen Zeiträume schätzen mag, weil wir in der That nicht im Stande sind, mittelst unserer beschränkten Einbildungskraft uns eine wirkliche Anschauung von denselben zu bilden, und weil wir auch keine sichere mathematische Basis wie in der Astronomie besitzen, um nur die ungefähre Länge des Maassstabes irgendwie in Zahlen festzustellen. Nur dagegen müssen wir uns auf das Bestimmteste verwahren, dass wir in dieser ausserordentlichen, unsere Vorstellungskraft vollständig übersteigenden Länge der Zeiträume irgend einen Grund gegen die Entwickelungs-Lehre sehen könnten. Wie ich Ihnen bereits in einem früheren Vortrage auseinandersetzte, ist es im Gegentheil vom kritischen Standpunkte der strengsten Philosophie geboten, diese Schöpfungs-Perioden möglichst lang vorauszusetzen; wir laufen um so weniger Gefahr, uns in dieser Beziehung in unwahrscheinliche Hypothesen zu verlieren, je grösser wir die Zeiträume für die organischen Entwickelungs-Vorgänge annehmen. Je länger wir z. B. die Permische Periode annehmen, desto eher können wir begreifen, wie innerhalb derselben die wichtigen Umbildungen erfolgten, welche die Fauna und Flora der Steinkohlenzeit so scharf von derjenigen der Triaszeit trennen. Die grosse Abneigung, welche die meisten Menschen gegen die Annahme so unermesslicher Zeiträume haben, rührt grösstentheils davon her, dass wir in der Jugend mit der Vorstellung gross gezogen werden, die ganze Erde sei nur einige tausend Jahre alt. Ausserdem ist das Menschenleben, welches höchstens den Werth eines Jahrhunderts erreicht, eine verhältnissmässig kurze Zeitspanne, welche sich am wenigsten eignet, als Maasseinheit für jene geologischen Perioden zu gelten. Unser Leben ist ein einzelner Tropfen im Meere der Ewigkeit. Denken Sie nur im Vergleich damit an die fünfzig mal längere Lebensdauer mancher Bäume, z. B. der Drachenbäume (*Dracaena*) und Affenbrodbäume (*Adansonia*), deren individuelles Leben einen Zeitraum von fünftausend Jahren übersteigt; und denken Sie andrerseits an die Kürze des individuellen Lebens bei manchen niederen Thieren, z. B. bei den Infusorien, wo das Individuum als solches nur wenige Tage, oder selbst nur wenige Stunden lebt. Diese Vergleichung stellt uns die Relativität alles Zeitmaasses auf das Unmittelbarste vor Augen. Ganz gewiss müssen ungeheure, uns gar nicht vorstellbare Zeiträume verflossen sein, während die stufenweise historische Entwickelung des Thier- und Pflanzenreichs durch allmähliche Umbildung der Arten vor sich ging. Es liegt aber auch nicht ein einziger vernünftiger Grund vor, irgend eine bestimmte Grenze für die Länge jener phyletischen Entwickelungs-Perioden anzunehmen; nur blindes Vorurtheil sträubt sich dagegen.

Als zweiter gegen die Abstammungs-Lehre erhobener Einwand wird oft behauptet, dass man keine Uebergangsformen zwischen den verschiedenen Arten finden könne, während man diese doch eigentlich in Menge finden müsste. Dieser Einwurf ist zum Theil begründet, zum Theil aber auch nicht. Denn es existiren Uebergangsformen sowohl zwischen lebenden, als auch zwischen ausgestorbenen Arten in ausserordentlicher Menge, überall nämlich da, wo wir Gelegenheit haben, sehr zahlreiche Individuen von verwandten Arten vergleichend ins Auge zu fassen. Grade diejenigen sorgfältigsten Untersucher der einzelnen Species, von denen man jenen Einwurf häufig hört, grade diese finden sich in ihren speciellen Untersuchungsreihen beständig durch die in der That unlösbare Schwierigkeit aufgehalten, die einzelnen Arten scharf zu unterscheiden. In allen systematischen Werken, welche einigermaassen gründlich sind, begegnen Sie endlosen Klagen darüber, dass man hier und dort die Arten nicht unterscheiden könne, weil zu viele Uebergangsformen vorhanden seien. Daher bestimmt auch jeder Naturforscher den Umfang und die Zahl der einzelnen Arten anders, als die übrigen. Wie ich schon früher erwähnte (S. 268), nehmen in einer und derselben Organismen-Gruppe die einen Zoologen und Botaniker 10 Arten an, andere 20, andere hundert oder mehr, während noch andere Systematiker alle diese verschiedenen Formen nur als Spielarten oder Varietäten einer einzigen „guten Species" betrachten. Man findet in der That bei den meisten Formengruppen Uebergangsformen und Zwischenstufen zwischen den einzelnen Species in Hülle und Fülle.

Bei vielen Arten fehlen freilich die Uebergangsformen wirklich. Dies erklärt sich indessen ganz einfach durch das Prinzip der Divergenz oder Sonderung, dessen Bedeutung ich Ihnen früher erläutert habe. Der Umstand, dass der Kampf um das Dasein um so heftiger zwischen zwei verwandten Formen ist, je näher sie sich stehen, muss nothwendig das baldige Erlöschen der verbindenden Zwischenformen zwischen zwei divergenten Arten begünstigen. Wenn eine und dieselbe Species nach verschiedenen

Richtungen auseinandergehende Varietäten hervorbringt, die sich zu neuen Arten gestalten, so muss der Kampf zwischen diesen neuen Formen und der gemeinsamen Stammform um so lebhafter sein, je weniger sie sich von einander entfernen, dagegen um so weniger gefährlich, je stärker die Divergenz ist. Naturgemäss werden also die verbindenden Zwischenformen vorzugsweise und meistens sehr schnell aussterben, während die am meisten divergenten Formen als getrennte „neue Arten“ übrig bleiben und sich fortpflanzen. Dem entsprechend finden wir auch keine Uebergangsformen mehr in solchen Gruppen, welche ganz im Aussterben begriffen sind, wie z. B. unter den Vögeln die Strausse, unter den Säugethieren die Elephanten, Giraffen, Camele, Zahnarmen und Schnabelthiere. Diese im Erlöschen begriffenen Formen-Gruppen erzeugen keine neuen Varietäten mehr, und naturgemäss sind hier die Arten sogenannte „gute“, d. h. scharf von einander geschiedene Species. In denjenigen Thiergruppen dagegen, wo noch die Entfaltung und der Fortschritt sich geltend macht, wo die existirenden Arten durch Bildung neuer Varietäten in viele neue Arten auseinandergehen, finden wir überall massenhaft Uebergangsformen vor, welche der Systematik die grössten Schwierigkeiten bereiten. Das ist z. B. unter den Vögeln bei den Finken der Fall, unter den Säugethieren bei den meisten Nagethieren (besonders den mäuse- und rattenartigen), bei einer Anzahl von Wiederkäuern und von echten Affen, insbesondere bei den südamerikanischen Rollaffen (*Cebus*) und vielen Anderen. Die fortwährende Entfaltung der Species durch Bildung neuer Varietäten erzeugt hier eine Masse von Zwischenformen, welche die sogenannten guten Arten verbinden, ihre Grenzen verwischen und ihre scharfe specifische Unterscheidung ganz illusorisch machen.

Dass dennoch keine vollständige Verwirrung der Formen, kein allgemeines Chaos in der Bildung der Thier- und Pflanzen-Gestalten entsteht, hat einfach seinen Grund in dem Gegengewicht, welches gegenüber der Entstehung neuer Formen durch fortschreitende Anpassung, die erhaltende Macht der Vererbung ausübt. Der Grad von Beharrlichkeit und Veränderlichkeit, den jede organische Form zeigt, ist lediglich bedingt durch den jeweiligen

Zustand des Gleichgewichts zwischen diesen beiden sich entgegenstehenden Functionen. Die Vererbung ist die Ursache der Beständigkeit der Species; die Anpassung ist die Ursache der Abänderung der Art. Wenn also einige Naturforscher sagen, offenbar müsste nach der Abstammungs-Lehre eine noch viel grössere Mannichfaltigkeit der Formen stattfinden, und andere umgekehrt, es müsste eine viel strengere Gleichheit der Formen sich zeigen, so unterschätzen die ersteren das Gewicht der Vererbung und die letzteren das Gewicht der Anpassung. Der Grad der Wechselwirkung zwischen der Vererbung und Anpassung bestimmt den Grad der Beständigkeit und Veränderlichkeit der organischen Species, den dieselbe in jedem gegebenen Zeitabschnitt besitzt.

Ein weiterer Einwand gegen die Descendenz-Theorie, welcher besonders in den Augen vieler Philosophen ein grosses Gewicht besitzt, ist teleologischer Natur; er besteht darin, dass die Entstehung zweckmässig gebauter und planvoll wirkender Organe durch zwecklos oder mechanisch wirkende Ursachen nicht zu erklären sei. Dieser Einwurf erscheint namentlich von Bedeutung bei Betrachtung derjenigen Organe, welche offenbar für einen ganz bestimmten Zweck so vortrefflich angepasst sind, dass die scharfsinnigsten Mechaniker nicht im Stande sein würden, ein vollkommneres Organ für diesen Zweck zu erfinden. Solche Organe sind vor allen die höheren Sinnesorgane der Thiere, Auge und Ohr. Wenn man bloss die Augen und Gehörwerkzeuge der höheren Thiere kennte, so würden dieselben uns in der That grosse und vielleicht unübersteigliche Schwierigkeiten verursachen. Wie könnte man sich erklären, dass allein durch die natürliche Züchtung jener ausserordentlich hohe und ganz bewunderungswürdige Grad der Vollkommenheit und der Zweckmässigkeit in jeder Beziehung erreicht wird, welchen wir bei den Augen und Ohren der höheren Thiere wahrnehmen? Zum Glück hilft uns aber hier die vergleichende Anatomie und Entwickelungs-Geschichte über alle Hindernisse hinweg. Denn wenn wir die stufenweise Vervollkommnung der Augen und Ohren Schritt für Schritt im Thierreich verfolgen, so finden wir eine solche allmähliche Stufenleiter der Ausbildung vor, dass wir auf das Schönste die Entwickelung der höchst complicirten Organe durch alle Grade der Vollkommenheit hindurch verfolgen können. So erscheint z. B. das Auge bei den niedersten Thieren als ein einfacher Farbstofffleck, der noch kein Bild von äusseren Gegenständen entwerfen, sondern höchstens den Unterschied der verschiedenen Lichtstrahlen wahrnehmen kann. Dann tritt zu diesem ein empfindender Nerv hinzu. Später entwickelt sich allmählich innerhalb jenes Pigmentflecks die erste Anlage der Linse, ein lichtbrechender Körper, der schon im Stande ist, die Lichtstrahlen zu concentriren und ein bestimmtes Bild zu entwerfen. Aber es fehlen noch alle die zusammengesetzten Apparate für Accommodation und Bewegung des Auges; die verschieden lichtbrechenden Medien, die hoch differenzirte Sehnervenhaut u. s. w., welche bei den höheren Thieren dieses Werkzeug so vollkommen gestalten. Von jenem einfachsten Organ bis zu diesem höchst vollkommenen Apparat zeigt uns die vergleichende Anatomie in ununterbrochener Stufenleiter alle möglichen Uebergänge, so dass wir die stufenweise, allmähliche Entstehung auch eines solchen höchst complicirten Organes wohl verstehen können. Ebenso wie wir im Laufe der individuellen Entwickelung einen gleichen stufenweisen Fortschritt in der Ausbildung des Organs unmittelbar verfolgen können, ebenso muss derselbe auch bei der geschichtlichen (phyletischen) Entstehung des Organs stattgefunden haben.

Beiläufig bemerkt, ist übrigens in sehr vielen Fällen die Zweckmässigkeit der Organisation, welche die naiv-kindliche Naturbetrachtung überall finden will und als „Weisheit des Schöpfers“ preist, nur scheinbar. Eine genauere anatomische und und physiologische Untersuchung lehrt uns in sehr vielen Fällen, dass selbst sehr hoch entwickelte und scheinbar sehr kunstgerecht construirte Organe an grossen mechanischen Mängeln leiden, wie dies z. B. für das menschliche Auge von Helmholtz, einem der genauesten Kenner desselben, nachgewiesen worden ist. Vollends aber, wenn wir die ganze Entwickelungsreihe verwandter Formen vergleichend ins Auge fassen, erkennen wir klar, wie die natürliche Züchtung nach allen Richtungen planlos wirkend eine allmähliche Vervollkommnung langsam herbeiführt, aber erst nach vielen vergeblichen Versuchen zuletzt etwas halbwegs „Zweckmässiges“ zufällig erreicht.

Bei Betrachtung solcher höchst vollkommener Organe, die scheinbar von einem künstlerischen Schöpfer für ihre bestimmte Thätigkeit zweckmässig erfunden und construirt, in der That aber durch die zwecklose Thätigkeit der natürlichen Züchtung mechanisch entstanden sind, empfinden viele Menschen ähnliche Schwierigkeiten des naturgemässen Verständnisses, wie die rohen Naturvölker gegenüber den verwickelten Erzeugnissen unserer neuesten Maschinen-Baukunst. Die Wilden, welche zum erstenmal ein Linienschiff oder eine Locomotive sehen, halten diese Gegenstände für die Erzeugnisse übernatürlicher Wesen, und können nicht begreifen, dass der Mensch, ein Organismus ihres Gleichen, eine solche Maschine hervorgebracht habe. Auch die ungebildeten Menschen unserer eigenen Rasse sind nicht im Stande, einen so verwickelten Apparat in seiner eigentlichen Wirksamkeit zu begreifen und die rein mechanische Natur desselben zu verstehen. Die meisten Naturforscher verhalten sich aber, wie Darwin sehr richtig bemerkt, gegenüber den Formen der Organismen nicht anders, als jene Wilden dem Linienschiff oder der Locomotive gegenüber. Das naturgemässe Verständniss von der rein mechanischen Entstehung der organischen Formen kann hier nur durch eine gründliche allgemeine biologische Bildung und durch die specielle Bekanntschaft mit der vergleichenden Anatomie und Entwickelungs-Geschichte gewonnen werden.

Was aber in dieser wichtigen Frage die üblichen Einwände der speculativen Schul-Philosophie betrifft, so werden diese gerade durch die Selections-Theorie glänzend widerlegt. Das ist ja eben das grosse philosophische Verdienst Darwin's, dass er uns im Sinne des Empedocles und in einfachster Weise die grosse Räthselfrage gelöst hat: „Wie können zweckmässige Einrichtungen mechanisch entstehen, ohne zweckthätige Ursachen?“ Der Kampf um's Dasein ist es, welcher unablässig und überall die natürliche Züchtung unbewusst ausübt, und durch die Wechselwirkung der Vererbungs- und Anpassungs-Gesetze die organischen Formen zweckmässig umbildet. Gleich gross und bedeutungsvoll ist die mechanische Wirksamkeit dieses Selections-Princips in der Umbildung der äusseren Gestalt und der inneren Structur der organischen Wesen. In der letzteren tritt es uns entgegen als „die functionelle Selbstgestaltung der zweckmässigen Structur“, wie sie zuerst Roux so scharfsinnig erläutert hat. (Vergl. S. 227, 254.) Dieses monistische, von Pflüger physiologisch begründete Princip der „teleologischen Mechanik“ beseitigt endgültig den alten „transcendenten Zweckbegriff“ unserer dualistischen Schul-Philosophie, bisher das grösste speculative Hinderniss einer gesunden Naturanschauung. (Vergl. oben S. 254—260.)

Unter den übrigen gegen die Abstammungs-Lehre erhobenen Einwürfen will ich hier besonders noch einen hervorheben und widerlegen, der in den Augen vieler Laien ein grosses Gewicht besitzt: Wie soll man sich nach der Descendenz-Theorie die Geistesthätigkeit der Thiere und namentlich die specifischen Aeusserungen derselben, die sogenannten Instincte entstanden denken? Diesen schwierigen Gegenstand hat Darwin in einem besonderen Capitel seines Hauptwerkes (im siebenten) so ausführlich behandelt, dass ich Sie hierauf verweisen kann. Wir müssen die Instincte wesentlich als Gewohnheiten der Seele auffassen, welche durch Anpassung erworben und durch Vererbung auf viele Generationen übertragen und befestigt worden sind. Die Instincte verhalten sich demgemäss ganz wie andere Gewohnheiten, welche nach den Gesetzen der gehäuften Anpassung und der befestigten Vererbung zur Entstehung neuer Functionen und somit auch neuer Formen ihrer Organe führen. Hier wie überall geht die Wechselwirkung zwischen Function und Organ Hand in Hand. Wie alle Geistesfähigkeiten des Menschen stufenweise durch fortschreitende Anpassung des Gehirns erworben und durch dauernde Vererbung befestigt wurden, so sind auch die Instincte der Thiere (— welche nur quantitativ, nicht qualitativ von jenen verschieden sind —) durch stufenweise Vervollkommnung ihres Seelenorgans, des Central-Nervensystems, durch Wechselwirkung der Anpassung und Vererbung entstanden. Die Instincte werden bekanntermaassen vererbt; allein auch die Erfahrungen, also neue Anpassungen der Thierseele, werden vererbt; und die Abrichtung der Hausthiere zu verschiedenen Seelenthätigkeiten, welche die wilden Thiere nicht im Stande sind auszuführen, beruht auf der Möglichkeit der Seelen-Anpassung. Wir kennen jetzt schon eine lange Reihe von Beispielen dafür; solche Anpassungen, welche erblich durch eine Reihe von Generationen sich übertragen hatten, erscheinen schliesslich als angeborene Instincte, und doch waren sie von den Voreltern der Thiere erst erworben. Hier ist die Dressur durch Vererbung in Instinct übergegangen. Die characteristischen Instincte der Jagdhunde, Vorstehhunde, Schweisshunde, Schäferhunde und anderer Hausthiere, welche sie mit auf die Welt bringen, sind ebenso wie die Naturinstincte der wilden Thiere von ihren Voreltern erst durch Anpassung erworben worden. Sie sind in dieser Beziehung den angeblichen „Erkenntnissen a priori“ des Menschen zu vergleichen, die ursprünglich von unseren uralten Vorfahren (gleich allen anderen Erkenntnissen) „a posteriori“, durch sinnliche Erfahrung erworben wurden. Wie ich schon früher bemerkte, sind offenbar die „Erkenntnisse a priori“ erst durch lange andauernde Vererbung von erworbenen Gehirn-Anpassungen aus ursprünglich empirischen „Erkenntnissen a posteriori“ entstanden (S. 29).

Die so eben besprochenen und widerlegten Einwände gegen die Descendenz-Theorie dürften wohl die wichtigsten sein, welche ihr entgegengehalten worden sind. Ich glaube Ihnen deren Grundlosigkeit genügend dargethan zu haben. Die zahlreichen übrigen Einwürfe, welche ausserdem noch gegen die Entwickelungslehre im Allgemeinen oder gegen den biologischen Theil derselben, die Abstammungslehre, im Besonderen erhoben worden sind, beruhen entweder auf einer solchen Unkenntniss der empirisch festgestellten Thatsachen, oder auf einem solchen Mangel an richtigem Verständniss derselben, und an Fähigkeit, die daraus nothwendig sich ergebenden Folgeschlüsse zu ziehen, dass es wirklich nicht der Mühe lohnen würde, hier näher auf ihre Widerlegung einzugehen. Nur einige allgemeine Gesichtspunkte möchte ich Ihnen in dieser Beziehung noch mit einigen Worten nahe legen.

Zunächst ist hinsichtlich des ersterwähnten Punktes zu bemerken, dass, um die Abstammungslehre vollständig zu verstehen, und um sich ganz von ihrer unerschütterlichen Wahrheit zu überzeugen, ein allgemeiner Ueberblick über die Gesammtheit des biologischen Erscheinungsgebietes unerlässlich ist. Die Descendenz-Theorie ist eine biologische Theorie, und man darf daher mit Fug und Recht verlangen, dass diejenigen Leute, welche darüber ein gültiges Urtheil fällen wollen, den erforderlichen Grad biologischer Bildung besitzen. Dazu genügt es nicht, dass sie in diesem oder jenem Gebiete der Zoologie oder Botanik, der Anatomie oder Physiologie, specielle Erfahrungskenntnisse besitzen. Vielmehr müssen sie nothwendig eine allgemeine Uebersicht der gesammten Erscheinungsreihen wenigstens in einem der organischen Reiche besitzen. Sie müssen wissen, welche allgemeinen Gesetze aus der vergleichenden Morphologie und Physiologie der Organismen, insbesondere aus der vergleichenden Anatomie, aus der individuellen und paläontologischen Entwickelungs-Geschichte u. s. w. sich ergeben, und sie müssen eine Vorstellung von dem tiefen mechanischen, ursächlichen Zusammenhang haben, in dem alle jene Erscheinungsreihen stehen. Selbstverständlich ist dazu ein gewisser Grad allgemeiner Bildung und namentlich philosophischer Erziehung erforderlich, den leider heutzutage viele Leute nicht für nöthig halten. Ohne die nothwendige Verbindung von empirischen Kenntnissen und von philosophischem Verständniss der biologischen Erscheinungen kann die unerschütterliche Ueberzeugung von der Wahrheit der Descendenz-Theorie nicht gewonnen werden.

Nun bitte ich Sie, gegenüber dieser ersten Vorbedingung für das wahre Verständniss der Descendenz-Theorie, die bunte Menge von Leuten zu betrachten, die sich herausgenommen haben, über dieselbe mündlich oder schriftlich ein vernichtendes Urtheil zu fällen! Die meisten derselben sind Laien, welche die wichtigsten biologischen Erscheinungen entweder gar nicht kennen, oder doch keine Vorstellung von ihrer tieferen Bedeutung besitzen. Was würden Sie von einem Laien sagen, der über die Zellen-Theorie urtheilen wollte, ohne jemals Zellen gesehen zu haben, oder über die Wirbel-Theorie, ohne jemals vergleichende Anatomie getrieben zu haben? Und doch begegnen Sie solchen lächerlichen Anmaassungen in der Geschichte der biologischen Descendenz-Theorie alle Tage! Sie hören Tausende von Laien und von Halbgebildeten darüber ein entscheidendes Urtheil fällen, die weder von Botanik, noch von Zoologie, weder von vergleichender Anatomie, noch von Gewebelehre, weder von Paläontologie, noch von Embryologie Etwas wissen. Daher kommt es, dass, wie Huxley treffend sagt, die allermeisten gegen Darwin veröffentlichten Schriften das Papier nicht werth sind, auf dem sie geschrieben wurden.

Sie könnten mir einwenden, dass ja unter den Gegnern der Descendenz-Theorie doch auch viele Naturforscher, und selbst manche berühmte Zoologen und Botaniker sind. Diese Gegner sind jedoch jetzt nahezu ausgestorben; die wenigen jetzt noch lebenden sind sämmtlich ältere Gelehrte, die in ganz entgegengesetzten Anschauungen alt geworden sind, und denen man nicht zumuthen kann, noch am Abend ihres Lebens sich einer Reform ihrer, zur festen Gewohnheit gewordenen, Weltanschauung zu unterziehen. Die Biologen der jungen Generation, welche seit Darwin's Hauptwerk (1859) aufgewachsen, sind alle von der Wahrheit der Entwickelungslehre fest überzeugt. Sodann muss aber auch ausdrücklich hervorgehoben werden, dass nicht nur eine allgemeine Uebersicht des ganzen biologischen Erscheinungsgebietes, sondern auch ein philosophisches Verständniss desselben nothwendige Vorbedingungen für die volle Werthschätzung der Descendenz-Theorie sind. Nun sind aber gerade diese unerlässlichen Vorbedingungen bei sehr vielen „Gelehrten" keineswegs erfüllt. Die Unmasse von neuen empirischen Thatsachen, mit denen uns die riesigen Fortschritte der neueren Naturwissenschaft bekannt gemacht haben, hat eine vorherrschende Neigung für das specielle Studium einzelner Erscheinungen und kleiner engbegrenzter Erfahrungsgebiete herbeigeführt. Darüber wird die Erkenntniss der übrigen Theile und namentlich des grossen umfassenden Naturganzen meist völlig vernachlässigt. Jeder, der gesunde Augen und ein Mikroskop zum Beobachten, Fleiss und Geduld zum Sitzen hat, kann heutzutage durch mikroskopische „Entdeckungen" eine gewisse Berühmtheit erlangen, ohne doch den Namen eines Naturforschers zu verdienen. Dieser gebührt in Wahrheit nur demjenigen, der nicht bloss die einzelnen Erscheinungen zu kennen, sondern auch deren ursächlichen Zusammenhang zu erkennen strebt.

Noch heute untersuchen und beschreiben die meisten Paläontologen die Versteinerungen, ohne die wichtigsten Thatsachen der vergleichenden Anatomie und Embryologie zu kennen. Andrerseits verfolgen viele Embryologen die Entwickelungs-Geschichte und Metamorphose des einzelnen organischen Individuums, ohne eine Ahnung von der paläontologischen Entwickelungs-Geschichte des ganzen zugehörigen Stammes zu haben, von welcher die Versteinerungen berichten. Und doch stehen diese beiden Zweige der organischen Entwickelungs-Geschichte, die Ontogenie oder die Geschichte des Individuums, und die Phylogenie oder die Geschichte des Stammes, im engsten ursächlichen Zusammenhang, und die eine ist ohne die andere gar nicht zu verstehen. Aehnlich steht es mit dem systematischen und dem anatomischen Theile der Biologie. Noch heute giebt es in der Zoologie und Botanik zahlreiche Systematiker, welche in dem Irrthum arbeiten, durch blosse sorgfältige Untersuchung der äusseren und leicht zugänglichen Körperformen, ohne die tiefere Kenntniss ihres inneren Baues, das natürliche System der Thiere und Pflanzen construiren zu können. Andrerseits giebt es Anatomen und Histologen, welche das eigentliche Verständniss des Thier- und Pflanzenkörpers bloss durch die genaueste Erforschung des inneren Körperbaues einer einzelnen Species, ohne die vergleichende Betrachtung der gesammten Körperform bei allen verwandten Organismen, gewinnen zu können meinen. Und doch steht auch hier, wie überall, Inneres und Aeusseres, Vererbtes und Angepasstes in der engsten Wechselbeziehung; und das Einzelne kann nie ohne Vergleichung mit dem zugehörigen Ganzen wirklich verstanden werden. Jenen einseitigen Facharbeitern möchten wir daher mit Goethe zurufen:

„Müsset im Naturbetrachten
„Immer Eins wie Alles achten.
„Nichts ist drinnen, Nichts ist draussen,
„Denn was innen, das ist aussen.“

und weiterhin:

„Natur hat weder Kern noch Schale,
„Alles ist sie mit einem Male.“

Noch viel nachtheiliger aber, als jene einseitige Richtung, ist für das allgemeine Verständniss des Naturganzen der Mangel an philosophischer Bildung, durch welchen sich viele Naturforscher der Gegenwart auszeichnen. Die vielfachen Verirrungen der früheren speculativen Naturphilosophie, aus dem ersten Drittel unseres Jahrhunderts, haben bei den exacten empirischen Naturforschern die ganze Philosophie in einen solchen Misscredit gebracht, dass dieselben in dem sonderbaren Wahne leben, das Gebäude der Naturwissenschaft aus blossen Thatsachen, ohne philosophische Verknüpfung derselben, aus blossen Kenntnissen, ohne Verständniss derselben, aufbauen zu können. Allerdings bleibt ein rein speculatives, absolut philosophisches Lehrgebäude, welches sich nicht um die unerlässliche Grundlage der empirischen Thatsachen kümmert, ein Luftschloss das die erste beste Erfahrung über den Haufen wirft; besonders in Deutschland ist an solchen kein Mangel (z. B. Hegel). Anderseits aber bleibt ein rein empirisches, nur aus Thatsachen zusammengesetztes Wissen ein wüster Steinhaufen, der nimmermehr den Namen eines Gebäudes verdienen wird. Muster der letzteren Gattung sind die ethnographischen Sammelwerke des bekannten „Ethnologen“ Bastian; ein buntes Chaos von zusammengewürfelten Notizen, bei deren ordnungsloser Aufzählung jeder leitende Gedanke sorgfältig vermieden ist. Die nackten, durch die Erfahrung festgestellten Thatsachen sind immer nur die rohen Bausteine, und ohne die denkende Verwerthung, ohne die philosophische Verknüpfung derselben kann keine Wissenschaft sich aufbauen. Wie ich Ihnen schon früher eindringlich vorzustellen versuchte, entsteht nur durch die innigste Wechselwirkung und gegenseitige Durchdringung von Empirie und Philosophie das unerschütterliche Gebäude der wahren, monistischen Wissenschaft, oder was dasselbe ist, der Naturwissenschaft.

Aus dieser beklagenswerthen Entfremdung der Naturforschung von der Philosophie, und aus dem rohen Empirismus, der heutzutage leider von den meisten Naturforschern als „exacte Wissenschaft“ gepriesen wird, entspringen jene seltsamen Quersprünge des Verstandes, jene groben Verstösse gegen die elementare Logik, jenes Unvermögen zu den einfachsten Schlussfolgerungen, denen Sie heutzutage auf allen Wegen der Naturwissenschaft, ganz besonders aber in der Zoologie und Botanik begegnen können. Hier rächt sich die Vernachlässigung der philosophischen Bildung und Schulung des Geistes unmittelbar auf das Empfindlichste. Es ist daher nicht zu verwundern, wenn Vielen jener rohen Empiriker auch die tiefe innere Wahrheit der Descendenz-Theorie gänzlich verschlossen bleibt. Wie das triviale Sprichwort sehr treffend sagt, „sehen sie den Wald vor lauter Bäumen nicht“. Nur durch allgemeinere philosophische Studien, durch Erweiterung des Gesichtskreises und namentlich durch strengere logische Erziehung des Verstandes kann diesem schlimmen Uebelstande auf die Dauer abgeholfen werden.

Die auffallendsten und zahlreichsten Beispiele für diesen Mangel gesunder Logik finden sich heute noch im Bereiche der sogenannten „exacten Anthropologie“, und da diese junge Wissenschaft einerseits sehr Viel für die Zukunft verspricht, anderseits die von ihr erhobenen Einwände gegen die Descendenz-Theorie gerade deren wichtigsten Folgeschluss, die „Affen-Abstammung des Menschen“ betreffen, so ist es wohl angemessen, hier dieselben noch etwas näher kritisch zu untersuchen. Als hervorragendes Beispiel dieser Richtung wähle ich das grosse zweibändige, mit mehr als tausend Abbildungen illustrirte Werk von Johannes Ranke: „Der Mensch“. (Leipzig, 1887.) Den Standpunkt, von welchem dieser „exacte Anthropologe“ die Natur des Menschen beurtheilt und in seinem populär geschriebenen Werke dem gebildeten Publicum vorführt, kennzeichnet er selbst mit aller wünschenswerthen Klarheit in seiner Vorrede in folgendem Satze: „Die Grundlage aller in diesem Buche enthaltenen Betrachtungen bildet der allgemein anerkannte Satz, dass in gesetzmässiger, d. h. logischer Weise die gesammte animale Welt in körperlicher Beziehung zu einer idealen Einheit zusammengeschlossen ist, an deren Spitze der Mensch steht. In diesem Sinne ist das Thierreich der zergliederte Mensch und der Mensch das Paradigma des gesammten Thierreichs".

Neu ist dieser Grundsatz von Ranke, der nach seiner eigenen Angabe „die Grundlage aller anthropologischen Betrachtungen bildet", nicht; es ist der uralte Standpunkt der anthropocentrischen Weltanschauung, wonach der Mensch Mittelpunkt und letzter Endzweck alles Erden-Lebens, und die übrige Natur nur dazu erschaffen ist, diesem „Herrn der Welt" zu dienen (vergl. oben S. 35). Wie bekannt ist derselbe eng verknüpft mit dem geocentrischen Irrthum, dass die Erde der feste Mittelpunkt der Welt ist, um welchen sich Sonne, Mond und Sterne drehen; wer jener ersteren Anschauung huldigt, wird folgerichtiger Weise auch diese letztere, neuerlich noch vom Pastor Knak mit soviel Erfolg vertretene Ansicht theilen müssen. Nach unserer entgegengesetzten Ansicht ist die geocentrische Irrlehre durch Copernicus und Newton eben so bestimmt widerlegt, wie der anthropocentrische Irrthum durch Lamarck und Darwin.

Neu und interessant ist aber an Ranke's „grundlegendem" Programm die Behauptung, dass dieser anthropocentrische Grundsatz ein „allgemein anerkannter Satz" sei. In erster Linie müsste das jedenfalls von den Zoologen gelten; denn diese sind diejenigen Naturforscher, welche „das Thierreich" zum Gegenstand ihres besonderen Fach-Studiums gemacht haben und daher dasselbe von Rechtswegen am Besten kennen müssen. Ich selbst bin seit nahezu dreissig Jahren als Lehrer der Zoologie thätig und glaube eine gewisse Uebersicht über „das Thierreich" mir erworben zu haben; und da ich früher kurze Zeit Arzt war und durch eifriges sechsjähriges Studium der Medicin in die Naturgeschichte des Menschen tiefer einzudringen suchte, glaube ich auch nach dieser Richtung hin zu einem gewissen Urtheil in der „Anthropologie" berechtigt zu sein. Ich behaupte nun, — und ich bin dabei der einmüthigen Zustimmung aller heutigen Zoologen sicher, — dass jener oberste, nach Ranke „allgemein anerkannte" Grundsatz, vollkommen falsch ist, und dass sein gerades Gegentheil wahr ist. Weder ist „das Thierreich der zergliederte Mensch“, noch ist „der Mensch das Paradigma des gesammten Thierreichs“. Von den zehn Stämmen des Thierreichs (S. 508), deren Stammes-Geschichte wir früher untersucht haben, besitzen fünf (— und darunter die weitaus formenreichsten —) überhaupt gar keine Beziehung zum Menschen, nämlich die Spongien, Cnidarien, Mollusken, Echinodermen und Articulaten. Von den fünf übrigen besitzen vier nur insofern eine morphologische und phylogenetische Beziehung zum Menschen, als wahrscheinlich einzelne Formen jedes Stammes zu der Ahnen-Reihe des Menschen, oder doch zu deren nächsten Stammverwandten gehören; so die Gastraeaden, die ältesten Platoden, einige Gruppen unter den Helminthen, und die Copelaten unter den Tunicaten. Nur ein einziger Stamm des Thierreichs kann in gewissem Sinne als „der zergliederte Mensch“, und der Mensch als „Paradigma“ dieses Stammes gelten; das ist der Stamm der Wirbelthiere. Aber freilich ist diese Einheit nicht eine „ideale“, wie Ranke behauptet, sondern eine sehr „reale“, nämlich eine phylogenetische; der Mensch ist ein einziger kleiner, sehr spät entwickelter Zweig des mächtigen Vertebraten-Stammes, dessen zahlreiche Aeste mit Tausenden verschiedener Zweige sich nach allen Richtungen hin selbstständig entwickelt haben, ohne dass die grosse Mehrzahl derselben irgend eine „ideale“ oder sonstige Beziehung zum Menschen besitzt.

Das ist unsere heutige phylogenetische Grundanschauung vom Menschen, welche zu der von Ranke vertretenen anthropocentrischen in schneidendstem Gegensatze steht. Nur Eine von beiden kann wahr sein. Freilich schmeichelt die anthropocentrische Weltanschauung der Eitelkeit und Einbildung des Menschen im höchsten Maasse; es ist daher nicht zu verwundern, dass diese längst veraltete, zuerst von Lamarck vor achtzig Jahren widerlegte Illusion auch heute noch bei unserem anthropologischen Publicum die dankbarste Aufnahme findet. Indem jene „exacten Anthropologen“, um die Wette mit Theologen und dualistischen Philosophen, dem Menschen seine „Stellung über der Natur“ in den glänzendsten Farben ausmalen, und die Kluft zwischen

„Menschenreich“ und Thierreich als unausfüllbar darstellen, gleichen sie jenen Schmeichlern an Fürstenhöfen, die in früheren Jahrhunderten mit bestem Erfolge die „göttliche Natur“ des Herrscher-Geschlechts, im Gegensatze zum profanen Volke, bewiesen. Anders steht es freilich mit der Frage, ob jener oberste Grundsatz von Ranke und Genossen wahr ist, und ob er wissenschaftlich bewiesen werden kann. Alle Zoologen der Gegenwart — und nur diese können in jener zoologischen Frage Richter sein — werden mit mir das Gegentheil behaupten, und bezeugen, dass jene „Grundlage aller Betrachtungen“ von Ranke vollkommen unhaltbar ist.

Aus diesem Verhältnisse lässt sich von vornherein ermessen, wie völlig schief in Ranke's bilderreichem Werke das wahre Bild vom Menschen und seiner „Stellung in der Natur“ sich in allen Einzelheiten gestalten muss. Alle zoologischen Thatsachen, welche das wahre Licht darüber verbreiten könnten, und welche für jeden logisch denkenden die Abstammung des Menschen von einer Reihe anderer Wirbelthiere bezeugen, werden entweder verschwiegen, oder so entstellt, dass der unbefangene Leser das Gegentheil der Wahrheit daraus schliessen muss. Alle Einzelheiten hingegen, welche der Entwickelungslehre Schwierigkeiten bereiten oder welche gegen die Affen-Abstammung des Menschen zu sprechen scheinen, werden eingehend erörtert und glänzend beleuchtet. Die zahlreichen Einwände, welche Ranke gegen die Descendenz-Theorie erhebt, lassen freilich meistens ebenso sehr die gesunde Logik wie die unentbehrlichen zoologischen Vorkenntnisse vermissen.

Diese Beleuchtung von Ranke's Werk über den Menschen und der energische Protest gegen seine anthropocentrische, völlig die Wahrheit entstellende Tendenz schien hier deshalb geboten, weil dasselbe vermöge seiner vortrefflichen Illustrationen und der reichen Sammlung darin enthaltener interessanter Thatsachen sich einen weiten Leserkreis erworben hat. Dasselbe bildet einen Theil der Fortsetzung von dem bekannten Prachtwerke „Brehm's Thierleben“; der grössten und best illustrirten populären Naturgeschichte der Gegenwart. Es ist sehr zu bedauern, dass die Redaction dieses weitverbreiteten Prachtwerkes gerade seinen wichtigsten Theil einem der eifrigsten Gegner der Entwickelungslehre zur Bearbeitung übergeben hat. Dieser anthropologische Theil steht dadurch in einem auffallenden Gegensatze zu den übrigen Theilen, zu der ausgezeichneten „Völkerkunde" von Friedrich Ratzel, dem ideenreichen „Pflanzenleben" von A. Kerner, und der vortrefflichen „Erdgeschichte" von Melchior Neumayr. Während der denkende Leser in allen diesen vorzüglich illustrirten Werken an der Hand der Entwickelungs-Lehre auf das wahre Verständniss der Erscheinungen hingeführt wird, findet er in Ranke's Werk über den Menschen das Gegentheil; eine reiche Sammlung von wunderbaren Einzelheiten, deren Ursachen nur durch übernatürliche Wunder erklärbar erscheinen.

Wie anders sich die Ergebnisse der heutigen „exacten Anthropologie" im Lichte der Descendenz-Theorie ausnehmen, kann der vorurtheilsfreie Leser aus der vorzüglichen schon früher erwähnten Anthropologie von Paul Topinard[68]) ersehen, sowie aus Huxley's bekannten „Zeugnissen für die Stellung des Menschen in der Natur"[27]), und der trefflichen kleinen Schrift von R. Wiedersheim (1887): „Der Bau des Menschen als Zeugniss für seine Vergangenheit"[69]). Ich selbst habe in meiner Anthropogenie[56]) den Beweis zu führen gesucht, dass das biogenetische Grundgesetz auch für den Menschen gilt; und dass das Menschen-Geschlecht eben so gewiss aus einer langen Reihe anderer Wirbelthiere durch allmähliche Umbildung entstanden ist, wie in der Keimesgeschichte des Menschen thatsächlich die allmähliche Umbildung der Eizelle zum Menschenkeim nach denselben Gesetzen erfolgt wie bei den übrigen Wirbelthieren. Nach meiner Ueberzeugung besitzen gerade diese ontogenetischen Thatsachen den höchsten Werth, und alle dagegen erhobenen Einwände sind ebenso vergeblich und unhaltbar, wie die vorher beleuchteten übrigen Einwände gegen die Entwickelungs-Lehre.

Eine Reihe von anderen, gegen die Descendenz-Theorie erhobenen Einwänden ist nicht theoretischer, sondern practischer Natur; sie betreffen nicht die wissenschaftliche Wahrheit und Begründung derselben, sondern die practischen Folgen, welche man von ihrer Verbreitung für unsere Geistesbildung und unser Cultur-Leben befürchtet. Nicht Wenige sind der Ansicht, dass dadurch die festen Grundlagen des letzteren erschüttert und namentlich die Sittlichkeit gefährdet werde. Diese Befürchtungen sind dieselben, welche von jeher allen grossen Fortschritten der Wissenschaft entgegengehalten wurden. Von jeher gelten die Früchte „vom Baume der Erkenntniss" für verboten; und von jeher haben die Priesterkasten, welche sich allein im Vollbesitze der Wahrheit wähnten, dieselbe sorgfältig gehütet, und sie selbst zu ihrem Vortheil, wie zum Nachtheil der übrigen Menschheit ausgebeutet. Als Copernicus vor 300 Jahren die geocentrische Irrlehre zerstörte und unser heutiges Welt-System begründete, erhob sich derselbe Sturm der Entrüstung und entsandte die Kirche dieselben Bannstrahlen, wie vor 30 Jahren, als Darwin dem anthropocentrischen Irrthum den letzten Boden entzog.

Die Geschichte der Civilisation hat uns gelehrt, wie unbegründet solche Befürchtungen jederzeit waren. Die Entdeckung und Verbreitung jeder grossen Wahrheit hat natürlich den Untergang bestehender Irrthümer zur Folge; und je grösser das Ansehen der letzteren war, desto gefährlicher muss der Einfluss der ersteren erscheinen. Allein früher oder später wird es klar, dass jene gefürchtete Gefahr die segensreichsten Folgen herbeiführte. Für jede tiefe Wunde, welche der Fortschritt der Wissenschaft dem bestehenden Bildungs-Kreise schlägt, führt sie selbst zugleich das beste Heilmittel bei sich; und aus der Opferstätte einer gefallenen Wahrheit erheben sich zehn neue und bessere Erkenntnisse.

So dürfen wir es auch für sicher halten, dass der unvergleichliche, durch die Descendenz-Theorie herbeigeführte Fortschritt unserer Natur-Erkenntniss früher oder später die segensreichsten Folgen für das practische Menschenleben haben wird. Aber selbst wenn diese Ueberzeugung nicht die von uns angenommene Sicherheit besässe, dürften wir daraus keinen Einwand gegen die Wahrheit derselben und gegen unsere Pflicht ihrer Förderung entnehmen. Denn die Aufgabe der Wissenschaft bleibt es, die natürliche Wahrheit um ihrer selbst willen zu erkennen, unbekümmert, welche practischen Folgen daraus der Menschengeist ziehen möge. Zuletzt bleibt doch im Kampfe der Geister der Sieg dem Besten!

Dreissigster Vortrag.

Beweise für die Wahrheit der Descendenz-Theorie.

Zehn Gruppen biologischer Thatsachen als Beweise für die Abstammungs-Lehre: Thatsachen der Paläontologie, Ontogenie, Morphologie, Tectologie, Systematik, Dysteleologie, Physiologie, Psychologie, Chorologie, Oekologie. Mechanisch-causale Erklärung dieser zehn Erscheinungs-Gruppen durch die Descendenz-Theorie. Innerer ursächlicher Zusammenhang derselben. Directer Beweis der Selections-Theorie. Ihr Verhältniss zur Pithecoiden-Theorie. Induction und Deduction. Beweise für die Abstammnng des Menschen vom Affen: Zoologische Thatsachen. Stufenweise Entwickelung des menschlichen Geistes, im Zusammenhang mit dem Körper. Menschenseele und Thierseele. Blick in die Zukunft: Sieg der monistischen Philosophie.

Meine Herren! Am Schlusse unserer Vorträge über Entwicklungs-Lehre angelangt, habe ich Ihnen im letzten Vortrage die wichtigsten dagegen erhobenen Einwände vorgeführt und zu widerlegen versucht. Es wird nun angemessen sein, nochmals einen Rückblick auf die dafür sprechenden Beweise zu werfen, und zu zeigen, wie diese in ihrer Gesammtheit ein unwiderlegliches Zeugniss für die Wahrheit des Entwickelungs-Theorie, und insbesondere für ihren biologischen Theil, die Descendenz-Theorie bilden. Je mehr sich die Abstammungs-Lehre in den letzten Jahren allgemein Bahn gebrochen hat, je mehr sich alle wirklich denkenden jüngeren Naturforscher und alle wirklich biologisch gebildeten Philosophen von ihrer unumstösslichen Wahrheit überzeugt haben, desto lauter haben die Gegner derselben nach thatsächlichen Beweisen dafür gerufen. Dieselben Leute, welche kurz nach dem Erscheinen von Darwin's Werke dasselbe für ein „bodenloses Phantasiegebäude“, für eine „willkürliche Speculation", für einen „geistreichen Traum" erklärten, dieselben sehen sich jetzt zu der Erklärung genöthigt, dass die Descendenz-Theorie allerdings eine wissenschaftliche „Hypothese" sei, dass dieselbe aber erst noch „bewiesen" werden müsse.

Wenn diese Aeusserungen von Leuten geschehen, die nicht die erforderliche empirisch-philosophische Bildung, die nicht die nöthigen Kenntnisse in der vergleichenden Anatomie, Embryologie und Paläontologie besitzen, so lässt man sich das gefallen, und verweist sie auf die in jenen Wissenschaften niedergelegten Argumente. Wenn aber die gleichen Aeusserungen noch heute von anerkannten Naturforschern gethan werden, die doch von Rechtswegen einen Ueberblick über das Gesammtgebiet ihrer Wissenschaft besitzen sollten, oder die wirklich mit den Thatsachen jener genannten Wissenschaftsgebiete vertraut sind, dann weiss man in der That nicht, was man dazu sagen soll. Diejenigen, denen selbst der jetzt bereits gewonnene Schatz an empirischer Naturkenntniss nicht genügt, um darauf die Descendenz-Theorie sicher zu begründen, die werden auch durch keine andere, etwa noch später zu entdeckende Thatsache von ihrer Wahrheit sich überzeugen lassen.

Offenbar können wir uns keine Verhältnisse vorstellen, welche stärkeres und vollgültigeres Zeugniss für die Wahrheit der Abstammungs-Lehre ablegen könnten, als es z. B. die bekannten Thatsachen der vergleichenden Anatomie und Ontogenie schon jetzt thun. Alle grossen Thatsachen-Gruppen und alle umfassenden Erscheinungsreihen der verschiedensten biologischen Gebiete können einzig und allein durch die Entwickelungs-Theorie mechanisch erklärt und verstanden werden; ohne dieselbe bleiben sie gänzlich unerklärt und unbegriffen. Sie alle begründen in ihrem inneren ursächlichen Zusammenhang die Descendenz-Theorie als das grösste biologische Inductionsgesetz. Gerade in diesem inneren, einheitlichen und mechanischen Causal-Nexus liegt ihre feste Macht. Die empirischen Fundamente dieses Inductionsgesetzes, die festen Grundpfeiler des Descendenz-Gebäudes, bilden die folgenden zehn Gruppen von biologischen Thatsachen:

1) Die paläontologischen Thatsachen: Die Erscheinungen im Auftreten der Versteinerungen und die stufenweise historische Reihenfolge der ausgestorbenen Arten und Artengruppen; die Erscheinungen des paläontologischen Artenwechsels und insbesondere der fortschreitenden Differenzirung und Vervollkommnung der Thier- und Pflanzen-Gruppen in den auf einander folgenden Perioden der Erdgeschichte. Die mechanische Erklärung dieser paläontologischen Erscheinungen giebt die Stammesgeschichte oder Phylogenie.

2) Die ontogenetischen Thatsachen: Die Erscheinungen der Keimesgeschichte oder Ontogenie, der individuellen Entwickelungs-Geschichte der Organismen (Embryologie und Metamorphologie); die stufenweisen Veränderungen in der allmählichen Ausbildung des Keimes und seiner einzelnen Organe, namentlich die fortschreitende Differenzirung und Vervollkommnung der Organe und Körpertheile in den auf einander folgenden Perioden der individuellen Entwickelung. Die mechanische Erklärung dieser ontogenetischen Erscheinungen giebt das biogenetische Grundgesetz.

3) Die morphologischen Thatsachen: die Erscheinungen im Gebiete der vergleichenden Anatomie der Organismen; die wesentliche Uebereinstimmung des inneren Baues der verwandten Formen-Gruppen, trotz der grössten Verschiedenheit der äusseren Form bei den verschiedenen Arten. Die mechanische Erklärung dieser morphologischen Erscheinungen giebt die Descendenz-Theorie, indem sie die innere Uebereinstimmung des Baues von der Vererbung, die äussere Ungleichheit der Körperform von der Anpassung ableitet.

4) Die tectologischen Thatsachen: Die Erscheinungen im Gebiete der Gewebelehre und der verwandten Zweige der Structurlehre; der gesetzmässige Aufbau des vielzelligen Organismus aus Zellen und aus Geweben, sowie aus Organen verschiedener Ordnung. Die mechanische Erklärung dieser histologischen Erscheinungen giebt die Zellen-Theorie, indem sie einerseits die bleibend einzellige Natur der Protisten nachweist, andrerseits von diesen die vielzelligen Histonen ableitet.

5) Die systematischen Thatsachen: Die Erscheinungen in der natürlichen Gruppirung aller verschiedenen Formen von Thieren und Pflanzen, ihre Vertheilung auf zahlreiche, kleinere und grössere, neben und über einander geordnete Gruppen; der formverwandtschaftliche Zusammenhang der Arten, Gattungen, Familien, Ordnungen, Classen u. s. w.; ganz besonders aber die baumförmig verzweigte Gestalt des natürlichen Systems, welche aus einer naturgemässen Anordnung aller dieser Gruppenstufen oder Kategorien sich von selbst ergiebt. Die mechanische Erklärung dieser stufenweis verschiedenen Form-Verwandtschaft giebt die Annahme, dass sie Ausdruck der wirklichen Stamm-Verwandtschaft ist; die Baumform des natürlichen Systems ist nur als wirklicher Stammbaum der Organismen zu begreifen.

6) Die dysteleologischen Thatsachen: Die höchst interessanten Erscheinungen der verkümmerten und entarteten, zwecklosen und unthätigen Körpertheile, der abortiven oder rudimentären Organe; die Thatsache, dass in dem zweckmässig construirten Körper fast aller höheren Organismen sich solche zwecklose Körpertheile finden, eingerichtet für eine bestimmte Thätigkeit, aber unfähig, dieselbe auszuüben. Die mechanische Erklärung derselben giebt die Unzweckmässigkeits-Lehre oder Dysteleogie, einer der wichtigsten und interessantesten Theile der Selections-Theorie; sie erklärt die Rückbildung und Verkümmerung der rudimentären Organe durch Mangel an Uebung und Nichtgebrauch.

7. Die physiologischen Thatsachen: Die Erscheinungen der Anpassung (Ernährung) und Vererbung (Fortpflanzung), im Zusammenhang mit dem Stoffwechsel und Wachsthum, der Bewegung und Empfindung der lebenden Wesen. Die mechanische Erklärung aller dieser Lebens-Erscheinungen giebt die vergleichende Physiologie, indem sie dieselben auf die Gesetze der Physik und Chemie zurückführt.

8. Die psychologischen Thatsachen: Die Erscheinungen des Seelenlebens im weiteren und engeren Sinne, in der Zellseele der Protisten, wie in der Hirnseele der Histonen; die gesetz-

mässigen Vorgänge der organischen Reizbarkeit in allen Zellen, der Willensthätigkeit und des Empfindungs-Lebens, das „Bewusstsein“ nicht ausgeschlossen. Die mechanische Erklärung aller dieser „Seelenthätigkeiten“ giebt die monistische Psychologie, indem sie die Zellseele der Protisten als Grundlage annimmt und aus ihr nach den Grundsätzen der „Cellular-Psychologie“ die zusammengesetzten Seelen-Functionen der Histonen ableitet.

9. Die chorologischen Thatsachen: Die Erscheinungen in der räumlichen Verbreitung der organischen Species, ihre geographische und topographische Vertheilung über die Erdoberfläche; über die verschiedenen Provinzen der Erdtheile und in den differenten Klimaten; über die Höhen der Gebirge und die Tiefen des Meeres. Die mechanische Erklärung dieser chorologischen Erscheinungen giebt die Migrationstheorie, die Annahme, dass jede Organismenart von einem sogenannten „Schöpfungsmittelpunkte“ (richtiger „Urheimath“ oder „Ursprungsort“ genannt) ausgeht, d. h. von einem einzigen Orte, an welchem dieselbe einmal entstand, und von dem aus sie sich durch active oder passive Wanderung verbreitete.

10. Die oecologischen Thatsachen: die höchst mannichfaltigen und verwickelten Erscheinungen, welche uns die Beziehungen der Organismen zur umgebenden Aussenwelt, zu den organischen und anorgischen Existenzbedingungen darbieten; die sogenannte „Oeconomie der Natur“, die Wechselbeziehungen aller Organismen, welche an einem und demselben Orte mit einander leben. Die mechanische Erklärung dieser oecologischen Erscheinungen giebt die Lehre von der Anpassung der Organismen an ihre Umgebung, ihrer Umbildung durch den Kampf um's Dasein, durch den Parasitismus u. s. w. Während diese Beziehungen der „Naturoeconomie“ bei oberflächlicher Betrachtung als die weisen Einrichtungen eines planmässig wirkenden Schöpfers erscheinen, zeigen sie sich bei tieferem Eingehen als die nothwendigen Folgen mechanischer Ursachen (Anpassungen).

Jeder unbefangene und urtheilsfähige Naturforscher, welcher sich in eines von diesen zehn grossen biologischen Erscheinungs-

Gebieten vertieft und die Fülle der Thatsachen durch natürliche Ursachen zu erklären sich bemüht, wird sich überzeugen, dass dies nur mit Hülfe der Descendenz-Theorie möglich ist; jene Thatsachen liefern also ebenso viele Beweise für die Wahrheit der letzteren. Noch viel einleuchtender aber wird diese durch die logische Verbindung jener verschiedenen Erscheinungs-Reihen, durch die Erkenntniss des mechanischen Causal-Zusammenhanges, welcher zwischen denselben besteht. Wir erinnern hier nur an den innigen Zusammenhang zwischen Paläontologie und Ontogenie, zwischen Morphologie und Systematik, zwischen Physiologie und Psychologie, zwischen Chorologie und Oecologie.

Dabei betonen wir besonders, dass der innere ursächliche Zusammenhang zwischen den Erscheinungen aller dieser biologischen Gebiete ein mechanischer ist, ebenso wie ihre Erklärung durch die Descendenz-Theorie eine mechanische ist; d. h. es kommen dabei bloss Werk-Ursachen in Frage (*Causae efficientes*), keinerlei Zweck-Ursachen (*Causae finales*). Sie Alle dienen daher ebenso zur festen Begründung der monistischen Philosophie, wie zur klaren Widerlegung der dualistischen Weltanschauung.

Auf Grund der angeführten grossartigen Zeugnisse würden wir Lamarck's Descendenz-Theorie zur Erklärung der biologischen Phänomene selbst dann annehmen müssen, wenn wir nicht Darwin's Selections-Theorie besässen. Nun kommt aber dazu, dass die erstere durch die letztere so vollständig direct bewiesen und durch mechanische Ursachen begründet wird, wie wir es nur verlangen können. Die Gesetze der Vererbung und der Anpassung sind allgemein anerkannte physiologische Thatsachen; jene sind auf die Fortpflanzung, diese auf die Ernährung der Zellen zurückführbar. Andrerseits ist der Kampf um's Dasein eine biologische Thatsache, welche mit mathematischer Nothwendigkeit aus dem allgemeinen Missverhältniss zwischen der Durchschnittszahl der organischen Individuen und der Ueberzahl ihrer Keime folgt. Indem aber Anpassung und Vererbung im Kampf um's Dasein sich in beständiger Wechselwirkung befinden, folgt daraus unvermeidlich die natürliche Züchtung, welche überall und beständig umbildend auf die organischen Arten einwirkt, und neue Arten durch Divergenz des Characters erzeugt. Besonders begünstigt wird ihre Wirksamkeit noch durch die überall stattfindenden activen und passiven Wanderungen der Organismen. Wenn wir diese Umstände recht in Erwägung ziehen, so erscheint uns die beständige und allmähliche Umbildung oder Transmutation der organischen Species als ein biologischer Process, welcher nach dem Causalgesetz mit Nothwendigkeit aus der eigenen Natur der Organismen und ihren gegenseitigen Wechselbeziehungen folgen muss.

Dass auch der Ursprung des Menschen aus diesem allgemeinen organischen Umbildungs-Vorgang erklärt werden muss, und dass er sich aus diesem ebenso einfach als natürlich erklärt, glaube ich Ihnen in den letzten Vorträgen hinreichend bewiesen zu haben. Ich kann aber hier nicht umhin, Sie nochmals auf den ganz unzertrennlichen Zusammenhang dieser sogenannten „Affenlehre“ oder „Pithecoiden-Theorie“ mit der gesammten Descendenz-Theorie hinzuweisen. Wenn die letztere das grösste Inductionsgesetz der Biologie ist, so folgt daraus die erstere mit Nothwendigkeit, als das wichtigste Deductionsgesetz derselben. Beide stehen und fallen mit einander. Da auf das richtige Verständniss dieses Satzes, den ich für höchst wichtig halte und deshalb schon mehrmals hervorgehoben habe, hier Alles ankommt, so erlauben Sie mir, denselben jetzt noch an einigen Beispielen zu erläutern.

Bei allen Säugethieren, die wir kennen, ist der Centraltheil des Nervensystems das Rückenmark und das Gehirn. Wir ziehen daraus den allgemeinen Inductionsschluss, dass alle Säugethiere ohne Ausnnahme, die ausgestorbenen und die uns noch unbekannten lebenden Arten, eben so gut wie die von uns untersuchten Species, ein gleiches Gehirn und Rückenmark besitzen. Wenn nun irgendwo eine neue Säugethierart entdeckt wird, z. B. eine neue Beutelthierart, oder eine neue Affenart, so weiss jeder Zoologe von vorn herein, ohne den inneren Bau derselben untersucht zu haben, ganz bestimmt, dass diese Species ebenfalls ein Gehirn und ein Rückenmark besitzen muss. Keinem einzigen

Naturforscher fällt es ein, daran zu zweifeln, und etwa zu denken, dass das Centralnervensystem bei dieser neuen Säugethierart möglicherweise aus einem Bauchmark mit Schlundring, wie bei den Gliederthieren, oder aus zerstreuten Knotenpaaren, wie bei den Weichthieren bestehen könnte. Jener ganz bestimmte und sichere Schluss, welcher doch auf gar keiner unmittelbaren Erfahrung beruht, ist ein Deductionsschluss. Bei allen Säugethieren entwickelt sich ferner frühzeitig im Embryo eine blasenförmige Allantois. Nur beim Menschen war dieselbe bisher noch nicht beobachtet. Trotzdem habe ich in meiner 1874 erschienenen Anthropogenie[56]) die Existenz derselben beim Menschen bestimmt behauptet, und wurde dafür der „Fälschung der Wissenschaft" angeklagt. Erst ein Jahr später (1875) wurde die blasenförmige Allantois beim menschlichen Embryo wirklich beobachtet, und so meine auf Induction gegründete Deduction thatsächlich bestätigt. Auf Grund desselben logischen Verfahrens entwickelte Goethe, wie ich in einem früheren Vortrage zeigte, aus der vergleichenden Anatomie der Säugethiere den allgemeinen Inductionsschluss, dass dieselben sämmtlich einen Zwischenkiefer besitzen, und zog daraus später den besonderen Deductionsschluss, dass auch der Mensch, der in allen übrigen Beziehungen nicht wesentlich von den anderen Säugethieren verschieden sei, einen solchen Zwischenkiefer besitzen müsse. Er behauptete diesen Schluss, ohne den Zwischenkiefer des Menschen wirklich gesehen zu haben, und bewies dessen Existenz erst nachträglich durch die wirkliche Beobachtung (S. 76).

Die Induction ist also ein logisches Schlussverfahren aus dem Besonderen auf das Allgemeine, aus vielen einzelnen Erfahrungen auf ein allgemeines Gesetz; die Deduction dagegen schliesst aus dem Allgemeinen auf das Besondere, aus einem allgemeinen Naturgesetze auf einen einzelnen Fall. So ist nun auch ohne allen Zweifel die Descendenz-Theorie ein durch alle genannten biologischen Erfahrungen empirisch begründetes grosses Inductionsgesetz, die Pithecoiden-Theorie dagegen, die Behauptung, dass der Mensch sich aus niederen, und zunächst aus affenartigen Säugethieren, entwickelt habe, ein einzelnes Deductionsgesetz, welches mit jenem allgemeinen Inductionsgesetze unzertrennlich verbunden ist.

Der Stammbaum des Menschengeschlechts, dessen ungefähre Umrisse ich Ihnen im vorletzten Vortrage angedeutet und den ich in meiner Anthropogenie ausführlich begründet habe[56]), bleibt natürlich (gleich allen vorher erörterten Stammbäumen der Thiere und Pflanzen) in seinen Einzelheiten nur eine mehr oder weniger annähernde genealogische Hypothesen-Kette. Ich betrachte es als sicher, dass viele einzelne Annahmen in dieser Hypothesen-Kette falsch sind, und dass die fortschreitende Phylogenie des Menschen Viele von den 25 angenommenen Ahnen-Stufen später anders darstellen wird. Dies thut aber der Anwendung der Descendenz-Theorie auf den Menschen im Ganzen keinen Eintrag. Hier, wie bei allen Untersuchungen über die Abstammungs-Verhältnisse der Organismen, müssen Sie wohl unterscheiden zwischen der allgemeinen oder generellen Descendenz-Theorie, und der besonderen oder speciellen Descendenz-Hypothese. Die allgemeine Abstammungs-Theorie beansprucht volle und bleibende Geltung, weil sie durch alle vorher genannten allgemein biologischen Erscheinungsreihen und durch deren inneren ursächlichen Zusammenhang inductiv begründet wird. Jede besondere Abstammungs-Hypothese dagegen ist in ihrer speciellen Geltung durch den jeweiligen Zustand unserer biologischen Erkenntniss bedingt, und durch die Ausdehnung der objectiven empirischen Grundlage, auf welche wir durch subjective Schlüsse diese Hypothese deductiv gründen. Daher besitzen alle einzelnen Versuche zur Erkenntniss des Stammbaums irgend einer Organismengruppe immer nur einen zeitweiligen und bedingten Werth, und unsere specielle Hypothese darüber wird immer mehr vervollkommnet werden, je weiter wir in der vergleichenden Anatomie, Ontogenie und Paläontologie der betreffenden Gruppe fortschreiten. Je mehr wir uns dabei aber in genealogische Einzelheiten verlieren, je weiter wir die einzelnen Aeste und Zweige des Stammbaums verfolgen, desto unsicherer wird, wegen der Unvollständigkeit der empirischen Grundlagen, unsere specielle Abstammungs-Hypothese. Dies thut jedoch der Sicherheit der generellen Abstammungs-Theorie keinen Abbruch.

So erleidet es denn auch keinen Zweifel, dass wir die Abstammung des Menschen zunächst aus affenartigen, weiterhin aus niederen Säugethieren, und so immer weiter aus immer tieferen Stufen des Wirbelthierstammes, bis zu dessen tiefsten wirbellosen Wurzeln, ja bis zu einer einfachen Plastide hinunter, als allgemeine Theorie mit voller Sicherheit behaupten können und müssen. Dagegen wird die specielle Verfolgung des menschlichen Stammbaums, die nähere Bestimmung der uns bekannten Thierformen, welche entweder wirklich zu den Vorfahren des Menschen gehörten oder diesen wenigstens nächststehende Blutsverwandte waren, stets eine mehr oder minder annähernde Descendenz-Hypothese bleiben. Diese läuft um so mehr Gefahr, sich von dem wirklichen Stammbaum zu entfernen, je näher sie demselben durch Aufsuchung der einzelnen Ahnenformen zu kommen sucht. Das ist mit Nothwendigkeit durch die ungeheure Lückenhaftigkeit unserer paläontologischen Kenntnisse bedingt, welche unter keinen Umständen jemals eine annähernde Vollständigkeit erreichen werden.

Aus der denkenden Erwägung dieses wichtigen Verhältnisses ergiebt sich auch bereits die Antwort auf eine Frage, welche gewöhnlich zunächst bei Besprechung dieses Gegenstandes aufgeworfen wird, nämlich die Frage nach den wissenschaftlichen Beweisen für den thierischen Ursprung des Menschengeschlechts. Nicht allein die Gegner der Descendenz-Theorie, sondern auch viele Anhänger derselben, denen die gehörige philosophische Bildung mangelt, pflegen dabei vorzugsweise an einzelne Erfahrungen, an specielle empirische Fortschritte der Naturwissenschaft zu denken. Man erwartet, dass plötzlich die Entdeckung einer geschwänzten Menschenrasse, oder einer sprechenden Affen-Art, oder einer anderen lebenden oder fossilen Uebergangsform zwischen Menschen und Affen, die geringe, zwischen beiden bestehende Kluft noch mehr ausfüllen und somit die Abstammung des Menschen vom Affen empirisch „beweisen“ soll. Derartige einzelne Erfahrungen, und wären sie anscheinend noch so überzeugend und beweiskräftig, können aber niemals den gewünschten Beweis liefern. Gedankenlose oder mit den biologischen Erscheinungs-Reihen unbekannte Leute werden jenen einzelnen Zeugnissen immer dieselben Einwände entgegenhalten können, die sie unserer Theorie auch jetzt entgegenhalten.

Die unumstössliche Sicherheit der Descendenz-Theorie, auch in ihrer Anwendung auf den Menschen, liegt vielmehr viel tiefer; sie kann niemals blos durch einzelne empirische Erfahrungen, sondern nur durch philosophische Vergleichung und Verwerthung unseres gesammten biologischen Erfahrungsschatzes in ihrem wahren inneren Werthe erkannt werden. Sie liegt eben darin, dass die Descendenz-Theorie als ein allgemeines Inductionsgesetz aus der vergleichenden Synthese aller organischen Naturerscheinungen, und insbesondere aus der dreifachen Parallele der vergleichenden Anatomie, Ontogenie und Paläontologie mit Nothwendigkeit folgt. Die Pithecoiden-Theorie bleibt unter allen Umständen (ganz abgesehen von allen Einzelbeweisen) ein specieller Deductionsschluss, welcher wieder aus dem generellen Inductionsgesetze der Descendenz-Theorie mit derselben logischen Nothwendigkeit gefolgert werden muss.

Auf das richtige Verständniss dieser philosophischen Begründung der Descendenz-Theorie und der mit ihr unzertrennlich verbundenen Pithecoiden-Theorie kommt meiner Ansicht nach Alles an. Jeder unbefangene und vorurtheilsfreie Naturforscher, welcher gesundes Urtheil und die genügenden biologischen Vorkenntnisse besitzt, muss heute nothwendiger Weise zu demselben Schlusse gelangen: Wenn die Entwickelungs-Lehre überhaupt wahr ist, wenn die einzelnen Thier-Arten nicht „durch Wunder erschaffen“ sind, sondern auf natürlichem Wege sich aus niederen Formen entwickelt haben, dann kann auch der Mensch keine Ausnahme machen; dann ist auch der Mensch — seiner ganzen Organisation nach ein Säugethier — aus der Klasse der Säugethiere phylogenetisch hervorgegangen; und da unter allen Säugern die Affen die bei weitem menschenähnlichsten sind, da die Unterschiede im Körperbau des Menschen und der Menschen-Affen viel geringer sind, als diejenigen zwischen den letzteren und den niederen Affen, so steht heute unzweifelhaft der Satz fest: „der Mensch stammt vom Affen ab“. Dabei ist selbstverständlich keine einzige lebende Affenform als Stammvater des Menschen-Geschlechts anzusehen, sondern eine längst ausgestorbene Anthropoiden-Art, wie ich schon wiederholt ausdrücklich betont habe.

Natürlich bieten die zahlreichen Gegner der Descendenz-Theorie, und vor Allen die Theologen welche dadurch die Existenz der Kirche gefährdet glauben, alle Kräfte auf, um jenen folgenschweren Satz zu widerlegen; und da wissenschaftliche Beweisgründe dagegen nicht zu finden sind, werden wissenschaftliche Autoritäten aufgeboten, um die verhasste „Irrlehre“ zu vernichten. Unter diesen Autoritäten wird jetzt am häufigsten der berühmte Pathologe Rudolf Virchow angerufen. Derselbe hielt vor Jahren in Berlin einen vielbesprochenen Vortrag, der in dem Satze gipfelte: „Es ist ganz gewiss, dass der Mensch nicht vom Affen abstammt“. Da dieser Satz unzweifelhaft unsere Hauptfrage ebenso bestimmt verneint, wie wir sie bejahen, und da derselbe bis auf den heutigen Tag immer und immer wieder als „gründliche Widerlegung der Affenlehre“ citirt wird, so ist es wohl angemessen, denselben hier noch etwas näher zu untersuchen und seine Beweisgründe zu prüfen.

Der Begriff „Affe“ bezeichnet, wie Jedermann weiss, eine bestimmte Säugethier-Form, und zwar eine Gruppe, die aus zahlreichen ähnlichen Gattungen und Arten zusammengesetzt ist. Diese Gruppe wird von allen Zoologen einstimmig als eine natürliche Ordnung der Säugethier-Classe angesehen und durch ganz bestimmte Merkmale scharf definirt (vergl. S. 688). Ebenso allgemein wird heute von allen Zoologen diese Affen-Ordnung mit der durch den Menschen vertretenen Formen-Gruppe in der Abtheilung der Primaten vereinigt, welche schon Linné's Scharfblick vor 150 Jahren aufgestellt hatte. Denn der Mensch ist nicht nur durch seine äussere Körperform den Affen bei weitem am ähnlichsten unter allen Thieren, sondern er gleicht ihnen auch in den wichtigsten Eigenthümlichkeiten des inneren Körperbaues, in der characteristischen Bildung des Schädels und Gehirns, des Gebisses und der Placenta, in der besonderen Bildung des Herzens, des Darmcanals, der männlichen und weiblichen

Organe u. s. w. Wohlgemerkt, ist der Mensch in allen diesen Beziehungen keinem der lebenden Affen völlig gleich (— so wenig Mittelländer und Neger, Mongolen und Papuas völlig gleich sind —); aber die Unterschiede zwischen dem Menschen und den höchsten Affen sind weit geringer, als diejenigen zwischen den letzteren und den niederen Affen. Dieses bedeutungsvolle „Huxley'sche Gesetz“ besteht noch heute unerschüttert in vollem Umfange, trotz aller Angriffe, welche unsere Gegner seit fünf und zwanzig Jahren dagegen gerichtet haben (S. 685). Ja, wie wir schon früher gezeigt haben, lässt dasselbe sogar innerhalb der Catarhinen-Gruppe noch eine viel schärfere Anwendung zu, indem der Mensch in jeder morphologischen Beziehung viel näher den Anthropoiden steht, als diese den Cynopitheken (S. 692). Aus diesem Grunde vereinigt sogar einer der besten Anthropomorphen-Kenner, Robert Hartmann[67]), diese Menschen-Affen mit den Menschen in einer Familie, und stellt ihnen alle anderen Affen, Catarhinen und Platyrhinen, vereinigt gegenüber in einer zweiten Familie.

Das sind zoologische Thatsachen, und diese Thatsachen besitzen die schwerwiegendste Bedeutung. Sie enthalten, vereinigt mit den bekannten Thatsachen der vergleichen Ontogenie (S. 307), die vollgültigsen Beweise für die „Abstammung des Menschen vom Affen“, welche überhaupt denkbar sind. Wenn ihre Beweiskraft nicht genügt, dann müssen wir überhaupt auf eine vernunftgemässe Beantwortung jener „Frage aller Fragen“ verzichten. Die urtheilsfähigsten Zoologen der Gegenwart sind sogar übereinstimmend zu der Ueberzeugung gelangt, dass jene Frage verhältnissmässig klar und einfach zu beantworten ist, verglichen mit den viel schwierigeren phylogenetischen Fragen, welche z. B. den Ursprung des Elephanten, des Klippschliefers, der Halbaffen u. s. w. betreffen. Und doch zweifelt kein Zoologe mehr daran, dass alle diese Säugethiere von einer gemeinsamen Stammform abzuleiten sind.

Angesichts dieser Sachlage dürfen wohl wir Zoologen, als die zunächst urtheilsberechtigten Sachkundigen, die Fragen stellen: „Wie können viele sogenannte Anthropologen noch heute behaupten, dass keinerlei thatsächliche Beweise für „die Abstammung des Menschen vom Affen“ vorliegen? Wie können Virchow, Ranke und Genossen, die nicht Zoologen sind, in ihren alljährlich wiederkehrenden Reden auf anthropologischen und anderen Congressen behaupten, dass jene „Pithecoiden-These“ eine leere Hypothese, eine unbewiesene Behauptung, ein naturphilosophischer Traum sei? Wie können diese Anthropologen noch heute nach „sicheren Beweisen“ jener These verlangen, wo diese Beweise in aller erwünschter Klarheit vorliegen und von allen Zoologen einstimmig anerkannt sind?

Was insbesondere die vielcitirten Aeusserungen von Virchow gegen die Pithecoiden-These betrifft, so haben sie sich in weiten Kreisen grosses Ansehen nur vermöge der hohen Autorität erworben, welche dieser berühmte Naturforscher auf einem ganz anderen Gebiete besitzt. Seine „Cellular-Pathologie“, die scharfsinnige Anwendung der Zellen-Theorie auf das ganze Gebiet der wissenschaftlichen Medicin, hat vor dreissig Jahren den grössten Fortschritt in dieser Wissenschaft herbeigeführt. Dieses grosse und bleibende Verdienst hat aber keinerlei Zusammenhang mit der rein ablehnenden und negativen Haltung, welche Virchow gegenüber der heutigen Entwickelungs-Lehre bedauerlicher Weise fortdauernd einnimmt. (Vergl. S. 745.)

Wenn nun auch die „Affen-Abstammung des Menschen“ von zoologischer Seite nicht mehr bestritten werden kann, so wird ihr doch noch häufig entgegengehalten, dass sie nur für die körperliche, nicht für die geistige Entwickelung des Menschen Geltung haben könne. Da wir nun bisher uns bloss mit der ersteren beschäftigt haben, so ist es wohl nothwendig, hier auch noch auf die letztere einen Blick zu werfen, und zu zeigen, dass auch sie dem grossen allgemeinen Entwickelungs-Gesetze unterworfen ist. Dabei ist es vor Allem nothwendig, sich in's Gedächtniss zurückzurufen, wie überhaupt das Geistige vom Körperlichen nie völlig geschieden werden kann, beide Seiten der Natur vielmehr unzertrennlich verbunden sind, und in der innigsten Wechselwirkung mit einander stehen. Wie schon Goethe klar aussprach, „kann die Materie nie ohne Geist, der Geist nie ohne

Materie existiren und wirksam sein". Der künstliche Zwiespalt, welchen die falsche dualistische und teleologische Philosophie der Vergangenheit zwischen Geist und Körper, zwischen Kraft und Stoff aufrecht erhielt, ist durch die Fortschritte der Naturerkenntniss und namentlich der Entwickelungs-Lehre aufgelöst, und kann gegenüber der siegreichen mechanischen und monistischen Philosophie unserer Zeit nicht mehr bestehen. Wie demgemäss die Menschennatur in ihrer Stellung zur übrigen Welt aufgefasst werden muss, hat in neuerer Zeit besonders Radenhausen in seinen vortrefflichen Werken: „Isis" und „Osiris"[33]), sowie Carus Sterne in seiner vorzüglichen Entwickelungs-Geschichte des Weltganzen: „Werden und Vergehen" einleuchtend gezeigt[26]).

Was nun speciell den Ursprung des menschlichen Geistes oder der Seele des Menschen betrifft, so nehmen wir zunächst an jedem menschlichen Individuum wahr, dass sich dieselbe von Anfang an schrittweise und allmählich entwickelt, ebenso wie der Körper. Wir sehen am neugeborenen Kinde, dass dasselbe weder selbstständiges Bewusstsein, noch überhaupt klare Vorstellungen besitzt. Diese entstehen erst allmählich, wenn mittelst der sinnlichen Erfahrung die Erscheinungen der Aussenwelt auf das Central-Nervensystem einwirken. Aber noch entbehrt das kleine Kind aller jener differenzirten Seelenbewegungen, welche der erwachsene Mensch erst durch langjährige Erfahrung erwirbt. Aus dieser stufenweisen Entwickelung der Menschenseele in jedem einzelnen Individuum können wir nun, gemäss dem innigen ursächlichen Zusammenhang zwischen Keimes- und Stammes-Geschichte unmittelbar auf die stufenweise Entwickelung der Menschenseele in der ganzen Menschheit und weiterhin in dem ganzen Wirbelthier-Stamme zurückschliessen. In unzertrennlicher Verbindung mit dem Körper hat auch der Geist des Menschen alle jene langsamen Stufen der Entwickelung, alle jene einzelnen Schritte der Differenzirung und Vervollkommnung durchmessen müssen, von welchen Ihnen die hypothetische Ahnenreihe des Menschen im vorletzten Vortrage ein ungefähres Bild gegeben hat.

Allerdings pflegt gerade diese Vorstellung bei den meisten Menschen, wenn sie zuerst mit der Entwickelungs-Lehre bekannt werden, den grössten Anstoss zu erregen, weil sie am meisten den hergebrachten mythologischen Anschauungen und den durch ein Alter von Jahrtausenden geheiligten Vorurtheilen widerspricht. Allein eben so gut wie alle anderen Functionen der Organismen muss nothwendig auch die Menschenseele sich historisch entwickelt haben, und die vergleichende Seelenlehre oder die empirische Psychologie der Thiere zeigt uns klar, dass diese Entwickelung nur gedacht werden kann als eine stufenweise Hervorbildung aus der Wirbelthierseele, als eine allmähliche Differenzirung und Vervollkommnung, welche erst im Laufe vieler Jahrtausende zu dem herrlichen Triumph des Menschengeistes über seine niederen thierischen Ahnenstufen geführt hat. Hier, wie überall, ist die Untersuchung der Entwickelung und die Vergleichung der verwandten Erscheinungen der einzige Weg, um zur Erkenntniss der natürlichen Wahrheit zu gelangen. Wir müssen also vor Allem, wie wir es auch bei Untersuchung der körperlichen Entwickelung thaten, die höchsten thierischen Erscheinungen einerseits mit den niedersten thierischen, andrerseits mit den niedersten menschlichen Erscheinungen vergleichen. Das Endresultat dieser Vergleichung ist, dass zwischen den höchst entwickelten Thierseelen und den tiefstentwickelten Menschenseelen nur ein geringer quantitativer, aber kein qualitativer Unterschied existirt, und dass dieser Unterschied viel geringer ist, als der Unterschied zwischen den niedersten und höchsten Menschenseelen, oder als der Unterschied zwischen den höchsten und niedersten Thierseelen.

Um sich von der Begründung dieses wichtigen Resultates zu überzeugen, muss man vor Allem das Geistesleben der wilden Naturvölker und der Kinder vergleichend studiren[57]). Auf der tiefsten Stufe menschlicher Geistesbildung stehen die Australier, einige Stämme der polynesischen Papuas, und in Afrika die Buschmänner, die Hottentotten und einige Stämme der Neger; in Amerika die Feuerländer. Die Sprache, der wichtigste Character des echten Menschen, ist bei ihnen auf der niedersten Stufe der Ausbildung stehen geblieben, und damit natürlich auch die Begriffsbildung. Manche dieser wilden Stämme haben nicht einmal eine Bezeichnung für Thier, Pflanze, Ton, Farbe und dergleichen einfachste Begriffe, wogegen sie für jede einzelne auffallende Thier- oder Pflanzenform, für jeden einzelnen Ton oder Farbe ein Wort besitzen. Es fehlen also selbst die nächstliegenden Abstractionen. In vielen solcher Sprachen giebt es bloss Zahlwörter für Eins, Zwei und Drei; keine australische Sprache zählt über vier. Diese Thatsache ist besonders merkwürdig; denn das Zählen bis Fünf, nach der Fingerzahl, scheint doch sehr nahe zu liegen. Sehr viele wilde Völker können nur bis zehn oder zwanzig zählen, während man einzelne sehr gescheidte Hunde dazu gebracht hat, bis vierzig und selbst über sechzig zu zählen. Und doch ist die Zahl der Anfang der Mathematik! Einzelne von den wildesten Stämmen im südlichen Asien und östlichen Afrika haben von der ersten Grundlage aller menschlichen Gesittung, vom Familienleben und der Ehe, noch gar keinen Begriff. Sie leben in umherschweifenden Heerden beisammen, welche in ihrer ganzen Lebensweise mehr Aehnlichkeit mit wilden Affenheerden, als mit civilisirten Menschen-Staaten besitzen. Alle Versuche, diese und viele andere Stämme der niederen Menschenarten der Cultur zugänglich zu machen, sind bisher gescheitert; es ist unmöglich, da menschliche Bildung pflanzen zu wollen, wo der nöthige Boden dazu, die menschliche Gehirnvervollkommnung, noch fehlt. Noch keiner von jenen Stämmen ist durch die Cultur veredelt worden; sie gehen nur rascher dadurch zu Grunde. Sie haben sich kaum über jene tiefste Stufe des Uebergangs vom Menschenaffen zum Affenmenschen erhoben, welche die Stammeltern der höheren Menschenarten schon seit Jahrtausenden überschritten haben[44]).

Betrachten Sie nun auf der anderen Seite die höchsten Entwickelungsstufen des Seelenlebens bei den höheren Wirbelthieren, namentlich Vögeln und Säugethieren. Wenn Sie in herkömmlicher Weise als die drei Hauptgruppen der verschiedenen Seelenbewegungen das Empfinden, Wollen und Denken unterscheiden, so finden Sie, dass in jeder dieser Beziehungen die höchst entwickelten Vögel und Säugethiere jenen niedersten Menschenformen sich an die Seite stellen, oder sie selbst entschieden überflügeln. Der Wille ist bei den höheren Thieren ebenso entschieden und stark, wie bei charactervollen Menschen entwickelt. Hier wie dort ist er eigentlich niemals frei, sondern stets durch eine Kette von ursächlichen Vorstellungen bedingt (vergl. S. 212). Auch stufen sich die verschiedenen Grade des Willens, der Energie und der Leidenschaft bei den höheren Thieren ebenso mannichfaltig, als bei den Menschen ab. Die Empfindungen der höheren Thiere sind nicht weniger zart und warm, als die der Menschen. Die Treue and Anhänglichkeit des Hundes, die Mutterliebe der Löwin, die Gattenliebe und eheliche Treue der Tauben und der Inseparables ist sprüchwörtlich, und wie vielen Menschen könnte sie zum Muster dienen! Wenn man hier die Tugenden als „Instincte“ zu bezeichnen pflegt, so verdienen sie beim Menschen ganz dieselbe Bezeichnung. Was endlich das Denken betrifft, dessen vergleichende Betrachtung zweifelsohne die meisten Schwierigkeiten bietet, so lässt sich doch schon aus der vergleichenden psychologischen Untersuchung, namentlich der cultivirten Hausthiere, so viel mit Sicherheit entnehmen, dass die Vorgänge des Denkens hier nach denselben Gesetzen, wie bei uns, erfolgen. Ueberall liegen Erfahrungen den Vorstellungen zu Grunde und vermitteln die Erkenntniss des Zusammenhangs zwischen Ursache und Wirkung. Ueberall ist es, wie beim Menschen, der Weg der Induction und Deduction, welcher die Thiere zur Bildung der Schlüsse führt. Offenbar stehen in allen diesen Beziehungen die höchst entwickelten Thiere, z. B. Hunde, Elephanten, dem Menschen viel näher als den niederen Thieren, obgleich sie durch eine lange Kette von allmählichen Zwischenstufen auch mit den letzteren verbunden sind. In Wundt's trefflichen Vorlesungen über die Menschen- und Thierseele[46]) und in Büchner's „Geistesleben der Thiere“[57]) finden Sie dafür eine Menge von Belegen.

Wenn Sie nun, nach beiden Richtungen hin vergleichend, die niedersten affenähnlichsten Menschen, die Australneger, Buschmänner, Andamanen u. s. w. einerseits mit diesen höchstentwickelten Thieren, z. B. Affen, Hunden, Elephanten, andrerseits mit den höchstentwickelten Menschen, einem Aristoteles, Newton, Spinoza, Kant, Lamarck, Goethe zusammenstellen, so wird Ihnen die Behauptung nicht mehr übertrieben erscheinen, dass das Seelenleben der höheren Säugethiere sich stufenweise zu demjenigen des Menschen entwickelt hat. Wenn Sie hier eine scharfe Grenze ziehen wollten, so müssten Sie dieselbe geradezu zwischen den höchstentwickelten Culturmenschen einerseits und den rohesten Naturmenschen andrerseits ziehen, und letztere mit den Thieren vereinigen. Das ist in der That die Ansicht vieler Reisender, welche jene niedersten Menschenrassen in ihrem Vaterlande andauernd beobachtet haben. So sagt z. B. ein vielgereister Engländer, welcher längere Zeit an der afrikanischen Westküste lebte: „den Neger halte ich für eine niedere Menschenart (*Species*) und kann mich nicht entschliessen, als „Mensch und Bruder“ auf ihn herabzuschauen, man müsste denn auch den Gorilla in die Familie aufnehmen“. Selbst viele christliche Missionäre, welche nach jahrelanger vergeblicher Arbeit von ihren fruchtlosen Civilisationsbestrebungen bei den niedersten Völkern abstanden, fällen dasselbe harte Urtheil, und behaupten, dass man eher die bildungsfähigen Hausthiere, als diese unvernünftigen viehischen Menschen zu einem gesitteten Culturleben erziehen könne. Der tüchtige österreichische Missionär Morlang z. B., welcher ohne allen Erfolg viele Jahre hindurch die affenartigen Negerstämme am oberen Nil zu civilisiren suchte, sagt ausdrücklich, „dass unter solchen Wilden jede Mission durchaus nutzlos sei. Sie ständen weit unter den unvernünftigen Thieren; diese letzteren legten doch wenigstens Zeichen der Zuneigung gegen Diejenigen an den Tag, die freundlich gegen sie sind; während jene viehischen Eingeborenen allen Gefühlen der Dankbarkeit völlig unzugänglich seien.“

Wenn nun aus diesen und vielen anderen Zeugnissen zuverlässig hervorgeht, dass die geistigen Unterschiede zwischen den niedersten Menschen und den höchsten Thieren viel geringer sind, als diejenigen zwischen den niedersten und den höchsten Menschen, und wenn Sie damit die Thatsache zusammenhalten, dass bei jedem einzelnen Menschenkinde sich das Geistesleben aus dem tiefsten Zustande thierischer Bewusstlosigkeit heraus langsam, stufenweise und allmählich entwickelt, sollen wir dann noch daran Anstoss nehmen, dass auch der Geist des ganzen Menschengeschlechts sich in gleicher Art langsam und stufenweise historisch entwickelt hat? Und sollen wir in dieser Thatsache, dass die Menschenseele durch einen langen und langsamen Process der Differenzirung und Vervollkommnung sich ganz allmählich aus der Wirbelthierseele hervorgebildet hat, eine „Entwürdigung“ des menschlichen Geistes finden? Ich gestehe Ihnen offen, dass diese letztere Anschauung, welche gegenwärtig von vielen Menschen der Pithecoidentheorie entgegengehalten wird, mir ganz unbegreiflich ist. Sehr richtig sagt darüber Bernhard Cotta in seiner trefflichen Geologie der Gegenwart: „Unsere Vorfahren können uns sehr zur Ehre gereichen, viel besser noch aber ist es, wenn wir ihnen zur Ehre gereichen“ [31]).

Was das menschliche Seelen-Organ betrifft, das Gehirn, so ist durch die sorgfältigste empirische Beobachtung die Geltung des biogenetischen Grundgesetzes für seine Entwickelung endgültig festgestellt (vergl. oben S. 303—309). Dasselbe gilt aber auch für seine Function, für die „Seelen-Thätigkeit“. Denn mit der stufenweisen Entwickelung jedes Organs geht diejenige seiner Function Hand in Hand. Der morphologischen Differenzirung oder „Formspaltung“ der Gehirntheile entspricht ihre physiologische Sonderung oder „Arbeitstheilung“. Was man also im gewöhnlichen Leben kurzweg „Seele“ oder „Geist“ des Menschen nennt, (— das „Bewusstsein“ mit inbegriffen —) ist nur die Summe der Thätigkeiten einer grossen Anzahl von Nervenzellen, der Ganglien-Zellen, die das Gehirn zusammensetzen. Ohne die normale Zusammensetzung und Function der letzteren ist eine gesunde „Seele“ nicht denkbar. Allerdings ist diese Auffassung — eine der wichtigsten Grundlehren der heutigen exacten Physiologie — nicht vereinbar mit dem weitverbreiteten Glaubens-Satze von der „persönlichen Unsterblichkeit“ des Menschen. Allein dieses dualistische Dogma, welches uns bei niederen Menschen-Rassen in den mannichfaltigsten Formen entgegentritt, ist ohnehin heute nicht mehr haltbar. Die bewunderungswürdigen Fortschritte der Experimental-Physiologie und der Psychiatrie, wie der vergleichenden Psychologie und Ontogenie, haben im Laufe des letzten halben Jahrhunderts Stein für Stein von dem mächtigen Unterbau abgelöst, auf welchem jenes Dogma unerschütterlich zu ruhen schien. Den letzten Halt hat dasselbe jedoch erst durch die grossartigen biologischen Entdeckungen der beiden letzten Decennien verloren, vor Allem durch die vollkommene Lüftung des Schleiers, der bisher das Geheimniss der Befruchtung verhüllte (vergl. S. 296). Wir wissen jetzt sicher und können die Thatsache jeden Augenblick unter dem Mikroskop vorzeigen, dass der wunderbare Befruchtungs-Process weiter Nichts ist, als die Verschmelzung von zwei verschiedenen Zellen, die Copulation ihrer Kerne. Dabei überträgt der Kern der männlichen Spermazelle die individuellen Eigenschaften des Vaters, der Kern der weiblichen Eizelle diejenigen der Mutter; die Vererbung von beiden Eltern ist durch die Verschmelzung der beiden Kerne bedingt, und mit dieser beginnt erst die Existenz des neuen Individuums, des Kindes. Es ist vernunftgemäss undenkbar, dass dieses neue Wesen ein „ewiges Leben" ohne Ende haben soll, während wir den endlichen Anfang seines Daseins durch unmittelbare Beobachtung haarscharf bestimmen können.

Unsere Entwickelungs-Lehre erklärt ebenso die Entstehung der einzelnen menschlichen Person, wie den Ursprung des Menschen-Geschlechts und den Lauf seiner historischen Entwickelung in der einzig natürlichen Weise. Wir erblicken in seiner stufenweise aufsteigenden Entwickelung aus den niederen Wirbelthieren den höchsten Triumph der Menschennatur über die gesammte übrige Natur. Wir sind stolz darauf, unsere niederen thierischen Vorfahren so unendlich weit überflügelt zu haben, und entnehmen daraus die tröstliche Gewissheit, dass auch in Zukunft das Menschengeschlecht im Grossen und Ganzen die ruhmvolle Bahn fortschreitender Entwickelung verfolgen, und eine immer höhere Stufe geistiger Vollkommenheit erklimmen wird. In diesem Sinne betrachtet, eröffnet uns die Descendenz-Theorie in ihrer Anwendung auf den Menschen die ermuthigendste Aussicht in die Zukunft, und entkräftet alle Befürchtungen, welche man ihrer Verbreitung entgegengehalten hat.

Schon jetzt lässt sich mit Bestimmtheit voraussehen, dass der vollständige Sieg unserer Entwickelungs-Lehre unermesslich reiche Früchte tragen wird, Früchte, die in der ganzen Culturgeschichte der Menschheit ohne Gleichen sind. Die nächste und unmittelbarste Folge desselben, die gänzliche Reform der Biologie, wird nothwendig die noch wichtigere und folgenreichere Reform der Anthropologie nach sich ziehen. Aus dieser neuen Menschenlehre wird sich eine neue Philosophie entwickeln, nicht gleich den meisten der bisherigen luftigen Systeme auf metaphysische Speculationen, sondern auf den realen Boden der vergleichenden Zoologie gegründet. Wie aber diese neue monistische Philosophie uns einerseits erst das wahre Verständniss der wirklichen Welt erschliesst, so wird sie andrerseits in ihrer segensreichen Anwendung auf das practische Menschenleben uns einen neuen Weg der moralischen Vervollkommnung eröffnen. Mit ihrer Hülfe werden wir endlich anfangen, uns aus dem traurigen Zustande socialer Barbarei emporzuarbeiten, in welchem wir, trotz der vielgerühmten Civilisation unseres Jahrhunderts, immer noch versunken sind. Denn leider ist nur zu wahr, was der berühmte Alfred Wallace in dieser Beziehung am Schlusse seines Reisewerks[36]) bemerkt: „Verglichen mit unseren erstaunlichen Fortschritten in den physikalischen Wissenschaften und in ihrer practischen Anwendung, bleibt unser System der Regierung, der administrativen Justiz, der Nationalerziehung, und unsere ganze sociale und moralische Organisation in einem Zustande der Barbarei."

Diese sociale und moralische Barbarei werden wir nimmermehr durch die gekünstelte und geschraubte Erziehung, durch den einseitigen und mangelhaften Unterricht, durch die innere Unwahrheit und den äusseren Aufputz unserer heutigen Civilisation überwinden. Vielmehr ist dazu vor allem eine vollständige und aufrichtige Umkehr zur Natur und zu natürlichen Verhältnissen nothwendig. Diese Umkehr wird aber erst möglich, wenn der Mensch seine wahre „Stellung in der Natur" erkennt und begreift. Dann wird sich der Mensch, wie Fritz Ratzel treffend bemerkt, „nicht länger als eine Ausnahme von den Naturgesetzen betrachten, sondern wird endlich anfangen, das Gesetzmässige in seinen eigenen Handlungen und Gedanken aufzusuchen, und streben, sein Leben den Naturgesetzen gemäss zu führen.

Er wird dahin kommen, das Zusammenleben mit Seinesgleichen, d. h. die Familie und den Staat, nicht nach den Satzungen ferner Jahrhunderte, sondern nach den vernünftigen Principien einer naturgemässen Erkenntniss einzurichten. Politik, Moral, Rechtsgrundsätze, welche jetzt noch aus allen möglichen Quellen gespeist werden, werden nur den Naturgesetzen entsprechend zu gestalten sein. Das menschenwürdige Dasein, von welchem seit Jahrtausenden gefabelt wird, wird endlich zur Wahrheit werden."

Die höchste Leistung des menschlichen Geistes ist die vollkommene Erkenntniss, das entwickelte Menschenbewusstsein, und die daraus entspringende sittliche Thatkraft. „Erkenne Dich selbst!" So riefen schon die Philosophen des Alterthums dem nach Veredelung strebenden Menschen zu. „Erkenne Dich selbst!" So ruft die Entwickelungslehre nicht allein dem einzelnen menschlichen Individuum, sondern der ganzen Menschheit zu. Und wie die fortschreitende Selbsterkenntniss für jeden einzelnen Menschen der mächtigste Hebel zur sittlichen Vervollkommnung wird, so wird auch die Menschheit als Ganzes durch die Erkenntniss ihres wahren Ursprungs und ihrer wirklichen Stellung in der Natur auf eine höhere Bahn der moralischen Vollendung geleitet werden. Die einfache Naturreligion, welche sich auf das klare Wissen von der Natur und ihren unerschöpflichen Offenbarungsschatz gründet, wird zukünftig in weit höherem Masse veredelnd und vervollkommnend auf den Entwickelungsgang der Menschheit einwirken, als die mannichfaltigen Kirchenreligionen der verschiedenen Völker, welche auf dem blinden Glauben an die dunkeln Geheimnisse einer Priesterkaste und ihre mythologischen Offenbarungen beruhen. Die feste Grundlage jener Natur-Religion bildet die monistische Ueberzeugung von der Einheit aller Natur-Erscheinungen, der Einheit von Geist und Körper, von Kraft und Stoff, von Gott und Welt. Die verschiedenen Formen des Pantheismus, in denen die grössten Geister seit mehr als zwei Jahrtausenden ihre naturgemässe Weltanschauung niedergelegt haben, sind nur verschiedene Ausdrucks-Weisen für jene Grundgedanken des Monismus.

Die monistische Naturreligion, die wir demnach für die wahre „Religion der Zukunft“ halten müssen, steht nicht, wie alle Kirchen-Religionen, in Widerspruch, sondern in Einklang mit der vernünftigen Natur-Erkenntniss. Während jene letzteren sämmtlich auf Täuschung und Aberglauben hinauslaufen, gründet sich die erstere auf Wahrheit und Wissen. Wie wenig aber die Unterwerfung der menschlichen Vernunft unter das Joch des Aberglaubens und die Entfremdung von der Natur im Stande ist, die Menschen besser und glücklicher zu machen, das zeigt dem Unbefangenen die Geschichte aller Kirchen-Religionen. Die sogenannte Blüthezeit des Mittelalters, in welcher das Christenthum seine Welt-Herrschaft entfaltete, war die Zeit der gröbsten Unwissenheit, der widerlichsten Rohheit, der tiefsten Unsittlichkeit. Die Philosophie, die Fürstin unter den Wissenschaften, die schon ein halbes Jahrtausend vor Christus in Thales und Anaximander, in Heraklit, Empedocles und Demokrit die Keime zur heutigen Entwickelungs-Lehre gelegt hatte, war durch die Ausbreitung der katholischen Dogmen und die Scheiternaufen ihrer Inquisition zum blinden Werkzeug des Kirchenglaubens geworden. Erst die mächtige Entwickelung der Naturwissenschaft im letzten Jahrhundert, hat der verirrten und herabgekommenen Philosophie wieder den verlorenen Weg zur Wahrheit gezeigt, und ihre Grundlage wird von jetzt an die monistische Entwickelungs-Lehre bleiben. Kommende Jahrhunderte werden unsere Zeit, welcher mit der wissenschaftlichen Begründung der Entwickelungs-Lehre der höchste Preis menschlicher Erkenntniss beschieden war, als den Zeitpunkt feiern, mit welchem ein neues segensreiches Zeitalter der menschlichen Entwickelung beginnt, charakterisirt durch den Sieg des freien erkennenden Geistes über die Gewaltherrschaft der Autorität und durch den mächtig veredelnden Einfluss der monistischen Philosophie.

Verzeichniss

der im Texte mit Ziffern angeführten Schriften,

deren Studium dem Leser zu empfehlen ist.

---

1. Charles Darwin, On the Origin of Species by means of natural selection (or the preservation of favoured races in the struggle for life). London 1859. (VI Edition: 1872.) Ins Deutsche übersetzt von H. G. Bronn unter dem Titel: Charles Darwin, über die Entstehung der Arten im Thier- und Pflanzen-Reich durch natürliche Züchtung, oder Erhaltung der vervollkommneten Rassen im Kampfe um's Dasein. Stuttgart 1860 (V. Auflage durchgesehen und berichtigt von Victor Carus: 1872).

2. Jean Lamarck, Philosophie zoologique; ou exposition des considérations relatives à l'histoire naturelle des animaux; à la diversité de leur organisation et des facultés, qu'ils en obtiennent; aux causes physiques, qui maintiennent en eux la vie et donnent lieu aux mouvemens, qu'ils exécutent; enfin, à celles qui produisent, les unes le sentiment, et les autres l'intelligence de ceux qui en sont doués. 2 Tomes. Paris 1809. Nouvelle edition, revue et précédée d'une introduction biographique par Charles Martins. Paris 1873. Deutsche Uebersetzung von Arnold Lang (Jena 1879).

3. Wolfgang Goethe, Zur Morphologie: Bildung und Umbildung organischer Naturen. Die Metamorphose der Pflanzen (1790). Osteologie (1786). Vorträge über die drei ersten Capitel des Entwurfs einer allgemeinen Einleitung in die vergleichende Anatomie, ausgehend von der Osteologie (1786). Zur Naturwissenschaft im Allgemeinen (1780—1832). Vergl. Ernst Haeckel, die Naturanschauung von Darwin, Goethe und Lamarck. Jena 1882.

4. Ernst Haeckel, Generelle Morphologie der Organismen: Allgemeine Grundzüge der organischen Formenwissenschaft, mechanisch begründet durch die von Charles Darwin reformirte Descendenz-Theorie. I. Band: Allgemeine Anatomie der Organismen oder Wissenschaft von den entwickelten organischen Formen. II. Band: Allgemeine Entwickelungsgeschichte der Organismen oder Wissenschaft von den entstehenden organischen Formen. Berlin 1866. (Vergriffen.)

5. Carl Gegenbaur, Grundriss der vergleichenden Anatomie. Leipzig 1859 (II. umgearbeitete Auflage 1877).

6. August Schleicher, Die Darwin'sche Theorie und die Sprachwissenschaft. Weimar 1863. II. Aufl. 1873. Ueber die Bedeutung der Sprache für die Naturgeschichte des Menschen. Weimar 1865.

7. M. J. Schleiden, Die Pflanze und ihr Leben. VI. Aufl. Leipzig 1864.

8. Franz Unger, Versuch einer Geschichte der Pflanzenwelt. Wien 1852.

9. S. Kalischer, Goethe's Verhältniss zur Naturwissenschaft und seine Bedeutung in derselben. Berlin 1878.

10. Louis Büchner, Kraft und Stoff. Empirisch-naturphilosophische Studien in allgemein verständlicher Darstellung. Frankfurt 1867 (IX. Auflage).

11. Charles Lyell, Principles of Geology. London 1830. (X. Edit. 1868.) Deutsch von B. Cotta.

12. Albert Lange, Geschichte des Materialismus und Kritik seiner Bedeutung in der Gegenwart. Iserlohn 1866. II. Aufl. 1873.

13. Charles Darwin, Naturwissenschaftliche Reisen. Deutsch von Ernst Dieffenbach. 2 Thle. Braunschweig 1844.

14. Charles Darwin, The variation of animals and plants under domestication. 2. Voll. London 1868. Ins Deutsche übersetzt von Victor Carus unter dem Titel: Das Variiren der Thiere und Pflanzen im Zustande der Domestication. 2 Bde. Stuttgart 1868.

15. Ernst Haeckel, Biologische Studien: I. Heft: Studien über die Moneren und andere Protisten, nebst einer Rede über Entwickelungsgang und Aufgabe der Zoologie. Leipzig 1870. II. Heft: Studien zur Gasträa-Theorie. Jena 1877.

16. Fritz Müller, Für Darwin. Leipzig 1864.

17. Thomas Huxley, Ueber unsere Kenntniss von den Ursachen der Erscheinungen in der organischen Natur. Sechs Vorlesungen für Laien. Uebersetzt von Carl Vogt. Braunschweig 1865.

18. Fritz Schultze, Philosophie der Naturwissenschaft. I. Buch. Leipzig 1882. Ueber das Verhältniss der griechischen Naturphilosophie zur modernen Naturwissenschaft. Im „Kosmos“, Bd. III, 1872.

19. H. G. Bronn, Untersuchungen über die Entwickelungsgesetze der organischen Welt während der Bildungszeit unserer Erdoberfläche. Stuttgart 1858.

20. Carl Ernst Baer, Ueber Entwickelungsgeschichte der Thiere. Beobachtung und Reflexion. 2 Bde. 1828—1837.

21. Charles Darwin, Leben und Briefe, herausgegeben von seinem Sohne Francis Darwin. Deutsch von Victor Carus. Stuttgart 1887.

22. Immanuel Kant, Allgemeine Naturgeschichte und Theorie des Himmels, oder Versuch von der Verfassung und dem mechanischen Ursprunge des ganzen Weltgebäudes nach Newton'schen Grundsätzen abgehandelt. Königsberg 1755.

23. Wilhelm Roux, Der Kampf der Theile im Organismus, ein Beitrag zur Vervollständigung der mechanischen Zweckmässigkeitslehre, Leipzig 1881.

24. August Weismann, Studien zur Descendenz-Theorie. Leipzig. 1876.

25. Kosmos, Zeitschrift für einheitliche Weltanschauung auf Grund der Entwickelungslehre. Unter Mitwirkung von Charles Darwin und Ernst Haeckel herausgegeben von Ernst Krause. Band I—XI. 1877 bis 1886.

26. Carus Sterne (Ernst Krause), Werden und Vergehen. Eine Entwickelungsgeschichte des Naturganzen in gemeinverständlicher Fassung. Dritte Auflage (mit 500 Abbildungen). Berlin 1886.

27. Thomas Huxley, Zeugnisse für die Stellung des Menschen in der Natur. Drei Abhandlungen: Ueber die Naturgeschichte der menschenähnlichen Affen. Ueber die Beziehungen des Menschen zu den nächstniederen Thieren. Ueber einige fossile menschliche Ueberreste. Braunschweig 1863.

28. Hugo Spitzer, Beiträge zur Descendenz-Theorie und zur Methodologie der Naturwissenschaft. Graz 1886.

29. Ernst Haeckel, Ziele und Wege der heutigen Entwickelungsgeschichte. Jena 1875.

30. Charles Lyell, Das Alter des Menschengeschlechts auf der Erde und der Ursprung der Arten durch Abänderung, nebst einer Beschreibung der Eiszeit. Uebersetzt mit Zusätzen von Louis Büchner. Leipzig 1864.

31. Bernhard Cotta, Die Geologie der Gegenwart. Leipzig 1866. (IV. umgearbeitete Auflage. 1874.)

32. Karl Zittel, Aus der Urzeit. Bilder aus der Schöpfungsgeschichte. München 1872. II. Aufl. 1875. Mit zahlreichen Holzschnitten.

33. C. Radenhausen, Isis. Der Mensch und die Welt. 4 Bde. Hamburg 1863. (II. Auflage 1871.) Osiris. Weltgesetze in der Erdgeschichte. 3 Bde. Hamburg 1874.

34. Ernst Haeckel, Indische Reisebriefe. II. Aufl. Berlin 1884.

35. Wilhelm Bleek, Ueber den Ursprung der Sprache. Herausgegeben mit einem Vorwort von Ernst Haeckel. Weimar 1868.

36. Alfred Russel Wallace, Der malayische Archipel. Deutsch von A. B. Meyer. 2 Bde. Braunschweig 1869.

37. Ernst Haeckel, Arabische Korallen. Ein Ausflug nach den Korallenbänken des rothen Meeres und ein Blick in das Leben der Korallenthiere. Mit 5 Farbendrucktafeln und vielen Holzschnitten. Berlin 1876.

38. Hermann Helmholtz, Populäre wissenschaftliche Vorträge. Braunschweig. I.—III. Heft. 1871—1878.

39. Alexander Humboldt, Ansichten der Natur. Stuttgart 1826.

40. Paul Lilienfeld, Gedanken über die Socialwissenschaft der Zukunft. 3 Bde. Mitau 1877.

41. Ernst Haeckel, Das Protistenreich. Eine populäre Uebersicht über das Formengebiet der niedersten Lebewesen. Mit 58 Holzschnitten. Leipzig 1878.

42. Friedrich Müller, Allgemeine Ethnographie. Wien 1873.

43. Ludwig Büchner, Der Mensch und seine Stellung in der Natur, in Vergangenheit, Gegenwart und Zukunft. II. Aufl. Leipzig 1872.

44. John Lubbock, Die vorgeschichtliche Zeit; erläutert durch die Ueberreste des Alterthums und die Sitten und Gebräuche der jetzigen Wilden. Deutsch von A. Passow. Jena 1874.

45. Friedrich Hellwald, Culturgeschichte in ihrer natürlichen Entwickelung bis zur Gegenwart. Augsburg 1875. II. Aufl. 1877.

46. Wilhelm Wundt, Vorlesungen über die Menschen- und Thierseele. Leipzig 1863.

47. Fritz Schultze, Kant und Darwin. Ein Beitrag zur Geschichte der Entwickelungslehre. Jena 1875.

48. Charles Darwin, The descent of man, and selection in relation so sex. 2 Voll. London 1871. Ins Deutsche übersetzt von Victor Carus unter dem Titel: „Die Abstammung des Menschen und die geschlechtliche Zuchtwahl". 2 Bde. Stuttgart 1871.

49. Charles Darwin, The expression of the emotions in man and animals. London 1872. Deutsch von V. Carus unter dem Titel: Der Ausdruck der Gemüthsbewegungen bei den Menschen und den Thieren. Stuttgart 1872.

50. Ernst Haeckel, Die Kalkschwämme (Calcispongien oder Grantien). Eine Monographie in zwei Bänden Text und einem Atlas mit 60 Tafeln Abbildungen. I. Band (Genereller Theil), Biologie der Kalkschwämme. II. Bd (Specieller Theil). System der Kalkschwämme. III. Band (Illustrativer Theil). Atlas der Kalkschwämme. Berlin 1872.

51. Ernst Haeckel, Freie Wissenschaft und freie Lehre. Eine Entgegnung auf Rudolf Virchow's Rede über „Die Freiheit der Wissenschaft im modernen Staate". Stuttgart 1878.

52. Hermann Müller, Die Befruchtung der Blumen durch Insecten. Leipzig 1873.

53. Friedrich Zöllner, Ueber die Natur der Kometen. Beiträge zur Geschichte und Theorie der Erkenntniss. Leipzig 1872.

54. Oskar Hertwig, Lehrbuch der Entwickelungsgeschichte des Menschen und der Wirbelthiere. Jena 1886.

55. David Friedrich Strauss, Der alte und der neue Glaube. Ein Bekenntniss. Bonn, VI. Auflage 1874. Gesammelte Schriften. 12 Bände. 1878.

56. Ernst Haeckel, Anthropogenie oder Entwickelungsgeschichte des Menschen. Gemeinverständliche wissenschaftliche Vorträge über die Grundzüge der menschlichen Keimes- und Stammesgeschichte. Mit 12 Tafeln, 210 Holzschnitten und 36 genetischen Tabellen. Leipzig 1874.

57. Ludwig Büchner, Aus dem Geistesleben der Thiere. II. Aufl. Berlin 1877.

58. Thomas Huxley, Reden und Aufsätze. Uebersetzt von Fritz Schultze. Berlin 1877.

59. Ernst Haeckel, Gesammelte populäre Vorträge aus dem Gebiete der Entwickelungslehre. Bonn. I. Heft 1878. II. Heft 1879.

60. Jacob Moleschott, Der Kreislauf des Lebens. III. Auflage. Mainz 1887.

61. Hugo de Vries, Intracellulare Pangenesis. Jena 1889.

62. B. Carneri, Sittlichkeit und Darwinismus. Drei Bücher Ethik. Wien 1871. — Der Mensch als Selbstzweck. Wien 1878. — Entwickelung und Glückseligkeit. Ethische Essays. Stuttgart 1886.

63. John Lubbock, Die Entstehung der Civilisation und der Urzustand des Menschengeschlechts, erläutert durch das innere und äussere Leben der Wilden. Deutsch von A. Passow. Jena 1875.

64. Moritz Wagner, Die Entstehung der Arten durch räumliche Sonderung. Basel 1889.

65. Herbert Spencer, System der synthetischen Philosophie. Deutsch von B. Vetter. Bd. II. Die Principien der Biologie. Stuttgart 1876.

66. Arnold Lang, Mittel und Wege phylogenetischer Erkenntniss. Jena 1887.

67. Robert Hartmann, Die menschenähnlichen Affen und ihre Organisation im Vergleich zur menschlichen. Leipzig 1883.

68. Paul Topinard, Anthropologie. Uebersetzt von Richard Neuhauss. Leipzig 1888.

69. R. Wiedersheim, Der Bau des Menschen als Zeugniss für seine Vergangenheit. Freiburg 1888.

70. Arnold Lang, Lehrbuch der vergleichenden Anatomie. Jena, 1889.

71. Carl Naegeli, Mechanisch-physiologische Theorie der Abstammungslehre. München 1884.

72. Charles Darwin, Gesammelte Werke. Uebersetzt von Victor Carus. 12 Bände. Stuttgart 1878.

Anhang.

Erklärung der Tafeln.

Tafel I (zwischen S. 168 und 169).

Lebens-Geschichte eines einfachsten Organismus, eines Moneres (Protomyxa aurantiaca). (Vergl. S. 165 und S. 379.)

Tafel I ist eine verkleinerte Copie der Abbildungen, welche ich in meiner „Monographie der Moneren" (Biologische Studien, I. Heft, 1870; Taf. I) von der Entwickelungsgeschichte der Protomyxa aurantiaca gegeben habe. Dort findet sich auch die ausführliche Beschreibung dieses merkwürdigen Moneres (S. 11 bis 30). Ich habe diesen einfachsten Organismus im Januar 1867 während meines Aufenthaltes auf der canarischen Insel Lanzerote entdeckt; und zwar fand ich ihn festsitzend oder umherkriechend auf den weissen Kalkschalen eines kleinen Cephalopoden (S. 485), der Spirula Peronii, welche daselbst massenhaft auf der Meeresoberfläche schwimmen und an den Strand geworfen werden. Protomyxa aurantiaca zeichnet sich vor den übrigen Moneren durch die schöne und lebhafte orangerothe Farbe ihres ganz einfachen Körpers aus, der lediglich aus Plasson oder kernlosem Plasma besteht. Das vollkommen entwickelte Moner ist in Fig. 11 und 12 stark vergrössert dargestellt. Wenn dasselbe hungert (Fig. 11), strahlen von der Oberfläche des kugeligen Schleimkörperchens ringsum Massen von baumförmig verästelten beweglichen Schleimfäden (Scheinfüsschen oder Pseudopodien) aus. Wenn aber das Moner frisst (Fig. 12), treten diese Schleimfäden vielfach mit einander in Verbindung, bilden veränderliche Netze und umspinnen die zur Nahrung dienenden fremden Körperchen, welche sie nachher in die Mitte des Protomyxa-Körpers hineinziehen. So wird eben in Fig. 12 (oben rechts) ein kieselschaliger Geisselschwärmer (Peridinium) von den ausgestreckten Schleimfäden gefangen und nach der Mitte des Passonkügelchens hingezogen, in welchem bereits mehrere halbverdaute kieselschalige Infusorien (Tintinnoiden) und Diatomeen (Isthmien) liegen. Wenn nun die Protomyxa genug gefressen hat und gewachsen ist, zieht sie ihre Schleimfäden ein (Fig. 15) und zieht sich kugelig zusammen (Fig. 16 und Fig. 1).

In diesem Ruhezustande schwitzt die Kugel eine gallertige structurlose Hülle aus (Fig. 2) und zerfällt nach einiger Zeit in eine grosse Anzahl kleiner Plassonkügelchen (Fig. 3). Diese Sporen fangen bald an, sich zu bewegen, nehmen Birnform an (Fig. 4), durchbrechen die gemeinsame Hülle (Fig. 5) und schwimmen nun mittelst eines haarfeinen, geisselförmigen Fortsatzes frei im Meere umher, wie Geisselschwärmer oder Flagellaten (S. 442, Fig. 11). Wenn sie nun eine Spirula-Schale oder einen anderen passenden Gegenstand antreffen, lassen sie sich auf diesem nieder, ziehen ihre Geissel ein und kriechen mittelst formwechselnder Fortsätze langsam auf demselben umher wie Protamoeben (Fig. 6, 7, 8). Gleich diesen nehmen sie Nahrung auf (Fig. 9, 10) und gehen entweder durch einfaches Wachsthum oder durch Verschmelzung (Fig. 13, 14), in die erwachsene Form über (Fig. 11, 12).

Tafel II und III (zwischen S. 304 und 305).

Keime oder Embryonen von vier verschiedenen Wirbelthieren.

Schildkröte (A und E), Huhn (B und F), Hund (C und G), Mensch (D und H). Fig. A—D stellt ein früheres, Fig. E—H ein späteres Stadium der Entwickelung dar. Alle acht Embryonen sind von der rechten Seite gesehen, den gewölbten Rücken nach links gewendet. Fig. A und B sind siebenmal, Fig. C und D fünfmal, Fig. E—H viermal vergrössert. Taf. II erläutert die ganz nahe Blutsverwandtschaft der Reptilien und Vögel, Taf. III dagegen diejenige des Menschen und der übrigen Säugethiere (vergl. auch Vortrag 22 u. s. w.). Eine genauere Darstellung der Embryonen von acht verschiedenen Wirbelthieren (Fisch, Salamander, Schildkröte, Huhn, Schwein, Rind, Kaninchen, Mensch) — auf drei verschiedenen Stufen der Ausbildung — enthält meine „Anthropogenie" III. Aufl. 1877, p. 290, Taf. VI, VII).

Tafel IV (zwischen S. 400 und 401).

Hand oder Vorderfuss von neun verschiedenen Säugethieren.

Diese Tafel soll die Bedeutung der vergleichenden Anatomie für die Phylogenie erläutern, indem sie nachweist, wie sich die innere Skeletform der Gliedmassen durch Vererbung beständig erhält, trotzdem die äussere Form durch Anpassung ausserordentlich verändert wird. Die Knochen des Hand-Skelets sind weiss in das braune Fleisch und die Haut eingezeichnet, von denen sie umschlossen werden. Alle neun Hände sind genau in derselben Lage dargestellt, nämlich die Handwurzel (an welche sich oben der Arm ansetzen würde) nach oben gerichtet, die Fingerspitzen oder Zehenspitzen nach unten. Der Daumen oder die erste (grosse) Vorderzehe ist in jeder Figur links, der kleine Finger oder die fünfte Zehe dagegen rechts am Rande der Hand sichtbar. Jede Hand besteht aus drei Theilen, nämlich I. der Handwurzel (Carpus), welche aus zwei Querreihen von kurzen Knochen zusammengesetzt ist (am oberen Rande der Hand): II. der Mittelhand (Metacarpus), welche aus fünf langen und starken Knochen zusammengesetzt ist (in der Mitte der Hand, durch die Ziffern 1—5 bezeichnet); und III. den fünf Fingern oder Vorderzehen (Digiti), von denen jede wieder aus mehreren (meist 2—3) Zehengliedern (Phalanges) besteht. Die Hand des Menschen (Fig. 1) steht ihrer ganzen Bildung nach in der Mitte zwischen derjenigen der beiden nächstverwandten grossen Menschenaffen, nämlich des Gorilla (Fig. 2) und des Orang (Fig. 3). Weiter entfernt sich davon schon die Vorderpfote des Hundes (Fig. 4) und noch viel mehr die Hand oder die Brustflosse des Seehundes (Fig. 5). Noch vollständiger als bei letzterem wird die Anpassung der Hand an die Schwimm-Bewegung und ihre Umbildung zur Ruderflosse beim Delphin (*Ziphius*, Fig. 6). Während hier die in der Schwimmhaut ganz versteckten Finger und Mittelhandknochen kurz und stark bleiben, werden sie dagegen ausserordentlich lang und dünn bei der Fledermaus (Fig. 7), wo sich die Hand zum Flügel ausbildet. Den äussersten Gegensatz dazu bildet die Hand des Maulwurfs (Fig. 8), welche sich in eine kräftige Grabschaufel umgewandelt hat, mit ausserordentlich verkürzten und verdickten Fingern. Viel ähnlicher als diese letzteren Formen (Fig. 5—8) ist der menschlichen Hand die Vorderpfote des niedrigsten und unvollkommensten aller Säugethiere, des australischen Schnabelthiers (*Ornithorhynchus*, Fig. 9), welches in seinem ganzen Bau unter allen bekannten Säugethieren der gemeinsamen ausgestorbenen Stammform dieser Classe am nächsten steht. Es hat sich also der Mensch in der Umbildung seiner Hand durch Anpassung weniger von dieser gemeinsamen Stammform entfernt, als die Fledermaus, der Maulwurf, der Delphin, der Seehund und viele andere Säugethiere.

Tafel V (zwischen S. 300 und 301).

Gastrula-Bildung von der Teichschnecke und dem Pfeilwurm.

Die Gastrulation, welche die fünf ersten Keimungs-Stufen der Metazoen umfasst, ist auf dieser Tafel in ihrer einfachsten und ursprünglichsten Form dargestellt, als Bildung der Archigastrula (Fig. 8 und 18); alle übrigen Keimungs-Formen sind als secundäre Modificationen dieser primären Form anzusehen. Fig. 1—10 zeigt die Gastrula-Bildung von einem Weichthier, der gemeinen Teichschnecke (*Lymnaeus*), nach den Untersuchungen von Carl Rabl; Fig. 11—20 von einem Wurmthier, dem Pfeilwurm (*Sagitta*), nach den Beobachtungen von Gegenbaur und Hertwig. Die Buchstaben haben in allen Figuren dieselbe Bedeutung:

a Urdarm (Progaster)
o Urmund (Prostoma)
e Hautblatt (Ectoderma)
i Darmblatt (Entoderma)
g Geschlechtszellen (Gonocyta)
k Keimhaut (Blastoderma)
b Keimhöhle (Blastocoeloma)
c Leibeshöhle (Coeloma)
p Hautfaserblatt (Parietal-Blatt).
v Darmfaserblatt (Visceral-Blatt).

Fig. 1 und 11, Stammzelle (*Cytula*) oder „befruchtete Eizelle" (auch „erste Furchungskugel" genannt). — Fig. 2 und 12, Zweitheilung der Cytula. — Fig. 3 und 13, Viertheilung derselben. — Fig. 4 und 14, Zerfall derselben in acht Furchungskugeln oder Blastomeren. — Fig. 5 und 15, Maulbeerkeim (*Morula*). — Fig. 6 und 16, Blasenkeim (*Blastula*, Hohlkugel im Durchschnitt). — Fig. 7 und 17, Haubenkeim (*Depula*), oder Einstülpung der Blastula. — Fig. 8 und 18, Becherkeim (*Gastrula*) im Durchschnitt. Fig. 9 und 19, Coelom-Larve (*Coelomula*) im Durchschnitt. Fig. 10 und 20, Larve mit Mund und After. —

Tafel VI (zwischen S. 520 und 521).

Gastraeaden der Gegenwart und nächste Verwandte.

Die Buchstaben bedeuten in allen Figuren dasselbe:

a Urdarm (Progaster)
o Urmund (Prostoma)
e Hautblatt (Exoderma)
i Darmblatt (Entoderma)
u Eizellen
p Hautporen (Dermal-Poren)
x Fremdkörper (Xenophya), ein Skelet bedeutend.

Fig. 1. *Ammolynthus prototypus*. Ein Sandschwamm einfachster Art, aus der Tiefsee. (Skelet aus Radiolarien-Schalen.)

Fig. 2. Querschnitt desselben Sandschwamms, in der untern Körper-Hälfte.

Fig. 3. *Calcolynthus primigenius*. Ein Kalkschwamm einfachster Art. (Skelet aus dreistrahligen Kalknadeln.)
Ein Stück aus der Körperwand ist entfernt, um innen die Eier zu zeigen.

Fig. 4. Eine amoeboide Eizelle desselben Kalkschwamms.

Fig. 5. Eine Geisselzelle desselben, aus dem Darmblatt.

Fig. 6. *Prophysema primordiale* (= früher *Haliphysema primordiale* —), ein Physemarium einfachster Art, im Längsschnitt.

Fig. 7. Querschnitt desselben Physemarium.

Fig. 8. Drei Geisselzellen desselben, aus dem Darmblatt.

Fig. 9. *Rhopalura Giardii*, eine freischwimmende Cyemarie aus der Classe der Orthonectiden.

Fig. 10. Querschnitt derselben.

Fig. 11. Der gemeine Süsswasser-Polyp (*Hydra vulgaris*) in ausgedehntem Zustand.

Fig. 12. Derselbe, in stark zusammengezogenem Zustand.

Fig. 13. Querschnitt derselben Hydra.

Fig. 14. Eine Geisselzelle aus dem Darmblatt derselben.

Fig. 15. Zwei Samenfäden (Geisselzellen) derselben.
Fig. 16. Eine amoeboide Eizelle derselben Hydra.

Tafel VII (zwischen S. 528 und 529).

Eine Gruppe von Nesselthieren (Acalephae oder Cnidariae) aus dem Mittelmeere.

In der oberen Hälfte der Tafel zeigt sich ein Schwarm von schwimmenden Medusen und Ctenophoren, in der unteren Hälfte einige Büsche von Korallen und Polypen, auf dem Boden des Meeres festgewachsen. (Vergl. das System der Nesselthiere, S. 524, und gegenüber den Stammbaum derselben, S. 525.)

Unter den festsitzenden Pflanzenthieren auf dem Meeresboden tritt rechts unten ein grosser Korallenstock hervor (1), welcher der rothen Edelkoralle (*Eucorallium*) nahe verwandt ist und gleich dieser zur Gruppe der achtzähligen Rindenkorallen (*Octocoralla Gorgonida*), gehört; die einzelnen Individuen (oder Personen) des verzweigten Stockes haben die Form eines achtstrahligen Sterns, gebildet aus acht Fangarmen, die den Mund umgeben (*Octocoralla*, S. 524). Unmittelbar darunter und davor sitzt (ganz rechts unten) ein kleiner Busch von Hydropolypen (2) aus der Gruppe der Glockenpolypen oder Campanarien. Ein grösserer Stock der Hydropolypen (3), aus der Gruppe der Röhrenpolypen oder Tubularien, erhebt sich mit seinen langen dünnen Zweigen links gegenüber. An seiner Basis breitet sich ein Stock von Sandkorallen aus (*Zoanthus*, 4) mit stumpfen, fingerförmigen Aesten. Dahinter sitzt, links unten (5), eine sehr grosse Seerose (*Actinia*), eine einzelne Person aus der Abtheilung der sechszähligen Korallen (*Hexacoralla*, S. 531). Unten in der Mitte des Bodens (6) sitzt eine Seeanemone (*Cereanthus*). Endlich erhebt sich auf einem kleinen Hügel des Meeresbodens, rechts oberhalb der Koralle (1) eine festsitzende Becherqualle (*Lucernaria*). Ihr becherförmiger gestielter Körper (7) trägt am Rande acht kugelige Büschel von kleinen, geknöpften Fangarmen.

Unter den schwimmenden Pflanzenthieren, welche die obere Hälfte der Tafel VII einehmen, sind vorzüglich die schönen Medusen wegen ihres Generationswechsels bemerkenswerth (vergl. S. 185). Unmittelbar über der Lucernaria (7) schwimmt eine kleine Blumenqualle (*Tiara*), deren glockenförmiger Körper einen kuppelartigen Aufsatz von der Form einer päpstlichen Tiara trägt (8). Von der Glockenmündung hängt unten ein Kranz von sehr feinen und langen Fangfäden herab. Diese Tiara entwickelt sich aus Röhrenpolypen, welche der links unten sitzenden Tubularia (3) gleichen. Links neben dieser letzteren schwimmt eine grosse, aber sehr zarte Haarqualle (*Aequorea*). Ihr scheibenförmiger, flach gewölbter Körper zieht sich eben zusammen und presst Wasser aus der unten befindlichen Schirmhöhle aus (9.) Oben in der Mitte der Schirmhöhle hängt der Magen herab, dessen Mundöffnung von vier Mundlappen umgeben ist. Diese Aequorea stammt von einem kleinen Glockenpolypen ab, welcher der Campanaria (2) gleicht. Von einem ähnlichen Glockenpolypen stammt auch die kleine, flach gewölbte Mützenqualle (*Eucope*) ab, welche oben in der Mitte schwimmt (10). In diesen drei Fällen (8, 9, 10) entwickelt sich die frei schwimmende Meduse durch Knospenbildung aus festsitzenden Hydropolypen (2, 3); die letzteren aber entstehen aus den befruchteten Eiern der Meduse. Es wechselt mithin regelmässig die ungeschlechtliche, festsitzende Polypen-Generation (I, III, V u. s. w.) mit der geschlechtlichen, frei schwimmenden Medusen-Generation ab (II, IV, VI u. s. w.). Bei anderen Medusen hingegen ist die Entwickelung eine directe, indem aus den Eiern derselben wieder Medusen entstehen; so bei den Rüsselquallen oder Geryoniden (*Carmarina*, Fig. 11) bei den Larvenquallen oder Aeginiden (*Cunina*, Fig. 12) und bei der Leuchtqualle (*Pelagia*, Fig. 14).

Noch interessanter und lehrreicher, als diese merkwürdigen Verhältnisse, sind die Lebenserscheinungen der Staatsquallen oder Siphonophoren, mit ihrem wunderbaren Polymorphismus. Als ein Beispiel derselben ist auf Tafel VII die schöne *Physophora* (13) abgebildet. Dieser schwimmende Medusenstock wird an der Oberfläche des Meeres schwebend erhalten durch eine kleine, mit Luft gefüllte Schwimmblase, welche in der Abbildung über den Wasserspiegel vorragt. Unterhalb derselben ist eine Säule von vier Paar Schwimmglocken sichtbar, welche Wasser ausstossen und dadurch die ganze Colonie fortbewegen. Am unteren Ende dieser Schwimmglockensäule sitzt ein kronenförmiger Kranz von gekrümmten spindelförmigen Tastern oder Palponen, unter deren Schutz die übrigen Individuen des Stockes (fressende, fangende und zeugende Personen) versteckt sind. (Vergl. S. 270 und 528).

Endlich ist auch die letzte Classe der Pflanzenthiere, die Gruppe der Kammquallen (*Ctenophora*, S. 530) auf Tafel VII durch zwei Repräsentanten vertreten. Links in der Mitte, zwischen der Aequorea (9), der Physophora (13) und der Cunina (12) windet sich schlangenartig ein breites, langes und dünnes Band, wie ein Gürtel (15). Das ist der herrliche grosse Venusgürtel des Mittelmeeres (*Cestum*), der in allen Regenbogenfarben schillert. Der eigentliche, in der Mitte des langen Bandes gelegene Körper des Thieres ist nur sehr klein, und ebenso gebaut, wie die Melonenqualle (*Cydippe*), welche links oben schwebt (16). An dieser sind die acht charakteristischen Wimperrippen oder Flimmerkämme der Ctenophoren sichtbar, sowie zwei lange Fangfäden.

Tafel VIII und IX (zwischen S. 560 und 561).

Entwickelungs-Geschichte der Sternthiere (Echinoderma).

Die beiden Tafeln erläutern die eigenthümliche Ontogenie der Sternthiere, welche von den Einen als Metamorphose, von den Anderen als Generationswechsel aufgefasst wird (S. 557). Die Seesterne (*Asterida*) sind durch *Uraster* (*A*), die Seelilien (*Crinoida*) durch *Comatula* (*B*), die Seeigel (*Echinida*) durch *Echinus* (*C*) und die Seegurken (*Holothuriae*) durch *Synapta* (*D*) vertreten (vergl. S. 554–565). Die auf einander folgenden Stadien der Entwickelung sind durch die Ziffern 1—6 bezeichnet.

Taf. VIII stellt die individuelle Entwickelung der Larven oder Ammen, der ersten, ungeschlechtlichen Generation dar. Diese Ammen haben den Formwerth einer einfachen, ungegliederten Wurmperson von zweiseitiger Grundform. Fig. 1 zeigt das Ei der vier Sternthiere, das in allen wesentlichen Beziehungen mit dem Ei des Menschen und anderer Thiere übereinstimmt (vergl. S. 295, Fig 5). Das Protoplasma der Eizelle (der Dotter) ist von einer dicken, structurlosen Membran umschlossen, und enthält einen kugeligen Zellenkern (*Nucleus*), mit dunkelem Nucleolus. Aus dem befruchteten Ei entwickelt sich zunächst in gewöhnlicher Weise die Gastrula Fig. 20, J. K. S. 504), und diese verwandelt sich in eine sehr einfache Amme, welche ungefähr die Gestalt eines einfachen Holzpantoffels hat (Fig. *A*2—*D*2). Der Rand der Pantoffelöffnung ist von einer flimmernden Wimperschnur umsäumt, durch deren Wimperbewegung die mikroskopisch kleine, durchsichtige Amme im Meere frei umherschwimmt. Diese Wimperschnur ist in Fig. 2—4 auf Taf. VI durch den schmalen, abwechselnd hell und dunkel gestreiften Saum angedeutet. Die Amme bildet sich nun zunächst einen ganz einfachen Darmcanal zur Ernährung, mit Mund (*o*), Magen (*m*) und After (*a*). Späterhin werden die Windungen der Wimperschnur complicirter und es entstehen armartige Fortsätze (Fig. *A*3 bis *D*3). Bei den Seesternen (*A*4) und den Seeigeln (*C*4) werden diese armartigen, von der Wimperschnur umsäumten Fortsätze schliesslich sehr lang. Bei den Seelilien dagegen (*B*3) und den Seewalzen (*D*4) verwandelt sich statt dessen die geschlossene anfangs in sich selbst ringförmig zurücklaufende Wimperschnur in eine Reihe von (4—5) hinter einander gelegenen, getrennten Wimpergürteln.

Im Inneren dieser sonderbaren Amme nun entwickelt sich durch innere Knospung rings um den Magen herum, die zweite Generation der Sternthiere, welche späterhin geschlechtsreif wird. Diese zweite Generation, welche in entwickeltem Zustande auf Taf. IX abgebildet ist, zeichnet sich durch fünfstrahlige Grundform aus und gleicht einem Stock (*Cormus*), der aus fünf, sternförmig mit einem Ende verbundenen Würmern, zusammengesetzt ist. Die zweite Generation eignet sich von der ersten, auf deren Kosten sie wächst, nur den Magen und einen kleinen Theil der übrigen Organe an, während Mund und After neu sich bilden. Die Wimperschnur und der Rest des Ammenkörpers gehen späterhin verloren. Anfänglich ist die zweite Generation (*A*5—*D*5) kleiner als die Amme, während sie späterhin durch Wachsthum mehr als hundertmal oder selbst tausendmal grösser wird. Taf. IX zeigt die entwickelten und geschlechtsreifen Thiere der zweiten Generation von der Mundseite, welche in natürlicher Stellung der Sternthiere (wenn sie auf dem Meeresboden kriechen) bei den Seesternen (*A*6) und Seeigeln (*C*6) nach unten, bei den Seelilien (*B*6) nach oben, und bei den Seegurkeu (*D*6) nach vorn gerichtet ist. In der Mitte gewahrt man bei allen vier Sternthieren die sternförmige, fünfstrahlige Mundöffnung. Bei den Seesternen (*A*6) geht von deren Ecken eine mehrfache Reihe von Saugfüsschen in der Mitte der Unterseite jedes Armes bis zur Spitze hin. Bei den Seelinien (*B*6) ist jeder Arm von der Basis an gespalten und gefiedert. Bei den Seeigeln (*C*6) sind die fünf Reihen der Saugfüsschen durch breitere Felder von Stacheln getrennt. Bei den Seegurken endlich (*D*6) sind äusserlich an dem wurmähnlichen Körper bald die fünf Füsschenreihen, bald nur die den Mund umgebenden 5—15 (hier 10) gefiederten Mundarme sichtbar. (Vergl. Taf. XVIII, Fig. 4.)

Tafel X und XI (zwischen S. 576 und 577).

Entwickelungs-Geschichte der Krebsthiere (Crustacea).

Die beiden Tafeln erläutern die Entwickelung der verschiedenen Crustaceen aus der gemeinsamen Keimform des Nauplius. Auf Taf. XI sind sechs Krebsthiere aus sechs verschiedenen Ordnungen in vollkommen entwickeltem Zustande dargestellt, während auf Taf. X die naupliusartigen Jugendformen derselben abgebildet sind. Aus der wesentlichen Uebereinstimmung dieser letzteren lässt sich mit voller Sicherheit auf Grund des biogenetischen Grundgesetzes (S. 309) die Abstammung aller verschiedenen Crustaceen von einer einzigen gemeinsamen Stammform behaupten, wie zuerst Fritz Müller[16]) in seiner vorzüglichen Schrift „Für Darwin" dargethan hat.

Taf. X zeigt die Nauplius-Jugendformen von der Bauchseite, so dass die drei Beinpaare deutlich hervortreten, welche an dem kurzen einfachen Rumpfe ansitzen. Das erste von diesen Beinpaaren ist einfach und ungespalten, während das zweite und dritte Beinpaar gabelspaltig sind. Alle drei Paare sind mit steifen Borsten besetzt, welche bei der Ruderbewegung der Beine als Schwimmwerkzeuge dienen. In der Mitte des Körpers ist der ganz einfache, gerade Darmcanal sichtbar, welcher vorn einen Mund, hinten eine Afteröffnung besitzt. Vorn über dem Munde sitzt ein einfaches unpaares Auge. In allen diesen wesentlichen Eigenschaften der Organisation stimmen die sechs Nauplius-Formen ganz überein, während die sechs zugehörigen ausgebildeten Krebsformen (Taf. IX) äusserst verschiedenartig organisirt sind. Die Unterschiede der sechs Nauplius-Formen beschränken sich auf ganz untergeordnete und unwesentliche Verhältnisse in der Körpergrösse und der Bildung der Hautdecke. Wenn man dieselben in geschlechtsreifem Zustande in dieser Form im Meere antreffen würde, so würde jeder Zoologe sie als sechs verschiedene Species eines Genus betrachten (vergl. S. 574—577).

Taf. XI stellt die ausgebildeten und geschlechtsreifen Krebsformen, die sich aus jenen sechs Nauplius-Formen entwickelt haben, von der rechten Seiten gesehen dar. Fig. *Ac* zeigt einen frei schwimmenden Süsswasserkrebs (*Limnetis brachyura*) aus der Ordnung der Blattfüsser (*Phyllopoda*) schwach vergrössert. Unter allen jetzt noch lebenden Crustacen steht diese

Ordnung, welche zur Legion der Kiemenfüsser (*Branchiopoda*) gehört, der ursprünglichen gemeinsamen Stammform am nächsten. Die Limnetis ist in eine zweiklappige Schale (wie eine Muschel) eingeschlossen. In unserer Figur (welche nach Grube copirt ist), sieht man den Körper eines weiblichen Thieres in der linken Schale liegend; die rechte Schalenhälfte ist weggenommen. Vorn hinter dem Auge sieht man die zwei Fühlhörner (Antennen) und dahinter die zwölf blattartigen Füsse der rechten Körperseite, hinten auf dem Rücken (unter der Schale) die Eier. Vorn oben ist das Thier mit der Schale verwachsen.

Fig. *Bc* stellt einen gemeinen, frei schwimmenden Süsswasserkrebs (*Cyclops quadricornis*) aus der Ordnung der Ruderkrebse (*Eucopepoda*) stark vergrössert dar. Vorn unter dem Auge sieht man die beiden Fühlhörner der rechten Seite, von denen das vordere viel länger als das hintere ist. Dahinter folgen die Kiefer, und dann die vier Ruderbeine der rechten Seite, welche gabelspaltig sind. Hinter diesen sind die beiden grossen Eiersäcke am Grunde des Hinterleibes sichtbar.

Fig. *Cc* ist ein schmarotzender Ruderkrebs (*Lernaeocera esocina*) aus der Ordnung der Fischläuse (*Siphonostoma*). Diese sonderbaren Krebse, welche man früher für Würmer hielt, sind durch Anpassung an das Schmarotzerleben aus den frei schwimmenden Ruderkrebsen (*Eucopepoda*) entstanden und gehören mit ihnen zu derselben Legion (*Copepoda*). Indem sie sich an den Kiemen oder der Haut von Fischen oder an andern Krebsen festsetzten. und von deren Körpersaft ernährten, büssten sie ihre Augen, Beine und andere Organe ein, und wuchsen zu unförmlichen ungegliederten Säcken aus, in denen man bei äusserer Betrachtung kaum noch ein Thier vermuthet. Nur die letzten Ueberbleibsel der fast ganz verloren gegangenen Beine erhalten sich noch auf der Bauchseite in Form von kurzen spitzen Borsten. Zwei von diesen vier rudimentäen Beinpaaren (das dritte und vierte) sind in unserer Figur (rechts) sichtbar. Oben am Kopf sieht man dicke, unförmliche Anhänge, von denen die unteren gespalten sind. In der Mitte des Körpers sieht man den Darmcanal durchschimmern, der von einer dunkeln Fetthülle umgeben ist. Neben seinem hinteren Ende sieht man den Eileiter und die Kittdrüsen des weiblichen Geschlechtsapparats. Aeusserlich hängen die beiden grossen Eiersäcke (wie bei *Cyclops*, Fig. *B*). Unsere Lernaeocera ist halb vom Rücken, halb von der rechten Seite gesehen und schwach vergrössert.

Fig. *Dc* zeigt eine festsitzende sogenannte „Entenmuschel“ (*Lepas anatifera*), aus der Ordnung der Rankenkrebse (*Cirripedia*). Diese Krebse, über welche Darwin eine höchst sorgfältige Monographie geliefert hat, sind in eine zweiklappige Kalkschale, gleich den Muscheln, eingeschlossen, und wurden daher früher allgemein (sogar noch von Cuvier) für muschelartige Weichthiere oder Mollusken gehalten. Erst durch die Kenntniss ihrer Ontogenie und ihrer Nauplius-Jugendform (*Dn*, Taf. VIII) wurde ihre Crustaceen-Natur festgestellt. Unsere Figur zeigt eine „Entenmuschel“ in natürlicher Grösse, von der rechten Seite. Die rechte Hälfte der zweiklappigen Schale ist entfernt, so dass man den Körper in der linken Schalenhälfte liegen sieht. Von dem rudimentären Kopfe der Lepas geht ein langer fleischiger Stiel aus (in unserer Figur nach oben gekrümmt), mittelst dessen der Rankenkrebs an Felsen, Schiffen u. s. w. festgewachsen ist. Auf der Bauchseite sitzen sechs Fusspaare. Jeder Fuss ist gabelig in zwei lange, mit Borsten besetzte, gekrümmte oder aufgerollte „Ranken" gespalten. Oberhalb des letzten Fusspaares ragt nach hinten der dünne, cylindrische Schwanz vor.

Fig. *Ec* stellt einen schmarotzenden Sackkrebs (*Sacculina purpurea*) aus der Ordnung der Wurzelkrebse (*Rhizocephala*) dar. Diese Parasiten haben sich durch Anpassung an das Schmarotzerleben in ähnlicher Weise aus den Rankenkrebsen (Fig. *Dc*) entwickelt, wie die Fischläuse (*Cc*) aus den frei schwimmenden Ruderkrebsen (*Bc*). Jedoch ist die Verkümmerung durch die schmarotzende Lebensweise und die dadurch bedingte Rückbildung aller Organe hier noch viel weiter gegangen, als bei den meisten Fischläusen. Aus dem gegliederten, mit Beinen, Darm und Auge versehenen Krebse, der in seiner Jugend als Nauplius (*En*, Taf. VIII) munter umherschwamm, ist ein unförmlicher ungegliederter Sack, eine rothe Wurst geworden, welche nur noch Geschlechtsorgane (Eier und Sperma) und ein Darmrudiment enthält. Die Beine und das Auge sind völlig verloren gegangen. Am hinteren Ende ist die Geschlechtsöffnung (die Mündung der Bruthöhle). Aus dem Munde aber ist ein dichtes Büschel von zahlreichen, baumförmig verzweigten Wurzelfasern hervorgewachsen. Diese breiten sich (wie die Wurzeln einer Pflanze im Erdboden) in dem weichen Hinterleibe des Einsiedlerkrebses (*Pagurus*) aus, an dem der Wurzelkrebs schmarotzend festsitzt, und aus welchem er seine Nahrung saugt. Unsere Figur (*Ec*), eine Copie nach Fritz Müller, ist schwach vergrössert und zeigt den ganzen wurstförmigen Sackkrebs mit allen Wurzelfasern, die aus dem Leibe des Wohnthieres herausgezogen sind.

Fig. *Fc* ist eine Garneele (*Peneus Mülleri*) aus der Ordnung der Zehnfüsser (*Decapoda*), zu welcher auch unser Flusskrebs und sein nächster Verwandter, der Hummer, sowie die kurzschwänzigen Krabben gehören. Diese Ordnung enthält die grössten und gastronomisch wichtigsten Krebse, und gehört sammt den Maulfüssern und Spaltfüssern zur Legion der stieläugigen Panzerkrebse (*Podophthalma*). Unsere Garneele zeigt, ebenso wie unser Flusskrebs, auf jeder Seite unterhalb des Auges vorn zwei lange Fühlhörner (das erste viel kürzer wie das zweite), dann drei Kiefer und drei Kieferfüsse, dann fünf sehr lange Beine (von denen bei *Peneus* die drei vorderen mit Scheeren versehen und das dritte das längste ist). Endlich sitzen an den 5 ersten Gliedern des Hinterleibes noch 5 Paar Afterfüsse. Auch diese Garneele, welche zu den höchst entwickelten und vollkommensten Krebsen gehört, entsteht nach Fritz Müller's wichtiger Entdeckung aus einem Nauplius (*Fn*, Taf. VIII) und beweist somit, dass auch die höheren Crustaceen sich aus derselben Nauplius-Form wie die niederen entwickelt haben (vergl. S. 574).

Tafel XII und XIII (zwischen S. 600 und 601).

Die Stamm-Verwandtschaft der Wirbelthiere und der Wirbellosen.

(Vergl. S. 601 und 609.)

Diese Stammverwandtschaft wird definitiv begründet durch Kowalewsky's wichtige, von Kupffer bestätigte Entdeckung, dass die Ontogenie des niedersten Wirbelthieres, des Lanzetthieres oder Amphioxus, in ihren wesentlichen Grundzügen völlig übereinstimmt mit derjenigen der wirbellosen Seescheiden oder Ascidien, aus der Classe der Mantelthiere oder Tunicaten. Auf unsern beiden Tafeln ist die Ascidie mit *A*, der Amphioxus mit *B* bezeichnet. Taf. XIII stellt diese beiden sehr verschiedenen Thierformen völlig entwickelt dar, und zwar von der linken Seite gesehen, das Mundende nach oben, das entgegengesetzte Ende nach unten gerichtet. Daher ist in beiden Figuren die Rückenseite nach rechts, die Bauchseite nach links gewendet. Beide Figuren sind schwach vergrössert, und die innere Organisation der Thiere ist durch die durchsichtige Haut hindurch deutlich sichtbar. Die erwachsene Seescheide (Fig. *A* 6) sitzt unbeweglich auf den Meeresboden festgewachsen auf und klammert sich an Steinen und dergl. mittelst besonderer Wurzeln (*w*) an, wie eine Pflanze. Der erwachsene Amphioxus dagegen (Fig. *B* 6) schwimmt frei umher, wie ein Fischchen. Die Buchstaben bedeuten in beiden Figuren dasselbe, und zwar: *a* Mundöffnung. *b* Leibesöffnung oder Porus abdominalis. *c* Rückenstrang oder Chorda dorsalis. *d* Darm. *e* Eierstock. *f* Eileiter (vereinigt mit dem Samenleiter). *g* Rückenmark. *h* Herz. *i* Blinddarm. *k* Kiemenkorb (Athemhöhle). *l* Leibeshöhle. *m* Muskeln. *n* Testikel (bei der Seescheide mit dem Eierstock zu einer Zwitterdrüse vereinigt). *o* After. *p* Geschlechtsöffnung. *q* Reife entwickelte Embryonen in der Leibeshöhle der Ascidie. *r* Flossenstrahlen der Rückenflosse von Amphioxus. *s* Schwanzflosse des Lanzetthieres. *w* Wurzeln der Ascidie.

Taf. XII stellt die individuelle Entwickelung der Ascidie (*A*) und des Amphioxus (*B*) in fünf verschiedenen Stadien dar (1—5). Fig. 1 ist das Ei, eine einfache Zelle wie das Ei des Menschen und aller anderen Thiere (Fig. *A* 1 das Ei der Seescheide, Fig. *B* 1 das Ei des Lanzetthieres). Das Protoplasma der Eizelle (*z*) ist von einer Hülle umgeben, und enthält einen kugeligen Zellkern (*y*) mit Nucleolus (*x*). Wenn sich das Ei zu entwickeln beginnt, zerfällt die befruchtete Eizelle zunächst durch wiederholte Theilung in viele Zellen (Fig. *A* 2, *B* 2 vier, Fig. *A* 3, *B* 3 acht Zellen, u. s. w.). Aus dem kugeligen Zellhaufen (*Morula*) entsteht in gewöhnlicher Weise (S. 504) die Gastrula (*A* 4, *B* 4). (Vergl. Taf. V.) Ihre Urdarmhöhle (*d* 1) öffnet sich durch den Urmund (*d* 4). Die Zellwand derselben, das Darmblatt (*d* 2), ist durch den Rest der Keimhöhle (*l*) vom Hautblatt (*t*) getrennt. Fig. *A* 5 zeigt die Larve der Ascidie, Fig. *B* 5 diejenige des Amphioxus, von der linken Seite gesehen, in etwas weiterer Entwickelung. Die Darmhöhle (*d* 1) hat sich geschlossen. Die Rückenwand des Darms (*d* 2) ist concav, die Bauchwand (*d* 3) convex gekrümmt. Oberhalb des Darmrohrs, auf dessen Rückenseite, hat sich das Medullar-Rohr (*g* 1), die Anlage des Rückenmarks, gebildet, dessen Hohlraum jetzt noch vorn nach aussen mündet (*g* 2). Zwischen Rückenmark und Darm ist der Rückenstrang oder die Chorda dorsalis (*c*) entstanden, die Axe des inneren Skelets. Bei der Larve der Ascidie setzt sich diese Chorda (*c*) in den langen Ruderschwanz fort, ein Larvenorgan, welches später bei der Verwandlung abgeworfen wird. Jedoch giebt es auch jetzt noch einige sehr kleine Ascidien (*Appendicaria*), welche sich nicht verwandeln und festsetzen, sondern zeitlebens mittelst ihres Ruderschwanzes frei im Meere umherschwimmen. (Vergl. S. 605.)

Die ontogenetischen Thatsachen, welche auf Taf. XII schematisch dargestellt sind, und welche erst 1867 bekannt wurden, beanspruchen die allergrösste Bedeutung und können in der That nicht hoch genug geschätzt werden. Sie füllen die tiefe Kluft aus, welche in der Anschauung der früheren Zoologie zwischen den „Wirbelthieren“ und den sogenannten „Wirbellosen“ bestand. Diese Kluft wurde allgemein für so bedeutend und für so unausfüllbar gehalten, dass sogar angesehene und der Entwickelungs-Theorie nicht abgeneigte Zoologen darin eines der grössten Hindernisse für dieselbe erblickten. Indem nun die Ontogenie des Amphioxus und der Ascidie dieses Hinderniss gänzlich aus dem Wege räumt, macht sie es uns zum ersten Male möglich, den Stammbaum des Menschen unter den Amphioxus hinab in den vielverzweigten Stamm der „wirbellosen“ Würmer zu verfolgen, aus welchem auch die übrigen höheren Thierstämme entsprungen sind. (Vergl. S. 539, 609 und 700.)

Tafel XIV und XV (zwischen S. 436 und 437).

Grundformen von Protisten. (Taf. XIV Urpflanzen, Taf. XV Urthiere).

Diese beiden Tafeln erläutern die Erscheinung der Angleichung oder Convergenz (S. 273), die Entstehung ähnlicher Formen in ganz verschiedenen Gruppen, die nicht stammverwandt sind. Zugleich geben sie eine Uebersicht über die geometrische Regelmässigkeit der Grundformen, die bei sehr vielen Protisten sich findet.

Tafel XIV

Urpflanzen oder Protophyten (Diatomeen und Cosmarieen).

Fig. 1. *Rhabdosphaera Challengeri*, eine vielstrahlige Calcocytee.
Fig. 2. *Biddulphia reticulata*, eine zweistrahlige Diatomee.
Fig. 3. *Triceratium grunowianum*, eine dreistrahlige Diatomee.
Fig. 4. *Phycastrum quadriradiatum* eine vierstrahlige Cosmariee.
Fig. 5. *Phycastrum quinqueradiatum*, eine fünfstrahlige Cosmariee.
Fig. 6. *Micrasterias hexactinias*, eine sechsstrahlige Cosmariee.
Fig. 7. *Phycastrum denticulatum*, eine dreistrahlige Cosmariee.

Fig. 8. *Stictodiscus radfordianus*, eine achtstrahlige Diatomee.
Fig. 9. Amoeboider Zustand eines Protophyten.
Fig. 10. Uebergang desselben in einen Flagellaten-Zustand.
Fig. 11—13. Eine einfachste einzellige Pflanze (Grüne Alge aus der Palmellarien-Gruppe) in Theilung begriffen. (Fig. 12 zweitheilig, Fig. 13 viertheilig).
Fig. 14. Ein grüner (chlorophyllhaltiger) Geisselschwärmer (vegetaler Flagellat).
Fig. 15. Viertheilung desselben, im Ruhezustand (Tetrasporen-Bildung).

Tafel XV

Urthiere (Protoza) aus der Classe der Radiolarien.

Fig. 1. *Oroscena Gegenbauri*, eine vielstrahlige Phaeodarie.
Fig. 2. *Amphirhopalum echinatum*, eine zweistrahlige Discoidee.
Fig. 3. *Hymeniastrum Euclidis*, eine dreistrahlige Discoidee.
Fig. 4. *Histiastrum quadrigatum*, eine vierstrahlige Discoidee.
Fig. 5. *Pentinastrum asteriscus*, eine fünfstrahlige Discoidee.
Fig. 6. *Hexacolpus nivalis*, eine sechsstrahlige Acantharie.
Fig. 7. *Hexapyle dodecantha*, eine dreistrahlige Discoidee.
Fig. 8. *Heliosestrum medusinum*, eine achtstrahlige Discoidee.
Fig. 9. Amoeboider Zustand eines Protozoen.
Fig. 10. Uebergang desselben in einen Flagellaten-Zustand.
Fig. 11—13. Eine Xanthellee oder gelbe Zelle (Symbionten der Radiolarien, aus der Palmellarien-Gruppe) in Theilung begriffen. (Fig. 12 zweitheilig, Fig. 13 viertheilig.)
Fig. 14. Ein farbloser (chlorophyllfreier) Geisselschwärmer (animaler Flagellat).
Fig. 15. Viertheilung desselben, im Ruhezustand (Tetrasporen-Bildung).

Tafel XVI (zwischen S. 448 und 449).

Tiefsee-Radiolarien der britischen Challenger-Expedition.

(Vergl. S. 417 und 449.)

Die Classe der Radiolarien zeigt viel grösseren Reichthum an verschiedenen und mannichfaltigen Grundformen, als irgend eine andere Classe der organischen Welt. Die Arten, welche auf Taf. XV und XVI abgebildet sind, geben einige der wichtigsten typischen Formen wieder. Vergl. auch mein „Protistenreich“, 1878, meine „Monographie der Radiolarien“, 1862, (mit Atlas von 35 Tafeln) und den Challenger-Report (1887) mit 140 Tafeln. Alle hier abgebildeten Formen sind dem blossen Auge unsichtbar und stark vergrössert.

Fig. 1. *Actissa primordialis* (Ordnung der Colloideen). Eine kugelige Zelle (Centralkapsel) mit centralem Zellkern ist umgeben von mehreren kleinen „gelben Zellen“ und strahlt viele feine Fäden aus (Pseudopodien).

Fig. 2. *Hexancistra quadricuspis.* (Ordnung der Sphaeroideen.) Eine Gitterkugel (Rindenschale) mit centraler Kugel (Markschale). 6 Stacheln (jeder mit 4 Spitzen) stehen in drei auf einander senkrechten Meridian-Ebenen.

Fig. 3. *Saturnulus planeta* (Ordnung der Sphaeroideen). Eine Gitterkugel (Rindenschale) mit centraler Kugel (Markschale). Rings um dieselbe ein äquatorialer Kieselring, (mit ihr verbunden durch zwei, in einer Axe liegende Stäbe), ähnlich wie um den Planeten Saturn ein äquatorialer Nebelring.

Fig. 4. *Heliocladus furcatus* (Ordnung der Discoideen). Eine linsenförmige Gitterschale (Rindenschale) mit einer centralen Kugel (Markschale). Vom Aequator oder vom Rande der biconvexen Linse strahlen zahlreiche Kieselstacheln aus, die gabelförmig getheilt sind.

Fig. 5. *Tricanastrum Wyvillei* (Ordnung der Discoideen). Von einer centralen kreisrunden Scheibe gehen vier, ein plattes rechtwinkliges Kreuz bildende Arme ab, deren jeder am Ende in drei Zacken gespalten ist. Feine Fäden (Pseudopodien) strahlen überall von der Centralkapsel aus.

Fig. 6. *Coelodendrum Challengeri* (Ordnung der Phaedarien). Die kugelige Central-Kapsel ist von zwei gegenständigen (unverbundenen) Halbkugeln eingeschlossen, deren jede drei baumförmig verästelte hohle Kieselröhren trägt. Aus der schwarzbraunen Pigmentmasse, welche die Central-Kapsel umhüllt, strahlen zahlreiche feine Fäden aus (Pseudopodien).

Fig. 7. *Acanthostephanus corona* (Ordnung der Stephoideen). Drei stachelige Kieselreifen, welche in drei auf einander senkrechten Ebenen stehen, sind in der Weise verbunden, dass sie eine Dornenkrone bilden.

Fig. 8. *Cinclopyramis Murrayana* (Ordnung der Cyrtoideen). Eine neunseitige Pyramide, deren neun Kanten durch viele horizontale Querstäbe verbunden sind. Ein äusserst feines Gitterwerk füllt die viereckigen Maschen aus, welche durch jene gebildet werden.

Fig. 9. *Eucecryphalus Huxleyi* (Ordnung der Cyrtoideen). Eine flache kegelförmige Gitterschale mit köpfchenförmigem Aufsatz und vielen langen Kieselstacheln.

Fig. 10. *Dictyopodium Moseleyi* (Ordnung der Cyrtoideen). Eine hohe kegelförmige Gitterschale mit 3 Gliedern, Gipfelstachel und 3 langen Füsschen, die am Ende gitterförmig durchbrochen sind.

Fig. 11. *Diploconus Saturni* (Ordnung der Acantharien). Ein Doppelkegel, gleich einer Sanduhr, dessen Axe ein starker, vierkantiger, an beiden Enden vorragender und zugespitzter Stachel bildet; von der Mitte gehen kleinere Stacheln ab.

Fig. 12. *Lithoptera Darwinii* (Ordnung der Acantharien). In der Mitte eine kreuzförmige Centralkapsel mit vier Lappen. Das Kieselskelet besteht aus 20, nach Müller's Gesetz vertheilten Stacheln, 16 kleineren und

4 grösseren; letztere, liegen in der Aequatorial-Ebene und tragen am Ende 4 Gitterplatten, gleich Windmühlen-Flügeln.

Tafel XVII (zwischen S. 480 und 481).

Farnwald der Steinkohlenzeit.

Diese hypothetische Skizze aus der Landschaft einer längst verflossenen Periode der Erdgeschichte ist aus den zahlreichen und wohl erhaltenen Versteinerungen derselben in ähnlicher Weise combinirt und restaurirt, wie dies zuerst der geniale Botaniker Franz Unger in seinen schönen „Bildern zur Urwelt", später Oswald Heer in seiner „Urwelt der Schweiz", und viele Andere gethan haben. Die Pflanzen, welche diesen Urwald der Steinkohlenzeit zusammensetzen, sind ganz überwiegend Prothalloten aus der Hauptclasse der Farne (*Filicinae*, S. 462, 473). Auf der linken Seite des Bildchens im Vordergrunde unten erheben sich die gekrümmten, armleuchterartig getheilten und dicht mit Schuppenblättchen bedeckten Büsche einiger Bärlappe (*Lycopodiaceae*) aus der Classe der Schuppenfarne (*Selagineae*, S. 477). Hoch darüber empor ragen links die riesigen, blattlosen, cannellirten Säulen mehrerer nackter Schafthalme (*Equisetaceae*), aus der Classe der Schaftfarne (*Calamariae*, S. 475); oben tragen sie einen zapfenähnlichen Sporenbehälter. Rechts dahinter sind die zierlichen, lärchenähnlichen, zu derselben Classe gehörigen, schlanken Stämme von Riesenhalmen (*Calamiteae*, S. 476) sichtbar, welche regelmässig zusammengesetzte Nadel-Quirle tragen. Gegenüber anf der rechten Seite des Bildchens werden alle anderen Pflanzen von den mächtigen, gabelig verzweigten und zierlich getäfelten Stämmen der Schuppenbäume (*Lepidodendreae*) überragt, einer der wichtigsten und grossartigsten Entwickelungs-Formen der Schuppenfarne (*Selagineae*, S. 477). Ihre Gabeläste tragen palmenähnliche Blätterkronen, ihre Schuppenstämme sind theilweise mit schmarotzenden Laubfarnen bedeckt. Rechts unten treten verschiedene Farnkräuter mit gefiederten oder doppelt gefiederten Blättern in den Vordergrund, die jüngsten Blätter in der Mitte der Büsche sind noch eingerollt. Sie vertreten, ebenso wie die im Hintergrunde durchschimmernden, palmähnlichen Farnbäume, die formenreiche Abtheilung der Laubfarne (*Pterideae*, S. 475). Endlich wird die Classe der Wasserfarne (*Rhizocarpeae*) durch eine Anzahl kleinerer Filicinen repräsentirt, welche unten am Rande des Wassers wachsen oder aus demselben hervorragen (S. 462, 476).

Tafel XVIII und XIX (zwischen S. 510 und 511).

Nervensystem der Metazoen-Stämme.

Alle Figuren sind mehr oder weniger schematisch gehalten; das Central-Nervensystem ist durch rothe Farbe bezeichnet.

Die Buchstaben haben in allen Figuren dieselbe Bedeutung: *a* Auge. *b* Hörbläschen. *c* Coelom (Leibeshöhle). *d* Darm. *e* Entoderm. *f* Fuss. *g* Gonade (Geschlechtsdrüse). *h* Haut. *i* Entoderm. *k* Kiemen. *l* Mantel. *m* Muskeln. *n* Nerven-Centrum. *o* Mund. *p* Schlund (Pharynx). *q* Schale. *r* Rohrnieren (Nephridien). *s* Sinnesorgane. *t* Tentakel (Fühler). *u* Chorda. *v* Herzkammer (Ventrikel). *w* Herzvorkammer (Atrium). *x* Ampulle. *y* Nase. *z* After.

Tafel XVIII.

Niederthiere, Sternthiere und Gliederthiere.

Fig. 1. Ein Gasträade (*Gastraea, Prophysema*) im Querschnitt. *e* Exoderm (äusseres Keimblatt, vertritt die Stelle des Nervensystems). *i* Entoderm (inneres Keimblatt, umschliesst die Darmhöhle, *d*).

Fig. 2. Ein Schwamm (*Spongia*) im Querschnitt. Viele Geisselkammern (*i*), jede einer Gastraea (Fig. 1) gleichwerthig, sitzen an den Aesten von Canälen, welche in die Centralhöhle einmünden. Haut von Poren durchbrochen. Kein Nervensystem.

Fig. 3. Eine Medusa (*Ephyra*) aus dem Stamme der Nesselthiere (*Cnidaria*). Untere Flächen-Ansicht. Das centrale Mundkreuz (*o*) bezeichnet die 4 Strahlen I. Ordnung (*Perradien*); die 4 Eierstöcke (*g*) die Strahlen II. Ordnung (*Interradien*). Am Rande 8 Fangfäden (*t*) in den Strahlen III. Ordnung (*Adradien*), ringsum der Nervenring (*n*) mit 8 Sinnesorganen (*s*).

4. Ein Seestern (*Asterides*) aus dem Stamme der Sternthiere (*Echinoderma*). Untere Flächen-Ansicht. Der centrale Mund ist von einem fünfeckigen Nervenring umgeben, von dessen 5 Ecken ventrale (*perradiale*) Nervenstämme (*n*) in die fünf gegliederten Arme ausstrahlen. Zwischen diesen 5 paar interradiale. Geschlechtsdrüsen (*g*) An der Spitze jedes Arms ein Auge (*a*).

Fig. 5. Querschnitt eines Seestern-Arms (Fig. 4). *n* Radial-Nerv. *f* Füsschen zusammenhängend mit Bläschen (*x*). *c* Leibeshöhle (Coelom).

Fig. 6. Querschnitt eines Rundwurms (*Nematodes*) aus dem Stamme der Wurmthiere (*Helminthes*). *d* Darm. *c* Leibeshöhle. *m4* Vier Längsmuskeln. *m1* Ringmuskeln. *n1* Rücken-Nervenstamm. *n2* Bauch-Nervenstamm. *r* Rohrnieren (Seitencanäle, rechts und links). *h* Haut.

Fig. 7. Ein Borstenwurm (*Chaetopodes*) aus dem Stamme der Ringelthiere (*Annelida*). *n* Bauchmark. *a* Augen. *f* Fussstummeln (*Parapodia*).

Fig. 8. Querschnitt eines Borstenwurms (Fig. 7). *d* Darm. *n* Bauchmark. *v1* Rückengefäss. *v2* Bauchgefäss. *m1* Rückenmuskeln. *m2* Bauchmuskeln. *f1* Rückenfüsse. *f2* Bauchfüsse. *c* Leibeshöhle. *r* Rohrnieren (Schleifencanäle). *k* Kiemen.

Fig. 9. Querschnitt durch die Brust des Flusskrebses (*Astacus*), aus dem Stamme der Krustenthiere (*Crustacea*). *d* Darm. *n* Bauchmark. *g* Geschlechtsdrüse. *v* Rückengefäss. *m1* Rückenmuskeln. *m2* Bauchmuskeln. *f* Basis der Beine. *k* Kiemen. *h* Hautpanzer.

Fig. 10. Ein Tausendfuss (*Scolopendra*) aus dem Stamme der Luftrohrthiere (*Tracheata*). *n* Bauchmark. *f* Gegliederte Füsse. *t* Fühlhörner (*Antennen*).

Fig. 11. Eine Biene (*Apis*) aus den Stamme der Luftrohrthiere (*Tracheata*). *n* Bauchmark. *n*1 Hirn. *n*2 Schlundring. *a* Augen. *t* Fühlhörner. *f*1, *f*2, *f*3, die drei Beinpaare. *f*4, *f*5 die beiden Flügelpaare.

Tafel XIX.

Wurmthiere, Weichthiere und Wirbelthiere.

Fig. 12. Ein Strudelwurm (*Turbellarium*), aus dem Stamme der Plattenthiere (*Platodes*). *d* Darm. *o* Mund. *n* Hirnknoten (Ober-Schlundknoten). *r* Rohrnieren.

Fig. 13. Ein Ichthydine (*Chaetonotus*) aus dem Stamme der Wurmthiere (*Helminthes*). *n* Hirnknoten. *o* Mund. *p* Schlund. *d* Darm. *z* After. *r* Rohrnieren.

Fig. 14. Ein Rundwurm (*Nematodes*) aus dem Stamme der Wurmthiere. *d* Darm. *n* Nervenstämme (vergl. Fig. 6).

Fig. 15. Querschnitt durch einen Pfeilwurm (*Sagitta*) aus dem Stamme der Wurmthiere (*Helminthes*). *d* Darm. *c* Leibeshöhle. *m* Längsmuskeln. *h* Haut. *n* Nervenknoten (Bauchknoten des Schlundrings).

Fig. 16. Bauch-Ansicht einer Schnecke (*Gastropoda*) aus dem Stamme der Weichthiere (*Mollusca*). *o* Mund, umgeben vom Nervenschlundring (*n*). *t* Tentakeln. *a* Augen. *f* Fuss. *k* Kiemen. *l* Mantel.

Fig. 17. Querschnitt einer Schnecke (Fig. 15). *q* Schale. *l* Mantel. *k* Kieme, *f* Fuss. *n* Fuss-Nervenknoten. *c* Leibeshöhle. *d* Darm. *v* Herzkammer. *w* Herzvorkammer.

Fig. 18. Querschnitt einer Muschel (*Acephala*) aus dem Stamme der Weichthiere (*Mollusca*). Buchstaben wie in voriger Figur.

Fig. 19. Eine Appendicarie (*Copelata*) aus dem Stamme der Mantelthiere (*Tunicata*). *o* Mund. *p* Schlund. *k* Kiemenspalten. *d* Darm. *m* Muskeln. *u* Chorda. *g* Geschlechtsdrüsen (*g*1 weibliche, *g*2 männliche).

Fig. 20. Querschnitt einer Ascidien-Larve, aus dem Stamme der Mantelthiere (*Tunicata*). *h* Haut. *m* Muskeln. *n* Nervenrohr (dorsales Markrohr). *u* Chorda. *d* Darm. *c* Leibeshöhle. *g* Geschlechts-Drüsen.

Fig. 21. Ein Fisch (*Selachius*) aus dem Stamme der Wirbelthiere (*Vertebrata*) *n* fünf Hirnblasen und Rückenmark. *y* Nase. *a* Auge. *b* Hörblase. *k* Kiemenspalten. *f*1 Brustflossen. *f*2 Bauchflossen.

Fig. 22. Ein Salamander (*Amphibium*) aus dem Stamme der Wirbelthiere (*Vertebrata*). Buchstaben wie in Fig. 21. *f*1 Vorderfüsse. *f*2 Hinterfüsse.

Fig. 23. Querschnitt eines Fisches (Fig. 20). Buchstaben wie in Figur 20. *g*, Geschlechts-Drüsen.

Tafel XX (am Ende des Buches).

Hypothetische Skizze des monophyletischen Ursprungs und der Verbreitung der zwölf Menschen-Species von Süd-Asien aus über die Erde.

Vergl. S. 726, sowie 742—749.

Selbstverständlich beansprucht die hier graphisch skizzirte Hypothese nur einen ganz provisorischen Werth und hat lediglich den Zweck, zu zeigen, wie man sich bei dem gegenwärtigen unvollkommenen Zustande unserer anthropologischen Kenntnisse die Ausstrahlung der Menschenarten von einer einzigen Urheimath aus ungefähr denken kann. Als wahrscheinliche Urheimath oder „Paradies" ist hier das südwestliche Asien angenommen; indessen ist es sehr möglich, dass die hypothetische „Wiege des Menschengeschlechts" weiter östlich, südlich oder westlich lag. Künftige, namentlich vergleichend-anthropologische und paläontologische Forschungen werden uns hoffentlich in den Stand setzen, die vermuthliche Lage der menschlichen Urheimath genauer zu bestimmen, als es gegenwärtig möglich ist.

Wenn man unserer monophyletischen Hypothese die polyphyletische vorzieht und annimmt, dass die verschiedenen Menschenarten aus mehreren verschiedenen anthropoiden Affenarten durch allmähliche Vervollkommnung entstanden sind, so scheint unter den vielen, hier möglichen Hypothesen am meisten Vertrauen diejenige zu verdienen, welche eine zweifache pithecoide Wurzel des Menschengeschlechts annimmt, eine asiatische und eine afrikanische Wurzel. Es ist nämlich eine sehr bemerkenswerthe Thatsache, dass die afrikanischen Menschenaffen (Gorilla und Schimpanse) sich durch eine entschieden langköpfige oder dolichocephale Schädelform auszeichnen, ebenso wie die Afrika eigenthümlichen Menschenarten (Hottentotten, Kaffern, Neger, Nubier). Auf der anderen Seite stimmen die asiatischen Menschenaffen (insbesondere der kleine und grosse Orang) durch ihre deutlich kurzköpfige oder brachycephale Schädelform mit den vorzugsweise für Asien bezeichnenden Menschenarten (Mongolen und Malayen) überein. Man könnte daher wohl versucht sein, diese letzteren (asiatische Menschenaffen und Urmenschen) von einer gemeinsamen brachycephalen Affenform, die ersteren dagegen (afrikanische Menschenaffen und Urmenschen) von einer gemeinsamen dolichocephalen Affenform abzuleiten.

Auf jeden Fall bleiben das tropische Afrika und das südliche Asien (und zwischen beiden möglicherweise das sie früher verbindende Lemurien?) diejenigen Theile der Erde, welche bei der Frage von der Urheimath des Menschengeschlechts vor allen anderen in Betracht kommen. Entschieden ausgeschlossen sind bei dieser Frage dagegen Amerika und Australien. Auch Europa (welches übrigens nur eine begünstigte westliche Halbinsel von Asien ist) besitzt schwerlich für die „Paradies-Frage" Bedeutung.

Dass die Wanderungen der verschiedenen Menschenarten von ihrer Urheimath aus und ihre geographische Verbreitung auf unserer Taf. XX nur ganz im Allgemeinen und in den gröbsten Zügen angedeutet werden konnten, versteht sich von selbst. Die zahlreichen Kreuz- und Querwanderungen der vielen Zweige und Stämme, sowie ihre oft sehr einflussreichen Rückwanderungen mussten dabei gänzlich unberücksichtigt bleiben. Um diese einigermaassen klar darzustellen, müssten erstens unsere Kenntnisse viel vollständiger sein und zweitens ein ganzer Atlas mit vielen verschiedenen Migrations-Tafeln angewendet werden. Unsere Taf. XX beansprucht weiter Nichts, als ganz im Allgemeinen die ungefähre geographische Verbreitung der 12 Menschenarten so anzudeuten, wie sie im fünfzehnten Jahrhundert (vor der allgemeinen Ausbreitung der indogermanischen Rasse) bestand, und wie sie sich ungefähr mit unserer Descendenz-Hypothese in Einklang bringen lässt. Auf die geographischen Verbreitungsschranken (Gebirge, Wüsten, Flüsse, Meerengen u. s. w.) brauchte bei dieser allgemeinen Migrationsskizze im Einzelnen um so weniger ängstliche Rücksicht genommen zu werden, als diese in früheren Perioden der Erdgeschichte ganz andere Grössen und Formen hatten. Wenn die allmähliche Umbildung von catarhinen Affen in pithecoide Menschen während der Tertiärzeit in dem hypothetischen Lemurien stattfand, so müssen auch zu jener Zeit die Grenzen und Formen der heutigen Continente und Meere ganz andere gewesen sein. Auch der sehr mächtige Einfluss der Eiszeit wird für die chorologischen Fragen von der Wanderung und Verbreitung der Menschenarten grosse Bedeutung beanspruchen, obwohl er sich im Einzelnen noch nicht näher bestimmen lässt. Ich verwahre mich also hier, wie bei meinen anderen Entwickelungshypothesen, ausdrücklich gegen jede dogmatische Deutung; sie sind weiter nichts als e r s t e V e r s u c h e.

Register.

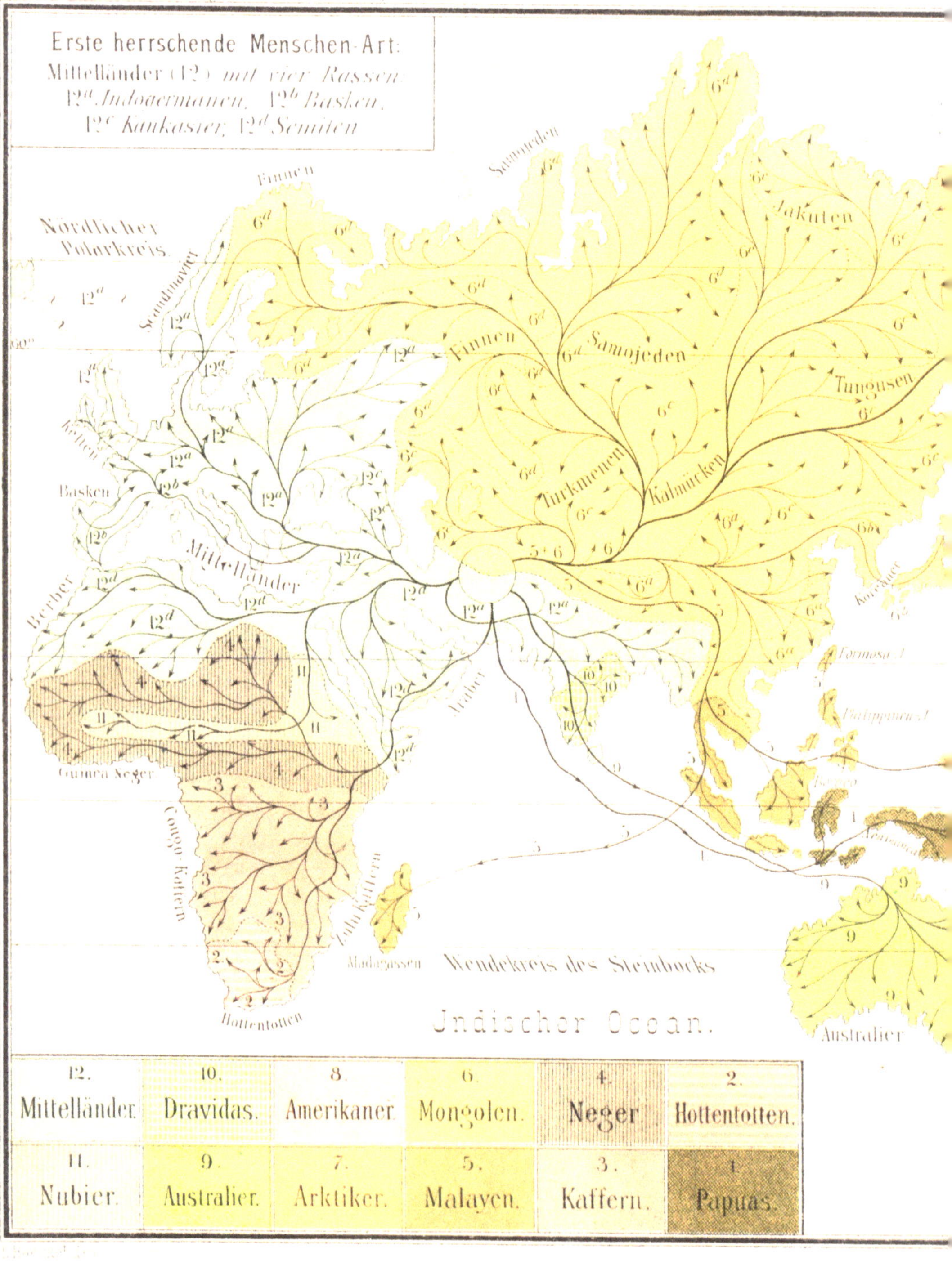
Erste herrschende Menschen-Art:
Mittelländer (12.) mit vier Rassen
12a. Indogermanen, 12b Basken,
12c Kaukasier, 12d Semiten
Nördlicher Polarkreis
Finnen
Samojeden
Jakuten
Samojeden
Tungusen
Turkmenen
Kalmücken
Kelten
Basken
Berber
Mittelländer
Guinea Neger
Congo-Kaffern
Zulu Kaffern
Araber
Madagassen
Hottentotten
Formosa
Philippinen
Australier
Wendekreis des Steinbocks
Indischer Ocean.
12. Mittelländer.
10. Dravidas.
8. Amerikaner.
6. Mongolen.
4. Neger.
2. Hottentotten.
11. Nubier.
9. Australier.
7. Arktiker.
5. Malayen.
3. Kaffern.
1. Papuas.

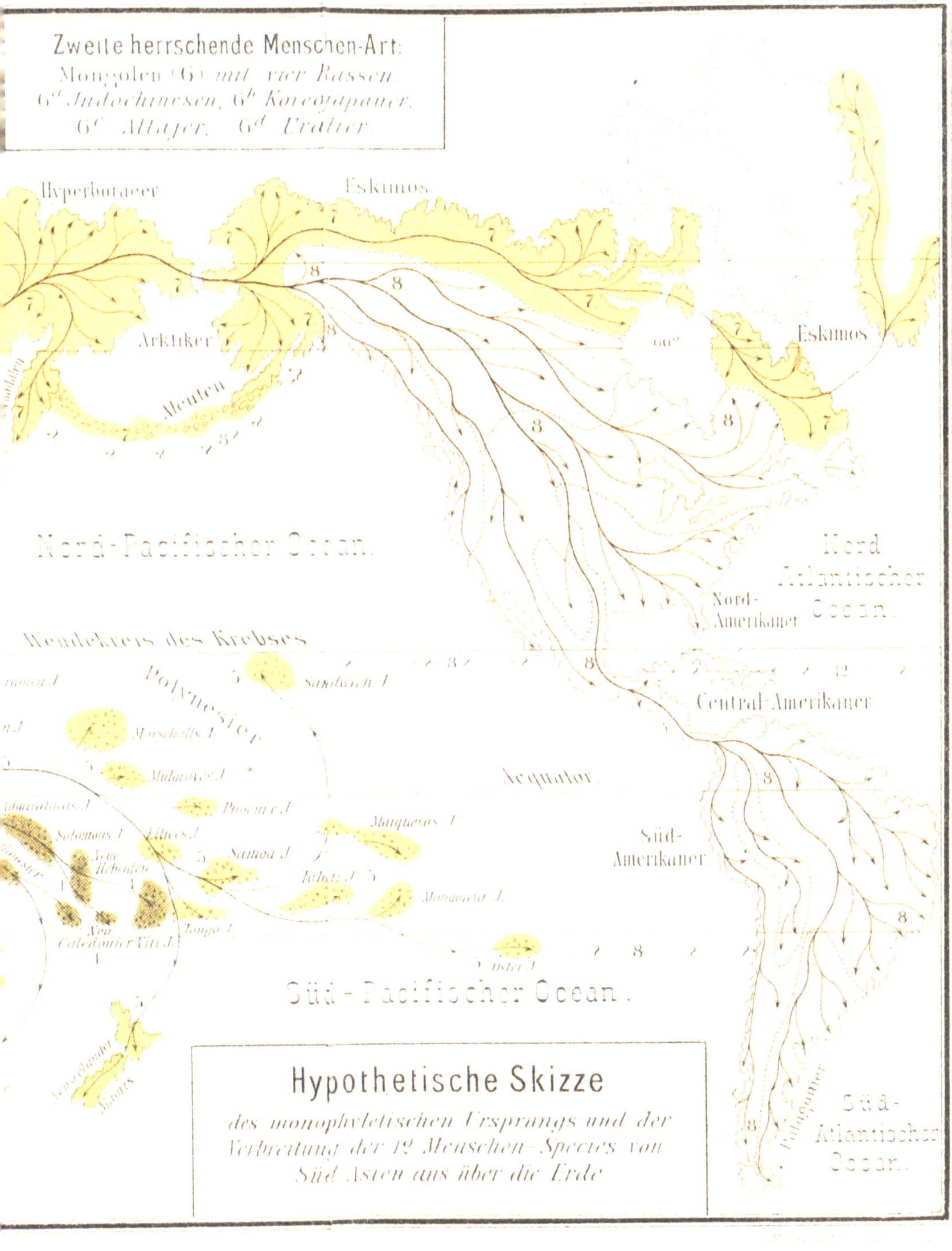

Hypothetische Skizze

des monophyletischen Ursprungs und der Verbreitung der 12 Menschen-Species von Süd-Asien aus über die Erde

FSC
www.fsc.org
MIX
Papier | Fördert gute Waldnutzung
FSC® C083411

Kolibri 360 GmbH
Ferdinand-Jühlke-Straße 7
99095 Erfurt, Deutschland
produktsicherheit@kolibri360.de